Herbert Büning / Götz Trenkler

Nichtparametrische statistische Methoden

2., erweiterte und völlig überarbeitete Auflage

Walter de Gruyter · Berlin · New York 1994

Dr. rer. pol. Herbert Büning
Professor für Statistik an der Freien Universität Berlin

Dr. rer. pol. Götz Trenkler
Professor für Statistik und Ökonomie an der Universität Dortmund

Das Buch enthält 69 Tabellen und 29 Abbildungen

♾ Gedruckt auf säurefreiem Papier, das die US-ANSI-Norm über Haltbarkeit erfüllt.

Die Deutsche Bibliothek − *CIP-Einheitsaufnahme*

Büning, Herbert:
Nichtparametrische statistische Methoden / Herbert Büning ; Götz Trenkler. − 2., erw. und völlig überarb. Aufl. − Berlin ; New York : de Gruyter, 1994
ISBN 3-11-013860-3
NE: Trenkler, Götz:

© Copyright 1994 by Walter de Gruyter & Co., D-10785 Berlin.
Dieses Werk einschließlich aller seiner Teile ist urheberrechtlich geschützt. Jede Verwertung außerhalb der engen Grenzen des Urheberrechtsgesetzes ist ohne Zustimmung des Verlages unzulässig und strafbar. Das gilt insbesondere für Vervielfältigungen, Übersetzungen, Mikroverfilmungen und die Einspeicherung und Verarbeitung in elektronischen Systemen.
Printed in Germany
Druck: Arthur Collignon GmbH, Berlin
Buchbinderische Verarbeitung: Dieter Mikolai, Berlin

Vorwort zur zweiten Auflage

Seit der ersten Auflage im Jahr 1978 ist in der nichtparametrischen Theorie nichts fundamental Neues zu verzeichnen. Ausnahmen sind vielleicht die nichtparametrischen Dichteschätzungen und ihre Anwendung auf Regressionsprobleme sowie das Bootstrap-Konzept. Dem haben wir durch die Einfügung eines eigenständigen Kapitels (Kapitel 9) bzw. des Abschnitts 11.5 Rechnung getragen.

In der Zwischenzeit sind allerdings eine Fülle weiterer Untersuchungen zu bekannten nichtparametrischen Verfahren durchgeführt oder Modifikationen dieser Verfahren mit dem Ziel höherer Effizienz vorgenommen worden. Die Berücksichtigung der neuen Ergebnisse konnte natürlich nur in begrenztem Maße erfolgen, um den Umfang des Buches nicht zu sprengen. Wir haben uns aber bemüht, darüber hinaus auf diesbezügliche neuere Literatur an den entsprechenden Stellen hinzuweisen. In diesem Sinne sind alle Kapitel neu bearbeitet worden. So stellt sich diese vollständig überarbeitete und erweiterte zweite Auflage auch in einem neuen Gewand vor.

Wiederholte Verwendung des Buches in der Lehre hat uns in der Absicht bestärkt, bei der vorliegenden zweiten Auflage den Aufbau des Buches nicht zu verändern und die problemorientierten Darstellungen mit den wiederkehrenden Abschnitten bei den einzelnen Tests beizubehalten. Dieses Konzept hat sich unserer Einschätzung nach bewährt. Natürlich war die erste Auflage nicht ohne Fehler, Fehler weniger bedeutender aber auch Fehler schwerwiegender Art. Wir danken allen Lesern, die uns im Laufe der Jahre diesbezügliche Hinweise und Korrekturvorschläge gemacht haben, insbesondere Prof. Dr. Hans Schneeweiß und Ralf Bender. Wir hoffen, daß wir alle alten Fehler beseitigt und sich keine neuen (schwerwiegenden) eingeschlichen haben.

Für das sorgfältige Lesen des Manuskriptes danken wir unseren Mitarbeitern Bernd Frohnhöfer, Dr. Gabriele Ihorst, Dr. Bernhard Schipp, Michael Schmidt, Thorsten Thadewald und Thorsten Ziebach. Unseren Dank sprechen wir auch Dr. Dietrich Trenkler für die Anfertigung sämtlicher Graphiken, einiger Tabellen sowie des Layouts in diesem Buch aus, zu dem Dr. Christoph von Basum wertvolle Hinweise gegeben hat. Besonders verbunden sind wir Andreas Stich, der mit viel Geduld und Sorgfalt die druckfertige Vorlage geschrieben hat, sowie Sven-Oliver Troschke für die Betreuung der Tabellen und Heide Aßhoff für die Erstellung des Literaturverzeichnisses. Unser Dank gilt schließlich Frau Dr. Ralle und Frau Neumann vom De Gruyter Verlag für die gute Zusammenarbeit und rasche Drucklegung.

Berlin/Dortmund im Mai 1994   H. Büning, G. Trenkler

Vorwort zur ersten Auflage

Nichtparametrische Verfahren haben sich in jüngster Zeit neben den klassischen parametrischen Verfahren in den verschiedensten Anwendungsbereichen der Statistik einen festen Platz erobert, so z.B. in der Psychologie, Pädagogik, Medizin, Biologie, Wirtschafts- und Sozialwissenschaft, Agrarwissenschaft, im technischen Bereich u.a. Für alle diejenigen, die sich auf einem der genannten Gebiete mit statistischen Fragestellungen beschäftigen, sei es in der Praxis oder in der Ausbildung, ist dieses Buch geschrieben; es wendet sich gleichermaßen an den Empiriker wie an den mehr theoretisch orientierten Statistiker. Im universitären Bereich ist es als Begleittext zu Lehrveranstaltungen über das Gebiet der nichtparametrischen Statistik gedacht, wie sie mittlerweile an zahlreichen Hochschulen in verschiedenen Fachrichtungen durchgeführt werden. Wesentliche Teile dieses Buches entstanden aus Unterlagen zu Lehrveranstaltungen über „Nichtparametrische Methoden" im Fachbereich Wirtschaftswissenschaft der Freien Universität Berlin.

Ein großer Teil der Autoren statistischer Lehrbücher glaubt, der wachsenden Bedeutung nichtparametrischer Verfahren dadurch Rechnung tragen zu können, daß er ihnen gerade ein Kapitel des Buches widmet. Dabei ist dann die Auswahl der angegebenen Verfahren mehr oder weniger willkürlich; im Vordergrund steht die Vermittlung von Rechentechniken, so daß der Leser kaum einen Einblick in den mathematischen Hintergrund erhält. Das kann zu dem Eindruck führen, daß nichtparametrische Verfahren lediglich ein "Bündel von Tricks" darstellen, die für alle Arten von vagen oder schlecht-definierten Problemen herangezogen werden (Gibbons(1971)).

Diejenigen statistischen Lehrbücher, die sich vorrangig oder ausschließlich mit nichtparametrischen Verfahren beschäftigen, sind in der Regel entweder von hohem mathematischen Niveau und dabei kaum oder überhaupt nicht anwendungsorientiert oder sie sind unter Vernachlässigung der zugrundeliegenden mathematischen Theorie in erster Linie Vermittler von „Kochrezepten" für den Anwender. Das vorliegende Buch soll eine Brücke zwischen diesen beiden Richtungen schlagen.

Dabei kann der mehr praxisorientierte Leser sich auf den „harten Kern" der dargestellten Verfahren beschränken, d.h. jeweils auf das einführende Beispiel und auf die Abschnitte: **Daten – Annahmen – Testproblem – Teststatistik – Testprozeduren – Auftreten von Bindungen – Große Stichproben – Diskussion**. Der Abschnitt **Eigenschaften** und andere in den einzelnen Kapiteln untersuchten Methodenprobleme mag der mehr anwendungsorientierte Leser (zunächst) übergehen. Es kann der Einwand kommen, daß damit die Gefahr einer unkritischen, unreflektierten und mehr mechanischen Anwendung der Verfahren heraufbeschworen wird, so wie wir es leider häufig in der statistischen Praxis erleben, wenn der Anwender vor Erhebung des Datenmaterials z.B. weder das Untersuchungsziel klar formuliert noch die dafür zulässigen Verfahren ausgewählt hat. Wir glauben jedoch, diese Gefahr dadurch gebannt zu haben, daß die Modellannahmen und Voraussetzungen für die Anwendung eines jeden Verfahrens in den oben angegebenen Abschnitten **Daten, Annahmen** usw. deutlich herausgestellt sind.

Hinsichtlich der beiden Adressaten dieses Buches, des praktischen und des theoretischen Statistikers können dann die notwendigen (unterschiedlichen) Vorkenntnisse zum Verständnis des dargebotenen Stoffes wie folgt umrissen werden: Für den Praktiker sind Grundkenntnisse der schließenden Statistik Voraussetzung, so wie sie in den statistischen Grundkursen an den Universitäten oder in den zum Selbststudium geeigneten Büchern als „Einführung in die Statistik" vermittelt werden. Der an der Theorie Interessierte sollte die Grundlagen der Linearen Algebra (Vektoren, Matrizen, Determinanten u.a.) und der Analysis (Integral- und Differentialrechnung im $\mathbb{R}^n$) beherrschen; insbesondere dann, wenn er sich mit dem Stoff des 3. Kapitels unter Bezugnahme auf den mathematischen Anhang (Jacobi-Transformation, Stieltjes-Integral) intensiv auseinandersetzen will. Dem Leser, der statistische Lehrbücher auf einem mathematischen Niveau wie das von Hogg u. Craig (1965) oder Lindgren (1976) lesen kann, bereitet dieses Buch keinerlei Verständnisschwierigkeiten.

Beweise der einzelnen Lehrsätze sind nur dann angegeben, wenn sie nicht zu umfangreich sind; häufig werden sie nur skizziert, um dem Leser die Idee des Beweisgangs vor Augen zu führen. Dieser Verzicht auf ausführliche und detaillierte Beweise soll der Geschlossenheit der Darstellung zugute kommen.

Was den Aufbau eines Buches über nichtparametrische Methoden betrifft, so bieten sich zwei Möglichkeiten an: Zum einen eine Gliederung nach verschiedenen Verfahren (z.B. ein Kapitel über Rangtests) unter Angabe von Problemen, die mit diesen Verfahren untersucht werden können, kurz ein „verfahrenorientiertes" Konzept; zum anderen eine Einteilung nach Problemen (z.B. der Zweistichproben-Fall) mit der Diskussion verschiedener Verfahren zur Behandlung des vorliegenden Problems, kurz ein „problemorientiertes" Konzept. Da wir gezielt den Bedürfnissen und Interessen des Anwenders in der Praxis Rechnung tragen wollten, konnte die Entscheidung nur für das problemorientierte Konzept ausfallen. In diesem Sinne ist auch die nicht gleichgewichtete Darstellung der Test- und Schätzverfahren zu sehen. Wir haben in diesem Buch bewußt den Schwerpunkt auf Tests gelegt, weniger auf Intervallschätzung und nur gering die Punktschätzung behandelt, so wie wir diese Verfahren nach ihrer Bedeutung für die praktische Anwendung eingeschätzt haben.

Zu Beginn der Kapitel 3 bis 9 wird jeweils ein einführendes, motivierendes Beispiel gebracht, das das dort zu untersuchende (Test-)Problem näher beleuchten soll. Dieses Beispiel, das zumeist im weiteren Verlauf des Kapitels bei der Diskussion der einzelnen Tests wieder aufgegriffen wird, ist ganz bewußt fiktiv und nicht Bestandteil einer empirischen Untersuchung aus einem der eingangs genannten Anwendungsbereiche der Statistik, weil häufig fachspezifische Kenntnisse zum Verständnis eines solchen Beispiels aus der Empirie notwendig sind. Die hier ausgewählten Beispiele dürften für alle Leser — zu welcher Fachrichtung auch immer sie gehören mögen — verständlich sein. Hinzu kommt, daß es zumeist recht schwierig ist, geeignete Beispiele aus der statistischen Praxis zu finden. Entweder die Autoren publizieren ihre Daten nicht, oder die Stichprobenumfänge erweisen sich als zu groß bzw. zu klein, oder die Daten sind ganz offensichtlich signifikant usw. So haben wir uns für simulierte Beispiele entschieden.

Zur Nachbereitung des Stoffes werden außer zu den mehr einführenden Kapiteln 1 und 2 und dem Ausblick-Kapitel 10 am Ende eines jeden Kapitels eine Reihe von Aufgaben gestellt und die Lösungen aller Aufgaben mit ungerader Nummer im Anhang angeführt. Aus didaktischer Sicht kann unserer Auffassung nach ein Lehrbuch nicht auf Aufgaben mit Lösungshinweisen verzichten.

Es versteht sich von selbst, daß wir im Rahmen eines solchen Lehrbuchs nicht alle Verfahren und Methoden darstellen können. Wir haben einige weitere Verfahren, die wir für wichtig erachten, in Kapitel 10 in gedrängter Form zusammengestellt, wenngleich – oder besser weil – ihre Entwicklung zum Teil noch in Kinderschuhen steckt; so u.a. auch einen Hinweis auf den multivariaten Fall, den wir in den anderen Kapiteln ausgeklammert haben. Es bleibt zu hoffen, daß gerade durch dieses Kapitel mit seinen zahlreichen Literaturangaben Anregungen zu weiteren Studien gegeben werden.

Noch einige Bemerkungen zur Darstellung des Stoffes: Definitionen, Sätze, Beispiele, Abbildungen und Tabellen sind kapitelweise durchnumeriert. Ein Hinweis z.B. auf Satz 4.3 bezieht sich auf den 3. Satz des 4. Kapitels; hingegen Satz 3 auf das vorliegende Kapitel. Das Ende eines Beweises ist stets durch □ gekennzeichnet. Wir haben eine Reihe von englischsprachigen Begriffen mitangeführt, um den Zugang zur englischsprachigen statistischen Literatur zu erleichtern.

Wir sind uns darüber im klaren, daß trotz unseres Bemühens um Exaktheit die Menge der Fehler in diesem Buch nicht leer ist, mit Sicherheit aber endlich. Für Korrekturhinweise und für Verbesserungsvorschläge hinsichtlich der Darstellung des Stoffes sind wir dem Leser dankbar.

An dieser Stelle möchten wir den zahlreichen Autoren, Herausgebern und Verlagen für die Genehmigung des Abdrucks der im Anhang angeführten Tabellen danken.

Zu Dank verpflichtet sind wir insbesondere den Kollegen Ass. Prof. Dr. Rainer Schlittgen, Ass. Prof. Dr. Bernd Streitberg und Dipl.-Volkswirt Paul Vleugels für ihre wertvollen Diskussionsbeiträge, für die Beseitigung von mißverständlichen Formulierungen und für ihre Hilfe beim Korrekturlesen. Unser Dank gilt nicht zuletzt Frau Marianne Kehrbaum, Frau Ursula Krohn und Herrn Ulrich Thieme für die sorgfältige Anfertigung der Reinschrift des Manuskripts und dem De Gruyter-Verlag für die stets erfreuliche Zusammenarbeit.

Berlin/Hannover im August 1977 H. Büning, G. Trenkler

Inhaltsverzeichnis

Vorwort zur zweiten Auflage V

Vorwort zur ersten Auflage VI

Einleitung 1

1 **Meßniveau von Daten** 6

2 **Wahrscheinlichkeitstheoretische und statistische Grundbegriffe** 13
   2.1 Wahrscheinlichkeit und Zufallsvariable 13
   2.2 Verteilungs- und Dichtefunktion 15
   2.3 Momente und Quantile 18
   2.4 Spezielle Verteilungen und deren Eigenschaften 21
      2.4.1 Allgemeine Begriffe 21
      2.4.2 Diskrete Verteilungen 22
      2.4.3 Stetige Verteilungen 23
   2.5 Funktionen von Stichprobenvariablen 27
   2.6 Punkt- und Intervallschätzung 29
      2.6.1 Punktschätzung 29
      2.6.2 Intervallschätzung 30
   2.7 Testen von Hypothesen 31
   2.8 Wichtige parametrische Tests bei Normalverteilung 37

3 **Geordnete Statistiken und Rangstatistiken** 41
   3.1 Definition und Anwendungen 41
   3.2 Behandlung von Bindungen 43
   3.3 Empirische und theoretische Verteilungsfunktion 47
   3.4 Verteilung der Ränge und der geordneten Statistiken 50
      3.4.1 Verteilung der Ränge 50
      3.4.2 Verteilung von $F(X)$ 52
      3.4.3 Gemeinsame Verteilung von geordneten Statistiken 54
      3.4.4 Randverteilungen der geordneten Statistik 56

		3.4.5	Verteilung des Medians	58
		3.4.6	Verteilung der Spannweite	59
		3.4.7	Momente der geordneten Statistiken	60
		3.4.8	Asymptotische Verteilungen	61
	3.5		Konfidenzintervalle für Quantile	61
	3.6		Toleranzbereiche	63
	3.7		Zusammenfassung	65
	3.8		Probleme und Aufgaben	65

4 Einstichproben–Problem 68

	4.1		Problemstellung	68
	4.2		Tests auf Güte der Anpassung	68
		4.2.1	Kolmogorow–Smirnow–Test	68
		4.2.2	χ^2–Test	74
		4.2.3	Vergleich des Kolmogorow–Smirnow–Tests mit dem χ^2–Test	82
		4.2.4	Andere Verfahren	83
	4.3		Binomialtest	85
	4.4		Lineare Rangtests	90
		4.4.1	Definition der linearen Rangstatistik	90
		4.4.2	Vorzeichen–Test	92
		4.4.3	Wilcoxons Vorzeichen–Rangtest	96
		4.4.4	Lokal optimale Rangtests	102
	4.5		Test auf Zufälligkeit	104
	4.6		Konfidenzintervalle	108
	4.7		Zusammenfassung	111
	4.8		Probleme und Aufgaben	111

5 Zweistichproben–Problem für unabhängige Stichproben 115

	5.1		Problemstellung	115
	5.2		Tests für allgemeine Alternativen	117
		5.2.1	Iterationstest von Wald–Wolfowitz	117
		5.2.2	Kolmogorow–Smirnow–Test	119
		5.2.3	Andere Verfahren	124
	5.3		Lineare Rangstatistik	125
		5.3.1	Definition der linearen Rangstatistik	125
		5.3.2	Momente und Verteilung der linearen Rangstatistik	127
	5.4		Lineare Rangtests für Lagealternativen	130
		5.4.1	Lagealternativen	130
		5.4.2	Wilcoxon–Rangsummentest	131
		5.4.3	v.d. Waerden X_N–Test	136

		5.4.4	Andere Verfahren	140
		5.4.5	Lokal optimale Rangtests	143
	5.5	Lineare Rangtests für Variabilitätsalternativen		144
		5.5.1	Variabilitätsalternativen	144
		5.5.2	Siegel–Tukey–Test	146
		5.5.3	Mood–Test	149
		5.5.4	Andere Verfahren	153
		5.5.5	Lokal optimale Rangtests	156
	5.6	Konfidenzintervalle		157
	5.7	Zusammenfassung		160
	5.8	Probleme und Aufgaben		162

6 Zweistichproben–Problem für verbundene Stichproben — 165

	6.1	Problemstellung	165
	6.2	Vorzeichen–Test	167
	6.3	Wilcoxon–Test	171
	6.4	Andere Verfahren	174
	6.5	Konfidenzintervalle	175
	6.6	Zusammenfassung	176
	6.7	Probleme und Aufgaben	177

7 c-Stichproben-Problem — 181

		7.1	Einführung	181
	7.2	Unabhängige Stichproben		182
		7.2.1	Problemstellung	182
		7.2.2	Kruskal–Wallis–Test	184
		7.2.3	Andere Verfahren	190
	7.3	Verbundene Stichproben		199
		7.3.1	Problemstellung	199
		7.3.2	Friedman–Test	200
		7.3.3	Andere Verfahren	207
	7.4	Zusammenfassung		213
	7.5	Probleme und Aufgaben		214

8 Unabhängigkeit und Korrelation — 218

	8.1	Problemstellung	218
	8.2	χ^2–Test auf Unabhängigkeit	220
	8.3	Fisher–Test	228
	8.4	Rangkorrelationskoeffizient von Spearman	232
	8.5	Andere Verfahren	240
	8.6	Zusammenfassung	247

XII Inhaltsverzeichnis

8.7 Probleme und Aufgaben 248

9 Nichtparametrische Dichteschätzung und Regression 251
9.1 Einführung 251
9.2 Der Schätzer von Rosenblatt 252
9.3 Histogramm 255
9.4 Kernschätzer 260
9.5 Nichtparametrische Regression 265
    9.5.1 Nichtparametrische Regressionsschätzung 265
    9.5.2 Nichtparametrische Methoden im linearen Regressionsmodell 269
9.6 Zusammenfassung 273
9.7 Probleme und Aufgaben 273

10 Relative Effizienz 275
10.1 Einführung 275
10.2 Finite relative Effizienz 276
10.3 Asymptotisch relative Effizienz (Pitman) 279
10.4 Probleme und Aufgaben 286

11 Ausblick 287
11.1 Einführung 287
11.2 Quick–Verfahren 288
    11.2.1 Einführung 288
    11.2.2 Quick–Schätzer 288
    11.2.3 Quick–Tests 290
    11.2.4 Überschreitungstests 293
11.3 Robuste Verfahren 294
    11.3.1 Problemstellung 294
    11.3.2 Schätzung eines Lageparameters 296
    11.3.3 Lagetests auf Gleichheit zweier Verteilungen 300
11.4 Adaptive Verfahren 303
    11.4.1 Problemstellung 303
    11.4.2 Maße zur Klassifizierung von Verteilungen 304
    11.4.3 Schätzung eines Lageparameters 306
    11.4.4 Lagetests auf Gleichheit zweier Verteilungen 308
11.5 Bootstrap–Verfahren 312
11.6 Sequentielle Testverfahren 316
    11.6.1 Problemstellung 316
    11.6.2 Der sequentielle Quotienten–Test (SQT) 317
    11.6.3 Eigenschaften des SQT 320
    11.6.4 Sequentielle nichtparametrische Verfahren 322

11.7 Zeitreihenanalyse 324
11.8 Weitere Methoden und Anwendungsgebiete 328

Mathematischer Anhang   335
    (A) Kombinatorik 335
    (B) Jacobi–Transformation 337
    (C) Stieltjes–Integral 338
    (D) Gamma– und Betafunktion 340

Lösungen   341

Tabellen   356
    A Binomialverteilung 357
    B Normalverteilung 369
    C Inverse der Normalverteilung 371
    D t–Verteilung 372
    E χ^2–Verteilung 373
    F F-Verteilung 375
    G Kolmogorow–Smirnow–Anpassungstest 391
    H Wilcoxons W^+–Test 392
    I Wald–Wolfowitz–Iterationstest 393
    J Kolmogorow–Smirnow–Zweistichprobentest ($m = n$) 394
    K Kolmogorow–Smirnow–Zweistichprobentest ($m \neq n$) 395
    L Wilcoxons W_N–Test 397
    M Van der Waerden X_N–Test 407
    N Moods M_N–Test 410
    O Kruskal–Wallis–H–Test 417
    P Kolmogorow–Smirnow–c–Stichprobentest (einseitig) 420
    Q Kolmogorow–Smirnow–c–Stichprobentest (zweiseitig) 423
    R Friedmans F_c–Test 425
    S Spearmans r_S–Test 431
    T Kendalls S–Test 435

Literaturverzeichnis   436

Sachverzeichnis   479

Einleitung

Die ersten Ansätze nichtparametrischer Verfahren reichen weit zurück, zumindest bis in das Jahr 1710, als John Arbuthnot (1710) den Vorzeichentest zur Untersuchung des Anteils der Knaben- bzw. Mädchengeburten anwandte, um einen „Beweis für die Weisheit der göttlichen Vorsehung" anzutreten (Bradley (1968)). Der eigentliche Aufschwung der nichtparametrischen Statistik vollzog sich jedoch erst in den letzten 40 Jahren mit den Arbeiten von Hotelling u. Papst (1936), Friedman (1937), Kendall (1938), Smirnow (1939), Wald u. Wolfowitz (1940), Wilcoxon (1945), Mann u. Whitney (1947) u.a. Ein Höhepunkt wurde Mitte bis Ende der 50er Jahre erreicht, als in zahlreichen Veröffentlichungen die hohe Effizienz nichtparametrischer Verfahren im Vergleich mit ihren klassischen parametrischen Konkurrenten, wie z.B. dem t–Test und F–Test, nachgewiesen werden konnte. Das war zunächst überraschend, schien es doch naheliegend, daß mit den schwachen Annahmen, unter denen nichtparametrische Verfahren angewendet werden können, ein hoher Effizienzverlust einherginge. Einen Eindruck von der rapiden Entwicklung nichtparametrischer Verfahren vermitteln das dreiteilige Werk von Walsh (1962) *„Handbook of Nonparametric Statistics"* und die *„Bibliography of Nonparametric Statistics"* von Savage (1962), der ca. 3000 Publikationen aufgelistet hat; heute ist die Literatur kaum noch zu überschauen. So viel zur Historie!

Zwischen den Begriffen „nichtparametrisch" und „verteilungsfrei" wird in den meisten Publikationen nicht streng unterschieden; oft werden diese Begriffe sogar gleichgesetzt und gegeneinander austauschbar verwendet. Grundsätzlich kann folgende Unterscheidung vorgenommen werden: Ein „verteilungsfreies" Verfahren in der Schätz- und Testtheorie basiert auf einer Statistik, deren Verteilung nicht von der speziellen Gestalt der Verteilungsfunktion der Grundgesamtheit abhängt, aus der die Stichprobe gezogen wurde. So ist z.B. im Einstichproben–Problem die Verteilung der Kolmogorow–Smirnow–Statistik $K_n = \sup_x |F_0(x) - F_n(x)|$ unter der Nullhypothese unabhängig von der speziellen stetigen Verteilungsfunktion F_0 der Grundgesamtheit. Der Begriff „nichtparametrisch" bezieht sich auf Verfahren, die keine Aussagen über einzelne Parameter der Grundgesamtheitsverteilung machen. Diese Definition kann allerdings zu Mißverständnissen führen. So werden z.B. allgemein Methoden zur Bestimmung von Konfidenzintervallen für Quantile einer Verteilung (siehe Abschnitt 3.5) zu den nichtparametrischen Verfahren gezählt. Das Problem liegt in der Definition des Begriffs „Parameter". Wird der Begriff Parameter im engen Sinne nur für solche Größen benutzt, die explizit in der Verteilungsfunktion erscheinen (so z.B. μ, σ^2 in der Normalverteilung), dann sind Verfahren zur Bestimmung von Konfidenzintervallen für Quantile nichtparametrisch. In welchem engen bzw. weiteren Sinne auch immer der Begriff Parameter gefaßt sein mag, in der Testtheorie, die im vorliegenden Buch eine Vorrangstellung einnimmt, beziehen sich verteilungsfreie Verfahren auf die Verteilung der Teststatistik (Prüfgröße) und nichtparametrische Verfahren auf den Typ der zu testenden Hypothese. Wir werden im folgenden keine strenge Trennung zwischen den beiden Begriffen vornehmen und in erster Linie den Terminus „nichtparametrisch" verwenden.

Wenngleich derjenige Leser, der sich noch nicht oder nur wenig mit verteilungsfreien bzw. nichtparametrischen Verfahren beschäftigt hat, an dieser Stelle nicht im Detail den folgenden Vergleich parametrischer und nichtparametrischer Verfahren nachvollziehen kann, so wollen wir dennoch schon hier wesentliche Vorteile nichtparametrischer Verfahren gegenüber ihren parametrischen „Gegenstücken" herausstellen; dies auch im Hinblick auf eine anschließende Diskussion über die Konzeption einer statistischen Ausbildung an den Schulen, Universitäten u.a.

Vorteile nichtparametrischer Methoden

(1) Nichtparametrische Verfahren erfordern keine spezielle Verteilungsannahme für die Grundgesamtheit und kein kardinales Meßniveau der Daten, wie es bei parametrischen Verfahren der Fall ist. Speziell für Daten mit nominalem Meßniveau gibt es keine parametrischen Techniken. In dieser universellen Anwendbarkeit liegt wohl der Hauptvorteil verteilungsfreier Verfahren.

(2) Nichtparametrische Verfahren sind häufig effizienter als parametrische, wenn eine andere Verteilung als diejenige postuliert wird, unter der der parametrische Test optimal ist. Selbst bei Annahme *dieser* Verteilung ist der Effizienzverlust nichtparametrischer Verfahren meist gering (siehe dazu die *Eigenschaften* zu den einzelnen Tests und Kapitel 10).

(3) Das Robustheitsproblem stellt sich nicht in dem Maße wie bei parametrischen Verfahren, weil die zur Anwendung von nichtparametrischen Verfahren erforderlichen (schwachen) Annahmen in der Regel erfüllt sind.

(4) Nichtparametrische Techniken sind leicht anzuwenden und erfordern nur einen geringen Rechenaufwand und keine „spitzfindige" Mathematik; sie sind leicht zu erlernen.

(5) Die Teststatistik ist zumeist diskret; die Herleitung der Verteilung gelingt oft mit Hilfe einfacher kombinatorischer Überlegungen bzw. durch „Auszählen". Mit Bleistift(en) und dem nötigen Papier ausgestattet, kann der über viel Zeit verfügende Leser für eine Reihe nichtparametrischer Teststatistiken eigene Tabellen mit kritischen Werten berechnen.

(6) Die asymptotischen Verteilungen der Teststatistiken werden in der Regel (Ausnahmen bilden z.B. die Teststatistiken vom Kolmogorow–Smirnow–Typ im 4.Kapitel) durch die Normalverteilung (Kapitel 5, 6, 8) und durch die χ^2-Verteilung (Kapitel 7, 8) erfaßt.

Nachteile nichtparametrischer Verfahren

(1) Sind alle Annahmen (Verteilungen, Meßniveau u.a.) des parametrischen statistischen Modells erfüllt, dann „verschwendet" ein nichtparametrisches Verfahren Information aus den Daten, und seine Effizienz ist geringer im Vergleich zu dem unter diesen Annahmen optimalen parametrischen Test, z.B. der Wilcoxon–Test im Vergleich zum t–Test bei Vorliegen einer Normalverteilung und eines kardinalen Meßniveaus. Das ist jedoch ganz natürlich, denn ein „Werkzeug, das für viele Zwecke gebraucht wird, ist gewöhnlich nicht so wirkungsvoll für einen einzigen Zweck, wie das gerade für diesen Zweck entwickelte Werkzeug" (Kendall (1962)).

(2) Da nichtparametrische Teststatistiken zumeist diskret sind, kann ein vorgegebenes Testniveau α wie $\alpha = 0.01$, 0.05 oder 0.1 in der Regel ohne Randomisierung nicht voll ausgeschöpft werden. Dies fällt jedoch nicht so stark ins Gewicht, denn die Wahl eines solchen „glatten" α erfolgt in der Praxis in erster Linie aus Gründen der Gewohnheit oder Tradition. Genausogut kann statt α ein davon nur geringfügig abweichendes α^* gewählt werden, das dann ein exaktes Testniveau des nichtparametrischen Tests liefert. Statt der Vorgabe eines Testniveaus α wird auch häufig der (empirische) p–Wert (siehe 2.7) angegeben, der in den meisten statistischen Programmpaketen enthalten ist.

(3) Die Berechnung der Güte eines nichtparametrischen Tests erweist sich häufig als problematischer als im parametrischen Fall; zum einen, weil wegen der Breite der Alternativhypothesen die Auszeichnung einer für die Bestimmung der Güte notwendigen spezifizierten Alternative oft wenig stichhaltig ist, zum anderen, weil die Angabe der Gütefunktion zumeist nicht in geschlossener analytischer Form möglich ist und die Berechnung der Gütewerte sich als recht kompliziert erweist.

(4) Es gibt bislang für nichtparametrische Verfahren wenige Robustheitsuntersuchungen bei Vorliegen abhängiger Stichprobenvariablen. Noch weniger ist über exakte Verteilungen *multivariater* nichtparametrischer Statistiken bekannt mit dem für die statistische Praxis so wichtigen zugehörigen Tabellenwerk. Allenfalls sind Anwendungen unter Benutzung der asymptotischen Theorie möglich. Der im univariaten Fall gewichtige Vorteil nichtparametrischer Verfahren, auf (unter H_0) verteilungsfreien Statistiken zu basieren, gilt im allgemeinen nicht für den multivariaten Fall, siehe z.B. Bickel (1969). Da wir uns in diesem Buch aber fast nur mit univariaten Verfahren beschäftigen, hat der obige Aspekt hier nur marginale Bedeutung.

Die insbesondere unter (4) und (5) angeführten Vorteile nichtparametrischer Verfahren sollten sich in der Konzeption der statistischen Ausbildung an Schule, Universität u.a. niederschlagen. Bislang wird an solchen Ausbildungsstätten die schließende Statistik zu Beginn wohl fast ausschließlich „parametrisch betrieben", was die zahlreichen Skripte und Bücher zur Grundausbildung in Statistik zeigen. Zugegeben, die Entscheidung für eine „parametrische Einführung" oder für eine „nichtparametrische Einführung" sollte auch unter

Berücksichtigung substanzwissenschaftlicher Aspekte erfolgen, d.h. sich an dem Fach orientieren, für das statistische Verfahren erlernt werden sollen. So liegen in der Psychologie oder Pädagogik wohl häufiger Daten mit nur ordinalem Meßniveau vor als in der Wirtschaftswissenschaft, so daß also in den erstgenannten Fächern eher nichtparametrische, in der Wirtschaftswissenschaft dagegen eher parametrische Verfahren eine Rolle spielen dürften. Aber unabhängig von diesem fachspezifischen Aspekt ist eines ganz sicher in Bezug auf den Lernenden, und das sollte letzlich ausschlaggebend sein:

Das Erfassen der Testidee, des Testablaufs, der Bedeutung der Teststatistik sowie das Nachvollziehen der Herleitung ihrer Verteilung (mit der Angabe kritischer Werte) gelingt viel leichter über einen nichtparametrischen als über einen parametrischen Einstieg. Ein Beispiel soll diese These untermauern: Im Zweistichproben–Fall mit unabhängigen, normalverteilten Stichprobenvariablen wird der Student mit folgender Teststatistik konfrontiert:

$$t = \frac{(\bar{X} - \bar{Y}) - (\mu_X - \mu_Y)}{\sqrt{\frac{S_X^2(m-1) + S_Y^2(n-1)}{m+n-2}\left(\frac{1}{m} + \frac{1}{n}\right)}}.$$

Wenn sich seine Verwirrung über diesen Ausdruck ein wenig gelegt hat, erfährt er, daß die *Statistik* t eine *t–Verteilung* mit $(m+n-2)$ Freiheitsgraden (??) hat. Wie diese Verteilung definiert bzw. herzuleiten ist, das wird er allerdings nur in den seltensten Fällen erfahren, geschweige denn verstehen. Ein sehr einfacher Test für dieses Problem ist der Iterationstest von Wald u. Wolfowitz (Abschnitt 5.2.1), dessen zugehörige Teststatistik R die Anzahl der Iterationen in der kombinierten, geordneten Stichprobe angibt; R ist also durch einfaches Auszählen zu bestimmen. Es ist dann intuitiv klar, daß „zu wenige" Iterationen signifikant sind. Für die Herleitung der Verteilung von R sind relativ einfache kombinatorische Überlegungen notwendig. Ebenso einfach ist der Wilcoxon–Test (Abschnitt 5.4.2) für dieses Zweistichproben–Problem mit der Summe der X–Ränge als Teststatistik. Ein didaktisches Konzept für die statistische Ausbildung sollte diese Einfachheit nichtparametrischer Verfahren dadurch honorieren, daß der Student zunächst in die nichtparametrische und dann in die parametrische Statistik eingeführt wird. Das ist auch heutzutage noch Wunschdenken. Nicht einmal im Hauptstudium der Statistik gehört eine Vorlesung über nichtparametrische Verfahren an den in Frage kommenden Fachrichtungen zum festen Bestandteil des Lehrprogramms.

Noch einige Bemerkungen zum Inhalt der einzelnen Kapitel:

In *Kapitel 1* werden die vier verschiedenen Meßniveaus von Daten definiert und an zahlreichen Beispielen illustriert. Das vorliegende Meßniveau spielt eine ganz wesentliche Rolle bei der Entscheidung für ein parametrisches oder für ein nichtparametrisches Verfahren.

In *Kapitel 2* werden die Grundlagen der Wahrscheinlichkeitsrechnung und Statistik, die für das Verständnis der folgenden Kapitel notwendig sind, in geraffter Form dargestellt. Damit sollen vorhandene Kenntnisse der (parametrischen) Statistik aufgefrischt und gegebenenfalls ergänzt werden.

In *Kapitel 3* wird die Theorie der Rangstatistiken und der geordneten Statistiken mit der Herleitung ihrer Momente und Verteilungen behandelt, ebenso das Problem der Bindungen aufgegriffen.

In *Kapitel 4* werden einige Einstichproben–Verfahren vorgestellt, insbesondere die sogenannten Anpassungstests: Der χ^2–Test und der Kolmogorow–Smirnow–Test.

In den *Kapiteln 5 bis 7* steht eine Reihe nichtparametrischer Verfahren für das Zweistichproben– und das c–Stichproben–Problem als Pendants zum t–Test bzw. F–Test zur Diskussion, und zwar für unabhängige und für verbundene Stichproben. Dem Zweistichproben–Problem bei unabhängigen Daten (Kapitel 5) ist wegen seiner besonderen Bedeutung in der Praxis ein breiter Raum gewidmet.

In *Kapitel 8* werden Korrelationsmaße und Tests auf Unabhängigkeit als Konkurrenten für den Produktmomenten–Korrelationskoeffizienten von Pearson behandelt.

In *Kapitel 9* werden verschiedene Verfahren zur nichtparametrischen Dichteschätzung vorgestellt und ihre Anwendung auf die nichtparametrische Regression demonstriert.

In *Kapitel 10* werden die Begriffe der finiten und asymptotischen relativen Effizienz eingeführt, dabei insbesondere zu dem Konzept von Pitman detaillierte Ausführungen gemacht. Über diese Pitman A.R.E. wird ein Vergleich zahlreicher nichtparametrischer Tests untereinander bzw. zu den parametrischen „Gegenstücken", dem t–Test und F–Test, vorgenommen und das Ergebnis in einer Tabelle zusammengestellt.

In *Kapitel 11* wird ein kurzer Ausblick auf weitere nichtparametrische Verfahren unter Einschluß verschiedener Anwendungsbereiche gegeben. Besondere Erwähnung verdienen die Quick– und Überschreitungstests, die robusten und adaptiven (verteilungsfreien) Tests sowie sequentielle Tests und Tests in der Zeitreihenanalyse. Auch der Bootstrap, der einen breiten Raum in der jüngsten statistischen Literatur einnimmt, und darauf basierende Tests seien besonders hervorgehoben.

Kapitel 1

Meßniveau von Daten

Im täglichen Leben, im Bereich der Technik, ja wohl in jeder wissenschaftlichen Disziplin wird gemessen:

Ermittlung des Intelligenzquotienten, der Schuhgröße, des Körpergewichtes, des Monatsverdienstes, der Zugehörigkeit zu einem Bundesland eines Einwohners einer Kleinstadt, der Lebensdauer eines zufällig einem Produktionslos entnommenen Transistors, des Bleigehaltes der Atemluft in der Nähe eines Verhüttungsbetriebes, der Belastbarkeit eines neuen Kunststoffes durch Druck, der Verträglichkeit eines Hormonpräparates im Rattenversuch, der Blutgruppe einer Testperson, der relativen Häufigkeit eines bestimmten Terminus in der Umgangssprache, des pH–Wertes einer wäßrigen Lösung eines chemischen Präparates usw.

Bei den angeführten Beispielen werden nicht in allen Fällen den Untersuchungsobjekten Zahlen zugeordnet, ein Sachverhalt, der dem landläufigen Verständnis vom „Messen" etwas zuwiderläuft. Doch der Meßbegriff muß soweit gefaßt werden, wie es den Anforderungen der Praxis entspricht:

Beim Messen werden den Objekten unter Einhaltung von Verträglichkeitsbedingungen Zahlen oder Symbole zugewiesen.

In jedem Fall dient Messung der Informationsbeschaffung über die jeweils vorliegenden Untersuchungsobjekte. Bei dem Meßvorgang selbst wird dann nicht alles erhoben, was sich erheben läßt, sondern es werden nur die für die interessierende Struktur des Untersuchungsgegenstandes relevanten Daten erfaßt. Will man bei einer Meinungsumfrage die Haltung der Bevölkerung zu einem neuen Gesetz ergründen, wird man vernünftigerweise nicht das Körpergewicht oder ähnlich fernliegende Merkmale der Befragten ermitteln.

Die Messung soll im Idealfall so vorgenommen werden, daß kein oder nur geringer Informationsverlust verursacht wird. Eng verknüpft mit der Frage des verlustarmen Informationstransfers ist die Festlegung der *Skala*, in der die Daten gemessen werden sollen. *Welche* Information und *welche Stufe* der Information, die benötigt werden, bestimmen die Skalierung, d.h. die Ausprägungsmöglichkeit der anfallenden Meßdaten? Dies können wir uns an folgendem Beispiel klarmachen:

Beispiel 1: Bei einem Fußballspiel haben, bedingt durch einen Irrtum der Heimmannschaft, alle 22 Spieler vollkommen identische Trikots. Natürlich werden die Zuschauer nach wenigen Minuten lautstark eine Änderung der Spielerkleidung fordern, um beide Mannschaften auseinanderhalten zu können. Dem Platzwart gelingt es, binnen kurzem einen kompletten Satz andersfarbiger Trikots herbeizuschaffen. Damit liegt eine zunächst grobe Skalierung fest. Den Spielern können zwei verschiedene Farben zugeordnet werden, an denen man die Spieler der Heim- bzw. Gastmannschaft erkennt. Einige Zuschauer hatten sich vor Beginn ein Programm gekauft, in dem die Spieler mit Trikotnummern vorgestellt werden. Um es diesen Zuschauern recht zu machen, werden zur Halbzeit an alle Spieler Nummerntrikots unter Beibehaltung der zwei verschiedenen Farben ausgegeben. Mit einer solchen Verfeinerung der Skala geht ein Informationsgewinn einher: Man kennt wegen der Rückennummern auch die Namen der Spieler. Zudem weiß man bei der Heimmannschaft, auf welchem Posten der Spieler mit der Nummer j spielt. So hat der Torwart die Nummer 1, der Libero die Nummer 5.

Von einer noch feineren Einteilung der Skala erfährt man durch die folgende Lautsprecherdurchsage: Die Spieler der Gastmannschaft haben ihre Rückennummern aufgrund ihrer Leistungen in den bisherigen Saisonspielen erhalten. Der beste Spieler hat die Nummer 1, der zweitbeste die Nummer 2 usw. Bei der Gastmannschaft ist also noch eine Rangordnung hinzugekommen, ein Informationsgewinn (hinsichtlich der Leistung – ein Informationsverlust aber bezüglich des Postens in der Mannschaft).

Am vorstehenden Beispiel ist deutlich geworden, daß je nach gewünschtem Umfang der Information, die aus einer Messung extrahiert werden soll, das Skalenniveau variiert werden muß. Daß wir nicht auf einem beliebigen Skalenniveau messen, hat weiter seinen Grund darin, daß wir aus den Rohdaten meist noch nicht sofort die erforderlichen Schlüsse ziehen wollen, sondern daß wir die gewonnenen Zahlen oder Symbole noch gewissen Transformationen unterwerfen, um Charakteristika der Meßobjekte noch deutlicher hervortreten zu lassen. Mit anderen Worten: Die Beobachtungen werden noch zu einigen für die Untersuchung wichtigen Kennziffern verdichtet, wie z.B. dem arithmetischen Mittel oder dem häufigsten Wert. Hierzu ein weiteres

Beispiel 2: Ein Meinungsforschungsinstitut wird nach der Ermittlung der Haltung der Bevölkerung zu einer geplanten Verfassungsänderung sicherlich nicht die ausgefüllten Erhebungsbögen präsentieren, sondern z.B. durch Angabe der relativen Häufigkeit der Zustimmung, Ablehnung und Indifferenz die Aussagekraft der Untersuchung erhöhen.

Die vorgesehenen Transformationen bestimmen also das Meßniveau der Daten mit. Da im vorstehenden Beispiel allein nur die relativen Häufigkeiten der Zustimmung, der Ablehnung und der Indifferenz interessieren, wäre es wenig sinnvoll, das Skalenniveau durch Ermittlung der Intensität der Abneigung oder Zustimmung noch anzuheben.

Mit der Frage der Transformation von Daten ist auch die Einhaltung von Verträglich-

8   1. Meßniveau von Daten

keitsbedingungen beim Messen angesprochen. Skalenniveau und Transformation von Meßdaten müssen kompatibel sein.

Beispiel 3: Wenn Schüler X eine 1 in Chemie auf dem Abiturzeugnis vorweisen kann, Schüler Y jedoch eine 3, wäre es Unsinn zu behaupten, Schüler X sei dreimal besser in diesem Fach als Schüler Y.
Ebenso fragwürdig wäre es, eine durchschnittliche Postleitzahl für Bayern zu berechnen.

Es wird nun eine Einteilung der verschiedenen Skalenniveaus nach ihrer Informationsintensität und dem Verhalten gegenüber Transformationen vorgenommen.

(1) Nominalskala (klassifikatorische Skala), z.B:
Kraftfahrzeugkennzeichen, Einteilung einer Großstadt in Bezirke, Blutgruppe, Postleitzahl, Geschlecht, Steuerklasse.

Die Objekte werden gemäß bestimmten Regeln in Klassen eingeteilt. Die Klassencharakterisierung geschieht durch Zuordnung von Symbolen oder Zahlen; dies bewirkt aber keine Wertung oder Anordnung, sondern eben nur eine Klassifizierung.

Dieses niedrigste Meßniveau ist invariant gegenüber eindeutigen (bijektiven) Transformationen. Es ist z.B. völlig gleichwertig, ob man den 5 Buslinien einer Kleinstadt mit den Nummern 1, 2, 3, 4 und 5 stattdessen die Buchstaben A, B, C, D und E zuweist. Die Einteilung aller Busse der Stadt in 5 disjunkte Teilklassen bleibt dabei natürlich erhalten. Information geht bei dieser vollständigen Umbenennung nicht verloren.

Statistische Kennziffern wie relative Häufigkeit oder der Modus bleiben bei derartigen Transformationen invariant.

(2) Ordinalskala (Rangskala), z.B:
Schulnoten, militärischer Rang, sozialer Status, Ranglisten im Sport, Güteklassen bei landwirtschaftlichen Erzeugnissen, Windstärke.

Im Gegensatz zur Nominalskala werden die gemessenen Individuen in eine Rangordnung gebracht; es findet eine Auszeichnung von Objekten vor anderen statt. Im mathematischen Sinne liegt auf der Menge der untersuchten Einheiten eine Ordnungsrelation vor, die durch den Meßvorgang definiert wird. Es handelt sich jedoch nur um eine Aufreihung, eine intensitätsmäßige Abstufung. Den Differenzen und Quotienten von Meßdaten einer Ordinalskala kommt keine Bedeutung zu.

So wird bei einem Architektenwettbewerb keine Aussage möglich sein, um wieviel besser der erste Preisträger gegenüber dem zweiten ist. Ebensowenig ist gesagt, der erste Preisträger sei fünfmal qualifizierter als der fünfte Preisträger.

Naturgemäß wird die Ordinalskala wegen ihrer Fähigkeit, mehr Informationen zu vermitteln, auf Skalenänderungen empfindlicher reagieren. Es sind hier nur echt monoton steigende Transformationen zulässig, d.h., wir müssen uns nun mit einer Teilklasse der eineindeutigen Abbildungen begnügen, um einen Verlust des Meßniveaus zu verhindern.

Wenn statt der Güteklassen A, B, C, D die Güteklassenbezeichnung 1, 2, 3, 4 vermöge der monoton steigenden Transformation

$$A \longmapsto 1 \qquad C \longmapsto 3$$
$$B \longmapsto 2 \qquad D \longmapsto 4$$

gewählt wird, so ist dadurch die Ordnung der Klassen unverändert; es findet kein Informationsverlust statt. Eine beliebige eineindeutige Transformation ließe natürlich die Ordnung der Klassen nicht unverändert.

Quantile (z.B. Median) und Rangstatistiken (siehe Kapitel 3) sind invariant gegenüber monoton steigenden Transformationen.

(3) Intervallskala, z.B:
Temperatur (gemessen in °C), Zeitdauer (bei verschiedenen Startpunkten).

Während bei der Ordinalskala die Abstände zwischen den zugewiesenen Meßwerten keinen Informationswert haben bzw. nicht definiert sind, ist jetzt die Kenntnis einer solchen Differenz von großem Belang.

Die Intervallskala realisiert sich ausschließlich durch reelle Zahlen und ist somit im Gegensatz zu den vorstehend behandelten Skalentypen quantitativ.

Bei der Ermittlung der Erdbeschleunigungskonstante g durch ein Experiment spielt die Differenz zwischen Fallbeginn und Fallende eine große Rolle. Auch bei mehrmaliger Wiederholung und damit unterschiedlichem Versuchsstartpunkt stellt sich an einem festen Ort für g jedesmal (abgesehen von Meßfehlern) ein konstanter Wert ein.

Die Intervallskala ist invariant gegenüber linearen Transformationen der Form

$$y = ax + b \quad (a > 0).$$

So besteht bekanntlich kein Unterschied, ob wir die Temperatur in °C (Celsius) oder in °F (Fahrenheit) messen. Wegen der Beziehung

$$y = 1.8x + 32 \quad \text{mit } y \text{ in °F}, \ x \text{ in °C}$$

läßt sich die Celsiusskala eineindeutig in die Fahrenheitskala überführen.

Als Folgerung erhalten wir für die Intervallskala die weiteren charakteristischen Eigenschaften:

(1) Bei zulässigen linearen Transformationen bleibt der Nullpunkt nicht fest (0°C ≠ 0°F). So können wir z.B. nicht sagen, in einem Zimmer mit 20°C ist es doppelt so warm wie in einem Zimmer mit 10°C.

(2) Der Quotient aus zwei Differenzen bleibt bei einer linearen Transformation erhalten, d.h.,

$$\frac{y_1 - y_2}{y_3 - y_4} = \frac{ax_1 + b - ax_2 - b}{ax_3 + b - ax_4 - b} = \frac{x_1 - x_2}{x_3 - x_4}.$$

(3) Der Quotient aus zwei verschiedenen Meßwerten ändert sich bei Skalenwechsel

$$\frac{y_1}{y_2} = \frac{ax_1 + b}{ax_2 + b} \neq \frac{x_1}{x_2}.$$

Als wichtigste statistische Kennzahlen für Daten, die in dieser Skala gemessen werden, sind das arithmetische Mittel, die Streuung und der Korrelationskoeffizient zu nennen.

(4) Verhältnisskala, z.B:
Gewicht, Länge, Fläche, Volumen, Temperatur (gemessen in °Kelvin), Stromspannung, Kosten, Gewinn.

Der Unterschied zur Intervallskala besteht darin, daß bei diesem Skalentyp ein fester Nullpunkt existiert, der sich bei den hier zulässigen Transformationen der Form

$$y = ax \quad (a > 0)$$

nicht ändert. Zudem bleibt das Verhältnis zweier Skalenwerte bei einer derartigen Transformation erhalten:

$$\frac{y_1}{y_2} = \frac{x_1}{x_2}.$$

Wollen wir z.B. die relative Steigerung des Umsatzes einer großen Exportfirma berechnen, so ist es völlig gleichgültig, ob wir den Umsatz auf Dollar- oder DM-Basis berechnen, wie aus der folgenden Tabelle ersichtlich wird:

	1992	1993
Umsatz (in Mio. DM)	17	18.7
Umsatz (in Mio. Dollar)	10	11

$$\begin{aligned}
\text{Relative Steigerung} &= \frac{\text{Umsatz von 1993}}{\text{Umsatz von 1992}} \\
&= \frac{18.7 \text{ Mio. DM}}{17 \text{ Mio. DM}} \\
&= \frac{11 \text{ Mio. Dollar}}{10 \text{ Mio. Dollar}} \\
&= 1.1
\end{aligned}$$

(Zugrundegelegter Kurs: 1 Dollar $\hat{=}$ 1.70 DM), d.h., $a = 1.7$.

Neben den schon bei der Intervallskala benutzten Kennzahlen treten hier der Variationskoeffizient $s/\bar{x}$ und das geometrische Mittel hinzu, Maßzahlen, welche die Kenntnis des Nullpunktes erforderlich machen.

Abschließende Bemerkungen
Manchmal werden die vier Skalenarten noch weiter zusammengefaßt:

Topologische Skala   *Kardinalskala*
Nominalskala   Intervallskala
Ordinalskala   Verhältnisskala

Während die bekannten parametrischen Testverfahren fast nur auf Daten, die auf der Kardinalskala gemessen werden, anwendbar sind, sind die verteilungsfreien Methoden weitgehend unabhängig vom vorliegenden Skalentyp. Insofern sind diese Verfahren universeller als die parametrischen. Selbst wenn in der Anwendung Daten mit kardinalem Meßniveau vorliegen, so kommt dennoch häufig kein parametrisches Verfahren in Frage, weil gewisse Modellannahmen wie die spezifische Gestalt der Verteilungsfunktion (z.B. Normalverteilung) nicht erfüllt sind. So muß dann auf ein nichtparametrisches (meist wenig rechenaufwendiges) Verfahren zurückgegriffen werden, das zudem mit einem niedrigeren Skalenniveau auskommt.

Zusammenfassend ergeben sich folgende Beziehungen zwischen den Skalenniveaus und den Transformationsmengen:

Invarianz des Meßniveaus gegenüber Transformationen

Nominalskala S_1 Menge M_1 aller bijektiven Transformationen
Ordinalskala S_2 Menge M_2 aller echt monoton steigenden Transformationen
Intervallskala S_3 Menge M_3 aller linearen Transformationen $x \mapsto ax + b, a, b \in \mathbb{R}, a > 0$
Verhältnisskala S_4 Menge M_4 aller Transformationen $x \mapsto ax, a \in \mathbb{R}, a > 0$.

Es gilt:

(1) $M_1 \supset M_2 \supset M_3 \supset M_4$

(2) S_i ist invariant gegenüber M_j, $1 \leq i \leq j \leq 4$.

Der Zusammenhang zwischen parametrischen und nichtparametrischen Verfahren hinsichtlich des geforderten Skalenniveaus mit dem Gewinn an Information u.a. ist in der folgenden Grafik dargestellt (in Pfeilrichtung findet eine Zunahme statt):

			Informations- gewinn	Empfindlichkeit gegenüber		Berechnungs- möglichkeit von
				Meßfehlern	Trans- formationen	statistischen Kennziffern
Nicht- parametrische Tests und Schätz- verfahren	Topologische Skala	Nominalskala				
		Ordinalskala				
Parametrische und nicht- parametrische Tests und Schätzverfahren	Kardinal- skala	Intervallskala				
		Verhältnisskala	↓	↓	↓	↓

Kapitel 2

Wahrscheinlichkeitstheoretische und statistische Grundbegriffe

In diesem Kapitel werden die wichtigsten Definitionen und Sätze der Wahrscheinlichkeitsrechnung und der Statistik, wie sie in diesem Lehrbuch benötigt werden, in Kurzform dargestellt. Für eine detailliertere Darstellung statistischer Grundlagen sei auf die Lehrbücher von Rohatgi (1984), Bickel u. Doksum (1977), Dudewicz u. Mishra (1988), Fisz (1976), Hogg u. Craig (1978), Roussas (1973) und vor allem Mood u.a. (1974) hingewiesen.

2.1 Wahrscheinlichkeit und Zufallsvariable

Ereignisraum Die möglichen Ausgänge eines Zufallsprozesses werden durch eine Menge E (*Ereignisraum*) bzw. durch ein System $\mathfrak{A}$ (*Ereignisalgebra*) von Teilmengen aus E beschrieben. Die Elemente aus E heißen *Elementarereignisse*, die Mengen aus $\mathfrak{A}$ *Ereignisse*. Sind $A, B, A_1, A_2, A_3, \ldots \in \mathfrak{A}$ Ereignisse, so sollen $A \cap B$ (A und B), $A \cup B$ (A oder B), $\bar{A}$ (nicht A), $A_1 \cup A_2 \cup A_3 \cup \cdots$ (A_1 oder A_2 oder A_3 oder ...) wieder Ereignisse sein. E (*sicheres Ereignis*) gehört zu $\mathfrak{A}$. $\mathfrak{A}$ muß nicht notwendigerweise aus allen Teilmengen von E bestehen.

Wahrscheinlichkeitsmaß Als Maß für den Grad der Möglichkeit des Eintretens eines Ereignisses A wird ihm die Kennzahl $P(A)$ zugeordnet. Diese Kennzahl heißt *Wahrscheinlichkeit* von A. Eine Funktion

$$P : \mathfrak{A} \to \mathbb{R}$$
$$A \mapsto P(A)$$

mit den Eigenschaften (*Kolmogorowsche Axiome*):

(1) $0 \leq P(A) \leq 1$ für alle $A \in \mathfrak{A}$,

(2) $P(E) = 1$,

(3) ist $A_1, A_2, A_3, \ldots \in \mathfrak{A}$ eine Folge von Ereignissen mit $A_i \cap A_j = \emptyset$ ($i \neq j$), so gilt

$$P\left(\bigcup_{i=1}^{\infty} A_i\right) = \sum_{i=1}^{\infty} P(A_i),$$

heißt *Wahrscheinlichkeitsmaß*. Das Tripel $(E, \mathfrak{A}, P)$ nennen wir *Wahrscheinlichkeitsraum*. Aus den Axiomen (1), (2) und (3) folgt direkt:

(4) $P(\bar{A}) = 1 - P(A)$

(5) $P(\emptyset) = 0$

(6) $A \subseteq B$ impliziert $P(A) \leq P(B)$

(7) $P(A \cup B) = P(A) + P(B) - P(A \cap B)$.

Haben wir Kenntnis davon, daß ein Ereignis B eingetreten ist, so ändert sich unter Umständen $P(A)$. Gilt $P(B) > 0$, so ist diese *bedingte Wahrscheinlichkeit von A unter der Bedingung B* definiert durch

$$P(A \mid B) = \frac{P(A \cap B)}{P(B)}$$

$P(\cdot \mid B)$ hat die Eigenschaften (1), (2) und (3), ist also ebenfalls ein Wahrscheinlichkeitsmaß. Ändert sich die Wahrscheinlichkeit von A nach Eintreten von B nicht, gilt also $P(A) = P(A \mid B)$, so heißen A und B *unabhängig*. Äquivalent mit der Unabhängigkeit von A und B ist die Gleichung $P(A \cap B) = P(A) P(B)$.

Zufallsvariable Wollen wir Ereignisse durch reelle Zahlen charakterisieren, so bietet sich das Konzept der Zufallsvariablen an. Gegeben sei der Ereignisraum E und die Ereignisalgebra $\mathfrak{A}$. Eine Funktion

$$X : E \to \mathbb{R}$$

heißt *Zufallsvariable*, wenn für jedes $x \in \mathbb{R}$ die Menge

$$(X \leq x) = \{e \mid e \in E \text{ und } X(e) \leq x\}$$

ein Ereignis ist, d.h. zu $\mathfrak{A}$ gehört. Ist X eine Zufallsvariable, so sind die folgenden Mengen ebenfalls Ereignisse: $(X < x)$, $(x_u < X \leq x_o)$, wobei x, x_u, x_o beliebige reelle Zahlen sind.

Zu einem Ereignis A aus $\mathfrak{A}$ läßt sich im allgemeinen eine Zufallsvariable X so finden, daß $A = (X \in B)$ für eine passende Teilmenge B von $\mathbb{R}$ ist. $(X \in B) = \{e \mid e \in E \text{ und } X(e) \in B\}$ ist das Ereignis, daß X einen Wert aus B annimmt.

Sind X und Y Zufallsvariablen und k eine reelle Zahl, dann sind auch $X + Y$, XY, $k \cdot X$, $\max\{X, Y\}$, X/Y (wenn $(Y = 0) = \emptyset$) Zufallsvariablen.

2.2 Verteilungs- und Dichtefunktion

Verteilungsfunktion Gegeben sei der Wahrscheinlichkeitsraum $(E, \mathfrak{A}, P)$. Ist X eine Zufallsvariable, so heißt

$$F : \mathbb{R} \to [0,1]$$
$$x \mapsto F(x) = P(X \leq x)$$

die zu X gehörende *Verteilungsfunktion*. $F(x)$ gibt an, mit welcher Wahrscheinlichkeit X einen Wert kleiner oder gleich x annimmt.

Es gilt:

(1) $\lim_{x \to +\infty} F(x) = 1$

(2) $\lim_{x \to -\infty} F(x) = 0$

(3) F ist monoton nichtfallend

(4) Für $x_u < x_o$ gilt $P(x_u < X \leq x_o) = F(x_o) - F(x_u)$

(5) F ist rechtsstetig, d.h., für alle reellen Zahlen x gilt

$$F(x+h) \xrightarrow[\substack{h \to 0 \\ h > 0}]{} F(x)$$

Diskrete Zufallsvariable Eine Zufallsvariable heißt *diskret*, wenn sie endlich oder abzählbar unendlich viele Werte annehmen kann.

Die Funktion

$$f(x) = \begin{cases} P(X = x) & \text{falls } x \text{ Wert von } X \text{ ist} \\ 0 & \text{sonst} \end{cases}$$

heißt die zugehörige *Dichtefunktion* (*Wahrscheinlichkeitsfunktion*). Sie gibt die Wahrscheinlichkeit an, mit der die Zahl x von X angenommen wird. Zwischen Verteilungsfunktion und Dichtefunktion einer diskreten Zufallsvariablen besteht der folgende Zusammenhang

$$F(x) = \sum_{t \leq x} f(t).$$

Stetige Zufallsvariable Eine Zufallsvariable X heißt *stetig* verteilt (auch: *absolut stetig*), wenn es eine Funktion $f : \mathbb{R} \to \mathbb{R}$ gibt, so daß für alle reellen Zahlen x gilt:

$$F(x) = \int_{-\infty}^{x} f(t)\,dt.$$

16   2. Wahrscheinlichkeitstheoretische und statistische Grundbegriffe

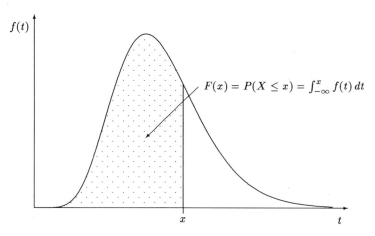

Abb. 2.1

f heißt die zu X gehörende *Dichtefunktion* (kurz *Dichte*). F heißt *stetig*, falls das zugehörige X stetig verteilt ist. (Nicht zu verwechseln mit der gewöhnlichen Stetigkeit von Funktionen). Ist f stetig im Punkt x, so gilt $F'(x) = f(x)$. Ist X stetig verteilt, so gilt $P(X = x) = 0$ und $P(X \leq x) = P(X < x)$ für alle reellen Zahlen x.

Mehrdimensionale Verteilungen   Sind X und Y zwei Zufallsvariablen, so ist die *gemeinsame Verteilungsfunktion* $F_{X,Y}$ erklärt durch

$$F_{X,Y}(x,y) = P((X \leq x) \cap (Y \leq y)).$$

Sie gibt die Wahrscheinlichkeit an, daß X Werte kleiner oder gleich x *und* Y Werte kleiner oder gleich y annimmt. Es gelten die Regeln

(1) $\lim_{x \to +\infty} F_{X,Y}(x,y) = F_Y(y)$ (F_Y Verteilungsfunktion von Y)

(2) $\lim_{y \to +\infty} F_{X,Y}(x,y) = F_X(x)$ (F_X Verteilungsfunktion von X)

(3) $\lim_{x \to -\infty} F_{X,Y}(x,y) = 0 = \lim_{y \to -\infty} F_{X,Y}(x,y).$

Die *gemeinsame Verteilungsfunktion von Zufallsvariablen* $X_1, \ldots X_n$ wird entsprechend definiert durch

$$F_{X_1,\ldots,X_n}(x_1,\ldots,x_n) = P((X_1 \leq x_1) \cap \cdots \cap (X_n \leq x_n)).$$

Sind $X_1, \ldots, X_n$ diskret, so heißt

$$f_{X_1,\ldots,X_n}(x_1,\ldots,x_n) = P((X_1 = x_1) \cap \cdots \cap (X_n = x_n))$$

2.2 Verteilungs- und Dichtefunktion

die *gemeinsame diskrete Dichtefunktion* von $X_1, \ldots, X_n$. $X_1, \ldots, X_n$ haben eine gemeinsame stetige Verteilung, wenn es eine Funktion $f_{X_1,\ldots,X_n}$ gibt, so daß für alle Tupel $(x_1, \ldots, x_n)$ gilt

$$F_{X_1,\ldots,X_n}(x_1, \ldots, x_n) = \int_{-\infty}^{x_1} \cdots \int_{-\infty}^{x_n} f_{X_1,\ldots,X_n}(t_1, \ldots, t_n)\, dt_1 \cdots dt_n.$$

Ist $f_{X_1,\ldots,X_n}$ in $(x_1, \ldots, x_n)$ stetig, so ist

$$\frac{\partial^n}{\partial x_1 \cdots \partial x_n} F_{X_1,\ldots,X_n}(x_1, \ldots, x_n) = f_{X_1,\ldots,X_n}(x_1, \ldots, x_n).$$

Haben $X_1, \ldots, X_n$ eine gemeinsame stetige Verteilung, so ist jedes X_i stetig verteilt, und es ist

$$f_{X_i}(x_i) = \int_{-\infty}^{\infty} \cdots \int_{-\infty}^{\infty} f_{X_1,\ldots,X_n}(x_1, \ldots, x_n)\, dx_1 \cdots dx_{i-1} dx_{i+1} \cdots dx_n.$$

Ein entsprechendes Resultat gilt für diskrete Zufallsvariablen.

Unabhängigkeit von Zufallsvariablen Die Zufallsvariablen $X_1, \ldots, X_n$ heißen *(stochastisch) unabhängig*, wenn für alle n-Tupel $(x_1, \ldots, x_n)$ gilt

$$F_{X_1,\ldots,X_n}(x_1, \ldots, x_n) = F_{X_1}(x_1) F_{X_2}(x_2) \cdots F_{X_n}(x_n).$$

Sind $X_1, \ldots, X_n$ gemeinsam diskret oder stetig verteilt, so gilt die Unabhängigkeit genau dann, wenn

$$f_{X_1,\ldots,X_n}(x_1, \ldots, x_n) = f_{X_1}(x_1) f_{X_2}(x_2) \cdots f_{X_n}(x_n)$$

für alle n-Tupel $(x_1, \ldots, x_n)$ ist.

Symmetrische Verteilung Eine Zufallsvariable X heißt *symmetrisch* verteilt um den Punkt x_0, wenn $P(X \leq x_0 - x) = P(X \geq x_0 + x)$ für alle reellen Zahlen x gilt.

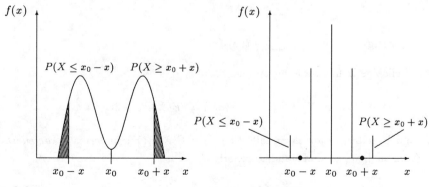

Abb. 2.2 **Abb. 2.3**

Stochastisch größer Die Zufallsvariable X heißt *stochastisch größer* als die Zufallsvariable Y, wenn gilt: $F_X(z) \leq F_Y(z)$ für alle reellen Zahlen z.

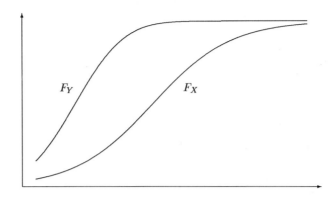

Abb. 2.4

Dies bedeutet also $P(X \leq z) \leq P(Y \leq z)$. Wenn X stochastisch größer als Y ist, so gilt stets $P(X > Y) \geq P(X < Y)$. Die Umkehrung gilt jedoch im allgemeinen nicht.

2.3 Momente und Quantile

Zur Beschreibung von Verteilungen dient eine Reihe von Maßzahlen, von denen wir die wichtigsten aufführen. Die Werte einer diskreten Zufallsvariablen seien mit x_i, die Dichte einer stetigen Zufallsvariablen sei mit f bezeichnet.

Erwartungswert $E(X)$

X diskret $\quad E(X) = \sum_i x_i P(X = x_i)$

X stetig $\quad E(X) = \int_{-\infty}^{\infty} x f(x)\, dx$

Für beliebige Zufallsvariablen X und Y gilt

$$E(X + Y) = E(X) + E(Y); \quad E(cX) = cE(X),\ c \in \mathbb{R}.$$

X und Y heißen *unkorreliert*, falls $E(XY) = E(X)E(Y)$, andernfalls *korreliert*. Sind X und Y unabhängig, so sind sie unkorreliert.

Varianz $\mathrm{Var}(X)$

X diskret $\quad \mathrm{Var}(X) = \sum_i (x_i - E(X))^2 P(X = x_i)$

X stetig $\quad \mathrm{Var}(X) = \int_{-\infty}^{\infty} (x - E(X))^2 f(x)\, dx$

Es gilt:
$$\mathrm{Var}(cX) = c^2\mathrm{Var}(X) \quad \text{und} \quad \mathrm{Var}(c+X) = \mathrm{Var}(X).$$

Sind X und Y unkorreliert, so gilt $\mathrm{Var}(X+Y) = \mathrm{Var}(X) + \mathrm{Var}(Y)$.

Standardabweichung $\quad \sqrt{\mathrm{Var}(X)}$ heißt die *Standardabweichung* von X.

r–tes Moment $\quad r$ sei eine natürliche Zahl. Dann heißt

$\mu'_r = E(X^r)$ *r–tes Moment* von X
$\mu_r = E((X - E(X))^r)$ *r–tes zentrales Moment* von X.

Erwartungswert, Varianz oder die Momente müssen nicht endlich sein. Häufig wird die Abkürzung $\mu = E(X)$ bzw. $\sigma^2 = \mathrm{Var}(X)$ verwendet. Es gilt:

$$\mu'_1 = \mu \quad \mu'_2 = E(X^2) \quad \mu_1 = 0 \quad \mu_2 = \sigma^2.$$

Ist $r > 2$, sprechen wir auch von *höheren Momenten*.

Quantile $\quad$ Sei $0 < p < 1$. Jede Zahl a_p mit der Eigenschaft

$$P(X < a_p) \leq p \leq P(X \leq a_p)$$

nennen wir *p–tes Quantil* der Zufallsvariablen X. a_p muß nicht eindeutig sein. Ist jedoch F_X streng monoton wachsend, so ist a_p eindeutig bestimmt. Insbesondere bei Konfidenzintervallen und Tests werden Quantile (*kritische Werte*) häufig gebraucht. Statt p wird dort der griechische Buchstabe α verwendet. a_α bzw. $a_{1-\alpha}$ heißen dann α-*Quantil* bzw. $(1-\alpha)$-*Quantil*.

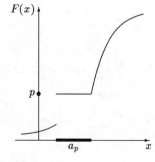 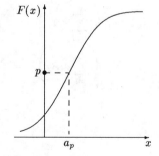

Abb. 2.5 $\qquad\qquad\qquad\qquad$ Abb. 2.6

Median und Quartile $\quad$ Ein *p*–tes Quantil mit

$p = 0.25 \qquad$ heißt 1. Quartil oder unteres Quartil.
$p = 0.5 \qquad$ heißt Median (2. Quartil)
$p = 0.75 \qquad$ heißt 3. Quartil oder oberes Quartil.

Bei symmetrischer Verteilung und eindeutig bestimmtem Median stimmen Erwartungswert und Median überein.

Kovarianz Für zwei Zufallsvariablen X und Y ist die *Kovarianz* von X und Y definiert durch

$$\text{Cov}(X,Y) = E([X - E(X)][Y - E(Y)]).$$

Die Kovarianz besitzt die folgenden Eigenschaften:

a) $\text{Cov}(X,Y) = E(XY) - E(X)E(Y)$.

b) Die Zufallsvariablen X und Y sind genau dann unkorreliert, wenn $\text{Cov}(X,Y) = 0$ gilt.

c) $\text{Cov}(X,X) = \text{Var}(X)$. *Ungleichung von Cauchy–Schwarz*

$$|\text{Cov}(X,Y)| \leq \sqrt{\text{Var}(X)\text{Var}(Y)}$$

Die Gleichheit gilt genau dann, wenn $Y = cX + d$ mit Wahrscheinlichkeit 1 ist ($c \neq 0, d$ Konstanten).

e) $X_1, \ldots, X_n$ und $Y_1, \ldots, Y_m$ seien Zufallsvariablen und $a_1, \ldots, a_n, b_1, \ldots, b_m$ seien reelle Zahlen. Dann gelten die folgenden Identitäten:

$$\text{Var}\left(\sum_{i=1}^{n} X_i\right) = \sum_{i=1}^{n} \text{Var}(X_i) + \sum_{\substack{i=1 \\ i \neq j}}^{n} \sum_{j=1}^{n} \text{Cov}(X_i, X_j)$$

$$= \sum_{i=1}^{n} \text{Var}(X_i) + 2 \sum_{i<j} \sum \text{Cov}(X_i, X_j)$$

$$\text{Cov}\left(\sum_{i=1}^{n} a_i X_i, \sum_{j=1}^{m} b_j Y_j\right) = \sum_{i=1}^{n} \sum_{j=1}^{m} a_i b_j \text{Cov}(X_i, Y_j).$$

$$\text{Var}\left(\sum_{i=1}^{n} a_i X_i\right) = \sum_{i=1}^{n} a_i^2 \text{Var}(X_i) + \sum_{\substack{i=1 \\ i \neq j}}^{n} \sum_{j=1}^{n} a_i a_j \text{Cov}(X_i, X_j)$$

$$= \sum_{i=1}^{n} a_i^2 \text{Var}(X_i) + 2 \sum_{i<j} \sum a_i a_j \text{Cov}(X_i, X_j)$$

Korrelationskoeffizient Der *Korrelationskoeffizient* zweier Zufallsvariablen X und Y ist erklärt durch

$$\text{Corr}(X,Y) = \frac{\text{Cov}(X,Y)}{\sqrt{\text{Var}(X)}\sqrt{\text{Var}(Y)}}.$$

Abkürzend wird $\rho = \text{Corr}(X,Y)$ gesetzt. Es ist: $-1 \leq \rho \leq 1$, $\rho = 0$ genau dann, wenn X und Y unkorreliert sind, $|\rho| = 1$ genau dann, wenn $Y = cX + d$ mit Wahrscheinlichkeit 1 gilt ($c \neq 0, d$ Konstanten).

2.4 Spezielle Verteilungen und deren Eigenschaften

2.4.1 Allgemeine Begriffe

Parameter einer Verteilung Die in der Verteilungs- oder Dichtefunktion einer Zufallsvariablen auftretenden Konstanten heißen *Parameter*. Zwei Verteilungen, die sich nur durch Parameter unterscheiden, werden derselben Verteilungsklasse zugerechnet, sie sind vom selben Typ. Auch wenn sie nicht explizit in der Verteilungs- oder in der Dichtefunktion auftauchen, werden Erwartungswert, Varianz, Median, höhere Momente usw. als Parameter aufgefaßt. Die möglichen Parameter einer Verteilungsklasse werden zum *Parameterraum* Ω zusammengefaßt. Die Parameter aus Ω werden mit θ bezeichnet.

Heavy tails (long tails) Viele Dichten haben die Eigenschaft, daß $f(x)$ für $x \to -\infty$ bzw. $x \to \infty$ rasch gegen Null konvergiert. Bei manchen Verteilungen ist jedoch noch eine relativ große „Wahrscheinlichkeitsmasse" an den Rändern anzutreffen, wie z.B. bei der Cauchy-Verteilung oder der Doppelexponentialverteilung, siehe 11.4.2. Wir sprechen dann von *heavy tails* oder *long tails*.

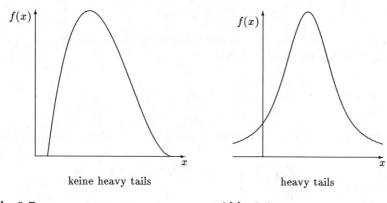

keine heavy tails heavy tails

Abb. 2.7 **Abb. 2.8**

Lageparameter θ heißt *Lageparameter* (location parameter) der Zufallsvariablen X, wenn die Verteilung $X - \theta$ nicht mehr von θ abhängt. Dies ist genau dann der Fall, wenn sich die Dichte in der Form $f(x) = g(x-\theta)$ oder die Verteilungsfunktion in der Form $F(x) = G(x-\theta)$ darstellen lassen, wobei g eine Dichtefunktion und G eine Verteilungsfunktion sind.

Variabilitätsparameter $\theta > 0$ heißt *Variabilitätsparameter (Skalenparameter,* scale parameter) der Zufallsvariablen X, wenn die Verteilung von $\frac{X}{\theta}$ nicht mehr von θ abhängt. Dies ist genau dann der Fall, wenn sich die Dichte in der Form $f(x) = \frac{1}{\theta} g\left(\frac{x}{\theta}\right)$ oder die Verteilungsfunktion in der Form $F(x) = G\left(\frac{x}{\theta}\right)$ darstellen lassen, wobei g eine Dichtefunktion und G eine Verteilungsfunktion sind.

Standardisierung X sei eine Zufallsvariable mit dem Erwartungswert $\mu = E(X)$ und der Standardabweichung $\sigma = \sqrt{\text{Var}(X)}$. X wird durch die Transformation $Z = \frac{X-\mu}{\sigma}$ *standardisiert*, d.h., es gilt $E(Z) = 0$ und $\text{Var}(Z) = 1$.

Asymptotische Verteilung Seien $X_1, X_2, \ldots$ eine Folge von Zufallsvariablen und F eine stetige Verteilungsfunktion. Die Folge $X_1, X_2, \ldots$ heißt *asymptotisch verteilt nach F*, falls für alle Stetigkeitsstellen x von F gilt $\lim_{n \to \infty} P(X_n \leq x) = F(x)$, d.h., die Folge der zugehörigen Verteilungsfunktionen konvergiert dort punktweise gegen F.

2.4.2 Diskrete Verteilungen

Bernoulli-Verteilung (0,1-Verteilung) X genügt einer *Bernoulli-Verteilung* mit dem Parameter p ($X \sim Bi(1,p)$) wenn

$$f(x) = P(X = x) = \begin{cases} p & \text{falls } x = 1 \\ 1 - p & \text{falls } x = 0 \\ 0 & \text{sonst.} \end{cases}$$

Wir setzen $A = (X = 1)$ und $\bar{A} = (X = 0)$.

Binomialverteilung Sind $X_1, X_2, \ldots, X_n$ unabhängige, identisch verteilte Zufallsvariablen mit $X_i \sim Bi(1, p)$, so hat die Zufallsvariable

$$X = \sum_{i=1}^{n} X_i$$

eine *Binomialverteilung* mit den Parametern n und p ($X \sim Bi(n, p)$). Die Dichte lautet

$$f(x) = P(X = x) = \begin{cases} \binom{n}{x} p^x (1-p)^{n-x} & \text{falls } x = 0, 1, \ldots, n \\ 0 & \text{sonst.} \end{cases}$$

X gibt die Anzahl des Auftretens von A bei n unabhängigen „Bernoulli-Versuchen" an.

Diskrete Gleichverteilung X hat eine *diskrete Gleichverteilung* mit dem Parameter n ($X \sim G(n)$), wenn die Dichtefunktion lautet

$$f(x) = P(X = x) = \begin{cases} \frac{1}{n} & \text{falls } x = 1, 2, \ldots, n \\ 0 & \text{sonst.} \end{cases}$$

Hypergeometrische Verteilung Eine Urne enthalte N Kugeln, M rote und $N - M$ schwarze. n Kugeln werden der Urne zufällig ohne Zurücklegen entnommen. X bezeichne die Anzahl der roten Kugeln der Stichprobe vom Umfang n. Dann hat X eine *hypergeometrische*

Verteilung mit den Parametern N, M und n ($X \sim H(N, M, n)$). Mit $a = \max\{0, n - (N - M)\}$ und $b = \min\{n, M\}$ ist die Dichtefunktion ist gegeben durch

$$f(x) = P(X = x) = \begin{cases} \dfrac{\binom{M}{x}\binom{N-M}{n-x}}{\binom{N}{n}} & \text{falls} \quad a \leq x \leq b, \\ 0 & \text{sonst.} \end{cases}$$

Poissonverteilung Es sei $X_1, X_2, \ldots$ eine Folge von Zufallsvariablen mit $X_n \sim Bi(n, p_n)$. Es gelte außerdem $\lim\limits_{n \to \infty} np_n = \lambda$, $\lambda > 0$. X heißt *poissonverteilt* mit dem Parameter λ ($X \sim Po(\lambda)$), wenn für $x = 0, 1, \ldots$ gilt: $P(X = x) = \lim\limits_{n \to \infty} P(X_n = x)$. Als Dichtefunktion ergibt sich

$$f(x) = P(X = x) = \begin{cases} \dfrac{e^{-\lambda}\lambda^x}{x!} & \text{falls } x = 0, 1, \ldots \\ 0 & \text{sonst.} \end{cases}$$

Multinomialverteilung Ein Experiment bestehe aus n unabhängigen Versuchen. Jeder der Versuche habe k sich gegenseitig ausschließende Ausgänge $A_1, \ldots, A_k$ mit den Wahrscheinlichkeiten $p_1, \ldots, p_k$. Sei X_i = Anzahl des Auftretens von A_i in den n Versuchen. Die (vektorwertige) Zufallsvariable $\boldsymbol{X} = (X_1, \ldots, X_k)$ hat eine *Multinomialverteilung* mit den Parametern $p_1, \ldots, p_k$ und n ($\boldsymbol{X} \sim M(n, p_1, \ldots, p_k)$) mit der Dichtefunktion

$$\begin{aligned} f(x_1, \ldots, x_k) &= P(X_1 = x_1, \ldots, X_k = x_k) \\ &= \begin{cases} \dfrac{n!}{x_1! x_2! \cdots x_k!} p_1^{x_1} p_2^{x_2} \cdots p_k^{x_k} & \text{für } x_i = 0, 1, \ldots, n, \; \sum\limits_{i=1}^{k} x_i = n \\ 0 & \text{sonst,} \end{cases} \end{aligned}$$

wobei $\sum\limits_{i=1}^{k} p_i = 1$ ist.

2.4.3 Stetige Verteilungen

Gleichverteilung (Rechteckverteilung) Nimmt eine Zufallsvariable nur in einem Intervall $[a, b]$ Werte an und besteht Grund zur Annahme, daß keiner der Werte oder Teilintervalle „bevorzugt" wird, so hat X eine *Gleichverteilung* (oder auch: *Rechteckverteilung*) auf $[a, b]$ ($X \sim R(a, b)$) mit der Dichte

$$f(x) = \begin{cases} \dfrac{1}{b - a} & \text{falls } a \leq x \leq b \\ 0 & \text{sonst.} \end{cases}$$

Wichtige Sonderfälle sind $a = 0$ und $b = \theta$ bzw. $a = 0$ und $b = 1$.

Normalverteilung Sie ist die bekannteste und wichtigste aller Wahrscheinlichkeitsverteilungen. X ist *normalverteilt* mit den Parametern μ und σ^2 ($X \sim N(\mu, \sigma^2)$), wenn die Dichte gegeben ist durch

$$f(x) = \frac{1}{\sqrt{2\pi}\sigma} e^{-\frac{1}{2}\left(\frac{x-\mu}{\sigma}\right)^2} \quad \mu \in \mathbb{R}, \; \sigma > 0.$$

Es ist $E(X) = \mu$, $\mathrm{Var}(X) = \sigma^2$. μ ist ein Lageparameter, σ ein Variabilitätsparameter. Für die standardisierte Variable $Z = \frac{X-\mu}{\sigma}$ gilt $Z \sim N(0,1)$. Ist $\mu = 0$, $\sigma^2 = 1$ so sagen wir, die Variable ist *standardnormalverteilt*. Die Verteilungsfunktion einer normalverteilten Variablen wird mit $\Phi(x \mid \mu; \sigma)$ bezeichnet. Φ ist streng monoton wachsend. Eine normalverteilte Zufallsvariable ist symmetrisch um $x_0 = \mu$ verteilt. Sind $X_i \sim N(\mu_i, \sigma_i^2)$ ($i = 1, 2$) zwei unabhängige Variablen und a, b reelle Zahlen, so gilt $aX_1 + bX_2 \sim N(a\mu_1 + b\mu_2, a^2\sigma_1^2 + b^2\sigma_2^2)$.

Kontaminierte Normalverteilung Diese Verteilung spielt bei Robustheitsuntersuchungen von Schätzern oder Tests eine herausragende Rolle (siehe 11.3 und 11.4). X hat eine *kontaminierte Normalverteilung*, wenn die Dichte gegeben ist durch

$$f(x) = (1-\varepsilon)\frac{1}{\sqrt{2\pi}\sigma_1} e^{-\frac{1}{2}\left(\frac{x-\mu_1}{\sigma_1}\right)^2} + \varepsilon \frac{1}{\sqrt{2\pi}\sigma_2} e^{-\frac{1}{2}\left(\frac{x-\mu_2}{\sigma_2}\right)^2}$$

mit $x, \mu_1, \mu_2 \in \mathbb{R}$, $\sigma_1, \sigma_2 > 0$, $\varepsilon \in (0,1)$. Für die Verteilung von X schreiben wir auch

$$F = (1-\varepsilon)N(\mu_1, \sigma_1^2) + \varepsilon N(\mu_2, \sigma_2^2).$$

Dieses Wahrscheinlichkeitsmodell kann wie folgt interpretiert werden: Eine Beobachtung x stammt mit Wahrscheinlichkeit $(1-\varepsilon)$ aus $N(\mu_1, \sigma_1^2)$ und mit Wahrscheinlichkeit ε aus $N(\mu_2, \sigma_2^2)$. Es sei darauf hingewiesen, daß F im allgemeinen *keine* Normalverteilung ist. Es gilt:

$$\begin{aligned} E(X) &= (1-\varepsilon)\mu_1 + \varepsilon\mu_2, \\ \mathrm{Var}(X) &= (1-\varepsilon)\sigma_1^2 + \varepsilon\sigma_2^2 + \varepsilon(1-\varepsilon)(\mu_1 - \mu_2)^2. \end{aligned}$$

Ein wichtiger Spezialfall, der in 11.3 und 11.4 eine Rolle spielt, ist folgende sogenannte Skalenkontamination: $\mu_1 = \mu_2 = 0$, $\sigma_1^2 = 1$. Dafür schreiben wir $X \sim KN(\varepsilon, \sigma)$ mit $KN(x, \varepsilon, \sigma) = (1-\varepsilon)\Phi(x) + \varepsilon\Phi(x/\sigma)$, wobei Φ die Standardnormalverteilung ist. Dann gilt also: $E(X) = 0$, $\mathrm{Var}(X) = (1-\varepsilon) + \varepsilon\sigma^2$.

Lognormalverteilung X ist *lognormalverteilt* ($X \sim LN(\mu, \sigma^2)$), wenn die Dichte gegeben ist durch

$$f(x) = \begin{cases} \frac{1}{x\sqrt{2\pi}\sigma} e^{-\frac{(\ln x - \mu)^2}{2\sigma^2}} & \text{falls } x > 0 \\ 0 & \text{sonst.} \end{cases}$$

Dabei ist $\sigma > 0$ und $\mu \in \mathbb{R}$; σ^2 heißt Formparameter. Es gilt:

$$E(X) = e^{\mu + \frac{1}{2}\sigma^2}, \quad \mathrm{Var}(X) = e^{2\mu + \sigma^2}\left(e^{\sigma^2} - 1\right).$$

Die transformierte Zufallsvariable $Y = \ln X$ ist dann normalverteilt mit $E(Y) = \mu$ und $\text{Var}(Y) = \sigma^2$.

Gammaverteilung X heißt *gammaverteilt* mit den Parametern r und λ ($X \sim \Gamma(r, \lambda)$), wobei $r > 0$ und $\lambda > 0$ sind, wenn die Dichte gegeben ist durch

$$f(x) = \begin{cases} \frac{\lambda}{\Gamma(r)}(\lambda x)^{r-1} e^{-\lambda x} & \text{falls } x \geq 0 \\ 0 & \text{sonst.} \end{cases}$$

Γ ist die Gammafunktion (vgl. Math. Anhang).

Exponentialverteilung X ist *exponentialverteilt* mit dem Parameter λ ($X \sim Ex(\lambda)$), wenn $X \sim \Gamma(1, \lambda)$. Die Dichte lautet dann, da $\Gamma(1) = 1$ ist:

$$f(x) = \begin{cases} \lambda e^{-\lambda x} & \text{falls } x \geq 0 \\ 0 & \text{sonst.} \end{cases}$$

Doppelexponentialverteilung (Laplaceverteilung) X ist *doppelexponentialverteilt (laplaceverteilt)* mit den Parametern α und β ($X \sim Dex(\alpha, \beta)$), wenn X die Dichte

$$f(x) = \frac{1}{2\beta} e^{-\frac{|x-\alpha|}{\beta}}$$

besitzt. Dabei ist $\beta > 0$.

χ^2-*Verteilung*   Sind $X_1, \ldots, X_n$ unabhängige standardnormalverteilte Zufallsvariablen, so hat die Variable $X = X_1^2 + \cdots + X_n^2$ eine χ^2-*Verteilung* mit dem Parameter n ($X \sim \chi_n^2$). Der Parameter n heißt *Freiheitsgrad* (FG) von X. Das p-te Quantil der χ^2-Verteilung mit n FG wird mit $\chi^2_{p;n}$ bezeichnet. Die Dichte ist

$$f(x) = \begin{cases} \dfrac{1}{2^{n/2} \Gamma(n/2)} x^{n/2-1} e^{-x/2} & \text{falls } x \geq 0 \\ 0 & \text{sonst.} \end{cases}$$

Die χ^2-Verteilung ist ein Sonderfall der Gammaverteilung ($r = n/2$, $\lambda = 1/2$).

F-Verteilung X und Y seien unabhängige Zufallsvariablen mit $X \sim \chi_m^2$ und $Y \sim \chi_n^2$. Dann hat die Variable $U = (X/m)/(Y/n)$ eine *F-Verteilung* mit den Parametern n und m ($U \sim F_{m,n}$); m und n heißen die *Freiheitsgrade* der F-Verteilung. Das p-te Quantil der F-Verteilung mit m, n FG wird mit $F_{p;m,n}$ bezeichnet. Die Dichte ist gegeben durch

$$f(u) = \begin{cases} \dfrac{m^{m/2} n^{n/2}}{B(m/2, n/2)} \dfrac{u^{m/2-1}}{(mu+n)^{(m+n)/2}} & \text{falls } u \geq 0 \\ 0 & \text{sonst.} \end{cases}$$

B ist die Betafunktion (vgl. Math. Anhang).

t-Verteilung X und Y seien unabhängige Zufallsvariablen mit $X \sim N(0,1)$ und $Y \sim \chi_n^2$. Die Variable $T = X/\sqrt{Y/n}$ hat eine *t-Verteilung* mit dem Parameter n ($T \sim t_n$); n heißt der *Freiheitsgrad* der t-Verteilung. Das p-te Quantil der t-Verteilung mit n FG wird mit $t_{p;n}$ bezeichnet. Die Dichte lautet

$$f(t) = \frac{\Gamma\left(\frac{n+1}{2}\right)}{\Gamma\left(\frac{n}{2}\right)\sqrt{\pi n}} \left(1 + \frac{t^2}{n}\right)^{-(n+1)/2}.$$

Eine t-verteilte Variable ist symmetrisch um $x_0 = 0$ verteilt und zudem asymptotisch normalverteilt.

Cauchy-Verteilung X hat eine *Cauchy-Verteilung* mit den Parametern λ und μ, $\lambda > 0$ ($X \sim C(\lambda, \mu)$), wenn die Dichte gegeben ist durch

$$f(x) = \frac{1}{\pi}\frac{\lambda}{\lambda^2 + (x-\mu)^2}.$$

Die Cauchy-Verteilung ist symmetrisch um $x_0 = \mu$.

Logistische Verteilung X heißt *logistischverteilt* mit den Parametern α und β, $\beta > 0$ ($X \sim Log(\alpha, \beta)$), wenn X die Dichte

$$f(x) = \frac{e^{-\frac{x-\alpha}{\beta}}}{\beta\left[1 + e^{-\frac{x-\alpha}{\beta}}\right]^2}$$

besitzt. Die logistische Verteilung ist symmetrisch um $x_0 = \alpha$.

Betaverteilung X ist *betaverteilt* mit den Parametern α und β, $\alpha > 0$ und $\beta > 0$, ($X \sim Be(\alpha, \beta)$), wenn X die Dichte

$$f(x) = \begin{cases} \dfrac{1}{B(\alpha, \beta)} x^{\alpha-1}(1-x)^{\beta-1} & \text{falls } 0 \leq x \leq 1 \\ 0 & \text{sonst} \end{cases}$$

besitzt. B ist die Betafunktion (vgl. Math. Anhang).

Bivariate Normalverteilung X und Y sind *bivariat normalverteilt* mit den Parametern $\mu_x, \mu_y, \sigma_x^2, \sigma_y^2$ und ρ, $\sigma_x > 0, \sigma_y > 0$, $-1 < \rho < 1$ (($X,Y) \sim Bin(\mu_x, \mu_y, \sigma_x^2, \sigma_y^2, \rho)$), wenn X und Y die gemeinsame Dichte

$$f(x,y) = \frac{1}{2\pi\sigma_x\sigma_y\sqrt{1-\rho^2}} e^{-\frac{1}{2(1-\rho^2)}\left[\left(\frac{x-\mu_x}{\sigma_x}\right)^2 - 2\rho\frac{(x-\mu_x)(y-\mu_y)}{\sigma_x\sigma_y} + \left(\frac{y-\mu_y}{\sigma_y}\right)^2\right]}$$

besitzen.

Übersicht (ohne mehrdimensionale Verteilungen)

Verteilung	$Bi(n,p)$	$G(n)$	$H(N,M,n)$	$Po(\lambda)$	$R(a,b)$
Erwartungswert	np	$\dfrac{n+1}{2}$	$\dfrac{Mn}{N}$	λ	$\dfrac{a+b}{2}$
Varianz	$np(1-p)$	$\dfrac{n^2-1}{12}$	$\dfrac{Mn(N-M)(N-n)}{N^2(N-1)}$	λ	$\dfrac{(b-a)^2}{12}$

Verteilung	$N(\mu,\sigma^2)$	$KN(\varepsilon,\sigma)$	$LN(\mu,\sigma^2)$	$\Gamma(r,\lambda)$
Erwartungswert	μ	0	$e^{\mu+\frac{1}{2}\sigma^2}$	$\dfrac{r}{\lambda}$
Varianz	σ^2	$(1-\varepsilon)+\varepsilon\sigma^2$	$e^{2\mu+\sigma^2}\left(e^{\sigma^2}-1\right)$	$\dfrac{r}{\lambda^2}$

Verteilung	$Ex(\lambda)$	$Dex(\alpha,\beta)$	χ_n^2	$F_{m,n}$
Erwartungswert	$\dfrac{1}{\lambda}$	α	n	$\dfrac{n}{n-2}\ (n>2)$
Varianz	$\dfrac{1}{\lambda^2}$	$2\beta^2$	$2n$	$\dfrac{2n^2(m+n-2)}{m(n-2)^2(n-4)}\ (n>4)$

Verteilung	t_n	$C(\lambda,\mu)$	$Log(\alpha,\beta)$	$Be(\alpha,\beta)$
Erwartungswert	$0\ (n>1)$	ex. nicht	α	$\dfrac{\alpha}{\alpha+\beta}$
Varianz	$\dfrac{n}{n-2}\ (n>2)$	ex. nicht	$\dfrac{\beta^2\pi^2}{3}$	$\dfrac{\alpha\beta}{(\alpha+\beta)^2(\alpha+\beta+1)}$

2.5 Funktionen von Stichprobenvariablen

Stichprobenvariablen X sei eine Zufallsvariable mit der Verteilungsfunktion F. Betrachten wir unabhängige Realisationen $x_1,\ldots,x_n$ von X (eine *Stichprobe*), so erweist es sich als zweckmäßig, diese Stichprobe $x_1,\ldots,x_n$ als Werte von n Zufallsvariablen $X_1,\ldots,X_n$ aufzufassen, wobei gilt

(1) $X_1,\ldots,X_n$ sind unabhängig

(2) alle X_i sind identisch verteilt mit der Verteilungsfunktion F.

$X_1,\ldots,X_n$ heißen dann *unabhängige Stichprobenvariablen*. Aus diesen Stichprobenvariablen werden dann neue Zufallsvariablen, sogenannte *Stichprobenfunktionen* oder *Statistiken* $T = T(X_1,\ldots,X_n)$ gebildet, z.B.

$$\bar{X} = \frac{1}{n}\sum_{i=1}^{n} X_i\ ;\quad S^2 = \frac{1}{n-1}\sum_{i=1}^{n}(X_i-\bar{X})^2.$$

Gilt $E(X_i) = \mu$ und $\text{Var}(X_i) = \sigma^2$ $(i = 1, \ldots, n)$, so ist $E(\bar{X}) = \mu$, $\text{Var}(\bar{X}) = \sigma^2/n$, $\sqrt{\text{Var}(\bar{X})} = \sigma/\sqrt{n}$ (Wurzel-n-Gesetz) und $E(S^2) = \sigma^2$.

Schwaches Gesetz der großen Zahlen   Sind $X_1, X_2, \ldots$ unabhängige Stichprobenvariablen mit $E(X_i) = \mu$, so gilt für jedes $\varepsilon > 0$

$$\lim_{n \to \infty} P\left(\mu - \varepsilon \leq \bar{X}_n \leq \mu + \varepsilon\right) = 1,$$

wobei $\bar{X}_n = \frac{1}{n}\sum_{i=1}^{n} X_i$ ist. Als Folgerung ergibt sich das *schwache Gesetz der großen Zahlen von Bernoulli*. Ist $X \sim Bi(n, p)$, so gilt für die relative Häufigkeit X/n des Auftretens von A in n Bernoulli–Versuchen:

$$\lim_{n \to \infty} P\left(p - \varepsilon \leq \frac{X}{n} \leq p + \varepsilon\right) = 1$$

für jedes $\varepsilon > 0$.

Tschebyschewsche Ungleichung   Es sei X eine Zufallsvariable mit $E(X) = \mu$ und $\text{Var}(X) = \sigma^2$. Dann gilt für jedes $\varepsilon > 0$

$$P(\mu - \varepsilon \leq X \leq \mu + \varepsilon) \geq 1 - \frac{\sigma^2}{\varepsilon^2}.$$

Sind speziell X_i unabhängige Stichprobenvariablen mit $E(X_i) = \mu$ und $\text{Var}(X_i) = \sigma^2$ $(i = 1, \ldots, n)$, so gilt

$$P(\mu - \varepsilon \leq \bar{X} \leq \mu + \varepsilon) \geq 1 - \frac{\sigma^2}{n\varepsilon^2}.$$

Zentraler Grenzwertsatz $X_1, \ldots, X_n$ seien unabhängige Stichprobenvariablen mit $E(X_i) = \mu$ und $\text{Var}(X_i) = \sigma^2$; $(i = 1, \ldots, n)$.
Dann ist die Statistik $Z_n = \frac{\bar{X}_n - \mu}{\sigma}\sqrt{n}$ asymptotisch standardnormalverteilt. Daraus folgt der

Satz von De Moivre–Laplace   Ist $X \sim Bi(n,p)$, so ist

$$U_n = \frac{X - np}{\sqrt{np(1-p)}} = \frac{X/n - p}{\sqrt{p(1-p)/n}}$$

asymptotisch standardnormalverteilt.

Verteilung wichtiger Stichprobenfunktionen $X_1, \ldots, X_m$ seien unabhängige Stichprobenvariablen mit $X_i \sim N(\mu, \sigma^2)$. Dann gilt

(1) $\bar{X} \sim N\left(\mu, \frac{\sigma^2}{m}\right)$

(2) $\sqrt{m}(\bar{X} - \mu)/S_X \sim t_{m-1}$, wobei $S_X^2 = \frac{1}{m-1}\sum_{i=1}^{m}(X_i - \bar{X})^2$

(3) $(m-1)S_X^2/\sigma^2 \sim \chi_{m-1}^2$

(4) Sind $Y_1, \ldots, Y_n$ unabhängige Stichprobenvariablen (auch unabhängig von $X_1, \ldots, X_m$) mit $Y_i \sim N(\nu, \sigma^2)$, so gilt

$$\frac{S_X^2}{S_Y^2} \sim F_{m-1,n-1}, \text{ wobei } S_Y^2 = \frac{1}{n-1}\sum_{i=1}^{n}(Y_i - \bar{Y})^2.$$

Konvergenz von Stichprobenfunktionen $T_1, T_2, \ldots$ sei eine Folge von Stichprobenfunktionen.

a) Die Folge heißt *konvergent in Wahrscheinlichkeit (stochastisch konvergent)* gegen die Zufallsvariable T, falls für jedes $\varepsilon > 0$ gilt
$$\lim_{n \to \infty} P(|T_n - T| \leq \varepsilon) = 1.$$
Wir schreiben dann: $T_n \xrightarrow{P} T$. Für T sind auch Konstanten zugelassen.

b) Die Folge heißt *konvergent im quadratischen Mittel* gegen die Zufallsvariable T, falls gilt $\lim_{n \to \infty} E\left[(T_n - T)^2\right] = 0$. Konvergenz im quadratischen Mittel impliziert Konvergenz in Wahrscheinlichkeit.

2.6 Punkt- und Intervallschätzung

2.6.1 Punktschätzung

Schätzfunktionen   Zur Schätzung von unbekannten Verteilungsparametern werden Stichprobenfunktionen $T(X_1, \ldots, X_n)$ benutzt, deren Werte in der „Nähe" der Parameter liegen sollen. Es gibt eine Reihe von Gütekriterien für solche *Schätzfunktionen*, von denen wir die wichtigsten angeben.

Erwartungstreue $T(X_1, \ldots, X_n)$ heißt *erwartungstreu (unverfälscht)* für den Parameter θ, wenn $E(T) = \theta$.

Asymptotische Erwartungstreue $T(X_1, \ldots, X_n)$ heißt *asymptotisch erwartungstreu (asymptotisch unverfälscht)* für den Parameter θ, wenn $\lim_{n \to \infty} E(T) = \theta$.

Konsistenz $T(X_1, \ldots, X_n)$ heißt *schwach konsistent* für den Parameter θ, wenn $T \xrightarrow{P} \theta$. $T(X_1, \ldots, X_n)$ heißt *konsistent im quadratischen Mittel* für den Parameter θ, wenn
$$\lim_{n \to \infty} E\left([T - \theta]^2\right) = \lim_{n \to \infty} \{\text{Var}(T) + [E(T) - \theta]^2\} = 0.$$

Effizienz $T(X_1, \ldots, X_n)$ heißt *effizient* für den Parameter θ, wenn gilt

(1) T ist erwartungstreu für θ

(2) Ist T' eine weitere erwartungstreue Schätzfunktion für θ, so ist $\text{Var}(T) \leq \text{Var}(T')$.

Rao–Cramérsche Ungleichung $T(X_1, \ldots, X_n)$ sei eine erwartungstreue Schätzfunktion für den Parameter θ der Variablen X mit der Dichtefunktion f_θ. Für die Varianz von T läßt sich (unter gewissen Regularitätsbedingungen) eine untere Schranke angeben. Es gilt

$$\mathrm{Var}(T) \geq \frac{1}{nE\left(\left[\frac{\partial}{\partial \theta} \log f_\theta(X)\right]^2\right)}.$$

Diese Beziehung heißt *Rao–Cramérsche Ungleichung*.

Maximum–Likelihood–Methode Sie liefert Schätzfunktionen (mit im allgemeinen guten Eigenschaften) für den Parameter θ der Dichtefunktion $f(x; \theta)$. Es wird derjenige Parameterwert $\hat\theta$ bestimmt, der die *Likelihoodfunktion*

$$L(x_1, \ldots, x_n; \theta) = f(x_1; \theta) f(x_2; \theta) \cdots f(x_n; \theta)$$

bezüglich θ bei fester Stichprobe $x_1, \ldots, x_n$ maximiert. $L(x_1, \ldots, x_n; \theta)$ kann im diskreten Fall als die Wahrscheinlichkeit für das Auftreten der Stichprobe $x_1, \ldots, x_n$ aufgefaßt werden, wenn θ der wahre Parameter ist. Existiert der Wert $\hat\theta$, so ist er häufig eindeutig bestimmt, und ist L bezüglich θ differenzierbar, so erfüllt er die Gleichung

$$\left.\frac{\partial}{\partial \theta} L(x_1, \ldots, x_n; \theta)\right|_{\theta=\hat\theta} = 0.$$

$\hat\theta$ hängt von $x_1, \ldots, x_n$ ab; folglich gilt $\hat\theta = \hat\theta(x_1, \ldots, x_n)$. Ersetzen wir x_i durch die zugehörigen Stichprobenvariablen X_i, so ist $\hat\theta(X_1, \ldots, X_n)$ die *Maximum–Likelihood–Schätzfunktion* für θ. Man kann zeigen, daß der Maximum–Likelihood–Schätzer schwach konsistent, asymptotisch erwartungstreu und asymptotisch normalverteilt ist, sofern gewisse Bedingungen erfüllt sind, was jedoch fast immer der Fall ist.

Bei Normalverteilung ist $\hat\mu = \bar{X}$ der Maximum–Likelihood–Schätzer für $\theta = \mu$ und $(n-1)S^2/n$ der Maximum–Likelihood–Schätzer für $\theta = \sigma^2$.

2.6.2 Intervallschätzung

Konfidenzintervall Anstatt den unbekannten Parameter θ durch die Realisation einer Statistik $T(X_1, \ldots, X_n)$ zu schätzen, kann ein Intervall konstruiert werden, welches mit einer vorgegebenen Wahrscheinlichkeit θ überdecken soll. Dabei hängen die Intervallgrenzen von den Stichprobenvariablen ab, sind also auch Zufallsvariablen. Es werden Intervallgrenzen $a = a(X_1, \ldots, X_n)$ und $b = b(X_1, \ldots, X_n)$ so bestimmt, daß für gegebenes $1 - \alpha$ gilt

$$P(a \leq \theta \leq b) = 1 - \alpha.$$

$[a, b]$ heißt *Konfidenzintervall* für θ, $1 - \alpha$ heißt das *Konfidenzniveau*.

Konfidenzintervalle bei Normalverteilung

(1) *für μ*

σ bekannt

$$\left[\bar{X} - z_{1-\alpha/2}\frac{\sigma}{\sqrt{n}}, \bar{X} + z_{1-\alpha/2}\frac{\sigma}{\sqrt{n}}\right]$$

mit

$$\Phi(z_{1-\alpha/2}) = 1 - \frac{\alpha}{2}.$$

σ unbekannt

$$\left[\bar{X} - t_{1-\alpha/2;n-1}\frac{S}{\sqrt{n}}, \bar{X} + t_{1-\alpha/2;n-1}\frac{S}{\sqrt{n}}\right]$$

(2) *für σ^2*

$$\left[\frac{(n-1)S^2}{\chi^2_{1-\alpha/2;n-1}}, \frac{(n-1)S^2}{\chi^2_{\alpha/2;n-1}}\right]$$

2.7 Testen von Hypothesen

Test Aufgabe eines *statistischen Tests* ist es, Aussagen oder *Hypothesen* über die Verteilung einer Zufallsvariablen X anhand einer Stichprobe $x_1, \ldots, x_n$ zu überprüfen.

Teststatistik Zur Überprüfung der Hypothesen dient eine *Teststatistik* (auch: *Prüfgröße*) $T = T(X_1, \ldots, X_n)$. Je nach Realisation von T entscheiden wir uns für oder gegen die vorliegenden Hypothesen.

Kritisches Gebiet Das Testproblem wird in der Form einer *Nullhypothese* H_0 und einer *Gegenhypothese* H_1 formuliert. H_1 heißt auch *Alternativhypothese* oder kurz *Alternative*. Nach bestimmten Kriterien wird eine Menge C gewählt, die die Entscheidung zugunsten einer der beiden Hypothesen vorschreibt:

Entscheidung für H_0, falls T sich *nicht* in C realisiert,

Entscheidung für H_1, falls T sich in C realisiert.

C wird *kritisches Gebiet* oder *kritischer Bereich* genannt. Meistens ist C eine Teilmenge der reellen Zahlen.

Einseitige und zweiseitige Tests In der parametrischen Statistik beziehen sich Hypothesen fast immer auf Werte eines oder mehrerer Parameter θ. Wir fassen die unter H_0 zulässigen Parameter zur Menge Ω_0 und die unter H_1 zulässigen Parameter zur Menge Ω_1 zusammen. Wir sprechen von *einseitigen Tests* im Falle der Hypothesen

$$H_0 : \theta \leq \theta_0 \qquad H_0 : \theta \geq \theta_0$$
$$\text{bzw.}$$
$$H_1 : \theta > \theta_0 \qquad H_1 : \theta < \theta_0$$

und von *zweiseitigen Tests* im Falle der Hypothesen

$$H_0 : \theta = \theta_0$$
$$H_1 : \theta \neq \theta_0.$$

Einfache und zusammengesetzte Hypothesen Je nachdem, ob Ω_0 bzw. Ω_1 ein Element oder mehrere Elemente enthalten, heißen H_0 bzw. H_1 *einfach* oder *zusammengesetzt*.

Fehler 1. und 2. Art Die Entscheidung für H_0 oder H_1 kann falsch sein. Wir unterscheiden

Fehler 1.Art Entscheidung für H_1, d.h. H_0 ablehnen ($T \in C$), obwohl H_0 zutrifft.
Fehler 2.Art Entscheidung für H_0, d.h. H_0 annehmen ($T \notin C$), obwohl H_1 zutrifft.

Gütefunktion eines Parametertests Wir setzen $\Omega = \Omega_0 \cup \Omega_1$. Die Funktion

$$\beta : \Omega \to [0, 1]$$
$$\theta \mapsto \beta(\theta) = P_\theta(T \in C)$$

heißt die *Gütefunktion* (power function) des Tests. $\beta(\theta)$ gibt die Wahrscheinlichkeit an, H_0 abzulehnen (H_1 anzunehmen), wenn θ der wahre Parameter ist. Wenn $\theta \in \Omega_0$ ist, sollte im Idealfall $\beta(\theta)$ nahe 0 sein, wenn $\theta \in \Omega_1$, sollte $\beta(\theta)$ nahe bei 1 sein. β hängt natürlich vom kritischen Gebiet C ab.

Güte eines Tests Schränken wir die Gütefunktion auf Ω_1 ein, d.h., betrachten wir $\beta(\theta)$ nur für $\theta \in \Omega_1$, so hat ein Test eine umso höhere *Güte*, je näher $\beta(\theta)$ bei 1 liegt, d.h., die Wahrscheinlichkeit, sich zugunsten von H_1 zu entscheiden, wenn H_1 wahr ist, ist groß.

Operationscharakteristik Die Funktion

$$K : \Omega \to [0, 1]$$
$$\theta \mapsto K(\theta) = P_\theta(T \notin C) = 1 - \beta(\theta)$$

heißt *Operationscharakteristik* des Tests. $K(\theta)$ gibt die Wahrscheinlichkeit an, H_0 anzunehmen (H_1 abzulehnen), wenn θ der wahre Parameter ist.

Testniveau Die Wahrscheinlichkeiten für die Fehler 1. und 2. Art hängen im allgemeinen voneinander ab. Wird das kritische Gebiet eines Tests so verändert, daß die Wahrscheinlichkeit, den Fehler 1. Art zu begehen, sinkt, so steigt die Wahrscheinlichkeit für den Fehler 2. Art und umgekehrt. In der Praxis beschränken wir uns deswegen auf Tests, deren Fehlerwahrscheinlichkeit 1. Art eine vorgegebene Schranke α (gebräuchlich: $\alpha =0.1$, 0.05 oder

0.01) nicht überschreitet, d.h., C wird so gewählt, daß $\beta(\theta) \leq \alpha$ für alle $\theta \in \Omega_0$ gilt. Ein solcher Test heißt Test zum *Niveau* α.

p–Wert Statt bei vorgegebenem Testniveau α das kritische Gebiet C so festzulegen, daß $\beta(\theta) = P_\theta(T \in C) \leq \alpha$ für $\theta \in \Omega_0$ gilt, können wir bei einseitigen Tests auch die Wahrscheinlichkeit dafür angeben, daß unter H_0 die Teststatistik T einen beobachteten Wert von T über– bzw. unterschreitet. Diese Wahrscheinlichkeit heißt *p–Wert* (auch *beobachtetes Testniveau*) und gibt das kleinste Testniveau an, auf dem die Beobachtungen (noch) signifikant sind. Beim zweiseitigen Test ist es üblich, als p–Wert das Doppelte des p–Wertes für den zugehörigen einseitigen Ablehnungsbereich anzugeben. Ist der p–Wert kleiner als das vorgegebene Testniveau α, so sind die Beobachtungen signifikant, andernfalls nicht signifikant. Wird jedoch keine Testentscheidung über Ablehnen oder Nichtablehnen von H_0 gefordert, so sind die Vorgabe eines Testniveaus α und die Angabe einer speziellen Ablehnungsregel nicht nötig. Der p–Wert vermeidet die mehr oder weniger willkürliche Wahl von α; er ist informativer als die bloße Feststellung, daß die Beobachtungen, bei vorgegebenem α, signifikant oder nicht signifikant sind.

Zur Interpretation des p–Wertes kann gesagt werden, daß er ein Maß für den Grad der Unterstützung von H_0 durch die Beobachtungen ist; je kleiner p, desto geringer die Unterstützung von H_0. Wird z.B. beim t–Test im Einstichproben–Problem (siehe 2.8) für $n = 20$ und $H_0 : \mu \leq \mu_0$ gegen $H_1 : \mu > \mu_0$ der Wert $t = 1.94$ beobachtet, so erhalten wir über die t–Verteilung mit $n - 1 = 19$ FG den p–Wert $P_{H_0}(t \geq 1.94) = 0.034$, d.h., H_0 wird nur „schwach unterstützt". Für $t = 0.14$ ergibt sich $P_{H_0}(t \geq 0.14) = 0.445$, d.h., H_0 wird nun „weit stärker unterstützt". Die (exakte) Angabe des p–Wertes ist nicht immer möglich, weil nicht bei allen Statistiken (insbesondere nicht bei den in diesem Buch diskutierten Rangstatistiken) die vollständige Verteilung unter H_0 vorliegt; meist sind nur Quantile bzw. kritische Werte tabelliert. In der Regel kann jedoch ein approximativer p–Wert über die Normalverteilung als asymptotische Verteilung der Teststatistik bestimmt werden. In den meisten statistischen Programmpaketen ist bei der Auswertung eines Datensatzes der (exakte oder approximative) p–Wert angegeben.

Unverfälschter Test Ein Test zum Niveau α heißt *unverfälscht* (unbiased), wenn $\beta(\theta) \geq \alpha$ für alle $\theta \in \Omega_1$ gilt, d.h., die Wahrscheinlichkeit H_0 abzulehnen, wenn H_0 falsch ist, ist mindestens so groß wie jene, H_0 abzulehnen, wenn H_0 zutrifft.

Konsistenter Test Eine Folge von Tests zum Niveau α heißt *konsistent*, wenn deren Güte mit zunehmendem Stichprobenumfang gegen 1 konvergiert. Häufig läßt sich ein Test als konsistente Folge von Tests auffassen (wenn das kritische Gebiet vom Stichprobenumfang abhängt). Einen solchen Test nennen wir dann ebenfalls konsistent. Ein konsistenter Test ist *asymptotisch unverfälscht*, d.h., $\lim_{n \to \infty} \beta(\theta) \geq \alpha$ für alle $\theta \in \Omega_1$.

Konservativer Test Bei der Konstruktion eines Tests zum Niveau α entsteht manchmal die Schwierigkeit, das vorgegebene Niveau α voll auszuschöpfen. Wenn z.B. die Teststatistik diskret ist, kann $\beta(\theta) \leq \alpha^* < \alpha$ für alle $\theta \in \Omega_0$ sein. Die Wahrscheinlichkeit, sich für die falsche Hypothese H_1 zu entscheiden, wird also geringer als gefordert war. Diese Begünstigung von H_0 macht sich allerdings durch einen Güteverlust bemerkbar. Derartige Tests nennen wir *konservativ*; α^* heißt dann *tatsächliches* (actual) *Testniveau* im Gegensatz zum vorgegebenen (nominalen) Testniveau α.

Äquivalente Tests Stehen bei einem Testproblem zwei Tests zur Verfügung, die dieselbe Gütefunktion haben, so nennen wir beide Tests *äquivalent*. Die Wahrscheinlichkeiten für die Entscheidungen bei zwei äquivalenten Tests zugunsten H_0 oder H_1 sind stets dieselben.

Robuste Tests Bei der konkreten Durchführung eines Tests müssen bestimmte Annahmen über die Verteilung in der Grundgesamtheit (z.B. Normalverteilung) und über die Stichprobenvariablen (z.B. Unabhängigkeit) als erfüllt angesehen werden, um ein kritisches Gebiet eindeutig festlegen zu können. Dabei hängen Verteilung der Teststatistik und kritisches Gebiet eng zusammen. Kann an einer Annahme (aus welchem Grund auch immer) nicht mehr festgehalten werden und ändern sich Testniveau α oder Güte β nur unwesentlich, obwohl Teststatistik und kritisches Gebiet beibehalten worden sind, so bezeichnen wir den Test als α– bzw. β–robust gegenüber dieser Annahmeänderung (vgl. 11.3.3).

Randomisierte Tests Bei jedem Test sollte das Testniveau α voll ausgeschöpft werden, d.h., es sollte gelten $\beta(\theta) = \alpha$ für mindestens ein $\theta \in \Omega_0$. Bei Stetigkeit der Verteilung in der Grundgesamtheit und bei Stetigkeit der Verteilung der Teststatistik läßt sich dieses Ziel auch stets erreichen. Ist eine dieser Eigenschaften jedoch nicht gegeben, so kann $\beta(\theta) < \alpha$ für alle $\theta \in \Omega_0$ sein (bei festem kritischen Gebiet C). Dann gibt es zwei Möglichkeiten

(1) α verkleinern (vgl. konservativer Test)

(2) α beibehalten, die Entscheidungsregel des Tests aber wie folgt ändern: Angabe dreier disjunkter Gebiete C_1, C_2 und C_3 mit der Maßgabe
   a) Entscheidung für H_0, falls $T \in C_1$
   b) Entscheidung für H_1, falls $T \in C_2$
   c) Entscheidung für H_0 oder für H_1, falls $T \in C_3$.

Falls T sich in C_3 realisiert, ist also die Entscheidung für H_0 oder H_1 noch offen. Wir machen dann noch ein zusätzliches Zufallsexperiment mit zwei Ausgängen A_0 und A_1, wobei $P(A_0) = 1-p$, $P(A_1) = p$ ist. p wird dabei so bestimmt, daß

$$P(T \in C_2 \mid H_0 \text{ trifft zu}) + p \cdot P(T \in C_3 \mid H_0 \text{ trifft zu}) = \alpha$$

ist. Bei $T \in C_3$ entscheiden wir uns nach dem Experiment für

2.7 Testen von Hypothesen

H_0, falls A_0 auftritt,

H_1, falls A_1 auftritt.

Auf diese Weise wird α ausgeschöpft. Derartige Tests werden als *randomisierte* Tests bezeichnet. Sie werden in der Praxis jedoch kaum angewendet.

Stetigkeitskorrektur Hat die Teststatistik eine *diskrete* Verteilung, welche von einem gewissen Stichprobenumfang an durch eine *stetige* Verteilung approximiert wird, so kann durch eine geringfügige Veränderung der Verteilungsfunktion die Approximation häufig noch verbessert werden. Diese Änderung nennen wir *Stetigkeitskorrektur*.

Bester Test Gegeben sei das Testproblem mit zwei einfachen Hypothesen

$$H_0 : \theta = \theta_0$$
$$H_1 : \theta = \theta_1.$$

Ein Test mit der Teststatistik T und dem kritischen Gebiet C heißt *bester Test zum Niveau* α, falls gilt

(1) $\beta(\theta_0) = \alpha$

(2) Für jeden anderen Test für dieses Problem mit der Gütefunktion β' und der Eigenschaft $\beta'(\theta_0) = \alpha$ gilt: $\beta(\theta_1) \geq \beta'(\theta_1)$, d.h., von allen Tests mit α als Wahrscheinlichkeit für den Fehler 1.Art hat ein bester Test eine mindestens so große Güte wie alle anderen Tests mit dieser Eigenschaft.

Neymann–Pearson–Lemma Es sei X eine Zufallsvariable mit Dichtefunktion $f(x, \theta)$, wobei f als bekannt vorausgesetzt wird. Für das Testproblem mit einfachen Hypothesen $H_0 : \theta = \theta_0$ gegen $H_1 : \theta = \theta_1$ betrachten wir den Quotienten $L(\theta_0, \theta_1)$ der zugehörigen Likelihoodfunktionen:

$$L(\theta_0, \theta_1) = \frac{f(x_1, \ldots, x_n, \theta_0)}{f(x_1, \ldots, x_n, \theta_1)}.$$

Dann ist der beste Test zum Niveau α durch das kritische Gebiet K bestimmt, das solche Punkte $(x_1, \ldots, x_n)$ enthält, für die $P_{\theta_0}((X_1, \ldots, X_n) \in K) = \alpha$ und $L(\theta_0, \theta_1) \leq k$ ist. Dieses Lemma von Neymann–Pearson sichert nicht nur die Existenz eines besten Tests, sondern beinhaltet auch ein Konstruktionsprinzip für einen solchen Test, wenngleich es nicht unmittelbar die zugehörige Teststatistik T liefert. Das ist jedoch häufig durch geeignete Umformungen von $L(\theta_0, \theta_1)$ möglich. Wir erhalten dann $L(\theta_0, \theta_1)$ als eine Funktion $T(X_1, \ldots, X_n)$ und die zu $(X_1, \ldots, X_n) \in K$ äquivalente Bedingung $T(X_1, \ldots, X_n) \leq c, c \in \mathbb{R}$, falls $\theta_0 < \theta_1$ und $T(X_1, \ldots, X_n) \geq c$, falls $\theta_0 > \theta_1$; diese Bedingung ist leichter zu handhaben. Abgesehen davon, daß ein derartiges Transformieren mit erheblichen Schwierigkeiten verbunden sein kann (dies hängt unter anderem vom zugrundeliegenden Verteilungstyp ab), ist die Bestimmung der Verteilung der resultierenden Teststatistik nicht immer einfach.

Gleichmäßig bester Test Der Begriff „bester Test" läßt sich auf das Problem $H_0 : \theta = \theta_0$ gegen $H_1 : \theta \in \Omega_1$ (einfache Hypothese gegen zusammengesetzte Hypothese) verallgemeinern. Ein Test für dieses Problem heißt *gleichmäßig bester Test* (uniformly most powerful) zum Niveau α, wenn er bester Test für das einfache Problem $H_0 : \theta = \theta_0$ gegen $H_1 : \theta = \theta_1$ für *jedes* $\theta_1 \in \Omega_1$ ist. Jeder andere Test mit der Teststatistik T', dem kritischen Gebiet C' und der Eigenschaft $P_{\theta_0}(T' \in C') = \alpha$ hat keine größere Güte als der gleichmäßig beste Test. Im allgemeinen existieren für die einseitigen Probleme $H_0 : \theta = \theta_0$ gegen $H_1 : \theta > \theta_0$ bzw. $H_0 : \theta = \theta_0$ gegen $H_1 : \theta < \theta_0$ gleichmäßig beste Tests, jedoch nicht für das zweiseitige Problem $H_0 : \theta = \theta_0$ gegen $H_1 : \theta \neq \theta_0$. Gleichmäßig beste Tests lassen sich vielfach mit Hilfe des Neymann–Pearson–Lemmas konstruieren.

Likelihood-Quotienten-Test Sind beide Hypothesen zusammengesetzt oder ist das Problem $H_0 : \theta = \theta_0$ gegen $H_1 : \theta \neq \theta_0$ zu testen, so wird zum Auffinden „guter" Tests auch das *Likelihood-Quotienten-Verfahren* benutzt. Die Variable

$$\lambda = \frac{\sup_{\theta \in \Omega_0} L(\theta)}{\sup_{\theta \in \Omega} L(\theta)}$$

heißt *Likelihood-Quotient* (likelihood ratio) und dient zum Testen der zusammengesetzten Hypothesen $H_0 : \theta \in \Omega_0$ gegen $H_1 : \theta \in \Omega_1$. Dabei ist $L(\theta) = L(x_1, \ldots, x_n; \theta)$ der Wert der Likelihoodfunktion an der Stelle θ. Es ist $0 \leq \lambda \leq 1$. Ist λ nahe bei Eins, ist H_0 wahrscheinlicher — wir entscheiden uns für H_0; ist λ nahe Null, ist H_1 wahrscheinlicher — wir entscheiden uns für H_1. Genauer:

Entscheidung für H_0, wenn $\lambda \geq \lambda_0$

Entscheidung für H_1, wenn $\lambda < \lambda_0$.

λ_0 wird so bestimmt, daß ein Test zum Niveau α vorliegt. Allerdings muß dann die Verteilung von $\lambda = \lambda(X_1, \ldots, X_n)$ bekannt sein. Es läßt sich zeigen, daß $-2 \log \lambda$ unter milden Regularitätsbedingungen asymptotisch χ^2-verteilt ist. Außerdem ist ein derartiger Test meistens konsistent, jedoch häufiger verfälscht.

Finite relative Effizienz Gegeben seien zwei Tests T_1 und T_2 zum Niveau α für das Problem $H_0 : \theta \in \Omega_0$ gegen $H_1 : \theta \in \Omega_1$. Anstatt zu fragen, ob die Güte von Test T_1 größer ist als die von Test T_2, wird manchmal untersucht, wie sich die Güte des einen Tests durch Variation des Stichprobenumfangs n beim anderen Test erreichen läßt. Als Maßzahl wird die *finite relative Effizienz von Test T_2 bezüglich Test T_1* (F.R.E.) definiert durch m/n, wobei m der feste Stichprobenumfang von Test T_1 ist und n derjenige Stichprobenumfang von Test T_2, der nötig ist, um dieselbe Güte von Test T_1 zu erreichen (für festes $\theta_1 \in \Omega_1$). Diese Maßzahl ist jedoch abhängig von α, θ_1 und m, so daß die Angabe der finiten relativen Effizienz geringe allgemeine Aussagekraft hat (vgl. 10.2).

Asymptotische relative Effizienz Gegeben seien zwei Tests zum Niveau α für das Problem $H_0 : \theta \in \Omega_0$ gegen $H_1 : \theta \in \Omega_1$. Das Grenzverhältnis m/n ($m \to \infty, n \to \infty$) der Stichprobenumfänge m (von Test T_1) und n (von Test T_2), so daß beide Tests dieselbe Güte (bei gleichen Alternativen „in der Nähe" der Nullhypothese) haben, heißt *asymptotische relative Effizienz* (A.R.E). Die A.R.E. hängt nicht von α ab (vgl. 10.3).

2.8 Wichtige parametrische Tests bei Normalverteilung

Tests auf μ ($\bar{X}$-Test)

Gegeben: n unabhängige Stichprobenvariablen $X_1, \ldots, X_n \sim N(\mu, \sigma^2)$.

(1) σ bekannt

H_0	H_1	Entscheidung gegen H_0, falls	kritische Werte
$\mu \leq \mu_0$	$\mu > \mu_0$	$\bar{X} > c_1$	$c_1 = \mu_0 + \frac{\sigma}{\sqrt{n}} z_{1-\alpha}$
$\mu \geq \mu_0$	$\mu < \mu_0$	$\bar{X} < c_2$	$c_2 = \mu_0 - \frac{\sigma}{\sqrt{n}} z_{1-\alpha}$
$\mu = \mu_0$	$\mu \neq \mu_0$	$\bar{X} < c_3$ oder $\bar{X} > c_4$	$c_3 = \mu_0 - \frac{\sigma}{\sqrt{n}} z_{1-\alpha/2}$
			$c_4 = \mu_0 + \frac{\sigma}{\sqrt{n}} z_{1-\alpha/2}$

Dabei ist z_p definiert durch $\Phi(z_p) = p$.

(2) σ unbekannt (t–Test)

H_0	H_1	Entscheidung gegen H_0, falls	kritische Werte
$\mu \leq \mu_0$	$\mu > \mu_0$	$\bar{X} > c_1$	$c_1 = \mu_0 + \frac{S}{\sqrt{n}} t_{1-\alpha}$
$\mu \geq \mu_0$	$\mu < \mu_0$	$\bar{X} < c_2$	$c_2 = \mu_0 - \frac{S}{\sqrt{n}} t_{1-\alpha}$
$\mu = \mu_0$	$\mu \neq \mu_0$	$\bar{X} < c_3$ oder $\bar{X} > c_4$	$c_3 = \mu_0 - \frac{S}{\sqrt{n}} t_{1-\alpha/2}$
			$c_4 = \mu_0 + \frac{S}{\sqrt{n}} t_{1-\alpha/2}$

t_p ist das p–te Quantil der t–Verteilung mit $(n-1)$ Freiheitsgraden und

$$S = \sqrt{\frac{1}{n-1} \sum_{i=1}^{n} (X_i - \bar{X})^2}.$$

2. Wahrscheinlichkeitstheoretische und statistische Grundbegriffe

Test auf σ^2 (χ^2-Test)

Gegeben: n unabhängige Stichprobenvariablen $X_1, \ldots, X_n \sim N(\mu, \sigma^2)$.

(1) μ bekannt

H_0	H_1	Entscheidung gegen H_0, falls	kritische Werte
$\sigma^2 \leq \sigma_0^2$	$\sigma^2 > \sigma_0^2$	$T > c_1$	$c_1 = \sigma_0^2 \chi^2_{1-\alpha}$
$\sigma^2 \geq \sigma_0^2$	$\sigma^2 < \sigma_0^2$	$T < c_2$	$c_2 = \sigma_0^2 \chi^2_{\alpha}$
$\sigma^2 = \sigma_0^2$	$\sigma^2 \neq \sigma_0^2$	$T < c_3$ oder $T > c_4$	$c_3 = \sigma_0^2 \chi^2_{\alpha/2}$ $c_4 = \sigma_0^2 \chi^2_{1-\alpha/2}$

$T = \sum_{i=1}^{n}(X_i - \mu)^2$. χ^2_p ist das p-te Quantil der χ^2-Verteilung mit n Freiheitsgraden.

(2) μ unbekannt

H_0	H_1	Entscheidung gegen H_0, falls	kritische Werte
$\sigma^2 \leq \sigma_0^2$	$\sigma^2 > \sigma_0^2$	$T > c_1$	$c_1 = \sigma_0^2 \chi^2_{1-\alpha}$
$\sigma^2 \geq \sigma_0^2$	$\sigma^2 < \sigma_0^2$	$T < c_2$	$c_2 = \sigma_0^2 \chi^2_{\alpha}$
$\sigma^2 = \sigma_0^2$	$\sigma^2 \neq \sigma_0^2$	$T < c_3$ oder $T > c_4$	$c_3 = \sigma_0^2 \chi^2_{\alpha/2}$ $c_4 = \sigma_0^2 \chi^2_{1-\alpha/2}$

$T = \sum_{i=1}^{n}(X_i - \bar{X})^2$. χ^2_p ist das p-te Quantil der χ^2-Verteilung mit $(n-1)$ Freiheitsgraden.

2.8 Wichtige parametrische Tests bei Normalverteilung

Test auf Gleichheit zweier Erwartungswerte (t–Test)

Gegeben: m unabhängige Stichprobenvariablen $X_1, \ldots, X_m \sim N(\mu_1, \sigma_1^2)$ und n unabhängige Stichprobenvariablen $Y_1, \ldots, Y_n \sim N(\mu_2, \sigma_2^2)$.

(1) Unverbundene Stichproben

Die Variablen X_i und Y_j sind ebenfalls unabhängig, $\sigma_1 = \sigma_2$ (unbekannt).

H_0	H_1	Entscheidung gegen H_0, falls	kritische Werte
$\mu_1 \leq \mu_2$	$\mu_1 > \mu_2$	$T > c_1$	$c_1 = t_{1-\alpha}$
$\mu_1 \geq \mu_2$	$\mu_1 < \mu_2$	$T < c_2$	$c_2 = -t_{1-\alpha}$
$\mu_1 = \mu_2$	$\mu_1 \neq \mu_2$	$T < c_3$ oder $T > c_4$	$c_3 = -t_{1-\alpha/2}$ $c_4 = t_{1-\alpha/2}$

$$T = \frac{\bar{X} - \bar{Y}}{\sqrt{\frac{(m-1)S_X^2 + (n-1)S_Y^2}{m+n-2}\left(\frac{1}{m} + \frac{1}{n}\right)}},$$

t_p ist das p–te Quantil der t–Verteilung mit $(m + n - 2)$ Freiheitsgraden.

(2) Verbundene Stichproben

Die Variablen X_i und Y_i sind abhängig (paarweise an einem Merkmalsträger erhoben), $m = n$.

Die Variablen $D_i = X_i - Y_i$ $(i = 1, \ldots, n)$ sind unabhängig.

H_0	H_1	Entscheidung gegen H_0, falls	kritische Werte
$\mu_1 \leq \mu_2$	$\mu_1 > \mu_2$	$T > c_1$	$c_1 = t_{1-\alpha}$
$\mu_1 \geq \mu_2$	$\mu_1 < \mu_2$	$T < c_2$	$c_2 = -t_{1-\alpha}$
$\mu_1 = \mu_2$	$\mu_1 \neq \mu_2$	$T < c_3$ oder $T > c_4$	$c_3 = -t_{1-\alpha/2}$ $c_4 = t_{1-\alpha/2}$

$T = \frac{\bar{D}}{S_D}\sqrt{n}$. t_p ist das p–te Quantil der t–Verteilung mit $(n-1)$ Freiheitsgraden;

$$\bar{D} = \frac{1}{n}\sum_{i=1}^{n} D_i, \quad S_D = \sqrt{\frac{1}{n-1}\sum_{i=1}^{n}(D_i - \bar{D})^2}.$$

2. Wahrscheinlichkeitstheoretische und statistische Grundbegriffe

Test auf Gleichheit zweier Varianzen (F-Test)

Gegeben: m unabhängige Stichprobenvariablen $X_1, \ldots, X_m \sim N(\mu_1, \sigma_1^2)$ und n unabhängige Stichprobenvariablen $Y_1, \ldots, Y_n \sim N(\mu_2, \sigma_2^2)$. Die Variablen X_i und Y_j sind ebenfalls unabhängig.

H_0	H_1	Entscheidung gegen H_0, falls	kritische Werte
$\sigma_1^2 \leq \sigma_2^2$	$\sigma_1^2 > \sigma_2^2$	$T > c_1$	$c_1 = F_{1-\alpha}$
$\sigma_1^2 \geq \sigma_2^2$	$\sigma_1^2 < \sigma_2^2$	$T < c_2$	$c_2 = F_\alpha$
$\sigma_1^2 = \sigma_2^2$	$\sigma_1^2 \neq \sigma_2^2$	$T < c_3$ oder $T > c_4$	$c_3 = F_{\alpha/2}$ $c_4 = F_{1-\alpha/2}$

$T = S_X^2/S_Y^2$. F_p ist das p-te Quantil der F-Verteilung mit $(m-1)$ und $(n-1)$ Freiheitsgraden.

Test auf Unabhängigkeit

Gegeben: Paarige unabhängige Stichprobenvariablen $(X_1, Y_1), \ldots, (X_n, Y_n)$ mit $(X_1, Y_1), \ldots, (X_n, Y_n) \sim Bin(\mu_X, \mu_Y, \sigma_X^2, \sigma_Y^2, \rho)$.

H_0	H_1	Entscheidung gegen H_0, falls	kritischer Wert
$\rho = 0$	$\rho \neq 0$	$\|r\|\sqrt{\dfrac{n-2}{1-r^2}} > c$	$c = t_{1-\alpha/2}$

$$r = \frac{\sum_{i=1}^{n}(X_i - \bar{X})(Y_i - \bar{Y})}{\sqrt{\sum_{i=1}^{n}(X_i - \bar{X})^2 \sum_{i=1}^{n}(Y_i - \bar{Y})^2}}.$$

t_p ist das p-te Quantil der t-Verteilung mit $(n-2)$ Freiheitsgraden.

Kapitel 3

Geordnete Statistiken und Rangstatistiken

3.1 Definition und Anwendungen

So vielfältig die Aufgaben und Fragen sein mögen, mit denen sich der Statistiker oder der Anwender statistischer Methoden zu befassen hat, in der Regel ist er mit der folgenden Situation konfrontiert:

Anhand von beobachteten Daten $x_1, x_2, \ldots, x_n$ sollen Aussagen über Merkmale der untersuchten Objekte gemacht und darüberhinaus Entscheidungen getroffen werden.

Haben nun die vorliegenden Beobachtungen niedriges Meßniveau, so sollten die verwendeten Statistiken die in der Stichprobe enthaltene zumeist geringe Information konservieren und gleichzeitig komprimieren, darüberhinaus aber leicht anzuwenden zu sein. Die nichtparametrischen Verfahren bedienen sich gerade solcher Statistiken, da die zugrundegelegten Annahmen, wie in der Einleitung angedeutet wurde, hinsichtlich des Meßniveaus zumeist gering sind. Zur Diskussion derartiger Statistiken in diesem Kapitel fordern wir:

(1) Die Daten $x_1, \ldots, x_n$ haben zumindest ordinales Meßniveau.

(2) $x_1, \ldots, x_n$ ist eine Realisation von unabhängigen Stichprobenvariablen $X_1, \ldots, X_n$.

(3) Die X_i sind identisch und stetig verteilt mit der Verteilungsfunktion F.

Ordnen wir die Beobachtungen $x_1, \ldots, x_n$ der Größe nach und fassen sie dann zu einem Vektor zusammen, so erhalten wir den Wert $(x_{(1)}, \ldots, x_{(n)})$ der sogenannten *geordneten Statistik* $(X_{(1)}, \ldots, X_{(n)})$. Die Komponente $x_{(j)}$ ist der Wert der *j-ten geordneten Statistik* $X_{(j)}$.

Beispiel 1: Zehn Kindern einer Vorschulklasse wird ein zerlegtes Puzzlespiel gegeben, das sie so schnell wie möglich wieder zusammensetzen sollen. Hierbei ergibt sich

Kind i	1	2	3	4	5	6	7	8	9	10
verbrauchte Zeit x_i (in Sek.)	78	58	60	82	83	85	65	72	70	61

3. Geordnete Statistiken und Rangstatistiken

Die geordnete Stichprobe ist dann

$x_{(1)}$	$x_{(2)}$	$x_{(3)}$	$x_{(4)}$	$x_{(5)}$	$x_{(6)}$	$x_{(7)}$	$x_{(8)}$	$x_{(9)}$	$x_{(10)}$
58	60	61	65	70	72	78	82	83	85

Der Index j von $X_{(j)}$ gibt offenbar den Platz an, den $X_{(j)}$ in der geordneten Statistik einnimmt. Die Platznummer j von $X_{(j)}$ wird als Rang bezeichnet. Hat X_i den Wert $x_{(j)}$ innerhalb der geordneten Statistik, so definieren wir also $Rang(X_i) = j$ bzw. kürzer $R(X_i) = j$ oder $R_i = j$. Die Realisationen der R_i bezeichnen wir mit $r(x_i)$ bzw. r_i.

Im vorstehenden Beispiel ist offenbar

x_i	78	58	60	82	83	85	65	72	70	61
r_i	7	1	2	8	9	10	4	6	5	3

Zu beachten ist, daß mit diesen neuen Begriffsbildungen ein Informationsverlust aus der Stichprobe einhergeht. Liegt in obigem Beispiel nur die geordnete Statistik

$$(58, 60, 61, 65, 70, 72, 78, 82, 83, 85)$$

vor, so ist nicht mehr ersichtlich, von welchem Kind i der Wert $x_{(j)}$ stammt. Noch mehr Informationen verlieren wir durch die Bildung der Ränge, denn die x_i-Werte selbst werden außer acht gelassen. Wir wissen nur noch, welche Platznummer die Beobachtung x_i in der geordneten Statistik hat. Wie sich zeigen wird, ist dieser Informationsverlust für die nichtparametrischen Verfahren, die auf geordneten Statistiken bzw. Rängen basieren, nicht von einschneidender Bedeutung.

Aus der geordneten Statistik läßt sich eine Reihe neuer Statistiken konstruieren, die häufig benutzt werden. Wir führen hier vier wichtige derartige Statistiken mit den folgenden Realisationen an:

$x_{(1)} = $ *kleinste Beobachtung (Minimum)*,

z.B. Versuchsfeld mit geringstem Ernteertrag, Baufirma mit den niedrigsten veranschlagten Kosten für einen Auftrag der öffentlichen Hand, Kind mit dem niedrigsten Intelligenzquotienten.

$x_{(n)} = $ *größte Beobachtung (Maximum)*,

z.B. Bauteile mit der größten Lebensdauer, Mastvieh mit der höchsten Gewichtszunahme, Produktionsverfahren mit dem höchsten Gewinn.

m = *Median der Beobachtungen*

m ist definiert durch

$$m = \begin{cases} x_{\left(\frac{n+1}{2}\right)} & \text{falls } n \text{ ungerade} \\ \frac{1}{2}\left(x_{\left(\frac{n}{2}\right)} + x_{\left(\frac{n}{2}+1\right)}\right) & \text{falls } n \text{ gerade,} \end{cases}$$

z.B. Vergleich der Preismediane bei einem Warentest, Medianeinkommen (unempfindlicher als das Durchschnittseinkommen gegenüber Extremwerten).

d = *Spannweite der Beobachtungen*

d ist definiert durch

$$d = x_{(n)} - x_{(1)},$$

z.B. in der Qualitätskontrolle als Streuungsmaß bei kleinen Stichproben, Unterschied zwischen dem kleinsten und größten Marktpreis für eine bestimmte Ware.

In Beispiel 1 ergibt sich:

$x_{(1)}$	$x_{(n)}$	m	d
58	85	71	27

3.2 Behandlung von Bindungen

Obwohl wegen der Stetigkeit in (3) aus 3.1 sich das Ereignis $(X_i = X_k)$ $(i \neq k)$ mit Wahrscheinlichkeit Null realisiert, kann es in der statistischen Praxis durchaus vorkommen, daß gleiche Stichprobenwerte auftreten. Dies ist begründet in der Tatsache, daß man mit den bekannten Methoden nicht beliebig genau messen kann. Auch stetige Merkmale können nur mit einem diskreten Instrumentarium gemessen werden!

Treten zwei oder mehr gleich große Stichprobenwerte auf, so sprechen wir von *gebundenen Beobachtungen* oder kurz *Bindungen* (ties). Die an einen Wert gebundenen Beobachtungen werden zu einer *Bindungsgruppe* zusammengefaßt. Die Ränge sind dann nicht mehr eindeutig zu bilden.

Beispiel 2: Bei einer Befragung von sieben Passanten über ihre monatlichen Ausgaben für kulturelle Veranstaltungen erhielt man folgendes Ergebnis:

Passant i	1	2	3	4	5	6	7
Ausgaben x_i pro Monat (in DM)	25	30	25	50	30	10	30

44   3. Geordnete Statistiken und Rangstatistiken

Offenbar sind die Ränge der Beobachtungen x_1, x_3 bzw. x_2, x_5, x_7 nicht eindeutig definiert.

Dem Problem der Bindungen von Daten begegnet man auch beim paarweisen Vergleich von Stichproben.

Beispiel 3: Es soll geprüft werden, ob in den 1993 geschlossenen Ehen die Körpergröße der Männer die der zugehörigen Ehefrauen übertrifft. An zwölf zufällig ausgewählten Ehepaaren wurden folgende Daten erhoben:

Ehepaar i	Körpergröße x_i des Ehemannes (in cm)	Körpergröße y_i der Ehefrau (in cm)	Vorzeichen von $x_i - y_i$
1	176	174	+
2	182	160	+
3	170	170	
4	168	173	−
5	183	165	+
6	180	168	+
7	171	162	+
8	172	172	
9	185	172	+
10	186	180	+
11	168	168	
12	171	175	−

Obwohl $P(Y_i = X_i) = 0$ gilt, haben die Ehepartner der Paare 3, 8 und 11 bei der hier vorliegenden Meßgenauigkeit jeweils dieselbe Körpergröße; diese x_i, y_i liegen also gebunden vor, und eine eindeutige Zuordnung von Vorzeichen ist nicht möglich.

Es gibt eine Reihe von Verfahren, die Schwierigkeiten beim Vorliegen von Bindungen zu überwinden.

Verfahren 1
Ein rigoroses Vorgehen besteht darin, solange Beobachtungen aus der Stichprobe zu entfernen, bis alle Bindungen aufgehoben sind. Damit ist jedoch ein Informationsverlust verbunden, der nur dann kaum ins Gewicht fallen dürfte, wenn der Quotient

$$\frac{\text{Anzahl der gebundenen Werte}}{\text{Umfang der Stichprobe}}$$

„klein" ist.

Verfahren 2
Durch einen Zufallsmechanismus werden den gebundenen Stichprobenwerten Ränge bzw. den Nulldifferenzen Vorzeichen zugewiesen.

3.2 Behandlung von Bindungen

Beispiel 4: Wir betrachten das Beispiel 2. Den Beobachtungen x_6 und x_4 können eindeutig die Ränge 1 bzw. 7 zugeordnet werden. Die Beobachtungen $x_1 = 25$ und $x_3 = 25$ beanspruchen die Ränge 2 und 3. Durch Münzwurf wird entschieden:

$$r_3 = 2, \ r_1 = 3.$$

Durch ein weiteres Zufallsexperiment (oder anhand einer Zufallszahlentabelle) werden den Beobachtungen $x_2 = x_5 = x_7 = 30$ mit gleicher Wahrscheinlichkeit die Ränge 4, 5 und 6 zugewiesen, z.B.

$$r_2 = 4, \ r_5 = 6, \ r_7 = 5.$$

Damit ergibt sich die folgende Tabelle

Passant i	1	2	3	4	5	6	7
x_i	25	30	25	50	30	10	30
r_i	3	4	2	7	6	1	5

Bei den zu diskutierenden Rangtests beeinflußt das Vorliegen von Bindungen die Wahrscheinlichkeitsverteilung der Teststatistik unter der Nullhypothese nicht, wenn die Ränge für die gebundenen Stichprobenwerte mit gleicher Wahrscheinlichkeit aufgeteilt werden. In der Praxis wird dieses Verfahren wegen des zusätzlichen Zufallsexperiments jedoch kaum angewendet. Dafür aber

Verfahren 3 (Durchschnittsränge)
Es wird das arithmetische Mittel aus *den* Rangzahlen gebildet, die für die gebundenen Werte *insgesamt* zu vergeben sind.

Beispiel 5: Im Beispiel 2 hätten die Beobachtungen $x_1 = x_3 = 25$ die Ränge 2 und 3 zu beanspruchen, sie erhalten den Durchschnittsrang 2.5. Analog erhalten $x_2 = x_5 = x_7 = 30$ den Rangplatz $5 = \frac{1}{3}(4 + 5 + 6)$, also insgesamt

x_i	25	30	25	50	30	10	30
r_i	2.5	5	2.5	7	5	1	5

Bei dieser häufig angewandten Methode wird die Wahrscheinlichkeitsverteilung von Rangstatistiken beeinflußt, so daß diese bei Vorliegen von Bindungen unter Umständen modifiziert werden müssen. Diese Beeinflussung ist schon dadurch angezeigt, daß die Ränge nicht mehr notwendig ganzzahlig auftreten.

3. Geordnete Statistiken und Rangstatistiken

Verfahren 4

Es werden alle Realisationen der Teststatistik berechnet, die wir durch Kombination aller möglichen Rangbildungen bei Vorliegen gebundener Stichprobenwerte erhalten. Entsprechend gehen wir beim Vergleich von Stichproben vor, wenn die Zuordnung der Vorzeichen nicht eindeutig ist.

Beispiel 6: Wollen wir in Beispiel 3 testen, ob ein signifikanter Unterschied zwischen Körpergrößen von Ehefrau und Ehemann besteht, so ist die Anzahl T der Pluszeichen in der Tabelle eine naheliegende Teststatistik.

Sehen wir zunächst von den gebundenen Stichprobenwerten ab, so ist $T = 7$. Nun kann den gebundenen Paaren auf $2^3 = 8$ verschiedene Weisen ein Plus- bzw. ein Minuszeichen zugeordnet werden.

Ehepaar	Kombination							
	1	2	3	4	5	6	7	8
3	+	+	+	+	−	−	−	−
8	+	−	+	−	+	−	+	−
11	+	+	−	−	+	+	−	−
T_{mod}	10	9	9	8	9	8	8	7

T_{mod} ist dann der Wert der Teststatistik bei einer der acht möglichen Zuordnungen von Plus- bzw. Minuszeichen.

Lautet das Testproblem

H_0: Es besteht kein Unterschied in den Körpergrößen
H_1: Es besteht ein Unterschied in den Körpergrößen,

so können wir auf dreierlei Weise vorgehen:

a) Liegen der maximale und der minimale Wert von T, nämlich 10 und 7, im Ablehnungsbereich, so entscheiden wir uns für die Alternativhypothese H_1. Analog halten wir an H_0 fest, wenn beide Extremwerte der modifizierten Teststatistik T_{mod} im Annahmebereich liegen. Wenn keiner dieser beiden Fälle zutrifft, sei auf b) oder c) verwiesen.

b) Aus den 8 Werten von T_{mod} berechnen wir das arithmetische Mittel (=8.5) und benutzen dieses als Wert der Teststatistik.

c) Wir wählen diejenige Kombination, deren T_{mod}-Wert die Wahrscheinlichkeit, den Fehler 1. Art (Ablehnung der Hypothese H_0, obwohl sie zutrifft) zu begehen, minimiert. Im obigen Beispiel wäre dies die 8. Kombination mit $T_{mod} = 7$. Fällt dieses so gewählte T_{mod} in den kritischen Bereich, wird H_0 abgelehnt, sonst angenommen. Das vorgegebene Niveau α wird dabei meist unterschritten, der Test ist konservativ (Begünstigung der Nullhypothese H_0). Bei diesem Verfahren nimmt der Rechenaufwand bei steigender Anzahl der Bindungen rapide zu. Es ist deshalb weniger zu empfehlen.

3.3 Empirische und theoretische Verteilungsfunktion

Die empirische Verteilungsfunktion ist in der deskriptiven Statistik ein wichtiges Charakteristikum, das die Häufigkeitsverteilung in der Stichprobe wiedergibt. Vom Verlauf der empirischen Verteilungsfunktion erwarten wir Rückschlüsse auf den Typ der Verteilung F der Grundgesamtheit.

Liegt die Stichprobe ungruppiert, d.h. in der Urliste $x_1, x_2, \ldots, x_n$ vor, so ist die *empirische Verteilungsfunktion* F_n für jede reelle Zahl x (auch bei Bindungen) definiert durch

$$F_n(x) = \frac{\text{Anzahl der Stichprobenwerte, die } x \text{ nicht übertreffen.}}{n}$$

Wir können die empirische Verteilungsfunktion, wenn die Stichprobenwerte nicht gebunden sind, mit Hilfe der geordneten Statistik in der folgenden Form darstellen:

$$F_n(x) = \begin{cases} 0 & \text{falls } x < x_{(1)} \\ m/n & \text{falls } x_{(m)} \leq x < x_{(m+1)} \\ 1 & \text{falls } x \geq x_{(n)}. \end{cases}$$

Beispiel 7: Gegeben sei eine Stichprobe vom Umfang $n = 5$ mit

x_1	x_2	x_3	x_4	x_5
2.5	-1	1	2	3
$x_{(4)}$	$x_{(1)}$	$x_{(2)}$	$x_{(3)}$	$x_{(5)}$

Die folgende Wertetabelle dient der Erstellung des Graphen der empirischen Verteilungsfunktion F_5, die in Abbildung 1 gezeichnet ist.

x im Intervall	$(-\infty, -1)$	$[-1, 1)$	$[1, 2)$	$[2, 2.5)$	$[2.5, 3)$	$[3, \infty)$
$F_n(x)$	0	1/5	1/5	1/5	4/5	1

48   3. Geordnete Statistiken und Rangstatistiken

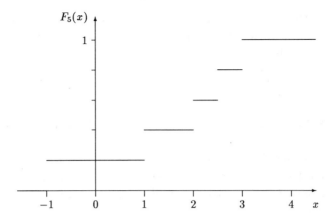

Abb. 3.1

Allgemein hat die empirische Verteilungsfunktion die folgenden Eigenschaften:

(1) F_n ist eine monoton wachsende Treppenfunktion, die in $x_{(1)}, \ldots, x_{(n)}$ Unstetigkeitsstellen aufweist.

(2) Bei ungebundenen Beobachtungen macht F_n in den Punkten $x_{(j)}$ jeweils einen Sprung der Höhe $1/n$; andernfalls der Höhe k/n, wenn k Beobachtungen gleich $x_{(j)}$ sind.

(3) $\lim\limits_{x \to -\infty} F_n(x) = 0$ und $\lim\limits_{x \to +\infty} F_n(x) = 1$.

(4) Für jedes x ist $F_n(x)$ eine Zufallsvariable.

(5) $F_n(x)$ ist diskret mit den Realisationsmöglichkeiten m/n ($m = 0, 1, \ldots, n$).

Eigenschaft (4) ist darin begründet, daß $F_n(x)$ von den Stichprobenvariablen $X_1, \ldots, X_n$ abhängt.

Wir kommen nun zu einigen weiteren wichtigen Eigenschaften der empirischen Verteilungsfunktion.

Satz 1: Die Wahrscheinlichkeitsverteilung von $F_n(x)$ genügt der nachstehenden Beziehung (für jedes feste, aber beliebige reelle x):

$$P\left(F_n(x) = \frac{m}{n}\right) = \binom{n}{m} (F(x))^m (1 - F(x))^{n-m}, \quad m = 0, 1, \ldots, n,$$

d.h., $nF_n(x)$ ist binomialverteilt mit den Parametern n und $F(x)$. Der Parameter $F(x)$ hängt von der (unbekannten) Verteilungsfunktion F der Grundgesamtheit ab.

Beweis. Sei x eine beliebige reelle Zahl. Für jede Stichprobenvariable X_i gilt

$$P(X_i \leq x) = F(x).$$

Setzen wir
$$Y_i(x) = \begin{cases} 1 & \text{falls} \quad X_i \leq x \\ 0 & \text{falls} \quad X_i > x, \end{cases}$$
so ist
$$P(Y_i(x) = 1) = F(x)$$
$$P(Y_i(x) = 0) = 1 - F(x).$$

Offenbar ist
$$nF_n(x) = \sum_{i=1}^{n} Y_i(x)$$
die Anzahl der Beobachtungen, die x nicht übertreffen.

Da die $Y_i(x)$, $i = 1, \ldots, n$, unabhängige bernoulliverteilte Zufallsvariablen mit dem Parameter $p = F(x)$ (vgl. Kapitel 2) sind, muß gelten $nF_n(x) \sim Bi(n, F(x))$, d.h.,
$$P\left(F_n(x) = \frac{m}{n}\right) = \binom{n}{m}(F(x))^m(1 - F(x))^{n-m}, \quad m = 0, 1, \ldots, n.$$

□

Folgerung.

(1) $E(F_n(x)) = F(x)$

(2) $\text{Var}(F_n(x)) = \frac{1}{n}F(x)(1 - F(x))$.

Beweis. Im Beweis von Satz 1 wurde gezeigt, daß $nF_n(x) \sim Bi(n, F(x))$. Damit ist $nF(x) = E(nF_n(x)) = nE(F_n(x))$ und schließlich $E(F_n(x)) = F(x)$. Entsprechend ergibt sich: $\text{Var}(nF_n(x)) = nF(x)(1 - F(x))$ und folglich $n^2 \text{Var}(F_n(x)) = nF(x)(1 - F(x))$.

□

Da nach Folgerung (1) $F_n(x)$ erwartungstreu für $F(x)$ ist und nach (2) $\text{Var}(F_n(x))$ mit wachsendem n gegen 0 konvergiert, ist $F_n(x)$ konsistent *im quadratischen Mittel* (stark konsistent) für $F(x)$; damit konvergiert $F_n(x)$ auch *in Wahrscheinlichkeit* gegen $F(x)$ (schwache Konsistenz), was auch direkt über die Tschebyschew–Ungleichung gezeigt werden kann. Mit zunehmendem n konvergiert $F_n(x)$ sogar gleichmäßig gegen $F(x)$ (Satz von Gliwenko u. Cantelli), d.h.,
$$P\left(\lim_{n\to\infty} \sup_{x\in\mathbb{R}} |F_n(x) - F(x)| = 0\right) = 1.$$

Dieser Sachverhalt wird auch manchmal mit „Fundamentalsatz der Statistik" bezeichnet. Ein einfacher Beweis wird von Tucker (1967) geliefert.

In Kapitel 4 wird F_n zur Konstruktion von Teststatistiken verwendet. Dabei geht es um Hypothesen über die Verteilung der Grundgesamtheit (Kolmogorow–Smirnow–Test u.a.).

3.4 Verteilung der Ränge und der geordneten Statistiken

Bei der Konstruktion von Schätzstatistiken, Teststatistiken, Konfidenz- und Toleranzintervallen spielen im Rahmen der nichtparametrischen Theorie Ränge und geordnete Statistiken eine dominierende Rolle. Zunächst werden die Verteilungen dieser wichtigen Zufallsvariablen untersucht.

3.4.1 Verteilung der Ränge

Es sei $X_1, \ldots, X_n$ eine Stichprobe aus einer stetig verteilten Grundgesamtheit. Dann ist der Rang $R_i = R(X_i)$ eine diskrete Zufallsvariable mit den Realisationsmöglichkeiten $1, 2, \ldots, n$. R_i gibt die Anzahl der Stichprobenvariablen an, die X_i nicht übertreffen (siehe Definition in 3.1). Offenbar ist $X_{(R_i)} = X_i$ sowie

$$R_i = \sum_{j=1}^{n} \chi(X_i - X_j),$$

wobei

$$\chi(x) = \begin{cases} 1 & \text{falls} \quad x \geq 0 \\ 0 & \text{sonst} \end{cases}.$$

Aus der zweiten Darstellung folgt unmittelbar, daß jedes R_i eine Zufallsvariable ist.

Satz 2:

(1) $P(R_1 = r_1, \ldots, R_n = r_n) = \frac{1}{n!}$
    wobei $r_1, \ldots, r_n$ eine Permutation der Zahlen $1, \ldots, n$ ist.

(2) $P(R_i = j) = \frac{1}{n}, \quad i = 1, \ldots, n,$
    wobei j eine der Zahlen $1, \ldots, n$ ist.

(3) $P(R_i = k, R_j = l) = \frac{1}{n(n-1)}$ für $1 \leq i, j, k, l \leq n, i \neq j, k \neq l$.

(4) $E(R_i) = \frac{n+1}{2}, \quad i = 1, \ldots, n$.

(5) $\text{Var}(R_i) = \frac{n^2 - 1}{12}, \quad i = 1, \ldots, n$.

(6) $\text{Cov}(R_i, R_j) = -\frac{n+1}{12}, \quad 1 \leq i, j \leq n, i \neq j$.

(7) $\text{Corr}(R_i, R_j) = -\frac{1}{n-1}, \quad 1 \leq i, j \leq n, i \neq j$.

3.4 Verteilung der Ränge und der geordneten Statistiken

Beweis.

(1) Die Stichprobenvariablen X_i haben nach Voraussetzung alle dieselbe stetige Verteilungsfunktion F und sind unabhängig. Aus Symmetriegründen haben dann alle $n!$ Permutationen $(r_1, \ldots, r_n)$ von $(1, \ldots, n)$ dieselbe Wahrscheinlichkeit (ein genauer und ausführlicher Beweis ist Hájek (1969) zu entnehmen).

(2) Wir definieren die Ereignisse

$$\begin{aligned} A &= (R_i = k) \\ B &= (R_1 = r_1, \ldots, R_{k-1} = r_{k-1}, R_{k+1} = r_{k+1}, \ldots, R_n = r_n),\ r_j \neq k,\ j \neq i \\ C &= (R_1 = r_1, \ldots, R_{i-1} = r_{i-1}, R_i = k, R_{i+1} = r_{i+1}, \ldots, R_n = r_n), \end{aligned}$$

wobei $(r_1, \ldots, r_n)$ eine Permutation von $(1, \ldots, n)$ ist. Nun gilt $C = A \cap B$, und wegen (1) ist

$$P(A) = \frac{P(C)}{P(B|A)} = \frac{1/n!}{1/(n-1)!} = \frac{1}{n}.$$

(3) analog zu (2); eine dem Leser empfohlene Übung (vgl. Aufgabe 12).

(4)
$$E(R_i) = \sum_{j=1}^{n} j P(R_i = j) = \frac{1}{n} \sum_{j=1}^{n} j = \frac{n+1}{2}.$$

(5)
$$\begin{aligned} \operatorname{Var}(R_i) &= \sum_{j=1}^{n} (j - E(R_i))^2 P(R_i = j) \\ &= \frac{1}{n} \sum_{j=1}^{n} \left(j - \frac{n+1}{2} \right)^2 \\ &= \frac{1}{n} \left[\sum_{j=1}^{n} j^2 - (n+1) \sum_{j=1}^{n} j + n \left(\frac{n+1}{2} \right)^2 \right] \\ &= \frac{1}{n} \left[\frac{n(n+1)(2n+1)}{6} - (n+1)\frac{n(n+1)}{2} + n\left(\frac{n+1}{2}\right)^2 \right] \\ &= \frac{n^2 - 1}{12}. \end{aligned}$$

(6)
$$\begin{aligned} \operatorname{Cov}(R_i, R_j) &= E(R_i R_j) - E(R_i) E(R_j) \\ &= \sum_{\substack{k=1 \\ k \neq l}}^{n} \sum_{l=1}^{n} kl\, P(R_i = k, R_j = l) - \left(\frac{n+1}{2} \right)^2 \end{aligned}$$

$$= \frac{1}{n(n-1)} \sum_{\substack{k=1 \\ k \neq l}}^{n} \sum_{l=1}^{n} kl - \left(\frac{n+1}{2}\right)^2$$

$$= \frac{1}{n(n-1)} \sum_{k=1}^{n} k\left(\frac{n}{2}(n+1) - k\right) - \left(\frac{n+1}{2}\right)^2$$

$$= \frac{1}{n(n-1)} \left[\frac{n}{2}(n+1) \sum_{k=1}^{n} k - \sum_{k=1}^{n} k^2\right] - \left(\frac{n+1}{2}\right)^2$$

$$= \frac{1}{n(n-1)} \left[\frac{n^2}{4}(n+1)^2 - \frac{n(n+1)(2n+1)}{6}\right] - \left(\frac{n+1}{2}\right)^2$$

$$= -\frac{n+1}{12}.$$

(7) $\quad \mathrm{Corr}(R_i, R_j) = \dfrac{\mathrm{Cov}(R_i, R_j)}{\sqrt{\mathrm{Var}(R_i)}\sqrt{\mathrm{Var}(R_j)}} = \dfrac{-(n+1)/12}{(n^2-1)/12} = -\dfrac{1}{n-1}.$

$\square$

Nach diesem Satz sind mithin Erwartungswert, Varianz, Kovarianz und Korrelationskoeffizient unabhängig von der Verteilung der Grundgesamtheit. Mit zunehmendem Stichprobenumfang streuen die Ränge mehr; die Korrelation zwischen zwei Rängen nimmt ab.

3.4.2 Verteilung von $F(X)$

F sei eine stetige Verteilungsfunktion der Zufallsvariablen X. Wir betrachten die Zufallsvariable $Y = F(X)$, die dadurch entsteht, daß wir die Werte der Variablen X noch der Transformation F unterwerfen:

$$E \xrightarrow{X} \mathbb{R} \xrightarrow{F} \mathbb{R}$$
$$e \mapsto X(e) \mapsto F(X(e));$$

E sei dabei der zugrundeliegende Ereignisraum. Es wird nun ein zunächst verblüffender und sehr wichtiger Sachverhalt nachgewiesen:

Unabhängig vom Verteilungstyp der Zufallsvariablen X ist $F(X)$ gleichverteilt auf dem Intervall $[0, 1]$. Dabei ist der Unterschied zwischen $F(x)$ und $F(X)$ zu beachten:

- $F(x)$ ist eine *feste Zahl* und gibt an: $P(X \leq x)$,

- $F(X)$ ist eine *Zufallsvariable*, wobei F die zu X gehörende Verteilungsfunktion ist.

3.4 Verteilung der Ränge und der geordneten Statistiken

Satz 3: X habe die stetige Verteilungsfunktion F. Dann ist $F(X)$ gleichverteilt auf dem Intervall $[0,1]$.

Beweis. Sei G die Verteilungsfunktion der Zufallsvariablen $F(X)$. Da F als Verteilungsfunktion nur Werte im Intervall $[0,1]$ annimmt, muß

$$G(y) = P(F(X) \leq y) = \begin{cases} 0 & \text{falls} \quad y \leq 0 \\ 1 & \text{falls} \quad y \geq 1 \end{cases}$$

sein. Ist nun $0 < y < 1$, so definieren wir

$$M(y) = \{z \mid z \in \mathbb{R} \text{ und } F(z) \leq y\}.$$

Wegen der Eigenschaft $\lim_{x \to -\infty} F(x) = 0$ ist $M(y)$ nicht leer; wegen $\lim_{x \to +\infty} F(x) = 1$ ist $M(y)$ nach oben beschränkt. Sei z_y das Supremum von $M(y)$. Aus der Stetigkeit von F folgt, daß $z_y \in M(y)$ und $F(z_y) = y$ ist.

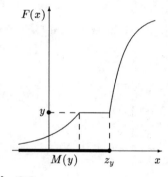

Abb. 3.2

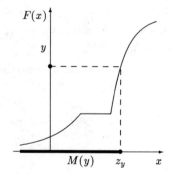

Abb. 3.3

Offenbar sind die Ereignisse $(F(X) \leq y)$ und $(X \leq z_y)$ wegen der Monotonie von F und der Relation $F(z_y) = y$ identisch, und deswegen folgt

$$G(y) = P(F(X) \leq y) = P(X \leq z_y) = F(z_y) = y.$$

□

Folgerung. Für stetiges F können

(1) $F(X_1), \ldots, F(X_n)$ als Stichprobenvariablen bezüglich der gleichverteilten Zufallsvariablen $F(X)$,

(2) $(F(X_{(1)}), \ldots, F(X_{(n)}))$ als geordnete Statistik aus einer gleichverteilten Grundgesamtheit

aufgefaßt werden.

Die Bedeutung von Satz 3 und der Folgerung wird sich noch in diesem Kapitel und in Kapitel 4 beim Kolmogorow–Smirnow–Test zeigen.

3.4.3 Gemeinsame Verteilung von geordneten Statistiken

Aufgrund der Annahme der Unabhängigkeit der Stichprobenvariablen $X_1, \ldots, X_n$ lautet deren gemeinsame Dichte

$$f_{X_1,\ldots,X_n}(x_1, \ldots, x_n) = f(x_1) f(x_2) \cdots f(x_n),$$

wobei f die Dichtefunktion von X ist.

Es wird nun die gemeinsame Dichte $f_{X_{(1)},\ldots,X_{(n)}}(y_1, \ldots, y_n)$ der zugehörigen geordneten Statistik bestimmt. Aus schreibtechnischen Gründen wird definiert:

$$Y_i = X_{(i)}, \quad i = 1, \ldots, n.$$

Es ist $Y_1 < Y_2 < \cdots < Y_{n-1} < Y_n$, und die geordnete Statistik $(Y_1, \ldots, Y_n)$ ist als Transformation von $(X_1, \ldots, X_n)$ aufzufassen. Diese Transformation ist jedoch nicht eindeutig umkehrbar, d.h., bei Vorliegen der geordneten Statistik läßt sich auf verschiedene Weise auf den Beobachtungsvektor $(X_1, \ldots, X_n)$ zurückschließen.

Bei $n = 3$ Beobachtungen X_1, X_2, X_3 ergeben sich $3! = 6$ inverse Transformationen zu dieser Transformation.

Geordnete Statistik	Y_1	Y_2	Y_3
	X_1	X_2	X_3
	X_1	X_3	X_2
mögliche inverse	X_2	X_1	X_3
Transformationen	X_2	X_3	X_1
	X_3	X_1	X_2
	X_3	X_2	X_1

Bei Kenntnis der geordneten Statistik (Y_1, Y_2, Y_3) erhalten wir also 6 mögliche Anordnungen der ursprünglichen Stichprobenvariablen, die diese geordnete Statistik hätten erzeugen können.

Bei n Variablen $X_1, \ldots, X_n$ ergeben sich $n!$ inverse Transformationen der geordneten Statistik (genauso viele, wie es Permutationen von $X_1, \ldots, X_n$ gibt!).

Die Jacobi–Determinante jeder inversen Transformation hat den Wert ± 1, weil die zugehörige Funktionalmatrix orthogonal ist (vgl. Math. Anhang). Betrachten wir im Fall $n = 3$ die inverse Transformation $X_2 = Y_1$, $X_3 = Y_2$, $X_1 = Y_3$, so hat die Funktionalmatrix $\boldsymbol{J}$ (Jacobi–Matrix) die Gestalt

$$\boldsymbol{J} = \begin{pmatrix} \frac{\partial X_1}{\partial Y_1} & \frac{\partial X_1}{\partial Y_2} & \frac{\partial X_1}{\partial Y_3} \\ \frac{\partial X_2}{\partial Y_1} & \frac{\partial X_2}{\partial Y_2} & \frac{\partial X_2}{\partial Y_3} \\ \frac{\partial X_3}{\partial Y_1} & \frac{\partial X_3}{\partial Y_2} & \frac{\partial X_3}{\partial Y_3} \end{pmatrix} = \begin{pmatrix} 0 & 0 & 1 \\ 1 & 0 & 0 \\ 0 & 1 & 0 \end{pmatrix}$$

d.h., $\det(\boldsymbol{J}) = 1$ und mithin

$$\begin{pmatrix} X_1 \\ X_2 \\ X_3 \end{pmatrix} = \begin{pmatrix} 0 & 0 & 1 \\ 1 & 0 & 0 \\ 0 & 1 & 0 \end{pmatrix} \begin{pmatrix} Y_1 \\ Y_2 \\ Y_3 \end{pmatrix}.$$

Der Leser beachte, daß im allgemeinen Fall die $n!$ Matrizen $\boldsymbol{J}$ stets aus den linear unabhängigen Einheitsvektoren des $\mathbb{R}^n$ aufgebaut sind und jedes $\boldsymbol{J}$ deshalb orthogonal sein muß. Wir wollen nun für den Fall von $n = 3$ Beobachtungen die gemeinsame Dichte $f_{Y_1,Y_2,Y_3}(y_1,y_2,y_3)$ von Y_1, Y_2 und Y_3 bestimmen.

Da der Betrag der Jacobi–Determinante stets gleich 1 ist, erhalten wir (siehe auch Math. Anhang) für $y_1 < y_2 < y_3$:

$$\begin{aligned}
f_{Y_1,Y_2,Y_3}(y_1,y_2,y_3) &= f_{X_1,X_2,X_3}(y_1,y_2,y_3) + f_{X_1,X_2,X_3}(y_1,y_3,y_2) \\
&\quad + f_{X_1,X_2,X_3}(y_2,y_1,y_3) + f_{X_1,X_2,X_3}(y_2,y_3,y_1) \\
&\quad + f_{X_1,X_2,X_3}(y_3,y_1,y_2) + f_{X_1,X_2,X_3}(y_3,y_2,y_1) \\
&= 6f(y_1)f(y_2)f(y_3).
\end{aligned}$$

Allgemein ergibt sich analog für $y_1 < y_2 < \cdots < y_n$:

$$\begin{aligned}
f_{Y_1,\ldots,Y_n}(y_1,\ldots,y_n) &= \sum_{\boldsymbol{y}} f_{X_1,\ldots,X_n}(\boldsymbol{y}) \\
&= n!f(y_1)f(y_2)\cdots f(y_n),
\end{aligned}$$

wobei $\boldsymbol{y}$ eine Permutation von $(y_1,\ldots,y_n)$ bedeutet. Daraus resultiert der

Satz 4: Die gemeinsame Dichte der geordneten Statistik $(X_{(1)},\ldots,X_{(n)})$ hat die Form

$$f_{X_{(1)},\ldots,X_{(n)}}(y_1,\ldots,y_n) = \begin{cases} n!f(y_1)f(y_2)\cdots f(y_n) & \text{falls} \quad y_1 < \cdots < y_n \\ 0 & \text{sonst.} \end{cases}$$

Beispiel 8: $X_1,\ldots,X_n$ seien unabhängige Stichprobenvariablen aus einer exponentialverteilten Grundgesamtheit mit der Dichte

$$f(x) = \begin{cases} e^{-x} & \text{falls} \quad x \geq 0 \\ 0 & \text{sonst.} \end{cases}$$

Dann lautet die gemeinsame Dichte von $X_{(1)},\ldots,X_{(n)}$:

$$\begin{aligned}
f_{X_{(1)},\ldots,X_{(n)}}(y_1,\ldots,y_n) &= n!e^{-y_1}e^{-y_2}\cdots e^{-y_n} \\
&\quad n!e^{-(y_1+\cdots+y_n)}
\end{aligned}$$

für $y_1 < y_2 < \cdots < y_n$; sonst verschwindet die Dichte.

Wie auch aus Satz 4 ersichtlich ist, sind die geordneten Stichprobenvariablen $Y_1,\ldots,Y_n$ *nicht* unabhängig, weil die gemeinsame Dichte nicht gleich dem Produkt der Randdichten ist. Es gilt aber folgender wichtige Satz über die Unabhängigkeit der geordneten Statistik $\boldsymbol{Y} = (Y_1,\ldots,Y_n)$ vom Rangvektor $\boldsymbol{R} = (R_1,\ldots,R_n)$; auf diesen Satz greifen wir in 11.4.4 bei der Konstruktion adaptiver Tests zurück.

3. Geordnete Statistiken und Rangstatistiken

Satz 5: Die unabhängigen Zufallsvariablen $X_1, \ldots, X_n$ seien stetig und identisch verteilt. Ferner seien $\boldsymbol{Y} = (Y_1, \ldots, Y_n)$ bzw. $\boldsymbol{R} = (R_1, \ldots, R_n)$ die geordnete Statistik bzw. der Rangvektor von $X_1, \ldots, X_n$. Dann gilt: $\boldsymbol{Y}$ und $\boldsymbol{R}$ sind unabhängig.

Beweis. Wir betrachten $\boldsymbol{R} = (1, 2, \ldots, n)$. Bezeichnet f bzw. f_X die gemeinsame Dichte von $X_1, \ldots, X_n$ bzw. die Randdichte, so ergibt sich für die bedingte Dichte g von $\boldsymbol{Y}$ bei gegebenem $\boldsymbol{R} = \boldsymbol{r} = (1, 2, \ldots, n)$:

$$\begin{aligned} g(y_1, \ldots, y_n \mid \boldsymbol{R} = \boldsymbol{r}) &= \frac{f(y_1, \ldots, y_n)}{P(\boldsymbol{R} = \boldsymbol{r})} \\ &= \frac{f_X(y_1) f_X(y_2) \cdots f_X(y_n)}{1/n!} \\ &= n! f_X(y_1) f_X(y_2) \cdots f_X(y_n) \end{aligned}$$

für $y_1 < y_2 < \cdots < y_n$. Das ist gerade die unbedingte Dichte von $\boldsymbol{Y}$ nach Satz 4. Für andere Permutationen $\boldsymbol{r}$ von $(1, 2, \ldots, n)$ ist die Argumentation dann analog. □

Zum Beweis dieses Satzes siehe auch Randles u. Wolfe (1979). Der Leser mache sich leicht klar, daß $(X_1, \ldots, X_n)$ und $(R_1, \ldots, R_n)$ natürlich nicht unabhängig sind.

3.4.4 Randverteilungen der geordneten Statistik

Aus der gemeinsamen Dichte $f_{X_{(1)}, \ldots, X_{(n)}}(y_1, \ldots, y_n)$ bestimmen wir durch sukzessives Integrieren die Dichte von $X_{(k)}$, $1 \leq k \leq n$:

$$\begin{aligned} f_{X_{(k)}}(y_k) &= n! f(y_k) \int_{-\infty}^{y_k} \int_{-\infty}^{y_{k-1}} \cdots \int_{-\infty}^{y_2} \int_{y_k}^{\infty} \int_{y_{k+1}}^{\infty} \cdots \int_{y_{n-1}}^{\infty} f(y_1) \cdots f(y_{k-1}) \\ &\quad \times f(y_{k+1}) \cdots f(y_n) dy_n \cdots dy_{k+1} dy_1 \cdots dy_{k-1} \\ &= \frac{n!}{(n-k)!} (1 - F(y_k))^{n-k} f(y_k) \\ &\quad \times \int_{-\infty}^{y_k} \int_{-\infty}^{y_{k-1}} \cdots \int_{-\infty}^{y_2} f(y_1) f(y_2) \cdots f(y_{k-1}) dy_1 \cdots dy_{k-1} \\ &= \frac{n!}{(n-k)!} (1 - F(y_k))^{n-k} f(y_k) \frac{(F(y_k))^{k-1}}{(k-1)!} \\ &= \frac{n!}{(n-k)!(k-1)!} (1 - F(y_k))^{n-k} (F(y_k))^{k-1} f(y_k). \end{aligned}$$

Dabei werden die folgenden Beziehungen ausgenutzt:

$$\begin{aligned} \int_{-\infty}^{y} (F(x))^m f(x) dx &= \frac{(F(y))^{m+1}}{m+1} \\ \int_{y}^{\infty} (1 - F(x))^m f(x) dx &= \frac{(1 - F(y))^{m+1}}{m+1} \quad m = 0, 1, 2, \ldots \end{aligned}$$

3.4 Verteilung der Ränge und der geordneten Statistiken

Insgesamt erhalten wir

$$f_{X_{(k)}}(y) = k \binom{n}{k} (1 - F(y))^{n-k} (F(y))^{k-1} f(y).$$

Speziell für $k = 1$ bzw. für $k = n$ ergibt sich

$$\begin{aligned} f_{X_{(1)}}(y) &= n(1 - F(y))^{n-1} f(y) \\ f_{X_{(n)}}(y) &= n(F(y))^{n-1} f(y). \end{aligned}$$

Dies sind also die Dichten der kleinsten bzw. der größten geordneten Statistik. Die zugehörigen Verteilungsfunktionen lauten dann:

$$\begin{aligned} F_{X_{(1)}}(y) &= 1 - (1 - F(y))^n \quad \text{bzw.} \\ F_{X_{(n)}}(y) &= F^n(y). \end{aligned}$$

Alternativ können wir die Verteilung von $X_{(k)}$ über den Umweg einer Binomialverteilung gewinnen. Es bezeichne Y die Zufallsvariable, die die Anzahl der X_i aus $X_1, \ldots, X_n$ angibt, die die fest vorgegebene Zahl x nicht übertreffen, d.h., $Y = \sum_{i=1}^{n} I_{[X_i \leq x]}$. Dabei ist I die Indikatorfunktion des Ereignisses $A_i = [X_i \leq x]$, so daß $I_{A_i}(\omega) = 1$, falls $\omega \in A_i$ und 0 sonst. Nun gilt $P(A_i) = P(X_i \leq x) = F(x)$, und die Ereignisse A_i sind unabhängig. Damit genügt Y einer Binomialverteilung mit den Parametern n und $F(x)$. Wie sich rasch zeigen läßt, besteht zwischen der binomialverteilten Zufallsvariable Y und der k–ten geordneten Statistik die Beziehung: $[X_{(k)} \leq x] = [Y \geq k]$. Damit haben wir zum einen den noch ausstehenden Nachweis geführt, daß $X_{(k)}$ eine Zufallsvariable ist, und zum anderen können wir nun ohne weiteres die Verteilungsfunktion von $X_{(k)}$ bestimmen.

$$\begin{aligned} F_{X_{(k)}}(x) &= P(X_{(k)} \leq x) \\ &= P(Y \geq k) \\ &= \sum_{i=k}^{n} \binom{n}{i} F(x)^i (1 - F(x))^{n-i}. \end{aligned}$$

Aus dieser Identität läßt sich durch Differentiation erneut die Dichte $f_{X_{(k)}}$ berechnen.

Gehen wir zur Bestimmung der gemeinsamen Dichte von $(X_{(k)}, X_{(l)})$, $k > l$, analog wie bei der Herleitung der Dichte von $f_{X_{(k)}}$ vor, so erhalten wir

$$f_{X_{(k)}, X_{(l)}}(y_k, y_l) = \begin{cases} \dfrac{n!}{(k-1)!(l-k-1)!(n-l)!} (F(y_k))^{k-1} (F(y_l) - F(y_k))^{l-k-1} \\ \quad \times (1 - F(y_l))^{n-l} f(y_k) f(y_l) \quad \text{für} \quad y_k < y_l \\ 0 \quad \text{sonst.} \end{cases}$$

3. Geordnete Statistiken und Rangstatistiken

Beispiel 9: X_1, X_2, X_3 sei die unabhängige Stichprobe einer exponentialverteilten Grundgesamtheit mit der Dichte

$$f(x) = \begin{cases} e^{-x} & \text{falls} \quad x \geq 0 \\ 0 & \text{sonst.} \end{cases}$$

Die Verteilungsfunktion lautet

$$F(x) = \begin{cases} 1 - e^{-x} & \text{für} \quad x \geq 0 \\ 0 & \text{sonst.} \end{cases}$$

Dann ist nach den oben hergeleiteten Formeln

$$f_{X_{(1)}}(y_1) = \begin{cases} 3e^{-3y_1} & \text{für} \quad y_1 \geq 0 \\ 0 & \text{sonst} \end{cases}$$

$$f_{X_{(2)}}(y_2) = \begin{cases} 6e^{-2y_2}(1 - e^{-y_2}) & \text{für} \quad y_2 \geq 0 \\ 0 & \text{sonst} \end{cases}$$

$$f_{X_{(3)}}(y_3) = \begin{cases} 3(1 - e^{-y_3})^2 e^{-y_3} & \text{für} \quad y_3 \geq 0 \\ 0 & \text{sonst} \end{cases}$$

$$f_{X_{(1)}, X_{(3)}}(y_1, y_3) = \begin{cases} 6(e^{-y_1} - e^{-y_3})e^{-(y_1+y_3)} & \text{für} \quad y_1 < y_3 \\ 0 & \text{sonst} \end{cases}$$

3.4.5 Verteilung des Medians

Ist die Anzahl n der Stichprobenvariablen ungerade, so ist der Median $M = X_{\left(\frac{n+1}{2}\right)}$, und nach Abschnitt 3.4.4 gilt:

$$f_M(y) = \frac{n+1}{2} \binom{n}{(n+1)/2} (1 - F(y))^{(n-1)/2} (F(y))^{(n-1)/2} f(y).$$

Ist n gerade ($n = 2k$), so ist der Median M definiert durch $M = (X_{(k)} + X_{(k+1)})/2$. Die gemeinsame Dichte von $X_{(k)}$ und $X_{(k+1)}$ lautet:

$$f_{X_{(k)}, X_{(k+1)}}(y_k, y_{k+1}) = \begin{cases} \frac{(2k)!}{(k-1)!(k-1)!} (F(y_k))^{k-1}(1 - F(y_{k+1}))^{k-1} \\ \qquad \times f(y_k) f(y_{k+1}) & \text{für} \quad y_k < y_{k+1} \\ 0 \quad \text{sonst.} \end{cases}$$

Transformieren wir nun

$$y = \frac{y_k + y_{k+1}}{2}, \; x = y_{k+1},$$

so erhalten wir mit Hilfe der Jacobi–Methode (vgl. Math. Anhang)

$$f_M(y) = 2\frac{(2k)!}{(k-1)!(k-1)!} \int_y^\infty (F(2y-x))^{k-1}(1-F(x))^{k-1} f(2y-x)f(x)\,dx.$$

Beispiel 10: $X_1, \ldots, X_{2m-1}$ seien unabhängige Stichprobenvariablen einer gleichverteilten Grundgesamtheit mit der Dichte

$$f(x) = \begin{cases} 1 & \text{für} \quad 0 \leq x \leq 1 \\ 0 & \text{sonst} \end{cases}$$

und damit der Verteilungsfunktion

$$F(x) = \begin{cases} 0 & \text{für} \quad x < 0 \\ x & \text{für} \quad 0 \leq x \leq 1 \\ 1 & \text{für} \quad x > 1. \end{cases}$$

Die Dichtefunktion des Medians $M = X_{(m)}$ lautet dann für alle y mit $0 \leq y \leq 1$:

$$f_M(y) = m\binom{2m-1}{m}(1-y)^{m-1}y^{m-1}.$$

Für alle y außerhalb des Intervalls $[0,1]$ verschwindet $f_M(y)$. Der Median genügt in diesem Falle also einer Beta–Verteilung mit dem Parameterpaar (m,m) (vgl. Kapitel 2).

3.4.6 Verteilung der Spannweite

Die Spannweite D (als Zufallvariable) war definiert durch

$$D = X_{(n)} - X_{(1)}.$$

Die gemeinsame Dichte von $X_{(1)}$ und $X_{(n)}$ ist gegeben durch

$$f_{X_{(1)}, X_{(n)}}(y_1, y_n) = n(n-1)(F(y_n) - F(y_1))^{n-2} f(y_1)f(y_n).$$

Transformieren wir

$$y = y_n - y_1, \quad x = y_n$$

und wenden wir schließlich die Jacobi–Methode an, so ist

$$f_D(y) = n(n-1) \int_{-\infty}^\infty (F(x) - F(x-y))^{n-2} f(x-y)f(x)\,dx.$$

Beispiel 11: $X_1, \ldots, X_n$ seien unabhängige Stichprobenvariablen einer gleichverteilten Grundgesamtheit. Dann ist die Dichte der Spannweite gegeben durch

$$f_D(y) = \begin{cases} n(n-1)y^{n-2}(1-y) & \text{für} \quad 0 \leq y \leq 1 \\ 0 & \text{sonst,} \end{cases}$$

wie wir anhand obiger Formel leicht herleiten können. Die Spannweite ist in diesem Fall mithin betaverteilt mit den Parametern $\alpha = n-1$ und $\beta = 2$.

3.4.7 Momente der geordneten Statistiken

In 3.4.4 wurde die Dichte der k–ten geordneten Statistik bestimmt. Es war

$$f_{X_{(k)}}(x) = k\binom{n}{k}(1 - F(x))^{n-k}(F(x))^{k-1}f(x).$$

Natürlich lassen sich Erwartungswert und höhere Momente explizit nur dann ausrechnen, wenn der zugrundeliegende Verteilungstyp F bekannt ist.

Beispiel 12: Liegt eine über $[0,1]$ gleichverteilte Grundgesamtheit vor, so gilt (siehe Aufgabe 6):

$$X_{(k)} \sim Be(k, n - k + 1).$$

Kapitel 2 entnehmen wir:

$$\begin{aligned} E(X_{(k)}) &= \frac{k}{n+1} \\ \mathrm{Var}(X_{(k)}) &= \frac{k(n-k+1)}{(n+1)^2(n+2)}. \end{aligned}$$

Es läßt sich zeigen (siehe Gibbons u. Chakraborti (1992)), daß für $k < l$ gilt:

$$E(X_{(k)}X_{(l)}) = \frac{k(l+1)}{(n+1)(n+2)}$$

und damit

$$\begin{aligned} \mathrm{Cov}(X_{(k)}, X_{(l)}) &= \frac{k(n-l+1)}{(n+1)^2(n+2)} \\ \mathrm{Corr}(X_{(k)}, X_{(l)}) &= \sqrt{\frac{k(n-l+1)}{l(n-k+1)}}. \end{aligned}$$

Für $k = 1$ und $l = n$ ist:

$$\mathrm{Corr}(X_{(1)}, X_{(n)}) = \frac{1}{n},$$

d.h., die Korrelation zwischen der kleinsten und größten Beobachtung aus einer gleichverteilten Grundgesamtheit verschwindet mit zunehmendem Stichprobenumfang.

Die Momente der k–ten geordneten Statistik aus einer normalverteilten Grundgesamtheit liegen tabelliert vor (vgl. Harter (1961) oder Pearson u. Hartley (1972)). Bei größerem Stichprobenumfang gibt es für die Momente Näherungsformeln (siehe Gibbons u. Chakraborti (1992)). Singh (1976) leitet die Momente der Spannweite aus nichtnormalverteilter Grundgesamtheit her. Schranken für die Momente der geordneten Statistiken geben Arnold u.a. (1992), David (1988), Balakrishnan u. Bendre (1993), Gajek u. Gather (1991) sowie Arnold u. Balakrishnan (1989) an.

3.4.8 Asymptotische Verteilungen

Es wird jetzt der Frage nachgegangen, ob die Verteilung der k–ten geordneten Statistik sich mit zunehmendem Stichprobenumfang einer Normalverteilung annähert. Wir behandeln jedoch nur den Fall, daß k/n als annähernd konstant angesehen werden kann (z.B. bei den Stichprobenquantilen). Zur asympotischen Verteilung von $X_{(1)}$ bzw. $X_{(n)}$ verweisen wir auf David (1981). Wichtig ist nun

Satz 5: $X_1, \ldots, X_n$ seien unabhängige Stichprobenvariablen einer stetig verteilten Grundgesamtheit mit der Dichte f und der Verteilungsfunktion F. Für $0 < p < 1$ sei a_p das p–te Quantil von F. Ist $k = [np] + 1$ (dabei ist $[np]$ der ganzzahlige Anteil von np) und f in a_p stetig und positiv, so ist

$$\sqrt{n} \frac{X_{(k)} - a_p}{\sqrt{p(1-p)}} \underset{\text{asympt.}}{\sim} N\left(0, \frac{1}{f^2(a_p)}\right).$$

Der Beweis dieses Satzes ist sehr umfangreich, so daß hier auf ihn verzichtet sei (siehe Fisz (1976) oder Manoukian (1986)).

Angemerkt sei noch, daß unter der zusätzlichen Annahme der strengen Monotonie von F zudem gilt (vgl. Manoukian (1986)):

$$X_{(k)} \xrightarrow{P} a_p,$$

d.h., $X_{(k)}$ ist eine schwach konsistente Schätzung für a_p.

3.5 Konfidenzintervalle für Quantile

Es wird hier angenommen, daß F streng monoton wachsend und damit das p–te Quantil a_p eindeutig bestimmt ist.

Als schwach konsistente Schätzung für a_p kann, wie im vorigen Abschnitt erläutert wurde, $X_{(k)}$ mit $k = [np] + 1$ gewählt werden. Bei der Konstruktion eines Konfidenzintervalles für a_p zum Niveau $1 - \alpha$ bedienen wir uns demgemäß auch der geordneten Statistiken.

Das Problem der Bestimmung eines Konfidenzintervalls für a_p stellt sich dann so dar: Es sind natürliche Zahlen k und l so zu bestimmen, daß gilt $k < l$ und

$$P(X_{(k)} < a_p < X_{(l)}) = 1 - \alpha.$$

Nun läßt sich das Ereignis $(X_{(k)} < a_p)$ als Vereinigung disjunkter Ereignisse $(X_{(k)} < a_p < X_{(l)})$ und $(X_{(l)} < a_p)$ darstellen. Mithin ist

$$P(X_{(k)} < a_p) = P(X_{(k)} < a_p < X_{(l)}) + P(X_{(l)} < a_p)$$

3. Geordnete Statistiken und Rangstatistiken

bzw.

$$P(X_{(k)} < a_p < X_{(l)}) = P(X_{(k)} < a_p) - P(X_{(l)} < a_p).$$

Da F streng monoton wachsend ist, gilt die folgende Identität von Ereignissen

$$(X_{(k)} < a_p) = (F(X_{(k)}) < F(a_p))$$
$$(X_{(l)} < a_p) = (F(X_{(l)}) < F(a_p)).$$

Somit folgt

$$P(X_{(k)} < a_p < X_{(l)}) = P(F(X_{(k)}) < p) - P(F(X_{(l)}) < p).$$

Nach der Folgerung aus Satz 3 ist $F(X_{(1)}), \ldots, F(X_{(n)})$ die geordnete Statistik einer rechteckverteilten Zufallsvariablen. Wie wir 3.4.4 entnehmen, ist dann

$$P(F(X_{(j)}) < p) = \int_0^p j \binom{n}{j} x^{j-1}(1-x)^{n-j}\,dx$$

und damit

$$P(X_{(k)} < a_p < X_{(l)}) = \int_0^p \left\{ k\binom{n}{k} x^{k-1}(1-x)^{n-k} - l\binom{n}{l} x^{l-1}(1-x)^{n-l} \right\} dx.$$

Durch partielle Integration läßt sich zeigen:

$$\int_0^p j\binom{n}{j} x^{j-1}(1-x)^{n-j}\,dx = \sum_{i=j}^n \binom{n}{i} p^i (1-p)^{n-i},$$

so daß schließlich

$$P(X_{(k)} < a_p < X_{(l)}) = \sum_{i=k}^{l-1} \binom{n}{i} p^i (1-p)^{n-i} \text{ ist.}$$

Das oben gestellte Problem der Bestimmung eines Konfidenzintervalles lautet dann: Bestimme k, l mit $k < l$ so, daß gilt

$$\sum_{i=k}^{l-1} \binom{n}{i} p^i (1-p)^{n-i} = 1 - \alpha.$$

Diese Gleichung läßt sich auch in der Form schreiben:

$$F(l-1) - F(k-1) = 1 - \alpha,$$

wobei F die Verteilungsfunktion einer binomialverteilten Zufallsvariablen mit den Parametern n und p ist. Das vorgegebene Konfidenzniveau $1 - \alpha$ läßt sich in der Regel nicht exakt einhalten. Wir bestimmen k und l mit $k < l$ so, daß gilt

(1) $l - k$ minimal

(2) $F(l-1) - F(k-1) \approx 1 - \alpha.$

Beispiel 13: Gegeben seien die zehn Beobachtungen

x_i	5.1	5.6	5.3	4.9	5.9	5.8	5.0	6.0	5.4	5.2
$x_{(i)}$	4.9	5.0	5.1	5.2	5.3	5.4	5.6	5.8	5.9	6.0

Gesucht ist ein Konfidenzintervall für das Quantil $a_{0.25}$ bei einem Konfidenzniveau $1 - \alpha \approx 0.9$.

Wie Tabelle A zu entnehmen ist, sind für $l - 1 = 5$ und $k - 1 = 0$ die Bedingungen (1) und (2) erfüllt. Es ist für $p = 0.25$ und $n = 10$: $F(5) = 0.9803$ und $F(0) = 0.0563$. Damit ergibt sich als realisiertes Konfidenzintervall für $a_{0.25}$ zum Niveau 0.924: (4.9,5.4).

Eine alternative Methode zur Bestimmung eines Konfidenzintervalles für den Median schlagen Hettmansperger u. Sheather (1986) vor.

3.6 Toleranzbereiche

Eine mit 3.5 verwandte Frage ist folgende: Gegeben sei eine Grundgesamtheit, die gemäß F stetig verteilt sei, wobei F streng monoton und f die zugehörige Dichtefunktion ist. Betrachten wir nun Statistiken T_1 bzw. T_2, die von den Stichprobenvariablen $X_1, \ldots, X_n$ abhängen, so ist das Integral

$$P(T_1 < X < T_2) = \int_{T_1}^{T_2} f(x)\,dx$$

ebenso wie T_1 und T_2 eine Zufallsvariable und gibt die Wahrscheinlichkeit an, daß sich die Zufallsvariable X im Intervall $[T_1, T_2]$ realisiert.

Die Statistiken T_1, T_2 heißen Toleranzgrenzen für X, das Intervall $[T_1, T_2]$ Toleranzbereich für X.

Sei Q das zu der Zufallsvariablen $P(T_1 < X < T_2)$ gehörende Wahrscheinlichkeitsmaß. Das Problem ist jetzt, Statistiken T_1 und T_2 so zu finden, daß für vorgegebenes β ($0 < \beta < 1$) und vorgegebenes $1 - \alpha$ gilt:

$$Q(P(T_1 < X < T_2) \geq \beta) = 1 - \alpha,$$

d.h., die Wahrscheinlichkeit dafür, daß zwischen T_1 und T_2 der Anteil der Grundgesamtheitsverteilung größer oder gleich β ist, beträgt $1 - \alpha$.

Wählen wir für $T_1 = X_{(k)}$ und für $T_2 = X_{(l)}$ mit $k < l$, so ist

$$\begin{aligned} P(X_{(k)} < X < X_{(l)}) &= P(X < X_{(l)}) - P(X < X_{(k)}) \\ &= F(X_{(l)}) - F(X_{(k)}) \\ &= Y_{(l)} - Y_{(k)}, \end{aligned}$$

wobei $Y_{(l)}$ und $Y_{(k)}$ die l-te bzw. k-te geordnete Statistik einer über $[0,1]$ gleichverteilten Zufallsvariablen sind. Das Problem stellt sich jetzt in transformierter und einfacherer Form dar:

Zu gegebenem β und $1-\alpha$ sind k, l mit $k < l$ so zu bestimmen, daß gilt

$$Q(Y_{(l)} - Y_{(k)} \geq \beta) = 1 - \alpha.$$

Wir transformieren

$$\begin{aligned} U &= Y_{(l)} - Y_{(k)} \\ V &= Y_{(k)}, \end{aligned}$$

berechnen die gemeinsame Verteilung von U und V nach der Jacobi–Methode und erhalten durch Integration die Dichte von U

$$f(u) = (l-k)\binom{n}{l-k} u^{l-k-1}(1-u)^{n-l+k}.$$

U ist also betaverteilt mit den Parametern $l-k$ und $n-l+k+1$. Wie sich zeigen läßt, ist

$$\begin{aligned} Q(U \geq \beta) &= \int_{\beta}^{1} f(u)\, du \\ &= 1 - \sum_{i=l-k}^{n} \binom{n}{i} \beta^{i}(1-\beta)^{n-i} \\ &= \sum_{i=0}^{l-k-1} \binom{n}{i} \beta^{i}(1-\beta)^{n-i}, \end{aligned}$$

d.h., es gilt $Q(Y_{(l)} - Y_{(k)} \geq \beta) = F(l-k-1)$, wobei F die Verteilungsfunktion einer binomialverteilten Zufallsvariablen mit den Parametern n und β ist. Wir müssen also nur noch die Gleichung

$$F(l-k-1) = 1 - \alpha$$

bezüglich k und l, $k < l$, lösen. So ist z.B. für $n = 20$, $1-\alpha = 0.98$ und $\beta = 0.5$ (vgl. Tabelle A) $l-k-1 = 14$ oder äquivalent $l-k = 15$. Wir wählen $l = 18$ und $k = 3$, d.h.,

$$Q(P(X_{(3)} > X < X_{(18)}) \geq 0.5) = 0.98.$$

Auch $k = 2$ und $l = 17$ wäre eine Lösung. Zu vorgegebenem $1-\alpha$ müssen nicht notwendig k und l so existieren, daß $F(l-k-1)$ möglichst nahe bei $1-\alpha$ liegt.

Zum Abschluß des Kapitels weisen wir noch auf weiterführende Literatur hin, in der u.a. auch auf die asymptotische Theorie und auf die Problematik der geordneten Statistik von diskreten oder abhängigen Zufallsvariablen eingegangen wird: Gumbel (1958), Sarhan u. Greenberg (1962), Puri (1970), Walsh (1970), Gjosh (1972), David (1981, 1993) und Reiss (1989).

3.7 Zusammenfassung

In diesem Kapitel wurden die grundlegenden Hilfsmittel der nichtparametrischen Methoden bereitgestellt. Im Vordergrund standen die geordnete Statistik und der Rangbegriff. Selbst für ein stetiges Merkmal ist aufgrund zu geringer Feinheit der Meßinstrumente die eindeutige Zuweisung der Ränge nicht immer möglich. Es wurden einige Verfahren zur Bewältigung dieses sogenannten Bindungsproblems behandelt. Zur Schätzung der unbekannten theoretischen Verteilungsfunktion F eignete sich die empirische Verteilungsfunktion F_n besonders gut: $F_n(x)$ ist eine erwartungstreue und im quadratischen Mittel konsistente Schätzung für $F(x)$. Zudem gilt $nF_n(x) \sim Bi(n, F(x))$, und $F_n(x)$ konvergiert gleichmäßig gegen $F(x)$ (mit Wahrscheinlichkeit 1). Im Gegensatz zur Verteilung der geordneten Statistiken erwies sich die Verteilung der Ränge als unabhängig von der zugrundeliegenden stetigen Verteilung. Unter bestimmten Bedingungen ist die k–te geordnete Statistik asymptotisch normalverteilt. Aufgrund der Gleichverteilung von $F(X)$ für jede stetige Verteilungsfunktion F von X konnten schließlich verteilungsunabhängige Konfidenzintervalle für Quantile und Toleranzbereiche bestimmt werden.

3.8 Probleme und Aufgaben

Aufgabe 1: Zehn Vertreter rechnen am Monatsende ihre Reisekosten ab.

Vertreter	1	2	3	4	5	6	7	8	9	10
Kosten [DM]	353	581	404	781	340	451	399	622	535	737

a) Geben Sie die zugehörige geordnete Statistik an.
b) Berechnen Sie die Rangstatistik $(r_1, \ldots, r_{10})$.
c) Wie lauten $x_{(1)}, x_{(10)}, m$ und d?

Aufgabe 2: $X_1, \ldots, X_{2n+1}$ seien unabhängige Stichprobenvariablen aus einer über dem Intervall $[0, 1]$ gleichverteilten Grundgesamtheit. Berechnen Sie Erwartungswerte und Varianzen der folgenden Statistiken:

$$T_1 = \bar{X}, \ T_2 = X_{(n+1)} \text{ und } T_3 = (X_{(1)} + X_{(2n+1)})/2.$$

Aufgabe 3: Fünfzehn Studenten werden befragt, wieviel Zeit sie für ihr häusliches Studium in der Woche durchschnittlich verwenden. Man erhält

Student	1	2	3	4	5	6	7	8	9	10	11	12	13	14	15
Zeit [Std.]	15	10	11	21	11	16	25	24	16	19	11	20	13	20	21

3. Geordnete Statistiken und Rangstatistiken

a) Wieviele Stichprobenwerte liegen gebunden vor?

b) Berechnen Sie die Ränge nach Verfahren 1, Verfahren 2 und Verfahren 3.

c) Zeichnen Sie die empirische Verteilungsfunktion.

Aufgabe 4: Zeigen Sie aus dem Beweis von Satz 3:

a) $z_y \in M(y)$. *Hinweis:* Betrachten Sie die Folge $(z_y - 1/n)$.

b) $F(z_y) = y$. *Hinweis:* Betrachten Sie die Folge $(z_y + 1/n)$.

c) $(F(X) \leq y) = (X \leq z_y)$

Aufgabe 5: $X_1, \ldots, X_{10}$ seien unabhängige Stichprobenvariablen aus einer stetig verteilten Grundgesamtheit. Berechnen Sie

$$P(X_{(1)} < a_{0.2} < X_{(5)})$$
$$P(X_{(2)} < a_{0.5} < X_{(9)})$$
$$P(X_{(3)} < a_{0.8}).$$

Aufgabe 6: $X_1, \ldots, X_n$ seien unabhängige Stichprobenvariablen aus einer über $[0, 1]$ gleichverteilten Grundgesamtheit.

a) Zeigen Sie: $X_{(k)}$ ist betaverteilt mit den Parametern k und $n - k + 1$.

b) Bestimmen Sie die gemeinsame Dichtefunktion von $X_{(k)}$ und $X_{(l)}$, $(k < l)$.

Aufgabe 7: Gegeben seien die Durchmesser von 10 Werkstücken [in cm]:

10.3 9.4 9.3 10.0 10.1 9.7 10.2 10.4 9.8 9.9.

a) Berechnen Sei ein Konfidenzintervall für den Median zum Niveau $1 - \alpha = 0.89$.

b) Wie lautet das Konfidenzintervall, wenn der Durchmesser normalverteilt ist?

Aufgabe 8: Zeigen Sie die Identität für $k < n$, $0 < p < 1$:

$$\sum_{i=0}^{n} \binom{n}{i} p^i (1-p)^{n-i} = \binom{n}{k}(n-k)\int_p^1 x^k (1-x)^{n-k-1} dx$$

a) durch partielle Integration

b) indem Sie beide Seiten als Funktion von p auffassen und bezüglich p differenzieren.

Aufgabe 9: Es bezeichne D die Spannweite, die aus einer Stichprobe vom Umfang $n = 4$ berechnet wird. Die Grundgesamtheit genüge einer Gleichverteilung über dem Intervall $[0, 1]$. Berechnen Sie $P(D < 0.25)$ und $P(0.1 \leq D \leq 0.9)$.

Aufgabe 10: $X_1, \ldots, X_n$ seien unabhängige Stichprobenvariablen aus einer stetig verteilten Grundgesamtheit

a) Zeigen Sie:
$$Q(P(X_{(1)} < X < X_{(n)}) \geq \beta) = 1 - n\beta^{n-1} + (n-1)\beta^n.$$

b) Wie groß muß der Stichprobenumfang n sein, damit mit einer Wahrscheinlichkeit von $1 - \alpha = 0.95$ ein Anteil der Grundgesamtheit von mindestens $\beta = 0.95$ durch die kleinste und größte Beobachtung überdeckt wird?

Aufgabe 11: Die unabhängigen Stichprobenvariablen $X_1, \ldots, X_n$ stammen aus einer über $[0,1]$ gleichverteilten Grundgesamtheit. Zeichnen Sie die Dichtefunktion $f_{X_{(k)}}$ für die Fälle:

a) $k = 1$, $n = 3$
b) $k = 2$, $n = 2$
c) $k = 2$, $n = 3$.

Aufgabe 12: Beweisen Sie aus Satz 2
$$P(R_i = k, R_j = l) = \frac{1}{n(n-1)} \quad \text{für} \quad 1 \leq i, j, k, l \leq n; \; i \neq j; \; k \neq l.$$

Aufgabe 13: $X_{(1)}, \ldots, X_{(2k+1)}$ sei die geordnete Statistik aus einer stetig verteilten Grundgesamtheit. Berechnen Sie: $P(X_{(k)} < a_{0.5} < X_{(k+2)})$.

Kapitel 4

Einstichproben–Problem

4.1 Problemstellung

In diesem Kapitel werden wir nichtparametrische Methoden in der Test- und Schätztheorie behandeln, die auf *einer* Stichprobe basieren. Neben den Tests auf Zufälligkeit zählen dazu insbesondere die sogenannten „Tests auf Güte der Anpassung" (tests of goodness of fit), die zur Überprüfung der Hypothese dienen, daß das beobachtete Merkmal eine *vollständig bestimmte Verteilung* hat, wie z.B. eine Poissonverteilung mit dem Parameter $\lambda = 0.5$ oder eine Normalverteilung mit den Parametern $\mu = 10$ und $\sigma = 2$. Ein solcher Test soll also untersuchen, ob sich die beobachtete Verteilung „hinreichend gut" der hypothetischen Verteilung „anpaßt". In diesem engen Sinne werden hier Anpassungstests verstanden; Tests für einen Lageparameter oder solche auf eine bestimmte Wahrscheinlichkeit, die die Verteilung nicht vollständig festlegen, werden gesondert behandelt. Bei Zugrundelegung einer Normalverteilung sind der $\bar{X}$–Test (σ bekannt) und der t–Test (σ unbekannt) als Test auf den Erwartungswert μ die parametrischen Gegenstücke zu den im folgenden zu diskutierenden Anpassungstests. Beide parametrischen Tests setzen kardinales Meßniveau voraus. Wir beginnen mit Tests auf Güte der Anpassung. Eine ausführliche Darstellung der zahlreichen Tests für dieses Problem und einen Vergleich der Verfahren bringen D'Agostino u. Stephens (1986) und Landry u. Lepage (1992).

4.2 Tests auf Güte der Anpassung

4.2.1 Kolmogorow–Smirnow–Test

Es seien $X_1, \ldots, X_n$ unabhängige Stichprobenvariablen aus einer Grundgesamtheit mit einer unbekannten stetigen Verteilungsfunktion F. Zu testen ist die Nullhypothese, daß diese Verteilungsfunktion eine genau spezifizierte Gestalt F_0 hat. Wir haben in Abschnitt 3.3 gesehen, daß $F_n(x)$ eine unverzerrte und konsistente Schätzung für die unbekannte Verteilung $F(x)$ ist. So liegt es nahe, zur Überprüfung der Hypothese eine Teststatistik anzugeben,

4.2 Tests auf Güte der Anpassung

die die empirische Verteilung mit der hypothetischen vergleicht; dann sollten bei Gültigkeit der Nullhypothese die Abweichung $|F_n(x) - F(x)|$ für alle x hinreichend klein sein. Eine Teststatistik, die auf dem Maximum der Abweichungen basiert, ist von Kolmogorow (1933) eingeführt und untersucht worden.

Beispiel 1: Es sei zu testen, daß für einen bestimmten PKW–Typ der Benzinverbrauch in Litern pro 100 km bei einer Geschwindigkeit von 100 km/h normalverteilt ist mit $\mu = 12$ und $\sigma = 1$. Eine Stichprobe von 10 Fahrzeugen dieses Typs ergab folgenden Literverbrauch:

$$12.4 \quad 11.8 \quad 12.9 \quad 12.6 \quad 13.0 \quad 12.5 \quad 12.0 \quad 11.5 \quad 13.2 \quad 12.8.$$

Die theoretische Verteilung $\Phi(x \mid 12; 1)$ und die empirische Verteilung $F_n(x)$ sind in Abb. 1 dargestellt:

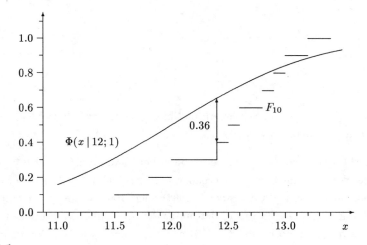

Abb. 4.1

Ist die größte Abweichung (≈ 0.36) der hypothetischen Verteilung $\Phi(x \mid 12; 1)$ von der empirischen Verteilungsfunktion F_n hinreichend klein, um die Nullhypothese nicht abzulehnen? Bevor wir darauf eine Antwort geben, soll zunächst der Kolmogorow–Smirnow–Test (im folgenden kurz *K–S–Test* genannt) allgemein diskutiert werden.

Daten. Die n Beobachtungen haben kardinales Meßniveau.

Annahmen.

(1) Die Stichprobenvariablen $X_1, \ldots, X_n$ sind unabhängig.

(2) Die (unbekannte) Verteilungsfunktion F ist stetig. (Für unstetiges F sei auf die Diskussion des Tests am Ende dieses Abschnitts verwiesen.)

4. Einstichproben-Problem

Testproblem.

Test A: (zweiseitig)
$H_0 : F(x) = F_0(x)$ für alle $x \in \mathbb{R}$
$H_1 : F(x) \neq F_0(x)$ für mindestens ein $x \in \mathbb{R}$

Test B: (einseitig)
$H_0 : F(x) \geq F_0(x)$ für alle $x \in \mathbb{R}$
$H_1 : F(x) < F_0(x)$ für mindestens ein $x \in \mathbb{R}$

Test C: (einseitig)
$H_0 : F(x) \leq F_0(x)$ für alle $x \in \mathbb{R}$
$H_1 : F(x) > F_0(x)$ für mindestens ein $x \in \mathbb{R}$

Teststatistik. Sei F_n die empirische Verteilungsfunktion zu $x_1, \ldots, x_n$. Dann ist die K–S–Teststatistik definiert für

Test A: $K_n = \sup_{x \in \mathbb{R}} |F_0(x) - F_n(x)|$

Test B: $K_n^+ = \sup_{x \in \mathbb{R}} (F_0(x) - F_n(x))$

Test C: $K_n^- = \sup_{x \in \mathbb{R}} (F_n(x) - F_0(x))$.

Das Supremum (kleinste obere Schranke) muß hier deshalb gewählt werden, weil u.U. das Maximum nicht angenommen wird.

Auf die recht mühselige Herleitung der exakten Verteilung von K_n und K_n^+ unter H_0 soll hier verzichtet werden. Aus Symmetriegründen haben K_n^+ und K_n^- dieselben Verteilungen. Wir verweisen auf Gibbons u. Chakraborti (1992) oder Bradley (1968). Erwähnenswert ist die zunächst überraschende Tatsache, daß unter der Annahme der Stetigkeit von F_0 die Verteilung von K_n (ebenso die von K_n^+, K_n^-) nur von n und *nicht* von F_0 abhängt, obwohl F_0 in die Teststatistik K_n eingeht, d.h., K_n ist eine sogenannte verteilungsfreie Teststatistik. Wie wir sehen werden, ist dieses Resultat eine unmittelbare Folgerung des Satzes 3.3.

Satz 1: Die Teststatistik $K_n = \sup_{x \in \mathbb{R}} |F_0(x) - F_n(x)|$ ist für alle stetigen Verteilungsfunktionen F_0 verteilungsfrei.

Beweis. Sei $x_y = F_0^{-1}(y) = \sup\{x \mid F_0(x) \leq y\}$, siehe Satz 3.3. Dann ändert sich der Wert von K_n nicht, wenn wir $y = F_0(x)$ durch $F_0(x_y)$ und $F_n(x)$ durch $F_n(x_y)$ ersetzen, d.h.,

$$\begin{aligned} K_n &= \sup_{x \in \mathbb{R}} |F_0(x) - F_n(x)| \\ &= \sup_{0 \leq y \leq 1} |F_0(x_y) - F_n(x_y)| \\ &= \sup_{0 \leq y \leq 1} |y - \tilde{F}_n(y)|, \end{aligned}$$

wobei $\tilde{F}_n$ die empirische Verteilungsfunktion einer Stichprobe aus einer über $[0,1]$ gleichverteilten Grundgesamtheit ist, d.h., die Verteilung von K_n ist für alle stetigen F_0 dieselbe.

□

Ein anderer Beweis ist bei Gibbons u. Chakraborti (1992) angegeben.

Testprozeduren.

Test A: H_0 ablehnen, wenn $K_n \geq k_{1-\alpha}$.

Test B: H_0 ablehnen, wenn $K_n^+ \geq k_{1-\alpha}^+$.

Test C: H_0 ablehnen, wenn $K_n^- \geq k_{1-\alpha}^-$.

Kritische Werte $k_{1-\alpha}$ und $k_{1-\alpha}^+$ ($k_{1-\alpha}^-$) zu vorgegebenem Testniveau α und für $n \leq 40$ sind in **Tabelle G** angeführt.

Der Test in dem zu Beginn dieses Abschnitts eingeführten Beispiel 1 möge zweiseitig sein mit $\alpha = 0.05$, d.h.,

H_0 : $F(x) = \Phi(x \mid 12; 1)$ für alle x

H_1 : $F(x) \neq \Phi(x \mid 12; 1)$ für mindestens ein x.

Die folgende Tabelle gibt die für die Anwendung des K–S–Tests benötigten Werte der empirischen und theoretischen Verteilungsfunktion an:

Tab. 4.1

x_i	$\Phi(x_i \mid 12; 1)$	$F_n(x_i^+)$	$F_n(x_i^-)$	D_n^+	D_n^-
11.5	0.3085	0.1	0.0	0.2085	0.3085
11.8	0.4207	0.2	0.1	0.2207	0.3207
12.0	0.5000	0.3	0.2	0.2000	0.3000
12.4	0.6554	0.4	0.3	0.2554	**0.3554**
12.5	0.6915	0.5	0.4	0.1915	0.2915
12.6	0.7257	0.6	0.5	0.1257	0.2257
12.8	0.7881	0.7	0.6	0.0881	0.1881
12.9	0.8159	0.8	0.7	0.0159	0.1159
13.0	0.8413	0.9	0.8	0.0587	0.0413
13.2	0.8849	1.0	0.9	0.1151	0.0151

Dabei sind $F_n(x_i^+)$ und $F_n(x_i^-)$ der rechts- bzw. linksseitige Grenzwert von F_n an der Stelle x_i und $D_n^+ = |\Phi(x \mid 12; 1) - F_n(x_i^+)|$, $D_n^- = |\Phi(x \mid 12; 1) - F_n(x_i^-)|$. Zur Veranschaulichung von D_n^+ und D_n^- siehe Abb. 1! Die Werte für $\Phi(x_i \mid 12; 1)$ können nach der Standardisierung $z_i = (x_i - 12)/1$ der Tabelle B entnommen werden. Tabelle 1 zeigt an der Stelle $x_4 = 12.4$

72   4. Einstichproben-Problem

die maximale Differenz von 0.3554, d.h., $K_{10} = 0.3554$. (Korrekterweise müßten wir vom Supremum der Differenzen sprechen). Wegen $k_{0.95} = 0.409$ wird H_0 nicht abgelehnt.

Auftreten von Bindungen. Selbst bei Vorliegen einer stetigen Verteilungsfunktion können wegen Ungenauigkeit der Messungen Bindungen auftreten. Die Berechnung von K_n, K_n^+ oder K_n^- bleibt davon jedoch unberührt, da die empirische Verteilungsfunktion F_n auch für Bindungen wohldefiniert ist. Tritt z.B. dreimal derselbe Wert x_i auf ($1 \leq i \leq n$), dann macht F_n an der Stelle x_i einen Sprung der Höhe $3/n$.

Große Stichproben. Für $n > 40$ können die (approximativen) kritischen Werte in den Testprozeduren über die asymptotischen Verteilungen von K_n bzw. K_n^+ bestimmt werden, die im folgenden Satz angegeben sind. Für seinen Beweis sei auf Kolmogorow (1933), Smirnow (1939) oder Fisz (1976) verwiesen.

Satz 2: Sei F_0 eine stetige Verteilungsfunktion, dann gilt für alle $\lambda > 0$

(1) $\lim_{n \to \infty} P(K_n \leq \lambda/\sqrt{n}) = Q_1(\lambda)$ mit $Q_1(\lambda) = 1 - 2 \sum_{k=1}^{\infty} (-1)^{k-1} e^{-2k^2 \lambda^2}$

(2) $\lim_{n \to \infty} P(K_n^+ \leq \lambda/\sqrt{n}) = 1 - e^{-2\lambda^2} = Q_2(\lambda)$.

Es ergibt sich für

Test A: H_0 ablehnen, wenn $K_n \geq \lambda_{1-\alpha}/\sqrt{n}$ ist, wobei für $\lambda_{1-\alpha}$ gilt $Q_1(\lambda_{1-\alpha}) = 1 - \alpha$. Die folgende Tabelle gibt für einige ausgewählte α-Werte die zugehörigen $(1-\alpha)$-Quantile $\lambda_{1-\alpha}$ an:

Tab. 4.2

α	0.20	0.15	0.10	0.05	0.01
$\lambda_{1-\alpha}$	1.07	1.14	1.22	1.36	1.63

Sei z.B. $\alpha = 0.05$ und $n = 100$, dann wird H_0 abgelehnt, wenn $K_n \geq 0.136$ ist.

Test B: (analog **Test C**) H_0 ablehnen, wenn $K_n^+ \geq \lambda_{1-\alpha}/\sqrt{n}$ ist mit $Q_2(\lambda_{1-\alpha}) = 1 - \alpha$. Wegen $Q_2(\lambda_{1-\alpha}) = 1 - e^{-2\lambda_{1-\alpha}^2}$ erhalten wir $\lambda_{1-\alpha} = \sqrt{-(\ln \alpha)/2}$, d.h., H_0 wird abgelehnt, wenn gilt: $K_n^+ \geq \sqrt{-(\ln \alpha)/2n}$.

Eigenschaften.

(1) Der zweiseitige und die beiden einseitigen Tests sind konsistent gegen die angegebenen Alternativen. Das folgt aus dem Satz von Gliwenko u. Cantelli (siehe Abschnitt 3.3).

(2) Der zweiseitige Test ist allerdings verfälscht, was Massey (1950, 1952) gezeigt hat; die einseitigen Tests sind unverfälscht, siehe Witting u. Noelle (1970).

(3) Bei Anwendung eines Anpassungstests ist in der Regel keine Alternativhypothese H_1 ausgezeichnet. So liegt es nahe, zu vorgegebenem Δ, $0 \leq \Delta \leq 1$, eine Klasse von Alternativen F_1 so zu definieren, daß gilt: $\Delta = \sup_x |F_1(x) - F_0(x)|$; die (nicht geordnete) Menge aller Alternativen wird dadurch in die (geordnete) Menge der positiven reellen Zahlen zwischen 0 und 1 abgebildet. Dann kann die Güte als Funktion von Δ bestimmt werden. Diesen Ansatz hat Massey (1951) betrachtet und für jedes Δ eine untere Grenze der Güte angegeben ($\alpha = 0.01$ und $\alpha = 0.05$). Weitere Berechnungen der unteren Gütegrenzen des *einseitigen* K–S–Tests für gewisse Klassen von Alternativen finden sich bei Birnbaum (1953) u. Chapman (1958). Suzuki (1968) hat die exakte Güte des K–S–Tests für Alternativen $F_1 = F_0^{1/(1+\delta)}$, $\delta > 0$, bestimmt. In der bereits zitierten Arbeit von Massey wird die Güte des K–S–Tests mit einem anderen Anpassungstest, dem noch zu diskutierenden χ^2–Test, verglichen. Im Rahmen von Simulationsstudien sind in den Jahren danach eine Reihe von Gütevergleichen des K–S–Tests mit anderen Anpassungstests durchgeführt worden, siehe z.B. Shapiro u.a. (1968), Stephens (1974), Quesenberry u. Miller (1977), Miller u. Quesenberry (1979) und Büning (1981).

Diskussion. Der K–S–Test ist unter den Anpassungstests bei Vorlage ungruppierter Daten und für kleine Stichprobenumfänge der wohl gebräuchlichste Test. Das ist auf seine einfache rechnerische Handhabung und auf das umfangreiche Tabellenwerk mit kritischen Werten der Teststatistiken K_n und K_n^+ bzw. K_n^- zurückzuführen. Die wesentliche Annahme für die Herleitung der Verteilungen von K_n, K_n^+ bzw. K_n^- ist die Stetigkeit von F_0, da sie die Unabhängigkeit dieser Verteilungen von der speziellen Gestalt von F_0 garantiert. Noether (1967a) hat gezeigt, daß das Testniveau des K–S–Tests im *diskreten* Fall höchstens gleich α ist, wenn die unter der Annahme einer stetigen Verteilungsfunktion F_0 berechneten kritischen Werte $k_{1-\alpha}$ oder $k_{1-\alpha}^+$ für diesen diskreten Fall verwendet werden, d.h., der Test ist dann konservativ und hat somit geringere Güte. Conover (1972) leitet eine Methode zur Bestimmung der kritischen Werte und der Güte des K–S–Tests im diskreten Fall her und verweist bzgl. der asymptotischen Verteilungen für diesen Fall auf bereits vorliegende Ergebnisse. Zur Berechnung der exakten Güte des K–S–Tests bei diskreten Verteilungen siehe auch Gleser (1985). Eine wesentliche Einschränkung in der Anwendung des K–S–Tests ist durch die Tatsache gegeben, daß es für diesen Test keine allgemeine Methode hinsichtlich der sogenannten *zusammengesetzten Hypothese* $F_0(x \mid \theta_1, \ldots, \theta_k)$ mit *unbekannten* Parametern $\theta_1, \ldots, \theta_k$ gibt, wenn also die Verteilungsfunktion unter H_0 nicht vollständig spezifiziert ist. Werden die unbekannten Parameter von F_0 aus der Stichprobe geschätzt, dann erhalten wir Teststatistiken $\hat{K}_n$ bzw. $\hat{K}_n^+$, deren Verteilungen nicht mit denen von K_n bzw. K_n^+ übereinstimmen. Der Test ist konservativ, wenn die über die Verteilungen von K_n bzw. K_n^+

erhaltenen kritischen Werte benutzt werden. Lilliefors hat in zwei Arbeiten (1967, 1969) durch Simulation Quantile der Verteilungen von $\hat{K}_n$ für die beiden Fälle ermittelt, daß die hypothetische Verteilung eine Normalverteilung bzw. eine Exponentialverteilung mit unbekannten Parametern μ, σ bzw. λ ist. Eine ausführliche Beschreibung dieses Lilliefors–Tests findet sich auch bei Conover (1971). Mason u. Bell (1986) haben neue Tabellen mit (verbesserten) kritischen Werten für den Lilliefors–Test zusammengestellt. Weitere spezielle Tests auf Normalverteilung sind bei Oja (1983) und Baringhaus u.a. (1989), auf Exponentialverteilung bei Lee u.a. (1980) und auf Poissonverteilung bei Papworth (1983) zu finden. Eine umfangreiche Gütestudie von 27 Tests auf Normalverteilung unter der Alternative einer skalenkontaminierten Normalverteilung bringt die Arbeit von Thode jr. u.a. (1983). Ein neuer Anpassungstest und ein Gütevergleich dieses Tests mit anderen Tests findet sich bei Weichselberger (1993). Zum Problem zusammengesetzter Hypothesen beim K–S–Test siehe auch Braun (1980).

4.2.2 χ^2–Test

Der älteste und wohl bekannteste Anpassungstest ist der von Pearson (1900) eingeführte χ^2–Test, der auf der Verwendung der χ^2–Verteilung basiert, einer Verteilung, die für verschiedenartige Fragestellungen ein passendes Modell darstellt. Der χ^2–Test als Anpassungstest hat im Gegensatz zum K–S–Test den Vorteil, daß er auf Daten mit nominalem Meßniveau anwendbar ist, dafür aber den Nachteil, daß Daten mit mindestens ordinalem Meßniveau gruppiert werden müssen. Eine Einteilung in Klassen kann von vornherein durch die Art der Fragestellung gegeben sein.

Soll z.B. getestet werden, ob die Anzahl der verkauften Fernsehgeräte eines Warenhauses über die einzelnen Wochentage von Montag bis Samstag gleichverteilt ist, dann liegt eine „natürliche" Einteilung in sechs Klassen vor, und für jede der sechs Klassen (Werktage) wird die Anzahl der verkauften Fernsehgeräte festgestellt. Das gleiche gilt für das n–malige Werfen einer Münze mit den beiden Klassen „Kopf" und „Zahl".

Handelt es sich nicht wie in den beiden Beispielen um ein qualitatives, sondern um ein quantitatives Merkmal, dann muß eine Klasseneinteilung vorgenommen werden, die aber naturgemäß mit einer gewissen Willkür behaftet ist.

Soll z.B. mit Hilfe des χ^2–Tests geprüft werden, daß ein bestimmter Beobachtungsbefund mit der Hypothese der Normalverteilung verträglich ist, so bleibt es in das Ermessen des Untersuchers gestellt, wie er vor (oder sogar erst nach) der Datenerhebung die Anzahl und die (gleiche?) Breite der Klassen festlegt. Bei Vorlage quantitativer Daten mit vorzunehmender Klasseneinteilung ist also die empirische Häufigkeitsverteilung nicht eindeutig bestimmt. Hinzu kommt, daß durch die Klasseneinteilung Informationen aus den Originaldaten verlorengehen.

Für die Anwendung des χ^2–Tests betrachten wir

Beispiel 2: Mit einem Computer werden 500 vierstellige Zufallszahlen erzeugt, die über dem Intervall $[0, 1]$ gleichverteilt sein sollen ($X \sim R(0, 1)$). Die folgende Übersicht zeigt die gewählte Einteilung in $k = 10$ Klassen mit den absoluten Häufigkeiten n_i der in der i-ten Klasse auftretenden Zufallszahlen ($i = 1, \ldots, 10$). Bei Annahme einer Gleichverteilung (Nullhypothese) der Zufallsvariablen sind in jeder der Klassen wegen der insgesamt $n = 500$ Zufallszahlen genau 50 Zufallszahlen zu erwarten. Es liegt nun nahe, für einen solchen Test auf Gleichverteilung (und auch auf andere Verteilungen) eine Teststatistik zu konstruieren, die die Abweichungen der theoretischen, d.h., der unter der Nullhypothese der Gleichverteilung (oder einer anderen Verteilung) zu erwartenden Häufigkeiten von den tatsächlich beobachteten Häufigkeiten mißt.

Klasse i	Klasseneinteilung	Häufigkeit n_i
1	$0.0 \leq X < 0.1$	51
2	$0.1 \leq X < 0.2$	46
3	$0.2 \leq X < 0.3$	44
4	$0.3 \leq X < 0.4$	54
5	$0.4 \leq X < 0.5$	49
6	$0.5 \leq X < 0.6$	42
7	$0.6 \leq X < 0.7$	47
8	$0.7 \leq X < 0.8$	63
9	$0.8 \leq X < 0.9$	58
10	$0.9 \leq X < 1.0$	46

Das leistet die X^2-Statistik, die zunächst allgemein diskutiert werden soll.

Daten. Jedes Meßniveau ist zugelassen. Die n Beobachtungen $x_1, \ldots, x_n$ werden in k sich gegenseitig ausschließende Klassen eingeteilt:

Klasse	1	2	$\cdots\cdots$	k
Anzahl der Beobachtungen	n_1	n_2	$\cdots\cdots$	n_k

mit $\sum_{i=1}^{k} n_i = n$.

Annahmen. Die Stichprobenvariablen $X_1, \ldots, X_n$ sind unabhängig.

Testproblem. Sei F die unbekannte Verteilungsfunktion und F_0 eine vollständig spezifizierte Verteilungsfunktion:

$H_0 : F(x) = F_0(x)$ für alle $x \in \mathbb{R}$
$H_1 : F(x) \neq F_0(x)$ für mindestens ein $x \in \mathbb{R}$

Teststatistik. Es sei p_i die Wahrscheinlichkeit dafür, daß die Zufallsvariable X einen Wert in der i-ten Klasse annimmt unter der Voraussetzung, daß $F_0(x)$ die Verteilung von X

4. Einstichproben-Problem

ist (H_0). Unter H_0 ist somit die zu erwartende (theoretische) Anzahl $\tilde{n}_i$ der Beobachtungen in der i-ten Klasse gleich np_i, $i = 1, \ldots, k$, d.h. also, $E(N_i) = np_i = \tilde{n}_i$. ($N_i$ ist die zu n_i gehörende Zufallsvariable).

Die Entscheidung über die Güte der Anpassung basiert auf der Teststatistik:

$$X^2 = \sum_{i=1}^{k} \frac{(n_i - np_i)^2}{np_i} = \sum_{i=1}^{k} \frac{(n_i - \tilde{n}_i)^2}{\tilde{n}_i}.$$

Anmerkung.

(1) Streng genommen müßte es N_i statt n_i heißen, da X^2 eine Zufallsvariable ist; in Einklang mit den meisten Lehrbüchern verwenden wir jedoch hier die Kleinschreibung, siehe auch der χ^2-Test im 8. Kapitel.

(2) Statt $(n_i - np_i)^2$ könnte im Zähler auch $|n_i - np_i|$ als ein (sinnvolles) Abweichungsmaß gewählt werden. Der Leser beachte, daß dann natürlich eine andere Teststatistik vorliegt, die nicht dieselbe Verteilung (endlich oder asymptotisch) wie X^2 hat. Nicht sinnvoll ist es hingegen, im Zähler $(n_i - np_i)$ zu wählen, weil

$$\sum_{i=1}^{k}(n_i - np_i) = \sum_{i=1}^{k} n_i - n \sum_{i=1}^{k} p_i = 0 \quad \text{ist.}$$

(3) Die Division der quadratischen Differenzen durch np_i trägt der Gewichtung Rechnung. Sei z.B. $n_1 = 5$, $np_1 = 10$ und $n_2 = 95$, $np_2 = 100$, dann ist in beiden Fällen die quadratische Differenz 25; diese Abweichung ist aber im ersten Fall *relativ* größer als im zweiten Fall.

(4) Die Nullhypothese wird abgelehnt, wenn „zu große" Werte für X^2 auftreten.

Es sei nun $(N_1, \ldots, N_k)$ der k-dimensionale Zufallvektor, in dem N_i die Anzahl unter den n Beobachtungen angibt, die in die i-te Klasse fallen ($i = 1, \ldots, k$). Dann ist $(N_1, \ldots, N_k)$ multinomialverteilt:

$$P(N_1 = n_1, \ldots, N_k = n_k) = \frac{n!}{n_1! n_2! \cdots n_k!} p_1^{n_1} p_2^{n_2} \cdots p_k^{n_k}.$$

Damit ergibt sich für die Verteilung von X^2:

$$F(x) = P(X^2 \leq x) = \sum_{\{(n_1, \ldots, n_k) \mid X^2 \leq x\}} P(N_1 = n_1, \ldots, N_k = n_k).$$

Die Berechnung der diskreten Verteilung $F(x)$ ist wegen der Vielzahl der auftretenden Parameter sehr aufwendig; ganz abgesehen von der mühseligen Berechnung der Fakultäten und Potenzen steigt die Anzahl $\binom{n+k-1}{n}$ der möglichen Aufteilungen $(n_1, \ldots, n_k)$ auf die k Klassen rasch an mit wachsendem n und k. So ergibt sich z.B:

n	k	$\binom{n+k-1}{n}$
10	3	66
20	5	10626
50	7	32468436

Im Fall gleicher Wahrscheinlichkeiten für jede Klasse, d.h., $p_i = 1/k$ für alle $i = 1, \ldots, k$, vereinfacht sich die Rechnung erheblich. Slakter (1965) untersucht für diesen Fall die Verteilung von X^2 für 25 (n, k)-Kombinationen aus $10 \leq n \leq 50$, $5 \leq k \leq 50$; Good u.a. (1970) berechnen die Verteilung von X^2 für $3 \leq n \leq 28$, $3 \leq k \leq 18$. Tabellen mit kritischen Werten der X^2-Statistik im Falle kleiner erwarteter Klassenhäufigkeiten $E(N_i)$ sind bei Lawal (1980) zu finden. Die Tabellen sind jedoch wegen der zahlreichen aufgeführten Kombinationen recht unübersichtlich. So liegt es nahe, auch im Hinblick auf größere Stichprobenumfänge und ungleiche Klassenwahrscheinlichkeiten nach einer Verteilung zu suchen, die die exakte Verteilung von X^2 „hinreichend gut" approximiert und die von wenigen Parametern abhängt. Der folgende Satz zeigt, daß die *stetige* χ^2-Verteilung mit $k - 1$ Freiheitsgraden (d.h., nur die Anzahl der k Klassen geht in die Verteilung ein) eine solche approximierende Verteilung darstellt.

Satz 3:
$$\lim_{n \to \infty} F_n(x) = \frac{1}{2^{(k-1)/2}\Gamma\left(\frac{k-1}{2}\right)} \int_0^x z^{(k-3)/2} e^{-z/2} \, dz.$$

Auf den exakten Beweis dieses Satzes sei hier verzichtet und auf Fisz (1976) verwiesen. Folgende Beweisidee stammt von R.A. Fisher (1922).

Die Wahrscheinlichkeit

$$P(N_1 = n_1, \ldots, N_k = n_k) = \frac{n!}{n_1! n_2! \cdots n_k!} p_1^{n_1} p_2^{n_2} \cdots p_k^{n_k},$$

die in die Verteilungsfunktion $F(x) = P(X^2 \leq x)$ eingeht, kann auch wie folgt interpretiert werden: Es seien $Y_1, \ldots, Y_k$ unabhängige poissonverteilte Zufallsvariablen mit Parametern $\lambda_i = np_i$, $i = 1, \ldots, k$, d.h.,

$$P(Y_i = n_i) = \frac{(np_i)^{n_i}}{n_i!} e^{-np_i}.$$

Da $\sum_{i=1}^{k} Y_i$ poissonverteilt mit Parameter $\sum_{i=1}^{k} np_i = n$ ist, gilt:

$$P\left(Y_1 = n_1, \ldots, Y_k = n_k \,\bigg|\, \sum_{i=1}^{k} Y_i = n\right)$$
$$= \frac{(np_1)^{n_1}(np_2)^{n_2} \cdots (np_k)^{n_k} e^{-n} n!}{n_1! n_2! \cdots n_k! n^n e^{-n}}$$
$$= \frac{n!}{n_1! n_2! \cdots n_k!} p_1^{n_1} p_2^{n_2} \cdots p_k^{n_k}.$$

4. Einstichproben-Problem

Obige Wahrscheinlichkeit ist also die bedingte Dichtefunktion von k unabhängigen poissonverteilten Zufallsvariablen $Y_1, \ldots, Y_k$ mit Parametern $np_1, \ldots, np_k$, wenn $\sum_{i=1}^{k} Y_i = n$ *gegeben* ist. Wegen $E(Y_i) = \text{Var}(Y_i) = np_i$, $i = 1, \ldots, k$, sind dann die standardisierten Variablen $Z_i = \frac{Y_i - np_i}{\sqrt{np_i}}$ asymptotisch normalverteilt und unabhängig, so daß $\sum_{i=1}^{k} \frac{(Y_i - np_i)^2}{np_i}$ asymptotisch die Summe von k Quadraten standardnormalverteilter Zufallsvariablen ist. Die bedingte Verteilung einer solchen Summe mit $\sum_{i=1}^{k} Z_i = 0$ ist die χ^2-Verteilung mit $k-1$ Freiheitsgraden. Die lineare Beschränkung reduziert die Anzahl der Freiheitsgrade um 1.

Anmerkung.

(1) F_n ist hier nicht zu verwechseln mit der empirischen Verteilungsfunktion!

(2) Weil X^2 asymptotisch eine χ^2-Verteilung hat, wird der hier diskutierte Test χ^2-Test genannt.

(3) Für den Fall, daß unbekannte Parameter der Verteilung $F_0(x)$ aus der Stichprobe geschätzt werden müsssen, sei auf die Diskussion am Ende dieses Abschnitts verwiesen.

Testprozeduren. Die Hypothese H_0 wird abgelehnt, wenn $X^2 \geq \chi^2_{1-\alpha;k-1}$. Kritische Werte $\chi^2_{1-\alpha;k-1}$ können der **Tabelle E** der χ^2-Verteilung mit $n = k-1$ Freiheitsgraden entnommen werden.

Für das zu Beginn dieses Abschnitts betrachtete Beispiel 2 mit der Erzeugung von Zufallszahlen ergibt sich wegen $np_i = 50$ für alle $i = 1, \ldots, 10$:

$$X^2 = \sum_{i=1}^{k} \frac{(n_i - np_i)^2}{np_i} = \frac{(51-50)^2}{50} + \cdots + \frac{(46-50)^2}{50} = 7.84$$

Für ein Testniveau $\alpha = 0.01$ oder $\alpha = 0.05$ wird H_0 wegen $\chi^2_{0.99;9} = 21.6$ bzw. $\chi^2_{0.95;9} = 16.92$ nicht abgelehnt.

Für den beobachteten Wert 7.84 von X^2 ergibt sich der p-Wert $P(X^2 \geq 7.84) = 0.550$, d.h., die Nullhypothese wird „stark unterstützt".

Es sei darauf hingewiesen, daß es häufig hinsichtlich der Entscheidung für oder gegen H_0 nicht unbedingt notwendig ist, X^2 explizit zu berechnen; siehe dazu die Diskussion des χ^2-Tests auf Unabhängigkeit in Abschnitt 8.2.

Auftreten von Bindungen. Das durch Ungenauigkeit der Messung (quantitative Daten) oder durch unstetiges F (qualitative Daten) bedingte Auftreten von Bindungen ist beim χ^2-Anpassungstest ohne Belang, da seine Anwendung gruppierte Daten voraussetzt.

Große Stichproben. Wie bereits erwähnt, ist der χ^2-Test ein „approximativer" Test, da die Verteilung von X^2 asymptotisch gleich der χ^2-Verteilung ist (Satz 3). Es bleibt zu untersuchen, für welches n und für welche p_i, $i = 1, \ldots, k$, eine solche Approximation gerechtfertigt ist. Zur Vielfalt diesbezüglicher Faustregeln über die Mindestgröße von $E(N_i) = np_i$ läßt sich folgendes sagen: Die Angaben in den einzelnen Publikationen schwanken von 1 bis 20, wenngleich die meisten Autoren von Lehrbüchern sich auf 5 oder 10 geeinigt haben. Gerade im Fall gleichwahrscheinlicher Klassen, d.h., wenn gilt $E(N_i) = n/k$, wird bereits für sehr kleine zu erwartende Häufigkeiten eine Approximation durch die χ^2-Verteilung als gerechtfertigt angesehen. Dies widerspricht jedoch einer ausführlichen Studie von Tate u. Hyer (1973), die zu dem Ergebnis kommen, daß $E(N_i)$ für jede Klasse *mindestens gleich* 20 sein sollte. Ist diese Bedingung verletzt, kann sie nachträglich (bei hinreichend großem Stichprobenumfang n) durch Zusammenlegung benachbarter Klassen erfüllt werden, womit natürlich eine gewisse Willkür verbunden ist. Da $E(N_i) \geq 20$ für alle i in der Praxis selten vorliegt, wird dort bei „kleineren" $E(N_i)$ eine schlechtere Approximation in Kauf genommen. Dieser Genauigkeitsverlust ist für X^2-Werte, die den kritischen Wert „weit" unter- bzw. überschreiten, sicherlich unerheblich.

Haberman (1988) warnt vor der Anwendung des χ^2-Tests bei großer Klassenzahl und (variablen) erwarteten kleinen Klassenhäufigkeiten, weil dann bei vorgegebenem Testniveau α die Güte beliebig klein „gemacht" werden kann.

Weitere Studien zur Approximation der Verteilung von X^2 durch die χ^2-Verteilung nebst Berechnungen exakter Quantile der X^2-Verteilung sind bei Büning u. Jordy (1976) und Smith u.a. (1979) zu finden.

Eigenschaften.

(1) Ist $p_i^\star$, $i = 1, \ldots, k$, die in der i-ten Klasse zu $F^\star(x)$ gehörende Wahrscheinlichkeit bzgl. der Alternativhypothese $H_1 : F(x) = F^\star(x) \neq F_0(x)$, so ist der χ^2-Test konsistent gegen alle Alternativen, in denen zumindest für ein festes j gilt: $p_j \neq p_j^\star$. Das hat Neyman (1949) gezeigt.

(2) Der χ^2-Test ist dagegen nicht unverfälscht, wie folgendes Beispiel zeigt. Es sei $n = 50$, $k = 2$ und $H_0 : p_1 = 0.8$, $p_2 = 0.2$ gegen $H_1 : p_1^\star = 0.9$, $p_2^\star = 0.1$. Für $\alpha = 3.21 \cdot 10^{-4}$ ist der kritische Wert $\chi^2_{1-\alpha} = 15.125$, d.h., $P_{H_0}(X^2 \geq 15.125) = 3.21 \cdot 10^{-4}$, wobei von den möglichen $\binom{50+2-1}{50} = 51$ Aufteilungen 30 in den kritischen Bereich C fallen:

$$C = \{(n_1, n_2) \mid 0 \leq n_1 \leq 29, n_2 = 50 - n_1\}.$$

Dann folgt $P_{H_1}(X^2 \geq 15.125) = 4 \cdot 10^{-9} < \alpha$, d.h., der Test ist verfälscht. Mann u. Wald (1942) haben gezeigt, daß der χ^2-Test jedoch unverfälscht ist unter $H_0 : p_i = 1/k$, $i = 1, \ldots, k$.

(3) In der Literatur gibt es nur vereinzelt Berechnungen der Güte des χ^2-Tests. Das liegt sicherlich darin begründet, daß dieser Test für den allgemeinen Fall angewendet wird, wenn wir keine klare Vorstellung von der Alternativhypothese haben.

Die Güte des χ^2-Tests hängt von

$$\sum_{i=1}^{k} \frac{\{[F^\star(a_i) - F^\star(a_{i-1})] - [F_0(a_i) - F_0(a_{i-1})]\}^2}{F_0(a_i) - F_0(a_{i-1})}$$

ab, worin F_0 die hypothetische Verteilung, $F^\star(x)$ die Verteilung der Alternativhypothese und die a_i die Grenzen der k Intervalle bedeuten. Das zeigt, daß die Güte des χ^2-Tests durch die Änderung der Klasseneinteilung beeinflußt werden kann. Für einige recht spezielle Güteberechnungen des χ^2-Tests im Vergleich zum K–S–Test, die zugunsten des K–S–Tests ausfallen, sei auf Massey (1951) und Shapiro u.a. (1968) verwiesen. Wie stark die Güte des χ^2-Tests von der Klassenzahl k abhängt, zeigen die Arbeiten von Best u. Rayner (1981) und Koehler u. Gan (1990).

Diskussion. Im Gegensatz zum K–S–Test setzt der χ^2-Test nicht die Annahme einer stetigen Verteilung voraus; im Gegenteil, er ist gerade geeignet für Daten mit nur nominalem Meßniveau. Der χ^2-Test testet nicht wie der K–S–Test mit K_n^+ bzw. K_n^- Abweichungen in die eine oder andere Richtung, sondern immer nur gleichzeitig Differenzen in beide Richtungen. Somit ist also der K–S–Test dem χ^2-Test stets dann vorzuziehen, wenn eine bestimmte Richtung der Abweichung angenommen werden kann. Um Mißverständnissen vorzubeugen: Das Testproblem für die Anwendung des χ^2-Tests ist *zweiseitig*: $F(x) = F_0(x)$ gegen $F(x) \neq F_0(x)$; der Ablehnungsbereich über die Teststatistik X^2 ist (rechts)-*einseitig*: „zu große" Werte von X^2 sind signifikant.

Das Problem der Klassenbreite und Klassenzahl beim χ^2-Test ist bereits zu Beginn dieses Abschnitts angeschnitten worden. Es gibt keine allgemein gültigen Regeln, die die Zahl oder die Breite der Klassen festlegen. Unter den zahlreichen Untersuchungen zu dieser Frage macht die von Gumbel (1943) deutlich, wie sehr der Ausgang des χ^2-Tests für Daten mit kardinalem Meßniveau bereits von der Wahl des ersten Intervalls abhängt. Weitere Veröffentlichungen zu diesem Problemkreis stammen von Mann u. Wald (1942), Williams (1950) und Cochran (1952).

Die Arbeit von Cochran bringt darüber hinaus eine ausführliche Diskussion des χ^2-Tests mit zahlreichen anderen Aspekten.

Es bleibt noch wie beim K–S–Test die Frage zu klären, ob und wie der χ^2-Test anzuwenden ist, wenn die Nullhypothese zusammengesetzt ist, d.h. wenn unbekannte Parameter in der Verteilungsfunktion $F_0(x)$ auftreten und somit $F_0(x)$ nicht vollständig spezifiziert ist. Bevor wir auf dieses Problem eingehen, sei noch folgendes vermerkt: Die Nullhypothese ist eigentlich stets zusammengesetzt. Denn sei F_0 die unter H_0 vollständig spezifizierte Verteilungsfunktion, dann kann statt F_0 jede Verteilungsfunktion gewählt werden, die an

4.2 Tests auf Güte der Anpassung

den Klassengrenzen $a_0, \ldots, a_k$ dieselben Werte wie F_0 annimmt, d.h., H_0 kann wie folgt formuliert werden:

$$H_0 : F_0 \in \mathfrak{F} \quad \text{mit} \quad \mathfrak{F} = \{F \mid F(a_i) - F(a_{i-1}) = p_i,\ i = 1, \ldots, k\}.$$

Sind nun Parameter von F_0 unbekannt, dann müssen sie aus der Stichprobe geschätzt werden, um die unter H_0 erwarteten Häufigkeiten np_i berechnen zu können. Seien $\hat{\Theta}_1, \ldots, \hat{\Theta}_r$ Schätzungen für die r unbekannten Parameter von F_0, dann werden in der Teststatistik X^2 die Wahrscheinlichkeiten $p_i(\Theta_1, \ldots, \Theta_r)$ durch $p_i(\hat{\Theta}_1, \ldots, \hat{\Theta}_r)$ für $i = 1, \ldots, k$ ersetzt, und wir erhalten:

$$\hat{X}^2 = \sum_{i=1}^{k} \frac{(n_i - np_i(\hat{\Theta}_1, \ldots, \hat{\Theta}_r))^2}{np_i(\hat{\Theta}_1, \ldots, \hat{\Theta}_r)}.$$

Dabei ist jedoch noch nicht geklärt,

a) nach welcher Methode die r Parameter geschätzt werden sollen,

b) ob die Parameter aus den Originaldaten (vor der Gruppierung) oder aus der Häufigkeitstabelle (nach der Gruppierung) zu schätzen sind.

Chernoff u. Lehmann (1954) haben nachgewiesen, daß $\hat{X}^2$ nicht asymptotisch χ^2-verteilt ist, wenn die Parameter nach der Maximum-Likelihood-Methode aus *ungruppierten* Daten geschätzt wurden und daß der Fehler z.B. für die Normalverteilung (d.h., $\hat{\mu} = \bar{x}$ und $\hat{\sigma}^2 = s^2$) beträchtlich größer ist als für die Poissonverteilung (d.h. $\hat{\lambda} = \bar{x}$). Welche Schätzungen $\hat{\Theta}_1, \ldots, \hat{\Theta}_r$ garantieren dann die asymptotische χ^2-Verteilung von $\hat{X}^2$? Cramér (1963) hat gezeigt, daß dies der Fall ist, wenn die Parameter $\hat{\Theta}_1, \ldots, \hat{\Theta}_r$ nach der sogenannten χ^2-Minimum-Methode geschätzt werden: $\hat{\Theta}_1, \ldots, \hat{\Theta}_r$ werden so bestimmt, daß X^2 für diese Werte ein Minimum annimmt, d.h., die Parameter $\hat{\Theta}_1, \ldots, \hat{\Theta}_r$ sind Lösungen folgender r Gleichungen ($j = 1, \ldots, r$):

$$-\frac{1}{2}\frac{\partial X^2}{\partial \Theta_j} = \sum_{i=1}^{k} \left(\frac{n_i - np_i}{p_i} + \frac{(n_i - np_i)^2}{2np_i^2} \right) \frac{\partial p_i}{\partial \Theta_j} = 0.$$

$\hat{X}^2$ ist dann asymptotisch χ^2-verteilt mit $n = k - r - 1$ Freiheitsgraden, d.h., für jeden geschätzen Parameter reduziert sich die Anzahl der Freiheitsgrade um 1.

Eine andere Methode zur Schätzung von $\Theta_1, \ldots, \Theta_r$ basiert auf der Maximierung der Likelihood-Funktion bezüglich *gruppierter* Daten:

$$L(\Theta_1, \ldots, \Theta_r) = [p_1(\Theta_1, \ldots, \Theta_r)]^{n_1} [p_2(\Theta_1, \ldots, \Theta_r)]^{n_2} \cdots [p_k(\Theta_1, \ldots, \Theta_r)]^{n_k}.$$

$\tilde{\Theta}_1, \ldots, \tilde{\Theta}_r$ werden als Lösungen der r Gleichungen $\partial L / \partial \Theta_j = 0,\ j = 1, \ldots, r$, bestimmt.

Die Teststatistik

$$\hat{X}^2 = \sum_{i=1}^{k} \frac{(n_i - np_i(\tilde{\Theta}_1, \ldots, \tilde{\Theta}_r))^2}{np_i(\tilde{\Theta}_1, \ldots, \tilde{\Theta}_r)}$$

ist ebenfalls asymptotisch χ^2–verteilt mit $n = k - r - 1$ Freiheitsgraden (Cramér (1963)). Die so vorgeschlagenen Berechnungen der Schätzungen für $\Theta_1, \ldots, \Theta_r$ bereiten allerdings in der Regel große Schwierigkeiten. Für den Fall der Normalverteilung mit den zu schätzenden Parametern μ und σ^2 sei auf v.d. Waerden (1965) verwiesen. In der Praxis werden im allgemeinen fälschlicherweise die Maximum–Likelihood–Schätzungen aus den ungruppierten Daten gewählt.

Eine Bemerkung sollte noch zu der Verringerung der Anzahl der Freiheitsgrade gemacht werden, wenn Parameter aus der Stichprobe geschätzt werden. In diesem Fall erreichen wir bereits eine „gute" Anpassung der hypothetischen Verteilung an die beobachteten Daten; mit anderen Worten: H_0 wird nun mit „größerer" Wahrscheinlichkeit beibehalten, als wenn wir den oder die Parameter vorher spezifiziert hätten. Um diesen (unbeabsichtigten) Vorteil wieder auszugleichen, wird die Anzahl der Freiheitsgrade verringert, was eine Vergrößerung des kritischen Bereiches zur Folge hat (größeres Testniveau, größere Güte), wie die Tabelle E der χ^2–Verteilung zeigt.

4.2.3 Vergleich des Kolmogorow–Smirnow–Tests mit dem χ^2–Test

Vor– und Nachteile des K–S–Tests gegenüber dem χ^2–Test sind bereits in den Diskussionen der beiden Tests ausgesprochen worden. Sie sollen mit einigen Ergänzungen in der folgenden Übersicht zusammengestellt werden:

Vorteile des K–S–Tests

(1) Die exakte Verteilung von K_n bzw. K_n^+ liegt vor, wenn die Anzahl n der Beobachtungen klein ist ($n \leq 40$). Der χ^2–Test kann nur für große n angewendet werden; er ist ein approximativer Test.

(2) K_n^+, K_n^- testen auch Abweichungen in nur eine Richtung; der χ^2–Test testet nur solche gleichzeitig in beide Richtungen.

(3) Alle n Beobachtungen werden beim K–S–Test unmittelbar benutzt; beim χ^2–Test müssen sie erst zu k Klassen gruppiert werden (Informationsverlust bei quantitativen Daten). Das beinhaltet eine Willkür bei der Festlegung der Klassenzahl und -breite.

(4) Der K–S–Test ist vom Rechenaufwand her zumeist leichter anzuwenden, wenngleich der Rechenaufwand im Zeitalter des Computers kein Kriterium mehr sein sollte.

(5) Die bisher vorliegenden Ergebnisse sprechen dem K–S–Test häufiger eine höhere Güte zu im Vergleich zum χ^2–Test. Dies ist jedoch wegen der Allgemeinheit der Alternativhypothese von nur geringer Aussagekraft.

Nachteile des K–S–Tests

(1) Der K–S–Test basiert auf der Annahme einer stetigen Verteilung der Grundgesamtheit, während der χ^2–Test auch (und gerade) bei diskreten Verteilungen anwendbar ist. Der K–S–Test ist in diesem Fall konservativ.

(2) Der K–S–Test erfordert, daß die hypothetische Verteilung $F_0(x)$ vollständig spezifiziert ist (in der analytischen Form und in den Parametern). Sind Parameter zu schätzen, dann hat die zugehörige Teststatistik $\hat{K}_n$ oder $\hat{K}_n^+$ nicht dieselbe Verteilung wie K_n bzw. K_n^+, d.h., die Benutzung der Tabellen für K_n bzw. K_n^- liefert keine exakten kritischen Bereiche. Beim χ^2–Test verringert sich in diesem Fall lediglich die Anzahl der Freiheitsgrade um die Zahl der geschätzten Parameter.

Insgesamt gesehen sollte der K–S–Test zumindest dann bevorzugt angewendet werden, wenn der Stichprobenumfang klein ist.

4.2.4 Andere Verfahren

In der Literatur werden noch eine Reihe von Anpassungstests vorgeschlagen, von denen die bekanntesten im folgenden kurz vorgestellt seien:

(1) Test von Anderson–Darling (1952)

$$K_n^\star = \sup_x \sqrt{n}\,|F_n(x) - F_0(x)|\sqrt{\Psi(F_0(x))}$$

mit der Gewichtungsfunktion $\Psi(t) \geq 0$ für $0 \leq t \leq 1$

(a) für $\Psi(t) = 1/n$ erhalten wir den zweiseitigen K–S–Test

(b) für $\Psi(t) = 1/t(t-1)$ haben Anderson u. Darling die asymptotische Verteilung von $K_n^\star$ hergeleitet. Wegen $E[F_n(x)] = F(x)$ und $\mathrm{Var}[F_n(x)] = F(x)(1-F(x))/n$ liegt es nahe, eine solche Gewichtungsfunktion $\Psi(t)$ zu betrachten.

Kritische Werte für den Anderson–Darling–Test sind bei Crawford Moss u.a. (1990) zu finden. Einen modifizierten Anderson–Darling–Test bringt die Arbeit von Sinclair u.a. (1990).

(2) Cramér–Mises–Smirnow–Tests

$$W^2 = n \int_{-\infty}^{+\infty} (F_n(x) - F_0(x))^2 \Psi(F_0(x))\, dF_0(x)$$

mit einer geeigneten Gewichtungsfunktion $\Psi(t) \geq 0$; geeignet z.B. im Sinne von Gütekriterien.

Dieser Test ist von Cramér (1928) und Mises (1931) vorgeschlagen worden. Die exakte Verteilung von W^2 hängt wie bei der K–S–Statistik nicht von der speziellen Gestalt von F_0 ab.

(a) für $\Psi(t) = 1/t(t-1)$ ergibt sich

$$W_1^2 = n \int_{-\infty}^{+\infty} \frac{(F_n(x) - F_0(x))^2}{F_0(x)(1 - F_0(x))} dF_0(x).$$

Die Herleitung der Verteilung von W_1^2 für $1 \leq n \leq 8$ findet sich bei Lewis (1961), die der asymptotischen bei Anderson u. Darling (1952).

(b) für $\Psi(t) = 1$ erhalten wir die von Smirnow angegebene Teststatistik

$$W_2^2 = n \int_{-\infty}^{+\infty} (F_n(x) - F_0(x))^2 \, dF_0(x).$$

Es kann gezeigt werden (siehe Aufgabe 9), daß sich W_2^2 auch wie folgt schreiben läßt:

$$W_2^2 = \frac{1}{12n} + \sum_{i=1}^{n} \left(F_0(x_{(i)}) - \frac{2i-1}{2n} \right)^2,$$

wobei $x_{(1)}, \ldots, x_{(n)}$ die geordneten Beobachtungen sind.

Der Ausdruck $(2i-1)/2n$ ist das arithmetische Mittel von $(i-1)/n$ und i/n und gibt also den durchschnittlichen Wert von $F_n(x)$ „kurz vor dem Sprung und gerade nach dem Sprung an der Stelle $x_{(i)}$" an, d.h., ist $[0,1]$ in n gleiche Intervalle aufgeteilt, dann mißt W_2^2 die Abweichungen der Stichprobenwerte $F_0(x_{(i)})$ von den Mittelpunkten dieser Intervalle.

Beiträge zur exakten Verteilung von W_2^2 stammen u.a. von Marshall (1958) und Stephens u. Maag (1968). Zur Herleitung der asymptotischen Verteilung von W_2^2 siehe Anderson u. Darling (1952) und Angus (1983). Thompson (1966) hat gezeigt, daß der W_2^2-Test ebenso wie der K-S-Test verfälscht ist.

Eine ausführliche Studie des K-S-Tests und der Cramér-Mises-Smirnow-Tests mit einer umfangreichen Literaturangabe bringt Darling (1957). Untersuchungen zu Gütevergleichen der Cramér-Mises-Smirnow-Tests mit dem Anderson-Darling-Test u.a. sind bei Shapiro u.a. (1968), Stephens (1974), Quesenberry u. Miller (1977), Miller u. Quesenberry (1979) und Büning (1981a) zu finden. Dabei schneidet der Anderson-Darling-Test insgesamt gesehen am besten ab.

(3) Test von Sherman (1950)

$$V_n = \frac{1}{2} \sum_{i=1}^{n+1} \left| F_0(x_{(i)}) - F_0(x_{(i-1)}) - \frac{1}{n+1} \right|$$

mit $x_{(0)} = -\infty$ und $x_{(n+1)} = \infty$.

Diese Teststatistik basiert auf der Tatsache, daß die erwartete Fläche unter der Dichtekurve von F zwischen einem Paar aufeinanderfolgender geordneter Beobachtungen gleich $1/(n+1)$ ist (siehe Abschnitt 3.4.7). In seiner Arbeit leitet Sherman die exakte Verteilung von V_n her und zeigt weiterhin, daß V_n asymptotisch normalverteilt ist.

(4) Test von Riedwyl (1967)

Es sei $d_i = F_0(z_i) - F_n(z_i)$ mit $z_i = F_0^{-1}(i/n)$, d.h., $d_i = i/n - F_n\left(F_0^{-1}(i/n)\right)$ für $i = 1, \ldots, n-1$.

Jede Funktion $\phi(d_1, \ldots, d_{n-1})$ kann als (verteilungsfreie) Teststatistik für einen Anpassungstest betrachtet werden. Riedwyl bringt einige Beispiele für den einseitigen bzw. zweiseitigen Test, so u.a. für den zweiseitigen Test:

$$T_n = \sum_{i=1}^{n-1} d_i^2 \quad \text{und} \quad S_n = \sum_{i=1}^{n-1} |d_i|$$

mit kritischen Werten für verschiedene α und $n \leq 12$.

(5) Test von David (1950)

Es sei f_0 die Dichte der vollständig spezifizierten Verteilungsfunktion F_0, und es seien $I_1, \ldots, I_c$ disjunkte Intervalle der reellen Achse, so daß gilt:

$$\int_{I_i} f_0(x)\,dx = \frac{1}{c} \quad \text{für} \quad i = 1, \ldots, c.$$

Ist S die Anzahl der Intervalle unter den c Intervallen $I_1, \ldots, I_c$, die *kein* Element der Stichprobe enthalten, dann kann S als Teststatistik für einen Anpassungstest aufgefaßt werden (Nullklassentest); zu große Werte von S führen zur Ablehnung der Nullhypothese. Die Verteilung von S und einen Gütevergleich mit dem χ^2-Test bringt David in seiner Arbeit. Csorgo u. Guttman (1962) haben kritische Werte für $\alpha = 0.01$ und $\alpha = 0.05$ tabelliert und die Unverfälschtheit und Konsistenz des Tests gegen eine bestimmte Klasse von Alternativen gezeigt.

Eine ausführliche Diskussion des Nullklassentests findet sich bei Bradley (1968), der aufgrund eines Beispiels die Vermutung äußert, daß der K–S-Test eine „weit höhere" Güte hat als dieser Nullklassentest.

4.3 Binomialtest

Der im Abschnitt 4.2.2 vorgestellte χ^2-Test kann durch den Binomialtest ersetzt werden, wenn nur 2 Klassen vorliegen (bei Alternativdaten oder Dichotomie).

Dabei mag es sich um ein qualitatives oder auch um ein quantitatives Merkmal handeln. Der Begriff „Binomialtest" kann im weitesten Sinne für alle Testverfahren verwendet werden, deren zugehörige Teststatistik binomialverteilt ist. Eine Reihe solcher Testprobleme hat Bradley (1968) zusammengestellt und diskutiert. Wir wollen hier den Binomialtest nur für den Fall behandeln, daß ein bestimmter Anteil p einer Merkmalsausprägung in einer Grundgesamtheit getestet werden soll.

4. Einstichproben-Problem

Beispiel 3: Der Hersteller eines Haushaltsgerätes behauptet, daß in einem Produktionslos von 1000 Geräten höchstens 5% defekte Stücke enthalten sind. Bei einer Stichprobe von $n = 20$ werden 3 defekte Stücke festgestellt. Kann man dem Hersteller dennoch trauen ($\alpha = 0.1$)? Eine Antwort darauf wollen wir später geben.

In diesem Beispiel liegt eine Einteilung eines qualitativen Merkmals (Qualität der Geräte) in die zwei Klassen „defekt" und „nicht defekt" vor; weitere ähnliche Beispiele:

Geschlecht: männlich – weiblich
Prüfungsergebnis: bestanden – nicht bestanden
Heilmethode: erfolgreich – nicht erfolgreich.

Für ein quantitatives Merkmal ergibt sich eine Einteilung in zwei Klassen, wenn für einen bestimmten (vorher) ausgezeichneten Wert a festgestellt wird, ob eine Beobachtung „kleiner als a" (Klasse 1) oder „mindestens gleich a" (Klasse 2) ist; so z.B. bei der Festlegung der Wahlberechtigung mit $a = 18$ Jahren, d.h.

Klasse 1: nicht wahlberechtigt   Klasse 2: wahlberechtigt.

Die Einteilung eines quantitativen Merkmals in zwei Klassen bedeutet natürlich einen großen Informationsverlust aus den beobachteten Daten.

Daten. Jedes Meßniveau ist zugelassen. Die n Beobachtungen $x_1, \ldots, x_n$ werden in zwei sich gegenseitig ausschließende Klassen eingeteilt.

Annahmen.

(1) Die Stichprobenvariablen $X_1, \ldots X_n$ sind unabhängig.

(2) Die Wahrscheinlichkeit dafür, daß eine Beobachtung der Klasse 1 angehört ist für alle n Beobachtungen konstant gleich p (damit für die Klasse 2 gleich $1 - p$).

Testproblem. Sei p_0 eine bestimmte Zahl mit $0 < p_0 < 1$.

Test A: (zweiseitig)
$H_0 : p = p_0$
$H_1 : p \neq p_0$

Test B: (einseitig)
$H_0 : p \leq p_0$
$H_1 : p > p_0$

Test C: (einseitig)
$H_0 : p \geq p_0$
$H_1 : p < p_0$.

Teststatistik. Als Teststatistik wird die Anzahl T der Beobachtungen, die zu Klasse 1 gehören, gewählt. Die Teststatistik T ist binomialverteilt mit den Parametern n und p:

$$P(T \leq t) = \sum_{i=0}^{t} \binom{n}{i} p^i (1-p)^{n-i}.$$

Tabelle A bringt die Binomialverteilung für $n \leq 20$ und verschiedene p zwischen 0.01 und 0.95.

Testprozeduren.

Test A: H_0 ablehnen, wenn gilt: $T \geq t_{1-\alpha_1}$ oder $T \leq t_{\alpha_2}$, wobei $t_{1-\alpha_1}$ und t_{α_2} definiert sind durch:

(1) $P(T \geq t_{1-\alpha_1}) = \alpha_1$, $P(T \leq t_{\alpha_2}) = \alpha_2$ mit $\alpha_1 + \alpha_2 = \alpha$. T ist binomialverteilt mit den Parametern n und p_0. Für $p_0 = 0.5$ wird wegen der Symmetrie der Verteilung von T in der Regel $\alpha_1 = \alpha_2 = \alpha/2$ gewählt; liegt p_0 nahe bei 0 oder bei 1, so empfiehlt es sich, α_1 größer bzw. kleiner als α_2 zu wählen.

Test B: H_0 ablehnen, wenn gilt $T \geq t_{1-\alpha}$ mit

(2) $P(T \geq t_{1-\alpha}) = \alpha$.

Test C: H_0 ablehnen, wenn gilt $T \leq t_\alpha$ mit

(3) $P(T \leq t_\alpha) = \alpha$.

Wichtiger Hinweis

Da T eine diskrete Zufallsvariable ist, gibt es für Test A, B oder C im allgemeinen zu *vorgegebenem* α (wie $\alpha = 0.05$ oder $\alpha = 0.01$) keine natürlichen Zahlen $t_{1-\alpha_1}$, t_{α_2}, $t_{1-\alpha}$, t_α, die die Gleichungen (1), (2) bzw. (3) erfüllen.

Sei z.B. $\alpha = 0.05$ vorgegeben und $p_0 = 0.3$; $n = 10$, dann gilt (siehe Tabelle A) $P(T \geq 6) = 0.0473 < \alpha$ und $P(T \geq 5) = 0.1503 > \alpha$, d.h., es gibt kein ganzzahliges $t_{1-\alpha}$ mit $P(T \geq t_{1-\alpha}) = \alpha = 0.05$.

Eine Möglichkeit, das vorgegebene Testniveau α genau einzuhalten, besteht in der Methode der Randomisierung (siehe Abschnitt 2.7 und Pfanzagl (1974)), die aber in der Praxis kaum angewendet wird.

In der Regel werden (und das gilt für alle diskreten Zufallsvariablen) die Gleichungen (1) - (3) durch Ungleichungen ($\leq \alpha$) ersetzt. Auf diese Weise werden kritische Werte so bestimmt, daß das Testniveau α nicht überschritten wird. Im obigen Beispiel ergibt sich dann $t_{1-\alpha} = 6$ wegen $P(T \geq 6) < 0.05$.

88   4. Einstichproben–Problem

Allgemein bedeutet das, daß die Gleichungen zu (1), (2) und (3) ersetzt werden durch:

Test A $\quad (1^\star) \quad t_{1-\alpha_1} = \min_{0 \leq k \leq n} \{k \mid P(T \geq k) \leq \alpha_1\}$

$\qquad\qquad\qquad t_{\alpha_2} = \max_{0 \leq k \leq n} \{k \mid P(T \leq k) \leq \alpha_2\}, \; \alpha_1 + \alpha_2 = \alpha.$

Test B $\quad (2^\star) \quad t_{1-\alpha} = \min_{0 \leq k \leq n} \{k \mid P(T \geq k) \leq \alpha\}$

Test C $\quad (3^\star) \quad t_\alpha = \max_{0 \leq k \leq n} \{k \mid P(T \leq k) \leq \alpha\}$

Ein solches Verfahren zur Bestimmung der kritischen Werte t_α und $t_{1-\alpha}$ kann natürlich dazu führen, daß das vorgegebene Testniveau α erheblich unterschritten wird.

Unser eingangs betrachtetes Beispiel 3 bezüglich der Qualitätskontrolle bestimmter Haushaltsgeräte führt zu folgendem einseitigen Test B ($\alpha = 0.1$):

$$H_0 \; : \; p \leq 0.05$$
$$H_1 \; : \; p > 0.05.$$

Für $n = 20$ und $p = 0.05$ ergibt sich (Tabelle A):

$$P(T \geq 2) = 0.2642$$
$$P(T \geq 3) = 0.0755.$$

Wegen $T = 3$ wird H_0 auf dem Testniveau $\alpha = 0.1$ abgelehnt. Dem Hersteller ist also (bei diesem α) nicht zu trauen.

Da $T = 3$ defekte Stücke beobachtet wurden, ist der p–Wert gleich der oben angegebenen Wahrscheinlichkeit $P(T \geq 3) = 0.0755$; H_0 wird also nur „schwach unterstützt".

Anmerkung. Die Bestimmung des kritischen Wertes $t_{1-\alpha}$ erfolgt für $p = 0.05$, obwohl H_0 lautet: $p \leq 0.05$. Für ein $p^\star < 0.05$ wird natürlich (bei festem α und festem n) der kritische Wert $t^\star_{1-\alpha}$ kleiner als $t_{1-\alpha}$ sein, d.h., wir kämen noch früher zu einer Ablehnung von H_0. Da aber der Anteil der defekten Stücke vom Hersteller mit *höchstens* 5% angegeben ist, muß der kritische Wert für diesen unter H_0 noch gerade zulässigen Wert $p = 0.05$ bestimmt werden, um dem Hersteller gerecht zu werden.

Auftreten von Bindungen. Wegen der Einteilung in zwei Klassen als Voraussetzung für die Anwendung des Binomialtests stellt sich hier das Problem der Bindungen nicht.

Große Stichproben. Die Binomialverteilung kann für große und kleine p–Werte durch eine andere diskrete Verteilung, die Poissonverteilung mit dem Parameter $\lambda = np$, approximiert werden. Die Güte der Approximation hängt von n und p ab; sie ist um so besser, je kleiner p und je größer n sind. Für beliebiges p ist aufgrund des Satzes von De Moivre–Laplace eine Approximation der Binomialverteilung durch die (stetige) Normalverteilung möglich, wenn nur n „hinreichend groß" ist. Als Faustregel (und deren gibt es viele!) für ein hinreichend großes n (in Abhängigkeit von p) sei hier angegeben: $n \geq 20$ und $10 \leq np \leq n - 10$.

Die Approximation ist wegen der Symmetrie der Normalverteilung um so besser, je näher p bei 0.5 liegt.

Es gilt unter H_0 ($p = p_0$): $E(T) = np_0$ und $\text{Var}(T) = np_0(1-p_0)$, d.h., die standardisierte Prüfgröße $Z = (T - np_0)/\sqrt{np_0(1 - p_0)}$ ist unter H_0 asymptotisch standardnormalverteilt, so daß gilt

$$P(T \leq t) = P(Z \leq z) \approx \Phi(z) \quad \text{mit} \quad z = (t - np_0)(\sqrt{np_0(1 - p_0)}).$$

Für $20 \leq n \leq 60$ empfiehlt sich zur besseren Approximation, eine von Yates eingeführte Stetigkeitskorrektur vorzunehmen, indem zum Zähler $t - np_0$ noch 0.5 addiert wird.

Test A: H_0 ablehnen, wenn $T \geq t_{1-\alpha_1}$, oder $T \leq t_{\alpha_2}$, wobei $t_{1-\alpha_1} = np_0 + z_{1-\alpha_1}\sqrt{np_0(1 - p_0)}$ ist und $z_{1-\alpha_1}$ durch $\Phi(z_{1-\alpha_1}) = 1 - \alpha_1$ definiert ist, bzw. $t_{\alpha_2} = np_0 + z_{\alpha_2}\sqrt{np_0(1 - p_0)}$ ist mit $\Phi(z_{\alpha_2}) = \alpha_2$.

Test B: H_0 ablehnen, wenn $T \geq t_{1-\alpha}$ mit $t_{1-\alpha} = np_0 + z_{1-\alpha}\sqrt{np_0(1 - p_0)}$ und $\Phi(z_{1-\alpha}) = 1 - \alpha$.

Test C: H_0 ablehnen, wenn $T \leq t_\alpha$ mit $t_\alpha = np_0 + z_\alpha\sqrt{np_0(1 - p_0)}$ und $\Phi(z_\alpha) = \alpha$.

Ein Beispiel zu Test A möge diesen Sachverhalt veranschaulichen: Sei $\alpha = 0.1$; $\alpha_1 = 0.03$ und $\alpha_2 = 0.07$; $p_0 = 0.4$ und $n = 100$. Dann ergibt sich aus der Tabelle B der standardisierten Normalverteilung $z_{1-\alpha_1} = 1.881$ und $z_{\alpha_2} = -1.476$, d.h.,

$$t_{1-\alpha_1} = 100 \cdot 0.4 + 1.881\sqrt{40 \cdot 0.6} = 49.22$$
$$t_{\alpha_2} = 100 \cdot 0.4 - 1.476\sqrt{40 \cdot 0.6} = 32.77.$$

H_0 wird also abgelehnt, wenn für die Anzahl T der Beobachtungen gilt: $T \geq 50$ oder $T \leq 32$.

Für $\alpha_1 = \alpha_2 = 0.05$ ergibt sich, wie der Leser leicht nachprüfen kann: H_0 ablehnen, wenn $T \leq 31$ oder $T \geq 49$ ist.

Eigenschaften. Die Güte der Tests A, B oder C kann für jedes p der Alternativhypothese exakt aus der Tabelle der Binomialverteilung berechnet werden. Hier liegt im Gegensatz zum K-S-Test und zum χ^2-Test eine genau spezifizierte Alternative vor. Betrachten wir das Beispiel 3:

$$H_0 : p \leq 0.05$$
$$H_1 : p > 0.05.$$

Für $n = 20$ und $\tilde{\alpha} = 0.0755$ erhalten wir das Quantil $t_{1-\tilde{\alpha}} = 3$. Die Gütewerte z.B. für $p_1 = 0.1$ und $p_2 = 0.2$ sind dann:

$$\beta(0.1) = P(T \geq 3 \,|\, p = 0.1) = 0.3231$$
$$\beta(0.2) = P(T \geq 3 \,|\, p = 0.2) = 0.7939.$$

90   4. Einstichproben-Problem

Die Tests A, B und C sind konsistent (Kendall u. Stuart (1973)). Test B und C (einseitige Alternativen) sind gleichmäßig beste Tests, und Test A ist gleichmäßig bester unverfälschter Test (bei Randomisierung), siehe Witting (1969).

Diskussion. Wir haben in diesem Abschnitt den Binomialtest als einen Test auf eine hypothetische Wahrscheinlichkeit p kennengelernt. Wie bereits erwähnt, werden auch bei zahlreichen anderen Testproblemen Statistiken ausgewählt, die binomialverteilt sind. Solche Prozeduren gehören zu den wohl gebräuchlichsten und am einfachsten anzuwendenden Verfahren innerhalb der Testtheorie.

Ein umfangreiches Tabellenwerk zur Binomialverteilung liegt vor; die Angabe von p–Werten und exakte Güteberechnungen sind unmittelbar möglich.

4.4 Lineare Rangtests

4.4.1 Definition der linearen Rangstatistik

Unter den nichtparametrischen Verfahren spielen die sogenannten Rangtests eine dominierende Rolle. Die Wahl einer Teststatistik als Funktion der Ränge und nicht der eigentlichen Beobachtungen ist in vielen Fällen deshalb naheliegend, weil die zugrundeliegende Meßskala nur eindeutig bis auf monotone Transformationen ist (Ordinalskala), d.h. selbst nicht mehr als die Rangordnung zum Ausdruck bringt. Dies liegt z.B. bei Daten wie Schulnoten, allgemeinen Punktbewertungen u.a. vor (siehe Kapitel 1). Ist das Meßniveau der Daten kardinal, tritt natürlich durch die Verwendung von Rängen ein Informationsverlust ein. Er ist jedoch im Hinblick auf die Effizienz solcher Rangtestverfahren nicht so erheblich (teilweise sogar unbedeutend), wie es zunächst den Anschein haben könnte; selbst dann nicht, wenn die Stichprobenvariablen normalverteilt sind. Das wird sich im folgenden bei einigen der zu diskutierenden Rangtests zeigen.

Wir beginnen mit Rangtests für das Einstichproben-Lageproblem, solche für das Zweiund c-Stichprobenproblem werden in den Kapiteln 5, 6 und 7 behandelt.

Es seien $X_1, \ldots, X_n$ unabhängige und identisch verteilte Zufallsvariablen mit $X_i \sim F(x - \theta)$, $i = 1, \ldots, n$, wobei die Verteilungsfunktion F stetig mit zugehöriger Dichte f und symmetrisch um θ ist; θ ist ein Lageparameter, z.B. der Median von F. Zu testen ist: $H_0 : \theta = \theta_0$ gegen die ein- und zweiseitigen Alternativen $\theta < \theta_0$, $\theta > \theta_0$ bzw. $\theta \neq \theta_0$.

Ist speziell F die Normalverteilungsfunktion mit $\theta = \mu$ und unbekanntem σ^2, so ist für einen Test auf $\mu = \mu_0$ der t–Test mit der Statistik $t = \sqrt{n}(\bar{X} - \mu_0)/S$ der geeignete Test, siehe Kapitel 2.8.

Beispiel 4: Zur Untersuchung der Intelligenz von Studenten der Fachrichtung Wirtschaftswissenschaft wurden $n = 10$ Studenten zufällig ausgewählt und ihre IQ-Werte bestimmt.

Es ergaben sich folgende Werte:

99 131 118 112 128 136 120 107 134 122.

Zu testen sei die Hypothese:

$$H_0 : \theta = 110 \quad \text{gegen} \quad H_1 : \theta > 110 \ .$$

Ist der Beobachtungsbefund mit H_0 verträglich ($\alpha = 0.10$)?

Zur Überprüfung von H_0 gibt es eine Reihe von Rangtests, von denen wir in den nächsten Abschnitten einige kennenlernen werden. Die zugehörigen Teststatistiken sind Spezialfälle der sogenannten linearen Rangstatistik, die wie folgt definiert ist:

Wir betrachten zunächst die Differenzen $D_i = X_i - \theta_0$ und ihre Absolutbeträge $|D_i| = |X_i - \theta_0|$, $i = 1, \ldots, n$.

Es sei $R_i^+ = R(|D_i|)$ der Rang von $|D_i|$ und $Z_i = 1$, falls $D_i > 0$ und $Z_i = 0$, falls $D_i < 0$ ist. Dann hat die lineare Rangstatistik L_n^+ folgende Form:

$$L_n^+ = \sum_{i=1}^{n} g(R_i^+) Z_i \ ,$$

wobei $g(R_i^+) \in \mathbb{R}$ geeignete Gewichte sind, die Einfluß auf die Güte von L_n^+ haben. Mit der Festlegung der sogenannten Indikatorvariablen Z_i wird erreicht, daß nur Ränge von positiven d_i-Werten in die Statistik L_n^+ eingehen; wegen der unterstellten Symmetrie von F könnten auch nur Ränge von negativen d_i-Werten zwecks Definition einer zu L_n^+ äquivalenten Rangstatistik L_n^- betrachtet werden. Wir wollen L_n^+ noch anders schreiben, indem wir die Ränge $R_1^+, \ldots, R_n^+$ durch $1, \ldots, n$ der Größe nach ordnen, was natürlich ein Ordnen von $|D_1|, \ldots, |D_n|$ nach sich zieht. Sei $|D|_{(1)} < \cdots < |D|_{(n)}$ die geordnete Statistik von $|D_1|, \ldots, |D_n|$. Dann ergibt sich $L_n^+ = \sum_{i=1}^{n} g(i) V_i$ mit

$$V_i = \begin{cases} 1, & \text{falls } |D|_{(i)} \text{ zu einer positiven Differenz} \\ 0, & \text{falls } |D|_{(i)} \text{ zu einer negativen Differenz gehört.} \end{cases}$$

Zur Veranschaulichung dieses Sachverhaltes greifen wir Beispiel 4 auf:

Tab. 4.3

x_i	$d_i = x_i - 110$	$|d_i|$	r_i^+	Z_i	geordnete r_i^+	V_i
99	-11	11	5	0	1	1
131	21	21	8	1	2	0
118	8	8	3	1	3	1
112	2	2	1	1	4	1
128	18	18	7	1	5	0
136	26	26	10	1	6	1
120	10	10	4	1	7	1
107	-3	3	2	0	8	1
134	24	24	9	1	9	1
122	12	12	6	1	10	1

92   4. Einstichproben–Problem

Bevor wir durch bestimmte Wahl der Gewichte (scores) $g(i)$ in den nächsten Abschnitten einige spezielle lineare Rangtests kennenlernen, wollen wir noch die Verteilung, den Erwartungswert und die Varianz von L_n^+ unter H_0 angeben.

Es gibt insgesamt 2^n verschiedene Vektoren $(v_1, \ldots, v_n)$ mit $V_i = 1$ oder 0, $i = 1, \ldots, n$, die unter H_0 alle gleich wahrscheinlich sind, d.h.,

$$P(V_1 = v_1, \ldots, V_n = v_n \mid \theta = \theta_0) = \frac{1}{2^n}.$$

Somit kann die exakte Verteilung von L_n^+ unter H_0 durch einfaches „Auszählen" berechnet werden, denn es ist

$$P_{H_0}(L_n^+ = l^+) = \frac{a(l^+)}{2^n},$$

wobei $a(l^+)$ die Anzahl der Vektoren $(v_1, \ldots, v_n)$ ist, für die $L_n^+ = l^+$ ist. Die Verteilung von L_n^+ hängt also nicht von F ab.

Wegen $P(V_i = 1) = P(V_i = 0) = 1/2$ gilt unter H_0 weiterhin:

$$E(V_i) = 1 \cdot \frac{1}{2} + 0 \cdot \frac{1}{2} = \frac{1}{2}, \quad E(V_i^2) = 1 \cdot \frac{1}{2} + 0 \cdot \frac{1}{2} = \frac{1}{2},$$

d.h.,

$$\mathrm{Var}(V_i^2) = E(V_i^2) - (E(V_i))^2 = \frac{1}{2} - \frac{1}{4} = \frac{1}{4}.$$

Es folgt:

$$E(L_n^+) = \frac{1}{2} \sum_{i=1}^{n} g(i), \quad \mathrm{Var}(L_n^+) = \frac{1}{4} \sum_{i=1}^{n} (g(i))^2.$$

Dieses Ergebnis werden wir uns bei der Bestimmung approximativer kritischer Werte gewisser linearer Rangstatistiken zunutze machen.

4.4.2 Vorzeichen–Test

Der am einfachsten anzuwendende Test für obiges Lageproblem ist der Vorzeichen–Test, der ein Spezialfall des in 4.3 behandelten Binomialtests ist. Im englischen Sprachraum wird er auch als Sign–Test bezeichnet.

Daten. Die n Beobachtungen haben kardinales Meßniveau.

Annahmen.

(1) Die Stichprobenvariablen $X_1, \ldots, X_n$ sind unabhängig.

(2) $X_1, \ldots, X_n$ haben eine stetige Verteilungsfunktion $F(x - \theta)$.

Testproblem.

Test A: (zweiseitig)
$$H_0 : \theta = \theta_0$$
$$H_1 : \theta \neq \theta_0$$

Test B: (einseitig)
$$H_0 : \theta = \theta_0$$
$$H_1 : \theta > \theta_0$$

Test C: (einseitig)
$$H_0 : \theta = \theta_0$$
$$H_1 : \theta < \theta_0.$$

Teststatistik. $V_n^+ = \sum_{i=1}^{n} V_i$, wobei V_i die in 4.4.1 definierte $(0,1)$–Variable ist. V_n^+ ist also ein Spezialfall von L_n^+ mit $g(i) = 1$, d.h., V_n^+ zählt nur die Anzahl der x_i–Werte, die größer als θ_0 sind oder – gleichbedeutend damit – die positiven Vorzeichen bei den Differenzen $d_i = x_i - \theta_0$. Wegen der Stetigkeit von F gilt $P(D_i = 0) = 0$ für alle $i = 1, \ldots, n$.

Unter H_0 ist V_n^+ binomialverteilt mit $p = 1/2$ (siehe **Tabelle A**), d.h.,

$$P_{H_0}(V_n^+ = v^+) = \binom{n}{v^+}\left(\frac{1}{2}\right)^n = \binom{n}{v^+}/2^n$$

und weiterhin $E(V_n^+) = n/2$, $\text{Var}(V_n^+) = n/4$. Die Statistik V_n^+ ist also symmetrisch verteilt um $E(V_n^+) = n/2$.

Wir wollen in der folgenden Tabelle 4 für $n = 5$ die in 4.4.1 angegebene Wahrscheinlichkeit $P_{H_0}(L_n^+ = l^+) = a(l^+)/2^n$ am Beispiel der Statistik V_n^+ veranschaulichen. In der dritten Spalte stehen gerade die Binomialkoeffizienten

$$a(v^+) = \binom{n}{v^+}.$$

Für $\alpha = 6/32 = 0.1875$ ist das α–Quantil $v_\alpha^+ = 1$. Ist $\alpha = 0.05$ vorgegeben, so ist zunächst $[\alpha \cdot 2^n] = [0.05 \cdot 32] = 1$, d.h., der kritische Bereich besteht aus nur einem Element. Wird also $v^+ = 0$ (oder $v^+ = 5$) als kritischer Wert angegeben, so wird das Testniveau $\alpha = 0.05$ nicht voll ausgeschöpft (exakt $\alpha^* = 1/32 = 0.03125$). Um $\alpha = 0.05$ zu erreichen, kann das in Kapitel 2.7 und 4.3 erwähnte Randomisierungsverfahren für diskrete Teststatistiken angewendet werden; in der Praxis wird davon allerdings wenig Gebrauch gemacht. Stattdessen wird der kritische Bereich so bestimmt, daß α nicht überschritten wird, siehe Abschnitt 4.3. In diesem Sinne sind also im folgenden die kritischen Werte von V_n^+ zu verstehen.

Testprozeduren. Die Testprozeduren für die Tests A, B, C verlaufen ganz analog zu denen beim Binomialtest in 4.3 mit $p_0 = 0.5$; kritische Werte v_α^+ bzw. $v_{1-\alpha}^+$ sind in **Tabelle A** zu finden.

Tab. 4.4

v^+	$(v_1, \ldots, v_5)$	$a(v^+)$	$P(V_n^+ = v^+) = a(v^+)/2^5$
0	(0,0,0,0,0)	1	1/32
1	(1,0,0,0,0) (0,1,0,0,0) ... (0,0,0,0,1)	5	5/32
2	(1,1,0,0,0) (1,0,1,0,0) ... (0,0,0,1,1)	10	10/32
3	(1,1,1,0,0) (1,1,0,1,0) ... (0,0,1,1,1)	10	10/32
4	(1,1,1,1,0) (1,1,1,0,1) ... (0,1,1,1,1)	5	5/32
5	(1,1,1,1,1)	1	1/32

Test A: H_0 ablehnen, wenn gilt $V_n^+ \geq v_{1-\alpha/2}^+$ oder $V_n^+ \leq v_{\alpha/2}^+$.

Test B: H_0 ablehnen, wenn gilt $V_n^+ \geq v_{1-\alpha}^+$.

Test C: H_0 ablehnen, wenn gilt $V_n^+ \leq v_\alpha^+$.

Für das Beispiel 4 in 4.4.1 mit $\theta_0 = 110$ ergibt sich $V^+ = 8$; wegen $v_{0.90}^+ = 8$ wird H_0 abgelehnt. Für den beobachteten Wert $V^+ = 8$ ergibt sich der p–Wert $P(V_n^+ \geq 8) = 0.0547$; H_0 wird also nur „schwach unterstützt".

Auftreten von Bindungen. Ungenauigkeit der Messungen kann dazu führen, daß

(a) $D_i = X_i - \theta_0 = 0$ ist für $1 \leq i \leq n$,

(b) $|D_k| = |D_l|$ ist für $k \neq l$.

Im Fall (a) besteht eine Möglichkeit darin, alle auftretenden n_1 Nulldifferenzen zu ignorieren und den Test auf die verbleibenden $n - n_1$ Differenzen anzuwenden. Bei einer solchen Verfahrensweise eliminieren wir zwar gerade den Teil der Beobachtungen, der stark für die Nullhypothese spricht, der aber andererseits nichts über die Richtung der Abweichung (Alternative) aussagt. Eine zweite Möglichkeit, die allerdings in der Praxis weniger angewandt wird, ist, durch einen Münzwurf zu entscheiden, ob $D_i = 0$ als positive Differenz ($v_i = 1$) oder als negative Differenz ($v_i = 0$) in die Statistik V^+ eingeht.

Der Fall (b) ist für den Vorzeichen–Test irrelevant, weil ja für V^+ nur das Vorzeichen von D_k und D_l eine Rolle spielt.

Große Stichproben. Für Stichproben vom Umfang $n > 20$ kann die Verteilung von V_n^+ (Binomialverteilung mit $p = 1/2$) durch die Normalverteilung approximiert werden. Wegen der Unabhängigkeit der V_i gilt nach dem zentralen Grenzwertsatz unter H_0:

$$Z = \frac{V_n^+ - E(V_n^+)}{\sqrt{\text{Var}(V_n^+)}}$$

mit $E(V_n^+) = n/2$ und $\text{Var}(V_n^+) = n/4$ ist asymptotisch normalverteilt, d.h.,

$$P\left(V_n^+ \leq v^+\right) \approx P(Z \leq z) = \Phi(z) \quad \text{mit} \quad z = \frac{v_n^+ - n/2}{\sqrt{n}/2}.$$

Somit ergibt sich:

Test A: H_0 ablehnen, wenn $|Z| \geq z_{1-\alpha/2}$,

Test B: H_0 ablehnen, wenn $Z \geq z_{1-\alpha}$,

Test C: H_0 ablehnen, wenn $Z \leq z_\alpha$.

Beispiel 5: Für Test B sei $n = 36$, $\alpha = 0.05$, d.h., $z_{0.95} = 1.645$. Angenommen, wir hätten $V^+ = 24$ beobachtet, dann ist

$$Z = \frac{24 - 18}{3} = 2 > 1.645,$$

d.h., H_0 wird abgelehnt.

Eigenschaften.

(i) Da der Vorzeichen–Test ein spezieller Binomialtest ist, gelten die in Abschnitt 4.3 angegebenen Eigenschaften. Die Tests A, B und C sind konsistent und unverfälscht, Test B und C sind gleichmäßig beste Tests und Test A ist gleichmäßig bester unverfälschter Test, siehe auch Hettmansperger (1984).

(ii) Die asymptotische relative Effizienz des Vorzeichen–Tests gegenüber dem t-Test ist für verschiedene Verteilungen in der folgenden Tabelle zusammengestellt:

4. Einstichproben-Problem

Tab. 4.5

	Normal	Rechteck	Logistisch	Doppelexpon.
$E_{V_n^+,t}$	0.637	0.333	0.823	2.000

Wir sehen also, daß der einfache Vorzeichen-Test effizienter als der t-Test sein kann.

Diskussion. Der in diesem Abschnitt vorgestellte Vorzeichen-Test V_n^+ ist einer der einfachsten verteilungsfreien Tests. Er zählt nur die positiven Differenzen unter allen Differenzen $D_i = X_i - \theta_0$; die *Größe* dieser positiven Differenzen hat auf V^+ keinen Einfluß. Das hat natürlich zur Folge, daß der V_n^+-Test „in der Regel" weniger effizient ist als der t-Test, insbesondere bei normalverteilten Daten, unter denen $E_{V_n^+,t} = 0.637$ gilt.

Sei z.B. bei Annahme einer Normalverteilung $N(\mu, \sigma^2)$ zu testen

$$H_0 : \mu = 0 \quad \text{gegen} \quad H_1 : \mu \neq 0 \,,$$

und es lägen folgende Beobachtungen vor:

$$-25 \quad -24 \quad -23 \quad -22 \quad -21 \quad 1 \quad 2 \quad 3 \quad 4 \quad 5 \,.$$

Dann ist $V_n^+ = 5$, und der Vorzeichen-Test lehnt selbst für $\alpha = 0.5$ H_0 nicht ab. Die Beobachtungen sind ja genau zur Hälfte auf beide Seiten von $\mu_0 = 0$ verteilt. Und das gilt für *alle* μ_0 mit $-21 < \mu_0 < 1$! Der t-Test, der die Information aus der Stichprobe voll ausnutzt, lehnt H_0 bereits für $\alpha = 0.05$ ab, was der Leser nachprüfen möge.

4.4.3 Wilcoxons Vorzeichen-Rangtest

Bei dem im vergangenen Abschnitt diskutierten Vorzeichen-Test wurde nur die *Anzahl* der positiven Differenzen $D_i = X_i - \theta_0$ gezählt; die *Größe* dieser Differenzen spielte dabei keine Rolle. Diese Größe wird bei dem nun vorzustellenden Vorzeichen-Rangtest von Wilcoxon berücksichtigt werden; damit gehen mehr Informationen aus den Daten in die Teststatistik ein.

Daten. Die n Beobachtungen haben kardinales Meßniveau.

Annahmen.

(1) Die Stichprobenvariablen $X_1, \ldots, X_n$ sind unabhängig.

(2) $X_1, \ldots, X_n$ haben eine stetige Verteilungsfunktion $F(x - \theta)$, wobei F symmetrisch um θ ist.

Testproblem.

Test A: (zweiseitig)
$H_0 : \theta = \theta_0$
$H_1 : \theta \neq \theta_0$

Test B: (einseitig)
$H_0 : \theta = \theta_0$
$H_1 : \theta > \theta_0$

Test C: (einseitig)
$H_0 : \theta = \theta_0$
$H_1 : \theta < \theta_0$.

Teststatistik. $W_n^+ = \sum_{i=1}^n i V_i$, wobei V_i die in 4.4.1 definierte (0,1)–Variable ist. W_n^+ ist also ein Spezialfall von L_n^+ mit $g(i) = i$. Wir können W_n^+ auch schreiben als $W_n^+ = \sum_{i=1}^n R_i^+ Z_i$, d.h. als Summe der Ränge der Absolutbeträge $|D_i|$, die zu positiven Differenzen gehören. Im Gegensatz zum Vorzeichen–Test V_n^+ geht also beim Wilcoxon–Test W_n^+ noch die Größe der Differenzen in die Teststatistik ein. Wegen der Stetigkeit von F gilt $P(D_i = 0) = 0$ und $P(|D_k| = |D_l|) = 0$ für $k \neq l$, so daß die Rangzuweisung (theoretisch) eindeutig ist.

Unter $H_0 : \theta = \theta_0$ ist W_n^+ symmetrisch um $E(W_n^+) = n(n+1)/4$ verteilt, und es gilt weiterhin $\text{Var}(W_n^+) = n(n+1)(2n+1)/24$, siehe Aufgabe 14. Die Herleitung der exakten Verteilung von W_n^+ unter H_0 ist durch einfaches Auszählen möglich, erfordert jedoch für großes n erheblichen Rechenaufwand. Nach Abschnitt 4.4.1 gilt $P(W_n^+ = w^+) = a(w^+)/2^n$, wobei $a(w^+)$ die Anzahl der zu positiven Differenzen gehörenden Rangtupel angibt, für die $W_n^+ = w^+$ ist.

Beispiel 6: Es sei $n = 5$, dann ist $W_{n,\max}^+ = \sum_{i=1}^5 i = 15$, und wir erhalten folgende Tabelle:
Tab. 4.6

w^+	Rangtupel, die zu positiven Differenzen gehören	$a(w^+)$	$P(W_n^+ = w^+)$
15	(1,2,3,4,5)	1	1/32
14	(2,3,4,5)	1	1/32
13	(1,3,4,5)	1	1/32
12	(3,4,5);(1,2,4,5)	2	2/32
11	(2,4,5);(1,2,3,5)	2	2/32
10	(1,4,5);(2,3,5);(1,3,5)	3	3/32
9	(4,5);(2,3,4);(1,3,5)	3	3/32
8	(3,5);(1,3,4);(1,2,5)	3	3/32

So können wir z.B. ablesen:

$$P(W_n^+ \geq 13) = 3/32 \approx 0.094 \quad \text{und} \quad P(W_n^+ \geq 10) = 10/32 \approx 0.313.$$

Da W_n^+ unter H_0 symmetrisch um den Erwartungswert $n(n+1)/4$ verteilt ist, muß also nur der obere (siehe Tabelle 6) oder der untere Teil der Verteilung bestimmt werden; für das obige Beispiel bedeutet das

$$P(W_n^+ = 15) = P(W_n^+ = 0) = 1/32, \quad P(W_n^+ = 14) = P(W_n^+ = 1) = 1/32, \text{ usw.}$$

Hier ist der Erwartungswert gleich 7.5.

Testprozeduren.

Test A: H_0 ablehnen, wenn gilt $W_n^+ \geq w_{1-\alpha/2}^+$ oder $W_n^+ \leq w_{\alpha/2}^+$

Test B: H_0 ablehnen, wenn gilt $W_n^+ \geq w_{1-\alpha}^+$

Test C: H_0 ablehnen, wenn gilt $W_n^+ \leq w_\alpha^+$.

Kritische Werte von W_n^+ sind für $4 \leq n \leq 20$ in **Tabelle H** angegeben. Da W_n^+ eine diskrete Zufallsvariable ist, wird bei der Bestimmung der kritischen Werte (als natürliche Zahlen) das Testniveau α in der Regel nicht voll ausgenutzt, siehe dazu die Abschnitte 4.3 und 4.4.2.

Für das in 4.4.1 angegebene Beispiel 4 mit den IQ-Werten ergibt sich unter Berücksichtigung von Tabelle 3: $W_n^+ = 48$; wegen $w_{0.90}^+ = 55 - 14 = 41$ (Tabelle H) wird H_0 abgelehnt.

Auftreten von Bindungen. Ungenauigkeit der Messungen kann dazu führen, daß

(a) $D_i = X_i - \theta_0 = 0$ ist für $1 \leq i \leq n$ oder

(b) $|D_k| = |D_l|$ ist für $k \neq l$.

Im Fall (a) werden alle auftretenden n_1 Nulldifferenzen ignoriert und den verbleibenden $n_2 = n - n_1$ Differenzen $|D_i|$ Ränge von 1 bis n_2 zugeordnet. Für sehr kleines n ($n \leq 10$) oder relativ großes n_1 ($n_1/n \geq 1/10$) hat Pratt (1959) ein anderes Verfahren, das sogenannte Teilrang-Randomisierungsverfahren vorgeschlagen.

Im Fall (b) bei Gleichheit von zwei oder mehr absoluten Differenzen können die Ränge nach einem der in Abschnitt 3.2 beschriebenen Verfahren zugewiesen werden. In der Regel wird die Methode der Durchschnittsränge bei der Berechnung von W_n^+ angewendet. Die Verteilung von W_n^+ ändert sich dann natürlich; jedoch ist die Abweichung für $n > 10$ nicht sehr bedeutend. Für $n \leq 10$ hat Pratt (1959) ebenfalls ein modifiziertes Verfahren vorgeschlagen. Eine ausführliche Behandlung der Fälle (a) und (b) findet sich bei Lehmann (1975); Beiträge zur exakten Verteilung von W_n^+ für beide Fälle bringt die Arbeit von Klotz (1990).

Große Stichproben. Für große Stichproben ($n > 20$) kann die Verteilung von W_n^+ durch die Normalverteilung approximiert werden. Es gilt unter $H_0 : \theta = \theta_0$:

$$E(W_n^+) = \frac{n(n+1)}{4} \quad \text{und}$$

$$\text{Var}(W_n^+) = \frac{n(n+1)(2n+1)}{24} \quad \text{(siehe oben)}.$$

Wegen der Unabhängigkeit der V_i ist dann unter H_0 die Teststatistik

$$Z = \frac{W_n^+ - E(W_n^+)}{\sqrt{\text{Var}(W_n^+)}}$$

nach dem Satz von Lindeberg–Lévy (siehe Fisz (1976)) asymptotisch standardnormalverteilt, d.h., $P(W_n^+ \leq w^+) \approx P(Z \leq z) = \Phi(z)$ mit

$$z = \frac{w^+ - n(n+1)/4}{\sqrt{n(n+1)(2n+1)/24}} \ .$$

Somit ergibt sich für

Test A: H_0 ablehnen, wenn $|Z| \geq z_{1-\alpha/2}$
Test B: H_0 ablehnen, wenn $Z \geq z_{1-\alpha}$
Test C: H_0 ablehnen, wenn $Z \leq z_\alpha$

Beispiel 7: Für Test B sei $n = 30$, $\alpha = 0.05$, d.h., $z_{1-\alpha} = 1.645$. Angenommen, wir hätten $W_n^+ = 418$ beobachtet, dann ist

$$Z = \frac{418 - 232.5}{48.62} \approx 3.82 > 1.645 \ ;$$

d.h., H_0 wird abgelehnt. Für den beobachteten Wert $W_n^+ = 418$ ergibt sich der (approximative) p–Wert $P(Z \geq 3.82) \approx 0$.

Wird beim Auftreten von Bindungen die Methode der Durchschnittsränge angewendet, so bleibt der Erwartungswert von W_n^+ davon unberührt, nicht jedoch die Varianz (Noether (1967a)). So ersetzen wir dann den Ausdruck für $\text{Var}(W_n^+)$ durch

$$\text{Var}(W_n^+) = \frac{n(n+1)(2n+1)}{24} - \frac{1}{48} \sum_{j=1}^{r} \left(b_j^3 - b_j \right) \ ,$$

wobei r die Anzahl der Gruppen mit Bindungen ist und b_j die Anzahl der Bindungen in der j-ten Gruppe ($1 \leq j \leq r$). Eine *ungebundene* Beobachtung wird dabei als Bindungsgruppe vom Umfang 1 aufgefaßt. Liegen keine Bindungen vor, dann ist $r = n$ und $b_j = 1$ für alle j; d.h.,

$$\sum_{j=1}^{n} \left(b_j^3 - b_j \right) = 0 \ .$$

Ein Beispiel zur Veranschaulichung findet sich in 5.4.2.

4. Einstichproben-Problem

Eigenschaften.

(1) Der einseitige und zweiseitige Test sind konsistent gegen eine gewisse Klasse von Alternativen (Gibbons u. Chakraborti (1992), Noether (1967a)).

(2) Der einseitige Test ist zudem unverfälscht für bestimmte Alternativen (Lehmann (1959)).

(3) Die Güte des Wilcoxon–Tests für einseitige Normalalternativen bezüglich der Lage und seine relative Effizienz im Vergleich zum t–Test (für Paardifferenzen) ist von Klotz (1963) für verschiedene $\alpha \leq 0.1$ und $5 \leq n \leq 10$ berechnet worden. Die Effizienz liegt zwischen 0.96 und 0.99 und nimmt mit wachsendem n und wachsender Abweichung von H_0 ab. Arnold (1965) hat die Güte des Tests für nichtnormale Alternativen (t–Verteilung mit verschiedenen Freiheitsgraden, Cauchy–Verteilung) für einige α und n mit $5 \leq n \leq 10$ tabelliert. Bei einem Gütevergleich zwischen dem Wilcoxon–Test, dem t–Test und dem gewöhnlichen Vorzeichentest bei Annahme einer Cauchy–Verteilung schneidet der gewöhnliche Vorzeichentest am besten, der t–Test am schlechtesten ab; eine Tatsache, die überraschen mag, die aber zum Ausdruck bringt, wie sehr hierbei die Annahme einer bestimmten Verteilung (in diesem Fall eine sogenannte „Verteilung mit starken Tails") eine Rolle spielt, siehe auch Tabelle 5. Die Überlegenheit des Wilcoxon–Tests gegenüber dem t–Test bei nichtnormalverteilten Daten wird durch eine Arbeit von Vleugels (1984) bestätigt, der im Rahmen einer Simulationsstudie für $n=10$, 15 und 20 Gütewerte und relative Effizienzen bei Annahme einer kontaminierten Normalverteilung, einer Doppelexponential– und einer Cauchy–Verteilung berechnet hat.

(4) Die asymptotisch relativen Effizienzen des Wilcoxon–Tests gegenüber dem t–Test bei Annahme einer skalenkontaminierten Normalverteilung $KN(\varepsilon, \sigma)$ sind für $\sigma = 3$ und verschiedene ε in der folgenden Tabelle angegeben (siehe Hettmansperger (1984)).

Tab. 4.7

ε	0	0.01	0.03	0.05	0.08	0.10	0.15
$E_{W_n^+, t}$	0.955	1.009	1.108	1.196	1.301	1.373	1.497

Bei Vorliegen einer Normalverteilung ($\varepsilon = 0$) ist also die Effizienz des W_n^+–Tests zum t–Test mit 95.5% sehr hoch, bei einer Kontamination von nur 1% (!) schon über 100% und erreicht für $\varepsilon = 0.15$ fast 150%.

Asymptotische relative Effizienzen von über 100% ergeben sich auch bei anderen Verteilungen, wie der nachstehenden Tabelle zu entnehmen ist. Dort sind zudem die Effizienzen des Vorzeichen–Tests gegenüber dem Wilcoxon–Test angegeben.

Tab. 4.8

Verteilung	$E_{W_n^+,t}$	$E_{V_n^+,W_n^+}$
Normal	0.955	0.667
Rechteck	1.000	0.333
Logistisch	1.096	0.750
Doppelexponential	1.500	1.333

Wir sehen also, daß der W_n^+-Test dem t–Test bei Normalverteilung kaum unterlegen ist und bei den anderen drei Verteilungen mindestens so effizient wie der t–Test ist. Der V_n^+-Test ist effizienter als der W_n^+-Test (wie schon im Vergleich zum t–Test) unter einer Doppelexponentialverteilung, wobei $E_{V_n^+,t} = E_{V_n^+,W_n^+} \cdot E_{W_n^+,t} = 2$ gilt. Hodges u. Lehmann (1956) haben gezeigt, daß $0.864 \leq E_{W_n^+,t} < \infty$ in der Klasse der symmetrischen Verteilungen gilt, wohingegen $0 \leq E_{V_n^+,t} < \infty$ ist. Der W_n^+-Test hat also im Gegensatz zum V_n^+-Test stets eine hohe Effizienz gegenüber dem t–Test.

Diskussion. Der in diesem Abschnitt vorgestellte Vorzeichen–Rangtest von Wilcoxon hat – wie wir gesehen haben – bemerkenswerte Güteeigenschaften im Vergleich zum gewöhnlichen Vorzeichen–Test und zum t–Test. Er erfordert wenig Rechenaufwand, und ein umfangreiches Tabellenwerk liegt für ihn vor. Wenn die Verteilung F nicht zu starke Tails hat, dann sollte der Wilcoxon–Test dem gewöhnlichen Vorzeichen–Test vorgezogen werden; gegenüber dem t–Test sollte der Wilcoxon–Test stets dann Vorrang haben, wenn die Annahme der Normalverteilung als nicht gerechtfertigt erscheint.

Abschließend sei noch einmal das Beispiel in 4.4.2 aufgegriffen, in dem der gewöhnliche Vorzeichen–Test $H_0: \mu = 0$, $H_1: \mu \neq 0$ nicht einmal für $\alpha = 0.5$ ablehnt, der t–Test aber bereits für $\alpha = 0.05$. Es liegen folgende Beobachtungen vor:

$$-25 \quad -24 \quad -23 \quad -22 \quad -21 \quad 1 \quad 2 \quad 3 \quad 4 \quad 5,$$

d.h., $W_n^+ = 15$. Tabelle H zeigt, daß der Wilcoxon–Test H_0 nicht für $\alpha = 0.05$ oder $\alpha = 0.1$, wohl aber für $\alpha = 0.4$ ablehnt. Bei Annahme der Normalverteilung führt also der t–Test mit einer viel kleineren Irrtumswahrscheinlichkeit als der Wilcoxon–Test zur Ablehnung von H_0.

Es gibt noch eine Reihe weiterer linearer Rangtests, die in der Literatur diskutiert werden. Erwähnt sei hier nur noch der v.d. Waerden–Test, für den es auch eine Zweistichproben–Version gibt, siehe Abschnitt 5.4.3. Beim v.d. Waerden–Test X_n^+ sind die Gewichte $g(i)$ wie folgt besetzt:

$$g(i) = \Phi^{-1}\left(1/2 + i/2(n+1)\right),$$

worin Φ^{-1} die Inverse der Standardnormalverteilungsfunktion bedeutet, d.h. also,

$$X_n^+ = \sum_{i=1}^n \Phi^{-1}\left(1/2 + i/2(n+1)\right) V_i \,.$$

Die Gewichte $g(i)$ sind stets positiv, und es gilt $g(i) < \infty$ wegen $i/(n+1) < 1$ für alle $i = 1, \ldots, n$. Durch die Wahl von $g(i)$ wird also ein parametrischer Ansatz (Quantile der Normalverteilung) mit einem nichtparametrischen (Verteilungsfreiheit von X_n^+ unter H_0) verknüpft. Der v.d. Waerden-Test ist bei Verteilungen mit mittleren Tails sehr effizient; seine A.R.E. zum t-Test hat bei normalverteilten Daten den Wert 1. Der X_n^+-Test ist also bei dieser Verteilung effizienter als der Wilcoxon-Test, siehe auch Büning (1991).

4.4.4 Lokal optimale Rangtests

Wie wir in den vergangenen beiden Abschnitten gesehen haben, schneiden auch lineare Rangtests unter verschiedenen Verteilungen unterschiedlich gut ab; mit anderen Worten: die Effizienz eines solchen Tests hängt ganz wesentlich vom unterstellten Verteilungsmodell ab. Bei Annahme einer speziellen Verteilungsfunktion gibt es aber (im Gegensatz zum t-Test bei der Normalverteilung) keinen gleichmäßig besten Rangtest, wohl aber einen Rangtest, der die Güte des Tests in der „Nähe der Nullhypothese" maximiert, den sogenannten lokal optimalen Rangtest. Im folgenden bezeichne β_T die Gütefunktion eines Rangtests T.

Definition 1: Gegeben sei $X_i \sim F(x - \theta)$, $i = 1, \ldots, n$, und es sei $\mathcal{M}_\alpha$ die Menge aller Rangtests zum Niveau α. Der Test $T_{opt} \in \mathcal{M}_\alpha$ heißt lokal optimaler Rangtest für $H_0 : \theta = \theta_0$ gegen $H_1 : \theta > \theta_0$, falls

$$\bigwedge_{T \in \mathcal{M}_\alpha} \bigvee_{\varepsilon > 0} \bigwedge_{0 < \theta < \varepsilon} \beta_{T_{opt}}(\theta) \geq \beta_T(\theta) \,.$$

Es läßt sich zeigen, daß unter gewissen Bedingungen die zum lokal optimalen Rangtest gehörenden Gewichte $g_{opt}(i, f)$ bei vorgegebener Verteilungsfunktion F mit Dichte f gegeben sind durch (siehe Randles u. Wolfe (1979)):

$$g_{opt}(i, f) = E\left[\frac{-f'\left(F^{-1}\left(1/2 + U_{(i)}/2\right)\right)}{f\left(F^{-1}\left(1/2 + U_{(i)}/2\right)\right)}\right] \,,$$

wobei $U_{(1)} < \cdots < U_{(n)}$ die geordnete Statistik von n über (0,1) gleichverteilten Zufallsvariablen ist. Beim Beweis dieser Formel für $g_{opt}(i, f)$ wird zunächst die Wahrscheinlichkeit $P_\theta(R_1^+ = r_1^+, \ldots, R_n^+ = r_n^+)$ einer beliebigen Rangkonfiguration $(r_1^+, \ldots, r_n^+)$ für $\theta > 0$ hergeleitet und P_θ dann durch eine Taylorreihe 1. Ordnung in $\theta = 0$ approximiert. Diese Vorgehensweise basiert auf folgender Überlegung: Unter $H_0 : \theta = 0$ sind alle Rangkonfigurationen gleich wahrscheinlich mit $P_\theta(R_1^+ = r_1^+, \ldots, R_n^+ = r_n^+) = 1/n!$. Ein kritischer Bereich für einen Rangtest zum Niveau $\alpha = k/n!$ besteht demnach aus k unter H_0 gleich wahrscheinlichen Rangkonfigurationen. Um nun einen Rangtest zum Niveau α mit maximaler Güte zu erhalten, muß von den $n!$ Rangkonfigurationen zunächst die Rangkonfiguration in den kritischen Bereich aufgenommen werden, deren Wahrscheinlichkeit für ein bestimmtes $\theta > 0$ am größten ist, dann die Rangkonfiguration mit der zweitgrößten Wahrscheinlichkeit und so weiter bis der kritische Bereich aus k Rangkonfigurationen besteht. Die Approximation von P_θ durch eine Taylorreihe in einer hinreichend kleinen Umgebung von $\theta = 0$ sichert nur die Existenz eines lokal optimalen Rangtest für „hinreichend kleines θ", sagt also nichts über den Wert von θ, $\theta > 0$, aus, „bis zu dem" der Test bei vorgegebener Verteilungsfunktion F maximale Güte hat.

Hájek u. Šidák (1967) zeigten, daß die lineare Rangstatistik mit Gewichten $g_{\text{opt}}(i, f)$ asymptotisch äquivalent ist zu der linearen Rangstatistik mit den Gewichten

$$\tilde{g}_{\text{opt}}(i, f) = \frac{-f'\left(F^{-1}\left(1/2 + i/2(n+1)\right)\right)}{f\left(F^{-1}\left(1/2 + i/2(n+1)\right)\right)}.$$

Asymptotisch äquivalent ist hier in dem Sinne gemeint, daß die asymptotisch relative Effizienz des einen linearen Rangtests zum anderen gleich 1 ist. Die Gewichte $\tilde{g}_{\text{opt}}(i, f)$ sind meist leichter zu berechnen als $g_{\text{opt}}(i, f)$; $\tilde{g}_{\text{opt}}(i, f)$ beschreibt das relative Steigungsverhalten der Dichte f an den Stellen der Quantile

$$x_p = F^{-1}\left(1/2 + i/2(n+1)\right),$$

wobei o.B.d.A. $p > 0.5$ ist wegen der Symmetrie von F. Die Gewichte $\tilde{g}_{\text{opt}}(i, f)$ sind also durch das Tail-Verhalten von F bestimmt. Zur Interpretation von f'/f siehe auch Hall u. Joiner (1983).

Beispiel 8:

(a) Normalverteilung.

$\Phi(x)$ mit Dichte $f(x) = \dfrac{1}{\sqrt{2\pi}} e^{-\frac{1}{2}x^2}$. Es gilt:

$$\frac{-f'(x)}{f(x)} = x$$

und damit

$$\tilde{g}_{\text{opt}}(i, f) = \Phi^{-1}\left(1/2 + i/2(n+1)\right).$$

Das ist der v.d. Waerden-Test.

(b) Logistische Verteilung.

$$F(x) = 1/(1+e^{-x}) \text{ mit Dichte } f(x) = e^{-x}/(1+e^{-x})^2.$$

Es gilt:

$$\frac{-f'(x)}{f(x)} = 2F(x) - 1$$

und damit

$$\begin{aligned}\tilde{g}_{\text{opt}}(i,f) &= 2F\left(F^{-1}(1/2 + i/2(n+1))\right) - 1 \\ &= 2\left(1/2 + i/2(n+1)\right) - 1 \\ &= \frac{i}{n+1}.\end{aligned}$$

Das ist — abgesehen von der Konstanten $1/(n+1)$ — der Wilcoxon-Test.

(c) Doppelexponentialverteilung.

$$F(x) = \begin{cases} e^x/2 & \text{für } x \leq 0 \\ 1 - e^{-x}/2 & \text{für } x > 0 \end{cases} \text{ mit Dichte } f(x) = e^{-|x|}/2.$$

Es gilt:

$$\frac{-f'(x)}{f(x)} = \begin{cases} 1 & \text{für } x < 0 \\ -1 & \text{für } x > 0 \end{cases}.$$

Wegen $F^{-1}(1/2 + i/2(n+1)) > 0$ ist $\tilde{g}_{\text{opt}}(i,f) = 1$. Das ist der Vorzeichen-Test.

Wir sehen also, daß in Übereinstimmung mit den A.R.E.-Ergebnissen aus 4.4.3 der Wilcoxon-Test bei mittleren bis starken Tails dem Vorzeichen-Test überlegen ist, wohingegen der Vorzeichen-Test bei sehr starken Tails besser abschneidet.

4.5 Test auf Zufälligkeit

In Abschnitt 4.3 haben wir den Binomialtest für eine Wahrscheinlichkeit p bei Vorlage von Alternativdaten diskutiert. Die Binomialverteilung als Verteilung der Teststatistik T, die die Anzahl der zur Klasse 1 gehörenden Beobachtungen angibt, basiert auf der Unabhängigkeit der Beobachtungen und der Annahme, daß alle möglichen Reihenfolgen, mit denen die Alternativdaten auftreten, die gleiche Wahrscheinlichkeit haben; mit anderen Worten: Eine bestimmte auftretende Reihenfolge ist *zufällig*. Auf einer solchen Prämisse basieren auch die meisten statistischen Verfahren. Wenn die Annahme der Zufälligkeit als nicht gesichert erscheint, sollte sie vorweg mit einem Test überprüft werden. Neben dieser Funktion der „Voruntersuchung" kann ein Test auf Zufälligkeit aber auch der eigentliche Gegenstand der Untersuchung sein. Dabei mag es sich um ein qualitatives Merkmal mit k Ausprägungen handeln oder um quantitative Daten, bei denen z.B. ein Trend zu vermuten ist (siehe die Diskussion zu diesem Test). Wir werden hier nur den Fall $k = 2$ für ein qualitatives Merkmal ausführlich behandeln. Der bekannteste Test auf Zufälligkeit ist der sogenannte *Iterationstest* (runs test). Unter einer *Iteration* (einem Run) verstehen wir die Folge von einem oder mehreren identischen Symbolen, denen entweder ein anderes oder kein Symbol unmittelbar vorangeht oder folgt. Bei zufälliger Reihenfolge ist anzunehmen, daß sich die (beiden) Ausprägungen des Merkmals weder ganz regelmäßig abwechseln (viele Iterationen); noch, daß zuerst mehr die eine und dann mehr die andere Ausprägung auftritt (wenige Iterationen).

Beispiel 9: Insgesamt $n = 20$ Schüler einer Grundschulklasse ($n_1 = 8$ Jungen und $n_2 = 12$ Mädchen) stehen in einer Schlange vor einem Würstchenstand und zwar in der Reihenfolge bezüglich des Geschlechts ($J \,\widehat{=}\, $ Jungen, $M \,\widehat{=}\, $ Mädchen):

$$J \; J \; M \; M \; M \; M \; J \; J \; J \; M \; M \; M \; M \; M \; J \; J \; M \; M \; M \; J.$$

Hier liegen also Iterationen vor. Ein Soziologe wünscht zu testen ($\alpha = 0.1$), ob die Gruppierung der Kinder zufällig bezüglich des Geschlechts ist (H_0), gegen die (einseitige) Alternative, daß die Gruppierung geschlechtshomogen ist. Unter dieser Alternative sind also wenige Iterationen zu erwarten (im Extremfall nur 2).

Wir wollen den Iterationstest zunächst allgemein beschreiben.

Daten. Für die n Beobachtungen $x_1, \ldots, x_n$ ist jedes Meßniveau zugelassen.

Annahmen. Es gibt entweder nur zwei Merkmalsausprägungen A und B oder die (quantitativen) Daten können eindeutig auf zwei sich gegenseitig ausschließende Klassen A und B reduziert werden (z.B. Dichotomie durch den Median). Es wird also nur zwischen Beobachtungen vom Typ A und Typ B unterschieden.

Testproblem. H_0: Die Reihenfolge der Beobachtungen ist zufällig.

Die Alternativhypothese für einen einseitigen oder zweiseitigen Test, die in irgendeiner Weise einen systematischen Einfluß (bedingt z.B. durch eine bestimmte Form der Abhängigkeit der Stichprobenvariablen) auf die Reihenfolge der Beobachtungen beinhalten, sind nicht so spezifiziert, wie das sonst bei Testproblemen der Fall ist. Lautet die Alternative schlechthin „Nichtzufälligkeit", so ist ein zweiseitiger Test zu wählen; bei Annahme eines Trends dagegen ein einseitiger Test (siehe Beispiel 9).

Teststatistik. Als Teststatistik betrachten wir die Anzahl R der Iterationen in der Reihenfolge der n Beobachtungen. Um die Verteilung von R unter H_0 herzuleiten, bezeichnen

4. Einstichproben-Problem

n_1 die Anzahl der Beobachtungen vom Typ A und n_2 die vom Typ B ($n = n_1 + n_2$).

Satz 4: Unter H_0 gilt

(1) $P(R = 2r) = \dfrac{2\binom{n_1 - 1}{r - 1}\binom{n_2 - 1}{r - 1}}{\binom{n}{n_1}}$

(2) $P(R = 2r + 1) = \dfrac{\binom{n_1 - 1}{r}\binom{n_2 - 1}{r - 1} + \binom{n_1 - 1}{r - 1}\binom{n_2 - 1}{r}}{\binom{n}{n_1}}$.

Beweis. $n = n_1 + n_2$ Elemente können auf $n!$ Arten angeordnet werden. Da jede Permutation der n_1 Elemente vom selben Typ A und jede Permutation der n_2 Elemente vom selben Typ B die Anordnung unverändert lassen, gibt es also insgesamt $\frac{n!}{n_1! n_2!} = \binom{n}{n_1} = \binom{n}{n_2}$ verschiedene Anordnungen, die unter H_0 die gleiche Wahrscheinlichkeit haben (Nenner in (1) und (2)). Wir müssen nun zeigen, daß der Zähler in (1) bzw. (2) die Anzahl der verschiedenen Anordnungen bei $2r$ bzw. $2r + 1$ Iterationen angibt.

(1) Sei $R = 2r$. Dann gibt es r Iterationen mit Elementen vom Typ A und r Iterationen mit Elementen vom Typ B. Jede Iteration möge eine sogenannte Zelle repräsentieren. Dann können die n_1 Elemente ($n_1 \geq r$) vom Typ A auf $\binom{n_1-1}{r-1}$ verschiedene Arten den r Zellen zugeordnet werden, wobei keine Zelle leer sein soll (Beweis als Übung für den Leser). Analog können die n_2 Elemente vom Typ B auf $\binom{n_2-1}{r-1}$ verschiedene Arten den anderen r Zellen zugeteilt werden. Die Gesamtzahl der verschiedenen Anordnungen für $R = 2r$, beginnend z.B. mit einer Iteration von Elementen des Typs A, ist somit $\binom{n_1-1}{r-1}\binom{n_2-1}{r-1}$. Das gleiche gilt für die Anordnung, die mit einer Iteration von Elementen des Typs B beginnen; die Gesamtzahl aller Anordnungen bei $R = 2r$ Iterationen ist also der Zähler von (1).

(2) Sei $R = 2r + 1$. Dann gibt es $(r + 1)$ Iterationen von Elementen des Typs A und r Iterationen von Elementen des Typs B oder umgekehrt. Die Herleitung des Zählers in (2) erfolgt dann nach derselben Überlegung wie in (1). □

Testprozeduren. Ist keine Richtung der Abweichung der Zufälligkeit ausgezeichnet (zweiseitiger Test), so wird H_0 abgelehnt, wenn $R < r_{\alpha/2}$ oder $R > r_{1-\alpha/2}$. Die vorher festgelegte Richtung der Abweichung von der Zufälligkeit (einseitiger Test) kann hinweisen auf:

a) zu wenige Iterationen, d.h., H_0 wird abgelehnt, wenn $R < r_\alpha$ ist,

b) zu viele Iterationen, d.h., H_0 wird abgelehnt, wenn $R > r_{1-\alpha}$ ist.

Kritische Werte r_α bzw. $r_{1-\alpha}$ der Verteilung von R unter H_0 sind für $n_1, n_2 \leq 20$ in **Tabelle I** angegeben.

In der Regel wird α nicht voll ausgenutzt, da R eine diskrete Zufallsvariable ist (siehe dazu die ausführlichen Bemerkungen in den Abschnitten 4.3 und 4.4.2).

In unserem zu Beginn dieses Abschnitts angeführten Beispiel 9 für den Fall a) liegen $R = 7$ Iterationen vor. Für $n_1 = 8, n_2 = 12, \alpha = 0.1$ ist $r_\alpha = 8$, d.h., H_0 wird abgelehnt.

Auftreten von Bindungen. Da hier nur zwischen Beobachtungen des Typs A und des Typs B unterschieden wird, stellt sich die Frage nach der Behandlung von Bindungen nicht.

Große Stichproben. Die Verteilung von R kann für $n_1, n_2 > 20$ durch die Normalverteilung approximiert werden. Es gilt unter H_0 (Gibbons u. Chakraborti (1992)):

$$E(R) = \frac{2n_1 n_2}{n} + 1 \quad \text{und} \quad \text{Var}(R) = \frac{2n_1 n_2 (2n_1 n_2 - n)}{n^2(n-1)}$$

mit $n = n_1 + n_2$. Sei $n_1 = \alpha n$ und damit $n_2 = n(1-\alpha)$, $\alpha \neq 0; 1$. Dann gilt:

$$\lim_{n \to \infty} E\left(\frac{R}{n}\right) = 2\alpha(1-\alpha) \quad \text{und} \quad \lim_{n \to \infty} \text{Var}\left(\frac{R}{\sqrt{n}}\right) = 4\alpha^2(1-\alpha)^2.$$

Wald u. Wolfowitz (1940) haben gezeigt, daß unter H_0:

$$Z = \frac{R - 2\alpha n(1-\alpha)}{2\sqrt{n}\alpha(1-\alpha)}$$

asymptotisch standardnormalverteilt ist. Das bedeutet für den zweiseitigen Test:

H_0 ablehnen, wenn $|Z| \geq z_{1-\alpha/2}$ ist;

und für den einseitigen Test:

a) H_0 ablehnen, wenn $Z \leq z_\alpha$ bzw.

b) H_0 ablehnen, wenn $Z \geq z_{1-\alpha}$ ist.

Eigenschaften.

(1) Bemerkungen zur Konsistenz des Iterationstests finden sich bei Wald u. Wolfowitz (1940).

(2) Da die Alternativen zur Zufälligkeit nicht spezifiziert sind, kann über die Güte des Iterationstests im allgemeinen nichts ausgesagt werden. Bateman (1948) hat die Gütefunktion bezüglich der Alternative einer Markowkette bestimmt.

Diskussion. Wie erwähnt, kann der Iterationstest auf Zufälligkeit auch bei Vorlage quantitativer Daten angewendet werden. Die Zuordnung dieser Daten zum Typ A oder B erfolgt durch Dichotomie der Daten bezüglich eines bestimmten Wertes (z.B. des Medians oder Mittelwertes).

Tests auf Zufälligkeit spielen eine wichtige Rolle in der Zeitreihenanalyse (siehe z.B. Kendall (1973) und Abschnitt 11.7) und in der Qualitätskontrolle, und zwar im Zusammenhang mit Trendalternativen. Zu diesen Tests gehören weiterhin:

a)   der Test von Mosteller (1941): Er basiert auf der Länge der längsten Iteration oberhalb (oder unterhalb) des Medians: Eine ungewöhnlich lange Iteration (vom Typ A oder B) zeigt möglicherweise einen Trend an.

b)   der Test von Moore u. Wallis (1943): Er basiert auf der Theorie der "runs up and down": In der Zeitreihe wird jede Beobachtung mit der unmittelbar folgenden Beobachtung verglichen. Ist die nächste Beobachtung größer, beginnt ein „run up", ist sie kleiner, ein „run down". Zu wenige „runs up and down" deuten auf einen Trend hin.

Weitere Ausführungen und Beispiele zu Tests auf Zufälligkeit sind bei Gibbons u. Chakraborti (1992) zu finden.

Abschließend sei noch erwähnt, daß Barton u. David (1957) den in diesem Abschnitt diskutierten Iterationstest auf Zufälligkeit für k Ausprägungen eines Merkmals verallgemeinert haben ($k > 2$).

4.6 Konfidenzintervalle

In den vorangegangenen Abschnitten sind einige wichtige Tests im Einstichproben-Fall vorgestellt und diskutiert worden. Im folgenden werden nun analog zu den behandelten Testproblemen (zweiseitige) Konfidenzintervalle bzw. Konfidenzbereiche angegeben und zwar für

a)   die Verteilungsfunktion F der Grundgesamtheit,

b)   die Wahrscheinlichkeit p bei Vorlage einer Einteilung in zwei Klassen,

c)   den Median der Verteilung F der Grundgesamtheit.

Zu a) Zur Herleitung eines Konfidenzbereiches für F vom Niveau $1 - \alpha$ wird die K-S-Statistik $K_n = \sup_{x \in \mathbb{R}} |F_0(x) - F_n(x)|$ verwendet.

Sei $k_{1-\alpha}$ das $(1 - \alpha)$-Quantil der Verteilung von K_n, d.h.,

$$P\left(K_n = \sup_{x \in \mathbb{R}} |F_0(x) - F_n(x)| \leq k_{1-\alpha}\right) = 1 - \alpha.$$

Ferner sei

$$U_n(x) = \max\{0, F_n(x) - k_{1-\alpha}\} \quad \text{und} \quad O_n(x) = \min\{1, F_n(x) + k_{1-\alpha}\}.$$

Die beiden Festsetzungen werden getroffen, weil $F_n(x) - k_{1-\alpha} < 0$ bzw. $F_n(x) + k_{1-\alpha} > 1$ sein kann, eine Verteilungsfunktion aber nur Werte zwischen 0 und 1 annimmt.

Dann gilt für alle reellen Zahlen x:

$$P(U_n(x) \leq F(x) \leq O_n(x)) = 1 - \alpha.$$

Graphisch bedeutet das: Die Wahrscheinlichkeit, daß die Verteilungsfunktion F ganz von dem durch $U_n(x)$ und $O_n(x)$ begrenzten Band überdeckt wird, beträgt $1 - \alpha$. Sei z.B. $n = 20$ und $\alpha = 0.1$, dann wird F mit einer Wahrscheinlichkeit von 0.9 ganz von dem durch $F_n(x) - 0.265$ und $F_n(x) + 0.265$ begrenzten Band überdeckt. Der Leser bestimme zur Übung diese beiden Grenzen für die empirische Verteilungsfunktion $F_n(x)$ des Beispiels 1.

Zu b) Es sei p die Wahrscheinlichkeit dafür, daß eine Beobachtung der Klasse 1 angehört und T die Anzahl unter den n Beobachtungen, die zur Klasse 1 gehören. Um ein Konfidenzintervall $[p_u, p_o]$ für p zum Niveau $1 - \alpha$ zu bestimmen, werden die untere und obere Grenze p_u bzw. p_o in Abhängigkeit von α, n und T aus den folgenden beiden Gleichungen berechnet:

$$\sum_{i=T}^{n} \binom{n}{i} p_u^i (1-p_u)^{n-i} = \alpha_1 \quad \text{(für } T > 0\text{)}$$

$$\sum_{i=0}^{T} \binom{n}{i} p_o^i (1-p_o)^{n-i} = \alpha_2 \quad \text{(für } T < n\text{)}$$

mit $\alpha_1 + \alpha_2 = \alpha$.

Da die beiden auftretenden Summen monoton fallende bzw. monoton wachsende Funktionen von p_u bzw. p_o sind, existiert *genau eine* Lösung für jede der beiden Gleichungen. Bis auf zwei Ausnahmen lassen sich Lösungen dieser Gleichungen nur mit Hilfe numerischer Verfahren bestimmen. Für $T = n$ ist $p_u = \alpha_1^{1/n}$ und für $T = 0$ ist $p_o = 1 - \alpha_2^{1/n}$. Es gibt natürlich keine so umfangreichen Tabellen der Binomialverteilung, aus denen für beliebiges α (selbst bei kleinem n) die exakten p_u bzw. p_o zu entnehmen sind. In der Regel kann aus der Tabelle ein Wert $p_u^{(1)}$ abgelesen werden, für den die 1. Summe kleiner als α_1 und ein Wert $p_u^{(2)}$ für den diese Summe größer als α_1 ist (analog $p_o^{(1)}$ und $p_o^{(2)}$ für die 2. Summe). Dann werden p_u und p_o so angegeben, daß das Konfidenzintervall *mindestens* vom Niveau $1 - \alpha$ ist. Dabei kann α u.U. weit unterschritten werden und damit sich die Länge des Intervalls wesentlich vergrößern.

In der Praxis wird häufig zwischen den beiden abgelesenen Werten $p_u^{(1)}$ und $p_u^{(2)}$ bzw. $p_o^{(1)}$ und $p_o^{(2)}$ (linear) interpoliert.

Für $\alpha = 0.01$ und 0.05 mit $\alpha_1 = \alpha_2 = \alpha/2$ hat Hald (1962) die p_u- und p_o-Werte in Abhängigkeit von n und T tabelliert. Graphische Darstellungen zur Bestimmung von p_u und p_o für obige α-Werte finden sich bei Clopper u. Pearson (1934) und Pearson u. Hartley (1970).

Eine andere Möglichkeit der Berechnung von p_u und p_o über die F-Verteilung ist bei Uhlmann (1966) ausführlich dargestellt ($\alpha_1 = \alpha_2 = \alpha/2$).

Für $n \geq 20$ und $10 \leq np \leq n - 10$ kann die Binomialverteilung durch die Normalverteilung approximiert werden. Dann ergibt sich mit $\hat{p} = T/n$:

$$p_u = \hat{p} - z_{1-\alpha/2}\sqrt{\frac{\hat{p}(1-\hat{p})}{n}} \qquad p_o = \hat{p} + z_{1-\alpha/2}\sqrt{\frac{\hat{p}(1-\hat{p})}{n}},$$

wobei $z_{1-\alpha/2}$ das Quantil der standardisierten Normalverteilung ist. Während hier $\hat{p}$ der Mittelpunkt des (approximativen) Konfidenzintervalls ist, trifft das natürlich für das exakte Intervall — hergeleitet über die Binomialverteilung — im allgemeinen nicht zu.

Es gibt noch andere Verfahren zur Bestimmung von Konfidenzintervallen für p, die auf gewissen Optimalitätseigenschaften basieren, z.B. auf der Minimierung der Intervallänge. Dann gilt im allgemeinen nicht $\alpha_1 = \alpha_2 = \alpha/2$. Wir verweisen auf Blyth u. Hutchinson (1960), Clopper u. Pearson (1934), Crow (1956) und Pachares (1960).

Zu c) Kann nicht davon ausgegangen werden, daß die Verteilung F symmetrisch ist, so wird ein Konfidenzintervall für den Median M nach dem in Abschnitt 3.5 dargestellten Verfahren zur allgemeinen Herleitung von Konfidenzintervallen für Quantile bestimmt. In diesem Spezialfall ($p = 0.5$ und $\alpha_1 = \alpha_2 = \alpha/2$) werden die Grenzen des Intervalls über die entsprechenden Quantile der Binomialverteilung berechnet.

Ist F symmetrisch, dann bietet sich die Methode von Wilcoxon an (Gibbons u. Chakraborti (1992)), die hier nur kurz skizziert sei: Um ein Konfidenzintervall für M vom Niveau $1-\alpha$ zu konstruieren, wird zunächst der Wert $w_{\alpha/2}^+$ der Verteilung von W_n^+ nach Tabelle H bestimmt. Dann werden die $n(n+1)/2$ arithmetischen Mittel $(x_i + x_j)/2$, $1 \leq i \leq j \leq n$, berechnet und der Größe nach geordnet. Die beiden Werte M_u bzw. M_o, die an $(w_{\alpha/2}^+ + 1)$-ter Stelle stehen — gezählt jeweils vom *unteren* Ende (für M_u) bzw. vom *oberen* Ende (für M_o) in dieser aufsteigenden Reihe — bilden ein Konfidenzintervall $[M_u, M_o]
$ zum Niveau $1-\alpha$ für den Median M. Es ist natürlich nicht notwendig, alle arithmetischen Mittel zu berechnen, sondern nur diejenigen, die „nahe" bei dem kleinsten und größten arithmetischen Mittel liegen.

Beispiel 10: Folgende $n = 6$ Beobachtungen liegen vor: 1 2 4 5 8 10. Dann gibt es 21 arithmetische Mittel von Paaren;

die kleinsten sind: 1.0   1.5   2.0   2.5   3.0   3.0
die größten: 10.0   9.0   8.0   7.5   6.5   5.0.

Für $\alpha = 0.1$ ist $w_{\alpha/2}^+ = 2$, d.h., $[2,8]$ ist ein Konfidenzintervall zum Niveau 0.98 für M. Die Berechnung der Grenzen des Konfidenzintervalls nach dieser Methode kann recht mühsam sein. Tukey hat dazu ein vereinfachendes graphisches Verfahren angegeben, das bei Gibbons u. Chakraborti (1992) beschrieben ist. Dort findet sich auch eine andere Methode zur Konstruktion eines Konfidenzintervalls für M, ebenfalls basierend auf Wilcoxons Teststatistik W^+, eine Methode nach dem sogenannten trial-and-error-Prinzip, die jedoch nicht zu einem *eindeutig* festgelegten Konfidenzintervall für M führt.

4.7 Zusammenfassung

In diesem Kapitel sind einige Modelle für den Einstichproben-Fall mit Hilfe nichtparametrischer Methoden untersucht worden, wobei wir hier den Testverfahren einen ungleich größeren Stellenwert zukommen ließen als den Schätzverfahren.

Bei Vorlage einer Stichprobe stellen sich — wie wir gesehen haben — u.a. folgende Fragen:

a) Ist der Beobachtungsbefund mit der Annahme einer vollständig spezifizierten Verteilungsfunktion verträglich (Anpassungstests: K–S–Test, χ^2–Test u.a.)? Der Bedeutung dieser Frage in vielen praktischen Fällen ist in diesem Kapitel besonders Rechnung getragen worden.

b) Gibt es einen signifikanten Unterschied zwischen den beobachteten und den erwarteten Häufigkeiten einer Merkmalsausprägung (Test auf p: Binomialtest)?

c) Besteht zwischen der Stichprobe und der Grundgesamtheit hinsichtlich der Lage (zentralen Tendenz) ein signifikanter Unterschied (Vorzeichen–Test, Vorzeichen–Rangtest von Wilcoxon)?

d) Ist die Annahme der Zufälligkeit mit dem Beobachtungsbefund verträglich (Test auf Zufälligkeit: Iterationstest)?

Die einzelnen Modelle dieses Kapitels setzen generell nur die Unabhängigkeit der Stichprobenvariablen, in den meisten Fällen noch zusätzlich die Stetigkeit der zugrundeliegenden Verteilungsfunktion F voraus. Das geforderte Meßniveau reicht von der Nominalskala bis zur Kardinalskala.

4.8 Probleme und Aufgaben

Aufgabe 1: Im Rahmen einer medizinischen Untersuchung wird das Gewicht von fünfzehnjährigen Jungen bestimmt. Es ergaben sich die folgenden $n = 20$ Werte (in kg):

```
49.1  55.0  44.9  53.8  60.4  51.6  53.2
41.2  58.3  50.4  56.1  56.5  47.8  43.6
60.5  47.3  59.7  55.2  57.1  54.5
```

a) Testen Sie die Hypothese, daß das Gewicht der fünfzehnjährigen Jungen normalverteilt ist mit $\mu = 50$ und $\sigma = 5$, und zwar mit Hilfe des K–S–Tests und des χ^2–Tests, indem Sie eine geeignete Klasseneinteilung wählen ($\alpha = 0.05$).

b) Angenommen, es läge die Hypothese der Normalverteilung ohne Spezifikation der Parameter μ und σ vor. Wie sind dann der K–S–Test und der χ^2–Test anzuwenden?

112   4. Einstichproben–Problem

c) Bestimmen Sie einen Konfidenzbereich für die (unbekannte) Verteilungsfunktion F des Gewichts fünfzehnjähriger Jungen und stellen Sie diesen graphisch dar ($\alpha = 0.1$).

Aufgabe 2: Die Dauer X von Telephongesprächen (in Min.) in einem Privathaushalt werde gut durch eine Exponentialverteilung mit Parameter λ beschrieben. Folgende Stichprobe vom Umfang $n = 16$ liegt vor:

$$\begin{array}{cccccccc} 1.5 & 0.7 & 3.6 & 0.8 & 1.6 & 2.1 & 0.6 & 5.1 \\ 1.4 & 3.1 & 0.9 & 2.7 & 2.8 & 1.6 & 0.2 & 3.3 \end{array}.$$

Testen Sie mit Hilfe des K–S–Tests die Hypothese, daß die Daten exponentialverteilt sind ($\alpha = 0.05$).

Aufgabe 3: Es sei $H_0 : p_i = 1/k$, $i = 1, \ldots, k$. Zeigen Sie:

a) $0 \leq X^2 \leq n(k-1)$

b) Die Differenz zweier beliebiger Werte von X^2 ist ein ganzzahliges Vielfaches von $2k/n$.

Aufgabe 4: Zeigen Sie, daß für $k = 2$ gilt:

$$X^2 = \sum_{i=1}^{2} \frac{(n_i - np_i)^2}{np_i} = \frac{(n_1 - np_1)^2}{np_1(1-p_1)}, \qquad (n_1 + n_2 = n).$$

Aufgabe 5: Beweisen Sie mit Hilfe von Satz 2 (2): Die Verteilung von $D = 4nK_n^{+2}$ konvergiert gegen die χ^2-Verteilung mit 2 Freiheitsgraden.

Aufgabe 6: Stellen Sie in einer Tabelle die exakten und die approximativen Quantile $k_{1-\alpha}$ der Verteilung von K_n für $\alpha = 0.05$; $\alpha = 0.1$ und $n=2,3,4,5,10(5)40$ zusammen, und vergleichen Sie die exakten mit den approximativen Werten.

Aufgabe 7: Mendel erhielt bei einem seiner Kreuzungsversuche an Erbsenpflanzen folgende Werte:

  315   runde gelbe Erbsen,
  108   runde grüne Erbsen,
  101   kantige gelbe Erbsen,
   32   kantige grüne Erbsen.

Spricht dies für oder gegen die Theorie, daß das Verhältnis der vier Zahlen 9:3:3:1 sein müßte ($\alpha = 0.05$)?

Aufgabe 8: Fünf Münzen mit gleichem, aber unbekanntem p (p ist die Wahrscheinlichkeit für „Kopf") werden zusammen hundertmal geworfen. Es ergeben sich folgende Häufigkeiten:

Anzahl der „Köpfe"	0	1	2	3	4	5
Häufigkeiten	3	16	36	32	11	2

Testen Sie die Hypothese, daß die Anzahl der Köpfe pro Wurf binomialverteilt ist ($\alpha = 0.05$).

Aufgabe 9: Zeigen Sie, daß für die Cramér–Mises–Smirnow–Statistik gilt:

$$W_2^2 = n \int_{-\infty}^{+\infty} (F_n(x) - F_0(x))^2 \, dF_0(x) = \frac{1}{12n} + \sum_{i=1}^{n} \left(F_0(x_{(i)}) - \frac{2i-1}{2n} \right)^2$$

mit $x_{(0)} = -\infty$ und $x_{(n+1)} = \infty$.

Aufgabe 10: Bei den letzten Wahlen hatte die Partei A 45% der abgegebenen Stimmen erhalten. Eine jüngste Meinungsumfrage von $n = 400$ Wahlberechtigten ergab 160 Stimmen für die Partei A.

a) Zu testen ist die Hypothese, daß der Anteil der Partei A–Wähler nicht abgenommen hat ($\alpha = 0.05$). Wie groß ist der p–Wert?

b) Bestimmen Sie ein Konfidenzintervall für den Anteil der Partei A–Wähler nach der jüngsten Meinungsumfrage ($\alpha = 0.05$).

Aufgabe 11: Bei $n = 10$ Studenten wurde der Kontostand X an einem bestimmten Tag registriert. Es ergaben sich folgende Werte (in DM):

$$30 \quad -42 \quad -11 \quad 28 \quad 2 \quad 60 \quad -8 \quad 15 \quad -24 \quad 4 \; .$$

Es sei $X \sim F(x - \theta)$, F stetig und symmetrisch. Testen sie die Hypothese $H_0 : \theta = 0$ mit Hilfe des Vorzeichen– und Wilcoxon–Tests ($\alpha = 0.05$).

Aufgabe 12:

a) Bestimmen Sie die exakte Verteilung der Wilcoxon–Statistik W_n^+ unter H_0 für $n = 4$.

a) Welcher kritische Wert von W_n^+ ergibt sich für $\alpha = 3/16$ im Fall $H_0 : \theta = 0$ gegen $H_1 : \theta < 0$?

Aufgabe 13: Vergleichen Sie die exakten und approximativen kritischen Werte $v_{1-\alpha}^+$ bzw. $w_{1-\alpha}^+$ für $\alpha = 0.05$, $n = 10, 20$

a) beim V_n^+–Test und

b) beim W_n^+–Test.

4. Einstichproben-Problem

Aufgabe 14: Zeigen Sie, daß unter H_0 gilt:

a) $E(W_n^+) = n(n+1)/4$

b) $\text{Var}(W_n^+) = n(n+1)(2n+1)/24$.

Aufgabe 15: An einer Diskussionsrunde nehmen $n = 22$ Personen teil, von denen $n_1 = 11$ Personen den Standpunkt S und $n_2 = 11$ Personen den konträren Standpunkt $\bar{S}$ vertreten. In einem kontrollierten Wettstreit der Argumente soll festgestellt werden, ob die Reihenfolge der mit dem Standpunkt S bzw. $\bar{S}$ zu Wort kommenden Personen zufällig ist, wobei jeder Teilnehmer nur einmal zu Wort kommt. Ist die Hypothese der Zufälligkeit mit dem Beobachtungsbefund:

$$\bar{S}\, S\, S\, \bar{S}\, S\, \bar{S}\, \bar{S}\, S\, \bar{S}\, S\, S\, \bar{S}\, S\, S\, \bar{S}\, S\, \bar{S}\, \bar{S}\, S\, \bar{S}\, \bar{S}\, S$$

verträglich ($\alpha = 0.05$)?

Aufgabe 16: Leiten Sie die Gewichte $\tilde{g}_{\text{opt}}(i, f)$ des lokal optimalen Rangtests bei Annahme einer Cauchy-Verteilung her.

Kapitel 5

Zweistichproben–Problem für unabhängige Stichproben

5.1 Problemstellung

In der Literatur über nichtparametrische Verfahren nimmt das sogenannte Zweistichproben–Problem einen breiten Raum ein. In diesem Kapitel soll es für den Fall unabhängiger Stichproben und im folgenden für den Fall verbundener Stichproben untersucht werden. Zur Frage, wann in experimentellen Situationen unabhängige und wann verbundene Stichproben gewählt werden sollten, werden zu Beginn des 6. Kapitels nähere Ausführungen gemacht.

Das Zweistichproben–Problem kann wie folgt beschrieben werden: Es seien $X_1, \ldots, X_m$ und $Y_1, \ldots, Y_n$ unabhängige Stichprobenvariablen aus einer Grundgesamtheit A_1 bzw. A_2 mit unbekannten (stetigen) Verteilungsfunktionen F bzw. G, d.h., $P(X_i \leq z) = F(z)$ und $P(Y_j \leq z) = G(z)$ für $i = 1, \ldots, m;\ j = 1, \ldots, n$. Zu testen sind z.B. die Hypothesen:

$$H_0 : F(z) = G(z) \quad \text{oder} \quad H_0^{(1)} : F(z) \geq G(z) \quad \text{oder} \quad H_0^{(2)} : F(z) \leq G(z)$$

für alle $z \in \mathbb{R}$.

Wird unterstellt, daß F und G Normalverteilungen sind, die sich nur durch die Erwartungswerte und Varianzen unterscheiden mögen, dann sind der t–Test auf Gleichheit der Erwartungswerte (bei vorausgesetzten gleichen Varianzen) und der F–Test auf Gleichheit der beiden Varianzen die besten parametrischen Testverfahren. In der Praxis ist allerdings in vielen Fällen die Annahme einer Normalverteilung sehr fragwürdig; andererseits stellt sich häufig auch nur die Frage nach der Gleichheit der beiden Verteilungen F und G, ganz gleich, welche spezielle Form sie auch immer haben mögen. Müssen oder wollen wir also auf die (für die Anwendung des t–Tests bzw. des F–Tests wesentliche) Annahme der Normalverteilung verzichten, so haben wir nach geeigneten nichtparametrischen „Gegenstücken" zu suchen, von denen eine Reihe in diesem Kapitel vorgestellt werden soll. Es wird sich zeigen, daß einige von ihnen selbst bei Annahme der Normalverteilung eine hohe Effizienz im Vergleich zu ihren parametrischen Konkurrenten aufweisen.

116   5. Zweistichproben–Problem für unabhängige Stichproben

Betrachten wir zunächst ein Beispiel, auf das wir im folgenden mehrmals zurückgreifen werden.

Beispiel 1: Im Rahmen einer medizinischen Untersuchung über Schulanfänger sollen in einer Großstadt die Körpergröße sechsjähriger Mädchen und sechsjähriger Jungen miteinander verglichen werden. Eine Stichprobe vom Umfang $m = 8$ unter den Mädchen und eine von $n = 10$ unter den Jungen ergab folgende Werte (Angaben in cm, x_i-Werte für die Mädchen, y_j-Werte für die Jungen):

x_i: 126   124   117   132   126   120   128   122
y_j: 116   119   110   125   113   119   118   114   123   116.

Liegt bezüglich der Körpergröße bei den Mädchen und Jungen dieselbe Verteilung vor?

Nichtparametrische Tests für solche und ähnliche Fragestellungen lassen sich nach der Form der Alternativhypothesen klassifizieren. Es ist klar, daß es eine Fülle „vernünftiger" Alternativen zur Nullhypothese $F = G$ gibt. Die allgemeinste ist:

$$H_1 : F(z) \neq G(z) \text{ für mindestens ein } z \in \mathbb{R}.$$

Einseitige Alternativen sind:

$$H_1^{(1)} : \quad F(z) \geq G(z) \quad \text{für alle } z \in \mathbb{R},$$
$$F(z) > G(z) \quad \text{für mindestens ein } z \in \mathbb{R}$$

bzw.

$$H_1^{(2)} : \quad F(z) \leq G(z) \quad \text{für alle } z \in \mathbb{R},$$
$$F(z) < G(z) \quad \text{für mindestens ein } z \in \mathbb{R}.$$

Im Falle $H_1^{(1)}$ sagen wir: Die Y_j sind stochastisch *größer* als die X_i, umgekehrt bei der Alternative $H_1^{(2)}$. Die folgende Graphik möge den Fall $H_1^{(1)}$ veranschaulichen:

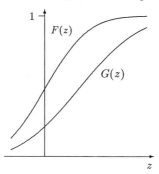

Abb. 5.1

Als wichtige Spezialfälle der Alternativen $H_1^{(1)}$ und $H_1^{(2)}$ werden wir im Abschnitt 5.4 sogenannte Lagealternativen betrachten und in Abschnitt 5.5 dann die sogenannten Variabilitätsalternativen, die — wie wir sehen werden — generell nicht zur Klasse der Alternativen $H_1^{(1)}$ und $H_1^{(2)}$ gehören.

5.2 Tests für allgemeine Alternativen

5.2.1 Iterationstest von Wald–Wolfowitz

Im Abschnitt 4.5 haben wir bereits den Iterationstest als Test auf Zufälligkeit kennengelernt. Er läßt sich auch für das Zweistichproben-Problem bezüglich der zweiseitigen Alternative $F \neq G$ formulieren; allerdings nicht für die einseitigen Alternativen $H_1^{(1)}$ oder $H_1^{(2)}$, wie sich zeigen wird.

Daten. Die Beobachtungen $x_1, \ldots, x_m$ und $y_1, \ldots, y_n$ haben mindestens ordinales Meßniveau.

Annahmen.

(1) Die Stichprobenvariablen $X_1, \ldots, X_m, Y_1, \ldots, Y_n$ sind unabhängig.

(2) $X_1, \ldots, X_m$ und $Y_1, \ldots, Y_n$ haben stetige Verteilungsfunktionen F bzw. G.

Testproblem.

$H_0 : F(z) = G(z)$ für alle $z \in \mathbb{R}$
$H_1 : F(z) \neq G(z)$ für mindestens ein $z \in \mathbb{R}$.

Teststatistik. Wir bilden aus den beiden Stichproben die kombinierte, geordnete Stichprobe und kennzeichnen mit x bzw. y, ob es sich jeweils um einen x_i-Wert oder einen y_j-Wert handelt; z.B. bedeutet dann $xyyxyy$, daß der kleinste Wert der kombinierten Stichprobe ein x_i-Wert ist, der zweit- und drittkleinste jeweils ein y_j-Wert usw.

Als Teststatistik wählen wir die Anzahl R der Iterationen in der kombinierten, geordneten Stichprobe. Unter H_0 ist zu erwarten, daß die x's und y's „gut gemischt" sind (viele Iterationen), da die $n + m = N$ Stichprobenvariablen unter H_0 eine einzige Stichprobe vom Umfang N bzgl. einer gemeinsamen Verteilung bilden. Ist die Anzahl der Iterationen „zu klein", so wird H_0 abgelehnt.

Auf die Verteilung der Teststatistik R unter H_0 wird hier nicht näher eingegangen, da sie bereits in Abschnitt 4.5 hergeleitet wurde. Es ist klar, daß der Iterationstest im Zweistichproben-Problem nur für zweiseitige Alternativen anwendbar ist, denn der gegebenenfalls kleine Wert von R liefert keine Information darüber, ob die x_i-Werte in der kombinierten, geordneten Stichprobe vorwiegend „vorne" oder vorwiegend „hinten" anzutreffen sind; z.B. für den minimalen Wert $R = 2$ sind folgende beiden Fälle möglich:

$x \cdots x y \cdots y$ (spricht für $F(z) \geq G(z)$)

und

5. Zweistichproben-Problem für unabhängige Stichproben

$y \cdots y x \cdots x$ (spricht für $F(z) \leq G(z)$).

Die Teststatistik R kann also nicht zwischen $H_1^{(1)}$ und $H_1^{(2)}$ unterscheiden.

Testprozeduren. H_0 ablehnen, wenn $R < r_\alpha$.

In der Regel wird α nicht voll ausgeschöpft, da R diskret ist (siehe dazu die ausführlichen Bemerkungen in den Abschnitten 4.3 und 4.4.2).

Kritische Werte r_α der Verteilung von R unter H_0 sind für $m, n \leq 20$ in **Tabelle I** angegeben ($m \hat{=} n_1, n \hat{=} n_2$).

Für unser eingangs geschildertes Beispiel 1 erhalten wir folgende kombinierte, geordnete Stichprobe (die kursiv gedruckten Zahlen sind x_i-Werte):

110 113 114 116 116 *117* 118 119 119
120 *122* 123 *124* 125 *126* *126* 128 *132* d.h.
y y y y y x y y y x x y x y x x x x .

Es liegen $R = 8$ Iterationen vor. Für $\alpha = 0.05$ finden wir den kritischen Wert $r_\alpha = 7$, d.h., H_0 wird nicht abgelehnt. Dieses Ergebnis mag vielleicht überraschend sein, denn die y_j-Werte sind weit mehr „vorne", die x_i-Werte mehr „hinten" in der geordneten Stichprobe anzutreffen. Da mit dem Übergang von den beobachteten Daten $x_1, \ldots, x_m, y_1, \ldots, y_n$ zur Anzahl R der Iterationen ein erheblicher Informationsverlust verbunden ist, leuchtet es ein, daß der Iterationstest wenig effizient ist (siehe dazu Abschnitt 5.7).

Auftreten von Bindungen. Wegen der Annahme der Stetigkeit von F und G treten Bindungen mit Wahrscheinlichkeit Null auf. Die aufgrund der Ungenauigkeit der Messung vorkommenden Bindungen spielen natürlich keine Rolle, falls sie entweder nur unter den x_i-Werten oder nur unter den y_j-Werten auftreten, wie das obige Beispiel veranschaulicht. Liegen Bindungen zwischen den x_i- und den y_j-Werten vor, so können alle möglichen kombinierten, geordneten Stichproben gebildet und dann für jeden Fall die Anzahl der Iterationen gezählt werden. Sind alle Werte (ist kein Wert) für R signifikant, wird H_0 (nicht) abgelehnt. Ein Problem ergibt sich für den Fall, daß einige R-Werte signifikant sind, andere dagegen nicht. Dann kann z.B. der größte auftretende R-Wert gewählt werden; in diesem Fall ist die Wahrscheinlichkeit für eine Ablehnung von H_0 am geringsten (konservativer Test). Treten allerdings im Verhältnis zu den Stichprobenumfängen m, n zwischen den x_i- und y_j-Werten „zu viele" Bindungen auf, dann sollte der Iterationstest nicht angewendet werden. Ein (extremes) Beispiel möge verdeutlichen, wie groß der Bereich für die möglichen R-Werte werden kann:

Es sei $m = n = 5$, und alle x_i- und y_i-Werte untereinander gleich, dann kann minimal $R = 2$ für $xxxxxyyyyy$ oder maximal $R = 10$ für $xyxyxyxyxy$ angenommen werden.

Große Stichproben. Die Verteilung von R unter H_0 kann für $m, n > 20$ durch die Normalverteilung approximiert werden, wie in Abschnitt 4.5 näher ausgeführt worden ist.

Eigenschaften.

(1) Bislang ist u.W. nicht bekannt, ob der Iterationstest unverfälscht ist, wenngleich Lehmann (1951) dies für $n = m$ vermutet.

(2) Der Test ist konsistent für alle Alternativen $F \neq G$, wenn nur $m/n \to c$ mit $c \neq 0, \infty$ gilt (Wald u. Wolfowitz (1940)). Eine solche Folgerung ist unmittelbar einleuchtend; denn wenn mit wachsendem $N = n + m$ der Quotient m/n hinreichend nahe bei Null liegt (hinreichend groß ist), dann werden die x_i-Werte (y_j-Werte) fast mit Sicherheit durch die y_j-Werte (x_i-Werte) getrennt, d.h., R wird maximal, ganz gleich, ob H_0 richtig oder falsch ist.

(3) Ergebnisse über exakte Güteberechnungen des Iterationstests liegen kaum vor. Die asymptotische Güte kann über die Normalverteilung bestimmt werden, da die Teststatistik R auch unter $F \neq G$ asymptotisch normalverteilt ist. Mood (1954) hat gezeigt, daß die asymptotisch relative Effizienz des Iterationstests zum t-Test und zum F-Test bei Normalalternativen der Lage bzw. der Variabilität gleich 0 ist.

Diskussion. Der Iterationstest erfordert wenig Rechenaufwand und ist leicht anzuwenden. Er hat aber als sogenannter „Omnibustest" beim Vorliegen spezieller Alternativen wie die der Lage und Variabilität geringe Effizienz und sollte somit nur dann angewendet werden, wenn keine besondere Form der Alternative ausgezeichnet ist. Wir werden später Tests diskutieren, die für spezielle Alternativen auf jeden Fall dem Iterationstest vorzuziehen sind.

5.2.2 Kolmogorow–Smirnow–Test

Im Kapitel 4 haben wir den Kolmogorow–Smirnow–Test (K–S–Test) als Anpassungstest kennengelernt. Er basiert auf der maximalen Differenz zwischen empirischer und hypothetischer Verteilungsfunktion. Für einen Test auf Gleichheit der beiden Verteilungen zweier Grundgesamtheiten liegt es nun nahe, als Testkriterium die maximale Differenz der beiden empirischen Verteilungsfunktionen zu wählen, da die empirische Verteilungsfunktion eine erwartungstreue Schätzung für die unbekannte Verteilungsfunktion der Grundgesamtheit ist.

Es seien also $x_1, \ldots, x_m$ und $y_1, \ldots, y_n$ zwei Stichproben aus Grundgesamtheiten mit (stetigen) Verteilungen F bzw. G. Mit F_m und G_n werden die empirischen Verteilungsfunktionen bezeichnet.

$$F_m(z) = \begin{cases} 0 & \text{für } z < x_{(1)} \\ i/m & \text{für } x_{(i)} \leq z < x_{(i+1)}, \, i = 1, 2, \ldots, m-1 \\ 1 & \text{für } z \geq x_{(m)} \end{cases}$$

5. Zweistichproben–Problem für unabhängige Stichproben

$$G_n(z) = \begin{cases} 0 & \text{für } z < y_{(1)} \\ i/n & \text{für } y_{(i)} \leq z < y_{(i+1)},\ i = 1, 2, \ldots, n-1 \\ 1 & \text{für } z \geq y_{(n)}. \end{cases}$$

Daten. Die Beobachtungen $x_1, \ldots, x_m$ und $y_1, \ldots, y_n$ haben mindestens ordinales Meßniveau.

Annahmen.

(1) Die Stichprobenvariablen $X_1, \ldots, X_m, Y_1, \ldots, Y_n$ sind unabhängig.

(2) $X_1, \ldots, X_m$ und $Y_1, \ldots, Y_n$ haben stetige Verteilungsfunktionen F bzw. G.

Testproblem.

Test A: (zweiseitig)
$H_0 : F(z) = G(z)$ für alle $z \in \mathbb{R}$
$H_1 : F(z) \neq G(z)$ für mindestens ein $z \in \mathbb{R}$

Test B: (einseitig)
$H_0 : F(z) \leq G(z)$ für alle $z \in \mathbb{R}$
$H_1 : F(z) > G(z)$ für mindestens ein $z \in \mathbb{R}$

Test C: (einseitig)
$H_0 : F(z) \geq G(z)$ für alle $z \in \mathbb{R}$
$H_1 : F(z) < G(z)$ für mindestens ein $z \in \mathbb{R}$.

Teststatistik. Wie beim K–S–Test als Anpassungstest ist die Teststatistik für jede der drei Hypothesen verschieden definiert, für

Test A: $K_{m,n} = \max_z |F_m(z) - G_n(z)|$
Test B: $K_{m,n}^+ = \max_z (F_m(z) - G_n(z))$
Test C: $K_{m,n}^- = \max_z (G_n(z) - F_m(z))$.

Hier kann statt des Supremums das Maximum gewählt werden, da die maximale Differenz für mindestens ein $\tilde{z} \in \mathbb{R}$ angenommen wird.

Auf die Herleitung der exakten Verteilung von $K_{m,n}$ und $K_{m,n}^+$ für $F = G$ ($K_{m,n}^-$ ist wie $K_{m,n}^+$ verteilt) sei hier verzichtet. Wie für die K–S–Statistiken im Einstichproben-Problem läßt sich zeigen, daß obige Teststatistiken verteilungsfrei sind. Wir wollen jedoch veranschaulichen, wie die Verteilungen hergeleitet werden können. Offensichtlich hängt der Wert von $K_{m,n}$ (ebenso von $K_{m,n}^+$, $K_{m,n}^-$) nur von der Ordnung der x- und y-Größen in der kombinierten, geordneten Stichprobe ab; die Berechnung von $K_{m,n}$ erfordert nicht die

Kenntnis der numerischen x_i- und y_j-Werte. Es sei speziell $m = 2$, $n = 3$, und es bezeichne $(\cdot, \cdot, \cdot, \cdot, \cdot)$ die kombinierte, geordnete Stichprobe mit den x- und y-Größen.

Dann gibt es insgesamt $\binom{n+m}{n} = \binom{5}{2} = 10$ solcher Stichproben, die unter H_0 alle gleich wahrscheinlich sind:

Tab. 5.1

Stichproben	$K_{2,3}$	$P(K_{2,3} = k)$
(x,x,y,y,y)	1	$P(K_{2,3} = 1) = 2/10$
(y,y,y,x,x)	1	
(y,x,x,y,y)	2/3	
(y,y,x,x,y)	2/3	$P(K_{2,3} = 2/3) = 4/10$
(y,y,x,y,x)	2/3	
(x,y,x,y,y)	2/3	
(x,y,y,x,y)	1/2	
(x,y,y,y,x)	1/2	$P(K_{2,3} = 1/2) = 3/10$
(y,x,y,y,x)	1/2	
(y,x,y,x,y)	1/3	$P(K_{2,3} = 1/3) = 1/10$

Es ist somit z.B. $P(K_{2,3} \leq 0.5) = 0.4$. Für größere m, n ist eine solche Herleitung der Verteilung natürlich recht mühselig; für den allgemeinen Fall m, n basieren die Berechnungen zumeist auf Rekursionsformeln, siehe Gibbons u. Chakraborti (1992) und Pratt u. Gibbons (1981). Ein Algorithmus zur Bestimmung der Verteilungen von $K_{m,n}$ und $K_{m,n}^+$ ist bei Schröer (1991) zu finden.

Testprozeduren.

Test A: H_0 ablehnen, wenn $K_{m,n} > k_{1-\alpha}$

Test B: H_0 ablehnen, wenn $K_{m,n}^+ > k_{1-\alpha}^+$

Test C: H_0 ablehnen, wenn $K_{m,n}^- > k_{1-\alpha}^-$.

Da die drei Teststatistiken diskret sind, wird α in der Regel nicht voll ausgeschöpft (siehe dazu die Ausführungen in den Abschnitten 4.3 und 4.4.2). Kritische Werte $k_{1-\alpha}, k_{1-\alpha}^+$ sind für $m = n \leq 40$ in **Tabelle J** und für $m \neq n$ und gewisse (m,n)-Kombinationen mit $\max\{m,n\} \leq 40$ in **Tabelle K** angeführt.

Wir wollen den zweiseitigen K–S–Test auf das Beispiel 1 anwenden; der Iterationstest in 5.2 führte nicht zur Ablehnung von H_0.

$x_{(i)}$: 117 120 122 124 126 126 128 132
$y_{(j)}$: 110 113 114 116 116 118 119 119 123 125

122   5. Zweistichproben–Problem für unabhängige Stichproben

Tab. 5.2

Intervalle	$|F_m(z) - G_n(z)|$	Intervalle	$|F_m(z) - G_n(z)|$
$-\infty < z < 110$	0.000	$120 \leq z < 122$	0.550
$110 \leq z < 113$	0.100	$122 \leq z < 123$	0.425
$113 \leq z < 114$	0.200	$123 \leq z < 124$	0.525
$114 \leq z < 116$	0.300	$124 \leq z < 125$	0.400
$116 \leq z < 117$	0.500	$125 \leq z < 126$	0.500
$117 \leq z < 118$	0.375	$126 \leq z < 128$	0.250
$118 \leq z < 119$	0.475	$128 \leq z < 132$	0.125
$119 \leq z < 120$	**0.675**	$132 \leq z < +\infty$	0.000

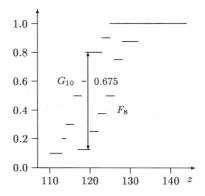

Abb. 5.2

Es ist $K_{8,10} = 0.675$. Wegen $k_{0.95} = 23/40 = 0.575$ wird hier H_0 abgelehnt.

Wir können $K_{8,10}$ natürlich auch sofort über die kombinierte, geordnete Stichprobe berechnen, da zwischen den x_i- und y_j-Werten keine Bindungen auftreten:

$$y \quad y \quad y \quad y \quad y \quad x \quad y \quad y \quad y \quad x \quad x \quad y \quad x \quad y \quad x \quad x \quad x \quad x \ .$$

Dann ergibt sich: $K_{8,10} = 8/10 - 1/8 = 0.675$.

Auftreten von Bindungen. Die beiden empirischen Verteilungsfunktionen und auch das Maximum ihrer Differenzen sind beim Auftreten von Bindungen wohldefiniert. Der Test ist dann jedoch konservativ und hat somit geringere Güte; vergleiche dazu Lehmann (1975) und Hájek u. Šidàk (1967).

Große Stichproben. Für Stichprobenumfänge m, n, die größer als die in den Tabellen J und K angegebenen sind, können kritische Werte über die asymptotischen Verteilungen von $K_{m,n}$ bzw. $K_{m,n}^+$ (approximativ) bestimmt werden.

Satz 1: Es sei $F = G$ eine stetige Verteilungsfunktion und

$$Q_1(\lambda) = 1 - 2\sum_{k=1}^{\infty}(-1)^{k-1}e^{-2k^2\lambda^2} \quad \text{und} \quad Q_2(\lambda) = 1 - e^{-2\lambda^2}.$$

Dann gilt für alle $\lambda > 0$

(1) $\lim_{m,n\to\infty} P\left(K_{m,n} \leq \lambda/\sqrt{N'}\right) = Q_1(\lambda)$ mit $N' = mn/(m+n)$.

(2) $\lim_{m,n\to\infty} P\left(K_{m,n}^+ \leq \lambda/\sqrt{N'}\right) = Q_2(\lambda)$.

Die asymptotischen Verteilungen von $\sqrt{N'}K_{m,n}$ und $\sqrt{N'}K_{m,n}^+$ sind genau dieselben wie die von $\sqrt{n}K_n$ bzw. $\sqrt{n}K_n^+$ im Einstichproben–Fall (Satz 4.2). Das ist nicht überraschend, da nach dem Satz von Gliwenko–Cantelli $G_n(z)$ gegen die Verteilung $G(z)$ konvergiert, die dem $F_0(z)$ des Satzes 4.2 entspricht. Der Unterschied besteht nur zwischen den Normierungsfaktoren $\sqrt{N'}$ bzw. $\sqrt{n}$. Die (approximativen) kritischen Werte bei der Anwendung von Test A, B oder C können somit ganz analog dem Einstichproben–Fall bestimmt werden.

Eigenschaften.

(1) Der zweiseitige und die beiden einseitigen Tests sind konsistent gegen die angegebenen Alternativen. Das folgt direkt aus dem Satz von Gliwenko–Cantelli.

(2) Der zweiseitige Test ist allerdings verfälscht, was analog dem Beispiel von Massey (1950) im Einstichproben–Fall gezeigt werden kann, die einseitigen Tests dagegen sind unverfälscht, siehe Witting u. Nölle (1970).

(3) Dixon (1954) hat für den zweiseitigen K–S–Test bei Normalalternativen relative Effizienzen zum t–Test für kleine Stichprobenumfänge und für verschiedene α berechnet; für $m = n = 3, 4$ liegen sie zwischen 0.88 und 0.98 und für $m = n = 5$ zwischen 0.83 und 0.87. Milton (1970) erhält für den einseitigen K–S–Test im Vergleich zum t–Test für $m = n = 5, 6$ und 7 Werte zwischen 0.72 und 0.86. Diese Arbeit enthält zudem umfangreiche Güteberechnungen für den einseitigen und zweiseitigen K–S–Test bei Normalalternativen der Lage ($m, n \leq 7$).

Zur asymptotischen Verteilung von $K_{m,n}$ bzw. $K_{m,n}^+$ unter Alternativen H_1 siehe z.B. Raghavachari (1973). Analog dem Einstichproben–Fall hat Massey (1950) die Güte des zweiseitigen K–S–Tests für festes $\Delta = \sup_z |F(z) - G(z)|$ betrachtet und dann die untere Grenze der Güte als Funktion von Δ angegeben. Pratt u. Gibbons (1981) bestimmen die untere Grenze der Güte von $K_{m,n}^+$ für den einseitigen Test und das Verhalten dieser Grenze für $m, n \to \infty$. Schröer (1991) zeigt jedoch im Rahmen einer Simulationsstudie für eine Reihe von Verteilungen, daß die entsprechenden unteren Grenzen z.T. erheblich unter den simulierten Werten liegen. Ramachandramurty (1966) hat für den einseitigen K–S–Test bei Normalalternativen im Vergleich zum t–Test *untere Grenzen* der Pitmanschen A.R.E. bestimmt. Dies gelingt über die Berechnung des Infimums der asymptotischen Güte des K–S–Tests. Es zeigt sich, daß die untere Grenze der A.R.E. von $\tau = m/n$ abhängt ($m, n \to \infty$ mit $m/n = \tau > 0$) und für $\tau = 1, 5, 10, 20, 40$ Werte zwischen 0.22 und 0.36 annimmt.

Capon (1965) erhält für seine modifizierte A.R.E.–Definition eine untere Grenze von 1/3 für den zweiseitigen K–S–Test im Vergleich zum t–Test, wenn F und G die gleiche (nichtspezifizierte) Gestalt haben und sich nur bezüglich der Lage unterscheiden; für Normalalternativen ist die untere Grenze gleich $2/\pi \approx 0.637$. Weiterhin zeigt Capon, daß die A.R.E. nicht nach oben beschränkt ist.

Diskussion. Der einseitige und zweiseitige K–S–Test eignet sich ebenso wie der Iterationstest in erster Linie für allgemeine Alternativen. Er ist sehr leicht anzuwenden, zumal umfangreiche Tabellen für die exakten und asymptotischen Verteilungen der Teststatistiken unter H_0 vorliegen. Die K–S–Tests haben höhere Güte als der Iterationstest bei Annahme sogenannter Lehmann–Alternativen $G = F^k$, $k > 1$ (Lehmann (1953)). Für Lage– und Variabilitätsalternativen gibt es allerdings effizientere Tests, die in Abschnitt 5.4 bzw. 5.5 vorgestellt werden. Es läßt sich zeigen, daß bei unstetigen Verteilungen F, G die K–S–Tests wie im Einstichproben–Fall konservativ sind (Noether (1967a)).

5.2.3 Andere Verfahren

Wir wollen zu den beiden vorgestellten Tests noch kurz drei weitere Tests für das allgemeine Zweistichproben–Problem beschreiben.

(1) Cramér–von Mises–Test

Während der in 5.2.2 diskutierte K–S–Test auf dem *Maximum* der Differenzen der beiden empirischen Verteilungsfunktionen F_m und G_n basiert, geht in die Cramér–von Mises–Statistik die *Summe* der Abweichungsquadrate ein. So liegt die Vermutung nahe, daß dieser Test effizienter als der K–S–Test ist. Die Cramér–von Mises–Statistik lautet:

$$C_{m,n} = \left(\frac{nm}{n+m}\right) \int_{-\infty}^{+\infty} (F_m(x) - G_n(x))^2 \, d\left(\frac{mF_m(x) + nG_n(x)}{m+n}\right)$$

oder gleichbedeutend damit:

$$C_{m,n} = \frac{mn}{(m+n)^2} \left\{ \sum_{i=1}^{m} (F_m(x_i) - G_n(x_i))^2 + \sum_{j=1}^{n} (F_m(y_j) - G_n(y_j))^2 \right\}.$$

Quantile der exakten Verteilung von $C_{m,n}$ unter H_0 wurden von Anderson (1962) für $m, n \leq 7$ und Burr (1964) für $m, n \geq 4$, $m+n \leq 17$ tabelliert. Approximative Quantile, bestimmt über die asymptotische Verteilung von $C_{m,n}$, finden sich bei Anderson u. Darling (1952). Über die exakte oder asymptotische Güte des Cramér-von Mises-Tests liegen u.W. bis auf die unter (2) zitierte Arbeit keine Ergebnisse vor. Eine ausführliche Darstellung des $C_{m,n}$-Tests ist bei Conover (1971) und bei Darling (1957) zu finden.

(2) Statt des *Quadrats der Differenz* der beiden empirischen Verteilungsfunktionen kann auch ihre *absolute Differenz* betrachtet werden. Eine solche von Schmid u. Trede (1993) vorgeschlagene Teststatistik hat dann die Form

$$T_{m,n} = \sqrt{\frac{nm}{n+m}} \int_{-\infty}^{+\infty} |F_m(x) - G_n(x)| d\left(\frac{mF_m(x) + nG_n(x)}{m+n}\right).$$

In der obigen Arbeit werden die asymptotische Verteilung von $T_{m,n}$ unter H_0 und exakte kritische Werte für $m = n = 2, \ldots, 14$ angegeben. Im Rahmen einer Simulationsstudie wird für einige schiefe Verteilungen gezeigt, daß die Güte dieses Tests sich ähnlich verhält wie die des Cramér-von Mises-Tests. Die Vermutung liegt nahe, daß für symmetrische Verteilungen mit *starken Tails* (Ausreißer) der auf $T_{m,n}$ basierende Test besser abschneidet als der Cramér-von Mises-Test.

(3) Katzenbeisser u. Hackl (1986) schlagen einen Test für $m = n$ vor, der auf der Teststatistik

$$T = \#\{i | F_n(Z_{(i)}) = G_n(Z_{(i)})\}$$

basiert, wobei $\#\{\ \}$ die Anzahl der Elemente der Menge angibt und $Z_{(i)}$ die i-te geordnete Statistik der kombinierten, geordneten Stichprobe der X- und Y-Variablen ist; „zu kleine" Werte von T führen dann zur Ablehnung von $H_0 : F = G$. In der obigen Arbeit werden exakte und approximative kritische Werte berechnet und zudem für $n = 20$ ein Gütevergleich dieses Tests mit dem K-S-Test für eine Reihe von Verteilungssituationen vorgenommen. Es zeigt sich, daß der Test basierend auf T meist geringere Güte hat als der K-S-Test.

5.3 Lineare Rangstatistik

5.3.1 Definition der linearen Rangstatistik

In Abschnitt 4.4 haben wir lineare Rangtests für das Einstichproben-Problem kennengelernt und dabei die hohe Effizienz, teilweise sogar deren Überlegenheit gegenüber ihrem parametrischen Konkurrenten, dem t-Test, herausgestellt. Ähnliche Ergebnisse werden wir auch für lineare Rangtests im Zweistichproben-Problem konstatieren können. Zunächst sollen jedoch in diesem Abschnitt allgemeine Ausführungen zu den linearen Rangstatistiken gemacht und einige wichtige Sätze hergeleitet werden, die für die folgenden Abschnitte von grundlegender Bedeutung sind.

Im Kapitel 3 und in 4.4 haben wir Ränge von Beobachtungen aus *einer* Stichprobe betrachtet; in Übereinstimmung damit definieren wir nun den Rang einer x- bzw. y-Beobachtung für den Fall zweier Stichproben. Es seien $X_1, \ldots, X_m$ und $Y_1, \ldots, Y_n$ unabhängige Stichprobenvariablen aus Grundgesamtheiten mit stetigen Verteilungsfunktionen F bzw. G. Unter $H_0 : F = G$ liegen dann also $m + n = N$ Stichprobenvariablen aus einer gemeinsamen (unbekannten) Grundgesamtheit vor, denen wir Ränge von 1 bis N zuordnen können. Wegen der Annahme der Stetigkeit der Verteilungsfunktionen ist die Wahrscheinlichkeit für das Auftreten von Bindungen gleich 0, die kombinierte, geordnete Stichprobe ist also theoretisch eindeutig bestimmt.

Definition 1: Die Ränge der X_i und Y_j in der kombinierten Stichprobe $R(X_i)$ bzw. $R(Y_j)$ sind bestimmt durch

(1) $R(X_i) = \sum_{k=1}^{m} T(X_i - X_k) + \sum_{k=1}^{n} T(X_i - Y_k), \quad i = 1, \ldots, m,$

(2) $R(Y_j) = \sum_{k=1}^{m} T(Y_j - X_k) + \sum_{k=1}^{n} T(Y_j - Y_k), \quad j = 1, \ldots, n,$

mit

$$T(U) = \begin{cases} 0 & \text{für } U < 0 \\ 1 & \text{für } U \geq 0. \end{cases}$$

$R(X_i)$ gibt also die *Gesamtzahl* der x- und y-Werte an, die kleiner oder gleich x_i sind, entsprechend $R(Y_j)$. Die Realisationen der Zufallsvariablen $R(X_i)$ und $R(Y_j)$ wollen wir mit $r(x_i)$ bzw. $r(y_j)$ bezeichnen. Für den Fall, daß keine Verwechslungen zu befürchten sind, schreiben wir statt $R(X_i), R(Y_j), r(x_i)$ bzw. $r(y_j)$ kürzer: R_i, S_j, r_i bzw. s_j. Dem Vektor $(x_1, \ldots, x_m, y_1, \ldots, y_n)$ wird somit eindeutig der Rangvektor $(r_1, \ldots, r_m, s_1, \ldots, s_n)$ zugeordnet. Für die in den nächsten Abschnitten vorzustellenden Rangtests erweist es sich als zweckmäßig, die kombinierte, geordnete Stichprobe durch den Vektor $(V_1, \ldots, V_N)$ zu beschreiben ($m + n = N$), wobei $V_i = 1$ ist, falls die i-te Variable in der kombinierten, geordneten Stichprobe eine X-Variable ist und $V_i = 0$, falls es sich um eine Y-Variable handelt.

Beispiel 2: Es sei $(X_1, X_2, X_3) = (4, 8, 3)$ und $(Y_1, Y_2) = (1, 7)$. Dann ist $(1, 3, 4, 7, 8)$ die kombinierte, geordnete Stichprobe, für die gilt $r_1 = 3, r_2 = 5, r_3 = 2, s_1 = 1, s_2 = 4$ und $(V_1, V_2, V_3, V_4, V_5) = (0, 1, 1, 0, 1)$.

Die meisten Statistiken L_N für das Zweistichproben–Problem, die auf Rängen basieren, lassen sich als Linearkombination der V_i auffassen, d.h., sie besitzen eine Darstellung der Form $L_N = \sum_{i=1}^{N} g(i)V_i$ mit entsprechenden Gewichtsfaktoren (scores) $g(i)$. L_N heißt *lineare Rangstatistik*. Es ist klar, daß es bei jedem zu definierenden Rangtest für das Zweistichproben–Problem völlig unerheblich sein sollte, welcher der x_i–Werte bzw. welcher der y_j–Werte an einer bestimmten Stelle in der kombinierten, geordneten Stichprobe steht, so daß also hinsichtlich dieses Problems durch die Reduktion des Rangvektors $(R_1,\ldots,R_m,S_1,\ldots,S_n)$ auf den Vektor $(V_1,\ldots,V_N)$ mit den $(0,1)$-Variablen V_i kein Informationsverlust verbunden ist. Das kommt durch die Teststatistik L_N zum Ausdruck; zudem noch, daß nur die Ränge der x_i einen „Beitrag" zur Summe L_N liefern. Wegen $\{r_1,\ldots,r_m\} \cup \{s_1,\ldots,s_n\} = \{1,2,\ldots,N\}$ bestimmt die Menge der Ränge r_i eindeutig die Menge der Ränge s_j und umgekehrt, und zwar jeweils als Komplementärmenge bzgl. $\{1,2,\ldots,N\}$. Somit können wir uns also auf die Menge der Ränge r_i beschränken (ebenso natürlich auf die der s_j).

5.3.2 Momente und Verteilung der linearen Rangstatistik

Zur Bestimmung von $E(L_N)$ und $\text{Var}(L_N)$ wird zunächst folgender Satz bewiesen:

Satz 2: Unter $H_0 : F = G$ gilt für alle $i = 1,\ldots,N$

(1) $E(V_i) = \dfrac{m}{N}$

(2) $\text{Var}(V_i) = \dfrac{mn}{N^2}$

(3) $\text{Cov}(V_i, V_j) = \dfrac{-mn}{N^2(N-1)}$.

Beweis.

(1) $E(V_i) = 1 \cdot \dfrac{m}{N} + 0 \cdot \dfrac{n}{N} = \dfrac{m}{N}$

(2) $\text{Var}(V_i) = E(V_i^2) - (E(V_i))^2$
$= 1 \cdot \dfrac{m}{N} + 0 \cdot \dfrac{n}{N} - \dfrac{m^2}{N^2}$
$= \dfrac{m(N-m)}{N^2} = \dfrac{mn}{N^2}$

(3) $\text{Cov}(V_i, V_j) = E(V_i V_j) - E(V_i) \cdot E(V_j)$.
Es ist für $i \neq j$:

$$\begin{aligned}
E(V_i V_j) &= P(V_i = 1, V_j = 1) \\
&= P(V_i = 1 \,|\, V_j = 1) \cdot P(V_j = 1) \\
&= \dfrac{m-1}{N-1} \cdot \dfrac{m}{N}.
\end{aligned}$$

Somit folgt:
$$\begin{aligned} \mathrm{Cov}(V_i, V_j) &= \frac{m(m-1)}{N(N-1)} - \left(\frac{m}{N}\right)^2 \\ &= \frac{-mn}{N^2(N-1)}. \end{aligned}$$
□

Satz 3: Unter $H_0 : F = G$ gilt:

(1) $E(L_N) = \frac{m}{N} \sum\limits_{i=1}^{N} g(i)$

(2) $\mathrm{Var}(L_N) = \frac{mn}{N^2(N-1)} \left\{ N \sum\limits_{i=1}^{N} g^2(i) - \left(\sum\limits_{i=1}^{N} g(i) \right)^2 \right\}.$

Beweis.

(1) $E(L_N) = \sum\limits_{i=1}^{N} g(i) E(V_i) = \frac{m}{N} \sum\limits_{i=1}^{N} g(i)$

(2) $\begin{aligned}\mathrm{Var}(L_N) &= \sum\limits_{i=1}^{N} g^2(i) \mathrm{Var}(V_i) + \sum\limits_{\substack{i=1 \\ i \neq j}}^{m} \sum\limits_{j=1}^{n} g(i) g(j) \mathrm{Cov}(V_i, V_j) \\ &= \frac{mn}{N^2} \sum\limits_{i=1}^{N} g^2(i) - \frac{mn}{N^2(N-1)} \sum\limits_{\substack{i=1 \\ i \neq j}}^{m} \sum\limits_{j=1}^{n} g(i) g(j) \\ &= \frac{mn}{N^2(N-1)} \left\{ N \sum\limits_{i=1}^{N} g^2(i) - \sum\limits_{i=1}^{N} g^2(i) - \sum\limits_{\substack{i=1 \\ i \neq j}}^{m} \sum\limits_{j=1}^{n} g(i) g(j) \right\} \\ &= \frac{mn}{N^2(N-1)} \left\{ N \sum\limits_{i=1}^{N} g^2(i) - \left(\sum\limits_{i=1}^{N} g(i) \right)^2 \right\}. \end{aligned}$

□

Zur Herleitung der exakten Verteilung von L_N unter H_0 sei folgendes vermerkt: Es gibt insgesamt $\binom{N}{m} = \binom{N}{n}$ verschiedene Vektoren $\boldsymbol{v} = (v_1, \ldots, v_N)$, in denen m–mal die „1" und n–mal die „0" stehen. Es kann gezeigt werden, daß all diese Vektoren unter H_0 gleich wahrscheinlich sind (siehe Kapitel 3). Das bedeutet:

$$P(V_1 = v_1, \ldots, V_N = v_N \mid F = G) = \frac{1}{\binom{N}{m}} \quad \text{für alle } (v_1, \ldots, v_N).$$

Somit kann die exakte Verteilung von L_N unter H_0 durch unmittelbares „Auszählen" berechnet werden, denn es ist: $P_{H_0}(L_N = c) = a(c)/\binom{N}{m}$, wobei $a(c)$ die Anzahl der Vektoren $\boldsymbol{v} = (v_1, \ldots, v_N)$ ist, für die $L_N = c$ gilt. Sollen k Vektoren $\boldsymbol{v}$ den kritischen Bereich eines auf L_N basierenden Tests festlegen (dabei sei zunächst offen gelassen, wie die k Vektoren ausgewählt werden), dann ist das Testniveau $\alpha = k/\binom{N}{m}$. Wird umgekehrt α vorgegeben (und das ist der Regelfall), dann gibt es im allgemeinen kein $k \in \mathbb{N}$ mit $k = \alpha\binom{N}{m}$. So wird $k = [\alpha\binom{N}{m}]$ gesetzt, womit das Testniveau höchstens gleich α ist. Die Wahl der k Vektoren $\boldsymbol{v}$ zur Festlegung des kritischen Bereichs steht natürlich in engem Zusammenhang mit der Gütefunktion des speziellen Rangtests, da diese eine Funktion der k ausgewählten Vektoren ist. Die Bestimmung von $P(L_N = c)$ ist für kleine m, n noch ohne großen Rechenaufwand durchzuführen; dieser nimmt aber mit wachsenden Stichprobenumfängen rasch zu; bei den meisten Rangstatistiken werden dann zur Herleitung der Verteilung rekursive Verfahren angewendet. Ein effizienter Algorithmus zur Berechnung der exakten Verteilung von L_N unter H_0 ist bei Streitberg u. Röhmel (1986) zu finden.

Wir wollen noch ein Kriterium für die Symmetrie der Verteilung von L_N unter H_0 angeben, weil dann nur die „obere" oder nur die „untere" Hälfte der Verteilung bestimmt werden muß. L_N ist symmetrisch um seinen Erwartungswert μ verteilt, wenn für alle $c \neq 0$ gilt: $P(L_N = \mu + c) = P(L_N = \mu - c)$ oder gleichbedeutend damit: $a(\mu + c) = a(\mu - c)$.

Satz 4: Unter $H_0 : F = G$ ist L_N symmetrisch um $\mu = \frac{m}{N} \sum_{i=1}^{N} g(i)$ verteilt, wenn $g(i) + g(N - i + 1) = k = konstant$ ist, $i = 1, \ldots, N$.

Beweis. Es sei $\bar{\boldsymbol{V}} = (\bar{V}_1, \ldots, \bar{V}_N)$ der zu $\boldsymbol{V} = (V_1, \ldots, V_N)$ konjugierte Vektor mit $\bar{V}_i = V_{N-i+1}$. Dann folgt:

$$\begin{aligned}
L_N(\boldsymbol{V}) + L_N(\bar{\boldsymbol{V}}) &= \sum_{i=1}^{N} g(i)V_i + \sum_{i=1}^{N} g(i)V_{N-i+1} \\
&= \sum_{i=1}^{N} g(i)V_i + \sum_{j=1}^{N} g(N - j + 1)V_j \\
&= \sum_{i=1}^{N} (g(i) + g(N - i + 1))V_i \\
&= k \sum_{i=1}^{N} V_i \\
&= km \\
&= m \cdot \frac{2}{N} \sum_{i=1}^{N} g(i) \\
&= 2\mu.
\end{aligned}$$

Daraus folgt nun sofort die Symmetrie der Verteilung von L_N. Denn $L_N(\boldsymbol{V}) + L_N(\bar{\boldsymbol{V}}) = 2\mu$ bedeutet: Für alle $\boldsymbol{V}$, für die $L_N(\boldsymbol{V}) = \mu + c$ ist, muß $L_N(\bar{\boldsymbol{V}}) = \mu - c$ sein, d.h., die Häufigkeit $a(\mu + c)$, mit der der Wert $\mu + c$ angenommen wird, ist dieselbe wie die Häufigkeit $a(\mu - c)$ der Annahme des Wertes $\mu - c$. □

130   5. Zweistichproben-Problem für unabhängige Stichproben

Zum Schluß dieses Abschnitts sei noch eine Aussage über die asymptotischen Verteilungen von L_N unter H_0 und H_1 gemacht: Für $m, n \to \infty$, mit $\frac{m}{n} \to \lambda \neq 0, \infty$, kann über eine Verallgemeinerung des zentralen Grenzwertsatzes gezeigt werden, daß die Zufallsvariable $Z_N = (L_N - E(L_N))/\sqrt{\text{Var}(L_N)}$ unter H_0 asymptotisch standardnormalverteilt ist, denn L_N ist eine Linearkombination (abhängiger!) Variablen V_i, die alle dieselbe (Bernoulli-)Verteilung haben. Chernoff u. Savage (1958) haben nachgewiesen, daß L_N unter gewissen Voraussetzungen über die Gewichte $g(i)$ auch unter Alternativen asymptotisch normalverteilt ist. Diese Tatsache spielt eine ganz wesentliche Rolle bei der Anwendung des Konzepts der A.R.E. von Pitman zum Vergleich von Rangtests mit den entsprechenden parametrischen Testverfahren (Kapitel 10). Weitere Arbeiten über die asymptotische Normalität von linearen Rangstatistiken stammen u.a. von Hájek (1962, 1968), Dupač u. Hájek (1969), Pyke u. Shorack (1969), Koul (1972) und Hoeffding (1973).

5.4 Lineare Rangtests für Lagealternativen

5.4.1 Lagealternativen

In Abschnitt 5.1 haben wir die Alternativen $H_1 : F \neq G$, $H_1^{(1)} : F \geq G$ und $H_1^{(2)} : F \leq G$ betrachtet. Als wichtigen Spezialfall wollen wir nun die sogenannten Lagealternativen angeben, die zum Ausdruck bringen, daß die Verteilungen F und G der beiden Grundgesamtheiten zwar dieselbe Gestalt haben, sich aber bezüglich eines Lageparameters θ unterscheiden:

$H_0 : G(z) = F(z)$ für alle $z \in \mathbb{R}$
$H_1 : G(z) = F(z - \theta)$ für alle $z \in \mathbb{R}$ mit $\theta \neq 0$.

Eine Graphik möge diesen Sachverhalt für $\theta > 0$ veranschaulichen; dabei seien f und g die zu F bzw. G gehörenden Dichten, hier einer Normalverteilung.

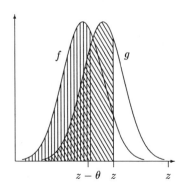

Abb. 5.3

$\theta > 0$ bedeutet also, daß die X_i stochastisch kleiner als die Y_j sind.

Der Zusammenhang mit den obigen, allgemeinen Alternativen kann wie folgt hergestellt werden:

$\theta \neq 0$ (zweiseitig) bedeutet $F \neq G$
$\theta > 0$ (einseitig) bedeutet $F > G$
$\theta < 0$ (einseitig) bedeutet $F < G$.

Wird eine Normalverteilung $\Phi = F = G$ unterstellt, dann ist der t–Test das parametrische „Gegenstück" zu den Rangtests für Lagealternativen (siehe Abschnitt 2.8). Bekanntlich setzt der t–Test die Gleichheit der (unbekannten) Varianzen σ_X^2 (von X_i) und σ_Y^2 (von Y_j) voraus. Dann sind die Alternativhypothesen $\mu_X \neq \mu_Y$, $\mu_Y > \mu_X$ und $\mu_Y < \mu_X$ für $\theta = \mu_Y - \mu_X$ äquivalent zu den angegebenen Lagealternativen $\theta \neq 0$, $\theta > 0$ bzw. $\theta < 0$. Wir werden in den nächsten drei Abschnitten einige Rangtests für Lagealternativen kennenlernen, die auch unter der Annahme einer Normalverteilung hohe Effizienz zum t–Test, dem gleichmäßig besten unverfälschten Test für einseitige Normalalternativen, haben.

5.4.2 Wilcoxon–Rangsummentest

Einer der bekanntesten Tests für das Zweistichproben–Problem ist der Rangsummentest von Wilcoxon, der äquivalent zum Mann–Whitney–U–Test ist (siehe die Diskussion zu diesem Abschnitt). Die Teststatistik von Wilcoxon nimmt mit $g(i) = i$ in $L_N = \sum g(i) V_i$ eine besonders einfache Form an; sie gibt also die Summe der Ränge der X_i an.

Daten. Die Beobachtungen $x_1, \ldots, x_m$ und $y_1, \ldots, y_n$ haben mindestens ordinales Meßniveau.

Annahmen.

(1) Die Stichprobenvariablen $X_1, \ldots, X_m, Y_1, \ldots, Y_n$ sind unabhängig.

(2) $X_1, \ldots, X_m$ und $Y_1, \ldots, Y_n$ haben stetige Verteilungsfunktionen F bzw. G.

Testproblem.

Test A: (zweiseitig)
$H_0 : G(z) = F(z)$
$H_1 : G(z) = F(z - \theta)$ für alle $z \in \mathbb{R}$, $\theta \neq 0$

Test B: (einseitig)
$H_0 : G(z) = F(z)$
$H_1 : G(z) = F(z - \theta)$ für alle $z \in \mathbb{R}$, $\theta < 0$

Test C: (einseitig)
$H_0 : G(z) = F(z)$
$H_1 : G(z) = F(z - \theta)$ für alle $z \in \mathbb{R}$, $\theta > 0$.

5. Zweistichproben–Problem für unabhängige Stichproben

Teststatistik. $W_N = \sum_{i=1}^{N} i V_i$, wobei V_i die in 5.3.1 definierte $(0,1)$-Variable bedeutet. Offensichtlich gilt:

$$W_N = \sum_{i=1}^{N} i V_i = \sum_{i=1}^{m} R(X_i);$$

dabei sind $R(X_i)$ die Ränge der X_i in der kombinierten, geordneten Stichprobe. Mit Hilfe von Satz 3 läßt sich leicht zeigen, daß unter $H_0 : F = G$ gilt ($g(i) = i$):

$$E(W_N) = \frac{m(N+1)}{2}$$
$$\mathrm{Var}(W_N) = \frac{mn(N+1)}{12}.$$

Für das Minimum und das Maximum von W_N erhalten wir unmittelbar:

$$W_{N,\min} = \frac{m(m+1)}{2}$$

und

$$W_{N,\max} = \frac{m(2n+m+1)}{2}.$$

Die Herleitung der exakten Verteilung von W_N unter H_0 kann prinzipiell nach dem in Abschnitt 5.3.2 angegebenen Verfahren für (allgemeine) lineare Rangstatistiken erfolgen, das allerdings für große m, n rechnerisch sehr aufwendig wird. Wir wollen hier die Methode am Beispiel $m = 3$ und $n = 5$ erklären. Es gibt insgesamt $\binom{m+n}{m} = \binom{8}{3} = 56$ verschiedene Vektoren $(v_1, \ldots, v_8)$, die unter $H_0 : F = G$ alle dieselbe Wahrscheinlichkeit $1/56$ haben. Wegen $g(i) + g(N - i + 1) = i + N - i + 1 = N + 1$ ist W_N nach Satz 4 symmetrisch um den Erwartungswert $\mu = m(N+1)/2 = 13.5$ verteilt. Somit genügt es, die „obere" oder „untere Hälfte" der Verteilung anzugeben; in der folgenden Übersicht ist die obere Hälfte tabelliert ($W_{N,\max} = 21$):

Tab. 5.3

$W_N = w$	Ränge der X_i	$P(W_N = w)$
21	$(6,7,8)$	$1/56$
20	$(5,7,8)$	$1/56$
19	$(4,7,8), (5,6,8)$	$2/56$
18	$(3,7,8), (4,6,8), (5,6,7)$	$3/56$
17	$(2,7,8), (3,6,8), (4,6,7), (4,5,8)$	$4/56$
16	$(1,7,8), (2,6,8), (3,5,8), (3,6,7), (4,5,7)$	$5/56$
15	$(1,6,8), (2,5,8), (2,6,7), (3,5,7), (3,4,8), (4,5,6)$	$6/56$
14	$(1,6,7), (1,5,8), (2,5,7), (2,4,8), (3,4,7), (3,5,6)$	$6/56$

Für $\alpha = 4/56 \approx 0.071$ ist also das $(1-\alpha)$-Quantil $w_{1-\alpha} = 19$; ist $\alpha = 0.05$ vorgegeben, dann erhalten wir zunächst $k = \left[\alpha \binom{N}{m}\right] = 2$. Wird nun die Zahl 20 als kritischer Wert angegeben, so bedeutet dies, daß das Testniveau $\alpha = 0.05$ nicht voll ausgeschöpft wird (exakt: $\alpha^\star = 2/56 \approx 0.036$).

Um $\alpha = 0.05$ zu erreichen, könnte das in der Praxis allerdings nicht gebräuchliche Randomisierungsverfahren angewendet werden, das bei allen diskreten Teststatistiken möglich ist und bereits in den Abschnitten 4.3 und 4.4.2 erwähnt wurde.

Für größere m, n steigt der Rechenaufwand zur Bestimmung der Verteilung von W_N rasch an. Dann kann $P(W_N = w) = p_{m,n}(w)$ über folgende Rekursionsformel berechnet werden (siehe Aufgabe 5b):

$$(m+n)p_{m,n}(w) = m p_{m-1,n}(w - N) + n p_{m,n-1}(w).$$

Chang (1992) gibt einen Algorithmus zur Berechnung der Verteilung von W_N an.

Testprozeduren.

Test A: H_0 ablehnen, wenn $W_N \geq w_{1-\alpha/2}$ oder $W_N \leq w_{\alpha/2}$

Test B: H_0 ablehnen, wenn $W_N \geq w_{1-\alpha}$

Test C: H_0 ablehnen, wenn $W_N \leq w_\alpha$.

Kritische Werte w_α der Verteilung von W_N sind in **Tabelle L** für $m, n \leq 25$ und verschiedene α angegeben. Wegen der Symmetrie der Verteilung von W_N ist dann $w_{1-\alpha} = 2\mu - w_\alpha = m(N+1) - w_\alpha$.

Wir wollen den zweiseitigen Wilcoxon–Test auf das in Abschnitt 5.1 angegebene Beispiel 1 anwenden; der Iterationstest hatte nicht zur Ablehnung von H_0 geführt (Abschnitt 5.2.1), wohl aber der K–S–Test (Abschnitt 5.2.2):

Als kombinierte, geordnete Stichprobe liegt vor:

$y \quad y \quad y \quad y \quad y \quad x \quad y \quad y \quad y \quad x \quad x \quad y \quad x \quad y \quad x \quad x \quad x \quad x$.

Hieraus ergibt sich $W_N = 6 + 10 + 11 + 13 + 15 + 16 + 17 + 18 = 106$. Für $\alpha = 0.05$ ist $w_{\alpha/2} = 53$ und $w_{1-\alpha/2} = 152 - 53 = 99$, d.h., H_0 wird abgelehnt.

Auftreten von Bindungen. Da die Verteilungen F, G als stetig angenommen werden, ist die Wahrscheinlichkeit für das Auftreten von Bindungen gleich 0. Die aufgrund der Ungenauigkeit der Messung auftretenden Bindungen sind ohne Belang, wenn sie entweder nur zwischen x_i–Werten oder nur zwischen y_j–Werten vorliegen. Der Wert von W_N bleibt davon unberührt, wenngleich sich die *Verteilung* von W_N natürlich ändert. Treten Bindungen zwischen den x_i– und y_j–Werten auf, so können wir auf eines der in Abschnitt 3.2 angeführten Verfahren zurückgreifen; in der Regel wird die Methode der Durchschnittsränge angewandt, die effizienter als die Methode nach dem Zufallsprinzip ist (Putter (1955), Bühler (1967)). Eine geringe Anzahl von Bindungen hat kaum Einfluß auf die Verteilung von W_N, wie von Lehmann (1975) und Noether (1967a) herausgestellt wird.

134   5. Zweistichproben–Problem für unabhängige Stichproben

Große Stichproben. Für m oder $n > 25$ kann die Verteilung von W_N unter H_0 nach den Ausführungen in Abschnitt 5.3.2 durch die Normalverteilung approximiert werden:

$$Z = \frac{W_N - m(N+1)/2}{\sqrt{mn(N+1)/12}} \quad \text{ist für } m, n \to \infty \text{ mit } m/n \to \lambda \neq 0, \infty$$

unter H_0 asymptotisch standardnormalverteilt, d.h.,

Test A: H_0 ablehnen, wenn $|Z| \geq z_{1-\alpha/2}$
Test B: H_0 ablehnen, wenn $Z \geq z_{1-\alpha}$
Test C: H_0 ablehnen, wenn $Z \leq z_\alpha$.

Treten Bindungen auf, ändert sich der Erwartungswert von $W_N^\star$ (berechnet über Durchschnittsränge) nicht, wohl aber die Varianz (Lehmann (1975)), die dann durch folgende (kleinere) Varianz ersetzt werden mag:

$$\text{Var}(W_N^\star) = \frac{mn}{12}\left[N+1 - \frac{1}{N(N-1)}\sum_{j=1}^{r}(b_j^3 - b_j)\right],$$

wobei r die Anzahl der Gruppen mit Bindungen ist und b_j die Anzahl der Bindungen in der j-ten Gruppe, $1 \leq j \leq r$. Eine ungebundene Beobachtung ist dabei eine Gruppe vom Umfang 1.

Beispiel 3: Angenommen, folgende beiden Stichproben lägen vor:

$$\begin{array}{llllllllll} x_i: & 2 & 8 & 6 & 5 & 8 & 5 & 6 & 4 & 6 \quad (m=9) \\ y_j: & 6 & 3 & 5 & 9 & 2 & 1 & 3 & 10 & \quad (n=8). \end{array}$$

Als kombinierte, geordnete Stichprobe erhalten wir:

$$1 \quad 2 \quad 2 \quad 3 \quad 3 \quad 4 \quad 5 \quad 5 \quad 5 \quad 6 \quad 6 \quad 6 \quad 6 \quad 8 \quad 8 \quad 9 \quad 10.$$

Für die Ränge der x_i nach der Methode der Durchschnittsränge ergibt sich:

$$r_i : 2.5 \quad 6 \quad 8 \quad 8 \quad 11.5 \quad 11.5 \quad 11.5 \quad 14.5 \quad 14.5,$$

d.h., $W_N^\star = 88$. Weiterhin ist:

$$b_1 = 1 \quad b_2 = 2 \quad b_3 = 2 \quad b_4 = 1 \quad b_5 = 3 \quad b_6 = 4 \quad b_7 = 2 \quad b_8 = 1 \quad b_9 = 1$$

und damit:

$$\begin{aligned} \text{Var}(W_N^\star) &= 108 - \frac{1}{17 \cdot 16}[(2^3-2) + (2^3-2) + (3^3-3) + (4^3-4) + (2^3-2)] \\ &= 108 - 0.375 \\ &= 107.625. \end{aligned}$$

Wir sehen also, wie selbst bei kleinem m, n und relativ vielen Bindungen sich $\text{Var}(W_N^\star)$ kaum von $\text{Var}(W_N)$ unterscheidet.

Eigenschaften.

(1) Test A ist konsistent gegen alle Alternativen, für die $P(X < Y) \neq 1/2$ ist; Tests B und C sind konsistent gegen alle Alternativen, für die $P(X > Y) > 1/2$ bzw. $P(X > Y) < 1/2$ gilt (Gibbons u. Chakraborti (1992)).

(2) Test B und Test C sind unverfälscht gegen alle Alternativen $F \leq G$ bzw. $F \geq G$, nicht aber gegen die unter (1) angegebene größere Klasse von Alternativen (Bradley (1968)).

(3) Der Wilcoxon–Test hat hohe Effizienz im Vergleich zum parametrischen Gegenstück, dem t–Test, bei Annahme von Normalalternativen der Lage. Milton (1970) erhält für den einseitigen Wilcoxon–Test und für $5 \leq m, n \leq 7$ relative Effizienzen zwischen 0.92 und 0.97, siehe auch Büning (1973). Miltons Arbeit bringt zudem eine umfangreiche Tabellensammlung mit Güteberechnungen des einseitigen und zweiseitigen Wilcoxon–Tests bei Normalalternativen der Lage. Güteberechnungen des Wilcoxon–Tests unter der Annahme einer Rechteck– bzw. Exponentialverteilung finden sich bei Haynam u. Govindarajulu (1966). In diesen Arbeiten werden auch Gütevergleiche mit anderen nichtparametrischen Tests, wie mit dem K–S–Test und dem Median–Test durchgeführt. Weitere Gütevergleiche des Wilcoxon–Tests mit dem t–Test bzw. anderen nichtparametrischen Tests bringen die Arbeiten von Pagenkopf (1977), Posten (1982) und Vleugels (1984). Die A.R.E. des Wilcoxon–Tests zum t–Test bei Annahme einer Normalverteilung ist gleich 0.955, einer Exponentialverteilung gleich 3, einer Rechteckverteilung gleich 1, einer Doppelexponentialverteilung gleich 1.5, einer logistischen Verteilung gleich 1.096. Die A.R.E. hat eine untere Grenze von 0.864; sie ist nach oben nicht beschränkt (siehe die Tabelle beim v.d. Waerden–Test in 5.4.3 unter Eigenschaften). Bei diesen von Hodges u. Lehmann (1956) hergeleiteten Ergebnissen handelt es sich aber stets um Alternativen der Lage: F und G haben gleiche Gestalt, und die Varianzen stimmen überein. Ruhberg (1986) hat die A.R.E. des Wilcoxon–Tests zu einer Reihe anderer nichtparametrischer Tests berechnet, während Weissfeld u. Wieand (1984) obere Grenzen der A.R.E. für den Wilcoxon–Test und andere nichtparametrische Tests bestimmen.

Diskussion.
Der Wilcoxon–Test ist wohl der am häufigsten angewendete nichtparametrische Test für Lagealternativen. Er sollte stets dann dem t–Test vorgezogen werden, wenn die Annahme einer Normalverteilung als nicht gerechtfertigt erscheint. Wie bereits erwähnt, ist der Wilcoxon–Test äquivalent zum U–Test von Mann–Whitney, der auf folgender Teststatistik basiert:

$$U = \sum_{i=1}^{m} \sum_{j=1}^{n} W_{ij} \quad \text{mit} \quad W_{ij} = \begin{cases} 1 & \text{für } Y_j < X_i \quad i = 1, \ldots, m; \\ 0 & \text{für } Y_j > X_i \quad j = 1, \ldots, n. \end{cases}$$

136   5. Zweistichproben–Problem für unabhängige Stichproben

U gibt also an, wie haüfig x–Werte den y–Werten in der kombinierten, geordneten Stichprobe folgen; Beispiel (bereits kombiniert, geordnet): $yxyxxyxxx$, d.h., $U = 6 + 5 + 3 = 14$. Es kann gezeigt werden (Aufgabe 5a):

$$W_N = U + m(m+1)/2.$$

Alle Güteeigenschaften des Wilcoxon–Tests gelten somit auch für den U–Test.

Eine Modifikation des U–Tests, bei der analog zu Wilcoxons Vorzeichen–Rangtest im Einstichproben–Problem auch die Größe der absoluten Differenzen $|X_i - Y_j|$ berücksichtigt wird, bringt die Arbeit von Lemmer (1987). Dieser Test verhält sich in vielen Fällen, insbesondere dann, wenn neben Lage– auch noch Variabilitätsunterschiede in den beiden Verteilungen vorliegen, besser als der U–Test. Weitere Modifikationen des U– bzw. W_N–Tests für den Fall von Lage– und Variabilitätsunterschieden sind bei Sen (1962), Yuen Fung (1979) und Lepage (1971, 1973) zu finden. Zur Robustheit des Wilcoxon– und t–Tests bei Variabilitätsunterschieden siehe z.B. Büning (1991) und Lachenbruch (1992).

Streitberg u. Röhmel (1990) modifizieren den U–Test durch die Hinzunahme einer zweiten Teststatistik (abgeleitet aus der von Ansari–Bradley, siehe 5.5.4) und erhalten einen Test, der asymptotisch äquivalent zum U–Test ist, jedoch in dem Sinne gleichmäßig besser als dieser ist, als er stets H_0 ablehnt, wenn der U–Test ablehnt und in Situationen H_0 ablehnt, wenn der U–Test H_0 nicht abzulehnen vermag.

Für die Anwendung des Wilcoxon–Tests wird nur die Unabhängigkeit der Stichprobenvariablen und die Stetigkeit der beiden Verteilungen F, G gefordert. Sind F und G unstetig, dann ändert sich natürlich die Verteilung von W_N. Untersuchungen dazu finden sich neben den bereits erwähnten Arbeiten zum Problem der Bindungen u.a. bei Conover (1973b), McNeil (1967) und Chanda (1963). Beiträge zur asymptotischen Verteilung von W_N in bestimmten Abhängigkeitsmodellen der Stichprobenvariablen stammen von Serfling (1968) und Hollander u.a. (1974). Zimmermann u.a. (1993) haben die Güte des Wilcoxon–Tests und des t–Tests bei abhängigen Daten unter verschiedenen Verteilungen simuliert.

5.4.3   v.d. Waerden X_N–Test

Der X_N–Test von v.d. Waerden kann als Verknüpfung eines parametrischen mit einem nichtparametrischen Ansatz aufgefaßt werden, weil als Gewichte $g(i)$ in $L_N = \sum g(i) V_i$ Quantile der standardisierten Normalverteilung gewählt werden. Er ist ein bekannter Vertreter der sogenannten „normal–scores–tests", auf die wir in 5.4.4 und auch in 5.5 noch näher eingehen werden.

Daten. Die Beobachtungen $x_1, \ldots, x_m$ und $y_1, \ldots, y_n$ haben mindestens ordinales Meßniveau.

Annahmen.

(1) Die Stichprobenvariablen $X_1, \ldots, X_m, Y_1, \ldots, Y_n$ sind unabhängig.

(2) $X_1, \ldots, X_m$ und $Y_1, \ldots, Y_n$ haben stetige Verteilungsfunktionen F bzw. G.

Testproblem.

Test A: (zweiseitig)
$H_0 : G(z) = F(z)$
$H_1 : G(z) = F(z - \theta)$ für alle $z \in \mathbb{R}, \theta \neq 0$

Test B: (einseitig)
$H_0 : G(z) = F(z)$
$H_1 : G(z) = F(z - \theta)$ für alle $z \in \mathbb{R}, \theta < 0$

Test C: (einseitig)
$H_0 : G(z) = F(z)$
$H_1 : G(z) = F(z - \theta)$ für alle $z \in \mathbb{R}, \theta > 0$.

Teststatistik.

$$X_N = \sum_{i=1}^{N} \Phi^{-1} \left(\frac{i}{N+1} \right) V_i = \sum_{i=1}^{m} \Phi^{-1} \left(\frac{R_i}{N+1} \right);$$

dabei bedeutet Φ^{-1} die Inverse der standardisierten Normalverteilung und R_i der Rang von X_i, $i = 1, \ldots, m$.

Wegen $0 < \frac{i}{N+1} < 1$ gilt $-\infty < \Phi^{-1}\left(\frac{i}{N+1}\right) < \infty$. Die Gewichte $g(i)$ sind also Quantile der standardisierten Normalverteilung, siehe Tabelle C. Mit anderen Worten: die i-te geordnete Statistik der kombinierten, geordneten Stichprobe wird ersetzt durch das Quantil $Z_{i/(N+1)}$ der standardisierten Normalverteilung, sowie im Wilcoxon–Test der Rang i an die Stelle der i-ten geordneten Statistik trat. Wegen

$$\sum_{i=1}^{N} g(i) = \sum_{i=1}^{N} \Phi^{-1}\left(\frac{i}{N+1}\right) = 0$$

erhalten wir unmittelbar aus Satz 3:

$$E(X_N) = 0 \quad \text{und} \quad \text{Var}(X_N) = \frac{mn}{N(N-1)} \sum_{i=1}^{N} \left(\Phi^{-1}\left(\frac{i}{N+1}\right) \right)^2.$$

Die Herleitung der exakten Verteilung von X_N unter H_0 kann analog zum Wilcoxon–Test prinzipiell nach dem in 5.3.2 angegebenen Verfahren erfolgen. Sie soll hier zum Vergleich mit dem Wilcoxon–Test auch am Beispiel $m = 3$ und $n = 5$ demonstriert werden. Es gibt insgesamt $\binom{8}{3} = 56$ verschiedene Vektoren $v = (v_1, \ldots, v_N)$, die unter $H_0 : F = G$ alle dieselbe Wahrscheinlichkeit $1/56$ haben. Da X_N nach Satz 4 wegen $g(i) + g(N - i + 1) =$

138   5. Zweistichproben–Problem für unabhängige Stichproben

$\Phi^{-1}\left(\frac{i}{N+1}\right) + \Phi^{-1}\left(\frac{N-i+1}{N+1}\right) = 0$ symmetrisch um den Erwartungswert $\mu = 0$ verteilt ist, kann die „untere Hälfte" der Verteilung von X_N unmittelbar aus der „oberen Hälfte" bestimmt werden, die in folgender Tabelle zusammengestellt ist:

Tab. 5.4

i	$\Phi^{-1}(i/9)$	(r_1, r_2, r_3)	$X_N = x$	(r_1, r_2, r_3)	$X_N = x$
1	−1.22	6, 7, 8	2.41	3, 6, 7	0.76
2	−0.76	5, 7, 8	2.12	4, 5, 7	0.76
3	−0.43	4, 7, 8	1.84	3, 4, 8	0.65
4	−0.14	5, 6, 8	1.79	2, 5, 8	0.60
5	0.14	3, 7, 8	1.55	3, 5, 7	0.47
6	0.43	4, 6, 8	1.51	4, 5, 6	0.43
7	0.76	5, 6, 7	1.33	1, 6, 8	0.43
8	1.22	2, 7, 8	1.22	2, 6, 7	0.43
		3, 6, 8	1.22	2, 4, 8	0.32
		4, 5, 8	1.22	3, 4, 7	0.19
		4, 6, 7	1.05	1, 5, 8	0.14
		3, 5, 8	0.93	2, 5, 7	0.14
		2, 6, 8	0.89	3, 5, 6	0.14
		1, 7, 8	0.76	2, 3, 8	0.03

Für die restlichen 28 Rangaufteilungen der X_i, $i = 1, 2, 3$, berechnen wir $X_N = -x$, und zwar wie folgt: Ist $X_N = x$ für (r_1, r_2, r_3), dann ist $X_N = -x$ für $(9-r_1, 9-r_2, 9-r_3)$. Für $\alpha = 4/56 \approx 0.071$ ist das $(1-\alpha)$-Quantil $x_{1-\alpha} = 1.79$; dieselben 4 Rangtupel wie beim Wilcoxon-Test bilden den kritischen Bereich K für den (einseitigen) Test B: $K = \{(6,7,8), (5,7,8), (4,7,8), (5,6,8)\}$. Der Leser vergleiche die Verteilungen von W_N und X_N für $m = 3$, $n = 5$ und stelle ihre Unterschiede heraus!

Testprozeduren.

Test A: H_0 ablehnen, wenn $|X_N| \geq x_{1-\alpha/2}$

Test B: H_0 ablehnen, wenn $X_N \geq x_{1-\alpha}$

Test C: H_0 ablehnen, wenn $X_N \leq x_\alpha$.

Kritische Werte von X_N für $N \leq 50$ mit $|m-n| \leq 11$ finden sich in **Tabelle M**.

Wir betrachten wieder das Beispiel 1 aus 5.1: Der Iterationstest führte nicht zur Ablehnung von H_0, wohl aber der K–S-Test und der Wilcoxon-Test. Als kombinierte, geordnete Stichprobe erhielten wir:

$$y \ y \ y \ y \ y \ x \ y \ y \ y \ x \ x \ y \ x \ y \ x \ x \ x \ x \ ;$$

zu den x-Werten gehört also das Rangtupel: $(6, 10, 11, 13, 15, 16, 17, 18)$. Es ergibt sich dann

$$X_N = \Phi^{-1}\left(\frac{6}{19}\right) + \cdots + \Phi^{-1}\left(\frac{18}{19}\right) = 4.94.$$

Für $\alpha = 0.05$ ist $x_{1-\alpha/2} = 3.6$; d.h., H_0 wird abgelehnt.

Auftreten von Bindungen. Wegen der Annahme der Stetigkeit von F, G treten Bindungen mit der Wahrscheinlichkeit 0 auf; sie können jedoch aufgrund ungenauer Messungen vorliegen. Ein Problem ergibt sich nur dann, wenn Bindungen zwischen den x_i– und y_j– Werten auftreten. In diesem Fall kann eines der in Abschnitt 3.2 vorgeschlagenen Verfahren angewandt werden; in der Regel ist es die Methode der Durchschnittsränge. V.d. Waerden (1965) schlägt folgendes, seiner Ansicht nach bestes Verfahren vor, das natürlich auch bei anderen Rangtests für das Zweistichproben–Problem durchgeführt werden kann: Es liegen $c = a + b$ gleiche Werte $x_1, \ldots, x_a$ und $y_1, \ldots, y_b$ vor, denen die c Ränge $r, r+1, \ldots, r+c-1$ zuzuweisen sind. Wir verteilen nun die c Rangzahlen auf alle $c!$ möglichen Weisen auf die Werte $x_1 = \cdots = x_a = y_1 = \cdots = y_b$, berechnen jedesmal X_N und bilden dann das arithmetische Mittel aus allen diesen X_N–Werten. Für die praktische Rechnung bringt v.d. Waerden dazu ein vereinfachtes Verfahren, das den anfallenden Rechenaufwand erheblich verringert.

Große Stichproben. Für $N > 50$ kann die Verteilung von X_N unter H_0 nach den Ausführungen in 5.3.2 durch die Normalverteilung approximiert werden, denn es gilt:

$$Z = \frac{X_N}{\sqrt{\frac{mn}{N(N-1)} \sum_{i=1}^{N} \left(\Phi^{-1}\left(\frac{i}{N+1}\right)\right)^2}}$$

ist für $N \to \infty$ unter H_0 asymptotisch standardnormalverteilt; das bedeutet für

Test A: H_0 ablehnen, wenn $|Z| \geq z_{1-\alpha/2}$
Test B: H_0 ablehnen, wenn $Z \geq z_{1-\alpha}$
Test C: H_0 ablehnen, wenn $Z \leq z_\alpha$.

Eigenschaften.

(1) Der X_N–Test ist unverfälscht, siehe Witting u. Nölle (1970).

(2) Zur exakten Güteberechnung des X_N–Testes liegen nur wenige Beiträge vor, so z.B. bei v.d. Waerden (1952, 1953). Hier wird gezeigt, daß der X_N–Test bei gewissen nicht–normalen Alternativen größere Güte hat als der t–Test. Dieses Ergebnis findet eine Bestätigung bei der Betrachtung der A.R.E. des X_N–Tests zum t–Test für Lagealternativen bzgl. verschiedener Verteilungen. In der folgenden Tabelle sind die A.R.E.'s des X_N–Tests zum t–Test ($E_{X,t}$) und zum Wilcoxon–Test ($E_{X,W}$) zusammengestellt (siehe Hodges u. Lehmann (1961), Chernoff u. Savage (1958)):

Tab. 5.5

A.R.E.	Verteilung der Grundgesamtheit						
	normal	exponential	rechteck	doppelexponential	logistisch	untere Grenze	obere Grenze
$E_{X,t}$	1.000	∞	∞	1.237	1.047	1.000	∞
$E_{X,W}$	1.047	∞	∞	0.849	0.955	0.524	∞

Es sei vermerkt, daß die untere Grenze $E_{X,t} = 1$ dann und nur dann angenommen wird, wenn eine normalverteilte Grundgesamtheit vorliegt.

Diskussion. Die voranstehenden Ergebnisse zeigen — bei allem Vorbehalt gegenüber solchen A.R.E.-Vergleichen — eine „Überlegenheit" des X_N-Tests gegenüber dem t-Test. Der X_N-Test sollte auf jeden Fall dann dem t-Test vorgezogen werden, wenn die Annahme der Normalverteilung als nicht gerechtfertigt erscheint. Der Wilcoxon-Test hat höhere Effizienz als der X_N-Test für sogenannte „long-tailed" Verteilungen (Cauchy, Doppelexponential). Da die Anwendung des X_N-Tests außer der Tabelle mit den kritischen Werten auch noch eine solche mit Angaben von $\Phi^{-1}\left(\frac{i}{N+1}\right)$ erfordert, wird in der Praxis häufig der weniger rechenaufwendige Wilcoxon-Test bevorzugt.

5.4.4 Andere Verfahren

Im folgenden sei noch auf zwei weitere bekannte Rangtests, den Fisher–Yates–Terry–Hoeffding-Test und den Median–Test näher eingegangen. Danach wird noch kurz Fishers Permutationstest vorgestellt.

(1) Fisher–Yates–Terry–Hoeffding-Test

Der im letzten Abschnitt diskutierte X_N-Test wird zur Klasse der sogenannten normal–scores–Tests gezählt. Diese Tests basieren auf Teststatistiken, in denen die Gewichte $g(i)$ als Funktionen der geordneten Statistik einer standardnormalverteilten Grundgesamtheit (normal scores) definiert sind. In der X_N-Statistik sind die Gewichte über die Inverse der standardisierten Normalverteilung bestimmt (inverse normal scores transformation); in der sogenannten C_1-Statistik von Fisher–Yates–Terry–Hoeffding ist $g(i)$ der Erwartungswert der i-ten geordneten Statistik $Z_{(i)}$ einer Stichprobe aus einer standardnormalverteilten Grundgesamtheit:

$$C_1 = \sum_{i=1}^{N} E(Z_{(i)}) V_i.$$

Die Wahl der Gewichte $E(Z_{(i)})$ ist eine originelle Idee, wird doch dadurch die Annahme einer Normalverteilung für F, G „elegant umgangen". Betont sei hier ausdrücklich, daß $g(i) = E(Z_{(i)})$ keine Zufallsvariable, sondern eine Konstante ist.

5.4 Lineare Rangtests für Lagealternativen

Die Herleitung der exakten Verteilung von C_1 unter H_0 kann nach dem in 5.3.2 erläuterten Verfahren erfolgen, so wie es an einem Beispiel für die W_N- und die X_N-Statistik veranschaulicht wurde. Tabellen mit kritischen Werten für $N \leq 10$ wurden von Terry (1952) und für $N \leq 20$ von Klotz (1964) veröffentlicht. Die Anwendung des C_1-Tests erfordert ebenso wie der X_N-Test eine zweite Tabelle, hier die mit den Werten für $E(Z_{(i)})$. Harter (1961) hat eine solche Tabelle für $N = 2(1)100(25)250(50)400$ und $i = 1(1)N/2$ zusammengestellt.

Der C_1-Test ist unverfälscht gegen einseitige Alternativen $F \geq G$ bzw. $F \leq G$ (Lehmann (1959)). In den oben genannten Arbeiten von Terry und Klotz und insbesondere bei Milton (1970) finden sich für kleine m, n exakte Güteberechnungen des C_1-Tests und des t-Tests für Normalalternativen der Lage, siehe auch Büning (1973). Es zeigt sich, daß der C_1-Test für diese kleinen Stichprobenumfänge eine nur wenig geringere Güte als der t-Test aufweist. Gibbons (1964b) hat ebenfalls für Normalalternativen der Lage und $m = n = 3, 4, 5$ exakte Güteberechnungen u.a. bei folgenden Tests durchgeführt: Iterationstest, Wilcoxon-Test und C_1-Test. Während sich der Wilcoxon-Test und der C_1-Test als beste dieser Tests kaum unterscheiden, fällt der Interationstest deutlich dagegen ab.

Nach den Ausführungen in 5.3.2 ist die Teststatistik $Z = \frac{C_1 - E(C_1)}{\sqrt{\text{Var}(C_1)}}$ unter H_0 asymptotisch standardnormalverteilt mit $E(C_1) = 0$ und

$$\text{Var}(C_1) = \frac{mn}{N(N-1)} \sum_{i=1}^{N} \left(E(Z_{(i)})\right)^2.$$

Die Werte für $E(C_1)$ und $\text{Var}(C_1)$ ergeben sich unmittelbar aus Satz 3 wegen $E(Z_{(i)}) = -E(Z_{(N-i+1)})$ und damit $\sum_{i=1}^{N} E(Z_{(i)}) = 0$ (nach Satz 4 ist dann weiterhin C_1 unter H_0 symmetrisch um 0 verteilt). Für große N können somit die kritischen Werte des C_1-Tests approximativ über die Quantile der standardisierten Normalverteilung berechnet werden. Es kann gezeigt werden, daß der C_1-Test und der X_N-Test asymptotisch äquivalent sind, siehe Gibbons u. Chakraborti (1992). Zunächst gilt

$$\text{Var}(Z_{(i)}) = E\left(\left\{Z_{(i)} - E(Z_{(i)})\right\}^2\right) \to 0,$$

mit $N \to \infty$, d.h., $Z_{(i)} - E(Z_{(i)})$ konvergiert in Wahrscheinlichkeit gegen 0, wobei $E(Z_{(i)})$ die Gewichte der C_1-Statistik sind. Andererseits ist $\Phi(Z_{(i)})$ nach Satz 3.3 die i-te geordnete Statistik einer Stichprobe aus einer über $[0, 1]$ gleichverteilten Grundgesamtheit. Nach Beispiel 3.12 gilt dann:

$$E\left(\Phi(Z_{(i)})\right) = \frac{i}{N+1}$$

und

$$\operatorname{Var}\left(\Phi(Z_{(i)})\right) = \frac{i(N-i+1)}{(N+2)(N+1)^2} \to 0$$

mit $N \to \infty$. Folglich konvergiert $\Phi(Z_{(i)}) - E(\Phi(Z_{(i)}))$ in Wahrscheinlichkeit gegen 0. Beachtet man die Identität $E(\Phi(Z_{(i)})) = i/(N+1)$, so wird deutlich, daß $Z_{(i)} - \Phi^{-1}(\frac{i}{N+1})$ in Wahrscheinlichkeit gegen 0 konvergiert, wobei $\Phi^{-1}(\frac{i}{N+1})$ die Gewichte der X_N-Statistik sind. Da auch $Z_{(i)} - E(Z_{(i)})$ in Wahrscheinlichkeit gegen 0 konvergiert, ist die asymptotische Äquivalenz der beiden Tests gezeigt. Alle asymptotischen Eigenschaften, insbesondere die A.R.E.-Ergebnisse beim X_N-Test gelten somit auch für den C_1-Test.

(2) Median-Test

Die Gewichte $g(i)$ sind wie folgt definiert:

$$g(i) = \begin{cases} 1 & \text{falls } i > (N+1)/2 \\ 0 & \text{falls } i \leq (N+1)/2 \end{cases}$$

d.h., die lineare Rangstatistik $B_N = \sum\limits_{i=1}^{N} g(i)V_i$ mit obigen Gewichten $g(i)$ gibt die Anzahl der x_i-Werte an, die größer sind als der Median der kombinierten Stichprobe von $x_1, \ldots, x_m$ und $y_1, \ldots, y_n$. Unter $H_0 : F = G$ ist $B_N \approx m/2$ zu erwarten. Die Verteilung von B_N unter H_0 ist bestimmt durch:

$$P_{H_0}(B_N = k) = \frac{\binom{m}{k}\binom{n}{s-k}}{\binom{N}{s}} \text{ mit } s = [N/2],\ k = 0, 1, \ldots, s.$$

Kritische Werte können aus den Tabellen der hypergeometrischen Verteilung (siehe Lieberman u. Owen (1961)) gefunden und für große N approximativ über die Normalverteilung bestimmt werden, denn

$$Z = \frac{B_N - ms/N}{\sqrt{mns(N-s)/N^3}}$$

ist asymptotisch standardnormalverteilt. Mood (1954) hat gezeigt, daß die A.R.E. des Median-Tests zum t-Test bei Normalalternativen gleich $2/\pi \approx 0.637$ ist; bei Doppelexponentialverteilung ist sie gleich 2. Der Median-Test ist also sehr effizient für symmetrische Verteilungen mit starken Tails. Für weitere Einzelheiten zum Median-Test sei auf Gibbons u. Chakraborti (1992) verwiesen. Ein gegenüber dem Median-Test verfeinertes Verfahren ist der „Median-Quartile-Test" von Bauer (1962).

(3) Fishers Permutationstest

Wenngleich dieser Test kein Rangtest ist, wollen wir ihn hier kurz beschreiben. Die Teststatistik lautet: $D = \bar{X} - \bar{Y}$ mit $\bar{X} = \frac{1}{m} \sum_{i=1}^{m} X_i$ und $\bar{Y} = \frac{1}{n} \sum_{j=1}^{n} Y_j$. Wir teilen die $N = m + n$ Beobachtungen $x_1, \ldots, x_m, y_1, \ldots, y_n$ in zwei Gruppen vom Umfang m bzw. n auf alle $k = \binom{M}{m}$ mögliche Weisen ein und berechnen jeweils die Differenzen d_i zwischen den Mittelwerten der beiden Gruppen. Dann werden die k Differenzen d_i der Größe nach geordnet. Die Nullhypothese $H_0 : F = G$ wird dann beispielsweise für einen zweiseitigen Test vom Niveau $\alpha = 0.05$ abgelehnt, wenn die beobachtete Differenz $D = d$ entweder zu den 2.5% kleinsten oder zu den 2.5% größten der k Differenzen d_i gehört. Dieser Permutationstest hat die gleiche Effizienz wie der t–Test für normalverteilte Grundgesamtheiten (Lehmann u. Stein (1949)).

5.4.5 Lokal optimale Rangtests

Wir hatten bereits im Abschnitt 4.4.4 des Einstichproben–Lageproblems einen lokal optimalen Rangtest als einen solchen Test definiert, der die Güte des Tests „in der Nähe der Nullhypothese" maximiert. Im Zweistichproben–Lageproblem sind unter H_0 die Stichprobenvariablen $X_1, \ldots, X_m, Y_1, \ldots, Y_n$ alle nach F verteilt, die Alternativhypothese werde durch $G(z) = F(z - \theta)$ mit $\theta > 0$ beschrieben. Dann läßt sich zeigen, daß unter gewissen Bedingungen der lokal optimale Rangtest für eine vorgegebene Verteilungsfunktion F mit Dichte f durch folgende Gewichte bestimmt ist (siehe Randles u. Wolfe (1979)):

$$g_{\text{opt}}(i, f) = E \left(\frac{-f'\left(F^{-1}\left(U_{(i)}\right)\right)}{f\left(F^{-1}\left(U_{(i)}\right)\right)} \right) ,$$

wobei $U_{(1)}, \ldots, U_{(N)}$ die geordnete Statistik von N über (0,1) gleichverteilten Zufallsvariablen ist. Die Überlegungen, die zu den Gewichten $g_{\text{opt}}(i, f)$ führen, sind analog zu denen in 4.4.4. Der auf diesen Gewichten basierende lineare Rangtest ist asymptotisch äquivalent zum linearen Rangtest mit den Gewichten

$$\tilde{g}_{\text{opt}}(i, f) = \frac{-f'\left(F^{-1}\left(\frac{i}{N+1}\right)\right)}{f\left(F^{-1}\left(\frac{i}{N+1}\right)\right)} ;$$

zur Interpretation von f'/f siehe Abschnitt 4.4.4. Wie dort an einigen Beispielen demonstriert, lassen sich nun auch hier für bestimmte Verteilungsfunktionen F die lokal optimalen Rangtests ableiten.

Beispiel 4:

(a) Normalverteilung

$$\tilde{g}_{\text{opt}}(i, f) = \Phi^{-1}\left(\frac{i}{N+1}\right) .$$

144   5. Zweistichproben–Problem für unabhängige Stichproben

Das ist der v.d. Waerden–Test.

(b) Logistische Verteilung

$$\tilde{g}_{\text{opt}}(i,f) = \frac{2i}{N+1} - 1 \;.$$

Das ist — abgesehen von Konstanten — der Wilcoxon–Test.

(c) Doppelexponentialverteilung

Es gilt:

$$\frac{-f'(x)}{f(x)} = \begin{cases} 1 & \text{für } x < 0 \\ -1 & \text{für } x > 0 \end{cases}.$$

Wegen $F^{-1}\left(\frac{i}{N+1}\right) > 0 \Leftrightarrow \frac{i}{N+1} > \frac{1}{2} \Leftrightarrow i > \frac{1}{2}(N+1)$ folgt

$$\tilde{g}_{\text{opt}}(i,f) = \begin{cases} 1 & \text{für } i > \frac{1}{2}(N+1) \\ -1 & \text{für } i < \frac{1}{2}(N+1) \end{cases}.$$

Der Test mit diesen Gewichten zählt also die Anzahl der x–Beobachtungen, die oberhalb (+1) bzw. unterhalb (−1) des Medians der kombinierten x, y–Stichprobe liegen. Dieser lineare Rangtest entspricht dem Median–Test aus 5.4.4.

Wie wir unter (b) gesehen haben, ist der Wilcoxon–Test lokal bester Rangtest bei einer logistischen Verteilung (mittlere bis starke Tails). Van der Laan u. Weima (1980) leiten die asymptotische Güte des Wilcoxon–Tests unter der logistischen Verteilung her und vergleichen zwei entsprechende Approximationen mit simulierten Gütewerten für diese Verteilung.

5.5   Lineare Rangtests für Variabilitätsalternativen

5.5.1   Variabilitätsalternativen

In Abschnitt 5.4.1 haben wir Lagealternativen $G(z) = F(z - \theta)$ mit $\theta \neq 0$, $\theta > 0$, $\theta < 0$ als Spezialfälle der allgemeinen Alternativen $F \neq G$, $F \geq G$ bzw. $F \leq G$ betrachtet und in den folgenden Abschnitten dann einige im Vergleich zum t–Test sehr effiziente Rangtests für solche Lagealternativen kennengelernt. Unter der Annahme $G(z) = F(z - \theta)$ für alle z und ein beliebiges, aber festes θ stammen die Zufallsvariablen X und $Y - \theta$ aus identisch verteilten Grundgesamtheiten; es gilt insbesondere:

$$\mu_X = \mu_Y - \theta \quad \text{und} \quad \sigma_X^2 = \sigma_Y^2.$$

In diesem Abschnitt wollen wir Rangtests für sogenannte Variabilitätsalternativen untersuchen:

$H_1 : G(z) = F(\theta z)$ für alle $z \in \mathbb{R}$, $\theta > 0$,

mit $\theta \neq 1$ (zweiseitig), $\theta > 1$ bzw. $\theta < 1$ (einseitig). Unter H_1 haben die Variablen X und θY dieselbe Verteilung; für die Momente gilt nun:

$$\mu_X = \theta \mu_Y \quad \text{und} \quad \sigma_X^2 = \theta^2 \sigma_Y^2.$$

Variabilitätsalternativen schließen also Unterschiede bzgl. der Erwartungswerte und der Varianzen ein; mit anderen Worten: Ein Test für Variabilitätsalternativen ist im allgemeinen kein Test auf Varianzunterschiede, da diese durch mögliche Unterschiede der Erwartungswerte „verdeckt" werden können. In der englischsprachigen Literatur wird diesem Sachverhalt durch die Unterscheidung von „test for scale" und „test for dispersion" Rechnung getragen. Für den Fall $\mu_X = \mu_Y = 0$ können Tests auf Variabilität auch als Tests auf Varianz aufgefaßt werden. Bei der Einführung geeigneter Rangtests für Variabilitätsalternativen werden wir voraussetzen, daß die Mediane von F und G gleich sind.

Die Alternativen $\theta > 1$ und $\theta < 1$ in H_1 bedeuten dann, daß die x_i-Werte stärker bzw. weniger streuen als die y_j-Werte.

Im Gegensatz zu den Lagealternativen können hier $\theta \neq 1$, $\theta > 1$, $\theta < 1$ generell nicht als Spezialfälle von $F \neq G$, $F > G$ bzw. $F < G$ angesehen werden, was die folgende Abbildung 5.4 für $\theta > 1$ veranschaulichen möge; darin sind f und g die zu F bzw. G gehörenden Dichten. Offensichtlich gilt $F(z_1) > G(z_1)$, aber $F(z_2) < G(z_2)$. Wird Normalverteilung unterstellt ($F = G = \Phi$), dann ist der F-Test das parametrische „Gegenstück" (siehe Abschnitt 2.8) mit der Nullhypothese $H_0 : \sigma_X = \sigma_Y$. Die Anwendung des F-Tests erfordert nicht die Gleichheit von μ_X und μ_Y. So entsprechen die parametrischen Alternativen $\sigma_X \neq \sigma_Y$, $\sigma_X > \sigma_Y$, $\sigma_X < \sigma_Y$ den Variabilitätsalternativen $\theta \neq 1$, $\theta > 1$, $\theta < 1$ für $\theta = \sigma_X / \sigma_Y$. Damit ist ein (Güte-)Vergleich zwischen dem F-Test und den nun zu diskutierenden Rangtests für Variabilitätsalternativen möglich.

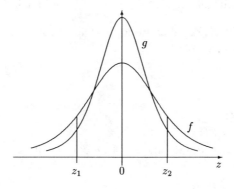

Abb. 5.4

5. Zweistichproben–Problem für unabhängige Stichproben

Während bei den Lagetests den kleinen Meßwerten niedrige Rangzahlen und den großen Meßwerten hohe Rangzahlen zugeordnet wurden (auch das Umgekehrte wäre möglich), liegt es nahe, für Tests auf Variabilität wie folgt zu verfahren: Den extrem großen und extrem kleinen Meßwerten niedrige Rangzahlen und den mittleren Meßwerten hohe Rangzahlen zuzuweisen (oder umgekehrt). Zwei solche Verfahren seien in den beiden folgenden Graphiken veranschaulicht:

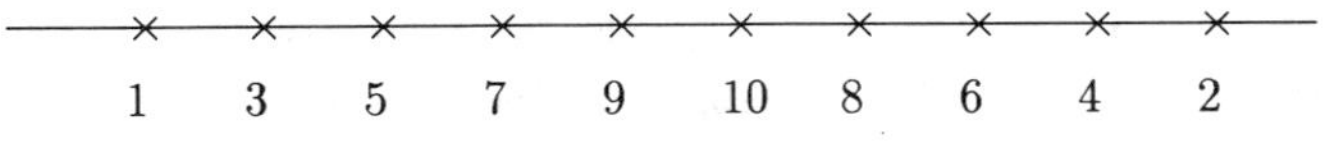

```
  ×   ×   ×   ×   ×   ×   ×   ×   ×   ×
  1   3   5   7   9  10   8   6   4   2
```
Abb. 5.5

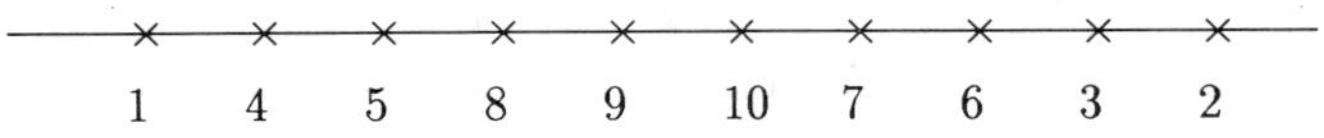

```
  ×   ×   ×   ×   ×   ×   ×   ×   ×   ×
  1   4   5   8   9  10   7   6   3   2
```
Abb. 5.6

Kleine Rangsummen für die Variablen X_i (Y_j) bedeuten eine größere Streuung der X_i (Y_j). Der folgende Test von Siegel–Tukey basiert auf dem in Abb. 5.6 angegebenen Schema der Rangzuweisung.

5.5.2 Siegel–Tukey–Test

Der Test von Siegel u. Tukey (1960) für Variabilitätsalternativen kann als Analogon zum Wilcoxon-Rangsummentest bei Lagealternativen aufgefaßt werden.

Daten. Die Beobachtungen $x_1, \ldots, x_m$ und $y_1, \ldots, y_n$ haben mindestens ordinales Meßniveau.

Annahmen.

(1) Die Stichprobenvariablen $X_1, \ldots, X_m, Y_1, \ldots, Y_n$ sind unabhängig.

(2) $X_1, \ldots, X_m$ und $Y_1, \ldots, Y_n$ haben stetige Verteilungsfunktionen F bzw. G mit gleichem (unbekannten) Median.

Testproblem.

Test A: (zweiseitig)
$H_0 : G(z) = F(z)$
$H_1 : G(z) = F(\theta z)$ für alle $z \in \mathbb{R}$, $\theta \neq 1$, $\theta > 0$

Test B: (einseitig)
$H_0 : G(z) = F(z)$
$H_1 : G(z) = F(\theta z)$ für alle $z \in \mathbb{R}$, $\theta > 1$

Test C: (einseitig)
$$H_0 : G(z) = F(z)$$
$$H_1 : G(z) = F(\theta z) \text{ für alle } z \in \mathbb{R}, \ 0 < \theta < 1.$$

Teststatistik. Nach dem in Abb. 5.6 aus 5.5.1 angegebenem Schema für die Rangzuweisung ist die Siegel–Tukey–Statistik für gerades N wie folgt definiert (zur Notation siehe Abschnitt 5.3.1):

$$S_N = \sum_{i=1}^{N} g(i) V_i \quad \text{mit}$$

$$g(i) = \begin{cases} 2i & \text{für } i \text{ gerade und } 1 < i \leq N/2 \\ 2(N-i) + 2 & \text{für } i \text{ gerade und } N/2 < i \leq N \\ 2i - 1 & \text{für } i \text{ ungerade und } 1 \leq i \leq N/2 \\ 2(N-i) + 1 & \text{für } i \text{ ungerade und } N/2 < i < N. \end{cases}$$

Ist N ungerade, dann wird die mittlere Beobachtung in der kombinierten, geordneten Stichprobe gestrichen und $g(i)$ für $N^\star = N - 1$ berechnet. Dieses Verfahren erzeugt die Symmetrie in der Summe benachbarter Gewichte $g(i)$, Beispiel ($N = 9$):

1 4 5 8 $\boxed{9}$ 7 6 3 2
$1 + 4 = 2 + 3, 4 + 5 = 3 + 6, 5 + 8 = 6 + 7.$

Die (symmetrische) Verteilung von S_N ist *unter* H_0 offensichtlich gleich der (symmetrischen) Verteilung der Wilcoxon–Statistik W_N (siehe 5.4.2), d.h. insbesondere:

$$E(S_N) = \frac{m(N+1)}{2} \quad \text{und} \quad \text{Var}(S_N) = \frac{mn(N+1)}{12}.$$

Testprozeduren.

Test A: H_0 ablehnen, wenn $S_N \geq w_{1-\alpha/2}$ oder $S_N \leq w_{\alpha/2}$
Test B: H_0 ablehnen, wenn $S_N \leq w_\alpha$
Test C: H_0 ablehnen, wenn $S_N \geq w_{1-\alpha}$.

Kritische Werte w_α von S_N sind in **Tabelle L** für $m, n \leq 25$ und verschiedene α angegeben. Wegen der Symmetrie der Verteilung von S_N ist dann $w_{1-\alpha} = m(N+1) - w_\alpha$.

Für das in 5.1 angeführte Beispiel 1 haben die Lagetests von Wilcoxon und v.d. Waerden zur Ablehnung von $H_0 : F = G$ geführt (zweiseitiger Test, $\alpha = 0.05$). Die kombinierte, geordnete Stichprobe y y y y y x y y y x x y x y x x x x läßt auch „intuitiv" auf einen Unterschied in der Lage der beiden Verteilungen von X und Y schließen. Der Test von Siegel–Tukey deckt natürlich solche Lageunterschiede nicht auf. Zur Überprüfung von Variabilitätsunterschieden mit diesem Test erfolgt die Rangzuweisung nach dem folgenden Schema

148   5. Zweistichproben–Problem für unabhängige Stichproben

y	y	y	y	y	x	y	y	y	x	x	y	x	y	x	x	x	x
1	4	5	8	9	12	13	16	17	18	15	14	11	10	7	6	3	2

d.h., $S_N = 12+18+15+11+7+6+3+2 = 74$. Für $\alpha = 0.05$ ist $w_{\alpha/2} = 53$ und $w_{1-\alpha/2} = 99$, d.h., H_0 wird nicht abgelehnt.

Beispiel 5: Im folgenden Problem besteht vermutlich ein Variabilitätsunterschied bezüglich der Verteilungen von X und Y:

x	x	y	y	y	y	y	y	y	x
1	4	5	8	9	10	7	6	3	2.

Für den (einseitigen) Test $H_0 : F(z) = G(z)$ gegen $H_1 : G(z) = F(\theta z)$, $\theta > 1$, ergibt sich: $S_N = 1 + 4 + 2 = 7$. Es ist $w_{0.05} = 8$, d.h., H_0 wird für $\alpha = 0.05$ abgelehnt.

Auftreten von Bindungen. Hierzu wird auf die entsprechenden Ausführungen beim Wilcoxon–Test W_N in 5.4.2 verwiesen. Vermerkt sei, daß die exakten Verteilungen von W_N und S_N nicht unbedingt identisch sind, wenn die Methode der Durchschnittsränge angewendet wird, siehe v. Eeden (1964).

Große Stichproben. Da S_N unter H_0 (für stetige F, G) die gleiche Verteilung wie W_N hat, können die (approximativen) kritischen Werte für den Siegel–Tukey–Test genau wie beim Wilcoxon–Test bestimmt werden.

Eigenschaften.

(1) Der einseitige und zweiseitige Siegel–Tukey–Test ist konsistent gegen die entsprechenden Alternativen $\theta > 1$, $\theta < 1$ bzw. $\theta \neq 1$, siehe v. Eeden (1964) und Ansari u. Bradley (1960).

(2) Über die exakte Güte des S_N-Tests liegen so gut wie keine Ergebnisse vor. Klotz (1962) hat bei Normalverteilungsalternativen mit $\theta = \sigma_X/\sigma_Y = 2, 3, 4$ für $m = n = 4, 5$ und verschiedene α Gütewerte berechnet. Die A.R.E. des S_N-Tests zum F-Test ist für normalverteilte Grundgesamtheiten gleich 0.608, für gleichverteilte gleich 0.60 und für doppelexponentialverteilte gleich 0.94; sie hat die untere Grenze 0 und ist nach oben nicht beschränkt (Ansari u. Bradley (1960)). A.R.E.'s des S_N-Tests zu den noch zu besprechenden Tests von Mood und Klotz finden sich in der oben zitierten Arbeit von Klotz.

Diskussion. Die Anwendung des S_N-Tests basiert auf der Annahme, daß F und G vom selben Verteilungstyp sind und — was wichtig ist — gleichen Median haben; nur Unterschiede bezüglich des Variabilitätsparameters θ werden getestet. Lagedifferenzen allein, die

Verschiedenheit der Verteilungen F und G oder Streuungsunterschiede bei ungleichen Medianen deckt dieser Test generell nicht auf. Wir wollen den Sachverhalt an einem Beispiel veranschaulichen. Folgende kombinierte, geordnete Stichprobe liege vor:

$$x \quad x \quad x \quad x \quad x \quad y \quad y \quad y \quad y \quad y.$$

Sie kann Resultat zweier völlig verschiedener Verteilungen F, G sein, oder ein Unterschied der Mediane der beiden Verteilungen (vom gleichen Typ) mag vorliegen. Dabei können zudem die x–Werte stärker streuen als die y–Werte oder umgekehrt. Wir erhalten $S_N = 1+4+5+8+9 = 27$. Selbst für $\alpha = 0.5$ führt der zweiseitige S_N–Test nicht zur Ablehnung von $H_0 : F = G$. Ein kritischer Beitrag zu diesem hier aufgezeigten Problem der Anwendung von Rangtests für Variabilitätsalternativen ist bei Moses (1963) zu finden. Einen Test für Variabilitätsalternativen *ohne* die Annahme gleicher Mediane von F und G schlagen Deshpandé u. Kusum (1984) vor; siehe auch den Moses–Test in 5.5.4.

Der F–Test ist wenig robust bei Abweichungen von der Normalverteilung, siehe dazu z.B. Gayen (1950), Box (1953) Tiku u.a. (1986) und Büning (1991). Erscheint also die Annahme der Normalverteilung als nicht gerechtfertigt, dann sollte für Variabilitätsalternativen stets ein Rangtest dem F–Test vorgezogen werden, z.B. der S_N–Test. In den folgenden beiden Abschnitten werden wir noch effizientere Rangtests für dieses Problem kennenlernen.

5.5.3 Mood–Test

Die Statistik von Mood (1954) ist ein weiterer Spezialfall der linearen Rangstatistik $L_N = \sum g(i) V_i$ (siehe Abschnitt 5.3.1).

Während die Statistik S_N von Siegel–Tukey die Streuung der x_i–Werte und y_j–Werte dadurch charakterisiert, daß die Werte am oberen und unteren Ende der kombinierten, geordneten Stichprobe von $x_1, \ldots, x_m$ und $y_1, \ldots, y_n$ mit kleinen Rangzahlen belegt werden, mißt die Mood–Statistik unmittelbar die Abweichungen der Ränge der x_i von der mittleren Rangzahl $(N+1)/2$. Die Wahl einer Teststatistik der Form $\sum_{i=1}^{N} \left(i - \frac{N+1}{2} \right) V_i$ wäre allerdings wenig sinnvoll, weil sich hier (große) positive und (große) negative Differenzen aufheben können, wie das folgende Beispiel zeigt:

Für $x\ y\ y\ y\ x$ ergibt sich $(N+1)/2 = 3$ und $\sum_{i=1}^{5}(i-3)V_i = -2+2 = 0$. So liegt es nahe, Teststatistiken der Form $\sum_{i=1}^{N} \left| i - \frac{N+1}{2} \right| V_i$ oder $\sum_{i=1}^{N} \left(i - \frac{N+1}{2} \right)^{2k} V_i$, $k = 1, 2, \ldots$ zu betrachten. Die von Mood vorgeschlagene Statistik ist als Summe der Abweichungsquadrate definiert ($k = 1$).

Daten. Die Beobachtungen $x_1, \ldots, x_m$ und $y_1, \ldots, y_n$ haben mindestens ordinales Meßniveau.

5. Zweistichproben–Problem für unabhängige Stichproben

Annahmen.

(1) Die Stichprobenvariablen $X_1,\ldots,X_m,Y_1,\ldots,Y_n$ sind unabhängig.

(2) $X_1,\ldots,X_m$ und $Y_1,\ldots,Y_n$ haben stetige Verteilungsfunktionen F bzw. G mit gleichem (unbekannten) Median.

Testproblem.

Test A: (zweiseitig)
$H_0 : G(z) = F(z)$
$H_1 : G(z) = F(\theta z)$ für alle $z \in \mathbb{R},\ \theta \neq 1,\ \theta > 0$

Test B: (einseitig)
$H_0 : G(z) = F(z)$
$H_1 : G(z) = F(\theta z)$ für alle $z \in \mathbb{R},\ \theta > 1$

Test C: (einseitig)
$H_0 : G(z) = F(z)$
$H_1 : G(z) = F(\theta z)$ für alle $z \in \mathbb{R},\ 0 < \theta < 1$.

Teststatistik. $M_N = \sum_{i=1}^{N} \left(i - \frac{N+1}{2}\right)^2 V_i$, d.h., $g(i) = \left(i - \frac{N+1}{2}\right)^2$. Große Werte von M_N zeigen an, daß die x_i-Werte stärker streuen als die y_j-Werte und umgekehrt. Für den Erwartungswert und die Varianz von M_N ergibt sich mit Hilfe von Satz 3 (siehe Aufgabe 6):

$$E(M_N) = \frac{m(N^2 - 1)}{12}$$
$$\text{Var}(M_N) = \frac{mn(N+1)(N^2 - 4)}{180}.$$

Die Verteilung von M_N ist nur für $m = n = N/2$ symmetrisch um den Erwartungswert $N(N^2-1)/24$ (siehe Aufgabe 1). Ihre Herleitung kann nach dem in 5.3.1 beschriebenen Verfahren durch einfaches Auszählen erfolgen, so wir wie es bereits bei den Tests von Wilcoxon und v.d. Waerden dargestellt haben. Für die Mood-Statistik sei das Verfahren am Beispiel $m = 3$, $n = 4$ für die sechs größten Werte von M_N veranschaulicht. Es gibt insgesamt $\binom{7}{3} = 35$ Rangaufteilungen, und es ist $(N+1)/2 = 4$.

Tab. 5.6

c	Ränge der X_i	$P(M_N = c)$
22	1,2,7	
22	1,6,7	2/35
19	1,3,7	
19	1,5,7	2/35
17	1,2,6	
17	2,6,7	2/35

Für $\alpha = 4/35 \approx 0.114$ ist also das $(1-\alpha)$-Quantil $c_{1-\alpha} = 19$; ist $\alpha = 0.1$ vorgegeben, dann ist $k = [0.1 \times 35] = 3$. Durch ein zusätzliches Zufallsexperiment (z.B. Münzwurf) könnte nun festgelegt werden, welche der beiden Rangkombinationen, die den Wert $M_N = 19$ ergeben, zum kritischen Bereich gezählt wird (exaktes Testniveau $3/35 \approx 0.086$). Ohne eine derartige Randomisierung wird das Testniveau $\alpha = 0.1$ für $k = 2$ und damit $c_{1-\alpha} = 22$ weit unterschritten (exakt $\alpha = 2/35 \approx 0.057$). Eine Rechenhilfe für die vollständige Angabe der Verteilung von M_N ist durch die Gültigkeit der Beziehung $g(i) = g(N - i + 1)$, $i = 1, \ldots, N$ gegeben.

Testprozeduren.

Test A: H_0 ablehnen, wenn $M_N \geq c_{1-\alpha/2}$ oder $M_N \leq c_{\alpha/2}$

Test B: H_0 ablehnen, wenn $M_N \geq c_{1-\alpha}$

Test C: H_0 ablehnen, wenn $M_N \leq c_\alpha$.

Kritische Werte von M_N sind für m, n mit $m + n \leq 20$ und verschiedene α in **Tabelle N** angegeben.

Für das in 5.1 angeführte und auch u.a. beim Siegel–Tukey-Test behandelte Beispiel 1 liegt folgende kombinierte, geordnete Stichprobe vor:

$$y\ y\ y\ y\ y\ x\ y\ y\ y\ x\ x\ y\ x\ y\ x\ x\ x\ x\ .$$

Es ist $(N+1)/2 = 9.5$ und damit

$$\begin{aligned}
M_N &= (6-9.5)^2 + (10-9.5)^2 + (11-9.5)^2 + (13-9.5)^2 \\
&\quad + (15-9.5)^2 + (16-9.5)^2 + (17-9.5)^2 + (18-9.5)^2 \\
&= 228.
\end{aligned}$$

Für $\alpha = 0.2$ ist $c_{0.1} = 146$ und $c_{0.9} = 280$, d.h., H_0 wird auf diesem Testniveau *nicht* abgelehnt (vergleiche dazu die Bemerkungen bei der Anwendung des Siegel–Tukey-Tests auf dieses Beispiel).

5. Zweistichproben–Problem für unabhängige Stichproben

Beispiel 6: Einseitiger Test (Test B), $\alpha = 0.05$. Es liege vor:

$$x \quad y \quad x \quad y \quad y \quad y \quad y \quad y \quad x,$$

d.h., $(N+1)/2 = 5$ und $M_N = (1-5)^2 + (3-5)^2 + (9-5)^2 = 36$. Wegen $c_{0.95} = 33$ wird H_0 abgelehnt.

Auftreten von Bindungen. Die aufgrund der Meßungenauigkeit auftretenden Bindungen spielen nur eine Rolle, wenn sie zwischen den x_i– und den y_j–Werten vorliegen. Dann kann eines der in Abschnitt 3.2 angegebenen Verfahren angewendet werden; in der Praxis wird die Methode der Durchschnittsränge bevorzugt.

Große Stichproben. Für $m + n > 20$ kann die Verteilung von M_N unter H_0 nach den Ausführungen in 5.3 durch die Normalverteilung approximiert werden, denn

$$Z = \frac{M_N - m(N^2-1)/12}{\sqrt{mn(N+1)(N^2-4)/180}}$$

ist für $N \to \infty$ asymptotisch standardnormalverteilt, d.h.,

Test A: H_0 ablehnen, wenn $|Z| \geq z_{1-\alpha/2}$

Test B: H_0 ablehnen, wenn $Z \geq z_{1-\alpha}$

Test C: H_0 ablehnen, wenn $Z \leq z_\alpha$.

Laubscher u.a. (1968) haben für $m = n = 5$ und $m = n = 10$ die exakten und approximativen Wahrscheinlichkeiten miteinander verglichen. Es zeigt sich, daß die Unterschiede schon für diese kleinen Stichprobenumfänge m, n sehr gering sind.

Eigenschaften.

(1) Der einseitige und der zweiseitige Mood–Test ist konsistent gegen die angegebenen Alternativen $\theta < 1$, $\theta > 1$ bzw $\theta \neq 1$, siehe z.B. v. Eeden (1964).

(2) Exakte Güteberechnungen des Mood–Tests liegen u.W. nicht vor. Die A.R.E. des Mood–Tests zum F–Test ist für normalverteilte Grundgesamtheiten gleich 0.76, für gleichverteilte gleich 1 und für doppelexponentialverteilte gleich 1.08; die A.R.E. hat eine untere Grenze von 0 und ist nach oben nicht beschränkt (Klotz (1962)). Der Vergleich mit den entsprechenden Angaben beim Siegel–Tukey–Test zeigt eine höhere Effizienz des Mood–Tests.

Diskussion. Der Mood–Test ist für Variabilitätsalternativen unter Berücksichtigung der A.R.E.–Ergebnisse ein echter Konkurrent des F–Tests und sollte auf jeden Fall dem F–Test vorgezogen werden, wenn die Annahme der Normalverteilung fragwürdig erscheint. Er ist ebenso wie der Siegel–Tukey–Test kein Test zum Nachweis allgemeiner Streuungsunterschiede zwischen den beiden Grundgesamtheiten, falls die Mediane von F und G (sehr) verschieden sind. In diesem Fall kann die Nullhypothese angenommen werden, obwohl die x_i-Werte und die y_j-Werte unterschiedlich stark streuen (siehe dazu die Diskussion beim Siegel–Tukey–Test).

5.5.4 Andere Verfahren

Es gibt eine Reihe weiterer Tests für Variabilitätsalternativen, von denen nun noch einige erwähnt seien. Einen Überblick über solche Tests bringt die Arbeit von Duran (1976).

(1) Test von Ansari–Bradley

Während die Mood–Statistik gleich der Summe der *Abweichungsquadrate* der Ränge der x_i vom arithmetischen Mittel $\frac{N+1}{2}$ ist, gibt es eine Klasse von Tests, die auf der Summe der *Absolutbeträge* der Abweichungen basieren (siehe dazu 5.5.1):

$$D_N = \sum_{i=1}^{N} \left| i - \frac{N+1}{2} \right| V_i.$$

Der wohl bekannteste unter ihnen ist der Test von Ansari–Bradley (1960):

$$\begin{aligned} A_N &= \sum_{i=1}^{N} \left(\frac{N+1}{2} - \left| i - \frac{N+1}{2} \right| \right) V_i \\ &= \frac{m(N+1)}{2} - D_N. \end{aligned}$$

Hier werden also der kleinsten *und* größten Beobachtung in der kombinierten, geordneten Stichprobe der Rang 1, der zweitkleinsten *und* zweitgrößten Beobachtung der Rang 2 usw. zugeordnet. Dann erhalten wir die Folge der Ränge gemäß

N gerade: $\quad 1, 2, 3, \ldots, N/2, N/2, \ldots, 3, 2, 1$

N ungerade: $\quad 1, 2, 3, \ldots, (N-1)/2, (N+1)/2, (N-1)/2, \ldots, 3, 2, 1.$

Je kleiner A_N ist, desto mehr streuen die x_i-Werte. Quantile der Verteilung von A_N unter H_0 haben Ansari u. Bradley (1960) für $m+n \leq 20$ und verschiedene α berechnet. Dort wird auch der Beweis der Konsistenz gegen die Alternative $\theta \neq 1$ erbracht. Die asymptotische relative Effizienz des A_N-Tests ist gleich der des Siegel–Tukey–Tests (siehe Abschnitt 5.5.2).

(2) Tests von Klotz und Capon

Wir hatten mit dem X_N-Test von v.d. Waerden und dem C_1-Test von Fisher–Yates–Terry–Hoeffding zwei Lagetests kennengelernt, bei denen die Gewichte $g(i)$ der Teststatistiken als Funktionen von sogenannten normal scores definiert sind:

X_N-Test (inverse normal scores transformation): $\quad g(i) = \Phi^{-1}\left(\frac{i}{N+1}\right),$

C_1-Test (expected normal scores): $\quad g(i) = E(Z_{(i)}).$

5. Zweistichproben–Problem für unabhängige Stichproben

Klotz (1962) hat für einen Test auf Variabilität das Quadrat von $g(i)$ in der X_N-Statistik gewählt, Capon (1961) den Erwartungswert des Quadrats von $Z_{(i)}$:

$$K_N = \sum_{i=1}^{N} \left[\Phi^{-1}\left(\frac{i}{N+1}\right) \right]^2 V_i$$

$$C_N = \sum_{i=1}^{N} E\left(Z_{(i)}^2\right) V_i.$$

Ebenso naheliegend wäre es, eine Teststatistik über das Quadrat des Erwartungwertes $E(Z_{(i)})$ zu definieren.

Quantile der Verteilung von K_N unter H_0 für $8 \leq N \leq 20$ sind in der erwähnten Arbeit von Klotz zu finden; ebenfalls dort Güteberechnungen bei Normalverteilungsalternativen $\theta = \sigma_X/\sigma_Y = 2, 3, 4$ und $m = n = 4, 5$. Ein Vergleich mit dem F-Test zeigt eine nennenswert geringere Güte des K_N-Tests.

Die Verteilung von C_N unter H_0 liegt u.W. selbst für kleine m, n bislang nicht vor. Die Gewichte $E(Z_{(i)}^2)$ sind für $N \leq 20$ bei Teichroew (1956) tabelliert.

Der K_N-Test und der C_N-Test sind asymptotisch äquivalent, was wie beim X_N-Test und C_1-Test gezeigt werden kann. In der folgenden Tabelle sind die A.R.E.'s des K_N-Tests (C_N-Tests) zum F-Test ($E_{K,F}$), des Mood-Tests und des Siegel-Tukey-Tests zum K_N-Test ($E_{M,K}$ bzw. $E_{S,K}$) für verschiedene Verteilungen zusammengestellt, siehe Klotz (1962) mit der Korrektur bei Basu u. Woodworth (1967), sowie Bradley (1968).

Tab. 5.7

	Verteilung der Grundgesamtheit						
A.R.E.	normal	exponential	rechteck	doppel-exponential	logistisch	untere Grenze	obere Grenze
$E_{K,F}$	1.000					0	∞
$E_{M,K}$	0.760	0.783	0	0.900	0.896	0	∞
$E_{S,K}$	0.608	0.631	0	0.774	0.750	0	∞

Der Klotz–Test schneidet also für alle angegebenen Verteilungen besser ab als der Mood– und der Siegel–Tukey–Test. Im Gegensatz zum X_N-Test, C_1-Test und Wilcoxon–Test beim Vergleich mit dem t–Test für Lagealternativen kann die A.R.E. der hier angeführten Rangtests zum F–Test bei Variabilitätsalternativen bis auf Null fallen.

Zum Schluß sei noch folgendes erwähnt: So wie beim Fisher–Yates–Terry–Hoeffding–Test und beim Capon–Test die geordnete Statistik $Z_{(i)}$ aus einer standardnormalverteilten Grundgesamtheit stammt, so können auch andere Verteilungen zugrundegelegt werden, wie z.B. die Exponentialverteilung mit Parameter $\lambda = 1$. Auf diesen sogenannten „expected exponential scores" basiert der Test von Savage, der ausführlich von Lehmann (1975) und Hájek (1969) beschrieben wird.

(3) Moses–Test

Moses (1963) hat eine Teststatistik vorgeschlagen, die — wie wir in 5.6 sehen werden — zur Konstruktion von Konfidenzintervallen für den Variabilitätsparameter θ geeignet ist.

Der Moses–Test wird wie folgt hergeleitet: Zu vorgegebenem $k \geq 2$ werden die Beobachtungen $x_1, \ldots, x_m$ bzw. $y_1, \ldots, y_n$ *zufällig* in m_1 bzw. n_1 Untergruppen vom Umfang k aufgeteilt. Ist m oder n nicht durch k teilbar, so bleiben die restlichen c_1 bzw. c_2 Beobachtungen unberücksichtigt, $c_1 = m - km_1$, $c_2 = n - kn_1$, $1 \leq c_1, c_2 \leq k - 1$. Seien $X_{1i}, \ldots, X_{ki}$ und $Y_{1j}, \ldots, Y_{kj}$ die Stichprobenvariablen aus der i-ten bzw. j-ten Untergruppe der X- bzw. Y-Variablen, $i = 1, \ldots, m_1$, $j = 1, \ldots, n_1$. Weiterhin sei

$$\bar{X}_i = \frac{1}{k} \sum_{v=1}^{k} X_{vi}, \qquad \bar{Y}_j = \frac{1}{k} \sum_{w=1}^{k} Y_{wj}$$

und

$$A_i = \sum_{v=1}^{k} (X_{vi} - \bar{X}_i)^2, \ 1 \leq i \leq m_1 \quad \text{und} \quad B_j = \sum_{w=1}^{k} (Y_{wj} - \bar{Y}_j)^2, \ 1 \leq j \leq n_1.$$

Wie beim Wilcoxon–Rangsummentest betrachten wir nun die Summe der Ränge der A_i bzw. (oder der B_j) in der kombinierten, geordneten Stichprobe von $A_1, \ldots, A_{m_1}$ bzw. $B_1, \ldots, B_{n_1}$: $W_N = \sum_{i=1}^{N_1} iV_i$ mit $N_1 = m_1 + n_1$ und $V_i = 1$, wenn ein A_i-Wert vorliegt, sonst $V_i = 0$. Dann sind die Testprozeduren des Moses–Test wie die des Wilcoxon-Tests. Bei Gültigkeit der Alternative $\theta > 1$ werden die A_i-Werte in der Tendenz größer sein als die B_j-Werte, d.h., eine „große" Rangsumme W_N ist zu erwarten.

Unterschiede in der Lage wie z.B. bezüglich der Mediane M_X bzw. M_Y der beiden Verteilungen haben keinen Einfluß auf das Verfahren von Moses, da allgemein der Ausdruck $\sum_i (U_i - \bar{U})^2$ unverändert bleibt, wenn eine Transformation $T_i = U_i + c$, $c = konstant$, vorgenommen wird. Vermerkt sei hier, daß der Moses–Test in *dem* Sinne kein Rangtest ist, als seine Teststatistik nicht invariant gegenüber streng monotonen Transformationen ist. Er wird deshalb auch als „ranklike" Test bezeichnet.

Beispiel 7: Die folgende zufällige Aufteilung von $m = 12$ x_i-Werten und $n = 20$ y_j-Werten auf $m_1 = 3$ und $n_1 = 5$ Untergruppen mit jeweils $k = 4$ Elementen liege vor:

156   5. Zweistichproben-Problem für unabhängige Stichproben

Tab. 5.8

Untergruppe i	x_i-Werte	A_i
1	30.5 34.0 26.7 31.3	27.28
2	24.8 32.7 28.4 30.1	32.90
3	27.4 31.5 30.9 28.7	10.95

Tab. 5.9

Untergruppe j	y_j-Werte	B_j
1	10.2 11.0 13.4 9.1	10.01
2	8.9 14.1 11.3 13.6	17.08
3	10.1 8.8 12.3 11.9	7.95
4	12.5 8.2 10.8 7.9	14.45
5	13.2 11.7 12.6 14.8	5.11

Offensichtlich unterscheiden sich die beiden Verteilungen bezüglich ihrer Mediane. Für die Summe der Ränge der A_i in der kombinierten, geordneten Stichprobe von $A_1, A_2, A_3, B_1, B_2, B_3, B_4, B_5$ ergibt sich $W_N = 8 + 7 + 4 = 19$. Für den zweiseitigen Test mit $\alpha = 4/56 \approx 0.071$ ist $w_{\alpha/2} = 7$ und $w_{1-\alpha/2} = 20$ (siehe Tabelle 3), d.h., die Nullhypothese wird nicht abgelehnt.

Weitere Einzelheiten zum Moses-Test, so zur Wahl von k, zum Spezialfall $k = 2$ und zur Problematik dieses Tests, bedingt durch die zufällige Aufteilung in Untergruppen, sind bei Hollander u. Wolfe (1973) zu finden. Die A.R.E. des Moses-Tests zum F-Test bei Normalalternativen für verschiedene k hat Shorack (1969) berechnet:

Tab. 5.10

k	2	3	4	5	6	7	8	9	15	20	$k \to \infty$
A.R.E.	.304	.50	.608	.675	.72	.753	.870	.798	.860	.884	.955

In dieser Arbeit werden auch die Güte und die Konsistenz des Moses-Tests neben anderen Tests auf Variabilität untersucht.

5.5.5 Lokal optimale Rangtests

Wir wollen wie in 4.4.4 und 5.4.5 für Lagealternativen hier noch den lokal optimalen Rangtest bei Variabilitätsalternativen angeben, ohne ins Detail zu gehen. Es ergibt sich für die Gewichte (siehe Randles u. Wolfe (1979)):

$$\tilde{g}_{\text{opt}}(i, f) = -1 - F^{-1}\left(\frac{i}{N+1}\right) \frac{f'\left(F^{-1}\left(\frac{i}{N+1}\right)\right)}{f\left(F^{-1}\left(\frac{i}{N+1}\right)\right)}.$$

Beispiel 8:

(a) Normalverteilung Φ

$$\frac{-f'(x)}{f(x)} = x \quad , \text{d.h.,}$$

$$\begin{aligned}
\tilde{g}_{\text{opt}}(i,f) &= -1 + \Phi^{-1}\left(\frac{i}{N+1}\right)\Phi^{-1}\left(\frac{i}{N+1}\right) \\
&= -1 + \left(\Phi^{-1}\left(\frac{i}{N+1}\right)\right)^2 .
\end{aligned}$$

Das ist — bis auf die additive Konstante -1 — der Klotz–Test in 5.5.4.

(b) t–Verteilung mit $n = 2$ FG.

Es ist $f(x) = (2 + x^2)^{-3/2}$ und

$$\frac{-f'(x)}{f(x)} = \frac{3x}{2+x^2} .$$

Es ergibt sich nach allerdings mühseliger Rechnung:

$$\tilde{g}_{\text{opt}}(i,f) = -1 + \frac{6}{(n+1)^2}\left(i - \frac{N+1}{2}\right)^2 .$$

Das ist — bis auf Konstanten — der Mood–Test.

5.6 Konfidenzintervalle

In diesem Abschnitt wollen wir in Analogie zu den Tests auf Lage bzw. Variabilität jeweils ein Verfahren zur Konstruktion von Konfidenzintervallen für den Lage- bzw. Variabilitätsparameter θ angeben. Da die zugehörige Statistik W_N von Wilcoxon bzw. die U-Statistik von Mann–Whitney diskrete Zufallsvariablen sind, wird die Berechnung der Konfidenzgrenzen bei vorgegebenem $\alpha = 0.01, 0.05$ oder 0.1 im allgemeinen nicht zu einem exakten Konfidenzniveau $1-\alpha$ führen, sondern die Grenzen werden so bestimmt sein, daß das Konfidenzniveau mindestens gleich $1-\alpha$ ist.

(1) Konfidenzintervall für den Lageparameter θ

Wir nehmen an, daß die Verteilungen von X_i und Y_j, $i = 1, \ldots, m$, $j = 1, \ldots, n$ sich nur durch den Lageparameter θ unterscheiden, d.h., X_i habe die Verteilung F, Y_j die Verteilung G, und es gelte $G(z) = F(z - \theta)$ (siehe 5.4.1). Unter dieser Annahme kommen die Stichprobenvariablen $X_1, \ldots, X_m$ und $Y_1 - \theta, \ldots, Y_n - \theta$ aus Grundgesamtheiten mit identischen Verteilungen. Das Konfidenzintervall für θ vom Niveau

5. Zweistichproben-Problem für unabhängige Stichproben

$1 - \alpha$ besteht dann aus allen Werten θ_0, für die der zweiseitige Test $H_0 : \theta = \theta_0$ auf dem Niveau α nicht zur Ablehnung von H_0 führt. Als Teststatistik wählen wir die W_N-Statistik von Wilcoxon bzw. die U-Statistik von Mann-Whitney mit:

$$W_N = U + \frac{m(m+1)}{2},$$

siehe Abschnitt 5.4.2. Für die Quantile $w_{\alpha/2}$ und $w_{1-\alpha/2}$ der Verteilung von W_N gilt aus Symmetriegründen:

$$w_{1-\alpha/2} = 2E(W_N) - w_{\alpha/2} = m(N+1) - w_{\alpha/2}.$$

Die Nullhypothese $F = G$ wird nicht abgelehnt, wenn gilt:

$$W_N \in (w_{\alpha/2}, m(N+1) - w_{\alpha/2})$$

mit

$$P(w_{\alpha/2} < W_N < m(N+1) - w_{\alpha/2}) = 1 - \alpha.$$

Es bezeichne r das $u_{\alpha/2}$-Quantil der Verteilung von U; dann gilt:

$$P\left(\frac{m(m+1)}{2} + r < W_N < \frac{m(2n+m+1)}{2} - r\right) = 1 - \alpha.$$

Zu vorgegebenem α wird also zunächst $w_{\alpha/2}$ und dann $r = w_{\alpha/2} - m(m+1)/2$ bestimmt. Wir wollen nun zeigen, daß über das Quantil r ein Konfidenzintervall für θ konstruiert werden kann. Dazu bilden wir sämtliche mn Differenzen $Y_j - X_i$, $j = 1, \ldots, n$, $i = 1, \ldots, m$. Da wir die Stichprobenvariablen $X_1, \ldots, X_m$ und $Y_1 - \theta, \ldots, Y_n - \theta$ betrachten, bezeichne U hier die Anzahl der Paare $(X_i, Y_j - \theta)$ mit $X_i > Y_j - \theta$ oder gleichbedeutend mit $Y_j - X_i < \theta$. Wir ordnen sämtliche mn Differenzen $Y_j - X_i$ der Größe nach und bezeichnen die geordnete Statistik mit $(D_{(1)}, \ldots, D_{(mn)})$. H_0 wird nicht abgelehnt, wenn mehr als $u_{\alpha/2} = r$ und weniger als $mn - r$ dieser Differenzen kleiner als θ sind. Damit ergibt sich für die untere Grenze des Konfidenzintervalls $g_u = D_{(r+1)}$ und für die obere Grenze $g_o = D_{(mn-r)}$, d.h., $P(D_{(r+1)} < \theta < D_{(mn-r)}) = 1 - \alpha$. Wir wollen diesen Sachverhalt am Beispiel $m = 3, n = 5, \alpha = 4/56 \approx 0.071$ verdeutlichen und dazu die in 5.4.2 hergeleitete Verteilung von W_N heranziehen. Es ist

$$w_{\alpha/2} = m(N+1) - w_{1-\alpha/2} = 27 - 20 = 7$$

und damit $r = 7 - 6 = 1$, d.h., das Konfidenzintervall vom Niveau $1 - \alpha \approx 0.929$ lautet: $d_{(2)} < \theta < d_{(14)}$.

Liegen z.B. die beiden Stichproben x_i: 2,5,8 und y_j: 1,3,6,7,11 vor, so erhalten wir die folgenden $mn = 15$ bereits der Größe nach geordneten Differenzen:

$$-7, \; -5, \; -4, \; -2, \; -2, \; -1, \; -1, \; 1, \; 1, \; 2, \; 3, \; 4, \; 5, \; 6, \; 9,$$

d.h., $(-5, 6)$ ist ein Konfidenzintervall für θ vom Niveau $1 - \alpha \approx 0.929$. Es kann natürlich sehr mühselig werden, sämtliche mn Differenzen $Y_j - X_i$ zu bilden und dann der Größe nach zu ordnen. Moses (1965) hat ein graphisches Verfahren zur Vereinfachung der Bestimmung von $D_{(r+1)}$ und $D_{(mn-r)}$ konstruiert.

Abschließend sei noch auf eine Arbeit von Bauer (1972) hingewiesen, in der ein Verfahren zur Konstruktion von Konfidenzintervallen für den Lageparameter θ über beliebige lineare Rangstatistiken beschrieben wird.

(2) Konfidenzintervall für den Variabilitätsparameter θ

Mit Hilfe des Moses–Tests (siehe 5.5.4) können wir analog dem Verfahren in (1) ein Konfidenzintervall für den Variabilitätsparameter $\theta > 0$ konstruieren. Wir nehmen an, daß die Zufallsvariablen $X_1, \ldots, X_m$ und $Y_1, \ldots, Y_n$ dieselbe Gestalt haben (mit unbekannten Medianen M_X und M_Y) und sich (möglicherweise) durch den Variabilitätsparameter θ unterscheiden, d.h., für alle $i = 1, \ldots, m$ und $j = 1, \ldots, n$ sollen $X_i' = X_i - M_X$ und $Y_j' = \theta(Y_j - M_Y)$ dieselbe Verteilung haben. Das Konfidenzintervall für θ vom Niveau $1 - \alpha$ besteht dann aus *den* Werten θ_0, für welche der zweiseitige Test $H_0 : \theta = \theta_0$ auf dem Niveau α nicht zur Ablehnung von H_0 führt. Nun kann nach den Überlegungen in (1) folgendes Verfahren zur Konstruktion eines Konfidenzintervalls für θ angewandt werden:

a) Bestimme zu vorgegebenem α das $w_{\alpha/2}$-Quantil der Verteilung von W_N.

b) Berechne $r = w_{\alpha/2} - m_1(m_1 + 1)/2$.

c) Bilde sämtliche $m_1 n_1$ Quotienten A_i/B_j, $i = 1, \ldots, m_1$, $j = 1, \ldots, n_1$ und ordne sie der Größe nach: $Q_{(1)}, Q_{(2)}, \ldots, Q_{(m_1 n_1)}$.

d) Bestimme $Q_{(r+1)}$ und $Q_{(m_1 n_1 - r)}$.

Dies sind zunächst die untere bzw. obere Grenze des Konfidenzintervalls für θ^2, denn ersetzen wir in A_i die X_{vi} durch $X_{vi}' = X_{vi} - M_X$ (Ergebnis A_i') bzw. in B_j die Y_{wj} durch $Y_{wj}' = \theta(Y_{wj} - M_Y)$ (Ergebnis B_j'), so ändert sich A_i nicht ($A_i' = A_i$), wohl aber B_j, denn es ist $B_j' = \theta^2 B_j$. Die U-Statistik zur Herleitung des Konfidenzintervalls bezieht sich dann auf die Anzahl der Paare $(A_i, \theta^2 B_j)$, in denen $A_i > \theta^2 B_j$, d.h. $A_i/B_j > \theta^2$ ist.

Es ist also:

$$P(Q_{(r+1)} < \theta^2 < Q_{(m_1 n_1 - r)}) = 1 - \alpha$$

oder

$$P(\sqrt{Q_{(r+1)}} < \theta < \sqrt{Q_{(m_1n_1-r)}}) = 1 - \alpha.$$

Wir wollen die Konstruktion des Konfidenzintervalls für θ an dem beim Moses-Test angegebenen Beispiel veranschaulichen: Für $\alpha = 4/56 \approx 0.071$ ist $w_{\alpha/2} = 7$, also $r = 7 - 6 = 1$. Ordnen wir die $m_1n_1=15$ Quotienten A_i/B_j der Größe nach, so ergibt sich: $Q_{(2)} = 0.76$ und $Q_{(14)} = 5.34$, d.h., $(0.87, 2.31)$ ist ein Konfidenzintervall für θ zum Niveau $1 - \alpha \approx 0.929$.

Es sei noch erwähnt, daß das in (1) erwähnte graphische Verfahren von Moses (1965) zur Vereinfachung der Bestimmung von $Q_{(r+1)}$ und $Q_{(m_1n_1-r)}$ natürlich auch hier angewendet werden kann.

In der bereits zitierten Arbeit von Bauer (1972) wird auch über beliebige lineare Rangstatistiken ein Verfahren zur Konstruktion von Konfidenzintervallen für den Variabilitätsparameter θ angegeben.

5.7 Zusammenfassung

In diesem Kapitel haben wir eine Reihe von Tests für das viel diskutierte Zweistichproben-Problem kennengelernt; zum einen bezüglich allgemeiner Alternativhypothesen und zum anderen für Lage- bzw. Variabilitätsalternativen. Es stellte sich heraus, daß die hier vorgeschlagenen Rangtests eine hohe relative Effizienz gegenüber dem klassischen t-Test bzw. F-Test bei Normalalternativen aufweisen und für andere Verteilungen nicht selten effizienter sind als diese parametrischen Konkurrenten. Das trifft für Lagetests in stärkerem Maße zu als für Tests auf Variabilität. Ist also die Annahme der Normalverteilung nicht hinreichend gesichert, dann sollte stets einem entsprechenden Rangtest der Vorzug gegeben werden.

Bei der Festlegung der Gewichte $g(i)$ in der linearen Rangstatistik $L_N = \sum g(i)V_i$ zur Konstruktion eines Lagetests (für Variabilitätstests gilt Entsprechendes) bietet es sich an, $g(i)$ als Erwartungswert der i-ten geordneten Statistik oder als Quantil jeweils einer *ganz bestimmten Verteilung* zu wählen. So ist z.B. das Gewicht $g(i)$ im Fisher-Yates-Terry-Hoeffding-Test der Erwartungswert der i-ten geordneten Statistik aus der (standardisierten) Normalverteilung, im v.d. Waerden-Test das Quantil dieser Verteilung und im Wilcoxon-Test das Quantil der Rechteckverteilung (abgesehen vom konstanten Faktor $1/(N+1)$). Der Entscheidung für eine bestimmte Verteilung F zur Definition von $g(i)$ mag dabei folgende Überlegung zugrunde liegen: Zu *dem* parametrischen Test, der optimale Eigenschaften unter der Annahme der Grundgesamtheitsverteilung F hat (z.B. der t-Test bei Voraussetzung der Normalverteilung), kann der auf der linearen Rangstatistik $L_N = \sum g(i)V_i$ basierende Test, worin $g(i)$ der Erwartungswert der i-ten geordneten Statistik oder das Quantil der Verteilung F bedeuten, als geeignetes nichtparametrisches Pendant angesehen werden, wird doch hiermit die Postulierung eines parametrischen Verteilungsmodells „geschickt" umgangen. Denn es sei ausdrücklich betont: Welche Verteilung auch immer für die Festlegung von $g(i)$ zugrundegelegt wird, die Gewichte $g(i)$ selbst sind *Konstanten*, und in die Verteilung der zugehörigen linearen Rangstatistik L_N unter $H_0 : F = G$ gehen die Grundgesamtheitsverteilungen F, G *nicht* ein. Allerdings ist zu hoffen, daß ein solcher Rangtest mit Gewichten $g(i)$, die auf der Verteilung F basieren, hohe Effizienz gegenüber *dem* parametrischen Test hat, der optimal unter Lagealternativen bzgl. dieser Verteilung F ist. In Verbindung mit diesem Sachverhalt ist natürlich die Entscheidung für ein bestimmtes F zur Festlegung der Gewichte $g(i)$ zu sehen.

Auf eine wichtige Tatsache bei der Anwendung von Rangtests für Lage- bzw. Variabilitätsalternativen sei hier nochmals hingewiesen: Unterstellt wird in beiden Fällen der gleiche Typ der Verteilungsfunktion F, G; Unterschiede können vorliegen bezüglich der Lage bzw. bezüglich der Variabilität. Können solche speziellen Alternativen nicht angenommen werden, dann muß auf die bereits erwähnten Omnibus-Tests, wie den Iterationstest oder den K-S-Test zurückgegriffen werden.

Zum Abschluß seien noch einige Bemerkungen zum Abbau der Informationen aus den beobachteten Daten mit kardinalem Meßniveau gemacht, der mit der Reduktion dieser Daten auf Ränge u.a. verbunden ist. Die folgende Zusammenstellung soll diesen Sachverhalt veranschaulichen:

(1) *Beobachtungen* $x_1, \ldots, x_m, y_1, \ldots, y_n$.

(2) *Geordnete Beobachtungen* $z_{(1)}, \ldots, z_{(m+n)}$.
   Die Reihenfolge der Beobachtungen in der Grundgesamtheit A_1 bzw. A_2 geht verloren. Beim Zweistichproben-Problem ist dieser Verlust natürlich unerheblich, nicht aber z.B. bei einem Test auf Zufälligkeit (siehe Abschnitt 4.5).

(3) *Ränge der Beobachtungen* $r_1, \ldots, r_m, s_1, \ldots, s_n$.
   Die Ränge der x- oder y-Beobachtungen gehen in die Teststatistik ein, die eigentlich gemessenen Werte $x_1, \ldots, x_m, y_1, \ldots, y_n$ bleiben somit unberücksichtigt. Nur noch die Größenordnung der x- oder y-Werte spielt eine Rolle.

(4) *Folge von Zeichen* $+, -$.
   Die x- und y-Werte in der kombinierten, geordneten Stichprobe werden durch $+$ bzw. durch $-$ ersetzt. Durch die Teststatistik als die Anzahl der Iterationen (Wald-Wolfowitz-Test) geht dann ein direkter Größenvergleich zwischen x- und y-Werten verloren.

Der offensichtliche Informationsverlust beim Übergang von (1) zu (3) (also bei der Betrachtung von Rangtests), wirkt sich aber nach den Ausführungen in diesem Kapitel nicht so nachteilig auf die Effizienz dieser Tests im Vergleich zu den auf (1) basierenden parametrischen Tests aus, wie es vorab hätte vermutet werden können. Der geringe Effizienzverlust ist beim Übergang von (3) zu (4) i.a. aber nicht mehr gegeben.

5.8 Probleme und Aufgaben

Aufgabe 1: Es sei $L_N = \sum_{i=1}^{N} g(i)V_i$ die in 5.3.1 angegebene lineare Rangstatistik. Zeigen Sie: Die Verteilung von L_N unter $H_0 : F = G$ ist symmetrisch um $\mu = E(L_N)$, wenn $m = n = N/2$ ist.

Aufgabe 2:

a) Leiten Sie für $m = n = 3$ die exakte Verteilung der $K_{m,n}$-Statistik nach dem in 5.2.2 geschilderten Verfahren her.

b) Vergleichen Sie die exakten kritischen Werte des zweiseitigen Kolmogorow–Smirnow–Tests für $\alpha = 0.05$ mit den approximativen, die sich über die asymptotische Verteilung ergeben: für $m = 10$, $n = 15$ und für $m = 15$, $n = 20$.

Aufgabe 3: Es sind zwei Meßreihen zu vergleichen:

x_i: 1.2 2.1 1.7 0.6 2.8 3.1 1.7 3.3 1.6 2.9
y_j: 3.2 3.2 2.3 2.1 3.2 3.5 3.8 4.6 3.0 7.2 3.4 ,

die aus Grundgesamtheiten mit stetigen Verteilungen F bzw. G stammen. Testen Sie $H_0 : F = G$ gegen $H_1 : F \neq G$ mit Hilfe des Iterationstests und des K–S–Tests ($\alpha = 0.05$).

Aufgabe 4:

a) Es sei R die Anzahl der Iterationen bezüglich zweier Stichproben vom Umfang m bzw. n aus zwei Grundgesamtheiten A_1 bzw. A_2. Bestimmen Sie den maximalen Wert $R_{\max}$ von R.

b) Es sei $(x_{(1)}, \ldots, x_{(n)})$ der Wert der geordneten Stichprobe $(X_{(1)}, \ldots, X_{(n)})$, und es gelte $x_{(k)} = \cdots = x_{(k+m-1)}$ mit $k \geq 1$, $k + m - 1 \leq n$.
Welche Ränge sind den zu $x_{(j)}$, $j = k, \ldots, k + m - 1$ gehörigen Beobachtungen aus $x_1, \ldots, x_n$ nach der Methode der Durchschnittsränge zuzuweisen? Wann sind diese Ränge natürliche Zahlen?

Aufgabe 5:

a) Zeigen Sie, daß zwischen der Wilcoxon–Statistik W_N und der Statistik U von Mann–Whitney folgende Beziehung besteht:

$$W_N = U + \frac{m}{2}(m+1).$$

b) Leiten Sie die in 5.4.2 angegebene Rekursionsformel zur Bestimmung der Verteilung von W_N unter H_0 her.

Aufgabe 6: Zeigen Sie, daß für die Mood–Statistik M_N gilt:

a) $E(M_N) = m(N^2 - 1)/12$

b) $\text{Var}(M_N) = mn(N + 1)(N^2 - 4)/180$.

Hinweis:

$$\sum_{i=1}^{N} i^3 = \left(\frac{N(N+1)}{2}\right)^2 \quad \text{und} \quad \sum_{i=1}^{N} i^4 = \frac{N(N+1)(2N+1)(3N^2 + 3N - 1)}{30}.$$

Aufgabe 7: Zwölf Personen werden zufällig ausgewählt, um die Reaktionszeit nach dem Trinken einer bestimmten Menge Alkohol zu untersuchen (behandelte Gruppe = B); dazu zwölf Personen, die keinen Alkohol zu sich genommen haben (Kontrollgruppe = K). Es ergeben sich folgende Werte (in Sekunden):

Person	1	2	3	4	5	6	7	8	9	10	11	12
B	.61	.79	.83	.66	.94	.78	.81	.60	.88	.90	.75	.86
K	.70	.58	.64	.70	.69	.80	.71	.63	.82	.60	.91	.59

a) Beeinflußt der Alkohol die Reaktionszeit ($\alpha = 0.05$)? Prüfen Sie das mit Hilfe des Wilcoxon–Tests und des v.d. Waerden–Tests, und zwar

 (i) über die exakten Verteilungen,

 (ii) approximativ über die Normalverteilung.

b) Bestimmen Sie über W_N und X_N die approximativen p–Werte.

c) Wenden Sie ebenfalls den t–Test an (Vergleich der Ergebnisse!).

d) Sollte hier ein einseitiger oder zweiseitiger Test gewählt werden? Ist zur Bestimmung von Reaktionszeiten mit und ohne Alkoholgenuß die hier vorgeschlagene Vorgehensweise mit der Auswahl einer zu behandelnden Gruppe und einer Kontrollgruppe optimal (siehe dazu Abschnitt 6.1)?

Aufgabe 8: Leiten Sie für $m = n = 3$ nach den in den entsprechenden Abschnitten beschriebenen Verfahren die exakten Verteilungen folgender Statistiken unter der Nullhypothese her:

a) Wilcoxon W_N

b) v.d. Waerden X_N

c) Mood M_N.

Aufgabe 9: Für den Test der Hypothese ($\alpha = 0.01$)

$H_0 : F(z) = G(z)$ gegen
$H_1 : F(z) = G(\theta z), \theta < 1$,

liegen folgende Stichproben aus Grundgesamtheiten mit stetigen Verteilungsfunktionen F bzw. G vor:

x_i: 10.1   7.2   12.6   2.4   6.1   9.8   8.5   8.8   10.1   9.4
y_j: 15.3   13.1   3.6   11.7   16.5   7.3   2.9   4.9   3.3   4.2.

Wenden Sie an:

a) den Siegel–Tukey–Test

b) den Mood–Test

c) und zum Vergleich den parametrischen F–Test bei Annahme einer Normalverteilung mit $\theta = \sigma_X/\sigma_Y$ (siehe Abschnitt 5.5.1).

Aufgabe 10: Ist die Anwendung der Tests von Siegel–Tukey oder Mood für das Problem in Aufgabe 7 sinnvoll?

Aufgabe 11: Zeigen Sie, daß für die in 5.5.4 angegebene Teststatistik A_N gilt:

$$E(A_N) = \begin{cases} \dfrac{m(N+2)}{4} & \text{für } N \text{ gerade} \\[2mm] \dfrac{m(N+1)^2}{4N} & \text{für } N \text{ ungerade}. \end{cases}$$

Aufgabe 12: Bestimmen Sie bezüglich des Problems und der Daten in Aufgabe 7 ein Konfidenzintervall zum Niveau $1 - \alpha = 0.95$ für den Lageparameter θ.

Aufgabe 13: Zeigen Sie, daß die Wilcoxon–Statistik $W_N = \sum_{i=1}^{m} R_i$ äquivalent ist zur Statistik $T = \bar{R} - \bar{S}$ worin $\bar{R}$ und $\bar{S}$ den Durchschnitt der Ränge der $X_1, \ldots, X_m$ bzw. $Y_1, \ldots, Y_n$ in der kombinierten Stichprobe bezeichnen. Damit kann der Wilcoxon–Test als formales Analogon zum t–Test aufgefaßt werden, indem nämlich die Beobachtungen x_i und y_j durch die Ränge r_i bzw. s_j ersetzt werden, $i = 1, \ldots, m; j = 1, \ldots, n$.

Aufgabe 14: Leiten Sie die Gewichte $\tilde{g}_{\text{opt}}(i, f)$ des lokal optimalen Rangtests bei Annahme einer Cauchy–Verteilung her, und zwar für

a) Lagealternativen

b) Variabilitätsalternativen.

Kapitel 6

Zweistichproben–Problem für verbundene Stichproben

6.1 Problemstellung

Wollen wir die Wirkung neuer oder alternativer Methoden und Verfahren untersuchen, verschaffen wir uns gewöhnlich zwei gleichartige Stichproben A (Kontrollgruppe) und B (Versuchsgruppe) und messen an ihnen die Unterschiede der beiden Behandlungsweisen.

Beispiel 1: Ein Zusatz für Hühnerkraftfutter soll eine schnellere Gewichtszunahme bewirken. Zum „Beweis" läßt der Hersteller zwanzig Junghennen zufällig in zwei Gruppen A und B aufteilen. Gruppe A erhält eine Woche Kraftfutter ohne Zusatz. Gruppe B erhält eine Woche Kraftfutter mit Zusatz.

	Gewichtszunahme gemessen in Gramm									
Gruppe A	90	91	89	95	98	88	87	95	94	92
Gruppe B	101	95	103	98	92	105	104	93	93	102

Beispiel 2: Ein Mineralölkonzern entwickelt einen neuen Superkraftstoff, der angeblich mehr Fahrleistung als der herkömmliche Kraftstoff ermöglicht. In einem Test werden zehn PKW jeweils mit 11 Liter herkömmlichem Superkraftstoff (A) und dann mit 11 Liter neuem Superkraftstoff (B) betankt. Die Fahrleistungen mit den Tankfüllungen A und B werden anhand der zurückgelegten Strecken (in km) beurteilt:

PKW	1	2	3	4	5	6	7	8	9	10
zurückgelegte Strecke mit A	89	110	105	101	90	92	104	100	101	98
zurückgelegte Strecke mit B	95	109	111	110	91	95	106	99	104	101

6. Zweistichproben–Problem für verbundene Stichproben

Beiden Beispielen ist nun folgendes gemeinsam: Es werden jeweils unabhängig die n Realisationen x_i bzw. y_j zweier Zufallsvariablen X und Y beobachtet. Diese Realisationen sollen z.B. Aufschluß über den Parameter $\theta = E(Y) - E(X)$ geben. Als unverzerrte Schätzstatistik oder als Teststatistik für θ bietet sich in beiden Fällen $T = \bar{Y} - \bar{X}$ an.

Berechnen wir die Varianz von T, stellen wir jedoch einen prinzipiellen Unterschied fest. Es ist

$$\begin{aligned}\operatorname{Var}(T) &= \operatorname{Var}(\bar{Y}) + \operatorname{Var}(\bar{X}) - 2\operatorname{Cov}(\bar{Y}, \bar{X}) \\ &= \frac{1}{n}\operatorname{Var}(Y) + \frac{1}{n}\operatorname{Var}(X) - \frac{2}{n}\rho\sqrt{\operatorname{Var}(Y)\operatorname{Var}(X)},\end{aligned}$$

wobei $\rho = \operatorname{Corr}(X, Y)$ ist (siehe Abschnitt 2.3).

Während in Beispiel 1 aufgrund der Unabhängigkeit der Variablen X und Y der Korrelationskoeffizient ρ verschwindet, werden wir diese Annahme der Unabhängigkeit in Beispiel 2 nicht mehr machen können. Offenbar sind hier die Variablen X und Y am selben Merkmalsträger beobachtet worden, d.h., X und Y werden hoch positiv korreliert sein ($\rho > 0$). Dies impliziert eine Verringerung der Varianz von T — eine wünschenswerte Eigenschaft von Statistiken.

In diesem Kapitel wollen wir uns genauso wie in Beispiel 2 mit *verbundenen Stichproben* (matched pairs) beschäftigen (nicht zu verwechseln mit *gebundenen Stichprobenwerten*). An n Merkmalsträgern werden jeweils zwei Beobachtungen (x_i, y_i) der Zufallsvariablen (X, Y) gemacht, und es sollen Unterschiede zwischen den Verteilungen von X und Y überprüft werden. Dabei wird der Begriff „Merkmalsträger" weit gefaßt. Unter einem Merkmalsträger verstehen wir hier auch ein homogenes Paar (z.B. eineiige Zwillinge, zwei Versuchstiere desselben Wurfs, zwei Kinder derselben Familie).

Der Vorteil dieses Verfahrens wurde oben schon angedeutet: Durch zweifache Beobachtung an einem Merkmalsträger kann die Streuung der verwendeten Statistik erheblich verringert werden. Die Methode des Paarvergleichs mit verbundenen Stichproben ist in vielen Fällen zudem kostengünstiger (Halbierung der Anzahl der Erhebungseinheiten!). Sie wird in vielen Bereichen angewendet, vor allem in der Medizin und in der Biologie sowie in der Psychologie und in der Agrarwissenschaft.

Zunächst wird der Vorzeichen-Test (Sign-Test) behandelt, der mit den geringsten Annahmen auskommt. Die zugehörige Teststatistik T zählt einerseits die Paare von Stichprobenvariablen (X_i, Y_i) mit $Y_i > X_i$ (ordinales Meßniveau), $i = 1, \ldots, n$, z.B. Mathematiknote (Y_i) und Deutschnote (X_i) für den i-ten Schüler einer Klasse; andererseits gibt T die Anzahl der Differenzen $D_i = Y_i - X_i$ mit positivem Vorzeichen an (kardinales Meßniveau), siehe Beispiel 2. In diesem Fall entspricht dieser Test dem in 4.4.2 behandelten Vorzeichentest V_n^+ im Einstichproben–Problem, wenn wir die Differenzen $D_1, \ldots, D_n$ als Stichprobe auffassen.

Ist T weitaus größer oder kleiner als $n/2$, so ist ein Unterschied in den Verteilungen von X und Y signifikant.

Beim Wilcoxon-Test (siehe auch Abschnitt 4.4.3), der kardinales Meßniveau erfordert, geht der Absolutbetrag der Differenzen $Y_i - X_i$ in die Teststatistik ein. Beide Tests, der Vorzeichen-Test und der Wilcoxon-Test, sind dann zu empfehlen, wenn die Annahme für den klassischen t-Test (X_i bzw. Y_i sind Stichprobenvariablen aus jeweils normalverteilter Grundgesamtheit) als nicht gerechtfertigt erscheint. Nach der Diskussion anderer Verfahren wird noch auf die Konstruktion von Konfidenzintervallen für den Median der Variablen $Y - X$ eingegangen.

6.2 Vorzeichen-Test

Dieses im englischen Sprachraum auch als Sign-Test bezeichnete Verfahren benutzt als Teststatistik einerseits die Anzahl der Differenzen $Y_i - X_i$ mit positivem Vorzeichen (kardinales Meßniveau), andererseits die Anzahl der Paare, bei denen $Y_i > X_i$ ist (ordinales Meßniveau).

Daten. $(x_1, y_1), \ldots, (x_n, y_n)$ ist eine paarige Stichprobe der Zufallsvariablen X und Y, die an n Merkmalsträgern erhoben wurde. Das Meßniveau ist mindestens ordinal.

Annahmen.

(1) Die Differenzen $D_i = Y_i - X_i$ sind unabhängige Stichprobenvariablen und identisch verteilt.

(2) $P(X_i = Y_i) = 0$, d.h., die Wahrscheinlichkeit dafür, gleiche Stichprobenwerte an einem Merkmalsträger zu erhalten, ist Null ($i = 1, \ldots, n$).

Testproblem.

Test A: (zweiseitig)
$H_0 : P(X < Y) = P(X > Y)$
$H_1 : P(X < Y) \neq P(X > Y)$

Test B: (einseitig)
$H_0 : P(X < Y) \leq P(Y < X)$
$H_1 : P(X < Y) > P(Y < X)$

Test C: (einseitig)
$H_0 : P(X < Y) \geq P(Y < X)$
$H_1 : P(X < Y) < P(Y < X)$

Teststatistik. Wir bilden die Stichprobenvariablen
$$Z_i = \begin{cases} 1 & \text{falls } X_i < Y_i \\ 0 & \text{falls } X_i > Y_i \end{cases}$$

für $i = 1, \ldots, n$. Die Teststatistik ist definiert durch $T = \sum_{i=1}^{n} Z_i$. Bei *kardinalem* Meßniveau gibt T offensichtlich die Anzahl der Differenzen $Y_i - X_i$ mit positivem Vorzeichen an. Da aber auch *ordinales* Meßniveau zugelassen ist, sollte T besser als *Zählvariable* interpretiert werden, die die Anzahl der Paare angibt, bei denen $Y_i > X_i$ ist. Aufgrund der getroffenen Annahmen genügt T einer Binomialverteilung mit den Parametern n und $p = P(Y > X)$. Unter $H_0 : P(X < Y) = P(X > Y)$ ist natürlich $p = \frac{1}{2}$, siehe auch Aufgabe 2.

Testprozeduren.

Test A: H_0 ablehnen, wenn $T \leq t_{\frac{\alpha}{2}}$ oder $T \geq n - t_{\alpha/2}$

Test B: H_0 ablehnen, wenn $T \geq n - t_\alpha$

Test C: H_0 ablehnen, wenn $T \leq t_\alpha$.

t_α ist das α-Quantil einer binomialverteilten Zufallsvariablen mit den Parametern n und $p = 1/2$. Die Werte sind **Tabelle A** zu entnehmen. Nicht zu jedem vorgegebenen α existiert ein ganzzahliges t_α mit $P(T \leq t_\alpha) = \alpha$. Diese Schwierigkeit können wir im allgemeinen durch geringfügiges Variieren des Testniveaus α beheben, oder wir verfahren wie beim Binomialtest (siehe Abschnitt 4.3).

Betrachten wir nun erneut das Beispiel 2:

X = zurückgelegte Strecke mit Tankfüllung A
Y = zurückgelegte Strecke mit Tankfüllung B

Wir führen den einseitigen Test C durch

$H_0 : P(X < Y) \geq P(Y < X)$
$H_1 : P(X < Y) < P(Y < X)$.

Der Wert der Teststatistik beträgt 8. Wählen wir $\alpha = 0.055$, so ist nach Tabelle A $t_\alpha = 2$. Mithin kann H_0 nicht abgelehnt werden.

Unterstellen wir sowohl für X als auch für Y Normalverteilung, so lautet Test C in äquivalenter Form mit $E(X) = \mu_X$ und $E(Y) = \mu_Y$:

$H_0 : \mu_X \leq \mu_Y$ oder $H_0 : \theta \geq 0$
$H_1 : \mu_X > \mu_Y$ oder $H_1 : \theta < 0$

mit $\theta = \mu_Y - \mu_X$. Da die Variablen $D_i = Y_i - X_i$ als unabhängige Stichprobenvariablen aus normalverteilter Grundgesamtheit anzusehen sind, ist die Teststatistik

$$V = \frac{\bar{D}}{S_D} \sqrt{n} \quad \text{mit} \quad \bar{D} = \bar{Y} - \bar{X} \quad \text{und} \quad S_D^2 = \frac{1}{n-1} \sum_{i=1}^{n} (D_i - \bar{D})^2$$

unter H_0 t-verteilt mit $(n-1)$ Freiheitsgraden (siehe Abschnitt 2.8). Da $V = 3.08 > t_{0.05;9} = -1.83$ ist, wird H_0 ebenfalls nicht abgelehnt.

Auftreten von Bindungen. Trotz der Annahme (2) kann es wegen nicht ausreichender Meßgenauigkeit oder mangelnder Feinheit der Meßskala vorkommen, daß Stichprobenpaare (x_i, y_i) mit $x_i = y_i$ auftreten. Die einfachste Methode besteht darin, die Stichprobe solange zu verkleinern, bis die Bindungen aufgehoben sind. Anschließend kann dann der Vorzeichen-Test durchgeführt werden. Der Informationsverlust wird jedoch bei relativ großer Anzahl von Bindungen entsprechend groß sein. Weiter können wir so vorgehen, *willkürlich* die gebundenen Paare in zwei feste Hälften aufzuteilen und zu setzen:

$$Z_i = \begin{cases} 1, & \text{falls } (X_i, Y_i) \text{ aus der 1. Hälfte stammt} \\ 0, & \text{falls } (X_i, Y_i) \text{ aus der 2. Hälfte stammt.} \end{cases}$$

Bei Test A begünstigt dies die Entscheidung für H_0, der Test wird konservativ. Schließlich können wir noch Verfahren 2 oder Verfahren 4 (vgl. Kapitel 3) anwenden. Bei Verfahren 4 wird der Vorzeichen-Test ebenfalls konservativ. Bei Verfahren 2 weisen wir den gebundenen Werten zufällig (z.B. durch Münzwurf!) 1 oder 0 zu. Für eine ausführliche Diskussion dieses Problemkreises sei auf Bradley (1968) und Lehmann (1975) verwiesen.

Große Stichproben. Teststatistik unter H_0 für $n \geq 20$ als approximativ normalverteilt angesehen werden mit den Parametern $\mu = n/2$ und $\sigma^2 = n/4$. Der Vorzeichen-Test wird dann wie folgt durchgeführt:

Test A: H_0 ablehnen, wenn $\dfrac{|2T - n|}{\sqrt{n}} \geq z_{1-\frac{\alpha}{2}}$

Test B: H_0 ablehnen, wenn $\dfrac{2T - n}{\sqrt{n}} > z_{1-\alpha}$

Test C: H_0 ablehnen, wenn $\dfrac{2T - n}{\sqrt{n}} < z_{\alpha}$

wobei $\Phi(z_p) = p$ ist.

Eigenschaften.

(1) Der Vorzeichen-Test ist bei den getroffenen Annahmen konsistent gegen alle in den Tests A, B und C vorliegenden Alternativen (van Eeden u. Benard(1957b), Noether (1967a)).

(2) Die Tests in A, B und C sind unverfälscht (Hemelrijk (1952)).

(3) Liegen keine Bindungen vor, berechnet sich die Gütefunktion genauso wie beim Test auf p bei zugrundeliegender Binomialverteilung. Wollen wir die Gütefunktion ausrechnen, ist nur $p = P(X < Y)$ zu variieren, nicht jedoch die Verteilung von X und Y, d.h., die Gütefunktion ist nur indirekt von den Ausgangsverteilungen der Variablen X und Y abhängig.

(4) Die asymptotische relative Effizienz $E_{V,t}$ des Vorzeichen-Tests gegenüber dem t-Test für verbundene Stichproben ist bei normalverteiltem D gleich $\frac{2}{\pi} \approx 0.637$ und bei doppelexponentialverteiltem D gleich 2.0, wobei $D = Y - X$ ist. Die A.R.E. des Vorzeichen-Tests ist stets größer als 1/3; diese Untergrenze wird jedoch bei keiner stetigen Verteilung von D erreicht (Puri u. Sen (1968a)). Angabe der A.R.E. für gleichverteiltes D ist nicht möglich, da für stetige X und Y die Differenz $D = Y - X$ nicht gleichverteilt sein kann (Puri u. Sen (1968a)). Ausführlichere Untersuchungen, vor allem über finite relative Effizienz, stammen von Walsh (1946), Dixon (1953) und Hodges u. Lehmann (1956). Zum Vergleich sei noch auf Abschnitt 4.4.2 hingewiesen.

Diskussion. Der Vorzeichen-Test gilt als der älteste nichtparametrische Test (Arbuthnot (1710), siehe Einleitung). Seine Vorteile gegenüber konkurrierenden Methoden bestehen in folgendem:

(1) Schwache Annahmen über die Stichprobenvariablen,

(2) geringes Meßniveau,

(3) leichte Berechnung der Teststatistik und der kritischen Werte,

(4) gute Approximierbarkeit der Teststatistik durch die Normalverteilung.

Der Vorzeichen-Test läßt sich bei kardinalem Meßniveau auch zur Prüfung der Hypothese

H_0' : Der Median von $Y - X$ ist M_0

verwenden. Die Teststatistik ist dann

$$T' = \sum_{i=1}^{n} Z_i'$$

wobei

$$Z_i' = \begin{cases} 1 & \text{falls} \quad M_0 < Y_i - X_i \\ 0 & \text{falls} \quad M_0 > Y_i - X_i. \end{cases}$$

Ist schließlich die Variable $D_i = Y_i - X_i$ symmetrisch um ihren Median verteilt und das Meßniveau kardinal, ist der Wilcoxon-Test vorzuziehen, da dieser mehr Information aus der Stichprobe ausnutzt (siehe Abschnitt 6.3). Eine umfassende Diskussion des Vorzeichen-Tests finden wir bei Dixon u. Mood (1946), sowie Walsh (1949a, 1951). Andere Autoren wie Ruist (1955), von Eeden u. Benard (1957a, 1957b, 1957c), Efron (1969), Doksum u. Thompson (1971) haben zur Durchführung der Tests A, B und C die Statistik T des Vorzeichen-Tests mit anderen Statistiken kombiniert, bzw. haben T als Spezialfall einer allgemeinen Klasse von Statistiken betrachtet.

6.3 Wilcoxon–Test

Der von Wilcoxon (1945) vorgeschlagene Test erfordert stärkere Voraussetzungen als der Vorzeichen–Test, ist aber, wie zu erwarten ist, meist von größerer Güte. Wilcoxons Vorzeichen–Rangtest aus 4.4.3 ist das Analogon zu dem hier behandelten Fall verbundener Stichproben.

Daten. $(x_1, y_1), \ldots, (x_n, y_n)$ sind paarige Beobachtungen mit kardinalem Meßniveau, erhoben an n Merkmalsträgern.

Annahmen.

(1) Die Differenzen $D_i = Y_i - X_i$ sind unabhängige Stichprobenvariablen und identisch verteilt.

(2) Die Verteilung der D_i ist stetig und symmetrisch um den Median M.

Testproblem.

Test A: (zweiseitig)
$H_0 : M = 0$
$H_1 : M \neq 0$

Test B: (einseitig)
$H_0 : M \leq 0$
$H_1 : M > 0$

Test C: (einseitig)
$H_0 : M \geq 0$
$H_1 : M < 0$.

Dieses Problem ist identisch mit dem, welches mit dem Vorzeichen–Test behandelt wurde. So entspricht $M = 0$ der Hypothese $P(X < Y) = 1/2$; nur wurde hier, da kardinales Meßniveau vorliegt (Subtraktion von Meßdaten möglich!), eine einfachere Schreibweise gewählt.

Teststatistik. Wir bilden $D_i = Y_i - X_i$ und verwenden

$$W_n^+ = \sum_{i=1}^n R_i^+ Z_i$$

als Teststatistik, wobei

$$Z_i = \begin{cases} 1 & \text{falls } D_i > 0 \\ 0 & \text{falls } D_i < 0 \end{cases}$$

6. Zweistichproben–Problem für verbundene Stichproben

und R_i^+ der Rang von $|D_i|$ bedeuten. W_n^+ kann auch geschrieben werden als $W_n^+ = \sum_{i=1}^{n} iV_i$ mit

$$V_i = \begin{cases} 1 & \text{falls } |D_i| \text{ zu einer positiven Differenz gehört} \\ 0 & \text{falls } |D_i| \text{ zu einer negativen Differenz gehört,} \end{cases}$$

siehe 4.4.1.

Obwohl Wilcoxons Vorzeichen–Rangtest (Vgl. Abschnitt 4.4.3) und der Wilcoxon–Test für verbundene Stichproben auf verschiedene Probleme angewendet werden, haben sie die Teststatistik gemeinsam. Eine ausführliche Diskussion der Eigenschaften von W_n^+ kann hier also entfallen.

Testprozeduren.

Test A: H_0 ablehnen, wenn gilt $W_n^+ \leq w_{\alpha/2}^+$ oder $W_n^+ \geq w_{1-\alpha/2}^+$

Test B: H_0 ablehnen, wenn gilt $W_n^+ \geq w_{1-\alpha}^+$

Test C: H_0 ablehnen, wenn gilt $W_n^+ \leq w_\alpha^+$.

Kritische Werte von W_n^+ für $4 \leq n \leq 20$ sind **Tabelle H** zu entnehmen.

Beispiel 3: An einer pädagogischen Hochschule wird untersucht, ob mit Hilfe des Mediums Fernsehen höhere Lernerfolge erzielt werden können. Acht Zwillingspaare (eineiig) werden in zwei Gruppen I und II so aufgeteilt, daß die Paare vollständig getrennt sind. Zwei Wochen lang wird in jeder Gruppe dasselbe Stoffgebiet vermittelt.

Gruppe I   nach herkömmlichen Methoden (Lehrer–Schüler–Kontakt)
Gruppe II   nach einem TV–Lernprogramm

Anschließend wird eine Testklausur geschrieben, in der das erworbene Wissen überprüft wird.

	Punkteskala							
Gruppe I (x_i)	88	83	70	75	95	81	82	86
Gruppe II (y_i)	95	82	72	80	105	87	86	78

Es wird angenommen, daß die Differenzen $D_i = Y_i - X_i$ stetig verteilt sind.

d_i	7	−1	2	5	10	6	4	−8
r_i^+	6	1	2	4	8	5	3	7

W_n^+ hat den Wert 28. Prüfen wir die Hypothese $H_0 : M \leq 0$ gegen $H_1 : M > 0$ (Test B) zum Niveau $\alpha = 0.1$, so lehnen wir H_0 ab, da $w_{0.9} = 28$. Für $\alpha = 0.05$ können wir jedoch H_0 nicht ablehnen, da $w_{0.95} = 31$ ist.

Auftreten von Bindungen. Treten Paare (x_i, y_i) mit $d_i = y_i - x_i = 0$ auf, so werden diese aus der Stichprobe entfernt, und der Test wird mit den restlichen Werten durchgeführt. Sind einige Differenzen d_i identisch, wird üblicherweise Verfahren 3 (Durchschnittsrangbildung) oder seltener Verfahren 2 (Zuordnung von Rängen durch Randomisierung) angewendet (Vgl. Abschnitt 3.2). Im übrigen sei auf die Diskussion dieser Problematik in Abschnitt 4.4.3 verwiesen.

Große Stichproben. In Abschnitt 4.4.3 wurde bereits gezeigt: Bei Gültigkeit von $H_0 : M = 0$ und für $n > 20$ kann

$$Z = \frac{W_n^+ - n(n+1)/4}{\sqrt{n(n+1)(2n+1)/24}}$$

als annähernd standardnormalverteilt angesehen werden. Mithin:

Test A: H_0 ablehnen, wenn $|Z| \geq z_{1-\alpha/2}$
Test B: H_0 ablehnen, wenn $Z \geq z_{1-\alpha}$
Test C: H_0 ablehnen, wenn $Z \leq z_\alpha$,

wobei $\Phi(z_p) = p$ ist.

Eigenschaften.

(1) Der Wilcoxon–Test ist konsistent gegen alle in den Tests A, B und C vorliegenden Alternativen (Pitman (1948), von Eeden u. Benard (1957b), Pratt (1959)).

(2) Zur Unverfälschtheit bei einseitigen Alternativen nimmt Lehmann (1959) Stellung. Er zeigt, daß die unter H_0 zulässige Parametermenge verkleinert werden muß, um zu unverfälschten Tests zu gelangen.

(3) Klotz (1963) gibt die Gütefunktion des einseitigen Wilcoxon–Tests für Stichprobenumfänge zwischen $n = 5$ und $n = 10$ und normalverteilten D_i an. Eine Güteuntersuchung bei cauchyverteilten D_i und kleinen Stichprobenumfängen stammt von Arnold (1965). Dabei hat der Vorzeichen–Test die größte Güte, ihm folgt der Wilcoxon–Test. Am schlechtesten schneidet der t–Test für verbundene Stichproben ab, siehe auch 4.4.3.

(4) Hodges u. Lehmann (1956) zeigen, daß bei den getroffenen Annahmen die A.R.E. des Wilcoxon–Tests bzgl. des t–Tests niemals unter 0.864 liegt und unendlich groß sein kann. Hollander (1967) beweist zudem, daß diese untere Grenze der A.R.E. bei keiner Verteilung der D_i erreicht werden kann. Die A.R.E. beträgt bei Normalverteilung 0.955 und bei Doppelexponentialverteilung 1.5 (vgl. 4.4.3). Wie beim Vorzeichen–Test wäre es auch hier sinnlos, die A.R.E. bei Gleichverteilung der D_i zu bestimmen.

174   6. Zweistichproben-Problem für verbundene Stichproben

Diskussion. Es ist zu beachten, daß die Hypothese $H_0 : M = 0$ *nicht* zur Hypothese der Gleichheit der Mediane M_X und M_Y äquivalent ist (vgl. Aufgabe 10).

Wilcoxons Vorzeichen-Rangtest für den Median θ aus Abschnitt 4.4.3 kann als Sonderfall des Wilcoxon-Tests für verbundene Stichproben angesehen werden, indem wir $X_1, \ldots, X_n$ als paarige Stichprobenvariablen $(X_1, \theta), \ldots, (X_n, \theta)$ auffassen. Wegen der Bedeutung des Wilcoxon-Tests für den Einstichprobenfall und den Fall verbundener Stichproben wurden beide Fälle trotz großer Ähnlichkeit gesondert dargestellt. Der Wilcoxon-Test läßt sich wie der Vorzeichen-Test zur Überprüfung der Hypothese

H_0' :   Der Median von $Y - X$ ist M_0

heranziehen, indem wir statt $D_i = Y_i - X_i$ die Differenzen $D_i' = Y_i - X_i - M_0$ für die Teststatistik W_n^+ betrachten.

6.4   Andere Verfahren

(1) Walsh-Test

Der Walsh-Test für verbundene Stichproben ist dem Wilcoxon-Test sehr ähnlich: Er geht von fast denselben Voraussetzungen aus (zusätzlich: X und Y sind symmetrisch verteilt) und testet dieselben Hypothesen. Zudem sind die Teststatistiken verwandt. Zunächst werden die Differenzen D_i zur Statistik $(D_{(1)}, \ldots, D_{(n)})$ angeordnet. Bestimmte, durch Tabellen (Walsh (1949a)) vorgeschriebene arithmetische Mittel von jeweils zwei (nicht notwendigerweise verschiedenen) geordneten Statistiken gehen in die vom Stichprobenumfang abhängende Teststatistik ein. Ist $n = 6$, $\alpha = 0.062$, so lautet die konkrete Entscheidung im Testproblem $H_0 : M = 0$ gegen $H_1 : M \neq 0$:

für H_0, falls $\dfrac{D_{(5)} + D_{(6)}}{2} \geq 0$ *und* $\dfrac{D_{(1)} + D_{(2)}}{2} \leq 0$

für H_1, falls $\dfrac{D_{(5)} + D_{(6)}}{2} < 0$ *oder* $\dfrac{D_{(1)} + D_{(2)}}{2} > 0$.

Da mit zunehmendem Stichprobenumfang die Teststatistik immer komplizierter wird, ist der Walsh-Test in den meisten Fällen zu umständlich. Wir sollten noch erwähnen, daß bei ihm das Problem der Berechnung kritischer Werte nicht existiert. Gütebetrachtungen sind Walsh (1949b) zu entnehmen.

(2) Randomisierungs-Test von Fisher

Wie der Walsh-Test ist der Randomisierungs-Test von Fisher (1935) nur für kleine Stichproben handlich. Ihm liegt die Vorstellung zugrunde, daß (unter der Nullhypothese $H_0 : M = 0$) neben den tatsächlich realisierten D_i wegen der geforderten Symmetrie um den Median die „Spiegelbilder" $-D_i$ gleich wahrscheinlich sind. Z.B. hätten sich statt der Stichprobe $d_1 = 7.0$, $d_2 = -5.5$, $d_3 = 6.5$ ebenfalls die folgenden Stichproben mit gleicher Wahrscheinlichkeit ergeben können:

Tab. 6.1

d_1	7.0	7.0	7.0	−7.0	−7.0	−7.0	−7.0
d_2	−5.5	5.5	5.5	−5.5	−5.5	5.5	5.5
d_3	−6.5	6.5	−6.5	6.5	−6.5	6.5	−6.5
$\sum d_i$	−5.0	19.0	6.0	−6.0	−19.0	5.0	−8.0

Die Statistik $T = \sum_{i=1}^{3} D_i$ hat unter H_0 folgende Verteilung

t	−19	−8	−6	−5	5	6	8	19
$P(T=t)$	1/8	1/8	1/8	1/8	1/8	1/8	1/8	1/8

Bei einer Stichprobe vom Umfang n wird $H_0 : M = 0$ abgelehnt, wenn

$$T = \sum_{i=1}^{n} D_i$$

"zu große" oder „zu kleine" Werte annimmt (im zweiseitigen Fall), d.h. wenn T gleich einem der $\alpha \cdot 2^n$ Randwerte ist. Im Beispiel wäre selbst bei $\alpha = 0.25$ H_0 nicht abzulehnen, da der Wert von $T(=8)$ nicht zu den $0.25 \cdot 2^3 = 2$ Randwerten zählt. Der Randomisierungs-Test von Fisher läßt sich entsprechend auf die einseitigen Testprobleme übertragen. Er hat offenbar den Nachteil, daß für jede Stichprobe die kritischen Werte neu bestimmt werden müssen. Allerdings kann der dabei anfallende enorme Rechenaufwand verringert werden, wenn zuerst die Verteilung der für H_1 sprechenden Randwerte von T bestimmt wird, d.h. die Berechnung der Verteilung „von außen nach innen" vorgenommen wird. Auf diese Weise kann u.U. sogar noch auf die Bestimmung sämtlicher $\alpha \cdot 2^n$ Randwerte verzichtet werden.

Der Randomisierungs-Test von Fisher hat asymptotisch dieselbe Güte wie der t-Test (bei Normalverteilung der D_i). Weitere Hinweise sind bei Pitman (1937), Scheffé (1943), Lehmann u. Stein (1949) zu finden.

6.5 Konfidenzintervalle

Wir behandeln die Konstruktion von Konfidenzintervallen für den Median M der Variablen $Y − X$. Dabei nehmen wir an, daß die Differenz $D_i = Y_i − X_i$ unabhängig sowie stetig und identisch verteilt sind $(i = 1, \ldots, n)$.

Methode 1 (geordnete Statistik)

Wir betrachten die geordnete Statistik $(D_{(1)}, \ldots, D_{(n)})$ und bestimmen nach Abschnitt 3.5 natürliche Zahlen k und l, so daß

(1) $P(D_{(k)} < M < D_{(l)}) = \sum_{i=k}^{l-1} \binom{n}{i} \left(\frac{1}{2}\right)^n \approx 1 - \alpha$

(2) $l - k$ minimal ist.

Für $n \geq 20$ können k und l approximativ über die Normalverteilung bestimmt werden:

$$k = \frac{n}{2} + \frac{1}{2} z_{\alpha/2} \sqrt{n}, \quad l = \frac{n}{2} + \frac{1}{2} z_{1-\alpha/2} \sqrt{n},$$

wobei $\Phi(z_p) = p$ ist. Sind k oder l keine ganzen Zahlen, so runden wir entsprechend auf oder ab. Das gesuchte Konfidenzintervall ist dann $[D_{(k)}, D_{(l)}]$.

Methode 2 (Wilcoxon)

Wir nehmen zusätzlich an, daß die Differenzen D_i symmetrisch um den Median M verteilt sind. Aus den $n(n+1)/2$ arithmetischen Mitteln $D'_{ij} = (D_i + D_j)/2$, $1 \leq i \leq j \leq n$, bilden wir die geordnete Statistik $D'_{(1)}, \ldots, D'_{(n(n+1)/2)}$.

Analog zu 4.6 (c) lautet das Konfidenzintervall für M zum Niveau $1 - \alpha$: $[D'_{(k)}, D'_{(l)}]$ mit $k = w^+_{\alpha/2} + 1$ und $l = n(n+1)/2 - w^+_{\alpha/2}$; dabei ist $w^+_{\alpha/2}$ das $\alpha/2$-Quantil der Wilcoxon-Statistik W^+_n (vgl. Tabelle H). Bei Gibbons u. Chakraborti (1992) wird gezeigt, daß im Fall des Testproblems $H'_0 : M = M_0$ gegen $H'_1 : M \neq M_0$ das Intervall $[D'_{(k)}, D'_{(l)}]$ den Annahmebereich der Hypothese H_0 darstellt, wenn der Wilcoxon-Test auf dieses Problem angewendet wird (vgl. Diskussion des Wilcoxon-Tests in Abschnitt 3).

Entstehen Bindungen der D'_{ij} durch Auf- und Abrunden auf ein Vielfaches der Einheit ε (z.B. Abrunden von 4.13 auf 4.1, $\varepsilon = 0.1$), so erhalten wir ein Konfidenzintervall für M, indem wir D'_{ij} wie oben berechnen. Dabei ist zu beachten, daß wegen der Bindungen nicht notwendig $d'_{(i)} \neq d'_{(i+1)}$ sein muß. Auf jeden Fall gilt: $P(D'_{(k)} - \varepsilon \leq M \leq D'_{(l)} + \varepsilon) \geq 1 - \alpha$, d.h., $[D'_{(k)} - \varepsilon, D'_{(l)} + \varepsilon]$ ist ein Konfidenzintervall für M zum Niveau von *mindestens* $1 - \alpha$ (k und l berechnen sich wie zuvor). Die Begründung sei eine dem Leser empfohlene Übung.

Für $n > 20$ kann $w^+_{\alpha/2} \approx n(n+1)/4 + z_{\alpha/2} \sqrt{n(n+1)(2n+1)/24}$ mit $\Phi(z_{\alpha/2}) = \alpha/2$ gesetzt werden. Ist $w^+_{\alpha/2}$ nicht ganzzahlig, wird auf- oder abgerundet.

Bei Moses (1965) wird ein einfaches graphisches Verfahren zur Konstruktion des Konfidenzintervalles $[D'_{(k)}, D'_{(l)}]$ dargestellt, das auf J.W. Tukey zurückgeht.

6.6 Zusammenfassung

In diesem Kapitel haben wir Verfahren kennengelernt, die ihr parametrisches Analogon im klassischen t-Test für verbundene Stichproben haben. Es handelte sich vorrangig um Tests oder Konfidenzintervalle für den Median M der Variablen $D = Y - X$, wobei Y und X i.a. korreliert sind. Die beiden wichtigsten Tests waren

Vorzeichen-Test	Wilcoxon-Test
Anwendung: ordinales Meßniveau, Unabhängigkeit und identische Verteilung der D_i, $P(D_i = 0) = 0$.	Anwendung: kardinales Meßniveau, Unabhängigkeit und identische Verteilung, Stetigkeit und Symmetrie der D_i.

Dabei ist $D_i = Y_i - X_i$. Die beiden anderen vorgestellten Tests — der Walsh-Test und der Randomisierungstest von Fisher — sind nur für kleine Stichproben zu empfehlen. Schließlich wurden noch Konfidenzintervalle für den Median M mit Hilfe bestimmter geordneter Statistiken konstruiert.

6.7 Probleme und Aufgaben

Aufgabe 1: Ein Unternehmen will zwei alternative Fließbandfertigungsverfahren daraufhin untersuchen, ob diese mit starken körperlichen Anstrengungen verbunden sind. 11 zufällig ausgewählte Arbeiterinnen werden je einen Tag lang an den beiden Fließbändern ausgebildet. Am Ende des Arbeitstages werden die Pulsschläge gemessen:

Verfahren I (X)	63	65	71	75	72	75	68	74	62	73	72
Verfahren II (Y)	80	78	96	87	88	96	82	83	77	79	71

Testen Sie zum Niveau $\alpha = 0.05$

$H_0 : M \leq 0$
$H_1 : M > 0$

a) mit dem Vorzeichen-Test,

b) mit dem Wilcoxon-Test,

c) mit dem t-Test.

Aufgabe 2: X und Y seien stetig verteilt. Zeigen Sie die Äquivalenz der drei Aussagen

(1) $P(X < Y) \leq 1/2$,

(2) $P(X < Y) \leq P(Y < X)$,

(3) $M \leq 0$.

Aufgabe 3: X und Y seien stetig verteilt.

a) Zeigen Sie: $F_X \leq F_Y$ impliziert $P(X > Y) \geq P(X < Y)$.

b) Geben Sie Verteilungen für X und Y an mit den Eigenschaften

$P(X > Y) \geq P(X < Y)$ und

X ist *nicht* stochastisch größer als Y.

Aufgabe 4: Zeigen Sie für die Statistik $T = \bar{Y} - \bar{X}$ die Identitäten

(1) $E(T) = E(Y) - E(X)$,

(2) $\text{Var}(T) = \left(\text{Var}(X) + \text{Var}(Y) - 2\rho\sqrt{\text{Var}(X)}\sqrt{\text{Var}(Y)}\right)/n$.

Aufgabe 5: Eine Firma bringt ein neues Schlankheitsmittel auf den Markt. Bei 100 Versuchspersonen, die dieses Mittel ausprobiert haben, stellt die Firma nach zwei Monaten fest, daß 60 Personen ab- und 40 Personen zugenommen haben. Ist die Hypothese, das Mittel sei schlankheitsfördernd, aufrechtzuerhalten? ($\alpha = 0.01$)

Aufgabe 6: X bzw. Y haben die Verteilungsfunktion $F(x) = H\left(\frac{x-\mu_1}{\sigma_1}\right)$ bzw. $G(y) = H\left(\frac{y-\mu_2}{\sigma_2}\right)$, wobei H eine streng monoton wachsende Verteilungsfunktion ist ($\mu_1 < \mu_2$). Zeigen Sie die Äquivalenz der folgenden Aussagen

(1) Y ist stochastisch größer als X,

(2) $\sigma_1 = \sigma_2$.

Aufgabe 7: An fünfzehn Patienten eines großen Krankenhauses wird ein neues Schmerzmittel getestet. Die Patienten werden nach einer Woche befragt, ob eine Schmerzlinderung eingetreten sei. Es ergab sich

starke Linderung	etwas Linderung	wie vorher	leichte Schmerzzunahme	starke Schmerzzunahme
7	3	2	1	2

Testen Sie die Hypothesen

H_0 : Das Mittel wirkt schmerzlindernd

H_1 : Das Mittel wirkt schmerzverstärkend

mit Hilfe des Wilcoxon-Tests ($\alpha = 0.05$). *Hinweis:* Durchschnittsrangbildung.

Aufgabe 8: X sei symmetrisch um x_0 verteilt (stetig oder diskret). Zeigen Sie, daß

a) $f(x_0 + x) = f(x_0 - x)$ für alle reellen Zahlen x gilt (f Dichte von X),

b) $E(X) = x_0$,

c) x_0 Median von X ist.

Aufgabe 9: Eine Firma will die Lesegeschwindigkeit ihrer Angestellten erhöhen. Da ein Trainingsprogramm für *alle* Angestellten durchgeführt werden soll, die dabei verwendeten Methoden aber umstritten sind, entschließt sich die Firmenleitung aus Kostengründen zu einem Testverfahren. Acht zufällig ausgewählte Angestellte unterziehen sich einem einmonatigen Schnellkurs. Anschließend wird die Lesegeschwindigkeit vor und nach dem Kurs verglichen (Wörter pro Minute):

Angestellter No.	1	2	3	4	5	6	7	8
vorher (X)	201	151	300	512	480	222	331	363
nachher (Y)	226	275	552	605	475	314	408	527

a) Berechnen Sie für den Median M von $Y - X$ Konfidenzintervalle nach Methode 1 und Methode 2 $(1 - \alpha = 0.95)$

b) Testen Sie $H_0 : \mu = 50$ gegen $H_1 : \mu \neq 50$ zum Niveau $\alpha = 0.05$ mit $\mu = E(Y - X)$.

Aufgabe 10: Zeigen Sie anhand von Beispielen, daß die Bedingung $M_D = 0$, wobei M_D der Median von $D = Y - X$ ist, weder notwendig noch hinreichend für die Gleichheit der Mediane M_X und M_Y ist.

Aufgabe 11: Ertel (1976) verglich bei einer Untersuchung über die Konjunkturentwicklung die Wachstumsraten von Niedersachsen (Nds.) und der Bundesrepublik (Bund). Es ergab sich

Jahr	1955	1956	1957	1958	1959	1960	1961	1962	1963	1964
Nds. (X)	10.6	6.4	5.6	6.1	6.8	7.8	5.8	4.8	4.0	6.2
Bund (Y)	12.1	7.2	5.6	3.5	7.4	9.0	5.6	4.0	3.4	6.8
Jahr	1965	1966	1967	1968	1969	1970	1971	1972	1973	1974
Nds. (X)	3.1	2.8	−2.6	6.6	6.4	4.7	3.5	4.4	5.8	0.4
Bund (Y)	5.7	2.8	−0.2	7.1	8.2	5.9	2.9	3.4	5.3	0.6

Testen Sie die Hypothese $H_0 : E(X) = E(Y)$ gegen $H_1 : E(X) \neq E(Y)$

a) mit Hilfe des Vorzeichen–Tests,

b) mit Hilfe des Wilcoxon–Tests,

c) mit Hilfe des t–Tests

zum Niveau $\alpha = 0.05$. Warum ist die Anwendung obiger Tests für diesen Datensatz problematisch?

Kapitel 7

c-Stichproben-Problem

7.1 Einführung

Im 5. und 6. Kapitel haben wir das Zweistichproben–Problem für unabhängige bzw. verbundene Stichproben behandelt. In den Abschnitten 7.2 und 7.3 wollen wir dieses Problem auf c ($c \geq 3$) unabhängige bzw. verbundene Stichproben erweitern. Im Fall unabhängiger Stichproben werden wir dementsprechend Tests auf Gleichheit der Verteilungen eines Merkmals in mehr als zwei Grundgesamtheiten kennenlernen; im Falle verbundener Stichproben wollen wir Tests auf sogenannte Behandlungseffekte diskutieren, denen folgendes Verfahren zugrunde liegt: An jedem ausgewählten Subjekt werden c verschiedene „Behandlungen" (treatments) oder an jedem der c Subjekte einer homogenen Gruppe (block) wird jeweils eine der c verschiedenen Behandlungen vorgenommen. Alternativ zu dieser Vorgehensweise könnten wir auch N Subjekte zufällig auswählen und auf n_1 Subjekte die 1. Behandlung, auf n_2 die 2. Behandlung usw. bis auf n_c Subjekte die c-te Behandlung anwenden mit $\sum n_i = N$ (Fall unabhängiger Stichproben). In den meisten praktischen Untersuchungen mit bestimmten Behandlungen (z.B. mit Medikamenten) erweist sich jedoch ein solches Verfahren als problematisch, weil vorhandene Differenzen zwischen den Behandlungseffekten durch die Verschiedenheit der Subjekte, die dieselbe Behandlung erhalten, verwischt werden können; Verschiedenheit z.B. bei Personen hinsichtlich Alter, Geschlecht, Konstitution u.a.

Wenn mehr als 2 Stichproben (unabhängige oder verbundene) miteinander verglichen werden sollen, dann ist dazu ein Test notwendig, der Unterschiede bezüglich aller c-Stichproben simultan aufzudecken vermag (*globaler Test*). Für den Fall, daß wir immer paarweise Stichproben mit einem Zweistichproben-Test vergleichen (*multipler Test*) überschreiten wir u.U. das vorgegebene Testniveau α in erheblichem Maße, was an folgendem Beispiel demonstriert werden soll: Zu testen sei die Hypothese, daß $c = 6$ Stichproben aus Grundgesamtheiten mit derselben Verteilung stammen ($\alpha = 0.05$). Dann gibt es $\binom{6}{2} = 15$ paarweise Stichprobenvergleiche und damit 15 Anwendungen eines (oder verschiedener) Zweistichproben-Tests. Wird für jeden dieser 15 Tests das Testniveau $\alpha = 0.05$ zugrundegelegt, dann ist die Wahrscheinlichkeit p dafür, daß ein Zweistichproben–Test irrtümlich mindestens einen signifikanten Unterschied aufdeckt, wegen der Abhängigkeit der Testvergleiche nicht exakt angebbar, sicherlich aber weit größer als das vorgegebene α.

Es kann einerseits der Fall eintreten, daß ein globaler Test mit einem bestimmten α nicht zur Ablehnung der Hypothese führt, während beim multiplen Vergleich jeweils für dasselbe α ein oder mehrere signifikante Unterschiede aufgedeckt werden. Andererseits mag ein globaler Test die Hypothese ablehnen, jedoch keiner der multiplen Tests. Ein solches „nachträgliches" Testen ist überhaupt nur zulässig, wenn der (globale) c-Stichproben-Test zur Ablehnung der Hypothese geführt hat und danach festgestellt werden soll, zwischen welchen Stichproben signifikante Unterschiede auftreten. Diese zusätzliche Information ist in vielen praktischen Situationen sicherlich erstrebenswert. Wir werden im folgenden bei der Behandlung des c-Stichproben-Problems sowohl für unabhängige als auch für abhängige Stichproben auf die Möglichkeiten solcher „differenzierter" Vergleiche hinweisen. Umfangreiche Studien zu simultanen Testverfahren und multiplen Vergleichen stammen von Gabriel (1966, 1969) und Miller (1966).

Die in diesem Kapitel vorgestellten c-Stichproben-Tests für unabhängige bzw. verbundene Stichproben haben in der parametrischen Theorie ihr Pendant in der sogenannten Einfach- bzw. Zweifach-Klassifikation im Rahmen der Varianzanalyse. Darauf wird im folgenden an den entsprechenden Stellen näher eingegangen. Für das c-Stichproben-Problem mit unabhängigen Stichproben gibt es eine Reihe von Tests, die zumeist Analoga zu den entsprechenden Tests für das Zweistichproben-Problem in Kapitel 5 sind. Da wir in den Abschnitten 7.2 bzw. 7.3 jeweils nur den bekanntesten Vertreter in ausführlicher Form darstellen wollen, verzichten wir auf eine Angabe der allgemeinen linearen Rangstatistik für das c-Stichproben-Problem. In 7.2.3 und 7.3.3 werden noch weitere Verfahren kurz beschrieben. Eine Gegenüberstellung parametrischer und nichtparametrischer Verfahren im c-Stichproben-Problem bringt die Arbeit von v.d. Laan u. Verdooren (1987).

7.2 Unabhängige Stichproben

7.2.1 Problemstellung

Als Verallgemeinerung des in Abschnitt 5.1 beschriebenen Zweistichproben-Problems für unabhängige Stichprobenvariablen soll in diesem Abschnitt das folgende c-Stichproben-Problem untersucht werden: Es seien $X_{i1}, \ldots, X_{in_i}$, $i = 1, \ldots, c$, unabhängige Stichprobenvariablen aus einer Grundgesamtheit mit unbekannter Verteilungsfunktion F_i. Insgesamt liegen also $N = \sum_{i=1}^{c} n_i$ Beobachtungen vor. Zu testen ist die Hypothese:

$$H_0 : F_1(z) = F_2(z) = \cdots = F_c(z) \text{ für alle } z \in \mathbb{R}.$$

Der parametrische Test für diese Hypothese ist der F-Test, der auf der Annahme der Normalverteilung $N(\mu_i, \sigma_i^2)$ der Stichprobenvariablen $X_{i1}, \ldots, X_{in_i}$, $i = 1, \ldots, c$, mit $\sigma_i^2 = \sigma^2$

für alle i basiert; allenfalls Unterschiede bezüglich der Lage sind vorhanden. Die obige Nullhypothese wird in diesem Fall zu:

$$H_0 : \mu_1 = \mu_2 = \cdots = \mu_c.$$

Dieses parametrische Modell wird als ein Varianzanalyse–Modell der Einfach–Klassifikation bezeichnet; einfach deshalb, weil die Einteilung der Beobachtungen in Gruppen bezüglich eines einzigen Kriteriums (*Effekts*) erfolgt. Das wird besonders deutlich, wenn wir das Modell in folgender äquivalenter Form schreiben:

$$X_{ij} = \mu + \alpha_i + E_{ij}, \quad i = 1, \ldots, c, \ j = 1, \ldots, n_i,$$

worin μ das (unbekannte) Gesamtmittel und α_i der (unbekannte) Effekt der i-ten „Behandlung" bedeuten. Die Zufallsvariablen E_{ij} sind unabhängig und $N(0, \sigma^2)$-verteilt, d.h., X_{ij} ist $N(\mu_i, \sigma^2)$-verteilt mit $\mu_i = \mu + \alpha_i$. Die Beobachtungen x_{ij} sind also nach *einem*, sogenannten α–*Effekt*, klassifiziert. Beispielsweise kann α_i der Effekt des i-ten Düngemittels für $i = 1, \ldots, c$ auf den Ertrag X_{ij} einer bestimmten Weizensorte des j-ten Feldes sein.

Die Teststatistik für den Test auf Gleichheit der c Mittelwerte (d.h., alle $\alpha_i = 0$) lautet:

$$F = \frac{(N-c) \sum_{i=1}^{c} n_i (\bar{X}_{i\cdot} - \bar{X})^2}{(c-1) \sum_{i=1}^{c} \sum_{j=1}^{n_i} (X_{ij} - \bar{X}_{i\cdot})^2}, \quad \sum_{i=1}^{c} n_i = N,$$

mit $\bar{X}_{i\cdot}$ als Mittelwert der i-ten Stichprobe und $\bar{X}$ als Mittelwert aller N Beobachtungen. Die Teststatistik F hat unter H_0 eine F–Verteilung mit $(c-1, N-c)$ FG.

In der Praxis ist jedoch häufig die Annahme der Normalverteilung nicht gerechtfertigt, oder es liegt kein kardinales Meßniveau vor. Dann muß für einen Test auf Gleichheit der c Verteilungen nach einer anderen Teststatistik gesucht werden; doch zunächst

Beispiel 1: Zur Untersuchung der Intelligenz von Studenten der Fachrichtungen Wirtschaftswissenschaften (I), Medizin (II), Germanistik (III) und Mathematik (IV) wurden aus jedem dieser vier Fachrichtungen einer Universität einige Studenten zufällig ausgewählt und ihre IQ–Werte bestimmt, die in der folgenden Tabelle zusammengestellt sind (n_i ist die Anzahl der ausgewählten Studenten, $i = 1, \ldots, 4$).

Tab. 7.1

Fachrichtungen	IQ–Werte	n_i
I	99, 131, 118, 112, 128, 136, 120, 107, 134, 122	10
II	134, 103, 127, 121, 139, 114, 121, 132	8
III	120, 133, 110, 141, 118, 124, 111, 138, 120	9
IV	117, 125, 140, 109, 128, 137, 110, 138, 127, 141, 119, 148	12

184   7. c-Stichproben-Problem

Sprechen diese Daten für die Gleichheit der IQ-Werte-Verteilungen der Studenten aus den vier angegebenen Fachrichtungen? Auf dieses Beispiel mit $c = 4$ und $N = 39$ werden wir im nächsten Abschnitt zurückkommen.

Wie beim Zweistichproben-Problem sind auch in diesem c-Stichproben-Fall allgemeine Alternativen, Lage- oder Variabilitätsalternativen auszuzeichnen, für die dann analog den Verfahren in Kapitel 5 geeignete Teststatistiken auszuwählen sind.

7.2.2 Kruskal-Wallis-Test

Der wohl bekannteste Test für das in 7.2.1 beschriebene c-Stichproben-Problem ist der Test von Kruskal-Wallis (1952), der eine Verallgemeinerung des in 5.4.2 diskutierten Rangsummentests von Wilcoxon darstellt.

Daten. Die Daten haben mindestens ordinales Meßniveau und stammen aus c Grundgesamtheiten:

$$\begin{array}{ll} 1. \text{ Stichprobe} & x_{11}, \; x_{12}, \ldots, x_{1n_1} \\ 2. \text{ Stichprobe} & x_{21}, \; x_{22}, \ldots, x_{2n_2} \\ \;\;\vdots & \\ c. \text{ Stichprobe} & x_{c1}, \; x_{c2}, \ldots, x_{cn_c}. \end{array}$$

Annahmen.

(1) Die Stichprobenvariablen $X_{i1}, \ldots, X_{in_i}$, $i = 1, \ldots, c$, sind unabhängig.

(2) $X_{i1}, \ldots, X_{in_i}$ haben eine stetige Verteilungsfunktion F_i, $i = 1, \ldots, c$.

Testproblem.

$$H_0 : F_1(z) = F_2(z) = \cdots = F_c(z)$$
$$H_1 : F_i(z) = F(z - \theta_i) \quad \text{für alle } z \in \mathbb{R} \text{ und mit } \theta_i \neq \theta_j$$
$$ \text{für mindestens ein Paar } (i,j), \; 1 \leq i, j \leq c.$$

Teststatistik. Es sei $N = \sum_{i=1}^{c} n_i$. Wir kombinieren alle c Stichproben, ordnen sämtliche N Elemente der Größe nach und weisen ihnen Ränge $1, 2, \ldots, N$ zu. Mit R_{ij} bezeichnen wir den Rang von X_{ij} in der kombinierten, geordneten Stichprobe, $i = 1, \ldots, c$, $j = 1, \ldots, n_i$ und mit $R_i = \sum_{j=1}^{n_i} R_{ij}$ die Rangsumme in der i-ten Stichprobe. Wegen $\sum_{i=1}^{N} i = N(N+1)/2$ gilt unter H_0:

$$E(R_i) = \frac{n_i}{N} \cdot \frac{N(N+1)}{2} = \frac{n_i(N+1)}{2}$$

für $i = 1, \ldots, c$. So liegt es nahe, als Teststatistik folgende Summe von Abweichungs*quadraten* zu betrachten (bei einer Wahl der Summe der Abweichungen selbst heben sich negative und positive Summanden gegenseitig auf):

$$T = \sum_{i=1}^{c} \left(R_i - \frac{n_i(N+1)}{2} \right)^2.$$

Das ist allerdings nicht die von Kruskal-Wallis vorgeschlagene H-Statistik; diese basiert auf einer *gewichteten* Summe der Abweichungsquadrate, um unter H_0 für hinreichend große n_i eine Approximation der Verteilung von H durch die χ^2-Verteilung zu gewährleisten:

$$H = \frac{12}{N(N+1)} \sum_{i=1}^{c} \frac{1}{n_i} \left(R_i - \frac{n_i(N+1)}{2} \right)^2.$$

Häufig wird H zur Vereinfachung der Rechnung in der Form geschrieben (Beweis als Übung für den Leser):

$$H = \frac{12}{N(N+1)} \sum_{i=1}^{c} \frac{R_i^2}{n_i} - 3(N+1).$$

Nur für $n_1 = n_2 = \cdots = n_c$ sind T und H äquivalente Teststatistiken. Die Verteilung von H (ebenso von T) unter H_0 kann mit Hilfe kombinatorischer Überlegungen analog dem beim Wilcoxon-Rangsummen-Test beschriebenen Verfahren bestimmt werden. Die Gesamtzahl der Möglichkeiten, die N verschiedenen Ränge auf c Stichproben zu verteilen, wenn in der i-ten Stichprobe n_i Ränge zu vergeben sind, beträgt $N!/n_1!n_2!\cdots n_c!$. Alle Möglichkeiten sind unter H_0 gleich wahrscheinlich, d.h., es gilt:

$$P_{H_0}(R_{11} = r_{11}, \ldots, R_{1n_1} = r_{1n_1}, \ldots, R_{c1} = r_{c1}, \ldots, R_{cn_c} = r_{cn_c}) = \frac{\prod_{i=1}^{c} n_i!}{N!}.$$

Der Wert von H wird nun für jede mögliche Aufteilung der Ränge auf die c Stichproben berechnet; es bezeichne $a(h)$ die Anzahl der Aufteilungen, für die $H = h$ ist. Dann gilt:

$$P_{H_0}(H = h) = \frac{a(h) \prod_{i=1}^{c} n_i!}{N!}.$$

Beispiel 2: Wir wollen die Berechnung von $P_{H_0}(H = h)$ für $c = 3$, $n_1 = n_2 = 2$, $n_3 = 1$ verdeutlichen: Es gibt $5!/2!2!1! = 30$ mögliche Aufteilungen der Ränge auf die $c = 3$ Stichproben I, II und III:

Tab. 7.2

I	II	III	h	I	II	III	h
1 2	3 4	5	3.6	2 4	1 3	5	2.4
1 2	3 5	4	3.0	2 4	1 5	3	0.0
1 2	4 5	3	3.6	2 4	1 5	1	2.4
1 3	2 4	5	2.4	2 5	1 3	4	1.4
1 3	2 5	4	1.4	2 5	1 4	3	0.4
1 3	4 5	2	3.0	2 5	3 4	1	2.0
1 4	2 3	5	2.0	3 4	1 2	5	3.6
1 4	2 5	3	0.4	3 4	1 5	2	0.6
1 4	3 5	2	1.4	3 4	2 5	1	2.0
1 5	2 3	4	0.6	3 5	1 2	4	3.0
1 5	2 4	3	0.0	3 5	1 4	2	1.4
1 5	3 4	2	0.6	3 5	2 4	1	2.4
2 3	1 4	5	2.0	4 5	1 2	3	3.6
2 3	1 5	4	0.6	4 5	1 3	2	3.0
2 3	4 5	1	3.6	4 5	2 3	1	3.6

Somit ergibt sich:

Tab. 7.3

h	$P_{H_0}(H = h)$	$P_{H_0}(H \leq h)$
0.0	2/30=1/15	1/15
0.4	2/30=1/15	2/15
0.6	4/30=2/15	4/15
1.4	4/30=2/15	6/15
2.0	4/30=2/15	8/15
2.4	4/30=2/15	10/15
3.0	4/30=2/15	12/15
3.6	6/30=3/15	1

Für größere c und n_i, $i = 1, \ldots, c$ steigt der Rechenaufwand zur Bestimmung der Verteilung von H rasch an; z.B. gibt es für $c = 4$ und $n_1 = n_2 = n_3 = n_4 = 4$ bereits 63 063 000 mögliche Rangaufteilungen. So liegt es nahe, nach einer geeigneten Approximation der Verteilung von H zu suchen (siehe „Große Stichproben"). Ein effizienter Algorithmus zur Berechnung der exakten Verteilung von H unter H_0 ist bei Streitberg u. Röhmel (1987) zu finden.

Testprozeduren. H_0 ablehnen, wenn $H \geq h_{1-\alpha}$.

Kritische Werte von H sind für $c = 3$, $n_1, n_2, n_3 \leq 5$ in **Tabelle O** zusammengestellt; für $c = 4, 5$ und $n_i \leq 4$ siehe auch Krishnaiah u. Sen (1984).

Beispiel 3: Wir wollen die Anwendung des Tests unter Berücksichtigung der hergeleiteten Verteilung für $c = 3$, $n_1 = n_2 = 2$, $n_3 = 1$ demonstrieren. Angenommen, es liegen folgende

Beobachtungen vor:

$$x_{11} = 2.8 \quad x_{12} = 1.9$$
$$x_{21} = 4.7 \quad x_{22} = 2.5$$
$$x_{31} = 1.6.$$

Stammen die drei Stichproben aus Grundgesamtheiten mit derselben Verteilung ($\alpha = 0.2$)?

Für $\alpha = 0.2$ besteht der kritische Bereich aus

$$k = \alpha \cdot \frac{N!}{\prod_{i=1}^{c} n_i!} = 0.2 \cdot 30 = 6$$

Rangtupeln, d.h., $h_{1-\alpha} = 3.6$. Als kombinierte, geordnete Stichprobe erhalten wir: 1.6, 1.9, 2.5, 2.8, 4.7 und somit $r_{11} = 4, r_{12} = 2, r_{21} = 5, r_{22} = 3, r_{31} = 1$; d.h., wegen

$$H = \frac{12}{30} \left(\frac{6^2}{2} + \frac{8^2}{2} + \frac{1^2}{1} \right) - 18 = 2.4$$

wird H_0 nicht abgelehnt.

Auftreten von Bindungen. Unter der Annahme der Stetigkeit der Verteilungen F_i, $i = 1, \ldots, c$, ist die Wahrscheinlichkeit für das Auftreten von Bindungen gleich 0. Es können sich jedoch aufgrund von Ungenauigkeiten der Messung Bindungen ergeben, die aber für die Berechnung von H nur dann von Belang sind, wenn sie unter Beobachtungen aus verschiedenen Stichproben auftreten. Dann kann eines der in Abschnitt 3.2 beschriebenen Verfahren angewendet werden; wegen der numerischen Einfachheit wird die Methode der Durchschnittsränge zur Berechnung von H bevorzugt. Für den Fall einer größeren Zahl von Bindungen kann die Teststatistik H ersetzt werden durch

$$H^* = \frac{H}{1 - \sum_{j=1}^{r}(b_j^3 - b_j)/(N^3 - N)},$$

worin r die Anzahl der Bindungsgruppen und b_j die Anzahl der Bindungen in der j-ten Gruppe bedeuten, $1 \leq j \leq r$. Eine ungebundene Beobachtung ist dabei eine Gruppe von Umfang 1. Es kann gezeigt werden, daß H^* unter H_0 asymptotisch χ^2-verteilt ist mit $(c - 1)$ FG. Hierzu und für weitere Ausführungen zum Problem von Bindungen sei auf Kruskal (1952) und Lehmann (1975) verwiesen.

Große Stichproben. Für $c \geq 3$ und $n_i \geq 5$, $i = 1, \ldots, c$, kann die Verteilung von H unter H_0 durch die χ^2-Verteilung mit $(c-1)$ FG approximiert werden, bei allem Vorbehalt bezüglich der Güte der Approximation, wenn ein oder mehrere Stichprobenumfänge recht klein sind. Gabriel u. Lachenbruch (1969) kommen aufgrund von Simulationsstudien zu dem Ergebnis, daß die Approximation durch die χ^2-Verteilung bereits für kleine Stichprobenumfänge recht gut ist (die Approximation bewirkt zumeist einen konservativen Test).

Wir wollen nun kurz die Idee des Beweises dafür skizzieren, daß H unter H_0 asymptotisch χ^2-verteilt ist mit $(c-1)$ FG. Zunächst ist

$$Z_i = \frac{R_i - E(R_i)}{\sqrt{\text{Var}(R_i)}}$$

asymptotisch standardnormalverteilt mit

$$E(R_i) = \frac{n_i(N+1)}{2}$$

und

$$\text{Var}(R_i) = \frac{n_i(N+1)(N-n_i)}{12},$$

d.h.,

$$Z_i^2 = \left(\frac{R_i - E(R_i)}{\sqrt{\text{Var}(R_i)}}\right)^2 = \frac{(R_i - n_i(N+1)/2)^2}{n_i(N+1)(N-n_i)/12}$$

ist approximativ χ^2-verteilt mit 1 FG. Wären die Zufallsvariablen R_i unabhängig, dann hätte $Z = \sum_{i=1}^{c} Z_i^2$ asymptotisch eine χ^2-Verteilung mit c FG. Wegen

$$\sum_{i=1}^{c} R_i = \frac{N(N+1)}{2}$$

sind jedoch die R_i nicht unabhängig. Kruskal u. Wallis (1952) haben gezeigt, daß

$$\sum_{i=1}^{c} \frac{N-n_i}{N} Z_i^2 = H$$

unter H_0 asymptotisch χ^2-verteilt ist mit $(c-1)$ FG; vorausgesetzt, es existiert für alle i:

$$\lim_{N \to \infty} \frac{n_i}{N} > 0.$$

Wegen der linearen Restriktion verringert sich die Anzahl der FG um 1. Für den Test bedeutet das: H_0 ablehnen, wenn gilt $H \geq \chi^2_{1-\alpha;c-1}$.

Wir kommen auf das in 7.2.1 angeführte Beispiel 1 der Intelligenz–Untersuchung von Studenten aus 4 verschiedenen Fachrichtungen zurück. Kombinieren wir die 4 Stichproben, ordnen dann die Beobachtungen der Größe nach und weisen ihnen die Ränge 1 bis 39 zu (bei Gleichheit von Beobachtungen aus verschiedenen Stichproben werden Durchschnittsränge gebildet), so ergeben sich für die Rangsummen in den einzelnen Stichproben: $R_1 = 168.5$, $R_2 = 160.0$, $R_3 = 173.0$, $R_4 = 278.5$ und schließlich $H \approx 1.76$. Für $\alpha = 0.05$ ist $\chi^2_{0.95;3} = 7.82$; d.h., die Hypothese, daß die IQ-Werte der Studenten aus den 4 angegebenen Fachrichtungen dieselbe Verteilung haben, wird auf diesem Testniveau nicht abgelehnt (siehe als Ergänzung Aufgabe 3).

7.2 Unabhängige Stichproben

Eigenschaften.

(1) Der Test ist konsistent gegen die angegebene Lagealternative. Dies ergibt sich aus dem Kriterium von Kruskal (1952), das — kurz gesagt — lautet: der H–Test ist dann und nur dann konsistent, wenn die Grenzwahrscheinlichkeit P dafür *ungleich 0.5 ist*, daß die Stichprobenvariablen aus mindestens einer der c–Grundgesamtheiten stochastisch größer (kleiner) als die Stichprobenvariablen der restlichen Grundgesamtheiten sind. Dabei heißt hier — allgemeiner als die Definition in Abschnitt 5.1 — X stochastisch größer als Y, wenn $P(X > Y) > P(X < Y)$ gilt; siehe auch Abschnitt 2.2. Dieses Konsistenz–Ergebnis ist eine Verallgemeinerung des Konsistenz–Kriteriums beim Wilcoxon–Rangsummentest. Der H–Test ist also inkonsistent, wenn die Grundgesamtheiten nicht alle dieselbe Verteilung haben, aber alle symmetrisch mit einer gemeinsamen Symmetrie–Achse sind ($P = 0.5$).

(2) Güteberechnungen des H–Tests für kleine Stichprobenumfänge und entsprechende Vergleiche mit dem parametrischen Gegenstück, dem F–Test, liegen u.W. nicht vor, wohl Untersuchungen zur asymptotisch relativen Effizienz (A.R.E.). Zur A.R.E.–Berechnung des H–Tests gegenüber dem F–Test hat Andrews (1954) gezeigt, daß H für stetiges F und unter Lagealternativen der Form

$$F_i(z) = F\left(z + \frac{\theta_i}{\sqrt{n}}\right), \; i = 1, \ldots, c,$$

als Grenzverteilung eine nichtzentrale χ^2–Verteilung hat. Bei Annahme einer Normalverteilung ist die A.R.E. des H–Tests gegenüber dem F–Test gleich $3/\pi \approx 0.955$, bei einer Rechteckverteilung gleich 1, sie fällt nicht unter 0.864 und kann für gewisse Alternativen größer als 1 sein, was Hodges u. Lehmann (1956) gezeigt haben. Diese Ergebnisse haben wir bereits beim Wilcoxon–Rangsummentest im Vergleich zum t–Test kennengelernt. Die Übereinstimmung ist nicht überraschend, weil für $c = 2$ der F–Test und der t–Test bzw. der H–Test und der Wilcoxon–Test äquivalent sind (siehe Aufgabe 1).

Diskussion. Die Anwendung des exakten H–Tests von Kruskal–Wallis ist mit dem vorliegenden Tabellenwerk nur für sehr kleine Stichprobenumfänge n_i und kleines c möglich. Ansonsten muß auf die χ^2–Verteilung zurückgegriffen werden, bei allem Vorbehalt gegenüber der Güte der Approximation. Der H–Test ist ein *globaler* Test auf Gleichheit aller c Verteilungen (H_0). Er vermag also nur aufzudecken, *daß* Unterschiede zwischen mehreren Verteilungen bestehen, nicht aber zwischen *welchen* sie bestehen. Wird also H_0 abgelehnt, dann kann für den Zweck weiterer Vergleiche durch Anwendung des H–Tests eine Gruppe von 2 oder mehr Stichproben analysiert werden, bis schließlich die Differenzen zwischen den Grundgesamtheiten „genügend" aufgedeckt sind. Allerdings wird für solche wiederholten

Einzel–Tests das ursprüngliche Testniveau α verzerrt bzw. es verliert jegliche Bedeutung. Für eine ausführliche Diskussion solcher multipler Tests sei auf Gabriel (1966, 1969) und Miller (1966) verwiesen. Steel (1960) und Dunn (1964) haben Tests entwickelt, die wie der H–Test auf Rangsummen–Statistiken basieren und die multiple Vergleiche zulassen, siehe auch Hettmansperger (1984) und Büning u.a. (1981).

Der H–Test ist ein Test nur für Lagealternativen; d.h., er kann also ebenso wenig wie z.B. der Wilcoxon–Test im Zweistichproben–Fall Dispersionsunterschiede aufdecken. Hinzu kommt, daß der H–Test (im Gegensatz zum Wilcoxon–Test) nicht für einseitige $(\theta_i \gtrless \theta_j)$, sondern nur für zweiseitige Lagealternativen $(\theta_i \neq \theta_j)$ konstruiert ist, denn wegen der in die Teststatistik eingehenden Abweichungs*quadrate* werden nur die absoluten Größen, nicht aber die Vorzeichen der Abweichungen berücksichtigt. Lagetests bei ungleichen Varianzen sind z.B. bei Sen (1962) und Shiraishi (1993) zu finden.

Nach alledem stellt sich die Frage nach der Existenz von Testverfahren im c–Stichproben–Problem, die entweder für *allgemeine* Alternativen (einseitig-zweiseitig) (wie in Abschnitt 5.2) bezüglich der Gestalt der Verteilungen oder für Variabilitätsalternativen (siehe Abschnitt 5.5) geeignet sind. Wir werden im folgenden einige Verallgemeinerungen dieser Tests aus Kapitel 5 für den c–Stichproben–Fall kennenlernen.

Abschließend sei noch folgendes vermerkt: Der zum Wilcoxon–Test äquivalente U–Test von Mann–Whitney kann auch auf den c–Stichproben–Fall erweitert werden. Dazu seien z.B. die Arbeiten von Bhapkar u. Deshpandé (1968), Terpstra (1954) und Whitney (1951) erwähnt.

7.2.3 Andere Verfahren

(1) Alternativen zum Kruskal–Wallis–Lagetest

In den Abschnitten 5.4.3 und 5.4.4 haben wir den v.d. Waerden–Test (X_N–Test) bzw. den Fisher–Yates–Terry–Hoeffding–Test (C_1–Test) als Alternativen zum Wilcoxon–Lagetest beschrieben. Während die Wilcoxon–Statistik als Gewichte $g(i) = i$ in der linearen Rangstatistik

$$L_N = \sum_{i=1}^{N} g(i) V_i$$

benutzt, hat die X_N–Statistik die Gewichte $g_1(i) = \Phi^{-1}\left(\frac{i}{N+1}\right)$, wobei Φ die standardisierte Normalverteilung ist, und die C_1–Statistik die Gewichte $g_2(i) = E(Z_{(i)})$, worin $Z_{(i)}$ die i-te geordnete Statistik einer Stichprobe aus einer standardnormalverteilten Grundgesamtheit bedeutet. Ganz analog lassen sich nun auch im c–Stichproben–Problem alternative Tests zum H–Test von Kruskal–Wallis angeben, indem die Gewichte $g_1(i)$ bzw. $g_2(i)$ zugrundegelegt werden. Dazu betrachten wir folgende Teststatistiken:

$$X_c = \frac{N-1}{\sum_{i=1}^{N} g_1^2(i)} \sum_{j=1}^{c} \frac{1}{n_j} \left[\sum_{i=1}^{n_j} g_1^{(j)}(i) V_i \right]^2,$$

$$Y_c = \frac{N-1}{\sum_{i=1}^{N} g_2^2(i)} \sum_{j=1}^{c} \frac{1}{n_j} \left[\sum_{i=1}^{n_j} g_2^{(j)}(i) V_i \right]^2.$$

Der hochgestellte Index (j) gibt an, daß sich Φ^{-1} bzw. die Erwartungswertbildung $E(\cdot)$ auf die Variablen der j-ten Stichprobe beziehen.

Die exakte Verteilung von X_c und Y_c unter $H_0 : F_1 = F_2 = \cdots = F_c$ liegt selbst für kleine Stichprobenumfänge nicht vor. Hájek u. Šidák (1967) haben gezeigt, daß unter H_0 mit $\min(n_1, n_2, \ldots, n_c) \to \infty$ die Teststatistiken X_c und Y_c asymptotisch χ^2-verteilt sind mit $(c-1)$ FG. (Das beweisen sie sogar für eine größere Klasse von c-Stichproben-Rangstatistiken!). Zudem führen sie den Nachweis, daß die A.R.E.'s des X_c-Tests und des Y_c-Tests zum H-Test bzw. F-Test dieselben sind wie die des X_N-Tests und des C_1-Tests zum Wilcoxon-Test bzw. t-Test.

Weitere Ausführungen zu obigen beiden Tests sind bei Puri (1964), McSweeney u. Penfield (1969) und Schlesinger (1992) zu finden. Ein Gütevergleich des F-Tests mit dem Kruskal-Wallis-Test und obigen beiden Tests bei ungleichen Varianzen stellen Lachenbruch u. Clements (1991) an.

(2) Mediantest

In Abschnitt 5.3.2 haben wir den Mediantest für das Zweistichproben-Problem beschrieben, den wir nun für den c-Stichproben-Fall verallgemeinern wollen. Häufig wird dieser erweiterte Mediantest nicht als Test auf Gleichheit der c Verteilungen, sondern allgemeiner als Test auf Gleichheit der Mediane von c Grundgesamtheiten betrachtet. Dann allerdings muß die Gleichheit der Varianzen in den c Grundgesamtheiten vorausgesetzt werden. Unter der Nullhypothese identischer Verteilungen stammen alle $N = \sum_{i=1}^{c} n_i$ Beobachtungen aus einer gemeinsamen Grundgesamtheit. Es sei M der Median der kombinierten Stichprobe. Unter H_0 ist zu erwarten, daß in jeder der c Stichproben ungefähr die Hälfte der Beobachtungen dieser Stichprobe kleiner als M sind. Bezeichnen wir mit m_i die Anzahl der Beobachtungen der i-ten Stichprobe, die kleiner als M sind (d.h., $n_i - m_i$ Elemente sind größer oder gleich M), und mit a die Gesamtzahl aller N Beobachtungen, die kleiner als M sind, so ist:

$$a = \sum_{i=1}^{c} m_i = \begin{cases} N/2, & \text{wenn } N \text{ gerade} \\ (N-1)/2, & \text{wenn } N \text{ ungerade ist.} \end{cases}$$

7. c-Stichproben-Problem

Unter H_0 gilt dann:

$$P_{H_0}(M_1 = m_1, \ldots, M_c = m_c) = \frac{\binom{n_1}{m_1}\binom{n_2}{m_2}\cdots\binom{n_c}{m_c}}{\binom{N}{a}}.$$

Es ist jedoch wegen der Vielzahl der Kombinationen von $n_1, \ldots, n_c$ wenig sinnvoll, kritische Bereiche für alle möglichen Stichprobenumfänge und verschiedene α über die obige exakte Verteilung zu tabellieren. Vom praktischen Standpunkt aus empfiehlt es sich, P_{H_0} für die beobachteten Werte $m_1, \ldots, m_c$ und für solche (extremen) Kombinationen zu bestimmen, die geringere Wahrscheinlichkeiten haben. Ist die Summe dieser Wahrscheinlichkeiten kleiner als α, dann wird H_0 abgelehnt. Es erweist sich dennoch zumeist als sehr mühselig, alle diese extremen Kombinationen herauszufinden.

Wir wollen das Verfahren an dem in 7.2.1 angeführten Beispiel 1 mit der Messung der IQ-Werte erläutern. Es ist: $c = 4, n_1 = 10, n_2 = 8, n_3 = 9, n_4 = 12, N = 39, M = 124, m_1 = 6, m_2 = 4, m_3 = 5, m_4 = 4, a = 19$ und damit:

$$P_{H_0}(M_1 = 6, M_2 = 4, M_3 = 5, M_4 = 4) = \frac{\binom{10}{6}\binom{8}{4}\binom{9}{5}\binom{12}{4}}{\binom{39}{19}} \approx 0.0133.$$

In der folgenden Tabelle sind die obige und 5 extremere Kombinationen angeführt:

Tab. 7.4

m_1	m_2	m_3	m_4	$P_{H_0}(M_i = m_i, i = 1,2,3,4)$
6	4	5	4	0.0133
6	5	4	4	0.0106
4	3	4	8	0.0106
6	3	6	4	0.0071
4	5	6	4	0.0071
4	6	5	4	0.0053

Insgesamt ergibt sich als Summe 0.0540; d.h., für $\alpha = 0.05$ kann schon hier ohne Betrachtung zusätzlicher Kombinationen und ihrer Wahrscheinlichkeiten entschieden werden, daß der Beobachtungsbefund nicht zur Ablehnung von H_0 führt.

Offensichtlich erfordert ein solches „exaktes" Verfahren im allgemeinen jedoch einen viel zu hohen Rechenaufwand. So liegt es nahe, nach einer Teststatistik zu suchen, die eine geeignete Approximation darstellt. Dies führt zu einem wie in Abschnitt 4.2.2 beschriebenen Anpassungstest; hier für den Fall einer sogenannten $c \times 2$-Kontingenztabelle. Tests über Kontingenztabellen, die in Kapitel 8 ausführlicher behandelt werden, können in Erweiterung des in 4.1 erklärten Begriffs der Anpassung (durch eine Verteilung) als goodness-of-fit-tests aufgefaßt werden.

Es bezeichnen nun m_{i1} und $m_{i2} = n_i - m_{i1}$ die Anzahl der Beobachtungen in der i-ten Stichprobe, die kleiner als M bzw. größer oder gleich M sind, $i = 1, \ldots, c$. Diese Häufigkeiten werden in der nachstehenden $c \times 2$-Kontingenztabelle aufgeführt:

Tab. 7.5

Stichprobe	$< M$	$> M$	Umfang
1	m_{11}	m_{12}	n_1
2	m_{21}	m_{22}	n_2
$\vdots$	$\vdots$	$\vdots$	$\vdots$
c	m_{c1}	m_{c2}	n_c
Gesamtzahl	a_1	a_2	N

Im Unterschied zu Abschnitt 4.2.2 liegt also hier eine Klasseneinteilung bezüglich zweier Kriterien vor:

1. Stichprobennummer
2. Größe relativ zum Median M.

Ist p_1 die (unbekannte) Wahrscheinlichkeit unter H_0 dafür, daß eine Beobachtung kleiner als M ist, so gilt, wobei M_{i1} und M_{i2} die zu m_{i1} bzw. m_{i2} gehörenden Zufallsvariablen sind:

$$E(M_{i1}) = n_i p_1 \quad \text{und} \quad E(M_{i2}) = n_i(1 - p_1) = n_i p_2,$$

und wir erhalten als Schätzwerte:

$$n_i \hat{p}_1 = n_i \frac{a_1}{N} \quad \text{und} \quad n_i \hat{p}_2 = n_i \left(\frac{N - a_1}{N} \right) = n_i \frac{a_2}{N}.$$

Als Anpassungs–Teststatistik wählen wir:

$$\begin{aligned}
A &= \sum_{i=1}^{c} \sum_{j=1}^{2} \frac{(m_{ij} - n_i \hat{p}_j)^2}{n_i \hat{p}_j} \\
&= \sum_{i=1}^{c} \frac{(m_{i1} - n_i a_1/N)^2}{n_i a_1/N} + \sum_{i=1}^{c} \frac{(n_i - m_{i1} - n_i(N - a_1)/N)^2}{n_i a_2/N} \\
&= N \sum_{i=1}^{c} \frac{(m_{i1} - n_i a_1/N)^2}{n_i a_1} + N \sum_{i=1}^{c} \frac{(n_i a_1/N - m_{i1})^2}{n_i a_2} \\
&= N \sum_{i=1}^{c} \frac{(m_{i1} - n_i a_1/N)^2}{n_i} \left(\frac{1}{a_1} + \frac{1}{a_2} \right) \\
&= \frac{N^2}{a_1 a_2} \sum_{i=1}^{c} \frac{(m_{i1} - n_i a_1/N)^2}{n_i}.
\end{aligned}$$

7. c-Stichproben-Problem

A ist asymptotisch χ^2-verteilt mit $2c - 1 - c = c - 1$ FG, wenn $n_i \to \infty$ für alle i gilt. Die Anzahl der Freiheitsgrade reduziert sich um c, da c (unabhängige) Parameter geschätzt werden. Als Faustregel für die Anwendung der Approximation geben Gibbons u. Chakraborti (1992) $N \geq 25$ und $n_i \geq 5$ für alle i an. Die Nullhypothese der Gleichheit der c Verteilungen wird dann abgelehnt, wenn gilt: $A \geq \chi^2_{1-\alpha;c-1}$. Wenden wir diesen Test auf das in 7.2.1 erwähnte Beispiel 1 der Intelligenz–Untersuchung von Studenten vier verschiedener Fachrichtungen an, so erhalten wir mit $M = 124$ folgende Kontingenztabelle:

Tab. 7.6

Stichprobe	$< M$	$> M$	Umfang
1	6	4	10
2	4	4	8
3	5	4	9
4	4	8	12

Die Rechnung ergibt $A \approx 1.82$. Für $\alpha = 0.05$ ist $\chi^2_{0.95;3} = 7.82$, d.h., H_0 wird nicht abgelehnt. Es sei erwähnt, daß wir bei Anwendung des Tests von Kruskal–Wallis auf dieses Beispiel für H ungefähr den Wert 1.76 erhielten.

In der bereits beim H–Test zitierten Arbeit von Andrews (1954) werden folgende Eigenschaften des Mediantests bewiesen:

a) Der Mediantest ist konsistent gegenüber Lagealternativen,

b) A hat unter Alternativen K_n der Form $F_i(z) = F(z + \theta_i/\sqrt{n})$ eine nichtzentrale χ^2-Verteilung,

c) die A.R.E. des Mediantests gegenüber dem F–Test ist für Normalalternativen der Lage gleich $2/\pi \approx 0.637$ (und damit zum H–Test gleich $2/3$); bei Annahme einer Rechteckverteilung gleich $1/3$ (und damit auch zum H–Test gleich $1/3$). Sie kann für bestimmte Verteilungen auch größer als 1 werden.

(3) Tests bei geordneten Alternativen

Während der Kruskal–Wallis–Test in 7.2.2 nur für zweiseitige Lagealternativen $\theta_i \neq \theta_j$, $i \neq j$, geeignet ist, sind der von Terpstra (1952) und Jonckheere (1954) unabhängig voneinander vorgeschlagene Test sowie der Test von Mack u. Wolfe (1981) für (einseitige) geordnete Alternativen konzipiert. Die zugehörigen beiden Teststatistiken sind Verallgemeinerungen der U–Teststatistik von Mann–Whitney in 5.4.2. Der Jonckheere–Terpstra–Test ist konstruiert für die Alternative

$$H_1 : \theta_1 \leq \theta_2 \leq \cdots \leq \theta_c \quad \text{bzw.} \quad H_1 : F_1(x) \geq F_2(x) \geq \cdots \geq F_c(x)$$

wobei mindestens eine strikte Ungleichung gilt. Die Teststatistik J lautet:

$$J = \sum_{i<j}^{c} U_{ij} = \sum_{i=1}^{c-1} \sum_{j=i+1}^{c} U_{ij},$$

worin die $\binom{c}{2}$ Mann–Whitney-Statistiken U_{ij} definiert sind als

$$U_{ij} = \sum_{s=1}^{n_i} \sum_{t=1}^{n_j} \Psi(X_{jt} - X_{is})$$

mit

$$\Psi(u) = \begin{cases} 1 & \text{für } u > 0 \\ 0 & \text{für } u \leq 0. \end{cases}$$

Unter der Alternative wird man erwarten, daß die Werte der 1. Stichprobe kleiner sind als die der 2. bis c-ten Stichproben, die der 2. Stichprobe kleiner sind als die der 3. bis c-ten Stichprobe usw. Das bedeutet, daß die Mann–Whitney-Statistiken U_{ij} „groß" sind und damit H_0 abgelehnt wird, falls J „zu große" Werte annimmt. Kritische Werte von J sind für $c = 3$ und $2 \leq n_1 \leq n_2 \leq n_3 \leq 8$ sowie $c = 4, 5, 6$ und $n_1 = \cdots = n_c = 2, 3, 4, 5, 6$ bei Odeh (1971) und Skillings (1980) tabelliert. Unter gewissen Regularitätsbedingungen ist

$$Z = \frac{J - E(J)}{\sqrt{\text{Var}(J)}}$$

mit

$$E(J) = \frac{N^2 - \sum_{i=1}^{c} n_i^2}{4} \text{ und}$$

$$\text{Var}(J) = \frac{N^2(2N+3) - \sum_{i=1}^{c} n_i^2(2n_i+3)}{72},$$

wobei $N = \sum_{i=1}^{c} n_i$ ist, unter H_0 asymptotisch standardnormalverteilt, siehe z.B. Hettmansperger (1984). Im Fall von Bindungen kann die obige Ψ-Funktion durch

$$\Psi(u) = \begin{cases} 1 & \text{für } u > 0 \\ 1/2 & \text{für } u = 0 \\ 0 & \text{für } u < 0 \end{cases}$$

ersetzt werden.

Weitere Ausführungen zum J–Test sind bei Hollander u. Wolfe (1973) und Pirie (1983) zu finden; zur Güte des J–Tests siehe z.B. Potter u. Sturm (1981). Konkurrenten zum J–Test bei geordneten Alternativen und einen Vergleich dieser Tests mit dem J–Test bringen die Arbeiten von Rao u. Gore (1984) und Fairly u. Fligner (1987).

Der Mack–Wolfe–Test ist für sogenannte Umbrella–Alternativen konzipiert, d.h. für

$$H_1 : \theta_1 \leq \cdots \leq \theta_{l-1} \leq \theta_l \geq \theta_{l+1} \geq \cdots \geq \theta_c \text{ bzw.}$$

$$H_1 : F_1(x) \geq \cdots \geq F_{l-1}(x) \geq F_l(x) \leq F_{l+1}(x) \leq \cdots \leq F_c(x),$$

wobei mindestens eine strikte Ungleichung gilt; l kennzeichnet die "Spitze des Regenschirms". Die Teststatistik lautet:

$$M_l = \sum_{1 \leq i < j \leq l} \sum U_{ij} + \sum_{l \leq i < j \leq c} \sum U_{ji}$$

mit den oben angegebenen Mann–Whitney-Statistiken U_{ij} bzw. U_{ji}. Auch hier führen „zu große" Werte von M_l zur Ablehnung von H_0. Bei diesem Test sind die beiden Fälle

a) l bekannt und

b) l unbekannt

zu unterscheiden; im Fall b) muß l vorab aus den Daten geschätzt werden. Dazu und zur asymptotischen Normalität der Teststatistik M_l unter Angabe von $E(M_l)$ und Var(M_l) sei auf Mack u. Wolfe (1981) verwiesen. In dieser Arbeit findet sich auch ein Gütevergleich des M_l-Tests mit den Tests von Kruskal-Wallis und Jonckheere-Terpstra. Es zeigt sich, daß der M_l-Test hohe Güte hat, falls l korrekt gewählt ist. Zum Vergleich dieser und weiterer Tests auf Lageunterschiede siehe auch Chen u. Wolfe (1990), Chen (1991) und Schlesinger (1992).

(4) Test auf Variabilitätsalternativen

So wie der Siegel-Tukey-Test für Variabilitätsalternativen im Zweistichproben-Fall entsprechend dem Wilcoxon-Lagetest auf einer Rangsummenstatistik basiert, kann ganz analog ein c-Stichproben-Test für Variabilitätsalternativen entsprechend dem Kruskal-Wallis-Lagetest konstruiert werden, den wir nun darstellen wollen.

Testproblem.

$$H_0 : F_1(z) = F_2(z) = \cdots = F_c(z) = F(z)$$
$$H_1 : F_i(z) = F(\theta_i z) \text{ für alle } z \in \mathbb{R},\ \theta_i > 0 \text{ und } \theta_i \neq \theta_j$$
$$\text{für mindestens ein Paar } (i,j),\ 1 \leq i, j \leq c.$$

Es werde vorausgesetzt, daß die F_i stetig sind. Für diese Variabilitätsalternativen hat Meyer-Bahlburg (1970) den Siegel-Tukey-Test verallgemeinert. Wir wollen sein Verfahren kurz beschreiben und verweisen dazu auf Abschnitt 5.5.2. Dabei sei zunächst angenommen, daß die Gesamtzahl N der Beobachtungen mit $N = \sum_{i=1}^{c} n_i$ durch 4 teilbar ist, d.h., $N = 4n$, und daß keine Bindungen auftreten.

a)   Kombiniere die c-Stichproben mit den Umfängen $n_1, n_2, \ldots, n_c$ und ordne sämtliche $N = 4n$ Beobachtungen der Größe nach.

b) Weise der kleinsten Beobachtung den Rang 1, den beiden größten die Ränge 2 und 3, der zweit- und drittkleinsten die Ränge 4 und 5 usw. zu bis zur N-ten Beobachtung. Für den Fall $N = 4n$ ist die Rangsumme der $N/2$-kleinsten Beobachtungen gleich der Rangsumme der $N/2$-größten Beobachtungen.

c) Berechne die Summe $\tilde{R}_i$ der Ränge der Beobachtungen aus der i-ten Stichprobe, $i = 1, \ldots, c$.

d) Bestimme
$$\tilde{H} = \frac{12}{N(N+1)} \sum_{i=1}^{c} \frac{\tilde{R}_i^2}{n_i} - 3(N+1).$$

e) Da $\tilde{H}$ unter H_0 wie die H-Statistik von Kruskal-Wallis verteilt ist, insbesondere asymptotisch χ^2-verteilt mit $(c-1)$ FG, können die (exakten) kritischen Werte für $c = 3$ und $n_i \leq 5$, $i = 1, 2, 3$ der **Tabelle O**, andernfalls der χ^2-Tabelle (**Tabelle E**) entnommen werden.

Ist $N \neq 4n$, so wird folgendes Verfahren vorgeschlagen:

für $N = 4n + 1$ streiche den Median Q_2,
für $N = 4n + 2$ streiche die Quartile Q_1, Q_3,
für $N = 4n + 3$ streiche Q_1, Q_2, Q_3 der kombinierten Stichprobe.

Treten Bindungen unter den Beobachtungen aus *verschiedenen* Stichproben auf (nur dieser Fall bedarf einer besonderen Betrachtung), so kann die Methode der Durchschnittsränge angewendet werden.

Ein numerisches Beispiel ($c = 3, n_1 = 15, n_2 = 12$ und $n_3 = 13$, d.h., $N = 40$) und weitere Ausführungen zu diesem Test, insbesondere im Vergleich zu anderen Verfahren, sind in der oben zitierten Arbeit zu finden.

(5) Tests für allgemeine Alternativen

Für einseitige und zweiseitige allgemeine Alternativen hat Conover den in Abschnitt 5.2.2 beschriebenen Kolmogorow-Smirnow-Test auf das c-Stichproben-Problem erweitert, siehe Conover (1965, 1967).

Zu testen sind die Hypothesen:

Test A: (einseitig)

$H_0 : F_1(z) \leq F_2(z) \leq \cdots \leq F_c(z)$ für alle $z \in \mathbb{R}$
$H_1 : F_i(z) > F_j(z)$ für mindestens ein $z \in \mathbb{R}$ und ein Paar (i, j) mit $i < j$.

7. c-Stichproben-Problem

Test B: (zweiseitig)

$H_0 : F_1(z) = F_2(z) = \cdots = F_c(z)$ für alle $z \in \mathbb{R}$
$H_1 : F_i(z) \neq F_j(z)$ für mindestens ein $z \in \mathbb{R}$ und ein Paar $(i,j), i \neq j$.

Es werde vorausgesetzt, daß die F_i stetig sind. Zur Definition der Kolmogorow–Smirnow–Teststatistiken für Test A und Test B seien $S_1, \ldots, S_c$ die empirischen Verteilungsfunktionen der 1., 2., ..., c–ten Stichprobe. Die Teststatistik für Test A lautet dann:

$$K_1 = \max_{1 \leq i < c} \sup_{z \in \mathbb{R}} (S_i(z) - S_{i+1}(z)).$$

Zur Bestimmung von K_1 müssen also die gewöhnlichen (einseitigen) Kolmogorow–Smirnow–Teststatistiken im Zweistichproben–Fall für die 1. und 2. Stichprobe, für die 2. und 3. Stichprobe usw. bis zur $(c-1)$–ten und c–ten Stichprobe berechnet werden; der größte dieser insgesamt $(c-1)$ Werte liefert dann den Wert von K_1. Für den zweiseitigen Test wird zunächst in jeder Stichprobe die größte Beobachtung bestimmt; sei also Z_i der größte Wert in der i–ten Stichprobe, $1 \leq i \leq c$. Wir ordnen nun die Z_i der Größe nach $Z_{(1)} \leq Z_{(2)} \leq \cdots \leq Z_{(c)}$, d.h., $Z_{(c)}$ ist die größte aller N Beobachtungen. Die empirischen Verteilungsfunktionen der zu $Z_{(1)}$ bzw. zu $Z_{(c)}$ gehörenden Stichproben werden mit $S_{(1)}$ bzw. $S_{(c)}$ bezeichnet. Dann lautet die Teststatistik für Test B:

$$K_2 = \sup_z (S_{(1)}(z) - S_{(c)}(z)).$$

Die exakten Verteilungen von K_1 und K_2 unter H_0 liegen bislang nur für gleiche Stichprobenumfänge, d.h. für $n_1 = n_2 = \cdots = n_c = n$ vor, weil für ungleiche Stichprobenumfänge die Berechnung der Verteilung zu aufwendig wird. Kritische Werte von K_1 bzw. K_2 für $2 \leq c \leq 10$, $2 \leq n \leq 50$ sind der **Tabelle P** bzw. **Tabelle Q** zu entnehmen, wobei die dort angegebenen Werte noch durch n zu dividieren sind. Die Herleitung der asymptotischen Verteilungen von K_1 bzw. K_2 unter H_0 und Aussagen zur Konsistenz des K_1–Tests sind in den eingangs zitierten Arbeiten von Conover zu finden. Es zeigt sich, daß unter H_0 die asymptotische Verteilung von K_2 gleich der der *einseitigen* Kolmogorow–Smirnow–Statistik $K_{m,n}^+$ im Zweistichproben–Fall und damit unabhängig von der Anzahl c der Stichproben ist. Dieses Ergebnis ist deshalb nicht überraschend, weil die K_2–Statistik im Gegensatz zur K_1–Statistik auch nur auf der maximalen Differenz *zweier* empirischer Verteilungsfunktionen basiert. In die asymptotische Verteilung von K_1 unter H_0 geht dagegen die Zahl c ein. Die entsprechenden approximativen Quantile der Verteilungen von K_1 bzw. K_2 unter H_0 sind jeweils am unteren Ende der oben erwähnten Tabellen angeführt.

Für den Spezialfall $c = 3$ haben Birnbaum u. Hall (1960) einen zweiseitigen Test vom Kolmogorow–Smirnow–Typ betrachtet, der auf dem Supremum von allen drei absoluten Differenzen $|S_i(z) - S_j(z)|$, $i \neq j$ basiert, und die Verteilung der Teststatistik unter H_0 für kleine und gleiche Stichprobenumfänge n tabelliert. Darauf sei hier nicht näher eingegangen. Eine ausführliche Beschreibung dieses Tests ist auch bei Conover (1971) zu finden.

Erwähnenswert ist noch eine in diesem Zusammenhang häufig zitierte Arbeit von Kiefer (1959), in der neben c–Stichproben–Verallgemeinerungen des Kolmogorow–Smirnow–Zweistichproben–Tests auch Analogien zu dem in Abschnitt 5.2.3 angeführten Cramér–von Mises–Test diskutiert werden.

7.3 Verbundene Stichproben

7.3.1 Problemstellung

In Abschnitt 7.2.1 haben wir ein varianzanalytisches Modell der Einfach–Klassifikation beschrieben: Alle Beobachtungen werden bezüglich eines einzigen Kriteriums in Gruppen eingeteilt; so z.B. die Erträge *einer* bestimmten Weizensorte hinsichtlich des Kriteriums „Düngemittel". In den Anwendungen stoßen wir häufig auf Klassifikationen bezüglich mehrerer Kriterien. Bezogen auf unser Beispiel mit dem Weizenertrag könnten wir alle Beobachtungen (Erträge) z.B. nach zwei Kriterien gruppieren:

(1) Düngemittel

(2) Weizensorten.

Sinngemäß läge dann ein Modell der Zweifach–Klassifikation vor. Wir wollen nun ein solches Modell im Hinblick auf die weiteren Ausführungen dieses Kapitels näher beschreiben: nc Subjekte werden in n Blöcke (Gruppen) mit jeweils c Subjekten eingeteilt und dann c Behandlungen zufällig auf die c Subjekte in jedem Block so verteilt, daß jedes Subjekt genau eine Behandlung erhält. Jeder Block soll dabei homogen in dem Sinne sein, daß die Unterschiede zwischen den Subjekten dieses Blocks hinsichtlich des Untersuchungsmerkmals möglichst gering sind, d.h., die c Subjekte in jedem Block sind bezüglich gewisser Variablen „verbunden". So sollten z.B. bei der Untersuchung der Wirkung von c Medikamenten (Behandlungen) die Personen innerhalb jedes Blocks ungefähr gleiches Geschlecht, Alter, Gewicht u.a. haben. Bei Vorhandensein solcher homogener Blöcke können Differenzen zwischen den Beobachtungen innerhalb eines Blockes als unterschiedliche Behandlungseffekte interpretiert werden.

Vermerkt sei hier noch, daß statt dieser Vorgehensweise auch wie folgt verfahren werden kann: Es werden n Subjekte ausgewählt, und *jedes* Subjekt wird mit *allen* c Behandlungen (zu verschiedenen Zeitpunkten) ausgesetzt. Von der Praxis her sind jedoch häufig gegen ein solches Verfahren in zweifacher Hinsicht Bedenken anzumelden: einmal können Nachwirkungen einer bestimmten Behandlung von unbekannter Dauer auftreten, und zum anderen ist mit dieser Vorgehensweise ein erhöhter Zeitaufwand verbunden.

Im nächsten Abschnitt werden wir den Friedman–Rangtest als einen Test auf Gleichheit sämtlicher c Behandlungseffekte kennenlernen. Als parametrisches Pendant dazu wollen wir das folgende Modell der Zweifach–Klassifikation (Block–Behandlung) betrachten:

$$X_{ij} = \mu + \alpha_i + \beta_j + E_{ij}, \quad i = 1, \ldots, n, \quad j = 1, \ldots, c,$$

worin μ das (unbekannte) Gesamtmittel, α_i der Effekt des i-ten Blockes (*Zeileneffekt*) und β_j der Effekt der j-ten Behandlung (*Spalteneffekt*) bedeuten. Die Zufallsvariablen E_{ij} sind unabhängig und $N(0, \sigma^2)$ verteilt. Zu testen ist die Hypothese: $\beta_1 = \beta_2 = \cdots = \beta_c$. Als Teststatistik benutzen wir:

$$F = \frac{(n-1)n \sum_{j=1}^{c} (\bar{X}_{\cdot j} - \bar{X})^2}{\sum_{j=1}^{c} \sum_{i=1}^{n} (X_{ij} - \bar{X}_{i \cdot} - \bar{X}_{\cdot j} + \bar{X})^2}$$

mit

$$\bar{X}_{\cdot j} = \frac{1}{n} \sum_{i=1}^{n} X_{ij}, \quad \bar{X}_{i \cdot} = \frac{1}{c} \sum_{j=1}^{c} X_{ij}, \quad \bar{X} = \frac{1}{nc} \sum_{i=1}^{n} \sum_{j=1}^{c} X_{ij}.$$

F ist unter H_0 F–verteilt mit $(c-1)$ und $(c-1)(n-1)$ FG.

7.3.2 Friedman–Test

Für das in 7.3.1 geschilderte Problem der Untersuchung von Behandlungsunterschieden an ausgewählten Subjekten ist der F_c–Test von Friedman (1937) der bekannteste Vertreter unter den nichtparametrischen Verfahren, die als Pendant zum (parametrischen) F–Test für nichtnormalverteilte Grundgesamtheiten aufgefaßt werden können. Wir wollen den F_c–Test nun ausführlich diskutieren. Hinsichtlich neuerer Arbeiten zum F_c–Test siehe z.B. Quade (1984).

Daten. Die Daten haben ordinales Meßniveau und sind Realisationen von nc Stichprobenvariablen X_{ij}, $i = 1, \ldots, n;\; j = 1, \ldots, c$, die in folgender Tabelle dargestellt sind:

Tab. 7.7

Block	Behandlung			
	1	2	$\cdots$	c
1	X_{11}	X_{12}	$\cdots$	X_{1c}
2	X_{21}	X_{22}	$\cdots$	X_{2c}
$\vdots$	$\vdots$	$\vdots$	$\vdots$	$\vdots$
n	X_{n1}	X_{n2}	$\cdots$	X_{nc}

7.3 Verbundene Stichproben

Die Stichprobenvariable X_{ij} gehört also zum i-ten Block und ist verbunden mit der j-ten Behandlung.

Annahmen.

a) Die Stichprobenvariablen X_{ij}, $i = 1,\ldots,n$; $j = 1,\ldots,c$ sind unabhängig.
b) X_{ij} hat eine stetige Verteilungsfunktion $F(x - \alpha_i - \beta_j)$.

Testproblem.

H_0 : $\beta_1 = \beta_2 = \cdots = \beta_c = \beta$, d.h.,
die c Behandlungen haben die gleichen Effekte.

H_1 : $\beta_k \neq \beta_l$ für mindestens ein (k,l), $k \neq l$, d.h.,
mindestens zwei der c Behandlungen haben unterschiedliche Effekte.

Teststatistik. Innerhalb eines *jeden* Blocks werden die c Beobachtungen der Größe nach geordnet und ihnen die Ränge $1,\ldots,c$ zugewiesen. Es bezeichne R_{ij} den Rang von X_{ij}; dann ist jede Realisation von $R_{i1},\ldots,R_{ic}$ eine Permutation der Zahlen $1,\ldots,c$ für alle $i = 1,\ldots,n$. Aus obiger Daten–Tabelle erhalten wir also folgende Rang-Tabelle:

Tab. 7.8

Block	Behandlung				Zeilensumme
	1	2	$\cdots$	c	
1	R_{11}	R_{12}	$\cdots$	R_{1c}	$c(c+1)/2$
2	R_{21}	R_{22}	$\cdots$	R_{2c}	$c(c+1)/2$
$\vdots$	$\vdots$	$\vdots$	$\ddots$	$\vdots$	$\vdots$
n	R_{n1}	R_{n2}	$\cdots$	R_{nc}	$c(c+1)/2$
Spaltensumme	R_1	R_2	$\cdots$	R_c	$nc(c+1)/2$

Die Spaltensummen $R_j = \sum_{i=1}^{n} R_{ij}$, $j = 1,\ldots,c$ hängen von den möglichen Unterschieden der Behandlungen ab, wohingegen die Zeilensummen konstruktionsgemäß Konstanten sind. Unter der Annahme, daß die c Behandlungen dieselben Effekte haben (H_0), sind die erwarteten Spaltensummen alle dieselben und gleich dem Durchschnitt $\bar{R} = \frac{1}{c}\sum_{j=1}^{c} R_j = \frac{n(c+1)}{2}$.
So liegt es nahe, zur Untersuchung von Behandlungsunterschieden als Teststatistik folgende Summe von Abweichungsquadraten zu betrachten:

$$S = \sum_{j=1}^{c} \left(R_j - \frac{n(c+1)}{2}\right)^2$$

oder dazu äquivalent:

$$F_c = \frac{12}{nc(c+1)} \sum_{j=1}^{c} R_i^2 - 3n(c+1).$$

Der Leser vergleiche die F_c–Statistik mit der H–Statistik von Kruskal–Wallis und beachte die unterschiedliche Definition von R_i (H–Statistik) und R_j (F_c–Statistik). Es gilt (siehe Abschnitt 3.4.1 bzw. Aufgabe 8):

$$E(R_{ij}) = \frac{c+1}{2}, \quad \text{Var}(R_{ij}) = \frac{c^2-1}{12}, \quad \text{Cov}(R_{is}, R_{it}) = -\frac{c+1}{12}, \, s \neq t$$

und

$$E(F_c) = c-1, \quad \text{Var}(F_c) = \frac{2(c-1)(n-1)}{n}.$$

Die Verteilung von F_c (ebenso von S) kann analog dem beim H–Test beschriebenen Verfahren mit Hilfe kombinatorischer Überlegungen hergeleitet werden. Unter H_0 sind zunächst alle $c!$ Permutationen der Ränge $1, \ldots, c$ in jedem Block gleich wahrscheinlich, d.h., $P_{H_0}(R_{i1} = r_{i1}, \ldots, R_{ic} = r_{ic}) = 1/c!$ für alle $i = 1, \ldots, n$. Wegen der Unabhängigkeit der Rangtupel aus den n verschiedenen Blöcken gilt dann:

$$P_{H_0}(R_{11} = r_{11}, \ldots, R_{1c} = r_{1c}, \ldots, R_{n1} = r_{n1}, \ldots, R_{nc} = r_{nc}) = \frac{1}{(c!)^n}.$$

Die Werte von F_c werden nun für alle $(c!)^n$ Aufteilungen der Ränge auf die n Blöcke berechnet. Es bezeichne $a(f)$ die Anzahl der Aufteilungen, für die $F_c = f$ ist. Dann gilt:

$$P_{H_0}(F_c = f) = \frac{a(f)}{(c!)^n}.$$

Beispiel 4: Die Berechnung von $P_{H_0}(F_c = f)$ sei für $n = 3$ und $c = 2$ veranschaulicht: Es gibt insgesamt $(2!)^3 = 8$ mögliche Aufteilungen der Ränge, die in folgender Tabelle zusammengestellt sind:

Tab. 7.9

1 2	1 2	1 2	1 2	2 1	2 1	2 1	2 1
1 2	1 2	2 1	2 1	1 2	1 2	2 1	2 1
1 2	2 1	1 2	2 1	1 2	2 1	1 2	2 1
$F_c =$ 3	1/3	1/3	1/3	1/3	1/3	1/3	3

Es ergibt sich: $P_{H_0}(F_c = 3) = 2/8 = 1/4$ und $P_{H_0}(F_c = 1/3) = 6/8 = 3/4$.

Für größere n und c steigt der Rechenaufwand zur Bestimmung der Verteilung von F_c sehr schnell an, insbesondere in Abhängigkeit von c. Für $c = 4$ und $n = 5$ gibt es bereits 7 962 624 verschiedene Rangaufteilungen auf die fünf Blöcke. So liegt es nahe, für große n und c nach einer geeigneten Approximation der Verteilung von F_c unter H_0 zu suchen (siehe „Große Stichproben").

Testprozeduren. H_0 ablehnen, wenn $F_c \geq f_{1-\alpha}$.

Kritische Werte von F_c sind für $c = 3, n = 2(1)13; c = 4, n = 2(1)8; c = 5, n = 3, 4, 5$ in **Tabelle R** zusammengestellt. Für $c = 2$ können Tabellen des Vorzeichen-Tests (Abschnitt

6.2) verwendet werden, da in diesem Fall der Vorzeichen-Test — wie wir noch zeigen werden — äquivalent zum Friedman-Test ist.

Wir wollen nun die Anwendung des Friedman-Tests an einem Beispiel demonstrieren.

Beispiel 5: Vier verschiedene Schlafmittel S_1, S_2, S_3, S_4 sollen auf ihre Wirksamkeit hin überprüft werden, wobei als Maß der Wirksamkeit die Verlängerung der Schlafdauer betrachtet wird. Zu diesem Zweck werden zwanzig erwachsene Personen zufällig ausgewählt und in $n = 5$ möglichst homogene Blöcke I–V mit jeweils $c = 4$ Personen eingeteilt. Das Ergebnis der Untersuchung zeigt die folgende Tabelle (Verlängerung der Schlafdauer in Stunden):

Tab. 7.10

Block	S_1	S_2	S_3	S_4
I	−0.3	1.4	0.7	2.7
II	0.5	1.1	−0.2	0.8
III	1.3	−0.1	−0.4	1.9
IV	−0.5	0.7	1.0	3.1
V	0.6	1.1	−0.1	0.5

Die zugehörige Rang-Tabelle hat die Gestalt:

Tab. 7.11

Block	S_1	S_2	S_3	S_4
I	1	3	2	4
II	2	4	1	3
III	3	2	1	4
IV	1	2	3	4
V	3	4	1	2
R_j	10	15	8	17

Es ergibt sich:

$$F_c = \frac{12}{5 \times 4 \times 5}(100 + 225 + 64 + 289) - 3 \cdot 5 \cdot 5 = 6.36.$$

Wegen $6.36 < 7.32 < f_{0.95}$ wird H_0 auf dem Testniveau $\alpha = 0.05$ nicht abgelehnt.

Auftreten von Bindungen. Bindungen spielen — wegen der getrennt für jeden Block erfolgenden Rangzuweisung — nur dann eine Rolle, wenn sie innerhalb eines Blocks auftreten. In diesen Fällen kann eines der in Abschnitt 3.2 geschilderten Verfahren angewendet werden, so z.B. die Methode der Durchschnittsränge. Für den Fall einer größeren Zahl von Bindungen kann die Teststatistik F_c ersetzt werden durch:

$$F_c^\star = \frac{12 \sum_{j=1}^{c} \left(R_j - \frac{n(c+1)}{2}\right)^2}{nc(c+1) - \frac{1}{c-1}\sum_{i=1}^{n}\left[\left(\sum_{j=1}^{r_i} b_{ij}^3\right) - c\right]},$$

worin r_i die Anzahl der Gruppen mit Bindungen im i-ten Block ($i = 1,\ldots,n$) und b_{ij} die Anzahl der Bindungen in der j-ten Bindungen-Gruppe des i-ten Blocks bedeuten, $j = 1,\ldots,r_i$. Ungebundene Beobachtungen innerhalb eines Blocks sind dabei Gruppen vom Umfang 1. Es kann gezeigt werden, daß $F_c^\star$ unter H_0 asymptotisch χ^2-verteilt ist mit $(c-1)$ FG (siehe Lehmann (1975)).

Große Stichproben. Liegt eine (n,c)-Kombination vor, die nicht in Tabelle R angeführt ist, so können die Quantile der Verteilung von F_c approximativ über die χ^2-Verteilung bestimmt werden, bei allem Vorbehalt gegenüber der Güte der Approximation (der Fall $c = 2$ kann — wie noch zu zeigen ist — ausgeklammert werden). Wir wollen im folgenden kurz die Beweisidee für die Herleitung der asymptotischen Verteilung von F_c unter H_0 skizzieren:

Da unter H_0 gilt:

$$E(R_j) = \frac{n(c+1)}{2} \quad \text{und} \quad \text{Var}(R_j) = \frac{n(c^2-1)}{12},$$

ist

$$Z_j = \frac{R_j - n(c+1)/2}{\sqrt{n(c^2-1)/12}}$$

asymptotisch standardnormalverteilt, d.h., Z_j^2 ist asymptotisch χ^2-verteilt mit 1 FG ($j = 1,\ldots,c$). Wären die Zufallsvariablen R_j unabhängig, so hätte $\sum_{j=1}^{c} Z_j^2$ eine χ^2-Verteilung mit c FG. Das gilt jedoch nicht wegen $\sum_{j=1}^{c} R_j = nc(c+1)/2$. Es kann gezeigt werden (siehe z.B. Lehmann (1975)), daß $\sum_{j=1}^{c} \frac{c-1}{c} Z_j^2 = F_c$ unter H_0 asymptotisch χ^2-verteilt ist mit $(c-1)$ FG. Für den Test bedeutet das:

H_0 ablehnen, wenn gilt $F_c \geq \chi^2_{1-\alpha;c-1}$.

Friedman (1940) diskutiert die Güte der Approximation der Verteilung von F_c durch die χ^2-Verteilung. Der approximative Test erweist sich zumeist als konservativ.

Eigenschaften.

(1) Der Test ist konsistent gegen dieselbe Klasse von Alternativen wie der H–Test von Kruskal–Wallis, siehe dazu Noether (1967a).

(2) Friedman (1937) stellt die Ergebnisse von 56 Datenanalysen zusammen, die mit Hilfe des (parametrischen) F–Tests und des F_c–Tests durchgeführt wurden und kommt dabei zu der Feststellung, daß der Verlust an Information bei Anwendung des F_c–Tests in diesen Beispielen nicht sehr groß ist. Die A.R.E. des F_c–Tests zum F–Test für Lagealternativen hängt von der Anzahl c der Behandlungen ab und zwar stets über den Quotienten $c/(c+1)$. Bei Annahme einer Normalverteilung beträgt sie $3c/\pi(c+1)$; sie liegt also zwischen $2/\pi \approx 0.637$ ($c = 2$) und $3/\pi \approx 0.955$ ($c \to \infty$). Im Fall $c = 2$ ist der F_c–Test zum Vorzeichen–Test und der F–Test zum t–Test äquivalent. Bei Annahme einer Doppelexponential–Verteilung ist die A.R.E. des F_c–Tests zum F–Test gleich $3c/2(c + 1)$, bei einer Rechteckverteilung gleich $c/(c + 1)$; sie fällt nicht unter $0.864c/(c + 1)$. Diese Ergebnisse sind im einzelnen von Noether (1967a) hergeleitet worden. Finite Güteberechnungen des F_c–Tests und einen Vergleich dieses Tests mit anderen Rangtests sind bei Groggel (1987) zu finden.

Diskussion. Der Friedman–Test ist wie der Test von Kruskal–Wallis ein globaler Test, d.h., er vermag nur aufzudecken, *daß* Unterschiede zwischen mehreren Behandlungen bestehen, nicht aber zwischen *welchen* sie bestehen. Wird also die Nullhypothese der Gleichheit aller c Behandlungen abgelehnt, dann kann für den Zweck weiterer Vergleiche der Behandlungen der Friedman–Test wiederholt mit weniger als c Behandlungen angewendet werden. Allerdings wird für solche nachfolgenden Tests das ursprüngliche Testniveau verzerrt, bzw. es verliert jegliche Bedeutung. Für eine detaillierte Diskussion solcher wiederholter Testverfahren sei auf Gabriel (1966, 1969) verwiesen. Aspekte multipler Vergleiche mit dem Friedman–Test sind bei Miller (1966) und Hettmansperger (1984) angeführt. Wilcoxon u. Wilcox (1964) haben einen Test entwickelt, der auf dem Vergleich sämtlicher $c(c - 1)/2$ Paare von Behandlungen basiert und der aufzudecken vermag, zwischen welchen (zwei) Behandlungen signifikante Unterschiede auftreten. Eine Beschreibung dieses Tests mit einem numerischen Beispiel ist bei Lienert (1973) und bei Sachs (1968) zu finden.

In 7.3.1 haben wir das Modell der Zweifach–Klassifikation *ohne* Interaktionen beschrieben, wofür der F_c–Test konzipiert ist. Rangtests für Zweifach–Klassifikationen *mit* Interaktionen sind bei Lemmer (1980), Brunner u. Neumann (1987), Mansouri u. Govindarajulu (1990) und Brunner u. Dette (1992) zu finden.

Wir wollen nun zeigen, daß der Friedman–Test für $c = 2$ mit dem in Abschnitt 6.2 beschriebenen Vorzeichen–Test äquivalent ist. In diesem Fall liegen die Ränge 1 und 2 in jedem der n Blöcke vor. Sei n_1 die Anzahl der Blöcke, in denen die 1. Behandlung den Rang 1 (d.h. die 2. Behandlung den Rang 2) erhält und n_2 die Anzahl der Blöcke, in denen die 1. Behandlung den Rang 2 (d.h. die 2. Behandlung den Rang 1) hat, $n_1 + n_2 = n$.

Das bedeutet:

$$R_1 = n_1 + 2n_2 = 2n - n_1 \quad \text{und} \quad R_2 = 2n_1 + n_2 = n + n_1.$$

Setzen wir $c = 2$ und obige Werte für R_1 und R_2 in

$$F_c = \frac{12}{nc(c+1)} \sum_{j=1}^{c} R_j^2 - 3n(c+1)$$

ein, so ergibt sich

$$F_c = 4n \left(\frac{n_1}{n} - \frac{1}{2} \right)^2.$$

H_0 wird also abgelehnt, wenn F_c — und damit gleichbedeutend —

$$V = \left| \frac{n_1}{n} - \frac{1}{2} \right|$$

hinreichend groß ist. Die Teststatistik V ist offensichtlich äquivalent zur Teststatistik T in Abschnitt 6.2 für den zweiseitigen Vorzeichen–Test.

Wir haben dann in Abschnitt 6.3 mit dem Wilcoxon-Test einen effizienteren Test als den Vorzeichen–Test für das Problem zweier verbundener Stichproben kennengelernt. So liegt es nahe, ebenso für den Fall $c > 2$ nach einem Test mit höherer Güte als der des F_c-Tests zu suchen: Zur Bestimmung von F_c werden die Ränge der c Beobachtungen eines jeden Blocks *getrennt* gebildet; ein direkter Vergleich der Daten in den verschiedenen Blöcken ist wegen der Streuung *zwischen* den Blöcken wenig sinnvoll. In einigen Blöcken mögen die Beobachtungen durchweg größere Werte und in anderen durchweg kleinere Werte annehmen. Die hinsichtlich der Tendenz der Werte unterschiedlichen Blöcke können jedoch vergleichbar gemacht werden. Diese Methode des *„aligning"* zur Konstruktion eines effizienteren Tests wird ausführlich von Lehmann (1975) diskutiert.

Statt der in 7.3.1 beschriebenen Vorgehensweise, nämlich $N = nc$ Subjekte zufällig auszuwählen, dann die Subjekte in n homogene Blöcke einzuteilen, um schließlich jedem Subjekt eines jeden Blockes zufällig genau eine der c Behandlungen zuzuordnen, könnten wir auch folgendes (zeitaufwendigere und kostspieligere) Verfahren anwenden: Erst n homogene (im Sinne des Untersuchungsmerkmals) Schichten bilden und dann aus jeder Schicht zufällig c Subjekte auswählen, auf die dann die c Behandlungen zufällig verteilt werden. Dieses Modell der geschichteten Stichprobe (Stratified sampling) wird im Detail von Lehmann (1975) beschrieben.

Abschließend sei noch auf einen Nachteil bei der Verwendung der F_c-Tests aufmerksam gemacht, der sich auch schon beim H–Test herausgestellt hat. Durch die Bildung der *Quadrate* der Abweichungen in der F_c-Statistik kann dieser Test nicht Unterschiede der Effekte der Behandlungen in eine bestimmte Richtung (größere oder kleinere Effekte) aufdecken, sondern lediglich Unterschiede der Effekte schlechthin. Ein Test für solche geordneten Alternativen wird in (5) des nächsten Abschnitts vorgestellt.

7.3.3 Andere Verfahren

(1) Kendall–Test

Die von Kendall u. Babington–Smith (1939) eingeführte W–Statistik

$$W = \frac{12}{n^2 c(c^2 - 1)} \sum_{j=1}^{c} \left(R_j - \frac{n(c+1)}{2} \right)^2$$

kann als Analogon zur F_c-Statistik von Friedman aufgefaßt werden (R_j, n, c haben dieselbe Bedeutung wie in der F_c-Statistik). Ursprünglich ist W als ein Maß für die „Übereinstimmung der Rangzuweisung" in den n Blöcken eingeführt worden. Wir wollen diesen Sachverhalt an einem Beispiel veranschaulichen.

Beispiel 6: Angenommen, n Punktrichter sollen das Kürprogramm von c Eiskunstläufern beurteilen, und zwar in der Form, daß jeder der n Punktrichter getrennt eine Rangordnung der c Läufer hinsichtlich ihrer Leistungen vornimmt. Betrachten wir dazu folgende Rang-Tabelle (Läufer $\hat{=}$ Behandlung, Punktrichter $\hat{=}$ Blöcke):

	Eiskunstläufer			
Punktrichter	R_{11} R_{21} $\vdots$ R_{n1}	R_{12} R_{22} $\vdots$ R_{n2}	$\cdots$ $\cdots$ $\ddots$ $\cdots$	R_{1c} R_{2c} $\vdots$ R_{nc}
	R_1	R_2	$\cdots$	R_c

Stimmen die Beurteilungen sämtlicher n Punktrichter bzgl. aller c Läufer überein (*perfect agreement*), erhält also der 1. Läufer denselben Rang von allen n Punktrichtern, ebenso der 2. Läufer usw., dann ist $(R_1, \ldots, R_c)$ eine Permutation der Zahlen $1n, 2n, \ldots, cn$. Es ergibt sich:

$$\sum_{j=1}^{c} \left(jn - \frac{n(c+1)}{c} \right)^2 = n^2 \sum_{j=1}^{c} \left(j - \frac{c+1}{2} \right)^2 = \frac{n^2 c(c^2-1)}{12}$$

und damit $W = 1$.

Bei „vollständiger Verschiedenheit" der Beurteilungen (*perfect disagreement*) sind alle R_j untereinander gleich und stimmen mit dem Mittelwert $n(c+1)/2$ überein, d.h., $W = 0$.

Ein Vergleich der F_c-Statistik mit der W-Statistik zeigt:

$$W = \frac{F_c}{n(c-1)}.$$

Handelt es sich allgemein um den Fall, daß jeder der n Beobachter (n Bedingungen) für dieselben c Objekte getrennt die Ränge $1, \ldots, c$ präsentiert und soll wie im obigen Beispiel geprüft werden, ob die Rangzuweisung zufällig erfolgt (H_0), dann kann statt der W-Statistik die F_c-Statistik mit den in Tabelle R angeführten kritischen Werten von F_c verwendet werden. Für weitere Ausführungen zum Maß W sei auf Abschnitt 8.6 verwiesen.

(2) Cochran-Test

Der Q-Test von Cochran (1950) kann als ein Spezialfall des Friedman-Tests für Alternativmerkmale (dichotomische Daten) aufgefaßt werden: ja oder nein; Erfolg oder Mißerfolg usw. Alle c Behandlungen werden getrennt auf jeden der n Blöcke (Subjekte) angewendet und als Ergebnis jeder Behandlung wird die Zahl 1 oder die Zahl 0 angeführt. So könnten wir für das in Abschnitt 7.3.2 angeführte Beispiel 5 der Behandlung mit den vier verschiedenen Schlafmitteln feststellen, ob eine Verlängerung der Schlafdauer eingetreten ist (1) oder nicht (0). Damit wäre natürlich ein großer Informationsverlust aus den vorhandenen Daten verbunden. In vielen praktischen Situationen läßt sich jedoch hinsichtlich des zu untersuchenden Merkmals nicht oder nur sehr ungenau die Größe des Behandlungseffekts messen, sondern lediglich feststellen, ob die Behandlung erfolgreich (1) oder nicht erfolgreich (0) war. Dabei kann der Begriff „Behandlung" wie vorher natürlich auch in einem erweiterten Sinne interpretiert werden.

Beispiel 7: In den Wahljahren 1981 und 1985 und in der Zwischenzeit wurde zehn zufällig ausgewählten Wahlberechtigten mehrmals die Frage vorgelegt, ob sie die CDU gegenüber den anderen Parteien präferieren (1) oder nicht (0). Das Ergebnis der Befragung zeigt Tabelle 12. Zu testen ist die Hypothese (H_0), daß die Jahre (Behandlungen) 1981-1985 alle die gleichen Effekte auf die Präferenz-Entscheidungen der zehn Wahlberechtigten (Blöcke) hatten.

Wir wollen zunächst den Cochran-Test allgemein beschreiben: Es bezeichne S_j (Spaltensumme) die Anzahl der Einsen für die j-te Behandlung $j = 1, \ldots, c$, und Z_i (Zeilensumme) die Anzahl der Einsen im i-ten Block, $i = 1, \ldots, n$. Zu testen ist wie beim Friedman-Test die Hypothese, daß alle c Behandlungen die gleichen Effekte haben. Die Teststatistik von Cochran lautet:

$$Q = \frac{c(c-1) \sum_{j=1}^{c} (S_j - \bar{S})^2}{c \sum_{i=1}^{n} Z_i - \sum_{i=1}^{n} Z_i^2} \quad \text{mit} \quad \bar{S} = \frac{1}{c} \sum_{j=1}^{c} S_j.$$

Es kann gezeigt werden (siehe z.B. Lehmann (1975)), daß die F_c^*-Statistik aus Abschnitt 7.3.2 mit der Q-Statistik übereinstimmt, wenn die Variablen $S_1, \ldots, S_c$ und

Tab. 7.12

Wahl-berechtigter Nr.	Zeitpunkt der Befragung					Z_i
	1981	1982	1983	1984	1985	
1	1	1	0	1	0	3
2	0	1	0	0	1	2
3	1	0	1	0	0	2
4	1	1	1	1	1	5
5	0	1	0	0	0	1
6	1	0	1	1	1	4
7	0	0	0	0	0	0
8	1	1	1	1	0	4
9	0	1	0	1	1	3
10	1	0	1	0	0	2
S_j	6	6	5	5	4	26

$Z_1, \ldots, Z_n$ entsprechend auf die in der F_c^*-Statistik verwendeten Größen bezogen werden.

Zur Anwendung des Q-Tests können approximativ die Quantile der χ^2-Verteilung mit $(c-1)$ FG herangezogen werden; d.h., H_0 wird abgelehnt, wenn gilt: $Q \geq \chi^2_{1-\alpha;c-1}$. Für das oben betrachtete Beispiel bedeutet das ($\alpha = 0.05$): $Q \approx 1.33$ und $\chi^2_{0.95;4} = 9.49$, d.h., H_0 wird nicht abgelehnt.

Wir betrachten noch den Spezialfall $c = 2$. Dann gilt:

$$Q = \frac{2\left[\left(S_1 - \frac{S_1+S_2}{2}\right)^2 + \left(S_2 - \frac{S_1+S_2}{2}\right)^2\right]}{2\sum_{i=1}^{n} Z_i - \sum_{i=1}^{n} Z_i^2} = \frac{(S_1 - S_2)^2}{\sum_{i=1}^{n} Z_i(2 - Z_i)}.$$

Hat der i-te Block Einsen in beiden Spalten, so ist $Z_i = 2$ und $Z_i(2 - Z_i) = 0$; hat er Nullen in beiden Spalten, so ist $Z_i = 0$ und $Z_i(2 - Z_i) = 0$. Sind im i-ten Block eine 0 und eine 1 oder eine 1 und eine 0, so gilt $Z_i = 1$ und $Z_i(2 - Z_i) = 1$. Das bedeutet, daß der Nenner

$$\sum_{i=1}^{n} Z_i(2 - Z_i)$$

von Q gerade die Gesamtzahl N der Reihen (Blöcke) angibt, in denen die Zahlen 0 und 1 (Anzahl a) oder 1 und 0 (Anzahl b) auftreten mit $N = a+b$. Dann ist $S_1 - S_2 = b - a$ und damit

$$Q = \frac{(a-b)^2}{a+b}.$$

210   7. c-Stichproben-Problem

Dies ist die Statistik von McNemar (1947), die sich also als Spezialfall der Cochran–Statistik ergibt. Für weitere Einzelheiten des Cochran–Tests bzw. des McNemar–Tests sei auf Altham (1971), Nam (1971), Conover (1971) Tate u. Brown (1970), Somes (1982) und Eliasziw u. Donner (1991) hingewiesen.

(3) Median–Test

Dieser Test auf Gleichheit der c Behandlungen (H_0) wird von Hájek u. Šidák (1967) beschrieben. Es bezeichne X_{ij} wie beim Friedman–Test die Stichprobenvariable im i–ten Block für die j–te Behandlung, $i = 1, \ldots, n; j = 1, \ldots, c$. Weiterhin sei M_i der Median von $X_{i1}, \ldots, X_{ic}$ und

$$A_{ij} = \begin{cases} 1 & \text{für} \quad X_{ij} > M_i \\ 1/2 & \text{für} \quad X_{ij} = M_i \\ 0 & \text{für} \quad X_{ij} < M_i. \end{cases}$$

Der Median–Test basiert auf der Statistik:

$$T_0 = \sum_{j=1}^{c} \left(\sum_{i=1}^{n} A_{ij} - \frac{n}{2} \right)^2 = \sum_{j=1}^{c} \left(\sum_{i=1}^{n} A_{ij} \right)^2 - \frac{n^2 c}{4}.$$

Es kann gezeigt werden, daß

$$T = \begin{cases} \dfrac{4(c-1)}{nc} T_0 & \text{für gerades } c \\ \dfrac{4}{n} T_0 & \text{für ungerades } c \end{cases}$$

unter H_0 und für festes c asymptotisch χ^2–verteilt ist mit $(c-1)$ FG, d.h., H_0 wird abgelehnt, wenn gilt:

$$T \geq \chi^2_{1-\alpha;c-1}.$$

(4) Durbin–Test für balancierte unvollständige Blöcke

Bei den bislang beschriebenen Tests für das Modell der Zweifach–Klassifikation erhält jedes Subjekt eines jeden Blockes genau eine Behandlung, d.h., die Anzahl der Subjekte eines jeden Blockes ist gleich der Anzahl der Behandlungen. Ein solcher, sogenannter (randomisierter) *vollständiger* Block–Plan ist aber in der Praxis nicht immer zu erreichen oder mag sogar für das Untersuchungsziel nicht geeignet sein. Es kann also der Fall eintreten, daß die Anzahl der Behandlungen kleiner als der Umfang des Blockes ist und umgekehrt. Letzteres bedeutet, daß nicht jede Behandlung in diesem Block durchgeführt werden kann (es sei denn, an einigen Subjekten werden mehrere Behandlungen vorgenommen). Wir sprechen in diesem Fall von einem *unvollständigen* Block. So mag ein Weinprüfer sich nicht für kompetent halten, 30 verschiedene Weinsorten nach vorgenommenen Proben in eine Präferenzordnung zu bringen, wohl aber 10 dieser Sorten. Wenn nun jeder Weinprüfer nur 10 Weinsorten beurteilt und folglich dreimal soviele Prüfer herangezogen werden (oder jeder Prüfer dreimal getrennt wertet), dann wird die Beurteilung leichter und genauer sein.

Eine gewisse „Symmetrie" der Besetzung der Felder in den einzelnen Blöcken wird durch die sogenannten *balancierten* (unvollständigen) Blöcke gewährleistet, die auch als *unvollständige lateinische Quadrate* bezeichnet werden. Eine Reihe von Beispielen ist bei Cochran u. Cox (1957) zu finden.

a) In *jedem* Block werden k von c Behandlungen durchgeführt ($k < c$, Zeilenvergleich).

b) *Jede* Behandlung erscheint in r von n Blöcken ($r < n$, Spaltenvergleich).

c) *Jede* Behandlung erscheint mit *jeder* anderen Behandlung *genau m–mal*.

Beispiel 8: $c = 7$ Behandlungen $B_1, B_2, B_3, B_4, B_5, B_6, B_7$, $r = k = 3$ und $m = 1$:

$B_1 \quad B_2 \quad B_4$
$B_2 \quad B_3 \quad B_5$
$B_3 \quad B_4 \quad B_6$
$B_4 \quad B_5 \quad B_7$
$B_5 \quad B_6 \quad B_1$
$B_6 \quad B_7 \quad B_2$
$B_7 \quad B_1 \quad B_3$

Der wohl bekannteste Rangtest auf Gleichheit der Behandlungseffekte in einem solchen balancierten unvollständigen Block ist der Test von Durbin (1951), den wir nun kurz beschreiben wollen. Die Annahmen und Bezeichnungen seien die gleichen wie beim Friedman–Test. Dabei muß berücksichtigt werden, daß es in jedem Block nur k Beobachtungen gibt, denen Ränge zugewiesen werden können; d.h., für die der Größe nach geordneten k Daten in jedem Block sind die Ränge $1, \ldots, k$ zu vergeben. Sei R_{ij} der Rang von X_{ij}, falls X_{ij} existiert, und

$$R_j = \sum_{i=1}^{n} R_{ij}$$

für die insgesamt r Ränge in jeder Spalte. Dann ist die Teststatistik von Durbin definiert durch

$$D = \frac{12(c-1)}{rc(k^2-1)} \sum_{j=1}^{c} \left(R_j - \frac{r(k+1)}{2} \right)^2.$$

D ist unter H_0 asymptotisch χ^2-verteilt mit $(c-1)$ FG. Für $r \geq 3$ kann der kritische Bereich approximativ durch

$$D \geq \chi^2_{1-\alpha;c-1}$$

bestimmt werden.

Beispiel 9: Angenommen, für den oben angegebenen Block–Plan läge folgende Rang-Tabelle vor:

	Behandlung						
Block	1	2	3	4	5	6	7
1	2	3	1				
2		1	3	2			
3			2	3	1		
4				1	2		3
5	2				1	3	
6		1				3	2
7	3		1				2
$R_j =$	7	5	6	5	5	7	7

Es ist

$$D = \frac{12 \times 6}{2 \times 7 \times 8} \left[(7-6)^2 + (5-6)^2 + \cdots + (7-6)^2 \right] = \frac{18}{7}.$$

Ist $\alpha = 0.05$, dann wird wegen $\chi^2_{0.95;6} = 12.59$ H_0 nicht abgelehnt.

Weitere Einzelheiten zum Durbin–Test und die Verallgemeinerung, daß die Anzahl n_{ij} der Beobachtungen mit der j–ten Behandlung im i–ten Block nicht unbedingt gleich 1 ist, sind bei Benard u. v. Elteren (1953) und Noether (1967a) zu finden; insbesondere bei Noether Ergebnisse zur Konsistenz und über die A.R.E. des Durbin-Tests.

(5) Test bei geordneten Alternativen

Während der Friedman–Test in 7.3.2 nur für zweiseitige Alternativen $\beta_k \neq \beta_l$ geeignet ist, können wir für (einseitige) geordnete Alternativen $H_1 : \beta_1 \leq \cdots \leq \beta_c$ z.B. den Test von Page (1963) anwenden, dessen Teststatistik wie folgt definiert ist:

$$P_c = \sum_{j=1}^{c} j R_j \quad \text{mit} \quad R_j = \sum_{i=1}^{n} R_{ij}, \ 1 \leq j \leq c,$$

wie in der F_c-Statistik. H_0 wird abgelehnt, falls $P_c \geq p_{1-\alpha}$; kritische Werte $p_{1-\alpha}$ von P_c sind in der oben zitierten Arbeit von Page und bei Hollander u. Wolfe (1973) zu finden. Approximative kritische Werte können über die asymptotische Verteilung von P_c bestimmt werden. Unter H_0 ist

$$Z = \frac{P_c - E(P_c)}{\sqrt{\text{Var}(P_c)}}$$

asymptotisch standardnormalverteilt mit

$$E(P_c) = \frac{nc(c+1)^2}{4} \quad \text{und} \quad \text{Var}(P_c) = \frac{nc^2(c+1)^2(c-1)}{144}.$$

Hinsichtlich weiterer Ausführungen einschließlich eines Datenbeispiels sei auf Hollander u. Wolfe (1973) sowie auf Marascuilo u. McSweeney (1977) und Daniel (1990) verwiesen. Konkurrenten zum Page–Test bei geordneten Alternativen und ein Effizienzvergleich der Tests sind bei Rao (1982), Pirie (1985) und Kusum u. Bogai (1988) zu finden.

7.4 Zusammenfassung

In diesem Kapitel haben wir in Erweiterung des 5. und 6. Kapitels verteilungsfreie Teststatistiken für den Fall unabhängiger bzw. verbundener Stichproben kennengelernt und die entsprechenden parametrischen Modelle der Einfach- bzw. Zweifach-Klassifikation mit dem zugehörigen F–Test beschrieben. Es zeigte sich, daß die (asymptotischen) Gütevergleiche (A.R.E.) zwischen den vorgestellten nichtparametrischen Verfahren und dem F–Test im c–Stichproben–Problem im wesentlichen so ausfielen wie im Zweistichproben–Fall, für den der t–Test das parametrische Gegenstück ist. Allerdings sind zumeist mit der Anwendung nichtparametrischer Tests für den Fall $c \geq 3$ im Gegensatz zu $c = 2$ u.a. folgende Nachteile verbunden:

a) Das vorliegende Tabellenwerk mit (exakten) Quantilen der Verteilungen der einzelnen Teststatistiken ist (wegen des großen rechnerischen Aufwandes) nicht sehr umfangreich. In der Regel können dann für die nicht-tabellierten Kombinationen der Stichprobenumfänge und Klassenzahlen die Quantile approximativ über die χ^2–Verteilung mit $(c-1)$ FG bestimmt werden.

b) Abweichungs*richtungen* von der Nullhypothese können über die meisten der oben beschriebenen Tests nicht aufgedeckt werden. Das gelingt wohl mit den hier auch vorgestellten Tests bei geordneten Alternativen.

Hinzu kommt, daß mit globalen c–Stichproben–Tests ($c \geq 3$) natürlich nicht festgestellt werden kann, *wo* Abweichungen von der Nullhypothese dominant sind (d.h. zwischen *welchen* Grundgesamtheiten bzw. Effekten sie vorliegen). Eine solche differenzierte Studie bliebe weiteren Tests bezüglich weniger als c Stichproben vorbehalten.

Zur Frage, welche von c Behandlungen die beste ist, sei auf Lehmann (1975) verwiesen.

Wir hatten im 5. Kapitel in Aufgabe 13 darauf hingewiesen, daß die Wilcoxon–Statistik das Analogon zur t–Statistik ist, wenn in t die Beobachtungen $x_1,\ldots,x_m$ und $y_1,\ldots,y_n$ durch die entsprechenden Ränge $r_1,\ldots,r_m$ bzw. $s_1,\ldots,s_n$ ersetzt werden. Ein ähnlicher Zusammenhang gilt für die Kruskal–Wallis–Statistik und F–Statistik, siehe Aufgabe 6 im nächsten Abschnitt. Dieses Prinzip der *Rangtransformation*, in parametrischen Teststatistiken die Originalbeobachtungen durch ihre Ränge zu ersetzen, schlägt eine Brücke zwischen der parametrischen und nichtparametrischen Testtheorie. Eine Reihe von Beispielen zu diesem Rangtransformationsverfahren einschließlich Tests bei Zweifach–Klassifikation sind bei Conover u. Iman (1981) zu finden; zur Rangtransformation bei Zweifach–Klassifikation siehe auch Lemmer (1980) und Groggel (1987). Im Abschnitt 8.4 ist mit dem Korrelationskoeffizienten von Spearman, hergeleitet aus Pearsons Korrelationskoeffizienten, ein weiteres Beispiel für eine Rangtransformation in diesem Buch angeführt.

7.5 Probleme und Aufgaben

Aufgabe 1: Zeigen Sie, daß für $c = 2$ gilt:
$$H = \frac{(W_N - E(W_N))^2}{\text{Var}(W_N)},$$
worin W_N die Wilcoxon–Statistik bedeutet und H die Statistik von Kruskal–Wallis.

Aufgabe 2: Beweisen Sie:

a) $E(H) = c - 1$

b) Der maximale Wert von H ist
$$H_{\max} = \frac{N^3 - \sum_{i=1}^{c} n_i^3}{N(N+1)}$$

Die Bestimmung von $\text{Var}(H)$ ist recht mühselig. Kruskal (1952) hat gezeigt:
$$\text{Var}(H) = 2(c-1) - \frac{2}{5N(N+1)}\left[3c^2 - 6c + N(2c^2 - 6c + 1)\right] - \frac{6}{5}\sum_{i=1}^{c}\frac{1}{n_i};$$

für $n_i \to \infty$, $i = 1, \ldots, c$, folgt somit: $\text{Var}(H) \to 2(c-1)$. Der Leser beachte, daß $(c-1)$ und $2(c-1)$ gerade die ersten beiden Momente der χ^2–Verteilung mit $(c-1)$ FG sind.

Aufgabe 3: Wenden Sie für das Beispiel der Untersuchung der IQ–Werte in 7.2.1 nur für die Fachrichtungen I und IV den zweiseitigen Wilcoxon–Test an ($\alpha = 0.05$), und vergleichen Sie das Ergebnis mit dem des H–Tests aus Abschnitt 7.2.2.

Aufgabe 4: Leiten Sie für $c = 3, n_1 = n_3 = 1$ und $n_2 = 2$ die exakte Verteilung der H–Statistik her.

Aufgabe 5: Vorgegeben seien die folgenden (fiktiven) Daten aus $c = 3$ Grundgesamtheiten I, II, III:

```
      I:    1   2   3   4   5   6  11    (n_1 = 7)
      II:   7   8   9  12  13  14  15    (n_2 = 7)
      III: 10  16  17  18  19  20  21    (n_3 = 7).
```

a) Testen Sie mit Hilfe des H–Tests, des Median–Tests und des (parametrischen) F–Tests die Hypothese der Gleichheit der Verteilungen für die drei Grundgesamtheiten ($\alpha = 0.01$).

b) Bestimmen Sie für jeden der drei genannten Tests den jeweiligen (approximativen) p–Wert.

c) Wenden Sie den Jonckheere–Terpstra–Test an, indem Sie den kritischen Wert über die Standardnormalverteilung bestimmen ($\alpha = 0.01$)

Aufgabe 6: Zeigen Sie: Werden die Beobachtungen x_{ij} in der F–Statistik in 7.2.1 durch ihre Ränge r_{ij} ersetzt, so ergibt sich:

$$F = \frac{1}{\frac{c-1}{N-c}\left(\frac{N-1}{H} - 1\right)},$$

worin H die Kruskal–Wallis–Statistik bedeutet; d.h., der H–Test kann als formales Analogon zum (parametrischen) F–Test aufgefaßt werden.

Aufgabe 7: Wenden Sie auf die Daten in Aufgabe 5 den einseitigen und den zweiseitigen Kolmogorow–Smirnow–Test an ($\alpha = 0.05$).

Aufgabe 8: Beweisen Sie:

a) $E(F_c) = c - 1$

b) $\operatorname{Var}(F_c) = 2(c-1)(n-1)/n$. Das bedeutet, daß für $n \to \infty$ gilt:

$$\operatorname{Var}(F_c) \to 2(c-1).$$

Siehe Aufgabe 2.

Aufgabe 9: Betrachten Sie das Beispiel der Untersuchung der Behandlung mit vier Schlafmitteln $S_1, \ldots, S_4$ in 7.3.1.

a) Testen Sie mit Hilfe des Median–Tests die Gleichheit aller vier Behandlungen ($\alpha = 0.05$).

b) Testen Sie mit Hilfe des Vorzeichen–Tests (siehe Abschnitt 6.2), ob die Schlafmittel S_1 und S_2 die gleiche Wirkung haben ($\alpha = 0.05$) und vergleichen Sie das Ergebnis mit dem des Friedman–Tests.

7. c-Stichproben-Problem

Aufgabe 10: Leiten Sie für $c = 3$ und $n = 2$ die exakte Verteilung der F_c-Statistik von Friedman her.

Aufgabe 11: (Quelle: Lehmann (1975))
In einer Hypnose–Studie wurden die Gefühlsregungen hinsichtlich Angst, Glück, Niedergeschlagenheit und Ruhe (in zufälliger Reihenfolge) an jeder von acht Personen während einer Hypnose erfragt. Die folgende Tabelle zeigt das Ergebnis der Messungen des Spannungspotentials der Haut (justiert auf das Anfangsniveau) in Millivolt:

Person Nr.	Ruhe	Niedergeschlagenheit	Glück	Angst
1	22.6	22.5	22.7	23.1
2	53.1	53.7	53.2	57.6
3	8.3	10.8	9.7	10.5
4	21.6	21.1	19.6	23.6
5	13.3	13.7	13.8	11.9
6	37.0	39.2	47.1	54.6
7	14.8	13.7	13.6	21.0
8	14.8	16.3	23.6	20.3

a) Testen Sie mit dem (parametrischen) F–Test und dem Friedman–Test die Hypothese der Gleichheit der vier Gefühlsregungen ($\alpha = 0.05$).

b) Wenden Sie den Page–Test an, indem Sie den kritischen Wert approximativ über die Standardnormalverteilung bestimmen ($\alpha = 0.05$).

Aufgabe 12: Zeigen Sie, daß für einen balancierten unvollständigen Block–Plan generell gilt:

a) $kn = rc$

b) $m = \dfrac{r(k-1)}{c-1}$,

d.h., rc ist ein Vielfaches von k und $r(k-1)$ ein Vielfaches von $(c-1)$.

Aufgabe 13: Bei einem Schönheitswettbewerb wurden dreizehn Kandidatinnen von dreizehn Punktrichtern begutachtet; jeder der Punktrichter stellte dabei eine Rangordnung der dreizehn Kandidatinnen auf mit folgendem Ergebnis:

Punkt-richter	\multicolumn{13}{c}{Kandidatinnen-Nr.}

Punkt-richter	1	2	3	4	5	6	7	8	9	10	11	12	13
I	10	1	8	3	7	5	13	11	6	2	9	12	4
II	6	3	11	4	9	8	12	10	7	1	5	13	2
III	9	2	12	3	10	7	13	8	5	4	6	11	1
IV	8	3	13	5	12	6	11	9	4	2	7	10	1
V	10	6	7	2	8	12	9	13	1	4	3	11	5
VI	8	4	9	1	11	7	13	10	6	3	5	12	2
VII	7	2	10	5	11	6	12	13	4	1	9	8	3
VIII	6	1	8	3	9	7	11	12	5	10	4	13	2
IX	9	3	7	4	8	11	10	13	6	2	5	12	1
X	12	4	11	7	8	6	13	9	5	3	2	10	1
XI	5	1	12	7	11	6	10	8	13	3	4	9	2
XII	6	2	10	3	12	7	11	9	8	1	5	13	4
XIII	5	3	9	4	11	7	13	10	8	2	6	12	1

Testen Sie mit Hilfe des Kendall–Tests die Hypothese, daß die Rangzuweisung der Punktrichter zufällig erfolgt ($\alpha = 0.01$).

Aufgabe 14: Mit dieser Aufgabe beziehen wir uns nochmals auf Aufgabe 13. Angenommen, die einzelnen Punktrichter fühlten sich nicht in der Lage, alle dreizehn Kandidatinnen zusammen zu vergleichen, sondern jeweils nur vier der Kandidatinnen. Stellen Sie deshalb für $n = c = 13$, $k = r = 4$ und $m = 1$ einen balancierten unvollständigen Block–Plan auf und wenden Sie unter Zugrundelegung des entsprechenden Datenmaterials aus Aufgabe 13 den Durbin–Test an ($\alpha = 0.01$). Vergleichen Sie das Ergebnis mit dem des Kendall–Tests.

Kapitel 8

Unabhängigkeit und Korrelation

8.1 Problemstellung

In den Sozial- und Naturwissenschaften taucht häufig das Problem auf, einen Zusammenhang zwischen zwei beobachteten Merkmalen X und Y aufzuspüren und zu beschreiben.

Tab. 8.1

X	Y
Körpergröße des Vaters	Körpergröße des Sohnes
physische Gesundheit	Schulleistung
Temperatur	Reaktionsgeschwindigkeit bei chemischem Prozeß
Streß	Schlafdauer
Geschlecht	Wählerverhalten
Preisänderung	Nachfrageänderung

Wir werden hier nicht versuchen, einen möglichen kausalen Zusammenhang zwischen den Variablen aufzudecken. Wir beschränken uns auf die mit statistischen Hilfsmitteln zu lösende Fragestellung, ob die Merkmale X und Y mit einer hohen Wahrscheinlichkeit stochastisch abhängig oder unabhängig sind. Es werden methodisch zwei Wege eingeschlagen, um zu Aussagen über die Abhängigkeit der Variablen X und Y zu gelangen:

(1) Entscheidung über Unabhängigkeitstests

(2) Beschreibung des Grades des Abhängigkeit über statistische Maßzahlen.

Fassen wir X und Y als Zufallsvariablen auf, so ist der Korrelationskoeffizient

$$\rho = \frac{\text{Cov}(X,Y)}{\sqrt{\text{Var}(X)\text{Var}(Y)}}$$

eine geeignete Maßzahl zur Charakterisierung eines linearen Zusammenhangs. So gilt bekanntlich (vgl. Kapitel 2)

a) $-1 \leq \rho \leq +1$.

b) Die Unabhängigkeit von X und Y impliziert $\rho = 0$. Die Umkehrung gilt im allgemeinen nicht, wohl aber:

c) Sind X und Y normalverteilt und ist $\rho = 0$, so gilt: X und Y sind unabhängig.

d) $|\rho| = 1$ genau dann, wenn $Y = cX + d$ (mit Wahrscheinlichkeit 1), wobei $c \neq 0$ und d Konstanten sind.

Die Eigenschaften (a) und (d) folgen aus der Ungleichung von Cauchy–Schwarz (siehe Kapitel 2), wobei die Existenz der zweiten Momente von X und Y vorausgesetzt wird.

In der Praxis kennen wir freilich nur selten den Typ der Verteilung von X und Y oder den Wert von ρ. So sind wir gezwungen, mit Hilfe einer Stichprobe $(x_1, y_1), \ldots, (x_n, y_n)$ eine Kennzahl als Maß für die Stärke der Abhängigkeit der Variablen X und Y zu berechnen oder einen Test auf Unabhängigkeit durchzuführen.

Je nach Meßniveau bietet sich eine Vielzahl von Abhängigkeitsmaßen an. Liegen sowohl X als auch Y mit ihren n Stichprobenwerten kardinal skaliert vor, so können wir uns des aus der parametrischen Statistik bekannten Pearsonschen Korrelationskoeffizienten

$$r = \frac{\sum\limits_{i=1}^{n}(x_i - \bar{x})(y_i - \bar{y})}{\sqrt{\sum\limits_{i=1}^{n}(x_i - \bar{x})^2 \sum\limits_{i=1}^{n}(y_i - \bar{y})^2}}$$

bedienen. Weiter kann bei bivariat normalverteilter Grundgesamtheit die t–verteilte Statistik

$$T = r\sqrt{\frac{n-2}{1-r^2}}$$

zur Prüfung der Hypothese eines linearen Zusammenhangs verwendet werden (z.B. in der Regressionsrechnung). Auch bei niedrigerem Meßniveau gibt es eine Reihe von Maßen bzw. Tests für den Zusammenhang zweier Variablen, von denen wir die wichtigsten vorstellen:

Tab. 8.2

	X	Y	Maß bzw. Test	Abschnitt
	nominal	nominal	χ^2-Test	8.2
Meßniveau	nominal	nominal	Fisher–Test	8.3
	ordinal	ordinal	Rang-korrelations-koeffizient von Spearman	8.4

In Abschnitt 8.5 wird kurz auf andere Methoden eingegangen. In 9.5.2 werden zudem Probleme der Korrelation im Rahmen der Regressionsanalyse behandelt.

220   8. Unabhängigkeit und Korrelation

Obwohl die Begriffe Kontingenz und Korrelation beide als Synonym für den Zusammenhang von Merkmalen gebraucht werden können, hat es sich eingebürgert, von Kontingenz zu sprechen, wenn sowohl X als auch Y nominal skaliert sind, und von Korrelation, wenn X und Y zumindest ordinal skaliert vorliegen.

Die in den nächsten Abschnitten behandelten Statistiken zeichnen sich durch

(1) leichte Berechenbarkeit

(2) weitgehende Unabhängigkeit ihrer Verteilungen gegenüber den stochastischen Eigenschaften der Variablen X und Y und

(3) gute Interpretierbarkeit

aus.

8.2 χ^2-Test auf Unabhängigkeit

Im folgenden sei

n_{ij} die beobachtete Häufigkeit des Ausprägungspaares (A_i, B_j)

$n_{i\cdot}$ die Randhäufigkeit der Ausprägung A_i (Klasse A_i)
$$n_{i\cdot} = \sum_{j=1}^{l} n_{ij},$$

$n_{\cdot j}$ die Randhäufigkeit der Ausprägung B_j (Klasse B_j)
$$n_{\cdot j} = \sum_{i=1}^{k} n_{ij},$$

n die Gesamthäufigkeit
$$n = \sum_{i=1}^{k} \sum_{j=1}^{l} n_{ij} = \sum_{i=1}^{k} n_{i\cdot} = \sum_{j=1}^{l} n_{\cdot j},$$

$\tilde{n}_{ij}$ die erwartete (theoretische) Häufigkeit des Ausprägungspaares (A_i, B_j), wenn die Merkmale A und B unabhängig wären:

$$\frac{\tilde{n}_{ij}}{n} = \frac{n_{i\cdot}}{n} \cdot \frac{n_{\cdot j}}{n}, \text{ d.h., } \tilde{n}_{ij} = \frac{n_{i\cdot} n_{\cdot j}}{n}.$$

Die am weitesten verbreitete Statistik zum Testen der Hypothese der Unabhängigkeit von zwei Merkmalen ist

$$X^2 = \sum_{i=1}^{k} \sum_{j=1}^{l} \frac{(n_{ij} - \tilde{n}_{ij})^2}{\tilde{n}_{ij}}.$$

Der Berechnung ihrer Werte liegt folgende Kontingenztabelle zugrunde:

Tab. 8.3

Merkmal A	Merkmal B						$\sum$
	B_1		B_2		$\cdots$	B_l	
A_1	n_{11}	$\tilde{n}_{11}$	n_{12}	$\tilde{n}_{12}$	$\cdots$	n_{1l} $\tilde{n}_{1l}$	$n_{1\cdot}$
A_2	n_{21}	$\tilde{n}_{21}$	n_{22}	$\tilde{n}_{22}$	$\cdots$	n_{2l} $\tilde{n}_{2l}$	$n_{2\cdot}$
$\vdots$	$\vdots$	$\vdots$	$\vdots$	$\vdots$	$\ddots$	$\vdots$ $\vdots$	$\vdots$
A_k	n_{k1}	$\tilde{n}_{k1}$	n_{k2}	$\tilde{n}_{k2}$	$\cdots$	n_{kl} $\tilde{n}_{kl}$	$n_{k\cdot}$
$\sum$	$n_{\cdot 1}$		$n_{\cdot 2}$		$\cdots$	$n_{\cdot l}$	n

Die Hypothese der Unabhängigkeit der Merkmale A und B wird abgelehnt, wenn X^2 hinreichend groß ist.

Beispiel 1: Es soll untersucht werden, ob ein Zusammenhang zwischen Einkommen und Wählerverhalten besteht. Dazu werden $n = 1000$ zufällig ausgewählte Personen nach ihrem Einkommen (Ausprägungen: hoch, mittel, niedrig) und der Partei (Ausprägungen: CDU, SPD, Grüne, FDP, Andere), der sie bei den nächsten Bundestagswahlen die Stimme geben wollen, befragt.

Tab. 8.4

Einkommen	Partei									$\sum$
	CDU		SPD		Grüne		FDP		Andere	
hoch	30	19.5	8	21.0	3	4.5	5	3.0	4	2.0	50
mittel	225	234.0	245	252.0	59	54.0	51	36.0	20	24.0	600
niedrig	135	136.5	167	147.0	28	31.5	4	21.0	16	14.0	350
$\sum$	390		420		90		60		40	1000

Der Wert der Statistik X^2 ist hier gleich 42.63. An dieser Stelle ist noch ungeklärt, zu welcher konkreten Entscheidung dieser Wert führt: Für die Hypothese der Unabhängigkeit oder die der Abhängigkeit. Dies wird im folgenden nachgeholt.

8. Unabhängigkeit und Korrelation

Daten. An n Untersuchungsobjekten werden zwei Merkmale A und B, aufgeteilt in k bzw. l disjunkte Klassen (Ausprägungen), festgestellt; n_{ij} ist die absolute Häufigkeit der Objekte in der i-ten Klasse des Merkmals A und der j-ten Klasse des Merkmals B.

Jedes Meßniveau ist zugelassen. Bei kardinalem Meßniveau wird eine Klasseneinteilung in k bzw. l diskunkte Intervalle $A_1, \ldots, A_k$ bzw. $B_1, \ldots, B_l$ vorgenommen.

Annahmen.

(1) Die Untersuchungsobjekte bilden eine Zufallsstichprobe.

(2) Die Beobachtungen von Objekt zu Objekt sind unabhängig.

(3) Die Aufteilung der Klassen ist vollständig. Jedes Objekt gehört zu genau einem Klassenpaar (i, j).

Testproblem.

H_0 : Die Merkmale A und B sind unabhängig
H_1 : Die Merkmale A und B sind abhängig.

Teststatistik.

$$X^2 = \sum_{i=1}^{k} \sum_{j=1}^{l} \frac{(n_{ij} - \tilde{n}_{ij})^2}{\tilde{n}_{ij}}$$

mit $\tilde{n}_{ij} = n_{i.} n_{.j}/n$. Dabei ist $\tilde{n}_{ij}$ die erwartete absolute Häufigkeit in Feld (i, j) bei Gültigkeit der Hypothese H_0. Die Teststatistik X^2 mißt den Unterschied zwischen den tatsächlich beobachteten und den unter H_0 hypothetischen Häufigkeiten. (Zur Gewichtung mit dem Faktor $1/\tilde{n}_{ij}$ siehe Anmerkung (2), Abschnitt 4.2.2).

Es sei definiert:

$P(A_i, B_j) = p_{ij}$ Wahrscheinlichkeit für Ausprägungspaar (A_i, B_j),
$P(A_i) = p_{i.}$ Wahrscheinlichkeit für Ausprägung A_i,
$P(B_j) = p_{.j}$ Wahrscheinlichkeit für Ausprägung B_j.

Sind beide Merkmale A und B unabhängig, dann gilt $P(A_i, B_j) = P(A_i)P(B_j)$ für alle i und j. Somit läßt sich das obige Testproblem alternativ wie folgt darstellen:

$H_0 : p_{ij} = p_{i.} \cdot p_{.j}$ für alle $i = 1, \ldots, k$ und alle $j = 1, \ldots, l$
$H_1 : p_{ij} \neq p_{i.} \cdot p_{.j}$ für mindestens ein Paar (i, j).

Zur Untersuchung der Verteilung von X^2 sei mit

$$\boldsymbol{N} = \begin{pmatrix} N_{11} & \cdots & N_{1l} \\ \vdots & & \vdots \\ N_{k1} & \cdots & N_{kl} \end{pmatrix}$$

diejenige Zufallsmatrix definiert, deren Element N_{ij} die Anzahl unter den n Beobachtungen angibt, die in die Klasse (A_i, B_j) fallen. Unter H_0 ist $\boldsymbol{N}$ multinomialverteilt mit

$$P(N_{11} = n_{11}, \ldots, N_{kl} = n_{kl}) = \frac{n!}{n_{11}! \, n_{12}! \cdots n_{kl}!} p_{11}^{n_{11}} p_{12}^{n_{12}} \cdots p_{kl}^{n_{kl}}$$
$$= \frac{n!}{n_{11}! \, n_{12}! \cdots n_{kl}!} (p_{1.}p_{.1})^{n_{11}} (p_{1.}p_{.2})^{n_{12}} \cdots (p_{k.}p_{.l})^{n_{kl}}.$$

Unter H_0 hängt die Verteilung der Teststatistik X^2 also noch von den zunächst unbekannten Parametern $p_{i.}$ und $p_{.j}$ ab. Es handelt sich hier offenbar um einen χ^2–Test auf Anpassung einer Verteilung mit $k \times l$ noch zu schätzenden Parametern (vgl. Abschnitt 4.2.2). Wenden wir die Maximum–Likelihood–Methode zur Bestimmung der unbekannten Wahrscheinlichkeiten an, so erhalten wir durch Maximierung der Likelihoodfunktion (Methode von Lagrange):

$$L(p_{1.}, \ldots, p_{k.}, p_{.1}, \ldots, p_{.l}) = \prod_{i=1}^{k} \prod_{j=1}^{l} (p_{i.}p_{.j})^{n_{ij}}$$

unter den Nebenbedingungen

$$\sum_i p_{i.} = 1; \quad \sum_j p_{.j} = 1$$

als Schätzwerte

$$\hat{p}_{i.} = \frac{n_{i.}}{n} \quad \text{und} \quad \hat{p}_{.j} = \frac{n_{.j}}{n}.$$

Die Teststatistik

$$\tilde{X}^2 = \sum_{i=1}^{k} \sum_{j=1}^{l} \frac{(n_{ij} - n\hat{p}_{i.}\hat{p}_{.j})^2}{n\hat{p}_{i.}\hat{p}_{.j}}$$

ist dann unter H_0 approximativ χ^2–verteilt mit $\nu = k \cdot l - (k - 1 + l - 1) - 1 = (k-1)(l-1)$ Freiheitsgraden (die Anzahl der Freiheitsgrade wird um $r = k - 1 + l - 1$ verringert, da die beiden Nebenbedingungen noch zu berücksichtigen sind). Wegen

$$n\hat{p}_{i.}\hat{p}_{.j} = \tilde{n}_{ij}$$

stimmt $\tilde{X}^2$ mit dem zu Beginn des Abschnitts angegebenen X^2 überein.

Testprozeduren. H_0 wird abgelehnt, wenn $X^2 \geq \chi^2_{1-\alpha;(k-1)(l-1)}$ ist.

In Beispiel 1 war $X^2 = 42.63$. Wählen wir als Testniveau $\alpha = 0.05$, so ist $\chi^2_{0.95;8} = 15.51$. Die Hypothese H_0 wird abgelehnt.

Auftreten von Bindungen. Da die Klassen als disjunkt vorausgesetzt wurden, wird jedes Element der Stichprobe genau einem Klassenpaar (A_i, B_j) zugewiesen. Da hier nur die Anzahl der Elemente pro Klasse in die Statistik X^2 eingeht, stellt sich das Problem der Bindungen nicht.

Große Stichproben. Wie oben schon erwähnt wurde, kann der χ^2-Test auf Unabhängigkeit als Anpassungstest aufgefaßt werden. Die exakte Verteilung von X^2 unter H_0 zu tabellieren, wäre theoretisch möglich; dies wird aber wegen des immensen Rechenaufwandes unterlassen. Stattdessen approximieren wir wie in Abschnitt 4.2.2 die Verteilung von X^2 durch die χ^2-Verteilung. Die Approximation ist umso besser, je größer der Stichprobenumfang n ist. Bei mittlerem Stichprobenumfang gibt Cochran (1954), sofern es sich nicht um eine 2×2-Tabelle handelt, folgende Empfehlung:

(1) Es soll kein $\tilde{n}_{ij}$ kleiner als 1 sein.

(2) Höchstens 20% der Felder der Kontingenztabelle weisen $\tilde{n}_{ij}$-Werte auf, die kleiner als 5 sind.

Conover (1971) meint sogar, man begehe bei Benutzung der χ^2-Verteilung keine großen Fehler, wenn

(1) fast alle $\tilde{n}_{ij}$ von derselben Größenordnung sind,

(2) alle $\tilde{n}_{ij}$ größer oder gleich 1 sind und

(3) die Anzahl der Klassen groß ist.

Wir weisen erneut auf die Untersuchung von Tate u. Hyer (1973) hin (vgl. 4.2.2), die sich auf den χ^2-Anpassungstest bezieht, bei dem *keine* Parameter geschätzt werden müssen. Die Ergebnisse von Tate u. Hyer gelten also zunächst nicht für den χ^2-Test auf Unabhängigkeit. Die Autoren zitieren eine unveröffentlichte Arbeit von March (1970) über 2×3-Kontingenztafeln, die die obigen „Faustregeln" als fragwürdig erscheinen läßt.

Eigenschaften.

(1) Um zu Aussagen über die Konsistenz des χ^2-Tests auf Unabhängigkeit zu gelangen, müßte unserer Meinung nach ein annähernd festes Verhältnis der Randhäufigkeiten gefordert werden. Arbeiten darüber sind uns nicht bekannt.

(2) Über die Unverfälschtheit des χ^2-Unabhängigkeitstests liegen u.W. keine Untersuchungen vor. Sicherlich müßte die unter der Alternativhypothese H_1 zulässige Parametermenge erheblich verkleinert werden, um zu diesbezüglichen Ergebnissen zu gelangen. Derartige Tests verlören aber an praktischer Relevanz und wären mehr von akademischem Interesse.

(3) Meng u. Chapman (1966) zeigen, wie die Gütefunktion für großes n approximativ berechnet werden kann. Allerdings muß dabei die unter H_1 zulässige Parametermenge sehr stark verkleinert werden. Bennett u. Hsu (1960), Harkness u. Katz (1964) und Overall (1980) stellen Berechnungen der Gütefunktion für 2×2-Kontingenztabellen an.

Diskussion. Wie die Klasseneinteilung vor der Datenerfassung zu wählen ist, beschreibt u.a. Hamdan (1968). Allerdings setzt er eine bivariate Normalverteilung voraus.

Die Vielseitigkeit des χ^2-Tests wird an Beispiel 1 deutlich: Zwei Meßniveaus (nominal: Parteien, ordinal: Einkommen) können durchaus miteinander kombiniert werden. Dies macht nicht zuletzt seine umfassende Anwendbarkeit aus. Der χ^2-Test läßt sich zudem auf mehr als zwei Merkmale verallgemeinern (Goodman (1970a, 1970b), Ku u.a. (1971)). Test- und Schätzprobleme bei Kontingenztabellen werden ferner von Kullback (1959), Brown u. Muenz (1976) sowie von Johnson (1975) behandelt. Eine sehr umfangreiche Darstellung der Methoden zur Analyse von Kontingenztabellen findet der Leser bei Bishop u.a. (1975) und Agresti (1990). Weiterhin ist der χ^2-Test bei Homogenitätsproblemen anwendbar, bei denen Unterschiede in den Wahrscheinlichkeitsverteilungen aufzudecken sind. Präziser ausgedrückt: Aus k Grundgesamtheiten (Index i) wird jeweils eine Stichprobe vom Umfang $n_{i\cdot}$ gezogen. Die Stichprobenelemente werden auf l disjunkte Klassen (Index j) verteilt. Zu testen ist die Hypothese, daß alle Grundgesamtheiten dieselbe Verteilung haben

$H_0 : p_{1j} = p_{2j} = \cdots = p_{kj}$ für alle j
$H_1 : p_{ij} \neq p_{i'j}$ für ein j, ein i und ein i'.

Dabei ist p_{ij} die Wahrscheinlichkeit, daß das Stichprobenelement aus der i-ten Grundgesamtheit in die j-te Klasse fällt. Die Kontingenztabelle hat dann folgendes Aussehen:

Tab. 8.5

	Klasse 1	Klasse 2	$\cdots$	Klasse l	$\sum$
Grundgesamtheit 1	n_{11}	n_{12}	$\cdots$	n_{1l}	$n_{1\cdot}$
Grundgesamtheit 2	n_{21}	n_{22}	$\cdots$	n_{2l}	$n_{2\cdot}$
$\vdots$	$\vdots$	$\vdots$	$\ddots$	$\vdots$	$\vdots$
Grundgesamtheit k	n_{k1}	n_{k2}	$\cdots$	n_{kl}	$n_{k\cdot}$
$\sum$	$n_{\cdot 1}$	$n_{\cdot 2}$	$\cdots$	$n_{\cdot l}$	n

8. Unabhängigkeit und Korrelation

Dabei ist:

n_{ij} = die Anzahl der Stichprobenelemente, die aus der Grundgesamtheit i stammen und in die j-te Klasse fallen,

$$\tilde{n}_{ij} = \frac{n_{i.} \times n_{.j}}{n}$$

= Anzahl der Elemente in der Stichprobe aus der i-ten Grundgesamtheit multipliziert mit der relativen Häufigkeit aller Beobachtungen der j-ten Klasse
= erwartete Häufigkeit, wenn H_0 zutrifft.

Die Durchführung des Tests gestaltet sich dann wie beim beschriebenen Unabhängigkeitsproblem.

Die Güte des χ^2-Homogenitätstests kann erhöht werden, wenn sich die unter H_1 alternativen Wahrscheinlichkeiten der Größe nach ordnen lassen (Nair (1987)).

In manchen Fällen liegen die Randhäufigkeiten *vor* der Erhebung bereits fest. Mit dieser Situation befassen sich ausführlich Kendall u. Stuart (1973) für den Fall von 2×2-Kontingenztabellen. Dort und im allgemeinen Fall der $k \times l$-Tabellen wird als Teststatistik weiterhin X^2 benutzt, nur sind dann Veränderungen in der Güte zu verzeichnen, da unter H_1 andere Restriktionen für die Parametermenge vorliegen (die Randhäufigkeiten sind nicht mehr zufällig!). Dennoch wird weiter mit dem Prozentpunkt $\chi^2_{1-\alpha;(k-1)(l-1)}$ gerechnet.

Häufig läßt sich die konkrete Entscheidung zugunsten von H_0 oder H_1 auch ohne vollständige Berechnung von X^2 fällen. Gibt es eine Konstante δ, für die

(1) $\dfrac{(n_{ij} - \tilde{n}_{ij})^2}{\tilde{n}_{ij}} \leq \delta$ für alle i und alle j,

(2) $kl\delta < \chi^2_{1-\alpha;(k-1)(l-1)}$,

so gilt erst recht $X^2 < kl\delta$, d.h., wir lehnen H_0 nicht ab. Die Konstante δ gewinnen wir durch Abschätzung der Größenordnung der Summanden

$$\frac{(n_{ij} - \tilde{n}_{ij})^2}{\tilde{n}_{ij}}.$$

Sind umgekehrt *einige* Werte $(n_{ij} - \tilde{n}_{ij})^2/\tilde{n}_{ij}$ so groß, daß deren Summe den kritischen Wert $\chi^2_{1-\alpha;(k-1)(l-1)}$ bereits übertrifft, so wird H_0 abgelehnt.

Besonders einfach ist die Anwendung des χ^2-Tests in 2×2-Kontingenztabellen, den sogenannten Vierfeldertafeln:

Tab. 8.6

Merkmal A	Merkmal B		$\sum$
	B_1	B_2	
A_1	a	b	$a+b$
A_2	c	d	$c+d$
$\sum$	$a+c$	$b+d$	$a+b+c+d=n$

Die beobachteten Häufigkeiten wurden aus schreibtechnischen Gründen umbenannt.

Vierfeldertafeln sind ein beliebtes Hilfsmittel zur Analyse von Merkmalen in vielen Anwendungsbereichen:

Tab. 8.7

	A		B	
	A_1	A_2	B_1	B_2
Medizin	alte Heilmethode	neue Heilmethode	geheilt	nicht geheilt
Landwirtschaft	Dünger I	Dünger II	Ertragssteigerung	keine Ertragssteigerung
Psychologie	Drogen	keine Drogen	aggressiv	lethargisch
Pädagogik	Notenvergabe	keine Notenvergabe	Leistungssteigerung	keine Leistungssteigerung

Weber (1972) empfiehlt hier die Anwendung des χ^2-Tests, wenn

(1) alle Randhäufigkeiten „groß",

(2) alle erwarteten Häufigkeiten größer als 10 sind.

Durch einfaches Ausrechnen (vgl. Aufgabe 1) resultiert

$$X^2 = \frac{(ad-bc)^2 n}{(a+b)(a+c)(b+d)(c+d)}.$$

Beispiel 2: Es soll herausgefunden werden, ob die Einstellung zu einer Gesetzesvorlage vom Geschlecht abhängt. Hierfür werden $n = 10000$ Personen zu ihrer Einstellung befragt:

Tab. 8.8

	Einstellung		
Geschlecht	positiv	negativ	$\sum$
weiblich	2800	2400	5200
männlich	2700	2100	4800
$\sum$	5500	4500	10000

$$X^2 = \frac{(2800 \times 2100 - 2400 \times 2700)^2 \times 10000}{5200 \times 5500 \times 4500 \times 4800} = 5.83 < \chi^2_{1-\alpha;1} = 6.63$$

für $\alpha = 0.01$. Die Hypothese der Unabhängigkeit der beiden Merkmale „Geschlecht" und „Einstellung" kann nicht abgelehnt werden. Bei $\alpha = 0.05$ ergäbe sich $\chi^2_{1-\alpha;1} = 3.84$. Dann müßten wir die Hypothese der Unabhängigkeit verwerfen.

Wegen der Ganzzahligkeit von a, b, c und d ist die Statistik X^2 eine diskrete Zufallsvariable. Yates (1934) zeigte, daß die Approximation durch die χ^2-Verteilung besser wird, wenn an X^2 eine Stetigkeitskorrektur vorgenommen wird:

$$X^2_{\text{korr}} = \frac{(|ad - bc| - n/2)^2 n}{(a+b)(a+c)(b+d)(c+d)}.$$

Nach Cochran (1954) ist für $n > 40$ generell X^2_{korr} zu wählen. Conover (1974), Plackett (1964), Grizzle (1967) und Haber (1980, 1982) diskutieren, für welche Fälle bei 2×2-Tabellen auf die Yates–Korrektur verzichtet werden sollte. Gilt $n \leq 40$, so ist der sogenannte exakte Test von Fisher (kurz: Fisher–Test) vorzuziehen.

8.3 Fisher–Test

Ausgehend von der gegebenen Stichprobentafel werden alle übrigen Vierfeldertafeln ermittelt, die sich bei *nicht ändernder* Randhäufigkeit noch hätten ergeben können.

Beispiel 3: Gegeben sei die folgende Stichprobentafel:
Tab. 8.9

		Merkmal B Ausprägungen		
		B_1	B_2	$\sum$
Merkmal A	A_1	2	8	10
Ausprägungen	A_2	3	7	10
	$\sum$	5	15	20

Weitere Tafeln (mit gleicher Randhäufigkeit):

$$\frac{0 \mid 10}{5 \mid 5} \quad \frac{1 \mid 9}{4 \mid 6} \quad \frac{3 \mid 7}{2 \mid 8} \quad \frac{4 \mid 6}{1 \mid 9} \quad \frac{5 \mid 5}{0 \mid 10}.$$

Wie groß ist nun die Wahrscheinlichkeit für das Auftreten der Stichprobe und aller übrigen Tafeln, wenn die Hypothese H_0 der Unabhängigkeit der Merkmale A und B zutrifft?

Stichprobe			andere mögliche Tafeln		
a	b	$a+b$	x	$a+b-x$	$a+b$
c	d	$c+d$	$a+c-x$	$d-a+x$	$c+d$
$a+c$	$b+d$	n	$a+c$	$b+d$	n

$(0 \leq x \leq \min\{a+b, a+c\})$.

Die Wahrscheinlichkeit ergibt sich anhand des Modells der hypergeometrischen Verteilung. Einer Urne mit $(a+c)$ roten Kugeln und $(b+d)$ blauen Kugeln werden $(a+b)$ Kugeln ohne Zurücklegen entnommen. Wir betrachten folgende 2 Merkmale A und B mit jeweils 2 Ausprägungen A_1 und A_2 bzw. B_1 und B_2, und zwar ist:

A : Kugel wird gezogen

$A_1 \hat{=}$ Kugel in der Stichprobe und

$A_2 \hat{=}$ Kugel nicht in der Stichprobe

B : Kugelfarbe

$B_1 \hat{=}$ rot

$B_2 \hat{=}$ blau.

X sei die Anzahl der in der Stichprobe vom Umfang $(a+b)$ enthaltenen roten Kugeln. Wegen der Unabhängigkeit der Merkmale A und B genügt X einer hypergeometrischen Verteilung (vgl. Kapitel 2). Die Wahrscheinlichkeit, daß in der Stichprobe x rote Kugeln sind, ist:

$$P(X = x) = \frac{\binom{a+c}{x}\binom{b+d}{a+b-x}}{\binom{n}{a+b}}$$

8. Unabhängigkeit und Korrelation

$$= \frac{\frac{(a+c)!}{x!(a+c-x)!} \times \frac{(b+d)!}{(a+b-x)!(d-a+x)!}}{\frac{n!}{(a+b)!(c+d)!}}$$

$$= \frac{(a+b)!(a+c)!(b+d)!(c+d)!}{x!(a+b-x)!(a+c-x)!(d-a+x)!n!}.$$

Die Zufallsvariable X wird beim Fisher–Test als Teststatistik benutzt. Zu „kleine" oder zu „große" Werte von X führen zur Ablehnung von H_0.

Daten. Wie beim χ^2-Test, doch zusätzlich $n \leq 40$.

Annahmen. Wie beim χ^2-Test aus Abschnitt 2.

Testproblem.
$H_0 : p_{ij} = p_{i \cdot} \cdot p_{\cdot j}$ $i = 1, 2;\ j = 1, 2$
$H_1 : p_{ij} \neq p_{i \cdot} \cdot p_{\cdot j}$ für mindestens ein Paar (i, j).

Teststatistik. Die oben angegebene Statistik X.

Testprozeduren. H_0 ablehnen, wenn $X \leq c_{\alpha/2}$ oder $X \geq c_{1-\alpha/2}$, wobei $c_{\alpha/2}$ bzw. $c_{1-\alpha/2}$ die $\alpha/2$- bzw. $(1-\alpha/2)$-Quantile der hypergeometrischverteilten Zufallsvariablen X sind. Die Wahrscheinlichkeitsverteilung von X kann mit Hilfe der folgenden Rekursionsbeziehung bestimmt werden:

$$P(X = 0) = \frac{(b+d)!(c+d)!}{(d-a)!n!}$$

$$P(X = x+1) = \frac{(a+b-x)(a+c-x)}{(x+1)(d-a+x+1)} P(X = x).$$

Beispiel 4: Gegeben sei die Tafel aus Beispiel 3.

$$P(X = 0) = \frac{15!10!}{5!20!} 0.0163$$

$$P(X = 1) = 0.0163 \times \frac{10 \times 5}{1 \times 6} = 0.1354$$

$$P(X = 2) = 0.1354 \times \frac{9 \times 4}{2 \times 7} = 0.3483$$

$$P(X = 3) = 0.3483 \times \frac{8 \times 3}{3 \times 8} = 0.3483$$

$$P(X = 4) = 0.3483 \times \frac{7 \times 2}{4 \times 9} = 0.1354$$

$$P(X = 5) = 0.1354 \times \frac{6 \times 1}{5 \times 10} = 0.0163.$$

Für $\alpha \approx 0.032$ ist $c_{\alpha/2} = 0$ und $c_{1-\alpha/2} = 5$. Da $X = 2$ ist, kann die Hypothese der Unabhängigkeit der beiden Merkmale A und B auf diesem Testniveau nicht abgelehnt werden.

Finney u.a. (1963) haben die Verteilung von X bis $n = 100$ tabelliert. Bei Pearson u. Hartley (1970) sind die Verteilungen für Tafeln mit Randhäufigkeiten bis 15 berechnet. Mit der angegebenen Rekursionsformel lassen sich jedoch diese Werte auch bequem mit einem Taschenrechner bestimmen.

Auftreten von Bindungen. Das Problem existiert nicht.

Eigenschaften.

(1) Über Konsistenz liegen u.W. keine Untersuchungen vor.

(2) Da X diskret ist, wird die vorgegebene Irrtumswahrscheinlichkeit α in der Regel nicht voll ausgeschöpft. Dieser Mangel kann durch Randomisierung (Tochers (1950) Modifikation) behoben werden. Dann läßt sich der Fisher–Test als sogenannter *bedingter Test* auffassen. Als solcher ist er unverfälscht (vgl. Witting (1969)).

(3) Als randomisierter Test ist er sogar gleichmäßig bester unverfälschter Test zum Niveau α (vgl. Witting (1969)).

(4) Bennett u. Hsu (1960) berechneten die Gütefunktion des Fisher–Tests mit Hilfe der Tabellen von Finney u.a. (1963). Haseman (1978) führt diese Berechnungen fort und kommt zu genaueren Resultaten.

Diskussion. Die manchmal benutzte Bezeichnung „exakter Fisher–Test" rührt daher, daß unter H_0 die Verteilung der Teststatistik genau bekannt ist (nämlich als hypergeometrische Verteilung) im Gegensatz zum approximativen χ^2-Test für dasselbe Problem. Die bei den Eigenschaften des Fisher–Tests angesprochene Tocher-Modifikation wird in der Praxis kaum angewendet, wie ja überhaupt das Prinzip der Randomisierung zur Ausschöpfung des Niveaus α bei diskreten Teststatistiken sich bislang in der Praxis nicht durchgesetzt hat. Eine interessante Untersuchung zu diesem Problem steuert Basler (1987) bei.

Das behandelte Testproblem läßt sich in der folgenden äquivalenten Form schreiben (warum?):

$$H_0 = p_{11} = p_{1\cdot} \cdot p_{\cdot 1} \quad \text{oder} \quad H_0 : p_{11}p_{22} = p_{12}p_{21}$$
$$H_1 = p_{11} \neq p_{1\cdot} \cdot p_{\cdot 1} \quad \text{oder} \quad H_1 : p_{11}p_{22} \neq p_{12}p_{21}.$$

Die einseitige Problemstellung (positive oder negative stochastische Abhängigkeit) könnte hier ebenfalls dargestellt werden. Die Formulierung des Testproblems und die Bestimmung der kritischen Werte sei eine dem Leser überlassene Übung. Eine weitere Anwendungsmöglichkeit des Fisher–Tests liegt im Vergleich der Parameter p_i zweier Binomialverteilungen. Auf diese parametrische Fragestellung wollen wir hier jedoch nicht eingehen.

Eine umfassende Diskussion des Fisher-Tests und seiner Konkurrenten ist Upton (1982) und Yates (1984) zu entnehmen.

8.4 Rangkorrelationskoeffizient von Spearman

Nach den Tests auf Unabhängigkeit der Merkmale A und B wollen wir nun eine Maßzahl für den Grad des Zusammenhangs zwischen A und B einführen, die zudem als Teststatistik für Tests auf Unabhängigkeit benutzt werden kann. Liegen die Stichprobenwerte $x_1, \ldots, x_n$ bzw. $y_1, \ldots, y_n$ zumindest ordinal skaliert vor, so können wir jeweils die Rangwertreihen der $x_i : r_1, \ldots, r_n$ bzw. der $y_i : s_1, \ldots, s_n$ bilden (vgl. 5.3.1). Spearman (1904) berechnet aus beiden Rangwertreihen den gewöhnlichen Korrelationskoeffizienten nach Pearson:

$$r = \frac{\sum_{i=1}^{n}(r_i - \bar{r})(s_i - \bar{s})}{\sqrt{\sum_{i=1}^{n}(r_i - \bar{r})^2 \sum_{i=1}^{n}(s_i - \bar{s})^2}}$$

und benutzt ihn als Maß für die Korrelation zwischen den Variablen X und Y. Dieser Ausdruck — wir wollen ihn nach Spearman mit r_S bezeichnen — kann noch erheblich vereinfacht werden, denn es ist:

$$\bar{r} = \frac{1}{n}\sum_{i=1}^{n} r_i = \frac{1}{n}\sum_{i=1}^{n} i = \frac{n+1}{2}.$$

Entsprechend ist $\bar{s} = (n+1)/2$. Weiterhin gilt

$$\sum_{i=1}^{n}(r_i - \bar{r})^2 = \sum_{i=1}^{n}\left(i - \frac{n+1}{2}\right)^2 = \frac{(n-1)n(n+1)}{12}$$

und auch

$$\sum_{i=1}^{n}(s_i - \bar{s})^2 = \frac{(n-1)n(n+1)}{12}.$$

Damit stellt sich r_S in der Form

$$r_S = \frac{12}{(n-1)n(n+1)} \sum_{i=1}^{n} \left(r_i - \frac{n+1}{2}\right)\left(s_i - \frac{n+1}{2}\right)$$

dar. Setzen wir zudem $d_i = r_i - s_i$, so ist

$$d_i = \left(r_i - \frac{n+1}{2}\right) - \left(s_i - \frac{n+1}{2}\right)$$

8.4 Rangkorrelationskoeffizient von Spearman

und dann

$$\sum_{i=1}^{n} d_i^2 = \sum_{i=1}^{n}\left(r_i - \frac{n+1}{2}\right)^2 + \sum_{i=1}^{n}\left(s_i - \frac{n+1}{2}\right)^2$$
$$- 2\sum_{i=1}^{n}\left(r_i - \frac{n+1}{2}\right)\left(s_i - \frac{n+1}{2}\right)$$
$$= \frac{(n-1)n(n+1)}{6} - \frac{(n-1)n(n+1)}{6}r_S.$$

Daraus resultiert die einfache Darstellung für r_S:

$$r_S = 1 - \frac{6\sum_{i=1}^{n} d_i^2}{(n-1)n(n+1)}.$$

Beispiel 5: In einem kleinen Betrieb soll eine neue Sekretärin eingestellt werden. Zwei Angestellte A und B (von der Betriebsleitung bzw. vom Betriebsrat) testen die sieben Bewerberinnen unabhängig voneinander und stellen dann jeweils eine Rangliste auf. Wie groß ist das Maß der Übereinstimmung im Urteil der beiden Angestellten?

Tab. 8.10

Bewerberin	1	2	3	4	5	6	7	
Rang r_i von A	5	7	1	3	4	6	2	
Rang s_i von B	3	6	1	2	4	7	5	
d_i^2	4	1	0	1	0	1	9	$\sum_{i=1}^{7} d_i^2 = 16$

$$r_S = 1 - \frac{6 \times 16}{6 \times 7 \times 8} = \frac{5}{7} = 0.714.$$

Satz 1:

(1) $-1 \leq r_S \leq +1$

(2) $r_S = 1$ ist äquivalent mit $r_i = s_i$ für alle i

(3) $r_S = -1$ ist äquivalent mit $r_i = n + 1 - s_i$.

Beweis.

(1) folgt aus der Deutung von r_S als Pearsonscher Korrelationskoeffizient.

(2) Aus $r_S = 1$ folgt sofort $\sum_{i=1}^{n} d_i^2 = 0$ und damit $d_i = 0$ für alle i, d.h., $r_i = s_i$ für alle i.

Gilt umgekehrt $r_i = s_i$ für alle i, so ist $\sum_{i=1}^{n} d_i^2 = 0$ und folglich $r_S = 1$.

(3) Wenn $r_S = -1$ ist, muß $\sum_{i=1}^{n} d_i^2 = n(n+1)(2n+1)/3$ sein. Wegen der Eigenschaften des Pearsonschen Korrelationskoeffizienten liegen die Punkte $(r_1, s_1), (r_2, s_2), \ldots, (r_n, s_n)$ genau auf einer Geraden, sobald $|r_S| = 1$ ist. Mithin gibt es Konstanten a, b, so daß $r_i = a + bs_i$ für alle i gilt. Nun ist $\sum_{i=1}^{n} r_i = \sum_{i=1}^{n} s_i = n(n+1)/2$ sowie $\sum_{i=1}^{n} r_i^2 = \sum_{i=1}^{n} s_i^2 = n(n+1)(2n+1)/6$. Summieren wir auf beiden Seiten von

$$r_i - s_i = a + (b-1)s_i$$

über i, so erhalten wir

$$0 = \sum_{i=1}^{n} d_i = na + (b-1)\frac{n(n+1)}{2}$$

und folglich

$$0 = a + (b-1)\frac{n+1}{2}.$$

Summieren wir über $d_i^2 = a^2 + 2a(b-1)r_i + (b-1)^2 r_i^2$, ergibt sich

$$\frac{(n-1)n(n+1)}{3} = na^2 + 2a(b-1)\frac{n(n+1)}{2} + (b-1)^2 \frac{n(n+1)(2n+1)}{6}.$$

Als Lösungen der beiden Gleichungen in den Unbekannten a und b resultiert nach wenigen Schritten $a = n+1$ und $b = -1$.

Die umgekehrte Richtung ist eine einfache Übungsaufgabe. □

r_S können wir so interpretieren:

a) Ist r_S nahe bei $+1$, so deutet dies auf starke positive Korrelation zwischen X und Y hin. Hat x_i einen hohen (niedrigen) Rangplatz, so hat auch y_i einen hohen (niedrigen) Rangplatz und umgekehrt.

b) Ist r_S nahe bei -1, so schließen wir auf starke negative Korrelation zwischen X und Y. Hat x_i einen hohen (niedrigen) Rangplatz so hat y_i einen niedrigen (hohen) Rangplatz und umgekehrt.

c) Ist r_S ungefähr gleich Null, so besteht kein linearer Zusammenhang zwischen X und Y (Unkorreliertheit).

Die nachstehende Aufstellung wägt die Vorteile und Nachteile bei der Verwendung von r_S ab.

8.4 Rangkorrelationskoeffizient von Spearman

Vorteile	*Nachteile*
(1) niedriges Meßniveau (ordinal)	(1) Informationsverlust bei Vorliegen von kardinalem Meßniveau
(2) schnelle und leichte Berechenbarkeit	(2) schlecht zu interpretieren, wenn r_S nicht nahe 0, −1, +1
(3) Invarianz von r_S gegenüber monoton steigenden Transformationen der Meßdaten	(3) ungeeignet als Schätzstatistik für ρ (siehe Diskussion)
(4) gut zu interpretieren, wenn r_S nahe 0, −1, +1	

Der Spearman–Rangkorrelationskoeffizient r_S eignet sich auch als Teststatistik für einen Test auf Unabhängigkeit.

Daten. Die n paarigen Beobachtungen $(x_1, y_1), (x_2, y_2), \ldots, (x_n, y_n)$ haben mindestens ordinales Meßniveau.

Annahmen.

(1) Die Stichprobenvariablen $(X_1, Y_1), \ldots, (X_n, Y_n)$ sind unabhängig.

(2) $X_1, \ldots, X_n$ bzw. $Y_1, \ldots, Y_n$ sind stetig verteilt wie X bzw. Y.

Testproblem. Es ist die Unabhängigkeit der Variablen X und Y zu überprüfen.

Test A: (zweiseitig)
H_0 : X und Y sind unabhängig
H_1 : X und Y sind unkorreliert.

Test B: (einseitig)
H_0 : X und Y sind unabhängig
H_1 : große (kleine) Werte von X treten zusammen mit großen (kleinen) Werten von Y auf, d.h., X und Y sind positiv korreliert.

Test C: (einseitig)
H_0 : X und Y sind unabhängig
H_1 : große (kleine) Werte von X treten zusammen mit kleinen (großen) Werten von Y auf, d.h., X und Y sind negativ korreliert.

Teststatistik.

$$D = \sum_{i=1}^{n} D_i^2 = \sum_{i=1}^{n} (R_i - S_i)^2.$$

Diese Statistik ist einfacher als r_S, jedoch ist sie mit r_S linear verknüpft, denn es gilt $D = (n-1)n(n+1)(1-r_S)/6$. Die meisten Tabellenwerte weisen D und nicht r_S aus. Bei einer statistischen Auswertung sollte man beide Werte ausrechnen — r_S als Maß für den Zusammenhang und D als Teststatistik bei Prüfung auf Unabhängigkeit. Zur Bestimmung der Verteilung von D unter H_0 nehmen wir die Unabhängigkeit der Variablen X und Y an. Durch Umnumerierung der Stichprobenindizes wird o.B.d.A. $r_i = i$. Dann ist

$$D = \sum_{i=1}^{n}(i - S_i)^2 = \sum_{i=1}^{n} i^2 + \sum_{i=1}^{n} S_i^2 - 2\sum_{i=1}^{n} iS_i = \frac{n(n+1)(2n+1)}{3} - 2\sum_{i=1}^{n} iS_i.$$

Die Wahrscheinlichkeitsverteilung von D und damit auch die von r_S hängt also nur von der Verteilung der Statistik $\sum_{i=1}^{n} iS_i$ ab. Wegen der vorausgesetzten Unabhängigkeit nimmt die vektorwertige Statistik $(S_1, S_2, \ldots, S_n)$ die $n!$ Permutationen von $(1, 2, \ldots, n)$ mit gleicher Wahrscheinlichkeit an (vgl Abschnitt 3.4.1). Für $n = 3$ sei die Berechnung der Verteilung illustriert.

Tab. 8.11

(S_1, S_2, S_3)	$\sum_{i=1}^{n} iS_i$	d	r_S
$(1,2,3)$	14	0	$+1.0$
$(1,3,2)$	13	2	$+0.5$
$(2,1,3)$	13	2	$+0.5$
$(2,3,1)$	11	6	-0.5
$(3,1,2)$	11	6	-0.5
$(3,2,1)$	10	8	-1.0

r_S ist diskret mit der Verteilung

r	-1	-0.5	$+0.5$	$+1$
$P(r_S = r)$	$1/6$	$1/3$	$1/3$	$1/6$

Mit zunehmendem n wird der Rechenaufwand rapide anwachsen.

Nach Abschnitt 3.4.1 ist

$$E(S_i) = \frac{n+1}{2}; \quad \text{Var}(S_i) = \frac{n^2-1}{12}; \quad \text{Cov}(S_i, S_j) = -\frac{n+1}{12} \text{ für } i \neq j.$$

Daraus folgt sofort

$$E\left(\sum_{i=1}^{n} iS_i\right) = \frac{n(n+1)^2}{4}$$

und
$$\text{Var}\left(\sum_{i=1}^{n} iS_i\right) = \sum_{i=1}^{n} i^2 \text{Var}(S_i) + \sum_{i=1}^{n}\sum_{\substack{j=1\\i\neq j}}^{n} ij \text{Cov}(S_i, S_j)$$

$$= \frac{(n-1)n(n+1)^2(2n+1)}{72} - \frac{n+1}{12}\sum_{i=1}^{n}\sum_{\substack{j=1\\i\neq j}}^{n} ij.$$

Nun ist
$$\sum_{i=1}^{n}\sum_{\substack{j=1\\i\neq j}}^{n} ij = \sum_{i=1}^{n} i\left(\frac{n}{2}(n+1) - i\right)$$

$$= \frac{n}{2}(n+1)\frac{n}{2}(n+1) - \frac{n(n+1)(2n+1)}{6}.$$

Damit resultiert nach einfachen Rechenschritten
$$\text{Var}\left(\sum_{i=1}^{n} iS_i\right) = \frac{(n-1)n^2(n+1)^2}{144}$$

und schließlich
$$E(D) = \frac{(n-1)n(n+1)}{6}; \quad E(r_S) = 0$$
$$\text{Var}(D) = \frac{(n-1)n^2(n+1)^2}{36}; \quad \text{Var}(r_S) = \frac{1}{n-1}.$$

Zur Bestimmung der Verteilung von $E(r_S)$, wenn H_0 verletzt ist, verweisen wir auf Kendall u. Gibbons (1990) und Hettmansperger (1984).

Testprozeduren.

Test A: H_0 ablehnen, wenn $D \leq d_{\alpha/2}$ oder $D \geq d_{1-\alpha/2}$

Test B: H_0 ablehnen, wenn $D \leq d_\alpha$

Test C: H_0 ablehnen, wenn $D \geq d_{1-\alpha}$.

Kritische Werte d_α von D für $n \leq 11$ entnehmen wir **Tabelle S**.

Wenden wir auf das Beispiel 5 mit $D = 16$, $n = 7$ Test B an, so ist für $\alpha = 0.033$ nach Tabelle S $d_\alpha = 14$, d.h., H_0 wird nicht abgelehnt. Für $\alpha = 0.055$ wäre mit $d_\alpha = 18$ H_0 jedoch abzulehnen.

Auftreten von Bindungen. In der Regel werden Durchschnittsränge gebildet, und r_S berechnet sich dann aus den so gewonnenen Rangwertreihen. Die Formel für r_S wird hingegen korrigiert, wenn die Anzahl der Bindungen relativ groß ist.

$$r_S^B = \frac{(n-1)n(n+1) - 6\sum_{i=1}^{n} d_i^{*2} - 6(B_x + B_y)}{\sqrt{[(n-1)n(n+1) - 12B_x][(n-1)n(n+1) - 12B_y]}}$$

238   8. Unabhängigkeit und Korrelation

mit

$$B_x = \frac{1}{12}\sum_{j=1}^{n}(b_j-1)b_j(b_j+1) \quad \text{und} \quad B_y = \frac{1}{12}\sum_{j=1}^{n}(c_j-1)c_j(c_j+1).$$

Dabei ist $d_i^\star = r_i^\star - s_i^\star$, wobei $r_i^\star$ und $s_i^\star$ Durchschnittsränge sind. Weiter bezeichnet

b_j = Anzahl der Bindungen in der j-ten Bindungsgruppe der x-Reihe,
c_j = Anzahl der Bindungen in der j-ten Bindungsgruppe der y-Reihe.

Beispiel 6:

x_i	2.50	2.50	2.50	3.00	3.00	3.00	3.00	4.00	5.50	5.50
y_i	0.50	0.50	2.50	0.50	0.50	4.00	0.50	2.50	2.50	2.50
$r_i^\star$	2.00	2.00	2.00	5.50	5.50	5.50	5.50	8.00	9.50	9.50
$s_i^\star$	3.00	3.00	7.50	3.00	3.00	10.00	3.00	7.50	7.50	7.50
$d_i^\star$	1.00	1.00	30.25	6.25	6.25	20.25	6.25	0.25	4.00	4.00

$$\sum_{i=1}^{n} d_i^{\star 2} = 79.5$$

$$B_x = \frac{1}{12}(2 \times 3 \times 4 + 3 \times 4 \times 5 + 1 \times 2 \times 3) = 7.5$$

$$B_y = \frac{1}{12}(4 \times 5 \times 6 + 3 \times 4 \times 5) = 15$$

$$r_S^B = \frac{9 \times 10 \times 11 - 6 \times 79.5 - 6 \times (7.5 + 15)}{\sqrt{(9 \times 10 \times 11 - 12 \times 7.5) \times (9 \times 10 \times 11 - 12 \times 15)}} = 0.443.$$

Die Korrekturformel für r_S im Falle von Bindungen wird ausführlich bei Kendall (1970) diskutiert. Lehmann (1975) zeigt die asymptotische Normalverteilung von r_S^B für den Fall, daß die Anzahl der Bindungen gegenüber n beschränkt bleibt.

Große Stichproben. Unter der Prämisse der Unabhängigkeit von X und Y läßt sich die asymptotische Normalverteilung von r_S nachweisen (Fraser (1957) und Hettmansperger (1984)), d.h.,

$$Z = \sqrt{n-1}\, r_S \underset{\text{asympt.}}{\sim} N(0,1).$$

Kendall (1970) empfiehlt die Approximation durch die Normalverteilung für $n > 20$. Nach Kendall u. Stuart (1973) ist die Approximation für $10 \leq n \leq 20$ durch die t-Verteilung gut. Für diese Stichprobenumfänge kann

$$r_S \sqrt{\frac{n-2}{1-r_S^2}}$$

8.4 Rangkorrelationskoeffizient von Spearman

als annähernd t-verteilt mit $n-2$ Freiheitsgraden angesehen werden. Franklin (1988) leitet alternativ die exakte Verteilung von r_S für $n = 12(1)18$ her.

Für den Fall der Approximation über die Normalverteilung gilt:

Test A: H_0 ablehnen, wenn $|Z| \geq z_{1-\alpha/2}$

Test B: H_0 ablehnen, wenn $Z \geq z_{1-\alpha}$

Test C: H_0 ablehnen, wenn $Z \leq z_\alpha$.

Im Test A ist $\Phi(z_{1-\alpha/2}) = 1 - \alpha/2$ und in den Tests B und C ist $\Phi(z_{1-\alpha}) = 1 - \alpha$ mit $z_\alpha = -z_{1-\alpha}$.

Eigenschaften.

(1) Der Test von Spearman ist wegen der „Dicke" der Parametermenge bzgl. der Alternativen in Test A, B und C nicht konsistent. Dies wird z.B. bei Kendall u. Stuart (1973) begründet.

(2) Hoeffding (1948b) zeigt, daß selbst bei Einschränkung der Parametermengen unter H_1 der Spearman–Test verfälscht sein kann.

(3) Witting u. Nölle (1970) beweisen, daß der einseitige Spearman–Test bei gewissen Restriktionen für die unter den Hypothesen zulässigen Parametermengen asymptotisch gleichmäßig bester Test zum Niveau α ist. Die asymptotische relative Effizienz des Spearman–Tests gegenüber dem gleichmäßig besten unverfälschten t–Test (bei unterstellter bivariater Normalverteilung) ist erstaunlich hoch: Nach Hotelling u. Pabst (1936) beträgt sie $9/\pi^2 \approx 0.91$. Konijn (1956) untersucht die A.R.E. bei nicht normalverteilten Alternativen (z.B. bei Gleichverteilung und Doppelexponentialverteilung).

Diskussion. Nur bei Gültigkeit der Hypothese der Unabhängigkeit der Variablen X und Y ist gesichert, daß r_S eine verteilungsfreie Statistik ist. Deswegen eignet sich r_S nicht zur Konstruktion eines Konfidenzintervalles für den unbekannten Korrelationskoeffizienten ρ. Auch vom Gebrauch von r_S als Schätzstatistik ist abzuraten, denn selbst bei bivariater Normalverteilung überschätzt r_S den Koeffizienten ρ im Durchschnitt (Walter (1963)). Der Spearman-Rangkorrelationstest kann jedoch angewendet werden, wenn „Zufälligkeit" gegen „Trend" bei Zeitreihendaten getestet werden soll. Die Nullhypothese H_0 wird so formuliert: Die Zeitreihendaten unterliegen keinem Trend (sind zufällig). Entsprechend bedeutet etwa beim Test B die Hypothese H_1: Die Zeitreihenwerte zeigen einen Aufwärtstrend. Ohne Einschränkung wählen wir als x-Reihe $1, 2, \ldots, n$ und als y-Reihe die zugehörigen Zeitreihenwerte. Die Durchführung der Tests erfolgt dann wie beschrieben (vgl. Abschnitt 11.7). Eine besonders ausführliche Untersuchung des Koeffizienten von Spearman ist Kendall (1970) bzw. Kendall u. Gibbons (1990) zu entnehmen.

240   8. Unabhängigkeit und Korrelation

8.5 Andere Verfahren

In diesem Abschnitt werden wir weitere Methoden und Maßzahlen kennenlernen, die im Zusammenhang mit dem Problem, Dependenzen von Variablen aufzudecken, sehr nützlich sein können. Es sei noch auf Abschnitt 11.2 verwiesen, wo diese Problematik im Rahmen der Quick–Verfahren erneut aufgegriffen wird.

(1) Unabhängigkeitstest von Hoeffding

Wie der Spearman-Test (gleiche Annahmen!) prüft der Test von Hoeffding die Unabhängigkeit der Variablen X und Y. Die Berechnung der Teststatistik ist eine langwierige Prozedur:

a)   Berechne $r_i = r(x_i)$ und $s_i = r(y_i)$.

b)   Bestimme für jedes i die Anzahl c_i der Paare (x_j, y_j), für die $x_j < x_i$ und $y_j < y_i$.

c)   Berechne aus

$$Q = \sum_{i=1}^{n}(r_i - 1)(r_i - 2)(s_i - 1)(s_i - 2)$$

$$R = \sum_{i=1}^{n}(r_i - 2)(s_i - 2)c_i$$

$$S = \sum_{i=1}^{n}c_i(c_i - 1)$$

die Teststatistik

$$T = \frac{Q - 2(n-2)R + (n-2)(n-3)S}{n(n-1)(n-2)(n-3)(n-4)}.$$

Die Hypothese der Unabhängigkeit wird abgelehnt, wenn T den kritischen Wert $t_{1-\alpha}$ (Tabellen bei Hoeffding (1948b)) überschreitet. Hoeffding (1948b) zeigt, daß der Test bei gewissen Alternativen konsistent ist, wo der Test von Kendall (vgl. 8.5. (5)) schon inkonsistent ist. Ein mit dem Hoeffding-Test nahe verwandter Test wird bei Blum u.a. (1961) diskutiert.

(2) Korrelationstest von Pitman

Bei Unabhängigkeit (Hypothese H_0) der Variablen X und Y hätten bei *festem* Beobachtungsvektor $(x_1, \ldots, x_n)$ neben der beobachteten Stichprobe $(y_1, \ldots, y_n)$ auch alle übrigen $n! - 1$ Permutationen von $(y_1, \ldots, y_n)$ dieselbe Wahrscheinlichkeit gehabt, als Stichprobe aufzutreten. Für jede Permutation von $(y_1, \ldots, y_n)$ und für jeden festen Vektor $(x_1, \ldots, x_n)$ berechnen wir nach Pitman (1937) den gewöhnlichen Pearsonschen Korrelationskoeffizienten, d.h. insgesamt $n!$ Werte für

$$r = \frac{\sum_{i=1}^{n}(x_i - \bar{x})(y_i - \bar{y})}{\sqrt{\sum_{i=1}^{n}(x_i - \bar{x})^2 \sum_{i=1}^{n}(y_i - \bar{y})^2}}.$$

8.5 Andere Verfahren 241

Anschließend bestimmen wir die Wahrscheinlichkeitsverteilung von r. Liefert die tatsächlich beobachtete Stichprobe $(y_1, \ldots, y_n)$ einen r–Wert, der zu den $\alpha \cdot n!$ extremen (d.h. zu den für die formulierte Gegenhypothese H_1 „günstigen") Werten zählt, so wird die Nullhypothese H_0 abgelehnt. Der Rechenaufwand kann verringert werden, weil der Nenner von r bei Permutationen der y–Werte unverändert bleibt und der Zähler nach Ausmultiplizieren und Zusammenfassen die Form $\sum_{i=1}^{n} x_i y_i - n\bar{x}\bar{y}$ hat. Es genügt also, als Teststatistik $T = \sum_{i=1}^{n} X_i Y_i$ zu benutzen.

Beispiel 7: Wir betrachten die paarige Stichprobe

x_i	1	2	3	4
y_i	5	4	2	1

Die Wahrscheinlichkeitsverteilung von T (bei permutierten y–Werten) ist gegeben durch

t	23	24	25	27	28	29	31	32	33	35	36	37
$P(T=t)$	$\frac{1}{24}$	$\frac{2}{24}$	$\frac{2}{24}$	$\frac{2}{24}$	$\frac{2}{24}$	$\frac{3}{24}$	$\frac{3}{24}$	$\frac{2}{24}$	$\frac{2}{24}$	$\frac{2}{24}$	$\frac{2}{24}$	$\frac{1}{24}$

Testen wir ($\alpha = 0.1$)

H_0 : X und Y sind unabhängig gegen
H_1 : X und Y sind korreliert,

so gehört der Wert der Teststatistik $t = 23$ (berechnet aus der Stichprobe) zu den $[\alpha \cdot n!] = [2.4] = 2$ extremen Werten, d.h., H_0 wird abgelehnt.

Über die Eigenschaften des Pitman–Tests ist verhältnismäßig wenig bekannt. Er wird in der Praxis wegen der aufwendigen Bestimmung der Verteilung von T nur selten benutzt. Seine Unverfälschtheit bei gewissen Alternativen wurde von Neuhaus u. Nölle (1970) untersucht. Weitere Einzelheiten können bei Kendall u. Stuart (1973) nachgelesen werden.

Ersetzen wir die Stichprobenwerte durch ihre Ränge, so geht der Pitman–Test in den Spearman–Test über.

(3) Rangkorrelationstest von Fisher–Yates
Dieser Test gehört zur Klasse der normal–scores Tests (vgl. Abschnitte 5.4.4 und 5.5.4). Zunächst werden die Stichproben $x_1, \ldots, x_n$ bzw. $y_1, \ldots, y_n$ in ihre zugehörigen geordneten Stichproben $x_{(1)}, \ldots, x_{(n)}$ bzw. $y_{(1)}, \ldots, y_{(n)}$ transformiert. Anhand von Tabellen (z.B. Pearson u. Hartley (1972)) werden bei unterstellter Normalverteilung von X und Y die Erwartungswerte $E(X_{(1)}), \ldots, E(X_{(n)})$ bzw. $E(Y_{(1)}), \ldots, E(Y_{(n)})$ bestimmt. Die Prüfstatistik des Fisher–Yates–Tests hat die Form

$$T = \frac{1}{n} \sum_{i=1}^{n} E(X_{(i)}) Z(R_i) E(Y_{(i)}) Z'(S_i)$$

wobei

$$Z(R_i) = \begin{cases} 1 & \text{falls } X_i \text{ den Rang } R_i \text{ in der } x\text{-Stichprobe hat} \\ 0 & \text{sonst} \end{cases}$$

und $Z'(S_i)$ für die y-Stichprobe analog definiert ist.

Die kritischen Werte der Teststatistik T, die symmetrisch um den Nullpunkt verteilt ist, sind bei Bhuchongkul (1964) vertafelt. Über die Unverfälschtheit dieses Tests liegen Untersuchungen von Lehmann (1966) vor. Weitere Einzelheiten können Woodworth (1970), Gokhale (1966), Fieller u. Pearson (1961) entnommen werden. Vorgeschlagen wurde der Test von Fisher und Yates im Jahre 1938.

(4) Der Kontingenzkoeffizient von Pearson

Als weitere Maßzahl für den Grad des Zusammenhangs zwischen zwei Merkmalen A und B bietet sich der von Pearson (1904) eingeführte Kontingenzkoeffizient $c = \sqrt{X^2/(X^2+n)}$ an. Dabei berechnet sich X^2 aus der Kontingenztabelle wie in Abschnitt 8.2.

Offenbar gilt $0 \leq c \leq 1$; c wird klein, wenn X^2 klein wird, wenn also der Grad der Unabhängigkeit zwischen A und B zunimmt. Es ist $c = 0$ genau dann, wenn $X^2 = 0$, oder äquivalent, wenn $n_{ij} = \tilde{n}_{ij}$ für alle i und alle j ist. Je stärker der Zusammenhang zwischen A und B ist, desto größer wird X^2, und c liegt dann dicht unterhalb von 1. Den Wert 1 kann c jedoch nicht erreichen, denn es ist

$$c \leq \sqrt{\frac{a-1}{a}} = c_{\max},$$

mit $a = \min\{k, l\}$. Diese obere Schranke für c wird bei Pawlik (1959) hergeleitet. Der Leser bestimme zur Illustration den Wert von c im Falle „perfekter Abhängigkeit", d.h. wenn $n_{ii} = n_{i\cdot} = n_{\cdot i}$ für alle i bei einer quadratischen Kontingenztabelle ist. Obige Eigenschaft von c impliziert einen Nachteil: Die aus zwei verschiedenen Kontingenztabellen errechneten Kontingenzkoeffizienten c_i sind nur dann vergleichbar, wenn die jeweiligen Werte für a übereinstimmen. Ist dies nicht der Fall, so kann zum korrigierten Pearsonschen Kontingenzkoeffizienten

$$c_{\text{korr}} = \frac{c}{c_{\max}}$$

übergegangen werden.

Beispiel 8: In Beispiel 1 von Abschnitt 8.2 war $k = 3, l = 5, n = 1000$ und $X^2 = 42.63$. Daraus resultiert: $c = 0.202, c_{\max} = 0.816$ und $c_{\text{korr}} = 0.247$.

Der Koeffizient c könnte zum Testen auf Unabhängigkeit herangezogen werden, jedoch ist über seine Verteilung nichts bekannt; c ist aber ohnehin eine zu X^2 äquivalente Teststatistik. Kendall u. Stuart (1973) bemerken, daß für den Fall einer bivariaten Normalverteilung und einer Zunahme der Klassenzahl c^2 gegen ρ^2 konvergiert, wobei ρ der Korrelationskoeffizient beider Variablen ist. In der statistischen Literatur gibt es eine Fülle weiterer Koeffizienten, die sich nur unwesentlich von c unterscheiden. Gute Übersichten finden wir bei Kendall u. Stuart (1973) und Conover (1971). Bei Srikantan (1970) werden weitere interessante Abhängigkeitsmaße eingeführt.

Zusammenfassend hat der Pearsonsche Kontingenzkoeffizient folgende Eigenschaften:

Vorteile

a) schnelle und leichte Berechenbarkeit,

b) nur nominales Niveau der Daten erforderlich,

c) gute Interpretierbarkeit, wenn c nahe Null oder nahe Eins ist,

d) keine Annahme über die (bivariate) Verteilung.

Nachteile

a) Schlechte Vergleichsmöglichkeit bei verschiedenen Kontingenztabellen, wenn c_{max} nicht bekannt ist (z.B.: wenn bei Untersuchungen die Größen k und l nicht angegeben werden),

b) schlechte Interpretierbarkeit, wenn c nicht nahe bei Null oder Eins liegt und c_{max} nicht bekannt ist.

(5) Der Korrelationskoeffizient von Kendall

Sei wie in Abschnitt 8.4 eine bivariate Stichprobe $(x_1, y_1), (x_2, y_2), \ldots, (x_n, y_n)$ der Zufallsvariablen X und Y mit zumindest ordinalem Meßniveau gegeben. Der Grad des Zusammenhangs wird jetzt noch auf eine andere Weise beschrieben. Zunächst mögen keine Bindungen vorliegen. Betrachten wir z.B. die Stichprobe

$$(2,3),\ (3,4),\ (5,7),\ (0,2)$$

vom Umfang $n = 4$, so stellen wir eine interessante Harmonieeigenschaft fest: Wählen wir zwei beliebige Beobachtungen (x_i, y_i), (x_j, y_j) aus der Stichprobe aus, so gilt:

a) $x_i < x_j$ impliziert $y_i < y_j$,

b) $x_i > x_j$ impliziert $y_i > y_j$.

Werden die x–Werte größer (kleiner), werden die zugehörigen y–Werte auch größer (kleiner), wir schließen auf einen hohen Grad der Korrelation zwischen X und Y.

Bei der Stichprobe

$$(1,2)\ (2,1)\ (3,4)\ (4,0)$$

liegt der Sachverhalt etwas anders. Ein Größerwerden der x-Werte kann ein Größerwerden *oder* Kleinerwerden nach sich ziehen, so z.B. bei den Paaren

$$[(1,2),(3,4)] \quad \text{und} \quad [(1,2),(4,0)].$$

8. Unabhängigkeit und Korrelation

Wir führen nun folgende Begriffsbildung ein: (x_i, y_i) und (x_j, y_j) heißen *konkordant*, wenn sie die Eigenschaften a) und b) haben. Andernfalls heißen sie *diskordant*. Aus der bivariaten Stichprobe $(x_1, y_1), \ldots, (x_n, y_n)$ können insgesamt $\binom{n}{2} = (n-1)n/2$ Paare $[(x_i, y_i), (x_j, y_j)]$ mit $i < j$ ausgewählt werden. Sei

$n_k = $ Anzahl der konkordanten Paare
$n_d = $ Anzahl der diskordanten Paare.

Dann muß $n_k + n_d = \binom{n}{2}$ sein. Als Maß für die Korrelation zwischen X und Y schlägt Kendall (1938) vor:

$$\tau = \frac{n_k - n_d}{\binom{n}{2}}.$$

Es gilt offenbar $-1 \leq \tau \leq 1$. Weiterhin bestehen die Beziehungen

$\tau = +1 \Leftrightarrow n_k = \binom{n}{2}$: perfekte positive Korrelation
$\tau = 0 \ \Leftrightarrow n_k = n_d$: keine Korrelation
$\tau = -1 \Leftrightarrow n_d = \binom{n}{2}$: perfekte negative Korrelation

Beispiel 9: Wir betrachten Beispiel 5 aus Abschnitt 8.4. Konkordant werden z.B. Bewerberinnen 1 und 2 beurteilt, diskordant hingegen Bewerberinnen 1 und 7. Wir erhalten

Konkordante Beurteilungen	(1,2)	(1,3)	(1,4)	(1,6)	(2,3)	(2,4)	(2,5)	(2,7)
	(3,4)	(3,5)	(3,6)	(3,7)	(4,5)	(4,6)	(5,6)	(6,7)
Diskordante Beurteilungen	(1,5)	(1,7)	(2,6)	(4,7)	(5,7)			

$n_k = 16$, $n_d = 5$, $\binom{n}{2} = 21$, $\tau = (16 - 5)/21 = 11/21 = 0.524$.

Lassen sich die x–bzw. die y–Werte nicht in eine eindeutige Reihenfolge bringen, so zerfallen die Stichprobenpaare $[(x_i, y_i), (x_j, y_j)]$ in drei disjunkte Teilklassen

1. konkordante Paare
2. diskordante Paare
3. gebundene Paare.

Wenn die Zahl der Bindungen „nicht zu groß" ist, wird τ wie vorher berechnet. Kendall (1970) gibt für den Fall „vieler gebundener" Paare eine korrigierte Formel für τ an. Sie lautet

$$\tau^B = \frac{n_k - n_d}{\sqrt{(n-1)n/2 - T_x}\sqrt{(n-1)n/2 - T_y}}$$

mit

$$T_x = \frac{1}{2}\sum_{j=1}^n (b_j - 1)b_j \quad T_y = \frac{1}{2}\sum_{j=1}^n (c_j - 1)c_j\,,$$

vgl. Abschnitt 8.4. Ebenso wie r_S läßt sich τ als Statistik für den Test auf Unabhängigkeit der Variablen X und Y verwenden. Oft wird jedoch die einfache Testgröße (Kendalls S)

$$S = n_k - n_d$$

benutzt. Kritische Werte s_α entnehmen wir **Tabelle T**.

Im Beispiel 5 aus 8.4 testen wir das zweiseitige Problem:

H_0 : Es besteht kein Zusammenhang in den Beurteilungen
H_1 : Es besteht ein Zusammenhang in den Beurteilungen

zum Niveau $\alpha = 0.07$. Nach Tabelle T ist $s_{0.035} = -13$, $s_{0.965} = 13$. Da $S = 11$ ist, wird H_0 nicht verworfen.

Die allgemeine Herleitung der Verteilung von τ ist kompliziert und umfangreich; sie wird hier nicht gebracht (vgl. Kendall (1970), Gibbons u. Chakraborti (1992)). Im Falle der Unabhängigkeit von X und Y zeigt Kendall (1970), daß schon für $n \geq 8$ approximativ gilt

$$\tau \sim N\left(0, \frac{2(2n+5)}{9n(n-1)}\right).$$

Kendall u. Gibbons (1990) verwenden τ außerdem als Abhängigkeitsmaß in geordneten Kontingenztafeln, in denen die Klassen in eine „natürliche" Reihenfolge gebracht werden können.

Weitere interessante Eigenschaften von τ werden bei West (1975), Jirina (1976), Alvo u.a. (1982), Alvo u. Cabilio (1984, 1985), Brown (1988), Kochar u. Gupta (1987, 1990) und Joag-Dev (1984) diskutiert.

Vergleich der Koeffizienten von Spearman und Kendall
Obgleich beide Koeffizienten nur ordinales Meßniveau erfordern und dieselbe Menge an Informationen aus der Stichprobe extrahieren, sind sie numerisch nicht direkt vergleichbar. Es wird nämlich fast immer $|\tau| < |r_S|$ sein. Eine Reihe von Beziehungen zwischen τ und r_S werden bei Hájek u. Šidàk (1967), Kendall (1970) und Hettmansperger (1984) hergeleitet. Ihre Berechnung ist gleichermaßen einfach, die Aufstellung der Prozentpunkte beider Statistiken bereitet mehr Schwierigkeiten. Hier ist τ ein wenig im Vorteil. Einmal existieren rekursive Gleichungen zwischen der Verteilung von τ im Fall der Stichprobenumfänge n und $n+1$ (siehe Kendall (1970)), sodann konvergiert die Verteilung von τ schneller gegen die Normalverteilung als die von r_S. Beide Statistiken eignen sich gut für den Test auf Unabhängigkeit, sie haben dieselbe A.R.E. gegenüber dem t–Test bei bivariater Normalverteilung (Stuart (1954a)). Zur gemeinsamen Verteilung von r_S und τ sei auf Daniels (1944, 1951), Hoeffding (1948a) hingewiesen. Besonders dann ist τ gegenüber r_S vorzuziehen, wenn nach Berechnung der Koeffizienten möglicherweise hinzugekommene Stichprobenwerte eine Neuberechnung erforderlich machen. Der Rechenaufwand bei τ ist dann gering, während bei

r_S i.a. die Ränge neu bestimmt werden müssen und die gesamte Arbeit von vorne beginnt. Wohl aus historischen Gründen wird r_S weit häufiger als τ verwendet. Abschließend sei noch auf die vergleichende Studie von Bhattacharyya u.a. (1970) hingewiesen, in der Güteeigenschaften u.a. des Tests von Spearman, des Tests von Kendall und des Rangkorrelationstests von Fisher–Yates untersucht werden.

(6) Kendalls partieller Rangkorrelationskoeffizient und der Konkordanzkoeffizient
Der Zusammenhang zwischen zwei Variablen X und Y wird häufig noch durch eine dritte Variable Z beeinflußt (X = Anzahl der Storchenpaare, Y = Geburtenhäufigkeit, Z = Industrialisierung). Die Korrelation zwischen X und Y kann von der Korrelation zwischen X und Z bzw. zwischen Y und Z mit Hilfe des Kendallschen partiellen Rangkorrelationskoeffizienten $\tau_{XY \cdot Z}$ befreit, oder genauer, isoliert werden. Dieser ist definiert durch

$$\tau_{XY \cdot Z} = \frac{\tau_{XY} - \tau_{ZY}\tau_{XZ}}{\sqrt{(1-\tau_{ZY}^2)(1-\tau_{XZ}^2)}}.$$

Dabei bezeichnet τ_{XY} den gewöhnlichen Kendallschen Rangkorrelationskoeffizienten (siehe (5)) der paarigen Stichprobe $(x_1, y_1), \ldots, (x_n, y_n)$. Entsprechend sind τ_{XZ} und τ_{ZY} definiert. Es gilt $-1 \leq \tau_{XY \cdot Z} \leq 1$. Für $|\tau_{XY \cdot Z}| = 1$ besteht perfekte Korrelation zwischen X und Y. Für einen Test auf Unabhängigkeit kann der Koeffizient $\tau_{XY \cdot Z}$ nicht benutzt werden, da dessen Verteilung von der gemeinsamen Verteilung von (X, Y, Z) abhängt. Weitere Einzelheiten können Kendall (1970) und Johnson (1979) entnommen werden.

Von Kendall stammt auch der sogenannte Konkordanzkoeffizient. Er mißt den Zusammenhang zwischen mehr als zwei Variablen. Dabei werden c Beobachtungen pro Variable i zunächst durch ihre jeweiligen Ränge r_{ij} für $j = 1, \ldots, c$ und $i = 1, \ldots, n$ ersetzt. Für jedes i sind die Ränge $r_{i1}, \ldots, r_{ic}$ also eine Permutation der Zahlen $1, \ldots, c$ (siehe 7.3.2):

Tab. 8.12

					$\sum$
Variable 1	R_{11}	R_{12}	$\cdots$	R_{1c}	$c(c+1)/2$
Variable 2	R_{21}	R_{22}	$\cdots$	R_{2c}	$c(c+1)/2$
$\vdots$	$\vdots$	$\vdots$	$\ddots$	$\vdots$	$\vdots$
Variable n	R_{n1}	R_{n2}	$\cdots$	R_{nc}	$c(c+1)/2$
Rangsummen	R_1	R_2	$\cdots$	R_c	$nc(c+1)/2$

Durch Umnumerierung erreichen wir, daß $R_{1j} = j$ ist. Herrscht totale Übereinstimmung in der Veränderung aller Variablen, so sind in jeder Spalte die Rangzuweisungen gleich, d.h., die Rangsummen R_j pro Spalte sind dann $n, 2n, \ldots, cn$. Das arithmetische Mittel aller Spaltensummen ist $n(c+1)/2$. Mit $R_j = \sum\limits_{i=1}^{n} R_{ij}$ mißt

$$S = \sum_{j=1}^{c} \left(R_j - \frac{n(c+1)}{2} \right)^2$$

die Abweichung zwischen tatsächlich beobachteten Rangsummen und dem arithmetischen Mittel der Spaltensummen (vgl. dazu den Friedman-Test 7.3.2). Bei totaler Übereinstimmung der Variablen ist $R_j = nj$ und

$$S = \sum_{j=1}^{c} \left(nj - \frac{n(c+1)}{2} \right)^2 = n^2 c \left(\frac{c^2-1}{12} \right).$$

Ein naheliegendes Maß der Übereinstimmung ist definiert durch

$$W = \frac{12S}{n^2 c(c^2-1)}.$$

Kendall gab W den Namen *Konkordanzkoeffizient* (coefficient of concordance). Bilden wir alle $\binom{n}{2}$ Spearmanschen Rangkorrelationskoeffizienten r_S zwischen je zwei Meßwertreihen und daraus das arithmetische Mittel $\bar{r}_S$ so gilt

$$\bar{r}_S = \frac{nW - 1}{n - 1}.$$

Einen Beweis findet der Leser bei Kendall (1970). Es gilt $0 \leq W \leq 1$, und bei Unabhängigkeit ist $W = 0$, bei perfekter Konkordanz ist $W = 1$. Näheres über die Verteilung von W entnehmen wir 7.3.2 und 7.3.3. Für weitere Einzelheiten sei nochmals auf Kendall (1970) sowie Kendall u. Gibbons (1990) verwiesen.

8.6 Zusammenfassung

Die in diesem Kapitel vorgestellten Verfahren dienten in erster Linie zur Überprüfung der Hypothese der Unabhängigkeit von Merkmalen bzw. Zufallsvariablen. Bei nominalem Meßniveau der Daten bietet sich der χ^2-Test an. Die zugehörige Teststatistik X^2 ist gemäß Abschnitt 4.2.2 allerdings nur asymptotisch χ^2-verteilt. Die Frage nach der Güte der Approximation der Verteilung bei endlichen Stichprobenumfängen bleibt teilweise offen. Im Falle nicht allzu großer Randhäufigkeiten bei 2×2-Kontingenztabellen erwies sich der Fisher-Test als angebracht, dessen Teststatistik einer hypergeometrischen Verteilung genügt. Der Rangkorrelationskoeffizient von Spearman eignet sich zur Charakterisierung der Unabhängigkeit zweier Merkmale bei zumindest ordinalem Meßniveau. Er konnte einerseits als Maßzahl, andererseits als Teststatistik verwendet werden; zudem ist er leicht und schnell zu berechnen. Abschließend wurden einige seltener angewandte Unabhängigkeitstests behandelt.

8.7 Probleme und Aufgaben

Aufgabe 1: Zeigen Sie:

a) Für das empirische X^2 aus der Kontingenztabelle gilt

$$X^2 = \sum_{i=1}^{k}\sum_{j=1}^{l} \frac{n_{ij}^2}{\tilde{n}_{ij}} - n.$$

b) Liegt eine 2 × 2-Tafel vor, so ist

$$X^2 = \frac{(ad - cb)^2 n}{(a+b)(a+c)(b+d)(c+d)}.$$

Aufgabe 2: Aus der 2 × 2-Tafel

20	30
10	40

ist X^2 mit und ohne Yates-Korrektur zu berechnen. Führen Sie den χ^2-Unabhängigkeitstest durch ($\alpha = 0.05$).

Aufgabe 3: Bei einem Sprachtest erhielt man folgendes Ergebnis bezüglich des Geschlechts:

	weiblich	männlich
bestanden	16	4
nicht bestanden	2	8

Testen Sie zum Niveau $\alpha = 0.05$ auf Unabhängigkeit der beiden Merkmale „Geschlecht" und „Ergebnis" mit Hilfe des Fisher-Tests.

Aufgabe 4: Für die Ränge einer bivariaten Stichprobe gelte $r_i = n + 1 - s_i$. Zeigen Sie, daß dann gilt: $r_S = -1$.

Aufgabe 5: Bei $n = 6$ Personen werden die beiden Merkmale X = Körpergewicht und Y = Körpergröße erhoben. Man erhält

x_i [in kg]	75	80	60	68	65	70
y_i [in cm]	174	180	160	175	170	173

a) Berechnen Sie r, D, r_S, τ.

b) Testen Sie auf Unabhängigkeit der beiden Merkmale ($\alpha = 0.05$)

   1) bei Annahme einer bivariaten Normalverteilung in der Grundgesamtheit
   2) ohne die Annahme der bivariaten Normalverteilung.

Aufgabe 6: Aus der Beziehung $c \leq \sqrt{(a-1)/a}$ ist herzuleiten: $X^2 \leq n(a-1)$, wobei $a = \min\{k, l\}$ ist.

Aufgabe 7: Berechnen Sie anhand der Daten aus Beispiel 1 (siehe Abschnitt 8.2) die Werte der Maße

$$K_1 = \frac{X^2}{n(a-1)} \quad \text{Kontingenzkoeffizient von Cramér}$$

$$K_2 = \sqrt{\frac{X^2}{n\sqrt{(k-1)(l-1)}}} \quad \text{Kontingenzkoeffizient von Tschuprow}$$

$$K_3 = \frac{X^2}{n} \quad \text{Mean-Square Kontingenzkoeffizient von Pearson.}$$

Aufgabe 8: Zeigen Sie, daß für Kendalls partiellen Rangkorrelationskoeffizienten gilt:

$$-1 \leq \tau_{XY \cdot Z} \leq 1.$$

Aufgabe 9: Es soll untersucht werden, ob zwischen Hobby (Merkmal A) und gewähltem Studienfach (Merkmal B) ein Zusammenhang besteht. Bei einer Befragung von $n = 5000$ Studierenden dreier Fachrichtungen erhielt man die folgenden Ergebnisse.

	Wirtschafts-wissenschaften	Mathematik	Anglistik
Tanzen	300	100	100
Lesen	400	50	550
Schach	50	400	50
Sport	1000	200	800
Musik	250	250	500

a) Berechnen Sie X^2, c, c_{korr}.

b) Testen Sie die Merkmale A und B auf Unabhängigkeit ($\alpha = 0.01$).

8. Unabhängigkeit und Korrelation

Aufgabe 10:

a) Bei Unabhängigkeit von X und Y gilt:

1) Die Statistik $\sum_{i=1}^{n} i S_i$ ist symmetrisch verteilt um den Erwartungswert $n(n+1)^2/4$.

2) Die Statistik $D = \sum_{i=1}^{n}(R_i - S_i)^2$ ist symmetrisch verteilt um den Erwartungswert $n(n-1)(n+1)/6$.

Beweisen Sie diese Aussagen.

b) Bestimmen Sie die kleinsten und größten Werte von $\sum_{i=1}^{n} i S_i$ und $\sum_{i=1}^{n}(R_i - S_i)^2$.
Hinweis: Betrachten Sie $S'_i = n + 1 - S_i$.

Aufgabe 11: Bei elf aufeinanderfolgenden Spielen der Fußballbundesliga verkauft ein Student im Stadion Erfrischungsgetränke. Seinen Umsatz gibt die nachstehende Tabelle an.

Woche	1	2	3	4	5	6	7	8	9	10	11
Umsatz [in DM]	50	60	40	80	120	130	90	150	200	180	220

Testen Sie zum Niveau $\alpha = 0.05$:

H_0 : Die Verkäufe unterliegen keinem Trend
H_1 : Die Verkäufe unterliegen einem Aufwärtstrend.

Kapitel 9

Nichtparametrische Dichteschätzung und Regression

9.1 Einführung

Im dritten und in den folgenden Kapiteln haben wir gesehen, daß die empirische Verteilungsfunktion F_n eine sehr gute Schätzung für die unbekannte Verteilungsfunktion F liefert. Darüber hinaus hängen viele der wichtigsten Tests über F im Ein- und Mehrstichprobenfall von dieser Stichprobenfunktion ab. In den letzten Jahren ist aber auch ein verstärktes Interesse an der nichtparametrischen Schätzung der Dichtefunktion zu beobachten, und wie es scheint, hat die Entwicklung hier ihren Höhepunkt noch nicht erreicht. Dies mag daran liegen, daß bisher noch keine den meisten Ansprüchen genügende Dichteschätzungsmethode existiert. So liegen zwar einige vielversprechende asymptotische Ergebnisse vor, die zugrundegelegten Annahmen sind aber teilweise recht einschneidend. Hingegen sind die finiten Eigenschaften i.d.R. nur durch Simulationsstudien belegt und haben deshalb nur beschränkte Aussagekraft. Dieses Manko wird sicherlich die Anstrengungen der Statistiker beflügeln, in den nächsten Jahren akzeptablere Schätzverfahren zu entwickeln.

Die fortdauernde Suche nach besseren Methoden auf diesem Gebiet ist vor allem damit zu begründen, daß die Dichte im Vergleich zur Verteilungsfunktion intuitiver und besser interpretierbar ist. So sieht man der Dichte eher Uni- bzw. Multimodalität, Symmetrie, Ausreißerneigung oder extreme Schiefe an als der Verteilungsfunktion.

Nichtparametrische Dichteschätzung wird überwiegend lokal durchgeführt: Gesucht ist eine gute „Annäherung" für den Wert $f(x)$ der Dichte f an der Stelle x. In diesem Zusammenhang bedeutet „nichtparametrisch" ein Ansatz, bei dem möglichst geringe Annahmen über die zugrundeliegende Verteilung gemacht werden. So wird z.B. gänzlich auf das Postulat der Zugehörigkeit zu einer bestimmten parametrischen Familie wie etwa der Normal- oder Gammaverteilung verzichtet. Zur Herleitung statistischer Eigenschaften kann jedoch auf gewisse Glattheitsbedingungen wie die Existenz höherer Ableitungen nicht verzichtet werden.

9. Nichtparametrische Dichteschätzung und Regression

Das älteste Verfahren zur Dichteschätzung ist das Histogramm, zu dessen Entwicklungsgeschichte wir auf die Monografie von Tapia u. Thompson (1978) verweisen. Dabei werden die Beobachtungen der Stichprobe in Intervallklassen aufgeteilt und darüber Rechtecke gebildet, deren Fläche der relativen Häufigkeit entspricht, mit der die Beobachtungen in die jeweiligen Klassen fallen. Auf diese Weise entsteht eine Funktion, die als Dichte einer Zufallsvariablen interpretierbar ist und eine Annäherung an die unbekannte Grundverteilungsdichte f liefert. Dieses Vorgehen ist aber recht problematisch. Zum einen ist f häufig als stetig oder gar differenzierbar anzusehen, das Histogramm stellt hingegen nur eine stückweise stetige Funktion dar, da sie über den Klassen i.d.R. verschiedene konstante Werte annimmt. Zum anderen ist die Wahl der Klassenbreite, der Anzahl der Klassen und deren Lage weitgehend dem Anwender überlassen und damit nicht objektiv. Obwohl in den letzten Jahren eine Reihe von Vorschlägen gemacht wurde, diese Mängel zu beheben, scheinen die konkurrierenden Kernschätzer die bessere Alternative zu sein. Diese sind flexibler als das Histogramm, da sie eine problemgerechte Anpassung mit der gleichzeitigen Möglichkeit einer Feinsteuerung der Glattheit bieten.

Der Vormarsch der Kernschätzmethode wird durch die Einsatzmöglichkeit statistischer Software einschließlich grafischer Unterstützung auf dem PC außerordentlich begünstigt. Relativ komplizierte Schätzformeln lassen sich ohne weiteres umsetzen und einem breiten Nutzerkreis zugänglich machen (vgl. Härdle (1990), (1991)).

Das Histogramm und die Kernschätzungsmethoden werden wir ausführlicher behandeln. Für die in jüngster Zeit ebenfalls populär gewordenen Verfahren, die auf Splines, Fourierreihen, L_1-Differenz oder dem Maximum–Likelihood–Prinzip beruhen, verweisen wir auf die Spezialliteratur, z.B. Devroye (1987), Devroye u. Györfi (1985), Eubank (1988), Nadaraya (1989), Prakasa Rao (1989) und Silverman (1986).

Schließlich werden wir die zentralen Methoden der nichtparametrischen Regressionsanalyse kennenlernen. Hier behandeln wir den wichtigen Fall, wie die Regressionsbeziehung zu schätzen ist, wenn nichts oder nur wenig über den Zusammenhang zwischen abhängiger und unabhängiger Variablen bekannt ist. Zum anderen betrachten wir das einfache lineare Modell und diskutieren Möglichkeiten, wie Ordinate und Anstiegsparameter des Regressionsmodells zu schätzen bzw. zu testen sind.

9.2 Der Schätzer von Rosenblatt

Diese auf Rosenblatt (1956) zurückgehende Methode liefert — läßt man das Histogramm außer acht — den wohl historisch ältesten Dichteschätzer. Sie wird motiviert durch den Zusammenhang zwischen F und f: $F'(x) = f(x)$, falls F in x differenzierbar ist. Daraus ergibt sich für $h > 0$

$$\lim_{h \to 0} \frac{F(x+h) - F(x)}{2h} = \lim_{h \to 0} \frac{F(x-h) - F(x)}{-2h} = \frac{f(x)}{2}$$

und damit

$$\lim_{h \to 0} \frac{F(x+h) - F(x-h)}{2h} = f(x).$$

Da $F_n(x)$ eine erwartungstreue und im quadratischen Mittel konsistente Schätzung für $F(x)$ ist (vgl. Abschnitt 3.3), schlägt Rosenblatt vor, in vorstehender Limesbeziehung F durch F_n zu ersetzen und erhält damit den folgenden Schätzer für $f(x)$:

$$f_n(x) = \frac{F_n(x+h) - F_n(x-h)}{2h},$$

wobei die halbe „Bandbreite" $h = h_n > 0$ vom Stichprobenumfang n abhängt und $h_n \to 0$ für $n \to \infty$ gefordert wird. Die Schätzung $f_n(x)$ für $f(x)$ ist eine Funktion der Stichprobe $X_1, \ldots, X_n$ und ist interpretierbar als (vgl. Abb. 1)

$$f_n(x) = \frac{\text{relative Häufigkeit der Stichprobenwerte in } (x-h, x+h]}{2h}$$

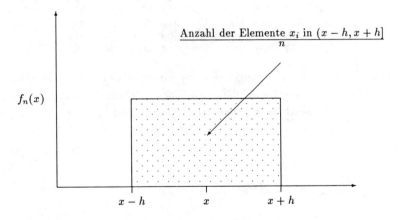

Abb. 9.1

Wegen $E(f_n(x)) = [F(x+h) - F(x-h)]/2h$ ist $f_n(x)$ in der Regel keine erwartungstreue Schätzung für $f(x)$. Nehmen wir an, daß f mindestens dreimal differenzierbar ist, so können wir für den mittleren quadratischen Fehler (Mean square error = MSE) zeigen (vgl. Scott, Tapia u. Thompson (1977))

$$\begin{aligned} MSE(f_n(x), f(x)) &= E\left[(f_n(x) - f(x))^2\right] \\ &= \frac{f(x)}{2hn} + \frac{h^4}{36}(f''(x))^2 + o\left(\frac{1}{hn} + h^4\right) \end{aligned}$$

254   9. Nichtparametrische Dichteschätzung und Regression

($o(\cdot)$ Landau–Symbol). Somit ist gesichert, daß mit $f_n(x)$ eine für $f(x)$ konsistente Schätzung im quadratischen Mittel gegeben ist, sofern $h = h_n \to 0$ und $nh_n \to \infty$ für $n \to \infty$. Die vorige Gleichung liefert auch einen Hinweis auf eine optimale Wahl für h. So ergibt sich

$$\bar{h} = \left[\frac{9}{2}\frac{f(x)}{(f''(x))^2}\right]^{1/5} n^{-1/5}$$

als *MSE*–minimale Wahl für h. Wie auch in anderen Gebieten der Statistik zu beobachten ist (Ridge–Regression!), hängt der *MSE*–minimale Parameter $\bar{h}$ von unbekannten Größen, hier $f(x)$ und $f''(x)$, ab und ist deswegen nicht operational.

Generell ist bei diesem Verfahren das Festlegen von $h = h_n$ zunächst völlig subjektiv und verlangt ein gewisses Fingerspitzengefühl des Anwenders.

Beispiel 1: Druckfestigkeit [kg/cm²] von Betonwürfeln mit 20 cm Kantenlänge (Eberl u. Schneeweiß (1957); vgl. auch Kreyszig (1965)):

358	392	368	324	307	308	235	228	237
317	346	276	299	284	293	330	376	381
333	389	371	333	334	364	443	489	401
434	354	366	328	341	374	279	302	320
453	458	410	261	279	244	353	345	361
301	402	379	250	230	278	335	342	300
290	352	358	239	349	315	359	397	394
324	336	352	328	302	316	285	285	303
314	318	355	271	245	209	246	272	317
322	386	328	378	368	353	419	344	355

Abbildung 2 zeigt Dichteschätzungen f_{90} von Rosenblatt für diese Daten bei verschiedenen Bandbreiten h. Es zeigt sich, daß für kleines h relativ viele Peaks auftreten, mit zunehmendem h die Dichteschätzung aber immer glatter wird.

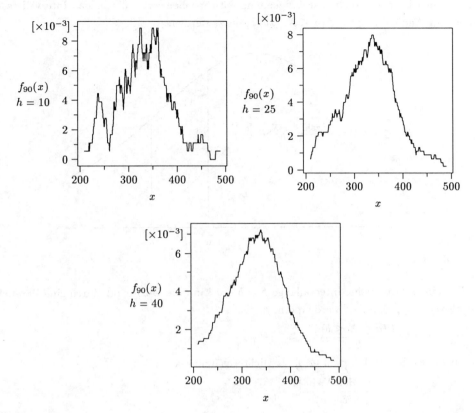

Abb. 9.2

9.3 Histogramm

Das Histogramm ist die historisch älteste Methode der Dichteschätzung. Sie macht sich die Verwandtschaft von relativer Häufigkeit und Wahrscheinlichkeit zunutze. Für eine stetig verteilte Zufallsvariable X berechnet sich die Wahrscheinlichkeit, in einem Intervall $[a,b]$ Werte anzunehmen, als

$$P(a \leq X \leq b) = \int_a^b f(x)\,dx = F(b) - F(a).$$

Für eine Stichprobe $X_1, \ldots, X_n$, die gemäß F verteilt ist, ist dann ebenfalls

$$P(a \leq X_i \leq b) = \int_a^b f(x)\,dx,$$

256   9. Nichtparametrische Dichteschätzung und Regression

und folglich kann die relative Häufigkeit der Stichprobenwerte, die in das Intervall $[a, b]$ fallen, zur Annäherung für $P(a \leq X \leq b)$ benutzt werden.

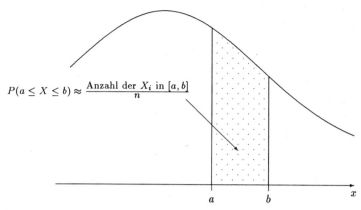

Abb. 9.3

Für eine relativ kleine Intervallänge $h = b - a$ kann die Dichte gut durch eine Parallele zur x-Achse approximiert werden, d.h.,

$$f(x) \approx \frac{P(a \leq X \leq b)}{h}.$$

Damit bietet sich im Intervall $[a, b]$ als Dichteschätzung an

$$\hat{f}(x) = \frac{\text{Anzahl der } X_i \text{ in } [a, b]}{n(b - a)}.$$

Diese Dichteschätzung für alle x aus dem Intervall $[a, b]$ läßt sich in natürlicher Weise auf die gesamte x-Achse übertragen. Wir legen einen Anfangspunkt x_0 (etwa $x_0 = x_{min} = x_{(1)}$) fest und betrachten die Intervalle $B_k = [x_0 + kh, x_0 + (k + 1)h]$, wobei $k \in \mathbb{N}$ und h die Bandbreite (vgl. Abschnitt 9.2) ist. Für genügend großes k überdecken die Intervalle B_k die Beobachtungen $x_1, \ldots, x_n$. Als Histogrammschätzer $\hat{f}_H(x)$ für $f(x)$ erhalten wir dann:

$$\hat{f}_H(x) = \frac{1}{nh} \sum_k n_k I_{B_k}(x)$$

mit I_{B_k} als Indikatorfunktion bzgl. B_k (d.h., $I_{B_k}(x) = 1$ für $x \in B_k$; 0 sonst), und n_k als absolute Häufigkeit der Stichprobenwerte, die sich in B_k realisieren. Diese Vorgehensweise läßt sich auf den Fall übertragen, daß der Datensatz von einer Partition von Intervallen unterschiedlicher Länge überdeckt wird. Seien diese mit $C_k = [c_k, c_{k+1})$ bezeichnet, so setzen wir

$$\hat{f}_H(x) = \sum_k \frac{n_k}{n(c_{k+1} - c_k)} I_{C_k}(x).$$

Abbildung 4 zeigt Histogramme der Druckfestigkeitsdaten aus Beispiel 1 mit konstanten und variierenden Intervallbreiten.

9.3 Histogramm

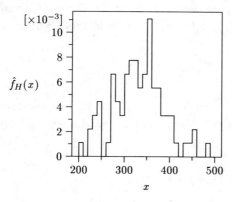

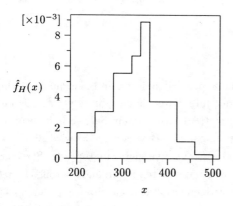 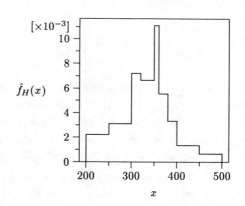

Abb. 9.4

Das Histogramm hat folgende Eigenschaften

- $\hat{f}_H(x) \geq 0$ für alle x.

- Die Flächen über den Intervallen B_k bzw. C_k, die von $\hat{f}_H$ begrenzt werden, betragen n_k/n.

- Die Fläche, die von der x-Achse und $\hat{f}_H$ begrenzt wird, ist 1.

Somit kann das Histogramm seinerseits als Wahrscheinlichkeitsdichte interpretiert werden.

Das Histogramm ist i.d.R. lokal verzerrt, d.h., $E(\hat{f}_H(x)) \neq f(x)$. Wir erhalten (vgl. Aufgabe 1)

$$E(\hat{f}_H(x)) = \frac{P(X \in B_j)}{h},$$

wobei $B_j = [x_0 + jh, x_0 + (j+1)h)$ dasjenige Intervall ist, für welches $x \in B_j$ gilt. Da $P(X \in B_j) = \int_{x_0+jh}^{x_0+(j+1)h} f(x)\,dx$ gilt, kann $\hat{f}_H(x)$ nur unverzerrt für $f(x)$ sein, wenn f konstant über dem Intervall $[x_0 + jh, x_0 + (j+1)h)$ ist. Ähnlich läßt sich zeigen (vgl. Aufgabe 1)

$$\text{Var}(\hat{f}_H(x)) = \frac{P(X \in B_j)P(X \notin B_j)}{nh^2}.$$

Ein Maß, das beim Histogramm sowohl die Verzerrung als auch die Varianz gleichzeitig erfaßt, ist der mittlere quadratische Fehler von $\hat{f}_H(x)$ bzgl. $f(x)$, der durch (vgl. Aufgabe 3)

$$\begin{aligned} MSE(\hat{f}_H(x), f(x)) &= E\left[(\hat{f}_H(x) - f(x))^2\right] \\ &= \text{Var}(\hat{f}_H(x)) + \left[E(\hat{f}_H(x)) - f(x)\right]^2 \\ &= \frac{1}{nh}f_h(x) - \frac{1}{n}f_h^2(x) + [f_h(x) - f(x)]^2 \end{aligned}$$

gegeben ist mit

$$f_h(x) = \frac{1}{h}\int_{x_0+jh}^{x_0+(j+1)h} f(t)\,dt.$$

Die ersten beiden Summanden bilden die Varianz, der dritte Summand den quadratischen „Bias" von $\hat{f}_H(x)$. Nach dem Mittelwertsatz der Integralrechnung gibt es ein ξ_h aus dem Intervall $(x_0 + jh, x_0 + (j+1)h)$, so daß $f_h(x) = f(\xi_h)$. Aus diesem Sachverhalt resultiert ein Zielkonflikt bei der Anwendung des Histogramms. Der Bias von $\hat{f}_H(x)$ wird für $h \to 0$ absolut klein werden, denn $f_h(x) - f(x) = f(\xi_h) - f(x)$ konvergiert aufgrund der Stetigkeit von f gegen Null, andererseits wird die Varianz wegen des ersten Summanden groß. Deshalb läßt sich der mittlere quadratische Fehler nur verkleinern, wenn gleichzeitig sichergestellt ist, daß $h \to 0$ und $nh \to \infty$ gilt. Somit können wir feststellen, daß $MSE(\hat{f}_H(x), f(x)) \to 0$ für $h \to 0$ und $nh \to \infty$, d.h., der mittlere quadratische Fehler kann beliebig klein gemacht werden, wenn die Bandbreite klein genug und der Stichprobenumfang groß genug gewählt werden (so daß aber auch noch nh groß wird!). Für diesen Fall stellt also $\hat{f}_H(x)$ eine konsistente Schätzung im quadratischen Mittel für $f(x)$ dar.

Soll die Approximationsgüte des Histogramms global beurteilt werden, können wir alternativ den sogenannten integrierten MSE

$$IMSE = \int_{-\infty}^{\infty} MSE(\hat{f}_H(x), f(x))\,dx$$

einführen. Diese Maßzahl berechnet sich zu

$$IMSE = \frac{1}{nh} - \frac{1}{h}\int_{-\infty}^{\infty} f_h^2(x)\,dx + \int_{-\infty}^{\infty} [f_h(x)dx - f(x)]^2\,dx,$$

wobei $\int_{-\infty}^{\infty} f_h(x)\,dx = 1$ zu beachten ist. Unter relativ milden Annahmen läßt sich zeigen (vgl. Scott (1979), Freedman u. Diaconis (1981b) und Härdle (1990)), daß $IMSE \to 0$ für

$h \to 0$ und $nh \to \infty$. In der angegebenen Literatur wird auch nachgewiesen, daß für großes n gilt:

$$IMSE \approx \frac{1}{nh} + \frac{1}{12}h^2 \int_{-\infty}^{\infty} (f'(x))^2 \, dx.$$

Minimieren wir den rechtsstehenden Ausdruck bzgl. h, erhalten wir als asymptotisch optimale Bandbreite (Aufgabe 4)

$$h^\star = \left\{ \frac{6}{n} \int_{-\infty}^{\infty} [f'(x)]^2 \, dx \right\}^{1/3}.$$

Diese Wahl der Bandbreite ist natürlich wieder nicht operational. Auch bei bekanntem Typus von f ist diese Formel für $h^\star$ nicht sonderlich hilfreich. Liegt z.B. Normalverteilung vor, ist $h^\star = 3.49\sigma n^{-1/3}$, aber die Standardabweichung σ ist nicht bekannt. Immerhin resultiert daraus – mit aller Vorsicht angewandt – für Verteilungen, die „in der Nähe" der Normalverteilung liegen, als einigermaßen begründbare Bandbreite für das Histogramm: $h_0 = 3.49 s n^{-1/3}$ mit $s = \left(\sum \frac{(x_i - \bar{x})^2}{n-1} \right)^{1/2}$, siehe Scott (1979).

Izenman (1991) kritisiert, daß diese Regel zu allzu großen Bandbreiten und damit zur Überglättung (oversmoothing) führt. Freedman u. Diaconis (1981b) schlagen als in ihren Augen robuste Alternative vor, die Bandbreite durch

$$h_0^\star = 2(x_{0.75} - x_{0.25}) n^{-1/3}$$

festzulegen, wobei x_p das p-te Stichprobenquantil bezeichnet. Zum Vergleich der beiden „Regeln" h_0 und $h_0^\star$ verweisen wir auf Emerson u. Hoaglin (1983), die aufgrund von numerischen Untersuchungen zu dem Schluß kommen, daß $h_0^\star$ i.d.R. kleiner als h_0 ausfällt, bei praktischen Anwendungen zwischen den beiden Bandbreiten aber kein nennenswerter Unterschied besteht. Für die Daten aus Beispiel 1 erhalten wir $h_0 = 43.58$ und $h_0^\star = 29.90$.

Für weitere Diskussionen und Vorschläge zur Wahl der Bandbreiten verweisen wir auf Rodriguez u. van Ryzin (1985), Terrell u. Scott (1985), Taylor (1987) sowie Terrell (1990).

Form und Lage des Histogramms, so wird in Härdle (1991) und insbesondere in Härdle u. Müller (1993) gezeigt, lassen sich durch die Wahl des Anfangspunktes x_0 beeinflussen. Die von den Autoren diskutierte Methode des „Warping" zur Ausschaltung dieses Einflusses führt zu den nachfolgend behandelten Kernschätzern.

Variable Bandbreiten für Histogramme auf der Grundlage gewisser Optimalitätskriterien werden in Kogure (1987) und Kanazawa (1988) bestimmt, u.a. unter Benutzung von Ordnungsstatistiken.

Obwohl die Kernschätzmethoden in den letzten Jahren ungemein an Bedeutung gewonnen haben, dürfte das Histogramm wegen seiner leichten Berechenbarkeit, seines intuitiven Charakters und seiner guten Interpretierbarkeit auch in den nächsten Jahren ein beliebtes Hilfsmittel des Statistikers bleiben.

9.4 Kernschätzer

Angeregt durch die Arbeit von Fix u. Hodges (1951) über nichtparametrische Diskriminanzanalyse betrachtete Rosenblatt (1956) neben dem in Abschnitt 9.2 behandelten Schätzer eine neue Klasse sogenannter Kernschätzer der Form

$$\hat{f}_n(x) = \frac{1}{nh} \sum_{i=1}^{n} K\left(\frac{x - X_i}{h}\right).$$

Dabei ist K eine Funktion, die zunächst nur den Forderungen $K(x) \geq 0$ für alle x und $\int_{-\infty}^{\infty} K(x)\,dx = 1$ genügen soll, d.h., sie soll die Eigenschaften einer gewöhnlichen Dichtefunktion besitzen. Der vom Anwender zu wählende Parameter $h > 0$ heißt auch hier „Bandbreite". In der Tat werden in der konkreten Anwendung für K bekannte Dichtefunktionen wie z.B. die der Standardnormalverteilung (Gauß–Kern) gewählt.

Der Schätzer von Rosenblatt aus Abschnitt 9.2 ist ein Spezialfall der Kernschätzer, wenn wir setzen

$$K(x) = \begin{cases} 1/2 & \text{falls } -1 \leq x \leq 1 \\ 0 & \text{sonst.} \end{cases} \qquad \text{(Rechteckkern)}$$

Die nachfolgend getroffenen Aussagen über Kernschätzer können daher, sofern auch die zusätzlichen Annahmen gelten, in vollem Umfang für den Rosenblattschätzer übernommen werden.

Parzen (1962) greift den Gedanken der Kerndichteschätzung auf und zeigt, daß unter einschränkenden Bedingungen an K der Schätzer $\hat{f}_n(x)$ erwartungstreu für $f(x)$ ist. Unter den getroffenen Annahmen und bei Gültigkeit von $nh \to \infty$ weist er nach, daß auch $MSE(\hat{f}_n(x), f(x)) \to 0$.

Neben den erwähnten beiden Kernfunktionen gibt es eine Reihe weiterer Vorschläge.

Dreieckskern:

$$K(x) = \begin{cases} 1 - |x| & \text{für } |x| < 1 \\ 0 & \text{sonst.} \end{cases}$$

Epanechnikow–Kern: (kurz: Epa–Kern)

$$K(x) = \begin{cases} \frac{3}{4}(1 - x^2) & \text{für } |x| < 1 \\ 0 & \text{sonst.} \end{cases}$$

Biweight–Kern:

$$K(x) = \begin{cases} \frac{15}{16}(1 - x^2)^2 & \text{für } |x| < 1 \\ 0 & \text{sonst.} \end{cases}$$

Der auf der Dichte der Standardnormalverteilung beruhende Gauss–Kern liefert einen sehr aufwendigen Kernschätzer, bei dem für jedes x *alle* Stichprobenwerte $x_1, \ldots, x_n$ in die Berechnung von $\hat{f}_n(x)$ eingehen. Bei großem Stichprobenumfang empfiehlt es sich daher, einen Kernschätzer zu benutzen, dessen Kern nur auf einem kompakten Intervall positiv ist. Die folgende Abbildung zeigt die vier Kerne.

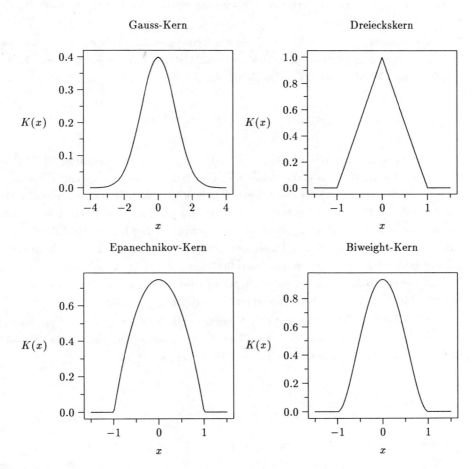

Abb. 9.5

Die Festlegung der Bandbreite h spielt wie beim Histogramm eine große Rolle. Generell macht ein zu großer Wert für h den zugehörigen Kernschätzer zu glatt, ein kleiner Wert für h erzeugt zu viele „Zacken" im Graphen von $\hat{f}_n$. Generell besteht auch hier die Tendenz, daß ein kleiner Wert für h mit einem kleinen Bias einhergeht, aber gleichzeitig relativ große Varianz eintritt. Umgekehrt zieht ein großes h einen großen Bias und eine kleine Varianz nach sich.

9. Nichtparametrische Dichteschätzung und Regression

Da in der Regel bei stetiger Verteilung die Dichte f nicht nur stetig, sondern auch differenzierbar ist, also „glattes" Verhalten zeigt, scheinen die gebräuchlichen Kernschätzer geeigneter als das Histogramm. Häufig sind die benutzten Kerne selbst differenzierbare Funktionen, und damit sind die darauf basierenden Schätzer als deren Linearkombinationen ebenfalls differenzierbar. Insofern ist diesem Verfahren ein glattes Verhalten von vornherein „einprogrammiert", und sie ergeben folglich eine bessere Anpassung, wenn stetige Verteilungen zu erwarten sind.

Zur optimalen Wahl des Kerns K existiert ein zentrales asymptotisches Resultat von Hodges u. Lehmann (1956), das im Rahmen von Untersuchungen zur Effizienz des t-Tests erzielt wurde: Wird für großes n der IMSE von $\hat{f}_n(x)$

$$IMSE(\hat{f}_n(x), f(x)) = \int_{-\infty}^{\infty} E\left\{[\hat{f}_n(x) - f(x)]^2\right\} dx$$

bzgl. variablem Kern K minimiert, so liefert der Epa-Kern ein Minimum. Gleichwohl sind verläßliche Alternativen in einer Reihe von Arbeiten untersucht worden, wir nennen hier Sacks u. Ylvisacker (1981), Müller (1984), Gasser u.a. (1985), Hall u. Marron (1987b) und Cline (1988, 1990). Scott u. Factor (1981) kommen schließlich zu der Feststellung, daß viele symmetrische unimodale Kernfunktionen fast optimal sind, d.h., die Wahl der Kerne spielt eher eine untergeordnete Rolle. Daher kommt der Festlegung der Bandbreite h eine umso größere Bedeutung zu. Ist einmal die Kernfunktion gewählt, ist h nach objektiven Kriterien zu bestimmen. Dabei muß ein vernünftiger Kompromiß zwischen Bias und Varianz, oder fast gleichbedeutend, zwischen Über- und Unterglättung gefunden werden.

Bei Gültigkeit milder Regularitätsbedingungen läßt sich für große Stichprobenumfänge bei gegebenem Kern K eine optimale Bandbreite h_{opt} angeben, die den IMSE von $\hat{f}_n(x)$ bzgl. $f(x)$ minimiert. Sie wird von Parzen (1962) hergeleitet als

$$h_{\text{opt}} = \left[\frac{\int_{-\infty}^{\infty} K^2(x) dx}{n\sigma_K^2 \int_{-\infty}^{\infty} f''(x)^2 dx}\right]^{1/5},$$

wobei $\int_{-\infty}^{\infty} x K(x)\, dx = \mu_K = 0$ und $\sigma_K^2 = \int_{-\infty}^{\infty} x^2 K(x)\, dx$ gelten möge.

Diese Bandbreitenformel ist ähnlich wie beim Histogramm nicht operational, denn sie setzt die Kenntnis von $f''(x)$ voraus.

Fordern wir möglichst große Glattheit der Kernschätzung, wäre es sinnvoll, das Minimum von h_{opt} der obigen Parzen-Bandweite hinsichtlich variierendem f und damit variierendem $\int f''(x)^2 dx$ zu finden. In der Tat gelingt Terrell (1990) die Lösung dieses Minimierungsproblems, er gibt als obere Schranke für die Bandbreite an

$$h_{\text{opt}} \leq 1.473 \sigma \left[\frac{\int_{-\infty}^{\infty} K^2(x)\, dx}{\sigma_K^4}\right]^{1/5} n^{-1/5}.$$

Ersetzen wir die unbekannte Standardabweichung σ durch den Stichprobenwert s, so ergibt sich als berechenbare Bandbreite nach dem Prinzip der maximalen Glättung („maximal smoothing principle"; Terrell (1990))

$$h_{\mathrm{ms}} = 1.473 s \left[\frac{\int_{-\infty}^{\infty} K^2(x)\, dx}{\sigma_K^4} \right]^{1/5} n^{-1/5}.$$

Für den Gauß-Kern erhalten wir konkreter $h_{\mathrm{ms}} = 1.144 s n^{-1/5}$. Für die Daten aus Beispiel 1 mit angepaßtem Gaußkern ist $h_{\mathrm{ms}} = 26.25$.

Eine andere einfache Möglichkeit der Bandbreitenbestimmung besteht darin, gewissermaßen „durchs Hintertürchen" die Normalverteilung ins Spiel zu bringen (vgl. den v.d. Waerden-Test!). Unterstellen wir für f eine Normalverteilungsdichte mit Varianz σ^2, so gilt

$$\int_{-\infty}^{\infty} f''(x)^2\, dx = \frac{3}{8\sqrt{\pi}\sigma^5} \approx 0.212 \sigma^{-5}.$$

Benutzen wir dann für K den Gauß-Kern, so erhalten wir

$$h_{\mathrm{opt}} = 1.06 \sigma n^{-1/5},$$

wobei $\int_{-\infty}^{\infty} K^2(x)\, dx / \sigma_K^4 = (4\pi)^{-1/2}$ ausgenutzt wird. Diese Beziehung kann natürlich auch für andere Kerne eingesetzt werden. Die Bandbreite h_{opt} wird erst nach Ersetzen von σ durch s operational. Alternativ können wir σ durch ein skalares Vielfaches des Quartilsabstandes $Q = x_{0.75} - x_{0.25}$ schätzen. Dann resultiert $\hat{h}_{\mathrm{opt}} = 0.79 Q n^{-1/5}$ (vgl. Silverman (1986)), wobei $0.79 Q$ eine „robuste" Schätzung für 1.06σ ist. Für die Daten aus Beispiel 1 berechnen wir $h_{\mathrm{ms}} = 21.52$. Wir sehen, daß sich h_{ms} für den Gauß-Kern nicht sehr von h_{opt} unterscheidet. In der folgenden Abbildung sind Dichteschätzungen $\hat{f}_{90}$ dieser Daten für Gauß-Kerne mit den Bandbreiten h_{ms} und h_{opt} wiedergegeben.

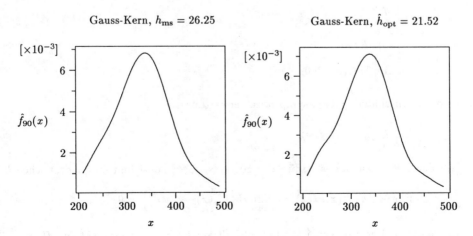

Abb. 9.6

9. Nichtparametrische Dichteschätzung und Regression

Terrell (1990) untersucht auch die Frage, inwieweit das Prinzip der maximalen Glättung zu einem Effizienzverlust führt, wenn die Daten aus einer *bekannten* Verteilung stammen. Er setzt dabei die asymptotischen Maße *IMSE* in Beziehung und kommt z.B. bei zugrundeliegender Normalverteilung und Benutzung des Gauß–Kerns zu einer Güteminderung von 1.2%. Bei Histogrammen, die ja spezielle Kernschätzer sind, ist der Effizienzverlust noch geringer.

Andere Möglichkeiten zur Festlegung von h offeriert die Methode der Kreuz–Validierung, bei der sukzessive für jede Beobachtung x_i aus den restlichen $n-1$ Werten der Stichprobe der Ausdruck

$$\hat{f}_{h,i}(x_i) = \frac{1}{(n-1)h} \sum_{i \neq j} K\left(\frac{x_i - x_j}{h}\right)$$

berechnet wird. Die Bandbreite h wird dann nach verschiedenen Optimalitätskriterien, die die Stichprobenfunktionen $f_{h,i}(x_i)$ einbeziehen, bestimmt. Im wesentlichen unterscheiden wir Kleinste-Quadrate- und Likelihood-Kreuz-Validierung. Wir wollen diese Methode hier nicht weiter vorstellen und verweisen insbesondere auf Marron (1987–1988, 1988), Hall u. Marron (1987), den Übersichtsartikel von Izenman (1991) sowie die Monographien von Silverman (1986) und Härdle (1991). Dort werden auch alternative Möglichkeiten zur Festlegung der Bandbreite diskutiert.

Einen Vergleich verschiedener datenabhängiger („datadriven") Strategien zur Bandbreitenwahl stellen Park u. Marron (1990) an.

Untersuchungen über statistische Eigenschaften der Kern–Schätzer beziehen sich fast ausschließlich auf große Stichprobenumfänge. Parzen (1962) und Scott u.a. (1977) verdanken wir das folgende Resultat.

Unter den Annahmen

$$\int_{-\infty}^{\infty} |K(x)|\, dx < \infty$$
$$\sup_{x \in \mathbb{R}} |K(x)| < \infty$$
$$\lim_{x \to \infty} |xK(x)| = 0$$

ist der Kernschätzer $\hat{f}_n(x)$ asymptotisch erwartungstreu, d.h.,

$$\lim_{n \to \infty} E(\hat{f}_n(x)) = f(x).$$

Gilt darüber hinaus $nh \to \infty$ für $n \to \infty$, so ist $\hat{f}_n(x)$ konsistent im quadratischen Mittel:

$$\lim_{n \to \infty} MSE(\hat{f}_n(x), f(x)) = \lim_{n \to \infty} E\left\{[\hat{f}_n(x) - f(x)]^2\right\} = 0.$$

Unter diesen Bedingungen ist $\hat{f}_n(x)$ folglich auch schwach konsistent für $f(x)$: $\hat{f}_n(x) \xrightarrow{P} f(x)$. Parzen (1962) zeigt außerdem die asymptotische Normalverteilung von $\hat{f}_n(x)$ und gibt sieben konkrete Kernfunktionen an, die diesen Annahmen genügen (u.a. Gauß–Kern und Rechteckkern).

Weitere asymptotische Betrachtungen, auf die wir hier im einzelnen nicht eingehen können, stammen von Chiu (1990, 1991), Cline (1990), van Es (1992), Fan u. Marron (1992) und Jones (1990).

Auch die Verteilungsfunktion läßt sich mit Hilfe von Kernen gut schätzen. Dies ist insbesondere für den stetigen Fall sinnvoll, in dem die Verteilung glatt ist und diese Methode dann besonders geeignet ist (vgl. Sarda (1991), Abdous (1993), Jones (1990) und Swanepoel (1988)).

Schließlich sei noch die Monographie von Michels (1992c) erwähnt, die sich mit Kernschätzungsmethoden im Rahmen der Zeitreihenanalyse beschäftigt.

9.5 Nichtparametrische Regression

Die Analyse des Zusammenhangs von Variablen nimmt in der Statistik einen breiten Raum ein. Die dafür entwickelten Verfahren der Regressionsanalyse unterstellen größtenteils einen linearen Zusammenhang zwischen den beobachteten Variablen. Das lineare Regressionsmodell ist eines der am weitesten erforschten Gebiete mit einem reichen Vorrat an Schätz–, Konfidenz– und Testmethoden.

Im folgenden werden wir nichtparametrische Verfahren des linearen Regressionsmodells behandeln. Zuvor wollen wir uns jedoch mit einem allgemeineren, nicht notwendigerweise linearen Regressionsmodell beschäftigen, das mit einer geringen Zahl von Annahmen auskommt. Die dafür entwickelten Schätzmethoden sind mit den Ansätzen der vorigen Abschnitte eng verwandt, so daß ein natürlicher Übergang gegeben ist.

9.5.1 Nichtparametrische Regressionsschätzung

Betrachten wir zwei Zufallsvariablen X und Y, wobei Y mit X durch $Y = m(X)$ verknüpft und die Funktion m unbekannt sei. Anhand der Beobachtungen (X_i, Y_i) möchten wir für jeden Wert $m(x)$ eine Schätzung vornehmen. Zunächst einmal ist es sinnvoll zu unterstellen, daß die Beobachtungen von (X, Y) ebenfalls dem funktionalen Zusammenhang genügen:

$$Y_i = m(X_i) + \varepsilon_i, \quad i = 1, \ldots, n,$$

wobei der Störterm ε_i eine latente Zufallsvariable ist, die die Abweichungen der Beobachtungen von der Regressionsfunktion m auffängt (z.B. Meßfehler).

Je nach Sachlage wird X als Zufallsvariable oder deterministische Größe aufgefaßt.

Modell I: X stochastisch (random design)

(i) Die Beobachtungen $(X_1, Y_1), \ldots, (X_n, Y_n)$ sind unabhängig und verteilt wie (X, Y)

(ii) $E(|Y|) < \infty$.

Besonders wichtig ist die Forderung (ii). Die Bedingung $E(|Y|) < \infty$ sichert die Endlichkeit von $E(Y \mid X = x)$. Nun ist aus der Wahrscheinlichkeitsrechnung die Identität $E[E(Y \mid X)] = E(Y)$ bekannt (vgl. Mood u.a. (1974)), d.h., wegen (i) ist auch $E[E(Y_i \mid X_i)] = E(Y_i)$. Folglich können wir davon ausgehen, daß

$$m(x) = E(Y \mid X = x)$$

die unbekannte Regressionsfunktion ist. Daraus ergibt sich für die Störterme ε_i natürlich

$$E(\varepsilon_i \mid X_i) = 0.$$

Modell II: X deterministisch (fixed design)

(i) X ist eine deterministische Größe

(ii) Die ε_i sind unabhängig und identisch verteilt mit $E(\varepsilon_i) = 0$ und $\text{Var}(\varepsilon_i) = \sigma^2$, $i = 1, \ldots, n$.

In Modell II wird auch häufig o.B.d.A. unterstellt, daß gilt

$$X_1 \leq X_2 \leq \cdots \leq X_n.$$

Zur Schätzung von $m(x)$, der Regressionsfunktion an der Stelle x, geht man in beiden Modellen identisch vor. Motiviert wird die Schätzung anhand von Modell I.

Besitzt (X, Y) eine gemeinsame Dichtefunktion g, so gilt

$$m(x) = E(Y \mid X = x) = \frac{\int_{-\infty}^{\infty} y g(x,y)\, dy}{f(x)},$$

wobei f die Dichte von X ist mit $f(x) > 0$. Angeregt durch diese Darstellung schlagen Watson (1964) und Nadaraya (1965) als Schätzer für $m(x)$ vor:

$$\hat{m}_{WN}(x) = \frac{\sum_{i=1}^{n} K\left(\frac{x - X_i}{h}\right) Y_i}{\sum_{i=1}^{n} K\left(\frac{x - X_i}{h}\right)},$$

wobei die Kernfunktion K und die Bandbreite h vom Anwender zu spezifizieren sind.

Alternativ betrachten Priestley u. Chao (1972) den Schätzer

$$\hat{m}_{PC}(x) = \frac{1}{h} \sum_{i=1}^{n} Y_i (X_i - X_{i-1}) K\left(\frac{x - X_i}{h}\right).$$

Hierbei ist die Variable X als deterministisch unterstellt (Modell II) mit der zusätzlichen Einschränkung $0 \leq X_i \leq 1$. Beide gehören zu der von Scholz (1977) eingeführten allgemeinen Klasse von nichtparametrischen Regressionsschätzern

$$\hat{m}(x) = \frac{1}{h} \sum_{i=1}^{n} W(X_i, x, h) Y_i.$$

Die Gewichtsfunktion W hängt neben dem gerade betrachteten Punkt x noch von der Bandbreite h und den Beobachtungen X_i ab.

Wir wollen hier nicht weiter auf die Wahl der Gewichtsfunktion bzw. der Bandbreite sowie auf Effizienzfragen eingehen und verweisen auf Chu u. Marron (1991), Messer u. Goldstein (1993) und Altman (1992) sowie auf die Monografien von Müller (1988) (Modell II) und Härdle (1990, 1991). Einen vorzüglichen Überblick über nichtparametrische Schätz- und Testmethoden in ökonometrischen Modellen geben Ullah u. Vinod (1993).

Zur Illustration einiger dieser Verfahren betrachten wir das folgende Beispiel.

Beispiel 2: Ein chemisches Produkt hat bei Fertigstellung einen Sollchlorgehalt von 50%. Bei Lagerung geht dieser Anteil zurück. Es vergehen mindestens acht Wochen bis zum Verbrauch, und in der Regel sinkt der Chlorgehalt bis dahin auf 49%. Die folgenden Daten geben den Chlorgehalt (in %) von 44 produzierten Stücken in Abhängigkeit von der Lagerzeit (in Wochen) an (vgl. Draper u. Smith (1981)):

Tab. 9.1

Zeit seit der Produktion (Wochen) X	Chlorgehalt Y
8	0.49, 0.49
10	0.48, 0.47, 0.48, 0.47
12	0.46, 0.46, 0.45, 0.43
14	0.45, 0.43, 0.43
16	0.44, 0.43, 0.43
18	0.46, 0.45
20	0.42, 0.42, 0.43
22	0.41, 0.41, 0.40
24	0.42, 0.40, 0.40
26	0.41, 0.40, 0.41
28	0.41, 0.40
30	0.40, 0.40, 0.38
32	0.41, 0.40
34	0.40
36	0.41, 0.38
38	0.40, 0.40
40	0.39
42	0.39

268   9. Nichtparametrische Dichteschätzung und Regression

Die folgende Abbildung zeigt die Regressionsschätzungen nach Watson (1964) und Nadaraya (1965) für verschiedene Bandbreiten und verschiedene Kerne.

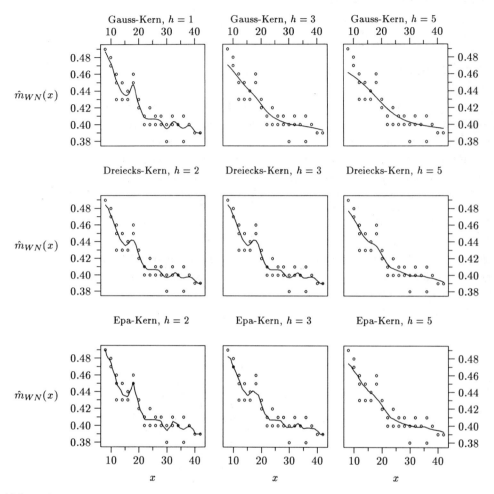

Abb. 9.7

Eine Kombination aus Kernschätzern und sogenannten Splineschätzern, die auf interpolierenden Polynomen beruhen, schlägt Clark (1977, 1979, 1980) vor. Sie stellt eine Fortentwicklung der Methode von Priestley u. Chao (1972) dar. Die Bandbreite wird mit der bereits erwähnten Methode der Kreuzvalidierung festgelegt und führt zu einer guten Anpassung bei gleichzeitig glattem Verlauf der Regressionskurve. Diese Methode wird auch von Racine (1993) zur Festlegung der Bandbreite verwendet.

9.5.2 Nichtparametrische Methoden im linearen Regressionsmodell

Vielfach wird angenommen, daß der Zusammenhang zwischen den betrachteten Variablen X und Y linear ist, d.h., das Modell aus Abschnitt 9.5.1 ist besonders einfach:

$$Y_i = \gamma + \beta X_i + \varepsilon_i, \quad i = 1, \ldots, n,$$

wobei wir hier X aus Vereinfachungsgründen als nichtstochastisch unterstellen wollen. Die Störterme ε_i sind unabhängig, stetig und identisch verteilt mit $E(\varepsilon_i) = 0$ und $\text{Var}(\varepsilon_i) = \sigma^2$. Wie im linearen Regressionsmodell üblich, unterscheiden wir nicht mehr zwischen der Stichprobenvariablen Y_i und ihren Realisationen y_i. Die Funktion m hat hier also die Gestalt $m(x) = \gamma + \beta x$, eine Annahme, die in vielen Fällen zumindest approximativ erfüllt ist (Taylorreihenentwicklung von glatten Funktionen!). Die Parameter γ (Abschnitt auf der Ordinate) und β (Steigung) sind unbekannt und sollen mit Hilfe der Beobachtungen $(X_1, Y_1), \ldots, (X_n, Y_n)$ geschätzt, getestet oder durch Konfidenzintervalle eingegrenzt werden.

Wenden wir uns zunächst dem Anstiegsparameter β zu. Nach dem Prinzip der kleinsten Quadrate wird β geschätzt durch

$$\hat{\beta} = \frac{\sum_{i=1}^{n}(X_i - \bar{X})(Y_i - \bar{Y})}{\sum_{i=1}^{n}(X_i - \bar{X})^2}.$$

Diese Schätzung ist im Sinne der Nichtparametrik verteilungsfrei, da sie ohne jede Verteilungsannahme über die Beobachtungen (X_i, Y_i) bestimmt werden kann. Haben die $\varepsilon_i = Y_i - \gamma - \beta X_i$ den Erwartungswert Null, so ist $\hat{\beta}$ erwartungstreu. Allerdings ist $\hat{\beta}$ nur bei tatsächlich unterstellter Normalverteilung der ε_i bester (d.h. varianzminimierender) erwartungstreuer Schätzer (Satz von Gauß–Markow). Eine einfache Alternative stammt von Theil (1950a):

Verfahren I von Theil:

Die Anzahl n der Beobachtungspaare (X_i, Y_i) sei gerade, $n = 2m$ (bei ungeradem n entfernen wir das mittlere Beobachtungspaar, wobei wir jetzt $X_1 < X_2 < \cdots < X_m$ voraussetzen. Wir legen nacheinander durch die Punktepaare

$$[(X_i, Y_i); (X_{i+m}, Y_{i+m})] \quad i = 1, \ldots, m,$$

jeweils die Gerade

$$\frac{y - Y_i}{x - X_i} = H_i \quad \text{mit} \quad H_i = \frac{Y_i - Y_{i+m}}{X_i - X_{i+m}}, \quad i = 1, \ldots, m.$$

Wegen $Y_i - Y_{i+m} = \beta(X_i - X_{i+m}) + \varepsilon_i - \varepsilon_{i+m}$ gilt für die Steigung

$$H_i = \beta + \frac{\varepsilon_i - \varepsilon_{i+m}}{X_i - X_{i+m}},$$

und aufgrund der vorausgesetzten Unabhängigkeit und der identischen Verteilung der ε_i ist der Median der Variablen $\varepsilon_i - \varepsilon_{i+m}$ gleich Null (Aufgabe 5). Damit haben die Variablen $H_i = (Y_i - Y_{i+m})/(X_i - X_{i+m})$ den unbekannten Steigungsparameter β als Median, d.h., der Median der H_i eignet sich als Schätzung für β. Gemäß Abschnitt 3.5 können wir für β auch ein Konfidenzintervall zum Niveau $1 - \alpha$ bestimmen: Wir wählen k und l, $k < l$ mit

$$\sum_{i=k}^{l-1} \binom{m}{i} \left(\frac{1}{2}\right)^i \left(1 - \frac{1}{2}\right)^{m-i} = \left(\frac{1}{2}\right)^m \sum_{i=k}^{l-1} \binom{m}{i} \approx 1 - \alpha,$$

wobei $l - k$ minimal ist. Dann ist $[H_{(k)}, H_{(l)}]$ das gesuchte Konfidenzintervall für β.

Wollen wir die Hypothese $H_0 : \beta = \beta_0$ gegen $H_1 : \beta \neq \beta_0$ zum Niveau α testen, so lehnen wir H_0 ab, wenn β_0 nicht im oben angegebenen Konfidenzintervall liegt.

Eine Schätzung für den Abschnitt γ auf der Ordinate liefert das Verfahren I von Theil nicht.

Verfahren II von Theil

Das vorstehend beschriebene Verfahren wird von Theil (1950c) weiter verfeinert, in dem er alle Steigungen

$$H_{ij} = \frac{Y_j - Y_i}{X_j - X_i} = \beta + \frac{\varepsilon_j - \varepsilon_i}{X_j - X_i} \quad i < j$$

betrachtet. Als Schätzstatistik für β wird der Median $\hat{\beta}_M$ der insgesamt $\binom{n}{2} = \frac{n(n-1)}{2}$ Steigungen H_{ij} gewählt. Zum Testen der Hypothese

$$H_0 : \beta = \beta_0$$

bilden wir zunächst die Differenzen $D_i = Y_i - \beta_0 X_i$ und setzen für $i < j$

$$D_{ij} = \begin{cases} 1 & \text{für } D_j > D_i \\ -1 & \text{für } D_j < D_i \end{cases}.$$

Die Teststatistik lautet

$$C = \sum_{i<j} D_{ij}.$$

Sie läßt sich als Kendalls S (vgl. Abschnitt 8.5) auffassen, indem wir die Punktepaare $(X_1, Y_1 - \beta_0 X_1), \ldots, (X_n, Y_n - \beta_0 X_n)$ betrachten. Wegen

$$\begin{aligned} D_j - D_i &= (Y_j - \beta_0 X_j) - (Y_i - \beta_0 X_i) \\ &= (Y_j - Y_i) - \beta_0(X_j - X_i) \end{aligned}$$

können wir schreiben

$$H_{ij} - \beta_0 = \frac{D_j - D_i}{X_j - X_i}.$$

Nun ist für $j > i$ auch $X_j > X_i$, d.h.,
$$D_{ij} = \begin{cases} 1 & \text{falls} \quad H_{ij} > \beta_0 \\ -1 & \text{falls} \quad H_{ij} < \beta_0 \end{cases}.$$

Wir können jetzt die drei Tests mit den üblichen Alternativhypothesen angeben

Test A: $H_1 : \beta > \beta_0$
H_0 ablehnen, wenn $C > S_{1-\alpha}$

Test B: $H_1 : \beta < \beta_0$
H_0 ablehnen, wenn $C < S_\alpha = -S_{1-\alpha}$

Test C: $H_1 : \beta \neq \beta_0$
H_0 ablehnen, wenn $C > S_{1-\alpha/2}$ oder $C < -S_{1-\alpha/2}$;

S_α ist das α-Quantil der Kendall–Statistik S (vgl. **Tabelle T**). Unter H_0 ist

$$C^\star = \frac{C}{\sqrt{n(n-1)(2n+5)/18}}$$

schon für $n \geq 8$ als annähernd standardnormalverteilt anzusehen. Die Tests A, B und C sind konsistent. Über ihre asymptotische relative Effizienz liegt u.a. eine Untersuchung von Sen (1968a) vor, wobei auch Verfahren II auf den Fall nicht notwendigerweise verschiedener x-Werte erweitert wird. Sievers (1978) verallgemeinert den obigen Ansatz noch, indem er für die Anstiege Gewichte einführt und Schätzstatistiken der Form

$$T_\beta = \sum_{i=1}^{n-1} \sum_{j=i+1}^{n} a_{ij} \varphi(Y_i - \gamma - \beta X_i, Y_j - \gamma - \beta X_j)$$

betrachtet, mit

$$\varphi(u,v) = \begin{cases} 1 & \text{falls} \quad u \leq v \\ 0 & \text{falls} \quad u > v \end{cases}.$$

Die Gewichte a_{ij} sind zunächst nur als nichtnegativ vorausgesetzt, und für $X_i = X_j$ wird $a_{ij} = 0$ festgelegt. Diese Statistik eignet sich zum Schätzen, Testen und zur Konstruktion von Konfidenzintervallen. So erhält man eine Schätzung für β durch $\hat{\beta} = (\hat{\beta}_u + \hat{\beta}_l)/2$, wobei $\hat{\beta}_u = \sup\{\beta \,|\, T_\beta \geq a_{..}/2\}$ und $\hat{\beta}_l = \inf\{\beta \,|\, T_\beta \leq a_{..}/2\}$ mit

$$a_{..} = \sum_{i=1}^{n-1} \sum_{j=i+1}^{n} a_{ij}.$$

Soll $H_0 : \beta = \beta_0$ gegen $H_1 : \beta > \beta_0$ getestet werden, so liefert die Vorschrift: H_0 ablehnen, falls $T_{\beta_0} > C$, eine plausible Entscheidungsregel. Für große Stichprobenumfänge ist T_{β_0} annähernd normalverteilt, und für den kritischen Wert kann gesetzt werden:

$$C = a_{..}/2 + z_{1-\alpha} \left(\frac{\sum_{i=1}^{n} A_i}{12} \right)^{1/2}.$$

Hierbei ist $A_i = a_{\cdot i} - a_{i \cdot}$ mit $a_{i \cdot} = \sum_{j=i+1}^{n} a_{ij}$ und $a_{\cdot i} = \sum_{j=1}^{i} a_{ij}$, $1 \leq i, j \leq n$ und $\Phi(z_{1-\alpha}) = 1 - \alpha$.
Zur Konstruktion von Konfidenzintervallen und Effizienzfragen verweisen wir auf die eben zitierte Arbeit (vgl. auch Talwar (1993)).

Eine alternative Interpretation des oben diskutierten Schätzers besteht darin (vgl. Scholz (1978)), den H_{ij} das Gewicht $a_{ij} \geq 0$ zu geben. Als Schätzer für β wählen wir dann den Median der Verteilung, die jedem der $\binom{n}{2}$ Werte der H_{ij} die Wahrscheinlichkeit $a_{ij} / \sum_{i<j} a_{ij}$ zuweist. Für den Theil-Schätzer $\hat{\beta}_M$ erhalten wir $a_{ij} = 1$ für $i < j$ und $X_i \neq X_j$. Sievers (1978) schlug z.B. $a_{ij} = X_j - X_i$ oder $a_{ij} = j - i$ vor (siehe auch Scholz (1978)). Die Gewichtung der H_{ij} liefert eine Alternativdarstellung des Kleinste-Quadrate-Schätzers für β. Es ist

$$\hat{\beta}_{KQ} = \frac{\sum_{i=1}^{n}(X_i - \bar{X})(Y_i - \bar{Y})}{\sum_{i=1}^{n}(X_i - \bar{X})^2} = \frac{\sum_{i<j} w_{ij} H_{ij}}{\sum_{i<j} w_{ij}}$$

mit $w_{ij} = (X_j - X_i)^2$. Diese Schreibweise kann auch für den von Saxena u. Srivastava (1989) untersuchten Schätzer $\hat{\beta}_{SS} = \sum_{i<j} H_{ij} / \binom{n}{2}$ gewählt werden.

Um Aussagen über den Ordinatenabschnitt γ zu machen, betrachten wir die Quotienten

$$G_{ij} = \frac{X_j Y_i - X_i Y_j}{X_j - X_i}, \quad i < j, \ X_i \neq X_j.$$

Maritz (1979) schlägt als Schätzer für γ den Median $\hat{\gamma}_M$ der G_{ij} vor. Leider hat die von $\hat{\gamma}_M$ abgeleitete Teststatistik zum Testen der Hypothese $H_0 : \gamma = \gamma_0$ auch bei Gültigkeit von H_0 keine einfache Verteilung, d.h., wir erhalten hier keinen ähnlich einfachen Test wie bei der Überprüfung von $\beta = \beta_0$ (vgl. Maritz (1979)).

Der Kleinste-Quadrate-Schätzer kann ebenfalls durch die G_{ij} ausgedrückt werden

$$\hat{\gamma}_{KQ} = \bar{Y} - \hat{\beta}_{KQ} \bar{X} = \frac{\sum_{i<j} w_{ij} G_{ij}}{\sum_{i<j} w_{ij}}$$

mit $w_{ij} = (X_j - X_i)^2$. Von ähnlicher Form ist der von Randles u. Wolfe (1979) eingeführte Schätzer

$$\hat{\gamma}_{RW} = \frac{\sum_{i<j} G_{ij}}{\binom{n}{2}}.$$

Weitere alternative Schätzer für γ bzw. β sowie eine gründliche Diskussion der statistischen Besonderheiten sind Dietz (1987, 1989) zu entnehmen. Als zusätzliche Lektüre empfehlen wir Birkes u. Dodge (1993).

Schließlich erwähnen wir noch den Übersichtsartikel von Gasser u.a. (1993), der sich generell mit dem Problem nichtparametrischer Funktionsschätzung beschäftigt und in dem eine Reihe weiterer, hier nicht behandelter Ansätze zu finden sind.

9.6 Zusammenfassung

Das neunte Kapitel hatte Dichteschätzungen sowie nichtparametrische Methoden im Regressionsmodell zum Gegenstand. Rosenblattschätzer, Histogramm sowie Kernschätzer erwiesen sich als geeignete Statistiken, um ein verläßliches Bild von der unbekannten Dichtefunktion zu erhalten. Von zentraler Bedeutung war dabei die Festlegung der Bandbreite. Anschließend wurden Verfahren der nichtparametrischen Regression diskutiert, die auch dann zum Einsatz kommen können, wenn nichts über den funktionalen Zusammenhang der einbezogenen Variablen bekannt ist. Hier erweisen sich Kernschätzungsmethoden als besonders nützlich. Für den Fall linearer Regressionsmodelle wurden insbesondere die Verfahren von Theil zum Schätzen und Testen der unbekannten Parameter behandelt.

9.7 Probleme und Aufgaben

Aufgabe 1: Zeigen Sie für $x \in B_j$

$$E(\hat{f}_H(x)) = \frac{P(X \in B_j)}{h}$$

$$\mathrm{Var}(\hat{f}_H(x)) = \frac{P(X \in B_j)P(X \notin B_j)}{nh^2}$$

Aufgabe 2: Für die folgenden Daten ist der Rosenblatt–Schätzer ($h = 5$) und der Histogrammschätzer ($h = 2$) zu ermitteln (Kreyszig (1965)).

Größe (in cm) von 100 achtzehnjährigen Mittelschülerinnen des Schuljahres 1961–1962. (Statistisches Amt des Magistrates Graz)

161	162	166	161	171	159	160	174	165	163
161	178	157	156	160	172	167	162	164	156
177	162	167	168	157	164	176	166	171	169
171	155	170	158	171	167	161	172	169	161
160	164	162	170	168	165	173	159	173	166
170	154	165	162	174	158	156	165	160	165
172	167	173	166	164	168	175	158	163	169
171	166	159	162	159	171	163	158	167	168
163	153	172	170	158	164	162	175	165	169
170	155	169	159	163	159	166	157	166	175

Aufgabe 3: Weisen Sie nach, daß der mittlere quadratische Fehler von $\hat{f}_H(x)$ bzgl. $f(x)$ gegeben ist durch

$$MSE(\hat{f}_H(x), f(x)) = \frac{1}{nh} f_h(x) - \frac{1}{n} f_h^2(x) + [f_h(x) - f(x)]^2$$

mit

$$f_h(x) = \frac{1}{h} \int_{x_0+jh}^{x_0+(j+1)h} f(t)\, dt = \frac{P(X \in B_j)}{h}.$$

Aufgabe 4: Zeigen Sie, daß die Wahl $h^\star = \left\{ \frac{6}{n} \int_{-\infty}^{\infty} [f'(x)]^2 \, dx \right\}^{1/3}$ den *IMSE* asymptotisch minimiert.

Aufgabe 5: Weisen Sie nach, daß der Median der Differenzen $\varepsilon_i - \varepsilon_{i+m}$ beim Verfahren I von Theil gleich Null ist.

Kapitel 10

Relative Effizienz

10.1 Einführung

Wir haben in Kapitel 2 kurz den Begriff der relativen Effizienz zweier Testverfahren eingeführt; vorrangig für den in den darauf folgenden Kapiteln angestrebten Vergleich nichtparametrischer Verfahren mit den entsprechenden parametrischen Gegenstücken. Das Konzept der relativen Effizienz wollen wir nun ausführlicher diskutieren, allerdings hier nur für Testverfahren; das Analogon für Schätzfunktionen wird in Abschnitt 11.3.2 angegeben.

Wie unterschiedlich auch immer der Begriff der relativen Effizienz in der Literatur definiert ist (es gibt eine Fülle von Effizienz-Definitionen!), zumeist basiert er — und das ist naheliegend — auf Gütekriterien der beiden zu vergleichenden Tests. Wir wollen zunächst an dieser Stelle noch einmal kurz auf die Unterscheidung von finiter relativer Effizienz (F.R.E.) und asymptotisch relativer Effizienz (A.R.E.) eingehen (siehe Kapitel 2). Detaillierte Ausführungen zur F.R.E. und A.R.E. werden dann in den Abschnitten 10.2 bzw. 10.3 gemacht.

Für zwei Tests T_1 und T_2 ist die finite relative Effizienz E_{T_1,T_2} von Test T_1 zum Test T_2 definiert als der Quotient m/n, wobei m die Anzahl der Beobachtungen ist, die nötig sind, damit Test T_2 dieselbe Güte hat wie Test T_1 bei n Beobachtungen und dies für dieselbe Alternative θ und dasselbe Testniveau α. Mit einer solchen Definition der (finiten) relativen Effizienz ist der Nachteil verbunden, daß sie als Funktion von drei Variablen n, α und θ für jede (n,α,θ)-Kombination gesondert berechnet werden muß und somit kaum globale oder allgemeine Schlußfolgerungen möglich sind. So liegt es nahe, einen (asymptotischen) Effizienzbegriff einzuführen, bei dem der Vergleich zweier Tests durch *eine* Kennzahl ermöglicht wird. Aus der Literatur verdienen dabei insbesondere die drei A.R.E.-Definitionen von Pitman (1948), Bahadur (1960) und Hodges u. Lehmann (1956) Erwähnung, die alle — kurz gesagt — als Grenzwert von m/n, aber unter verschiedenen Voraussetzungen erklärt sind. Diese seien im folgenden schematisch dargestellt.

Pitman: Das asymptotische Testniveau α und die asymptotische Güte β sind fest vorgegeben, während die betrachteten Alternativen $[\theta_n]$ gegen die Nullhypothese konvergieren.

Bahadur: Die Güte β und die Alternative θ sind fest, und die Folgen der Testniveaus $[\alpha_n] \to 0$ werden verglichen.

Hodges u. Lehmann: Das Testniveau α und die Alternative θ sind fest und die Folgen der Gütefunktionen $[\beta_n]$ werden an der Stelle θ verglichen.

Anmerkung. Da definitionsgemäß für konsistente Tests gilt: $\lim_{n\to\infty} \beta_n(\theta) = 1$, $\theta \in H_1$ fest, und somit für solche Tests der Limes der Gütefunktionen zunächst kein Vergleichskriterium liefert, betrachten Hodges u. Lehmann den Grenzwert von $\sqrt[n]{1 - \beta_n(\theta)}$ („base").

Diese gewisse Willkür der A.R.E.-Definitionen wird durch eine Arbeit von Tsutakawa (1968) unterstrichen, der an einem Beispiel aufzeigt, zu welchen unterschiedlichen Ergebnissen der Vergleich zweier Tests über jede der drei oben angeführten Definitionen führen kann. Einen Vergleich der A.R.E. nach Pitman und Bahadur bringt auch die Arbeit von Singh (1984). Wenn auch in jüngster Zeit die A.R.E. nach Bahadur stärker an Bedeutung gewonnen hat, so findet wohl generell das Konzept von Pitman die größte Beachtung. (Wieand (1976) hat eine Bedingung angegeben, unter der die Pitman- und Bahadur-Effizienz übereinstimmen.)

Als Begründung dafür mag angeführt werden:

(1) Die Betrachtung von Alternativen in der Nähe der Nullhypothese θ_0 macht deutlich, daß diese A.R.E. im wesentlichen das Verhalten der Gütefunktionen der beiden zu vergleichenden Tests in der Nähe von θ_0 widerspiegelt; genauer: Die Pitman–A.R.E. wird durch den Quotienten der Ableitungen (Steigungen) der Gütefunktionen an der Stelle θ_0 beschrieben, siehe Kendall (1973) und Randles u. Wolfe (1979).

(2) Die A.R.E. nach Pitman steht in engem Zusammenhang mit der in Abschnitt 11.3.2 einzuführenden A.R.E. von Schätzfunktionen, siehe Kendall (1973).

Wir wollen deshalb die Pitman–A.R.E. in 10.3 ausführlicher darstellen. Hinsichtlich weiterer Definitionen der relativen Effizienz (finit und asymptotisch) sei auf Walsh (1949a), Geary (1966), Dempster u. Schatzoff (1965), Joiner (1969), Blomqvist (1950), Hoeffding u. Rosenblatt (1955), Blyth (1958), Witting (1960) und Klotz (1965) verwiesen. Eine ausführliche Darstellung der Pitman–A.R.E. ist bei Randles u. Wolfe (1979) zu finden; spezielle Eigenschaften dieser A.R.E. zeigt Rothe (1981) auf.

10.2 Finite relative Effizienz

Betrachten wir das Testproblem $H_0 : \theta \in \Omega_0$ gegen $H_1 : \theta \in \Omega_1$, wobei Ω_0 eine echte, nicht leere Teilmenge von $\Omega = \Omega_0 \cup \Omega_1$ ist. Es bezeichnen $[T_{1n}]$ und $[T_{2n}]$ zwei Folgen von

Teststatistiken und $[\beta_1(n,\alpha,\theta)]$ bzw. $[\beta_2(n,\alpha,\theta)]$ die Folgen der zugehörigen Gütefunktionen (α,θ fest, $\theta \in \Omega_1$). Ist nun n z.B. für Test T_1 vorgegeben, so soll m für Test T_2 so „festgelegt" werden, daß gilt:

$$\beta_2(m,\alpha,\theta) = \beta_1(n,\alpha,\theta).$$

In der Regel existiert natürlich kein $m \in \mathbb{N}$, so daß obige Gleichung gilt, wohl aber ein $m^\star \in \mathbb{N}$ mit

$$\beta_2(m^\star,\alpha,\theta) \leq \beta_1(n,\alpha,\theta) \leq \beta_2(m^\star+1,\alpha,\theta).$$

Hodges u. Lehmann (1956) haben dann unter Zugrundelegung dieser Ungleichung folgende F.R.E.–Definition eingeführt:

Definition 1: Die F.R.E. von Test T_1 zu Test T_2 ist definiert als der Quotient $\tilde{m}/n$, $\tilde{m} \in \mathbb{R}$, wobei $\tilde{m}$ zur Erfüllung obiger Gleichung $\beta_2 = \beta_1$ durch lineare Interpolation zwischen $m^\star$ und $m^\star + 1$ bestimmt wird, d.h.,

$$\tilde{m} = m^\star + p \quad \text{mit} \quad p = \frac{\beta_1(n,\alpha,\theta) - \beta_2(m^\star,\alpha,\theta)}{\beta_2(m^\star+1,\alpha,\theta) - \beta_2(m^\star,\alpha,\theta)}.$$

Dabei läßt sich $\tilde{m}$ wie folgt interpretieren: Fassen wir den zu Test T_2 gehörenden Stichprobenumfang, für den obige Gleichung $\beta_2 = \beta_1$ gilt, als Zufallsvariable M auf mit

$$P(M = m^\star) = 1 - p \quad \text{und} \quad P(M = m^\star + 1) = p,$$

so ist

$$E(M) = m^\star + p = \tilde{m}.$$

Wir wollen die Berechnung von $\tilde{m}/n$ an einem Beispiel verdeutlichen.

Beispiel 1: Das Merkmal X einer Grundgesamtheit sei normalverteilt mit $\sigma = 1$. Zu testen ist die Hypothese:

$$H_0 : \mu = 0 \quad \text{gegen} \quad H_1 : \mu = 1,$$

d.h.,

$$\Omega = \{0,1\} \quad \text{und} \quad \Omega_0 = \{0\}.$$

Als Tests werden vorgeschlagen:

(1) der Vorzeichentest V_n^+ (hier Test T_1),

(2) der Parametertest $\bar{X}_n$ (hier Test T_2), siehe den $\bar{X}_n$–Test in Abschnitt 2.8.

278   10. Relative Effizienz

Es seien $\alpha = 0.055$ und $n = 10$ für den V_n^+-Test fest vorgegeben. Der kritische Wert $t_{1-\alpha} = 8$ für diesen Test ist durch

$$\sum_{t=t_{1-\alpha}}^{10} \binom{10}{t} 0.5^{10} \approx 0.055$$

bestimmt. Wegen

$$P(X > 0 \mid \mu = 1) = 1 - \Phi(-1) = 0.8413$$

ergibt sich für die Güte des V_n^+-Tests:

$$\beta_1(10, 0.055, 1) = \sum_{t=8}^{10} \binom{10}{t} 0.8413^t \times 0.1587^{10-t} = 0.7971.$$

Es läßt sich zeigen, daß für die Güte β_2 des $\bar{X}_n$-Tests gilt (Beweis als Übung für den Leser):

$$\beta_2(5, 0.055, 1) = 0.7383$$
$$\beta_2(6, 0.055, 1) = 0.8027.$$

Damit ist:

$$\tilde{m} = 5 + \frac{0.7971 - 0.7383}{0.8027 - 0.7383} = 5.913,$$

d.h., die F.R.E. des V_n^+-Tests zum $\bar{X}_n$-Test beträgt:

$$\frac{\tilde{m}}{n} = \frac{5.913}{10} = 0.5913 \approx 0.6$$

für $\alpha = 0.055$, $n = 10$ und $\theta = \mu = 1$.

Es mag hier dahingestellt bleiben, inwieweit die Bestimmung eines (randomisierten) Stichprobenumfanges $\tilde{m}$ durch lineare (oder durch eine numerisch aufwendigere nichtlineare) Interpolation zwischen den Stichprobenumfängen m^* und $m^* + 1$ sinnvoll ist. Zur Vermeidung irgendeines Interpolationsverfahrens könnten z.B. auch folgende beiden Vorschläge zur F.R.E.-Definition herangezogen werden:

(1) Es werden α, θ und die Güte $\beta(\theta)$ fest vorgegeben, und es sei:

$$n(\beta) = \min\{n' \in \mathbb{N} \mid \beta_1(n', \alpha, \theta) \geq \beta(\theta)\}$$
$$m(\beta) = \min\{n'' \in \mathbb{N} \mid \beta_2(n'', \alpha, \theta) \geq \beta(\theta)\}.$$

Dann kann der Quotient $n(\beta)/m(\beta)$ als relative Effizienz bezeichnet werden. Offensichtlich ist aber eine solche Definition für kleine Stichprobenumfänge wenig geeignet.

(2) Es werden α, θ und n für beide Tests fest vorgegeben. Als relative Effizienz kann dann der Quotient

$$\frac{\beta_1(n, \alpha, \theta)}{\beta_2(n, \alpha, \theta)}$$

betrachtet werden.

10.3 Asymptotisch relative Effizienz (Pitman)

Eine so definierte finite relative Effizienz läßt aber keinen Vergleich mit der nun im Detail zu diskutierenden asymptotischen relativen Effizienz nach Pitman zu, die — wie erwähnt — auf dem Grenzwert des Quotienten zweier Stichprobenumfänge basiert.

10.3 Asymptotisch relative Effizienz (Pitman)

Betrachten wir das Testproblem aus Abschnitt 2, nämlich

$$H_0 : \theta \in \Omega_0 \text{ gegen } H_1 : \theta \in \Omega_1.$$

Seien $[T_{1n}]$ und $[T_{2n}]$ zwei Folgen von Teststatistiken für dieses Problem und $[\beta_{1n}]$ bzw. $[\beta_{2n}]$ die Folgen der zugehörigen Gütefunktionen. Sind $[T_{1n}]$ und $[T_{2n}]$ konsistent (diese „Minimalanforderung" ist bei den meisten parametrischen und nichtparametrischen Tests erfüllt), so können wir also über den Limes der Folge der Gütefunktionen bei *festem* $\theta \in \Omega_1$ wegen

$$\lim_{n \to \infty} \beta_{1n}(\theta) = \lim_{n \to \infty} \beta_{2n}(\theta) = 1$$

kein sinnvolles Vergleichskriterium für zwei Testfolgen ableiten. Betrachten wir stattdessen eine *Folge* $[\theta_n]$ von Alternativen mit

$$\lim_{n \to \infty} \theta_n = \theta_0 \in \Omega_0,$$

so kann folgende formale Definition der A.R.E. (Pitman) gegeben werden:

Definition 2: Es seien $[T_{1n}]$ und $[T_{2n}]$ zwei Folgen von Teststatistiken für dasselbe Testniveau α mit den zugehörigen Folgen der Gütefunktionen $[\beta_{1n}]$ bzw. $[\beta_{2n}]$; weiterhin seien $[m_i]$ und $[n_i]$ zwei monoton wachsende Folgen natürlicher Zahlen, für die mit $\lim_{i \to \infty} \theta_i = \theta_0 \in \Omega_0$ gilt:

$$\lim_{i \to \infty} \beta_{1n_i}(\theta_i) = \lim_{i \to \infty} \beta_{2m_i}(\theta_i) = \beta, \quad 0 < \beta < 1.$$

Dann ist die A.R.E. des Tests T_1 zum Test T_2 definiert durch:

$$E_{T_1, T_2} = \lim_{i \to \infty} \frac{m_i}{n_i},$$

vorausgesetzt, daß dieser Limes existiert und für jede Wahl $[m_i]$ und $[n_i]$ derselbe ist.

Für die Herleitung von E_{T_1, T_2} unter gewissen noch zu präzisierenden Voraussetzungen beschränken wir uns auf folgendes Testproblem:

$$H_0 : \theta = \theta_0 \text{ gegen } H_1 : \theta > \theta_0.$$

Für $H_1 : \theta < \theta_0$ und $H_1 : \theta \neq \theta_0$ sind die Überlegungen analog den folgenden. Die kritischen Bereiche für T_{1n} und T_{2n} sind von der Form:

$$T_{1n} \geq t_{1n;1-\alpha} \quad \text{bzw.} \quad T_{2n} \geq t_{2n;1-\alpha}$$

mit

$$P(T_{1n} \geq t_{1n;1-\alpha} \,|\, \theta = \theta_0) = P(T_{2n} \geq t_{2n;1-\alpha} \,|\, \theta = \theta_0) = \alpha.$$

Wir machen nun folgende (wenig restriktiven) Annahmen für T_{1n} (analog für T_{2n}) und schreiben für T_{1n} kürzer T_n, da keine Verwechslung zu befürchten ist. Es sei $\mu_n(\theta) = E_\theta(T_n)$ und $\sigma_n^2(\theta) = \text{Var}_\theta(T_n)$.

Annahmen:

(1) $\mu_n'(\theta) = \dfrac{d\mu_n(\theta)}{d\theta}$ existiert, ist stetig in θ_0, und es gelte $\mu_n'(\theta_0) \neq 0$.

(2) Es existiert ein $s > 0$ mit

$$\lim_{n \to \infty} \frac{1}{\sqrt{n}} \frac{\mu_n'(\theta_0)}{\sigma_n(\theta_0)} = s.$$

(3) Für die Alternativen $[\theta_n]$ mit $\theta_n = \theta_0 + k/\sqrt{n}$, $k > 0$, gelte:

$$\lim_{n \to \infty} \frac{\mu_n'(\theta_n)}{\mu_n'(\theta_0)} = 1$$
$$\lim_{n \to \infty} \frac{\sigma_n(\theta_n)}{\sigma_n(\theta_0)} = 1$$

(4) $\displaystyle\lim_{n \to \infty} P\left(\frac{T_n - \mu_n(\theta_n)}{\sigma_n(\theta_n)} \leq z\right) = \Phi(z).$

Dann gilt folgender Satz über die asymptotische Güte von T_n (siehe Fraser (1957) und Noether (1955)):

Satz 1: Unter den obigen vier Bedingungen ist

$$\lim_{n \to \infty} P(T_n \geq t_{n;1-\alpha} \,|\, \theta = \theta_n) = 1 - \Phi(z_{1-\alpha} - ks),$$

wobei $z_{1-\alpha}$ der $(1-\alpha) \times 100\%$-Punkt der Standardnormalverteilung ist.

Beweis. Wegen (4) gilt:

$$\lim_{n \to \infty} P(T_n \geq t_{n;1-\alpha} \,|\, \theta = \theta_n) = \lim_{n \to \infty} P\left(\frac{T_n - \mu_n(\theta_n)}{\sigma_n(\theta_n)} \geq \frac{t_{n;1-\alpha} - \mu_n(\theta_n)}{\sigma_n(\theta_n)}\right)$$
$$= 1 - \Phi(w)$$

10.3 Asymptotisch relative Effizienz (Pitman)

mit $w = \lim_{n \to \infty}(t_{n;1-\alpha} - \mu_n(\theta_n))/\sigma_n(\theta_n)$. Die Entwicklung von $\mu_n(\theta_n)$ in eine Taylorreihe um θ_0 ergibt:

$$\mu_n(\theta_n) = \mu_n\left(\theta_0 + \frac{k}{\sqrt{n}}\right) = \mu_n(\theta_0) + \frac{k}{\sqrt{n}}\mu_n'(\tilde{\theta}),\ \theta_0 < \tilde{\theta} < \theta_n,$$

und damit

$$\begin{aligned} w &= \lim_{n \to \infty} \frac{t_{n;1-\alpha} - \mu_n(\theta_0) - \frac{k}{\sqrt{n}}\mu_n'(\tilde{\theta})}{\sigma_n(\theta_n)} \\ &= \lim_{n \to \infty} \frac{t_{n;1-\alpha} - \mu_n(\theta_0)}{\sigma_n(\theta_0)} \frac{\sigma_n(\theta_0)}{\sigma_n(\theta_n)} - \lim_{n \to \infty} \frac{\frac{k}{\sqrt{n}}\mu_n'(\tilde{\theta})}{\sigma_n(\theta_n)} \\ &= z_{1-\alpha} - ks \end{aligned}$$

wegen (2) und (3). $\square$

Satz 2: Sind $[T_{1n}]$ und $[T_{2n}]$ zwei Folgen, die die obigen vier Bedingungen erfüllen mit

$$\mu_{jn}(\theta) = E_\theta(T_{jn}),\quad \sigma_{jn}^2(\theta) = \text{Var}_\theta(T_{jn})$$

und

$$s_j = \lim_{n \to \infty} \frac{1}{\sqrt{n}} \frac{\mu_{jn}'(\theta_0)}{\mu_{jn}(\theta_0)},\ j = 1, 2,$$

so gilt für die zugehörigen Tests T_1 und T_2:

$$E_{T_1,T_2} = \lim_{n \to \infty} \left(\frac{\mu_{1n}'(\theta_0)}{\mu_{2n}'(\theta_0)} \frac{\sigma_{2n}(\theta_0)}{\sigma_{1n}(\theta_0)}\right)^2.$$

Beweis. Sollen die beiden Tests *dieselbe* asymptotische Güte für *dieselbe* Folge der Alternativen bei festem α haben (siehe Definition 2), so muß nach Satz 1 gelten:

(1) $z_{1-\alpha} - k_1 s_1 = z_{1-\alpha} - k_2 s_2$, d.h., $k_1 s_1 = k_2 s_2$,

(2) $\theta_{1n} = \theta_0 + k_1/\sqrt{n} = \theta_{2n} = \theta_0 + k_2/\sqrt{m}$, d.h., $k_1/\sqrt{n} = k_2/\sqrt{m}$ oder $k_2/k_1 = \sqrt{m/n}$.

Es folgt:

$$E_{T_1,T_2} = \frac{m}{n} = \frac{k_2^2}{k_1^2} = \frac{s_1^2}{s_2^2}.$$

$\square$

Wir könnten E_{T_1,T_2} auch wie folgt schreiben:

$$E_{T_1,T_2} = \lim_{n \to \infty} \left(\frac{\mu_{1n}'(\theta_0)}{\sigma_{1n}(\theta_0)}\right)^2 \bigg/ \left(\frac{\mu_{2n}'(\theta_0)}{\sigma_{2n}(\theta_0)}\right)^2 = \lim_{n \to \infty} \frac{E_{T_1}}{E_{T_2}},$$

282   10. Relative Effizienz

worin der Zähler und der Nenner als absolute Effizienz (efficacy) E_{T_1} bzw. E_{T_2} der beiden Tests T_1 bzw T_2 bezeichnet werden. Es sei hier ausdrücklich auf die bemerkenswerte Tatsache hingewiesen, daß die A.R.E. nicht von α und der asymptotischen Güte β (Definition 2) abhängt.

Die obigen beiden Sätze können ebenfalls für einseitige oder zweiseitige Tests im Zweistichproben–Problem angewendet werden; dabei ist nur vorauszusetzen, daß mit $m \to \infty$, $n \to \infty$ gilt: $m/n \to \lambda$, $\lambda \neq 0, \infty$.

Beispiel 2: Wir wollen die Berechnung der A.R.E. am Beispiel des Mann–Whitney–U–Tests (äquivalent zum Wilcoxon–W_N–Test) und des t–Tests für das Zweistichproben–Problem bezüglich Lagealternativen demonstrieren: $X_1, \ldots, X_m$ und $Y_1, \ldots, Y_n$ seien unabhängige Stichprobenvariablen mit stetigen Verteilungen F bzw. G. Zu testen sei die Hypothese:

$$H_0 : F(z) = G(z) \text{ gegen } H_1 : G(z) = F(z - \theta),\ \theta > 0,$$

d.h.

$$H_0 : \theta = 0 \text{ gegen } H_1 : \theta > 0.$$

Die U–Statistik lautet (siehe 5.4.2):

$$U = \sum_{i=1}^{m} \sum_{j=1}^{n} W_{ij} \quad \text{mit} \quad W_{ij} = \begin{cases} 1 & \text{für } Y_j < X_i \\ 0 & \text{für } Y_j > X_i \end{cases}.$$

Die t–Statistik für Grundgesamtheiten mit gleicher Varianz $\sigma_X^2 = \sigma_Y^2 = \sigma^2$ und für $\theta = \mu_Y - \mu_X$ hat die Gestalt

$$t = \sqrt{\frac{mn}{m+n}} \frac{\bar{Y} - \bar{X}}{S} = \sqrt{\frac{mn}{m+n}} \left(\frac{\bar{Y} - \bar{X} - \theta}{\sigma} + \frac{\theta}{\sigma} \right) \frac{\sigma}{S}$$

mit

$$S^2 = \frac{\sum_{i=1}^{m}(X_i - \bar{X})^2 + \sum_{j=1}^{n}(Y_i - \bar{Y})^2}{m + n - 2}.$$

Wir wollen zeigen, daß für die A.R.E. des U–Tests zum t–Test unter Annahme einer beliebigen stetigen Verteilung F gilt:

$$E_{U,t} = 12\sigma^2 \left(\int_{-\infty}^{+\infty} f^2(z) dz \right)^2,$$

worin f die Dichte von F bedeutet.

Für beide Tests sind die Voraussetzungen des Satzes 1 erfüllt (siehe Aufgabe 4, Lehmann (1975) und Abschnitt 5.3.2). Wir berechnen zunächst die absolute Effizienz des U–Tests. Der Erwartungswert von U ist

$$E(U) = mnP(Y < X) = mnp$$

mit
$$p = \int_{-\infty}^{+\infty} F(z-\theta)f(z)dz,$$
d.h.,
$$\left.\frac{dE(U)}{d\theta}\right|_{\theta=0} = mn \left.\frac{dp}{d\theta}\right|_{\theta=0} = -mn \int_{-\infty}^{+\infty} f^2(z)dz.$$

Unter $H_0 : \theta = 0$ gilt (siehe 5.4.2):
$$\mathrm{Var}(U) = \frac{mn(m+n+1)}{12},$$
d.h., die absolute Effizienz des U–Tests ist:
$$E_U = \frac{12mn \left(\int_{-\infty}^{+\infty} f^2(z)dz\right)^2}{m+n+1}.$$

Zur Berechnung der absoluten Effizienz des t–Tests: Da für $n \to \infty$ mit $m/n \to \lambda$, $\lambda \neq 0, \infty$, der Ausdruck S/σ stochastisch gegen 1 konvergiert, gilt für die zugehörige Statistik t bei großem n approximativ:
$$E(t) = \frac{\theta}{\sigma}\sqrt{\frac{mn}{m+n}}, \quad \mathrm{Var}(t) = \frac{mn}{m+n} \frac{\sigma^2/m + \sigma^2/n}{\sigma^2} = 1.$$

Wegen
$$\frac{dE(t)}{d\theta} = \frac{1}{\sigma}\sqrt{\frac{mn}{m+n}}$$
folgt dann die absolute Effizienz des t–Tests:
$$E_t = \frac{mn}{\sigma^2(m+n)}.$$

Zu beachten ist, daß E_t im Gegensatz zu E_U unabhängig von der speziellen Gestalt der Verteilung F ist. Für die A.R.E. des U–Tests zum t–Test ergibt sich nun wie oben angegeben ($m/n \to \lambda$, $\lambda \neq 0, \infty$):
$$E_{U,t} = \lim_{n\to\infty} \frac{E_U}{E_t} = 12\sigma^2 \left(\int_{-\infty}^{+\infty} f^2(z)dz\right)^2.$$

Sei speziell f die Dichte der Normalverteilung $N(\mu, \sigma^2)$, so ist zunächst
$$\int_{-\infty}^{+\infty} f^2(z)dz = \frac{1}{2\pi\sigma^2} \int_{-\infty}^{+\infty} \left(e^{-\frac{(z-\mu)^2}{2\sigma^2}}\right)^2 dz = \frac{1}{2\sigma\sqrt{\pi}}.$$

Wir erhalten somit:
$$E_{U,t} = \frac{3}{\pi} \approx 0.955.$$

284   10. Relative Effizienz

Ist f die Dichte einer Doppelexponentialverteilung, d.h., $f(z) = \frac{1}{2\beta}\lambda e^{-\lambda|z-\theta|/\beta}$, $z \in \mathbb{R}$, so ergibt sich (siehe Aufgabe 3) $E_{U,t} = 1.5$. Unter der Annahme einer solchen Verteilung ist der U–Test also effizienter als der t–Test.

Hodges u. Lehmann (1956) haben gezeigt, daß $E_{U,t} \geq 0.864$ für alle stetigen Verteilungen mit endlicher Varianz σ^2 gilt. Um das Infimum von $E_{U,t}$ zu bestimmen muß $\int_{-\infty}^{+\infty} f^2(z)dz$ minimiert werden. In der zitierten Arbeit von Hodges u. Lehmann wird nachgewiesen, daß das Minimum für die Dichte

$$f(z) = \begin{cases} \frac{3}{20\sqrt{5}}(5 - z^2) & \text{für} \quad |z| < \sqrt{5} \\ 0 & \text{sonst} \end{cases}$$

angenommen wird.

Hinsichtlich der Berechnung von $E_{U,t}$ bei Auftreten von Bindungen sei auf die Arbeiten von Putter (1955) und Bühler (1967) verwiesen.

Weitere A.R.E.-Ergebnisse für Tests bezüglich Lage- und Variabilitätsalternativen, für Ein- und c-Stichproben-Tests, für die Tests von Kendall und Spearman u.a. sind bei Gibbons u. Chakraborti (1992), Bradley (1968), Büning (1973) und insbesondere bei Noether (1967a) und Ruhberg (1986) zu finden. In der nachstehenden Tabelle 1 sind für ausgewählte Tests und Verteilungen der Grundgesamtheit aus der obigen Literatur einige A.R.E.-Werte zusammengestellt, die z.T. bereits in den vorangegangenen Kapiteln angeführt wurden. Sind E_{T_1,T_2} und E_{T_2,T_3} für drei Tests T_1, T_2, T_3 bekannt, so läßt sich sofort $E_{T_1,T_3} = E_{T_1,T_2} E_{T_2,T_3}$ angeben.

Zum Schluß sei noch die Frage nach der Bedeutung dieser Pitmanschen A.R.E. aufgeworfen. Vom theoretischen Standpunkt aus ist diese Definition der A.R.E. — wie erwähnt — eine von vielen Möglichkeiten; vom praktischen Standpunkt aus mag ein solches Vergleichskriterium unter Zugrundelegung von Stichproben, deren Umfang über alle Grenzen wächst, problematisch erscheinen. So sollte die asymptotische relative Effizienz als eine „Orientierungszahl" stets im Zusammenhang mit (endlichen) Gütevergleichen bzw. der finiten relativen Effizienz gesehen werden. Der Unterschied zwischen beiden relativen Effizienzen kann kurz wie folgt charakterisiert werden: die A.R.E. ist allgemein, aber wenig realistisch, die F.R.E. ist realistisch, aber wenig allgemein.

10.3 Asymptotisch relative Effizienz (Pitman)

Tab. 10.1

Test	Vergleichs-Test	Verteilung der Grundgesamtheit					
		Normal	Rechteck	Exponential	Doppel-Exponential	Logistisch	Untere Grenze	Obere Grenze
I Eine Stichprobe								
Vorzeichen	t	0.637	0.333		2.000	0.823	0	∞
Wilcoxon	t	0.955	1.000		1.500	1.096	0.864	∞
Vorzeichen	W^+	0.667	0.333		1.333	0.750	0	
II Zwei Stichproben								
Iterationstest	t	0					0	
Median	t	0.637						
Wilcoxon (U-Test)	t	0.955	1.000		1.500	1.097	0.864	∞
v.d. Waerden (C_1-Test)	t	1.000	∞	∞	1.273	1.047	1.000	∞
Wilcoxon (U-Test)	C_1	0.955	0	0	1.178	1.047	0	1.910
Siegel-Tukey	F	0.608	0.600		0.940		0	∞
Mood	F	0.760	1.000		1.080		0	∞
Klotz K_N	F	1.000	∞		1.250		0	∞
Mood	K_N	0.760	0	0.783	0.900	0.896	0	∞
Siegel-Tukey	K_N	0.608	0	0.631	0.774	0.750	0	∞
III c-Stichproben								
Kruskal-Wallis	F	0.955	1.000		1.500	1.097	0.864	∞
Friedman (Durbin)[a]	F	0.637–0.955	0.667–1		1–1.5	0.731–1.097	0.576 ($c=2$)	∞
IV Unabhängigkeit								
Kendall (Spearman)	r	0.912	1.000		1.266			

[a] Die A.R.E. des Friedman–Tests (und auch des Durbin–Tests) ist für *Lagealternativen* gleich der A.R.E. des Wilcoxon–Tests zum t–Test in II, wenn $c \to \infty$; für $c \neq \infty$ unterscheidet sie sich von dieser A.R.E. nur durch den Faktor $c/(c+1)$ ($=2/3$ für $c=2$).

10.4 Probleme und Aufgaben

Aufgabe 1: Zu testen sei analog dem Beispiel 1 in Abschnitt 10.2 unter der Annahme einer Normalverteilung ($\sigma = 1$)

$$H_0 : \mu = 0 \text{ gegen } H_1 : \mu = 0.5.$$

Berechnen Sie die F.R.E. des Vorzeichentests zum $\bar{X}$–Test für $n = 30$ und $\alpha = 0.055$ und vergleichen Sie das Ergebnis mit dem entsprechenden A.R.E.-Wert $E_{V+,\bar{X}} = 2/\pi \approx 0.637$.

Aufgabe 2:

a) Zeigen Sie, daß für symmetrische Verteilungen die A.R.E. des Wilcoxon–Test zum t–Test auch im Einstichproben–Fall gleich

$$E_{W+,t} = 12\sigma^2 \left(\int_{-\infty}^{+\infty} f^2(x) dx \right)^2$$

ist.

b) Zeigen Sie, daß für eine Verteilung F mit der Varianz σ^2 die A.R.E. des Vorzeichentests zum t–Test im Einstichproben–Problem $E_{V+,t} = 4\sigma^4 f^2(0)$ ist, vorausgesetzt, daß die Ableitung $F' = f$ an der Stelle $x = 0$ existiert. Bestätigen Sie für die Normalverteilung $E_{V+,t} = 2/\pi \approx 0.637$ (siehe Aufgabe 1).

c) Bestimmen Sie $E_{V+,W+}$ für symmetrische Verteilungen.

Aufgabe 3: Überprüfen Sie die in der Tabelle 1 angegebenen A.R.E.-Werte $E_{U,t}$ für die Doppelexponentialverteilung und die logistische Verteilung im Zweistichproben–Problem.

Aufgabe 4: Zeigen Sie, daß für den U–Test und den t–Test im Zweistichproben–Fall die Voraussetzungen (1) – (3) des Satzes 1 erfüllt sind.

Aufgabe 5: Berechnen Sie die absolute Effizienz des U–Tests und des t–Tests im Zweistichproben–Problem für die Verteilung mit folgender Dichte:

$$f(x) = \begin{cases} 0 & \text{für } x \leq -\frac{1}{2} \text{ und } x \geq +\frac{1}{2} \\ 1 & \text{für } -1/2 < x < +1/2 \end{cases}$$

und bestätigen Sie $E_{U,t} = 1$.

Kapitel 11

Ausblick

11.1 Einführung

In diesem Kapitel wollen wir kurz einige weitere (nichtparametrische) Verfahren zusammenstellen und dabei auch auf spezielle Anwendungsbereiche wie die Qualitätskontrolle, die Zeitreihenanalyse u.a. zu sprechen kommen. Der Leser sei hinsichtlich detaillierter Untersuchungen zu den angeschnittenen Problemkreisen auf die angegebene Literatur verwiesen.

Abschnitt 11.2 bringt einige Quickverfahren, die gerade im Rahmen von Voruntersuchungen mit der Prüfung der Erfordernis weiterführender intensiverer Studien eine wichtige Rolle spielen können (Zeit–Kosten–Aspekt).

In Abschnitt 11.3 werden robuste Schätz– und Testverfahren diskutiert, die sowohl nichtparametrischen als auch parametrischen Charakter haben und die in jüngster Zeit immer stärker in den Vordergrund getreten sind.

Abschnitt 11.4 behandelt adaptive Schätz– und Testverfahren, die gerade für die statistische Praxis von Bedeutung sind.

In Abschnitt 11.5 wird das von Efron (1979) eingeführte Bootstrap–Verfahren kurz vorgestellt.

Abschnitt 11.6 bringt im ersten Teil eine Einführung in die Theorie sequentieller Testverfahren schlechthin, insbesondere des Sequentiellen Quotiententests. Aus Gründen der Geschlossenheit der Darstellung haben wir dieses Gebiet nicht in Kapitel 2 aufgenommen. Der zweite Teil behandelt dann kurz die Theorie sequentieller *nicht*parametrischer Testverfahren.

In Abschnitt 11.7 werden nichtparametrische Tests zum Aufspüren eines Trends in einer Zeitreihe vorgestellt. Es zeigt sich, daß auch wenig aufwendige Verfahren eine große Trennschärfe besitzen können.

Der Abschnitt 11.8 stellt eine äußerst knappe Zusammenfassung weiterer Verfahren dar und orientiert sich zudem an einigen Anwendungsbereichen der nichtparametrischen Statistik.

11.2 Quick–Verfahren

11.2.1 Einführung

Es gibt eine Reihe von Quick–Verfahren (short cut procedures), die besonders schnell zu Ergebnissen bzw. Entscheidungen führen. Als Quick–Schätzer für die Streuung von Daten sei z.B. die Spannweite $X_{(n)} - X_{(1)}$ erwähnt (Qualitätskontrolle!). Diese Verfahren nutzen die Stichprobeninformation meist noch weniger aus als die in den vorigen Kapiteln behandelten nichtparametrischen Methoden. Der dadurch zusätzlich entstehende Güteverlust wird aber durch Praxisnähe ausgeglichen. Gerade für große Stichproben sind die Quick–Verfahren besonders geeignet, weil bei ihnen der Rechenaufwand relativ gering ist. Das Argument des numerischen Aufwandes sollte allerdings im Zeitalter des Computers keine entscheidende Rolle spielen. Quick–Verfahren dienen insbesondere zu Voruntersuchungen. Die dabei vermittelten Erkenntnisse werden durch später durchgeführte, eigentlich effizientere Verfahren häufig nur unwesentlich korrigiert (besonders bei mittlerem bis großem Stichprobenumfang). Kommt z.B. ein Quick–Test zur Ablehnung der Nullhypothese, so wird auch ein Test *gleichen* Niveaus mit höherer Güte zu derselben Entscheidung führen. Wir bringen hier eine Auswahl der bekanntesten Verfahren, allerdings wird dabei auf eine Darstellung verteilungsabhängiger Quick–Verfahren (vgl. Link u. Wallace (1952), Kurtz u.a. (1965a,b), Lord (1947, 1950), Moore (1957)) verzichtet. Es sei noch erwähnt, daß eine exakte Trennung zwischen den nichtparametrischen Standardverfahren und den Quick–Verfahren nicht möglich ist. Beispielsweise ist der Vorzeichen-Test (Abschnitte 4.4.2 und 6.2) durchaus als Quick–Test anzusehen (vgl. auch das einführende Lehrbuch von Sprent (1981) über nichtparametrische Methoden mit dem Titel „Quick Statistics"). Neben den nachstehend beschriebenen Verfahren gibt es eine Reihe weiterer Quick–Methoden. Insbesondere sei auf Quenouille (1959), Granger u. Neave (1968), Neave (1972, 1973, 1975), Tsutakawa u. Hewitt (1977) verwiesen.

11.2.2 Quick–Schätzer

Die Quick–Verfahren zur Schätzung von unbekannten Parametern der Grundgesamtheitsverteilung bedienen sich fast ausschließlich der geordneten Statistik, doch sind auch andere Methoden bekannt, die auf Rängen beruhen (Kraft u. van Eeden (1972)).

Schätzung von Lageparametern
Die wichtigsten Lageparameter, Erwartungswert und Median, einer Verteilung werden neben dem aus der klassischen Statistik stammenden $\bar{X}$ schnell geschätzt durch

(1) den Median M

(2) das Zwei-Punkte-Mittel

$$T_{ij} = (X_{(i)} + X_{(j)})/2, \quad i,j = 1,\ldots,n; \quad i \neq j$$

(3) das „getrimmte" Mittel (vgl. 11.3.1), hier als Spezialfall:

$$T = \frac{1}{n-2} \sum_{i=2}^{n-1} X_{(i)}.$$

Im Falle zugrundeliegender Normalverteilung (wo Median und Erwartungswert übereinstimmen) liegt die relative Effizienz von M (gegenüber $\bar{X}$) oberhalb von $2/\pi \approx 0.64$, die für T oberhalb 0.99. Durch die optimale Wahl von i und j läßt sich erreichen, daß die relative Effizienz von T_{ij} oberhalb von 0.81 liegt. Näheres ist Dixon (1957), David (1970) und Hodges u. Lehmann (1967) zu entnehmen.

Schätzung der Streuung

Die herkömmlichen Schätzstatistiken

$$S_1^2 = \frac{1}{n-1} \sum_{i=1}^{n} (X_i - \bar{X})^2 \quad \text{bzw.} \quad S_2^2 = \frac{1}{n} \sum_{i=1}^{n} (X_i - \bar{X})^2$$

zur Schätzung der Varianz σ^2 der Grundgesamtheit werden durch die folgenden Quick–Schätzer ergänzt:

(1) Spannweite

$$D = X_{(n)} - X_{(1)}$$

(2) Unverzerrte Spannweite

$$\hat{\sigma} = \frac{D}{d_n} \quad \text{mit} \quad d_n = E\left(\frac{D}{\sigma}\right)$$

(3) Durchschnittliche Spannweite

$$\bar{D}_{m,k} = \frac{1}{k} \sum_{i=1}^{k} D_{i,m}.$$

Jedes $D_{i,m}$ ist die Spannweite von jeweils m Beobachtungen ($m \leq 12$), wobei $k \leq \binom{n}{m}$ vorher festgelegt wird.

(4) Quasi-Spannweite

$$D_q = X_{(n-i+1)} - X_{(i)} \quad i = 2, 3, \ldots$$

Die Benutzung von (2) setzt allerdings die Kenntnis von d_n voraus. Es läßt sich zeigen (Tippett (1925)), daß gilt:

$$d_n = \int_{-\infty}^{\infty} \{1 - [1 - F(x)]^n - [F(x)]^n\} dx.$$

Bei Tippett ist d_n für den Fall der Normalverteilung vertafelt. Weitere Einzelheiten wie Verteilung, relative Effizienz und asymptotische Eigenschaften sind bei David (1970, 1981) nachzulesen.

11.2.3 Quick–Tests

1. Der Test von Gastwirth

Für das Zweistichproben–Problem (vgl. Kapitel 5) überprüft der Test von Gastwirth (1965) sowohl Lage– als auch Variabilitätsalternativen. Die beiden Stichproben werden kombiniert und geordnet, so daß ein Tupel der Form $xyxx\cdots yxy$ (vgl. 5.2.1) entsteht. Der Test von Gastwirth weist den Randwerten der kombinierten Stichprobe ein größeres Gewicht als den mittleren Werten zu. Sei zunächst $N = m + n$ ungerade.

1.Schritt   Wähle natürliche Zahlen P und R, so daß $P + R \leq N$ gilt.

2.Schritt   Betrachte die ersten P und die letzten R Werte der kombinierten, geordneten Stichprobe

$$\underbrace{xy\cdots xxyx}_{P \text{ Werte}} \cdots \underbrace{xyyy\cdots xx}_{R \text{ Werte}}$$

3.Schritt   Weise Ränge zu, und zwar bei den R rechten Werten in natürlicher, bei den P linken in entgegengesetzter Reihenfolge.

4.Schritt   Berechne

$T_P =$ Summe der Ränge der x–Werte des linken Randes

$T_R =$ Summe der Ränge der x–Werte des rechten Randes.

5.Schritt   Bestimme

$T_L = T_P - T_R$ als Teststatistik bei Lagealternativen

$T_V = T_P + T_R$ als Teststatistik bei Variabilitätsalternativen.

Ist z.B. die kombinierte, geordnete Stichprobe in der Form

$$xy\overleftarrow{xx}yxx \;|yxyxy|\; yy\overrightarrow{xx}x$$

gegeben und ist $P = 7$ und $R = 5$, so folgt für die fünf rechten Randwerte $yyxxx$

$$T_R = 3 + 4 + 5 = 12$$

und für die sieben linken Randwerte $xyxxyxx$

$$T_P = 1 + 2 + 4 + 5 + 7 = 19.$$

Es ist dann $T_L = 7$ und $T_V = 31$.

Bei geradem N werden die Ränge um jeweils $1/2$ reduziert. Sehr „große" oder sehr „kleine" Werte von T_L bzw. T_V sprechen für Lokalisations– bzw. Variabilitätsunterschiede der beiden Verteilungen (der Leser mache sich für große bzw. kleine Werte der beiden Teststatistiken die *Richtung* der Unterschiede klar!) T_P und T_R sind lineare Rangstatistiken (vgl. Abschnitt 5.3):

N ungerade $\qquad\qquad\qquad$ N gerade

$$T_P = \sum_{i=N-P+1}^{N}(i-N+P)V_i \qquad T_P = \sum_{i=N-P+1}^{N}\left(i-N+P-\tfrac{1}{2}\right)V_i$$

$$T_R = \sum_{i=1}^{R}(R-i+1)V_i \qquad\qquad T_R = \sum_{i=1}^{R}\left(R-i+\tfrac{1}{2}\right)V_i.$$

Für $P = R = N/2$ (N gerade) ist der Test von Gastwirth für Lagealternativen dem Wilcoxon–Rangsummentest, der für Variabilitätsalternativen dem Test von Ansari–Bradley äquivalent (vgl. 5.4.2 bzw. 5.5.4). Für ungerades N unterscheiden sich die Tests nur gering. Für $P = R = 0.4N$ hat der Test von Gastwirth eine leicht höhere A.R.E. als der Wilcoxon-Test gegenüber dem t–Test bei Normalverteilung der Grundgesamtheit. Sehr gut schneidet der Test für Variabilitätsalternativen gegenüber dem F–Test ab: Für $P = R = N/8$ beträgt die A.R.E. bei Normalverteilung 0.85, bei Rechteckverteilung 2.26 und bei Doppelexponentialverteilung 1.03. Die kritischen Werte der beiden Teststatistiken sind bei Gibbons u. Gastwirth (1966) für $m = n \leq 6$ vertafelt. Die Approximation durch die Normalverteilung wird empfohlen für $P = R$, $m = n \geq 6$ und $\alpha \geq 0.025$. Dazu brauchen wir die Angaben (diese folgen direkt aus Abschnitt 5.3!)

$$E(T_L) = 0 \qquad \operatorname{Var}(T_L) = \frac{P(4P^2-1)}{6N(N-1)}$$

$$E(T_V) = \frac{mP^2}{N} \qquad \operatorname{Var}(T_V) = \frac{mnP(4NP^2 - N - 6P^3)}{6N^2(N-1)}.$$

Für eine detailliertere Betrachtung dieses Tests sei nochmals auf die Arbeit von Gastwirth (1965) hingewiesen. Eine Güteuntersuchung stammt von Gibbons (1973).

2. Der Quadrantentest von Blomqvist

Der dem Fisher–Test (siehe 8.3) verwandte Quick–Test prüft die Unabhängigkeit zweier Variablen X und Y. Aus der paarigen Stichprobe $(x_1, y_1), \ldots, (x_n, y_n)$, die zumindest ordinal skaliert vorliegt, wird der Median x_M der x–Werte und der Median y_M der y–Werte bestimmt. Als Teststatistik verwenden wir:

$$T = \text{Anzahl der Paare } (X_i, Y_i) \text{ mit } X_i > x_M \text{ und } Y_i > y_M.$$

Bei kardinalem Meßniveau läßt sich der Wert T bequem aus dem Korrelationsdiagramm (Abb. 1) ablesen. T ist gleich der Anzahl der Punkte im ersten Quadranten. Es ist zu beachten, daß die Anzahl der Punkte im I. und III. bzw. im II. und IV. Quadranten gleich sein muß. Die Hypothese H_0 der Unabhängigkeit wird verworfen, wenn T „sehr klein" oder „sehr groß" ist. Bei der Bestimmung der kritischen Werte wird ausgenutzt, daß die Teststatistik T einer hypergeometrischen Verteilung genügt. Der Leser mache sich die Analogie zum exakten Fisher–Test bei Vierfeldertafeln klar. Nach Blomqvist (1950) hat der Quadrantentest bei bivariater Normalverteilung gegenüber dem auf dem Korrelationskoeffizienten r von Pearson beruhenden Test die A.R.E. von $(2/\pi)^2 \approx 0.41$. Weitere Güteuntersuchungen stammen von Konijn (1956) und Elandt (1962).

292   11. Ausblick

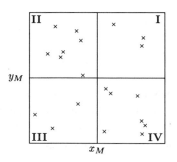

Abb. 11.1

3. Der Eckentest von Olmstead und Tukey

Wie der Test von Blomqvist überprüft der Eckentest die Unabhängigkeit der Variablen X und Y. Er kann bei kardinalem Meßniveau angewendet werden. Wir tragen die Beobachtungen $(x_1, y_1), \ldots, (x_n, y_n)$ in ein Korrelationsdiagramm ein:

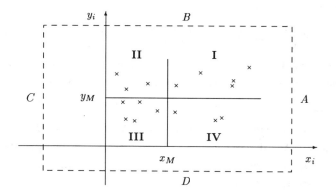

Abb. 11.2

Wie in 2. wird durch (x_M, y_M) eine Einteilung in vier Quadranten vorgenommen. Die Punkte im I. und III. Quadranten werden positiv, die im II. und IV. Quadranten werden negativ gezählt. Zunächst wird die gestrichelte Linie A nach links verschoben, bis der 1.Punkt erreicht wird. Im Diagramm ist dies ein Punkt aus dem I. Quadranten. Wir bewegen die Linie A solange weiter nach links, bis ein Punkt erreicht ist, der zu einem anderen Quadranten (hier dem IV.) gehört. Wir notieren die Anzahl n_A der Punkte im I. Quadranten *vor* dem Wechsel (hier $n_A = 3$) und versehen Sie mit positivem Vorzeichen. Dann wird dieser Vorgang mit der Linie B durch Verschieben nach unten wiederholt. Der erste Punkt, der von B erreicht wird, liegt im I. Quadranten. Wir bewegen solange weiter nach unten, bis ein

Punkt eines anderen Quadranten erreicht wird. Da der erste „Begegnungspunkt" im ersten Quadranten lag, wird die Anzahl n_B der Punkte vor dem Wechsel mit positivem Vorzeichen versehen. Diesen Vorgang wiederholen wir mit den Linien C bzw. D, indem wir nach rechts bzw. nach oben verschieben. Die Summe der vier Zahlen

$$T = n_A + n_B + n_C + n_D$$

wird als Teststatistik benutzt. Überschreitet $|T|$ den kritischen Wert $c_{1-\alpha}$, so wird zugunsten der Hypothese der positiven (wenn T positiv ist) bzw. der negativen (wenn T negativ ist) Korrelation entschieden. Nähere Einzelheiten wie asymptotische Verteilung der Teststatistik und kritische Werte $c_{1-\alpha}$ sind direkt bei Olmstead u. Tukey (1947) nachzulesen.

11.2.4 Überschreitungstests

Wir wollen in diesem Abschnitt noch eine weitere spezielle Gruppe von Quick–Tests vorstellen, die für das Zweistichproben–Problem bei Lage– bzw. Variabilitätsalternativen konzipiert sind, die sogenannten Überschreitungstests oder auch exceedance tests. Die zugehörigen Teststatistiken lassen sich zwar als Funktionen von Rängen angeben, gehören aber zur Gruppe der *nichtlinearen* Rangstatistiken und sind im Gegensatz zu den linearen Rangstatistiken asymptotisch *nicht* normalverteilt.

Ausgangspunkt zur Konstruktion solcher Überschreitungstests ist der folgende: Die beiden Stichproben $x_1, \ldots, x_m$ und $y_1, \ldots, y_n$ werden kombiniert und geordnet, wobei Bindungen ausgeschlossen sind. Es bezeichne:

A die Anzahl der x_i-Werte größer als $\max_{1 \leq j \leq n} y_j$,

A' die Anzahl der y_j-Werte größer als $\max_{1 \leq i \leq m} x_i$,

B' die Anzahl der x_i-Werte kleiner als $\min_{1 \leq j \leq n} y_j$,

B die Anzahl der y_j-Werte kleiner als $\min_{1 \leq i \leq m} x_i$.

Offensichtlich kann nur eine der beiden Zahlen A oder A' bzw. B oder B' positiv sein, die andere muß dann gleich 0 sein.

Beispiel 1: (x- und y- Werte kombiniert und geordnet)

$x \quad x \quad y \quad y \quad x \quad y \quad y \quad y \quad x \quad x \quad x \quad y \quad x \quad y \quad y \quad x \quad x \quad x \quad x$

Es ist $A = 5$, $A' = 0$, $B' = 2$, $B = 0$.

Bezeichnen wir allgemein in der kombinierten Stichprobe die Ränge von $x_1, \ldots, x_m$ mit $r_1, \ldots, r_m$ und die von $y_1, \ldots, y_n$ mit $s_1, \ldots, s_n$, so gilt:

$$A = N - \max\{s_1, \ldots, s_n\}, \quad A' = N - \max\{r_1, \ldots, r_m\},$$

$$B' = \min\{s_1, \ldots, s_n\} - 1, \quad B = \min\{r_1, \ldots, r_m\} - 1,$$

wobei $N = n + m$ ist. Das bedeutet, daß die auf A, A', B', B aufbauenden Rangstatistiken — wie erwähnt — nichtlinear sind. Von solchen Rangstatistiken wollen wir nun einige, getrennt nach Tests für Lage- und Variabilitätsalternativen, angeben.

Lagetests ($\theta < 0$, X stochastisch größer als Y):

$T_1 = A$ \qquad (Rosenbaum (1954))

$T_2 = A + B$ \qquad (Šidák u. Vondráček (1957))

$T_3 = \min\{A, B\}$ \qquad (Hájek u. Šidák (1967)).

Für $\theta > 0$ können dann $T_1' = A'$, $T_2' = A' + B'$, $T_3' = \min\{A', B'\}$ gewählt werden. Für $\theta \neq 0$ bieten sich die Statistiken

$\tilde{T}_2 = T_2 - T_2' = A + B - (A' + B')$ \qquad (Haga (1960))

$\tilde{T}_3 = T_3 - T_3' = \min\{A, B\} - \min\{A', B'\}$ \qquad (Hájek u. Šidák (1967))

an.

Variabilitätstests ($\theta > 0$, X streut mehr als Y)

$T_4 = A + B'$ \qquad (Rosenbaum (1953))

$T_5 = \min\{A, B'\}$.

Für $\theta < 1$ wählen wir entsprechend

$T_4' = A' + B$ bzw.

$T_5' = \min\{A', B\}$

und für $\theta \neq 1$

$\tilde{T}_4 = T_4 - T_4' = A + B' - (A' + B)$ \qquad (Kamat (1956))

$\tilde{T}_5 = \min\{A, B'\} - \min\{A', B\}$ \qquad (Hájek u. Šidák (1967)).

Die Verteilungen der einzelnen Teststatistiken unter H_0 lassen sich mit Hilfe kombinatorischer Überlegungen herleiten und ergeben sich als Spezialfälle der bivariaten hypergeometrischen Verteilung, siehe Bradley (1968) und Randles u. Wolfe (1979). Eine umfassende Darstellung von Überschreitungstests mit Gütestudien findet sich bei Rosenbaum (1965) und Neave (1979).

11.3 Robuste Verfahren

11.3.1 Problemstellung

Robuste Verfahren im Rahmen der statistischen Schätz- und Testtheorie haben in den letzten vierzig Jahren eine stürmische Entwicklung genommen. Es gibt heute wohl kaum einen Bereich der Statistik, der von Robustheitsfragen noch nicht berührt ist. Wenngleich

11.3 Robuste Verfahren

die ersten Robustheitsuntersuchungen bis in den Beginn des 19. Jahrhunderts zurückreichen, so taucht der eigentliche Begriff „Robustheit" zum ersten Mal bei Box (1953) im Vokabular der Statistik auf. Bezüglich eines historischen Abrisses der Entwicklung robuster Verfahren sei auf Huber (1972) und Hampel u.a. (1986) verwiesen.

Hampel (1978) bezieht den Begriff „robust" nur auf die parametrische Statistik, wenn er sagt *„robust statistics basically has nothing to do with nonparametric statistics"*. Dies engt aber unserer Meinung nach den Robustheitsbegriff zu sehr ein, denn auch Abweichungen von den in der nichtparametrischen Statistik postulierten Modellannahmen, so z.B. von der Symmetrie oder der Stetigkeit der Verteilungsfunktion F sowie von der Gleichheit der Varianzen im Zweistichproben–Lageproblem, sind Gegenstand von Robustheitsuntersuchungen nichtparametrischer Verfahren.

Wir können im Rahmen dieses Lehrbuches über nichtparametrische Methoden auf viele Fragen nicht im Detail eingehen, die sich unmittelbar mit dem Konzept der Robustheit aufdrängen, wie z.B. „Warum Robustheit?", „Was ist Robustheit?" und „Wie mißt man Robustheit?". Eine sehr ausführliche Auseinandersetzung mit diesen und ähnlichen Fragen findet sich bei Hampel u.a. (1986), siehe auch Staudte u. Sheather (1990). Nur so viel sei hier zum Begriff „robust" gesagt: *robust* heißt unempfindlich gegenüber Abweichungen von den im Modell geforderten Annahmen. Ein Verfahren, das optimal unter einem konkreten Modell ist, sollte auch „nahezu optimal" bei „geringfügigen" Abweichungen von diesem Modell sein. So wäre zu wünschen, daß der t–Test, der optimal unter der Normalverteilung ist, nur geringen Effizienzverlust unter einer kontaminierten Normalverteilung mit kleinem ε hat.

Was heißt jedoch präziser „unempfindlich gegenüber Modellabweichungen"? Und welche Modellabweichungen sind gemeint? Es ist einleuchtend, daß ein Verfahren unterschiedlich auf verschiedene Modellabweichungen reagieren kann. So ist z.B. der t–Test im Zweistichproben–Problem gegenüber Abweichungen von der Normalverteilung weniger empfindlich als gegenüber ungleichen Varianzen (Behrens–Fisher–Problem). Weiterhin, sind bei der Untersuchung von Tests die Hypothesen einseitig oder zweiseitig? Inwieweit spielen das vorgegebene Testniveau α oder der Stichprobenumfang n eine Rolle? Wir sehen, die Frage nach der Robustheit von Verfahren ist recht komplex. Eine ausführliche Diskussion zu diesem Problemkreis findet sich bei Bradley (1968, 1978).

Wir wollen nun als Beispiele zwei (häufig getroffene) Modellannahmen angeben; eine bezieht sich auf die Stichprobe, die andere auf die Grundgesamtheit:

(A) Die Stichprobenvariablen sind unabhängig.
(B) Die Grundgesamtheit hat eine spezifizierte Verteilung F.

Die Literatur zu Robustheitsuntersuchungen nichtparametrischer Schätz– und Testverfahren bei Abweichungen von Modellannahme (A) ist im Gegensatz zum Fall (B) dünn gesät. Die Schwierigkeit liegt in der Herleitung der exakten (oder asymptotischen) Verteilungen der Test- bzw. Schätzstatistiken unter Annahme eines bestimmten Abhängigkeitsmodells. Als Arbeiten über nichtparametrische Tests bei Abhängigkeit seien genannt: Serfling (1968), Gastwirth u. Rubin (1971), Hollander u.a. (1974), Raviv (1978), Kohne (1981), Brunner u. Neumann (1982), Hettmansperger (1984) sowie Miller (1986) und über Schätzer: Høyland (1968), Gastwirth u. Rubin (1975), Portnoy (1977, 1979) sowie Bosbach (1988).

Rao (1965) hat die Wirkung der Abhängigkeit der Beobachtungen auf die Verteilung der t-Statistik im Einstichproben-Fall ($H_0 : \mu = \mu_0$) untersucht, und zwar für den einfachen Fall, daß alle Beobachtungen paarweise korreliert sind mit einem gemeinsamen Korrelationskoeffizienten ρ. Es zeigt sich, daß für großes positives ρ (nahe 1) ein großer Wert der t-Statistik zu erwarten ist, gerade wenn μ_0 der wahre Wert des Parameters μ ist. Ein signifikantes t kann also auf eine Abweichung von Modellannahme (A) zurückzuführen sein. Zur Robustheit des t-Tests bei abhängigen Daten siehe auch Albers (1978) und Cressie (1980).

Die Literatur zur Robustheit von Test- und Schätzverfahren bei Abweichungen von Modellannahme (B), wobei F in der Regel als Normalverteilung gewählt wird, ist nicht mehr überschaubar. Wir wollen im folgenden an zwei ausgewählten Beispielen, der Schätzung eines Lageparameters und des Testens auf Gleichheit zweier Verteilungen im Lageproblem Fragen der Robustheit bei Abweichungen von der Normalverteilung untersuchen (Verteilungsrobustheit).

11.3.2 Schätzung eines Lageparameters

Wir betrachten folgendes Modell: Es seien $X_1, \ldots, X_n$ unabhängige und identisch verteilte Zufallsvariablen mit $X_i \sim F(x - \theta)$, $i = 1, \ldots, n$, wobei F stetig mit zugehöriger Dichte f und symmetrisch um θ sei. Wir setzen o.B.d.A. $\theta = 0$, da wir andernfalls von den transformierten Variablen $Y_i = X_i - \theta$ mit $E(Y_i) = 0$ ausgehen können. Drei Fragen stellen sich:

(I) Welche Verteilungen sollen ausgewählt werden?

(II) Welche Schätzfunktionen für θ werden behandelt?

(III) Welche Kriterien zur Messung der Robustheit und Effizienz von Schätzfunktionen sollen herangezogen werden?

Was die Frage (I) betrifft, so wählen wir zwecks eines konkreten Effizienzvergleiches in (III) folgende fünf Verteilungsfunktionen, die alle symmetrisch um $\theta = E(X) = 0$ sind:

(1) Φ (Standardnormalverteilung)

(2) $Dex(0,1)$ (Doppelexponentialverteilung)

(3) $KN(0.01, 3) = 0.99\Phi(x) + 0.01\Phi(x/3)$

(4) $KN(0.05, 3) = 0.95\Phi(x) + 0.05\Phi(x/3)$

(5) $KN(0.25, 3) = 0.75\Phi(x) + 0.25\Phi(x/3)$.

Die Verteilungen $KN(\varepsilon,\sigma)$ in (3), (4) und (5) sind skalenkontaminierte Normalverteilungen (siehe 2.4.3). Die Verteilungen in (2) bis (5) haben stärkere Tails als Φ, wobei (3) „in der Nähe" von Φ liegt. Wir wollen es hier und im folgenden bei der unpräzisen Formulierung „in der Nähe einer Verteilung" belassen. Eine genaue Definition müßte über ein Distanzmaß für zwei Verteilungen vorgenommen werden, wie z.B. über die Levy- oder Kolmogorow-Distanz, siehe Büning (1991).

Die Schätzfunktionen in Beantwortung der Frage (II) können grob in die drei Gruppen eingeteilt werden:

(1) L–Schätzer (Linearkombination geordneter Statistiken)

(2) M–Schätzer (verallgemeinerte Maximum–Likelihood–Schätzer)

(3) R–Schätzer (abgeleitet von Rangstatistiken).

Wir beschränken uns hier auf die Klasse der L–Schätzer, die wie folgt definiert sind:

$$L = \sum_{i=1}^{n} a_i X_{(i)} \quad \text{mit} \quad X_{(1)} \leq \cdots \leq X_{(n)} \quad \text{und} \quad \sum_{i=1}^{n} a_i = 1.$$

Wegen der Symmetrie von F um θ (speziell $\theta = 0$), liegt es nahe, „symmetrische" Gewichte a_i zu wählen, d.h., $a_i = a_{n-i+1}$. Dann ist L ein erwartungstreuer Schätzer für θ. Ein spezieller L–Schätzer ist $\bar{X} = \frac{1}{n}\sum_{i=1}^{n} X_i$ mit $a_i = \frac{1}{n}, i = 1,\ldots,n$; $\bar{X}$ ist optimal (im Sinne kleinster Varianz) bei normalverteilten Daten, reagiert aber sehr empfindlich auf Ausreißer in den Daten. Als robuste Alternativen zu $\bar{X}$ bieten sich unter den L–Schätzern das getrimmte Mittel und das winsorisierte Mittel (benannt nach Winsor, siehe Tukey (1962)) an, die wie folgt definiert sind: Es sei $X_{(1)} \leq X_{(2)} \leq \cdots \leq X_{(n)}$ die geordnete Statistik von $X_1,\ldots,X_n$, γ der vorgegebene Trimmanteil, $0 \leq \gamma < 0.5$, und $g = [n\gamma]$, wobei $[n\gamma]$ den ganzzahligen Anteil von $n\gamma$ angibt. Dann ist das γ-getrimmte Mittel bzw. das γ-winsorisiertes Mittel definiert durch

$$\bar{X}_{\gamma g} = \frac{1}{n-2g} \sum_{i=g+1}^{n-g} X_{(i)}$$

bzw.

$$\bar{X}_{\gamma w} = \frac{1}{n}\left(gX_{(g+1)} + gX_{(n-g)} + \sum_{i=g+1}^{n-g} X_{(i)}\right).$$

Zur Berechnung von $\bar{x}_{\gamma g}$ werden die g kleinsten und g größten Beobachtungen aus der Stichprobe gestrichen und von den verbleibenden Beobachtungen dann der Mittelwert gebildet.

Bei $\bar{x}_{\gamma w}$ werden die unten und oben getrimmten g Beobachtungen durch die kleinste bzw. größte in der Stichprobe verbleibende Beobachtung $x_{(g+1)}$ bzw. $x_{(n-g)}$ ersetzt. Offensichtlich

11. Ausblick

sind $\bar{X}_{\gamma g}$ und $\bar{X}_{\gamma w}$ spezielle L–Schätzer. Wir wollen die Berechnung von $\bar{X}_{\gamma g}$ und $\bar{X}_{\gamma w}$ an einem Datenbeispiel veranschaulichen:

Beispiel 2: Gegeben seien die $n = 10$ Daten:

$$1 \quad 2 \quad 10 \quad 14 \quad 15 \quad 16 \quad 17 \quad 18 \quad 48 \quad 49$$

Mit $\gamma = 0.2$ ist $g = 2$ und damit

$$\bar{x}_{\gamma g} = \frac{1}{6}(10 + 14 + 15 + 16 + 17 + 18) = 15,$$
$$\bar{x}_{\gamma w} = \frac{1}{10}(3 \cdot 10 + 14 + 15 + 16 + 17 + 3 \cdot 18) = 14.6$$

und zum Vergleich $\bar{x} = 19$. Für den Median M als spezielles getrimmtes Mittel ergibt sich $M = 15.5$.

Was die dritte Frage (III) betrifft, so gibt es eine Reihe von Konzepten zur Messung der Robustheit von Schätzverfahren, wie z.B.

(1) die *Varianz* bei erwartungstreuen bzw. der *mittlere quadratische Fehler* bei nicht erwartungstreuen Schätzern,

(2) der *Bruchpunkt* (breakdown point),

(3) die *Sensitivitätskurve* bzw. das dazu theoretische Pendant, die *Influenzfunktion*.

Bevor wir auf (1) im Zusammenhang mit vorliegenden Robustheitsstudien näher eingehen wollen, seien noch kurz der Bruchpunkt und die Sensitivitätskurve erklärt. Unter dem *Bruchpunkt* b eines Schätzers $\hat{\theta}$ für θ verstehen wir den größtmöglichen Anteil ($0 \leq b \leq 1$) unter allen n Beobachtungen, bei dem es (immer noch) eine *Schranke* für die Änderung des Schätzers gibt, wenn von den n Beobachtungen $b \times n$ Beobachtungen durch *beliebige andere* Beobachtungen ersetzt werden. Das bedeutet, je größer b, desto robuster der Schätzer. Beim arithmetischen Mittel $\bar{X}$ ist $b = 0$ und für $\bar{X}_{\gamma g}$ und $\bar{X}_{\gamma w}$ ist $b = \gamma$.

Die *Sensitivitätskurve* $SC(x)$ ist wie folgt definiert: Zu den Daten $x_1, \ldots, x_n$ wird ein beliebiger Wert x hinzugefügt; der Einfluß von x auf den Schätzer $\hat{\theta} = T(x_1, \ldots, x_n)$ beschreibt dann

$$\begin{aligned} SC(x) &= \frac{T_{n+1}(x_1, \ldots, x_n, x) - T_n(x_1, \ldots, x_n)}{1/(n+1)} \\ &= (n+1)\left[T_{n+1}(x_1, \ldots, x_n, x) - T_n(x_1, \ldots, x_n)\right]. \end{aligned}$$

Beispiel 3: Es sei $\hat{\theta} = T_n(x_1, \ldots, x_n) = \bar{x}_n = \frac{1}{n}\sum_{i=1}^{n} x_i$ und $\bar{x}_{n+1} = \frac{1}{n+1}(x_1 + \cdots + x_n + x)$. Dann ist

$$\begin{aligned} SC(x) &= (n+1)\left[\bar{x}_{n+1} - \bar{x}_n\right] = (n+1)\bar{x}_{n+1} - n\bar{x}_n - \bar{x}_n \\ &= n\bar{x}_n + x - n\bar{x}_n - \bar{x}_n = x - \bar{x}_n. \end{aligned}$$

Die Sensitivitätskurve des arithmetischen Mittels ist also als Funktion von x unbeschränkt im Gegensatz zum Median oder allgemeiner zum getrimmten und winsorisierten Mittel, was der Leser überprüfen möge.

Wir wollen nun die Robustheit des arithmetischen Mittels im Sinne von (1) über die Varianz bzw. über die darauf basierende finite relative Effizienz F.R.E. sowie die asymptotische relative Effizienz A.R.E. zum Vergleich zweier Schätzer untersuchen.

Das bedeutet speziell für $\bar{X}$ und $\bar{X}_{\gamma g}$:

$$F.R.E.(\bar{X}_{\gamma g}, \bar{X}) = \frac{\text{Var}(\bar{X})}{\text{Var}(\bar{X}_{\gamma g})} \quad \text{bzw.} \quad A.R.E.(\bar{X}_{\gamma g}, \bar{X}) = \lim_{n \to \infty} \frac{\text{Var}(\bar{X})}{\text{Var}(\bar{X}_{\gamma g})}.$$

Ist also der Quotient bzw. der Limes des Quotienten größer als 1, so ist $\bar{X}_{\gamma g}$ effizienter als $\bar{X}$. Die folgende Tabelle bringt eine Zusammenstellung von A.R.E.-Werten für verschiedene γ und die unter (I) angegebenen fünf Verteilungen. Die Ergebnisse sind den Arbeiten von Bickel u. Lehmann (1975) und Gastwirth u. Cohen (1970) entnommen, einschließlich der Werte in der letzten Spalte, die das Infimum $(1 - 2\gamma)^2$ der $A.R.E.(\bar{X}_{\gamma g}, \bar{X})$ über alle Verteilungen angibt.

Tab. 11.1

γ	(1)	(2)	(3)	(4)	(5)	$(1 - 2\gamma)^2$
0.05	0.971	1.212	1.035	1.186	1.402	0.81
0.10	0.943	1.342	0.999	1.197	1.622	0.64
0.15	0.909	1.449	0.965	1.197	1.786	0.49
0.25	0.833	1.626	0.890	1.085	1.667	0.25
0.50	0.637	2.000	0.678	0.833	1.327	0.00

Wir sehen, daß $\bar{X}_{\gamma g}$ schon für $KN(0.05, 3)$ (asymptotisch) effizienter als $\bar{X}$ ist. Je größer ε ist (heavier tails), desto effizienter wird $\bar{X}_{\gamma g}$ bei geeigneter Wahl von γ. Unter der Annahme einer Doppelexponentialverteilung (2) ist der Median ($\gamma = 0.5$) „doppelt so effizient" wie $\bar{X}$; im Falle der Normalverteilung (1) sinkt die Effizienz auf $2/\pi \approx 0.637$. Die tabellierten Werte können also als Bestätigung dafür aufgefaßt werden, das $\bar{X}$ wenig robust ist bei Abweichungen von der Normalverteilung, wenn diese Abweichungen Verteilungen mit heavy tails sind. Liegt eine derartige Verteilung vor, so ist das Auftreten von Ausreißern wahrscheinlicher als bei einer Normalverteilung, und $\bar{X}$ reagiert — wie erwähnt — auf Ausreißer empfindlicher als $\bar{X}_{\gamma g}$, sofern γ hinreichend groß gewählt wird.

Neben diesen Untersuchungen mit asymptotischen Ergebnissen gibt es eine Reihe von Simulationsstudien und exakten Berechnungen, die auch die Nicht–Robustheit von $\bar{X}$ bei Abweichungen von der Normalverteilung bestätigen. Dazu seien insbesondere die Arbeiten von Andrews u.a. (1972), Crow u. Siddiqui (1967), Gastwirth u. Cohen (1970), Hampel (1973, 1974), Huber (1972), Jaeckel (1971a), Rocke u.a. (1982) und Stigler (1977) genannt.

In der berühmten Princeton–Studie von Andrews u.a. (1972) über die Schätzung von Lageparametern werden insgesamt 68 (!) Schätzfunktionen, die im wesentlichen in 4 Gruppen eingeteilt werden können, unter der Annahme einer Normalverteilung, Cauchy-Verteilung, t-Verteilung, der kontaminierten Normalverteilung und der Doppelexponentialverteilung miteinander verglichen. Die Verfasser geben zum Schluß ihrer Arbeit Antwort auf die Frage (S. 239/240): *Which was the worst estimator in the study? If there is any candidate for such an overall statement, it is the arithmetic mean ... the arithmetic mean, in its strict mathematical sense, is "out".*

Weitere Untersuchungen zu Lageschätzern, einschließlich des winsorisierten Mittels, und der M- und R-Schätzer, sowie zu Skalenschätzern, Regressionsschätzern u.a. sind in den Büchern von Huber (1981), Hoaglin u.a. (1983), Hampel u.a. (1986), Tiku u.a. (1986) und Staudte u. Sheather (1990) und Lee (1992) zu finden.

Das Buch von Hampel u.a. (1986) baut ganz auf dem Konzept der Influenzfunktion auf. Nicht zu vergessen sei die bahnbrechende Arbeit von Huber (1964) über M-Schätzer, die zum ersten Mal Robustheitsstudien auf eine theoretische Grundlage gestellt und damit wesentliche Impulse für die Entwicklung robuster Verfahren gegeben hat.

11.3.3 Lagetests auf Gleichheit zweier Verteilungen

Wir betrachten folgendes Modell: Es seien $X_1,\ldots,X_m$ und $Y_1,\ldots,Y_n$ unabhängige Zufallsvariablen mit $X_i \sim F(z)$, $i=1,\ldots,m$, und $Y_j \sim F(z-\theta)$, $j=1,\ldots,n$, $\theta \in \mathbb{R}$, wobei F stetig mit zugehöriger Dichte f sei. Zu testen ist die Hypothese

$$H_0 : \theta = 0 \quad \text{gegen} \quad H_1 : \theta > 0 \quad (\theta < 0, \theta \neq 0),$$

siehe 5.4.1. Unter der Annahme der Normalverteilung, d.h., $X_i \sim N(\mu_X, \sigma_X^2)$, $Y_j \sim N(\mu_Y, \sigma_Y^2)$, und für $\sigma_X^2 = \sigma_Y^2 = \sigma^2$ ist der t-Test gleichmäßig bester unverfälschter Test für die ein- und zweiseitigen Alternativen mit $\theta = \mu_Y - \mu_X$. Im Falle nichtnormalverteilter Daten bietet sich ein nichtparametrischer Test an, so insbesondere der Wilcoxon-Rangsummentest (siehe 5.4.2) oder eine robuste Version des t-Tests, die über die getrimmten bzw. winsorisierten Mittel aus dem vorangegangenen Abschnitt konstruiert werden kann. Es seien also

$$\bar{X}_{\gamma g} = \frac{1}{m - 2g_1} \sum_{i=g_1+1}^{m-g_1} X_{(i)} \quad \text{und} \quad \bar{Y}_{\gamma g} = \frac{1}{n - 2g_2} \sum_{j=g_2+1}^{n-g_2} Y_{(j)}$$

die γ-getrimmten Mittel der X- bzw. der Y-Variablen mit $g_1 = [\gamma m]$ bzw. $g_2 = [\gamma n]$; natürlich können auch unterschiedliche Trimmanteile γ_1, γ_2 für die x- und y-Stichprobe gewählt werden. Weiterhin seien

$$\bar{X}_{\gamma w} = \frac{1}{m}\left[g_1 X_{(g_1+1)} + g_1 X_{(m-g_1)} + \sum_{i=g_1+1}^{m-g_1} X_{(i)}\right]$$

und
$$\bar{Y}_{\gamma w} = \frac{1}{n}\left[g_2 Y_{(g_2+1)} + g_2 Y_{(n-g_2)} + \sum_{j=g_2+1}^{n-g_2} Y_{(j)}\right]$$

die entsprechenden winsorisierten Mittel sowie

$$S_w(X) = g_1 \left(X_{(g_1+1)} - \bar{X}_{\gamma w}\right)^2 + g_1 \left(X_{(m-g_1)} - \bar{X}_{\gamma w}\right)^2 + \sum_{i=g_1+1}^{m-g_1} \left(X_{(i)} - \bar{X}_{\gamma w}\right)^2$$

und

$$S_w(Y) = g_2 \left(Y_{(g_2+1)} - \bar{Y}_{\gamma w}\right)^2 + g_2 \left(Y_{(n-g_2)} - \bar{Y}_{\gamma w}\right)^2 + \sum_{j=g_2+1}^{n-g_2} \left(Y_{(j)} - \bar{Y}_{\gamma w}\right)^2$$

die winsorisierten Summen der Abweichungsquadrate für die X- bzw. Y-Variablen. Dann ist die γ-getrimmte t–Statistik definiert als

$$t_{\gamma g} = \frac{\bar{X}_{\gamma g} - \bar{Y}_{\gamma g}}{\sqrt{\frac{S_w(X) + S_w(Y)}{h_1 + h_2 - 2}\left(\frac{1}{h_1} + \frac{1}{h_2}\right)}}$$

mit $h_1 = m - 2g_1$, $h_2 = n - 2g_2$; speziell für $m = n$ ist $g_1 = g_2 = g$ und $h_1 = h_2 = h$.

Die finite Verteilung von $t_{\gamma g}$ unter H_0 kann bei Annahme normalverteilter Daten gut durch eine t–Verteilung mit $v = h_1 + h_2 - 2$ FG approximiert werden; $t_{\gamma g}$ ist asymptotisch $N(0,1)$-verteilt für $m = n$, falls g/n einen endlichen Grenzwert hat, siehe Yuen u. Dixon (1973). Das ist die Rechtfertigung für die Wahl der *winsorisierten* Summen der Abweichungsquadrate im Nenner von $t_{\gamma g}$.

Wie können wir nun die Robustheit von Tests messen? Hier bieten sich neben den analog zum Schätzproblem definierten Konzepten des Bruchpunktes (break down point) (siehe z.B. Rieder (1982)) und der Influenzfunktion (siehe z.B. Rousseeuw u. Ronchetti (1979), Eplett (1980), Lambert (1981), Hampel u.a. (1986) und Büning (1993)) die α– und β–Robustheit an, worauf wir hier im Zusammenhang mit dem Zweistichproben–Lageproblem kurz eingehen wollen.

(1) α–Robustheit:

Bei vorgegebenem (*nominalem*) Testniveau α sei der kritische Bereich C_α einer Teststatistik T_n eindeutig bestimmt durch $P_F(T_n \in C_\alpha) = \alpha$, wobei F die Verteilungsfunktion der X- und Y-Variablen unter H_0 ($\theta = 0$) ist. Statt F unterstellen wir nun eine Verteilungsfunktion G und bestimmen das *aktuelle* Testniveau α^* mit $\alpha^* = P_G(T_n \in C_\alpha)$. Als α–Robustheitsmaße definieren wir

$$r_\alpha^{(1)} = |\alpha - \alpha^*| \quad \text{oder} \quad r_\alpha^{(2)} = \frac{|\alpha - \alpha^*|}{\alpha}.$$

$r_\alpha^{(1)}$ und $r_\alpha^{(2)}$ hängen natürlich noch von den Stichprobenumfängen m und n ab. Je größer $r_\alpha^{(1)}$ oder $r_\alpha^{(2)}$, desto weniger α-robust ist der auf T_n basierende Test.

(2) β–Robustheit:

Es sei nun F bzw. G die Verteilungsfunktion der X–Variablen und entsprechend $F_\theta(z) = F(z-\theta)$ bzw. $G_\theta(z) = G(z-\theta)$ die der Y–Variablen ($\theta \in H_1$). Zur Festlegung eines β–Robustheitsmaßes gehen wir von einem konservativen Test unter G aus, d.h. $\alpha^\star \leq \alpha$. Wir betrachten die für $\theta \in H_1$ definierten Gütefunktionen

$$\beta(\theta) = P_{F_\theta}(T_n \in C_\alpha) \quad \text{und} \quad \beta^\star(\theta) = P_{G_\theta}(T_n \in C_\alpha).$$

Es werde angenommen: $\beta(\theta) \geq \beta^\star(\theta)$ für alle α, m, n und $\theta \in H_1$. Hierbei ist insbesondere der Fall von Interesse, daß T_n unter F_θ optimal ist, wie z.B. der t–Test unter der Normalverteilung, und daß G_θ in der „Nähe von F_θ" liegt, wie z.B. die skalenkontaminierte Normalverteilung für kleines ε in der „Nähe der Normalverteilung". Als β–Robustheitsmaße definieren wir den Güteverlust für $\theta_1 \in H_1$ durch

$$r_\beta^{(1)}(\theta_1) = \beta(\theta_1) - \beta^\star(\theta_1) \quad \text{bzw.} \quad r_\beta^{(2)}(\theta_1) = \frac{\beta(\theta_1) - \beta^\star(\theta_1)}{\beta(\theta_1)}.$$

Ein Test ist also β-robust, wenn der (absolute oder relative) Güteverlust klein ist beim Übergang von Modell F_θ zu G_θ für die Y–Variablen, wobei dem Begriff „klein" natürlich eine gewisse Willkür anhaftet. Statt des Güteverlustes *eines* Tests wird somit häufig auch die relative Effizienz *zweier* Test als β–Robustheitsmaß herangezogen mit der Überlegung, daß ein Test T_1, der unter F_θ effizienter als ein anderer Test T_2 ist, wenig β-robust ist, wenn der Test T_2 dann unter einem Modell G_θ „in der Nähe von F_θ" effizienter als T_1 ist. In diesem Sinne ist z.B. — wie wir gesehen haben — der t–Test im Einstichproben–Problem wenig β-robust, denn unter der Normalverteilung ist er effizienter als der Wilcoxon–Vorzeichen–Rangtest, weniger effizient als dieser aber schon unter einer kontaminierten Normalverteilung mit $\varepsilon = 0.01$, siehe Tabelle 4.7 in Abschnitt 4.4.3. Ähnliche Ergebnisse gelten auch für den t–Test im Zweichstichproben–Problem, siehe Büning (1991) und die A.R.E.–Ergebnisse in Kapitel 10, Tabelle 10.1. Der t–Test und der γ-getrimmte t–Test sind aber für $m = n$ asymptotisch α-robust, denn die zugehörigen beiden Statistiken t und $t_{\gamma g}$ sind unter H_0 asymptotisch $N(0,1)$-verteilt; d.h., beide Tests halten auch bei nichtnormalverteilten Daten asymptotisch das Testniveau α ein. Wir sehen also, daß α–Robustheit nicht unbedingt β-Robustheit impliziert. Das Problem der α–Robustheit stellt sich — wie wir bereits wissen — bei nichtparametrischen Tests, (Wilcoxon-Rangsummentest, v.d. Waerden-Test u.a.) nicht, da alle diese Tests für stetiges F verteilungsfrei unter H_0 sind.

Wir wollen nun noch über einige finite Robustheitsstudien der drei hier betrachteten Tests berichten, uns dabei aber auf den Fall der Abweichungen von der Normalverteilung beschränken; zur Robustheit von Tests im Behrens–Fisher–Problem ($\sigma_X^2 \neq \sigma_Y^2$) sei auf die ausführlichen Untersuchungen in Büning (1991) hingewiesen.

Die α–Robustheit des t–Tests im finiten Fall, insbesondere für $m = n$, wird durch eine Reihe von Arbeiten bestätigt, siehe z.B. Gayen (1950), Lee u. D'Agostino (1976), Posten

(1978), Vleugels (1984) und Marrero (1985). Nur für Verteilungen mit sehr starken Tails wie bei der Cauchy-Verteilung erweist sich der t-Test als sehr konservativ; hier nimmt $r_\alpha^{(2)}$ Werte bis 42.2% für $\alpha = 0.05$ an. Ähnliche Ergebnisse über die α-Robustheit gelten auch für den γ-getrimmten t-Test, der unter Cauchy-Verteilung aber weniger konservativ ($r_\alpha^{(2)} \leq 26.6\%$) als der t-Test ist, siehe Vleugels (1984). In dieser Arbeit ist auch ein Effizienzvergleich zweier getrimmter t-Tests zum t-Test und Wilcoxon-Test zu finden, und zwar unter fünf verschiedenen Verteilungen: der Normalverteilung, drei kontaminierten Normalverteilungen $\varepsilon = 0.05, 0.10, 0.20$ bei gleicher Varianz $\sigma = 3$ (in der Kontamination) und der Doppelexponentialverteilung, sowie für Stichprobenumfänge $m = n = 10, 20$, $g = 1, 2$ und für verschiedene $\theta \in H_1$. Es zeigt sich, daß der t-Test bei diesem Gütevergleich unter nichtnormalverteilten Daten am schlechtesten abschneidet (unter Normalverteilung sind die anderen Tests kaum schlechter als der t-Test) und daß der Wilcoxon-Test insgesamt gesehen auch den beiden getrimmten Versionen des t-Tests überlegen ist. Yuen u. Dixon (1973) zeigen in einer Simulationsstudie unter Annahme einer Normalverteilung und dreier skalenkontaminierter Normalverteilungen ($\varepsilon = 0.20$, $\sigma = 3, 5, 7$ in der Kontamination), daß der Güteverlust $r_\beta^{(2)}$ des t-Tests für $m = n = 10, 20$ und 3 Werte von $\theta \in H_1$ zwischen 60% und 80% schwankt und daß die F.R.E. zweier getrimmter t-Tests zum t-Test für großes σ^2 zwischen 200% und 500% liegt. Zum Vergleich des t-Tests mit dem Wilcoxon-Test und anderen Tests unter kontaminierten Normalverteilungen siehe auch Neave u. Granger (1968), Afifi u. Kim (1972), Posten (1982) und Marrero (1985). Während der hier betrachtete γ-getrimmte t-Test auf dem getrimmten und winsorisierten Mittel, als Spezialfälle von L-Schätzern, basiert, können auch andere robuste Lageschätzer, so z.B. M-Schätzer, zur Konstruktion robuster Lagetests herangezogen werden, siehe z.B. Fung u.a. (1985) mit der Untersuchung solcher M-Tests.

11.4 Adaptive Verfahren

11.4.1 Problemstellung

Wir haben im vorangegangenen Abschnitt über robuste Verfahren gesehen, daß der Schätzer $\bar{X}$ für den Erwartungswert $\theta = E(X)$ und der t-Test auf Gleichheit zweier Verteilungen wenig effizient sind bei Abweichungen von der Normalverteilung, wobei die Effizienz im Vergleich zu robusten Konkurrenten (getrimmtes Mittel, getrimmter t-Test) mit wachsender Stärke der Tails der Verteilung rasch abnimmt. Die getrimmten Versionen schneiden bei Wahl eines geeigneten Trimmanteils γ in Abhängigkeit von der Verteilung F z.T. deutlich besser ab als die klassischen parametrischen Verfahren. Diese Überlegenheit gilt im Fall des Testens auch für nichtparametrische Verfahren wie z.B. für den Wilcoxon-Test. Aber auch hier stellt sich die Frage nach der zugrundeliegenden Verteilung F, haben wir doch bereits im Abschnitt 5.4.5 über lokal optimale Rangtests gezeigt, daß die Güte eines Rangtests ganz entscheidend vom unterstellten Verteilungsmodell abhängt. So ist z.B. der Wilcoxon-Test lokal optimal bei einer logistischen Verteilung, während der Median-Test bei einer Doppelexponentialverteilung lokal maximale Güte hat. Der Wilcoxon-Test, der allgemein für symmetrische Verteilungen mit mittleren bis starken Tails als erste Wahl gilt, verliert jedoch bei asymmetrischen Verteilungen gegenüber den eigens für solche Verteilungen konzipierten nichtparametrischen Tests deutlich an Effizienz. Nun hat aber der Anwender statistischer Verfahren nur in den seltensten Fällen gesicherte Kenntnis über die seine Daten generierende Verteilung, ihm bleibt also die Qual der Wahl eines aus vielen in Frage kommenden Verfahrens. Was liegt in einer solchen Situation dann näher, als vorab „einen Blick auf die Daten zu werfen", um mit Hilfe der daraus gewonnenen Information über den Verteilungstyp hinsichtlich gewisser Maße für die Stärke der Tails, der Asymmetrie u.a. ein geeignetes Verfahren auszuwählen. Während ein solches zweistufig adaptives Verfahren mit der Klassifikation des Verteilungstyps und der Auswahl des Verfahrens auf der 1. Stufe und der Durchführung des Verfahrens auf der 2. Stufe im Fall des Schätzens keine Probleme macht, sind beim Testen solche Verfahren insoweit bedenklich, als das Gesamtniveau α dieser *bedingten* Tests — bezogen auf beide Stufen — ganz außer Kontrolle geraten kann. Hogg (1974) schlägt einen zweistufig adaptiven Test vor, der diesen Mangel nicht hat, sondern exakt das Testniveau α einhält. Dieser adaptive Test wählt einen geeigneten aus mehreren zur Verfügung stehenden Rangtests aus; seine Verteilungsfreiheit basiert — wie wir sehen werden — auf der Unabhängigkeit der geordneten Statistik von der Rangstatistik. Dieses Konzept der Anpassung des Tests an die Daten, auf das wir im Abschnitt 11.4.4 näher eingehen werden, eröffnet nach Hogg (1976) eine *„new dimension"* in der verteilungfreien Inferenz. Der Anwender kann also in diesem Sinne „mit ruhigem Gewissen" vorab seine Daten analysieren und dann einen geeigneten Test auswählen. Doch wie oben schon angeklungen ist ein solches adaptives Konzept (leider) nur für verteilungsfreie Tests (Rangtests) möglich, also nicht auf parametrische Tests oder ihre robustifizierten Versionen anwendbar. Dies bedeutet aber keine große Einschränkung, schneiden doch die Rangtests meist hervorragend im Vergleich zu den parametrischen und robustifizierten Tests ab.

Bevor wir uns jedoch adaptiven Tests zuwenden, wollen wir im folgenden Abschnitt zunächst Maße zur Klassifizierung von Verteilungen vorstellen, um uns dann exemplarisch den gleichen Problemen wie bei den Robustheitsuntersuchungen zuzuwenden, und zwar der Schätzung eines Lageparameters und dem Testen auf Gleichheit zweier Verteilungen.

11.4.2 Maße zur Klassifizierung von Verteilungen

Wir wollen zunächst einige theoretische Maße zur Klassifizierung von Verteilungen und dann Schätzer für diese Maße angeben. Klassische Maße sind die Schiefe (Exzeß) β_1 und die Wölbung (Kurtosis) β_2, die wie folgt definiert sind

$$\beta_1 = \frac{\mu_3}{\sigma^3} \quad \text{und} \quad \beta_2 = \frac{\mu_4}{\sigma^4},$$

wobei $\mu_3 = E((X-\mu)^3)$ und $\mu_4 = E((X-\mu)^4)$ das 3. bzw. 4. zentrale Moment und σ die Standardabweichung der Zufallsvariablen X bedeuten. Ist die Verteilung F symmetrisch um μ, dann gilt $\beta_1 = 0$; β_1 ist größer als 0, falls F rechtsschief und kleiner als 0, falls F linksschief ist. Für die Normalverteilung gilt $\beta_2 = 3$. Es ist allerdings nicht klar, was die Wölbung eigentlich mißt. Zu dieser Frage gibt es im Laufe der Jahre eine Reihe von Arbeiten, die zu den unterschiedlichsten Ergebnissen kommen, wie: die Wölbung mißt „nur die Tails einer Verteilung" oder „Tails und Peakedness" oder „die Streuung um $\mu \pm \sigma$" oder „unimodale gegen bimodale Verteilungen", siehe dazu Büning (1991). Neben diesen Maßen β_1 und β_2, definiert über die Momente, gibt es weiterhin die von Hogg eingeführten Maße Q_1 und Q_2 für Schiefe und Tails einer Verteilung, siehe z.B. Hogg (1974). Diese Maße basieren auf „Mittelwerten zwischen zwei p-Quantilen" und sind wie folgt definiert. Es sei

$$\mu(a,b) = \frac{1}{b-a} \int_{x_a}^{x_b} x f(x)\, dx, \; 0 \leq a < b \leq 1,$$

mit $x_p = F^{-1}(p)$. Weiterhin seien

$$L_{0.05} = \mu(0, 0.05), \quad L_{0.50} = \mu(0, 0.50),$$
$$U_{0.05} = \mu(0.95, 1), \quad U_{0.50} = \mu(0.50, 1),$$
$$M_{0.50} = \mu(0.25, 0, 75).$$

Dann ist

$$Q_1 = \frac{U_{0.05} - M_{0.50}}{M_{0.50} - L_{0.05}} \quad \text{(Schiefe)} \qquad Q_2 = \frac{U_{0.05} - L_{0.05}}{U_{0.50} - L_{0.50}} \quad \text{(Tails)}.$$

Es gilt: $Q_1 \geq 0$, $Q_1 = 1$ für symmetrische Verteilungen, $Q_1 < 1$ für linksschiefe, $Q_1 > 1$ für rechtsschiefe Verteilungen und weiterhin $Q_2 \geq 1$; je größer Q_2, desto stärker die Tails der Verteilung.

Die folgende Tabelle gibt für einige ausgewählte symmetrische und asymmetrische Verteilungen die Werte von β_1, β_2, Q_1 und Q_2 an; dabei bedeuten $KN(0.05,5)$ die skalenkontaminierte Normalverteilung mit $\varepsilon = 0.05$ und $\sigma = 5$ und $LN(\sigma^2)$ die Lognormalverteilung mit Formparameter σ^2 und $\mu = 0$.

Tab. 11.2

Verteilungen	β_1	β_2	Q_1	Q_2
Gleich	0.000	1.800	1.000	1.900
Normal	0.000	3.000	1.000	2.585
logistisch	0.000	4.200	1.000	2.864
Dex	0.000	6.000	1.000	3.302
$KN(0.05,5)$	0.000	19.960	1.000	3.439
Ex	2.000	9.000	4.569	2.864
$\psi^2(4)$	1.414	6.000	2.804	2.704
$\psi^2(20)$	0.632	3.600	1.533	2.606
$LN(0.5)$	2.939	21.507	4.315	3.166
$LN(1)$	6.185	113.936	7.976	3.740

11. Ausblick

Neben diesen Maßen Q_1, Q_2 gibt es eine weitere Gruppe von Maßen für die Schiefe und Tails einer Verteilung; auf diese direkt über p–Quantile definierten Maße wollen wir hier aber nicht näher eingehen, auch nicht auf ein weiteres Maß, die sogenannte Peakedness, siehe dazu Büning (1991).

Schätzungen der Maße β_1 und β_2 sind:

$$\hat{\beta}_1 = \frac{\sum_{i=1}^{n}(X_i - \bar{X})^3}{nS^3}, \quad \hat{\beta}_2 = \frac{\sum_{i=1}^{n}(X_i - \bar{X})^4}{nS^4} \quad \text{mit} \quad S^2 = \frac{1}{n}\sum_{i=1}^{n}(X_i - \bar{X})^2.$$

Zur Schätzung von $\mu(a,b)$ werden in der geordneten Stichprobe $a \times n$ Beobachtungen am unteren Ende und $(1-b)n$ Beobachtungen am oberen Ende der Stichprobe getrimmt, und von den verbleibenden Beobachtungen wird das arithmetische Mittel gebildet. Für den Fall $a \cdot n \notin \mathbb{N}$ oder $(1-b)n \notin \mathbb{N}$ geht ein entsprechender Anteil des zugehörigen x-Wertes in die Mittelwertbildung ein. Ist z.B. $n = 50$, so ergibt sich für die Schätzer von $L_{0.05}$, $L_{0.50}$, $U_{0.05}$, $U_{0.50}$ und $M_{0.50}$:

$$\bar{L}_{0.05} = \frac{X_{(1)} + X_{(2)} + 0.5X_{(3)}}{2.5},$$

$$\bar{L}_{0.50} = \frac{X_{(1)} + \cdots + X_{(25)}}{25},$$

$$\bar{U}_{0.05} = \frac{X_{(48)} + X_{(49)} + 0.5X_{(50)}}{2.5},$$

$$\bar{U}_{0.50} = \frac{X_{(26)} + \cdots + X_{(50)}}{25} \quad \text{und}$$

$$\bar{M}_{0.50} = \frac{0.5X_{(13)} + X_{(14)} + \cdots + X_{(37)} + 0.5X_{(38)}}{25}.$$

Das bedeutet dann für die Schätzung der Maße Q_1, Q_2:

$$\hat{Q}_1 = \frac{\bar{U}_{0.05} - \bar{M}_{0.50}}{\bar{M}_{0.50} - \bar{L}_{0.05}} \quad \text{und} \quad \hat{Q}_2 = \frac{\bar{U}_{0.05} - \bar{L}_{0.05}}{\bar{U}_{0.50} - \bar{L}_{0.50}}.$$

Auf diesen Maßen $\hat{Q}_1$ und $\hat{Q}_2$ bauen die in den beiden folgenden Abschnitten diskutierten adaptiven Lageschätzer und Lagetests auf.

11.4.3 Schätzung eines Lageparameters

Wir betrachten das Modell aus 11.3.2: Es seien $X_1, \ldots, X_n$ unabhängige und identisch verteilte Zufallsvariablen mit $X_i \sim F(x - \theta)$, $i = 1, \ldots, n$, wobei F stetig mit zugehöriger Dichte f und *symmetrisch* um θ sei. Ist F bekannt, so kann unter gewissen Bedingungen mit Hilfe der Rao–Cramérschen Ungleichung der beste (im Sinne kleinster Varianz) unter allen erwartungstreuen Schätzern $\hat{\theta}$ für θ bestimmt werden. So ist $\bar{X}$ bester Schätzer unter der Normalverteilung. Aber wie schon in 11.3.1 herausgestellt wurde, ist F in der Regel unbekannt, so daß sich dem Anwender die Frage nach einem für seinen Datensatz geeigneten (besten?) Schätzer stellt. Neben dem arithmetischen Mittel $\bar{X}$ bieten sich weitere Schätzer aus den in 11.3.2 angegebenen drei Gruppen an, den L-, M- und R-Schätzern, deren Effizienz aber auch von der zugrundeliegenden Verteilung (kurze, mittlere oder lange Tails) abhängt. So liegt es nahe, einen adaptiven Schätzer auszuwählen, der auf den vorliegenden Datensatz zugeschnitten ist. Die Auswahl kann dabei über das oben eingeführte Maß $\hat{Q}_2$ erfolgen. Das Maß $\hat{\beta}_2$ zur Klassifizierung symmetrischer Verteilungen und damit als Auswahlkriterium für einen adaptiven Schätzer erweist sich als wenig geeignet, weil $\hat{\beta}_2$ wegen der auftretenden 4. Potenzen ausgesprochen empfindlich auf Ausreißer reagiert. Aus der Fülle der Literatur über adaptive Schätzer wollen wir einen Vorschlag herausgreifen, der auf dem Maß $\hat{Q}_2$ basiert; dieser Vorschlag stammt von Hogg u.a. (1984) und lautet wie folgt:

$$A = \begin{cases} \bar{X}_{0.15g}, \text{ falls } \hat{Q}_2 < 2.9 \\ \bar{X}_{0.25g}, \text{ falls } 2.9 \leq \hat{Q}_2 < 3.5 \\ \bar{X}_{0.35g}, \text{ falls } \hat{Q}_2 \geq 3.5, \end{cases}$$

wobei $\bar{X}_{\gamma g}$ das γ-getrimmte Mittel bedeutet, siehe 11.3.2. In dieser Arbeit werden weitere adaptive Lageschätzer, die auf M-Schätzern und anderen Maßen zur Klassifizierung von Verteilungen beruhen, vorgestellt und miteinander verglichen. Tabelle 3 gibt für $n = 20$ auszugsweise aus obiger Arbeit die im Rahmen einer Simulationsstudie ermittelten relativen Effizienzen einiger Schätzer, einschließlich des adaptiven Schätzers A, für vier Verteilungen wieder; dabei bezeichnet M den Median. Die Effizienzen (in %) sind jeweils zum Schätzer mit der kleinsten Varianz bei gegebener Verteilung berechnet.

Tab. 11.3

Schätzer	Normal	$KN(0.1, 3)$	Dex	Cauchy
$\bar{X}$	100.0	72.8	62.2	0.0
$\bar{X}_{0.05g}$	97.6	93.8	73.0	10.0
$\bar{X}_{0.15g}$	91.6	100.0	87.2	56.8
$\bar{X}_{0.25g}$	84.7	95.0	96.1	86.3
$\bar{X}_{0.35g}$	76.1	87.3	100.0	100.0
M	68.5	77.2	97.2	99.3
A	90.9	96.5	90.8	92.6

Wir stellen fest, daß alle nichtadaptiven Schätzer für eine oder mehrere Verteilungen wenig effizient sind (das gilt insbesondere für $\bar{X}$), während der adaptive Schätzer A über alle Verteilungen gesehen gut abschneidet; er ist natürlich nie der beste Schätzer für eine konkrete Verteilung, zählt aber auch nie zu den schlechtesten.

Der Trimmanteil γ im γ-getrimmten Mittel $\bar{X}_{\gamma g}$ kann auch adaptiv bestimmt werden, siehe Jaeckel (1971b), Prescott (1978) und DeWet u. van Wyk (1979a,b). Weitere Studien zu adaptiven Schätzern unter Einschluß von M-Schätzern sind bei Andrews u.a. (1972), Wegman u. Carroll (1977), Hogg (1982), Kappenman (1986) und Lee (1992) zu finden. Jaeckel (1971a) und Carroll (1979) untersuchen den Fall *asymmetrischer* Verteilungen, während

Parr (1982) zeigt, daß unter gewissen Bedingungen ein adaptiver L–Schätzer dieselbe asymptotische Verteilung hat wie ein nichtadaptiver L–Schätzer.

11.4.4 Lagetests auf Gleichheit zweier Verteilungen

Wir betrachten wie in 11.3.3 folgendes Modell: Es seien $X_1, \ldots, X_m$ und $Y_1, \ldots, Y_n$ unabhängige Zufallsvariablen mit $X_i \sim F(z)$, $i = 1, \ldots, m$, und $Y_j \sim F(z - \theta)$, $j = 1, \ldots, n$, $\theta \in \mathbb{R}$, wobei F stetig mit zugehöriger Dichte f sei. Zu testen sei

$$H_0 : \theta = 0 \quad \text{gegen} \quad H_1 : \theta > 0.$$

Für dieses Testproblem stehen eine Reihe von Rangtests zur Verfügung, die unterschiedliches Güteverhalten bei verschiedenen Verteilungen zeigen, siehe 11.4.1. Eine Möglichkeit bestünde nun darin, direkt aus den Daten die lokal optimale Scorefunktion (siehe 5.4.5)

$$\tilde{g}_{\text{opt}}(i, f) = \frac{-f'\left(F^{-1}\left(\frac{i}{N+1}\right)\right)}{f\left(F^{-1}\left(\frac{i}{N+1}\right)\right)}, \quad N = m + n,$$

zu schätzen. Eine solche Schätzung erfordert allerdings einen großen Stichprobenumfang N; die Konvergenzgeschwindigkeit ist gering, und die Anwendung ist mit umfangreichen Rechnungen verbunden. Hinsichtlich solcher sogenannter fein–adaptierender Verfahren sei auf Eplett (1982) und Behnen u. Neuhaus (1989) verwiesen.

Wir wollen hier näher auf das von Hogg (1974) vorgeschlagene Konzept eingehen, das wir wegen der Klassifizierung *aller* Verteilungen in einige wenige Klassen als grob–adaptierend bezeichnen. Bei diesem Verfahren steht eine bestimmte Anzahl von Tests (für jede Klasse genau ein Test) zur Verfügung, aus denen dann der für die vorliegenden Daten „geeignetste" Test ausgewählt wird. Die Wahl des Tests erfolgt über eine vorab vorgenommene Klassifizierung der Verteilung der Daten mit Hilfe gewisser Maße wie z.B. $\hat{Q}_1$ und $\hat{Q}_2$ für Schiefe bzw. Tails. Ein solcher zweistufig-adaptiver Test ist verteilungsfrei unter H_0, d.h., er hält exakt das Testniveau α ein. Das ist Inhalt des folgenden Satzes, der sich natürlich nicht nur auf das Zweistichproben–Lageproblem bezieht:

Satz 1:

(i) Bezüglich einer Klasse $\mathfrak{F}$ von Verteilungsfunktionen gebe es k unter H_0 verteilungsfreie Tests basierend auf den Statistiken $T_1, \ldots, T_k$, d.h.:

$$P_{H_0}(T_i \in C_i \mid F) = \alpha$$

für alle $F \in \mathfrak{F}$ und $i = 1, \ldots, k$.

(ii) Sei S eine (Funktion von) Statistik(en), die unter H_0 unabhängig von $T_1, \ldots, T_k$ ist für alle $F \in \mathfrak{F}$, und sei M_S die Menge aller S–Werte mit folgender Zerlegung:

$$M_S = D_1 \cup D_2 \cup \cdots \cup D_k, \; D_i \cap D_j = \emptyset \quad \text{für } i \neq j,$$

so daß $S \in D_i$ bedeutet, den Test basierend auf T_i anzuwenden, $i = 1, \ldots, k$.

Die Gesamttestprozedur ist somit wie folgt definiert:
Ist $S \in D_i$, so wende T_i an und lehne H_0 ab, falls $T_i \in C_i$.
Dann gilt: Dieser zweistufig adaptive Test ist verteilungsfrei über $\mathfrak{F}$, d.h., er hält das Niveau α ein für alle $F \in \mathfrak{F}$.

Beweis.

$$\begin{aligned}
P_{H_0}(H_0 \text{ ablehnen} \,|\, F) &= P_{H_0}\left(\bigcup_{i=1}^{k} \{S \in D_i \wedge T_i \in C_i\} \,\Big|\, F\right) \\
&= \sum_{i=1}^{k} P_{H_0}(S \in D_i \wedge T_i \in C_i \,|\, F) \\
&= \sum_{i=1}^{k} P_{H_0}(S \in D_i \,|\, F) \, P_{H_0}(T_i \in C_i \,|\, F) \\
&= \alpha \sum_{i=1}^{k} P_{H_0}(S \in D_i \,|\, F) \\
&= \alpha.
\end{aligned}$$

□

Zur Konstruktion eines adaptiven verteilungsfreien Tests sind also zum einen Teststatistiken anzugeben, die unter H_0 verteilungsfrei sind bezüglich einer Klasse $\mathfrak{F}$ von Verteilungen, und zum anderen eine sogenannte Selektor–Statistik $\boldsymbol{S}$, die *unabhängig* von diesen Teststatistiken ist. So können wir im Sinne von (i) des Satzes als Klasse $\mathfrak{F}$ alle *stetigen* Verteilungsfunktionen F und als Teststatistiken lineare Rangstatistiken betrachten, im Zweistichproben–Lageproblem z.B. die von Wilcoxon, v.d. Waerden u.a., die alle unter $\mathfrak{F}$ verteilungsfrei sind. Als Selektorstatistik $S = \boldsymbol{S}$ wählen wir Funktionen *geordneter* Statistiken, die im Sinne von (ii) unabhängig von Rangstatistiken sind, siehe 3.4.3. Hier bietet sich als Selektorstatistik $\boldsymbol{S} = (\hat{Q}_1, \hat{Q}_2)$ mit den Maßen $\hat{Q}_1$ und $\hat{Q}_2$ für Schiefe bzw. Tails einer Verteilung an. Dabei bleibt noch zu erklären, in wieviel disjunkte Bereiche $D_1, \ldots, D_k$ die $(\hat{Q}_1, \hat{Q}_2)$-Ebene zerlegt werden soll und welche k Rangtests dann für die einzelnen Bereiche, die unterschiedliches Schiefe- und Tailverhalten widerspiegeln, auszuwählen sind. Zur Beantwortung der letzten Frage muß auf theoretische Ergebnisse über die Güte von Rangtests unter verschiedenen Verteilungen zurückgegriffen werden. Die Anzahl k der Bereiche sollte dementsprechend nicht sehr groß sein ($k = 3$, 4 oder 5), damit für jeden Bereich ein „trennscharfer" Test zur Verfügung steht. In der *Abgrenzung* der Bereiche $D_1, \ldots, D_k$ steckt natürlich eine gewisse Willkür, die sich aber auf Grund vorliegender Studien als nicht sehr gravierend erwiesen hat; zu allen diesen Fragen siehe auch Büning (1991).

Wir wollen nun einem Vorschlag von Hogg u.a. (1975) folgen, der von $k = 4$ Bereichen, definiert über $\hat{Q}_1$ und $\hat{Q}_2$, ausgeht und der folgende vier Rangtests in ein adaptives Schema einbezieht; in Klammern ist jeweils angegeben, für welche Verteilungen der Test hohe Güte hat.

(1) Gastwirth–Test G_N (kurze Tails)

$$g_G(i) = \begin{cases} i - \dfrac{N+1}{4} & \text{für } i \leq \dfrac{N+1}{4} \\ 0 & \text{für } \dfrac{N+1}{4} < i < \dfrac{3(N+1)}{4} \\ i - \dfrac{3(N+1)}{4} & \text{für } i \geq \dfrac{3(N+1)}{4} \end{cases},$$

(2) Wilcoxon–Test W_N (mittlere-starke Tails)

$$g_W(i) = i,$$

(3) Median–Test M_N (sehr starke Tails)

$$g_M(i) = \begin{cases} 1 & \text{für } i > \dfrac{N+1}{2} \\ 0 & \text{für } i \leq \dfrac{N+1}{2} \end{cases},$$

(4) Hogg-Fisher-Randles-Test H_N (rechtsschiefe Verteilungen)

$$g_H(i) = \begin{cases} i - \dfrac{N+1}{2} & \text{für } i \leq \dfrac{N+1}{2} \\ 0 & \text{für } i > \dfrac{N+1}{2} \end{cases}.$$

Die vier Bereiche $D_1, \ldots, D_4$ sind über die Selektorstatistik $\boldsymbol{S} = (\hat{Q}_1, \hat{Q}_2)$ wie folgt festgelegt:

$$\begin{aligned} D_1 &= \left\{ \boldsymbol{S} \,|\, 0 \leq \hat{Q}_1 \leq 2,\ 1 \leq \hat{Q}_2 \leq 2 \right\}, \\ D_2 &= \left\{ \boldsymbol{S} \,|\, 0 \leq \hat{Q}_1 \leq 2,\ 2 \leq \hat{Q}_2 \leq 7 \right\}, \\ D_3 &= \left\{ \boldsymbol{S} \,|\, \hat{Q}_1 \geq 0,\ \hat{Q}_2 > 7 \right\}, \\ D_4 &= \left\{ \boldsymbol{S} \,|\, \hat{Q}_1 > 2,\ 1 \leq \hat{Q}_2 \leq 7 \right\}. \end{aligned}$$

Der adaptive Test A ist dann definiert als

$$A = \begin{cases} G_N, & \text{falls } \boldsymbol{S} \in D_1, \\ W_N, & \text{falls } \boldsymbol{S} \in D_2, \\ M_N, & \text{falls } \boldsymbol{S} \in D_3, \\ H_N, & \text{falls } \boldsymbol{S} \in D_4. \end{cases}$$

In der folgenden Abbildung ist das adaptive Schema dargestellt.

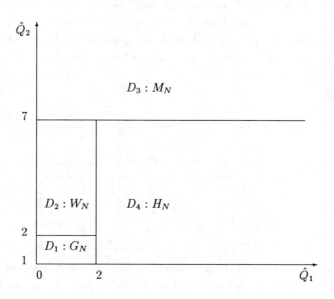

Abb. 11.3

Zur Veranschaulichung des adaptiven Tests betrachten wir

Beispiel 4: Im Sommersemester 1960 und im Wintersemester 1960/61 wurde am Institut für Psychologie der Universität Würzburg eine Intelligenzuntersuchung mittels des Amthauer–Intelligenz–Struktur–Tests durchgeführt. Die nachstehenden Daten sind die IQ–Werte von $m = 21$ Studierenden der Naturwissenschaftlichen Fakultät (X) und von $n = 22$ Studierenden der Rechts– und Staatswissenschaftlichen Fakultät (Y):

Naturw. (X): 138 134 137 124 149 109 115 100 132 152 120
139 123 132 108 161 137 99 105 127 124

Rechts- und
Staatsw. (Y): 117 121 142 132 149 84 94 107 104 106 150
129 107 127 110 122 103 134 105 130 138 94

Es ergibt sich $\hat{Q}_1 = 0.946$, d.h. angenähert Symmetrie, und $\hat{Q}_2 = 2.298$, d.h. kurze bis mittlere Tails, siehe Tabelle 11.2. Das bedeutet: $\boldsymbol{S} = (\hat{Q}_1, \hat{Q}_2) \in D_2$, und der Wilcoxon–Test ist anzuwenden.

Wie gut schneidet nun der obige adaptive Test A im Vergleich zu seinen einzelnen Konkurrenten ab? Zur Beantwortung dieser Frage wurde eine Simulationsstudie für verschiedene

Stichprobenumfänge und Lagealternativen bei fünf verschiedenen Verteilungen, der Rechteckverteilung R, Normalverteilung N, Doppelexponentialverteilung D, Cauchy-Verteilung C und Exponentialverteilung E durchgeführt, siehe Büning (1983). Beim Gütevergleich der Tests ergibt sich für die verschiedenen Stichproben- und Lagealternativen ein recht einheitliches Bild, das durch folgende Rangtabelle beschrieben werden kann; dabei wurden für die fünf Tests bei jeder der fünf Verteilungen Ränge vergeben (der beste Test erhält den Rang 1, der zweitbeste Rang 2 usw.).

Tab. 11.4

Test	Verteilung					Rangsumme
	R	N	D	C	E	
A	2	2	2	2	2	10
G_N	1	3	5	5	3	17
W_N	3	1	1	3	4	12
M_N	5	5	3	1	5	19
H_N	4	4	4	4	1	17

Der adaptive Test A liegt stets auf Rang 2, ist also nie bester Test, erlaubt sich aber im Gegensatz zu anderen Tests auch keinen „Ausrutscher". Das ist gerade die Philosophie eines adaptiven Tests, den jeweils besten Test für einen bestimmten Verteilungstyp auszuwählen. Er handelt also in gewissem Sinne nach dem Safety-first-Prinzip. Bemerkenswert ist noch, daß der Wilcoxon-Test bei einer asymmetrischen Verteilung nicht gut im Vergleich zu seinen Konkurrenten abschneidet. Weitere Studien über adaptive Lagetests im Zweistichproben-Problem sind bei Hogg u.a. (1975) zu finden, die den t-Test und γ-getrimmten t-Test in den Gütevergleich einbeziehen, und bei Handl (1986), der außer den Maßen für Schiefe und Tails noch ein solches für Peakedness betrachtet. Neben diesen adaptiven Lagetests für zwei Stichproben gibt es solche im Einstichproben-Problem, siehe Randles u. Hogg (1973), und adaptive Skalentests im Zweistichproben-Problem, siehe Rünstler (1987) und Kössler (1991). Auf alle diese Tests wird bei Büning (1991) näher eingegangen, dazu auf die Vor- und Nachteile, die mit der Berechnung der Maße $\hat{Q}_1$, $\hat{Q}_2$, getrennt über die Einzelstichproben bzw. über die Gesamtstichprobe, verbunden sind. Studien über adaptive Tests im c-Stichproben-Lageproblem bringen die Arbeiten von Hill u.a. (1988) und Hothorn u. Liese (1991); eine adaptive Regressionsanalyse findet sich bei Hogg u. Randles (1975).

11.5 Bootstrap-Verfahren

Der von Efron (1979) zunächst für einige spezielle Schätzprobleme eingeführte Bootstrap hat sich mittlerweile zu einem mächtigen Werkzeug der statistischen Inferenz bei der Untersuchung komplexer Probleme entwickelt, die mit herkömmlichen Methoden nicht mehr zu lösen sind. Wesentliche Voraussetzung für den wachsenden Einsatz des Bootstraps zur

11.5 Bootstrap-Verfahren

Analyse der Daten ist die Bereitstellung immer leistungsfähigerer Computer im Verlauf des letzten Jahrzehnts. So gibt es mittlerweile wohl kaum noch ein Gebiet der Statistik, das vom Bootstrap unberührt geblieben ist. Wir können im Rahmen dieses ergänzenden Abschnitts natürlich nicht im Detail auf einzelne Probleme eingehen; Ziel ist es vielmehr, die Idee des Bootstraps zu vermitteln, um dann zu einigen ausgewählten Problemstellungen Literaturhinweise aus der Fülle der vorliegenden Arbeiten zu geben.

Im folgenden sei $\boldsymbol{X} = (X_1, \ldots, X_n)$ eine Zufallsstichprobe, d.h., die Komponenten X_i von $\boldsymbol{X}$ sind unabhängig und identisch verteilt, $X_i \sim F$, $i = 1, \ldots, n$. Weiterhin sei $T = (\boldsymbol{X}, F)$ eine reellwertige Funktion (z.B. eine Schätz- oder Teststatistik) von $\boldsymbol{X}$ und der unbekannten Verteilungsfunktion F sowie $G_n(t, F) = P_F(T \leq t)$ die zu T gehörende Verteilungsfunktion. Da im allgemeinen die Herleitung von $G_n(t, F)$ analytisch nicht möglich ist, wird eine Schätzung von $G_n(t, F)$ auf der Basis der Beobachtungen $x_1, \ldots, x_n$ gesucht. Als Lösung bietet sich an, in dem Ausdruck $G_n(t, F)$ die theoretische Verteilungsfunktion F durch eine geeignete Schätzung $\hat{F}$ zu ersetzen: $\hat{G}_n(t, F) = G_n(t, \hat{F})$. Je nachdem, wie nun F geschätzt wird, sprechen wir von einem parametrischen oder einem nichtparametrischen Bootstrap. Beim parametrischen Bootstrap wird angenommen, daß die Verteilungsfunktion F bis auf einen Parametervektor θ bekannt ist, z.B. $F = N(\mu, \sigma^2)$ mit unbekanntem $\theta = (\mu, \sigma^2)$, und die Schätzung $\hat{F}$ von F erfolgt dann über eine Schätzung $\hat{\theta}$ von θ: $\hat{F}(x) = F(x, \hat{\theta})$; im Fall der Normalverteilung z.B. durch die Maximum-Likelihood-Schätzung $\hat{\theta} = (\bar{X}, S^2)$. Beim nichtparametrischen Bootstrap wird F durch eine nichtparametrische Schätzung $\hat{F}$ ersetzt; hier bieten sich die empirische Verteilungsfunktion F_n oder eine über eine Kerndichteschätzung gewonnene Schätzung von F an, siehe Kapitel 9. Da der praktizierende Statistiker in der Regel keine gesicherte Kenntnis über das seinen Daten zugrundeliegende Verteilungsmodell hat, kommt dem nichtparametrischen Bootstrap in der Praxis sicherlich mehr Bedeutung zu als dem parametrischen. Dem wird in diesem Abschnitt auch Rechnung getragen. Die exakte Herleitung der Verteilung $\hat{G}_n(t, F) = G_n(t, \hat{F})$ sowohl im parametrischen als auch im nichtparametrischen Fall ist im allgemeinen nicht möglich oder selbst für einen kleinen Stichprobenumfang n auch mit schnellen Rechnern nicht in vertretbarer Zeit zu schaffen; so müßten z.B. beim nichtparametrischen Bootstrap für $n = 10$ im Extremfall (alle $x_1, \ldots, x_n$ sind verschieden) insgesamt $10^{10} = 10$ Milliarden Stichprobenkombinationen zur Schätzung von F über F_n herangezogen werden. Die Verteilung $G_n(t, \hat{F})$ kann jedoch beim parametrischen wie beim nichtparametrischen Bootstrap mit Hilfe einer Monte-Carlo-Simulation geschätzt werden; der Algorithmus läuft dann in folgenden Schritten ab:

(1) Ziehung einer Bootstrapstichprobe $\boldsymbol{X}^\star = (X_1^\star, \ldots, X_n^\star)$ vom Umfang n aus $\hat{F}$,

(2) Berechnung von $T^\star = T(\boldsymbol{X}^\star, \hat{F})$,

(3) Wiederholung der Schritte (1) und (2) B-mal (B ist die Anzahl der Bootstrapstichproben) und damit Erzeugung von B Werten $T_1^\star, \ldots, T_B^\star$.

(4) Bestimmung der empirischen Verteilungsfunktion $\hat{G}_n(t, \hat{F})$ von $T_1^\star, \ldots, T_B^\star$:

$$\hat{G}_n(t, \hat{F}) = \frac{\#\{b \leq B \mid T_b^\star \leq t\}}{B}, \ b = 1, \ldots, B.$$

$\hat{G}_n(t, \hat{F})$ ist dann ein Schätzer von $G_n(t, \hat{F})$, und zwar mit beliebiger Genauigkeit, wobei der Grad der Genauigkeit von der Rechenkapazität bzw. von der Bereitwilligkeit der zu investierenden Rechenzeit abhängt.

Der Unterschied zwischen dem parametrischen und dem nichtparametrischen Bootstrap unter Anwendung des obigen Algorithmus soll hier noch einmal verdeutlicht werden: Beim nichtparametrischen Bootstrap wird für den Fall $\hat{F} = F_n$ jede der B Bootstrapstichproben $\boldsymbol{X}_b^\star = (X_{1,b}^\star, \ldots, X_{n,b}^\star)$, $1 \leq b \leq B$, *mit Zurücklegen* aus $X_1, \ldots, X_n$ gezogen; dabei können gleich große Werte für die Komponenten in $\boldsymbol{X}_b^\star$ auftreten. Im parametrischen Fall stammen die Bootstrapstichproben $\boldsymbol{X}_b^\star$, $b = 1, \ldots, B$ aus $F(x, \hat{\theta})$, wobei $\hat{\theta}$ mit Hilfe der „Ausgangsstichprobe" $\boldsymbol{X} = (X_1, \ldots, X_n)$ geschätzt wurde. Wird F als stetig vorausgesetzt, so sind alle Komponenten in $\boldsymbol{X}_b^\star$ mit Wahrscheinlichkeit Eins voneinander verschieden, im Gegensatz zum nichtparametrischen Fall.

An dieser Stelle wollen wir kurz auf den Namen „Bootstrap" eingehen, der gerade im nichtparametrischen Fall eine anschauliche Bedeutung erhält. Zur Bestimmung von $\hat{G}_n(t, F_n)$, der Schätzung des Schätzers $G_n(t, \hat{F}_n)$, werden zwecks Gewinnung von Informationen wiederholt Stichproben mit Zurücklegen aus dem vorliegenden Datensatz gezogen, ähnlich der Vorgehensweise bei Münchhausen, der sich an den eigenen Haaren aus dem Sumpf zieht. So müßte dieses Verfahren im Deutschen eigentlich „Münchhausen-Verfahren" heißen. Im Englischen hingegen zieht man sich nicht an den Haaren, sondern an der Stiefelschlaufe (bootstrap) aus dem Sumpf.

Was ist nun der Grund dafür, daß in den vergangenen zehn Jahren eine wahre Bootstrap-Lawine über die Statistik gekommen ist? Ein Grund mag sein, daß in einigen speziellen Fällen und unter der Annahme gewisser Glattheitseigenschaften von T die stochastische Konvergenz von $G_n(t, \hat{F})$ gegen die wahre Verteilung $G_n(t, F)$ gezeigt werden konnte, so z.B. für t-Statistiken, von Mises-Funktionale und empirische Prozesse, siehe Bickel u. Freedman (1981). In dieser Arbeit sind auch Gegenbeispiele angegeben, bei denen der Bootstrap nicht obige Eigenschaft hat, wie z.B. für $X_{(n)} = \max\{X_1, \ldots, X_n\}$ und die Spannweite $X_{(n)} - X_{(1)}$. Der Hauptgrund jedoch für die Bootstrap-Euphorie dürfte die Tatsache sein, daß unter gewissen Regularitätsbedingungen die Approximation der Verteilung von T mit Hilfe des Bootstraps besser ist als die Approximation über die asymptotische Verteilung von T (in vielen Fällen die Normalverteilung), siehe z.B. Singh (1981), Beran (1982, 1984) und Hall (1992). Diese Verbesserung der Approximation gibt dem Bootstrap seine eigentliche „Existenzberechtigung" und rechtfertigt seinen nicht unerheblichen Rechenaufwand; gerade für den Fall kleiner Stichprobenumfänge, wo die Asymptotik noch nicht greift.

Ein wichtiges Anwendungsbeispiel ist die Bestimmung der Verteilung des Schätzfehlers $T = \hat{\theta} - \theta$. Mit Hilfe des Bootstraps können wir also genauere Aussagen über die Präzision

11.5 Bootstrap-Verfahren

der Schätzung $\hat{\theta}$ machen als über die asymptotische Verteilung von T. Auf dieses Problem, der Bestimmung der Verteilung des Schätzfehlers unter der Anwendung des Bootstraps, beziehen sich eine Reihe von Arbeiten, siehe z.B. Efron (1979), Johns (1988), Yang (1988), Rothe (1989) und Léger u.a. (1992). In dem Buch von Hall (1992) werden weitere Anwendungsgebiete des Bootstraps, wie die Konstruktion von Konfidenzintervallen, das Testen von Hypothesen, die parametrische und nichtparametrische Regression sowie die nichtparametrische Dichteschätzung behandelt und Anmerkungen zu einer Fülle von Arbeiten auf diesen Gebieten gemacht; zur nichtparametrischen Regression siehe auch Abschnitt 9.5 und Härdle (1990). Einführungen in das Bootstrap-Konzept stellen die Arbeiten von Efron u. Tibshirani (1986), Rothe (1989) und Wernecke (1993) dar. In der zuletzt genannten Arbeit wird auch der Zusammenhang des Bootstrap mit anderen „Resampling-Methoden", so z.B. mit dem von Quenouille (1949) vorgeschlagenen Jackknife, in anschaulicher Form dargestellt.

Auf die Einsatzmöglichkeiten des (nichtparametrischen) Bootstrap im Kontext mit *adaptiven* Tests wollen wir noch etwas näher eingehen. Wir hatten in Kapitel 11.4.4 das Hoggsche-Konzept, das auf einer Selektorstatistik S für die Auswahl eines von k zur Verfügung stehenden Rangtests basiert, als ein grob-adaptierendes Verfahren gekennzeichnet und dabei seine Verteilungsfreiheit herausgestellt. Alternativ dazu können im Sinne eines fein-adaptierenden Verfahrens die lokal optimalen Scores geschätzt werden. Diesen Weg hat Müller (1993) mit Hilfe des Bootstraps für das Zweistichproben-Lageproblem beschritten, in dem die lokal optimalen Scores gegeben sind durch

$$g_{\text{opt}}(i,f) = E\left[\frac{-f'(F^{-1}(U_{(i)}))}{f(F^{-1}(U_{(i)}))}\right],$$

siehe 5.4.5. Ausgangspunkt zur Konstruktion eines Tests mit hoher Güte ist Müllers Überlegung, daß diejenigen Scores $g(i)$ in $L_N = \sum_{i=1}^{N} g(i)V_i$ einen großen Wert erhalten sollen, bei denen $p_i(\theta) = P_\theta(V_i = 1)$, $\theta > 0$, groß ist. Es liegt dann nahe, $p_i(\theta)$ aus den Daten zu schätzen und $g(i)$ proportional zu den geschätzten Wahrscheinlichkeiten zu wählen. Müller zeigt, daß

$$p'_i = \left.\frac{\partial p_i(\theta)}{\partial \theta}\right|_{\theta=0} = \frac{mn}{N(N-1)} g_{\text{opt}}(i,f)$$

mit $N = m+n$ gilt und damit ein unmittelbarer Zusammenhang zwischen der Ableitung von $p_i(\theta)$ in der Nähe von $H_0: \theta = 0$ und den optimalen Scores gegeben ist. Das führt mit Hilfe der Taylorentwicklung $p_i(\theta) \approx p_i(0) + p'_i \theta$ zu

$$g_{\text{opt}}(i,f) \approx \left(\frac{1}{\theta}\right) \frac{p_i(\theta) - m/N}{mn/N(N-1)}, \ \theta > 0,$$

weil unter $H_0: p_i(0) = P_0(V_i = 1) = m/N$ ist. Die Funktion $p_i(\theta)$ wird nun mit Hilfe des Bootstraps geschätzt, was für hinreichend kleines θ zu einer approximativen Schätzung

$\hat{g}^*(i)$ der optimalen Scores führt. Die Bootstrapstichproben werden dabei aus einer über eine Kerndichteschätzung geschätzten Verteilung gezogen. In einer vergleichenden Monte-Carlo-Gütestudie, in die eine Reihe von Tests (Hogg-Test, t-Test, Wilcoxon-Test u.a.) und Verteilungen (schiefe und symmetrische) sowie verschiedene Stichprobenumfänge einbezogen werden, wird gezeigt, daß dieser adaptive Bootstrap-Test hervorragend — oft sogar am besten — abschneidet.

Während beim oben beschriebenen adaptiven Test von Müller die Klasse linearer Rangstatistiken zugrundegelegt wird, kann der Bootstrap auch bei der Konstruktion eines adaptiven Tests eingesetzt werden, für den grundsätzlich parametrische wie nichtparametrische Tests zugelassen sind. Dabei wird vorab eine Auswahl geeigneter Tests vorgenommen, so z.B. der Wilcoxon-Test, der Hogg-Fisher-Randles-Test, der t-Test und der getrimmte t-Test im Zweistichproben-Lageproblem; die Entscheidung für einen bestimmten Test erfolgt dann über das Güte-Kriterium. Da aber die Güte eines Tests (auch die von Rangtests, wie wir gesehen haben) ganz entscheidend von der zugrundeliegenden Verteilungsfunktion F abhängt, diese jedoch im allgemeinen nicht als bekannt vorausgesetzt werden kann, wird sie mit Hilfe des Bootstraps ($\hat{F} = F_n$) geschätzt. Ausgewählt wird dann der Test mit höchster (geschätzter) Güte. Auf ein solches adaptives Konzept weisen Collings u. Hamilton (1988) hin, die in ihrer Arbeit den Bootstrap zur Güte-Schätzung einiger Tests einsetzen. Neben einer gewissen Willkür bei der vorab zu erfolgenden Auswahl bestimmter Tests (das traf auch für den Hogg-Test zu) bleibt als ein zusätzliches Problem die Frage offen: Hält ein solcher adaptiver Test das Niveau α ein? Die Beantwortung dieser Frage und der Vergleich der oben erwähnten adaptiven Tests mit diesem von Collings u. Hamilton angedeuteten Test mögen vielleicht eine interessante Aufgabe sein.

11.6 Sequentielle Testverfahren

11.6.1 Problemstellung

Zu der von Wald (1947) begründeten Theorie sequentieller statistischer Tests liegen mittlerweile eine Reihe von Arbeiten für den nichtparametrischen Bereich vor. Bevor wir einige dieser Verfahren diskutieren, wollen wir zunächst einen kurzen Abriß sequentieller Tests schlechthin geben. Als einführende Bücher über sequentielle Schätz- bzw. Testverfahren seien die von Ghosh (1970), Wetherill (1975), Heckendorf (1982), Eger (1985), Siegmund (1985) und Bauer u.a. (1986) genannt.

Die in allen vorangegangenen Kapiteln angewendeten Tests basierten auf einem *festen* Stichprobenumfang n, ganz gleich nach welchen Kriterien auch immer die Festlegung für dieses bestimmte n erfolgte. Bei vorgegebenem Testniveau α (Fehler 1.Art) wurde dann die Nullhypothese H_0 abgelehnt, wenn der beobachtete Wert der Teststatistik in den kritischen Bereich fiel. Für feste α, n und einer spezifizierten Alternative H_1 kann zudem die Güte des Tests berechnet werden.

Es lassen sich jedoch eine Reihe von praktischen Situationen angeben (so z.B. bei medizinischen Versuchen oder bei der Qualitätskontrolle gewisser Produkte), in denen die Festlegung auf einen bestimmten Stichprobenumfang n unvorteilhaft ist, weil dadurch u.U. im Durchschnitt mehr Beobachtungen als notwendig zur Entscheidungsfindung ausgewählt werden. Dieser Nachteil wird insbesondere dann deutlich, wenn die Einzelbeobachtung zeitraubend und kostspielig ist. Bei einem sequentiellen Verfahren ist nun der Stichprobenumfang nicht mehr fest vorgegeben, sondern eine *Zufallsvariable* N: Nach jeder (zusätzlichen) Beobachtung (Stufe) wird entschieden, ob die Hypothese H_0 abzulehnen oder anzunehmen ist oder ob ein weiteres Element in die Stichprobe gewählt werden soll. Natürlich kann statt einer Erhöhung des Stichprobenumfangs jeweils um 1 auch auf jeder Stufe der Untersuchung die Erhöhung um mehr als ein Element erfolgen, d.h. allgemein auf der i-ten Stufe um m_i Elemente, $i = 1, 2, \ldots$ Die Frage, die sich hier unmittelbar aufdrängt, lautet: Führen die sequentiellen Tests stets nach endlich vielen Stichprobenzügen zu einer Entscheidung für die Annahme oder Ablehnung von H_0? Es gibt Tests, für die das nicht zutrifft; sie haben aber keine praktische Bedeutung. Die Sequentialtests, die wir hier betrachten, haben die Eigenschaft, daß die Wahrscheinlichkeit dafür, nach endlich vielen Beobachtungen eine Entscheidung für oder gegen die Annahme von H_0 zu treffen, gleich 1 ist (*geschlossene Tests*). Bevor wir als Beispiel für einen solchen geschlossenen Test den Sequentiellen Quotiententest (SQT), der in der englischsprachigen Literatur als Sequential Probability Ratio Test (SPRT) bezeichnet wird, diskutieren, seien noch zwei wichtige Begriffe der Sequentialanalyse herausgestellt:

(1) Die OC–Funktion $K(\theta)$ eines Tests, $\theta \in \Omega$, die die Annahmewahrscheinlichkeit für H_0 angibt; d.h., $1 - K(\theta)$ ist die Gütefunktion des Tests (siehe Abschnitt 2.7),

(2) der durchschnittliche Stichprobenumfang $E(N)$ (Average Sample Number: ASN), der angibt, welcher Stichprobenumfang im Mittel notwendig ist, um eine Entscheidung für die Annahme von H_0 oder H_1 zu treffen und damit das Verfahren zu beenden.

11.6.2 Der sequentielle Quotienten–Test (SQT)

Betrachten wir nun zunächst den Fall einfacher Hypothesen:

$$H_0 : \theta = \theta_0 \quad \text{gegen} \quad H_1 : \theta = \theta_1;$$

dabei sind θ_0 und θ_1 spezifizierte Werte des Parameters θ bezüglich der Dichte $f(x, \theta)$ der Zufallsvariablen X. Bei festem Stichprobenumfang n liefert das Neyman–Pearson–Lemma einen besten Test für dieses Problem (siehe Abschnitt 2.7):

$$H_0 \text{ ablehnen, wenn} \quad T_n = \frac{\prod_{i=1}^{n} f(X_i, \theta_1)}{\prod_{i=1}^{n} f(X_i, \theta_0)} \geq c$$

H_0 annehmen, wenn $\quad T_n = \dfrac{\prod\limits_{i=1}^{n} f(X_i, \theta_1)}{\prod\limits_{i=1}^{n} f(X_i, \theta_0)} < c,$

wobei c eine Funktion des Testniveaus α und $x_1, \ldots, x_n$ Realisationen *unabhängiger* Stichprobenvariablen sind. Bei vorgegebenen α und n können der kritische Wert c und der Fehler 2. Art $\bar{\beta}$ aus $\alpha = P_{H_0}(T_n \geq c)$ und $\bar{\beta} = P_{H_1}(T_n < c)$ bestimmt werden. Da wir die Gütefunktion mit β bezeichnet haben, wählen wir hier aus Gründen der Konsistenz für den Fehler 2. Art das Zeichen $\bar{\beta}$, $\bar{\beta}(\theta_1) = 1 - \beta(\theta_1)$. Sind allgemein zwei der vier Größen $\alpha, \bar{\beta}, n, c$ bekannt, so lassen sich die restlichen zwei aus den obigen Gleichungen berechnen; z.B. bei Vorgabe von α und $\bar{\beta}$ die Größen n und c. Es werden dann insgesamt n Daten $x_1, \ldots, x_n$ erhoben, und H_0 wird abgelehnt oder angenommen, je nachdem, ob $T_n \geq c$ oder $T_n < c$ ist. Bei einer solchen Vorgehensweise wird natürlich die Möglichkeit ausgeschlossen, aufgrund anfallender signifikanter Daten bei einem Stichprobenumfang kleiner als n frühzeitig eine Entscheidung für oder gegen die Annahme von H_0 zu treffen. Das hingegen leistet der von Wald vorgeschlagene sequentielle Quotiententest, der vom Entscheidungskriterium des Neyman–Pearson–Lemmas ausgeht:

H_0 ablehnen, wenn $\qquad T_n \geq A,$

H_0 annehmen, wenn $\qquad T_n \leq B,$

weitere Beobachtung x_{n+1} auswählen, wenn $\quad B < T_n < A.$

Dabei ist (wie oben)

$$T_n = \frac{\prod\limits_{i=1}^{n} f(X_i, \theta_1)}{\prod\limits_{i=1}^{n} f(X_i, \theta_0)},$$

und die Zahlen A, B, die als *Stop-Grenzen* bezeichnet werden, sind geeignet gewählte Konstanten in Abhängigkeit von gewünschten α und $\bar{\beta}$-Werten.

Es ist üblich, die obige Entscheidungsregel über

$$\log T_n = \sum_{i=1}^{n} \log \left[\frac{f(X_i, \theta_1)}{f(X_i, \theta_0)} \right]$$

zu formulieren:

H_0 ablehnen, wenn $\qquad \log T_n \geq \log A,$

H_0 annehmen, wenn $\qquad \log T_n \leq \log B,$

weitere Beobachtung x_{n+1} auswählen, wenn $\quad \log B < \log T_n < \log A.$

Dabei ist in der Regel $\log A > 0$ und $\log B < 0$. Die Abbildung 4 möge den SQT veranschaulichen.

Eine Entscheidung für die Ablehnung oder Annahme von H_0 wird getroffen, sobald der Streckenzug die entsprechende Parallele zur n-Achse schneidet; hier wird also H_0 für $n = 8$ abgelehnt.

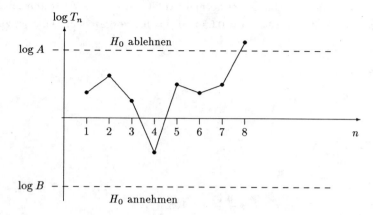

Abb. 11.4

Wie können nun die Stop-Grenzen A und B bzw. $\log A$ und $\log B$ in Abhängigkeit von α und $\bar{\beta}$ bestimmt werden? Zunächst gilt (exakt):

$$\alpha = P_{H_0}(T_1 \geq A) + P_{H_0}(B < T_1 < A \text{ und } T_2 \geq A) + \cdots$$
$$\bar{\beta} = P_{H_1}(T_1 \leq B) + P_{H_1}(B < T_1 < A \text{ und } T_2 \leq B) + \cdots$$

Es kann gezeigt werden (Wald (1947)):

$$A \leq \frac{1-\bar{\beta}}{\alpha} \quad \text{und} \quad B \geq \frac{\bar{\beta}}{1-\alpha}.$$

Da die exakte Berechnung von A und B aus den obigen beiden Gleichungen für α und $\bar{\beta}$ in der Regel nicht möglich ist, werden in der Praxis A und B approximativ über

$$A \approx \frac{1-\bar{\beta}}{\alpha} \quad \text{und} \quad B \approx \frac{\bar{\beta}}{1-\alpha}$$

bestimmt. Wald (1947) hat gezeigt, daß für alle praktischen Fälle diese (einfache) Approximation recht gut ist. Sie hat natürlich zur Folge, daß statt der vorgegebenen Fehlerwahrscheinlichkeiten α und $\bar{\beta}$ nun als tatsächliche Werte α' und β' vorliegen. Dabei gilt:

$$\alpha' + \beta' \leq \alpha + \bar{\beta},$$

d.h., es kann nicht gleichzeitig $\alpha' > \alpha$ *und* $\beta' > \bar{\beta}$ sein.

Wir wollen die (approximative) Berechnung der Stop-Grenzen an einem Beispiel verdeutlichen.

Beispiel 5: Die Zufallsvariable X sei normalverteilt mit $\sigma = 1$. Zu testen sei $H_0 : \mu = 0$ gegen $H_1 : \mu = 1$. Weiterhin seien $\alpha = 0.05$ und $\bar{\beta} = 0.1$ vorgegeben. Dann ist zunächst:

$$T_n = \frac{e^{-\frac{1}{2}\sum_{i=1}^n (X_i-1)^2}}{e^{-\frac{1}{2}\sum_{i=1}^n X_i^2}}$$

und damit

$$\log T_n = \sum_{i=1}^n X_i - n/2.$$

Weiterhin ist

$$A \approx \frac{0.9}{0.05} = 18 \quad \text{und} \quad B \approx \frac{0.1}{0.95} \approx 0.105.$$

Dann lautet die Entscheidungsregel:

- H_0 ablehnen, wenn $\sum_{i=1}^n x_i \geq n/2 + \log 18$

- H_0 annehmen, wenn $\sum_{i=1}^n x_i \leq n/2 + \log 0.105$

- Gilt $n/2 + \log 0.105 < \sum_{i=1}^n x_i < n/2 + \log 18$, so ist eine weitere Beobachtung x_{n+1} auszuwählen.

11.6.3 Eigenschaften des SQT

Wir wollen im folgenden noch einige Aussagen und Hinweise zum SQT zusammenstellen. Dazu sei

$$Z = \log\left\{\frac{f(X, \theta_1)}{f(X, \theta_0)}\right\}$$

(1) Zum Nachweis der Existenz und Eindeutigkeit des SQT siehe Wijsman (1958, 1960).

(2) Der SQT ist geschlossen, wenn $P(Z = 0) < 1$ ist, siehe Govindarajulu (1975).

(3) Für den durchschnittlichen Stichprobenumfang (ASN) gilt approximativ

$$E(N; \theta_0) = \frac{\alpha \log A + (1-\alpha) \log B}{E(Z; \theta_0)} \quad \text{und} \quad E(N; \theta_1) = \frac{(1-\bar{\beta}) \log A + \bar{\beta} \log B}{E(Z; \theta_1)},$$

siehe Wald (1947).

(4) Die OC–Funktion $K(\theta)$ nimmt im Falle einfacher Hypothesen für θ_0 den Wert $1 - \alpha$ und für θ_1 den Wert $\bar{\beta}$ an. Liegt die zusammengesetzte Hypothese $H_0 : \theta \leq \theta_0$ gegen $H_1 : \theta > \theta_0$ vor, so gilt approximativ (siehe Wald (1947)):

a) $K(\theta) = \dfrac{A^h - 1}{A^h - B^h}$ für $h \neq 0$

b) $K(\theta) = \dfrac{\log A}{\log A - \log B}$ für $h = 0$.

Darin ist $h = h(\theta)$ so bestimmt, daß $E(e^{hZ}) = 1$ gilt.

(5) Bezüglich optimaler Eigenschaften des SQT sei auf Govindarajulu (1975) verwiesen.

(6) Verallgemeinerungen zum SQT (auch die Diskussion anderer sequentieller Testverfahren) für zusammengesetzte Hypothesen sind z.B. bei Govindarajulu (1975) zu finden.

(7) Zum sequentiellen Binomialtest und t–Test siehe Bauer u.a. (1986).

Betont sei hier ausdrücklich, daß die approximativen Stop–Grenzen und die approximative ASN– und OC–Funktion unter der *Bedingung der Unabhängigkeit* der Stichprobenvariablen $X_1, \ldots, X_n$ hergeleitet werden.

Wir wollen an Beispiel 5 die Berechnung von $E(N; \theta_0)$ in (3) für den SQT veranschaulichen und den erhaltenen Wert mit dem über α und $\bar{\beta}$ errechneten *festen* Stichprobenumfang n bezüglich des (besten) Tests $\bar{X}$ vergleichen. Zunächst ist:

$$Z = \log \frac{e^{-\frac{1}{2}(X-1)^2}}{e^{-\frac{1}{2}X^2}} = X - \frac{1}{2},$$

d.h.,

$$E(Z; \theta_0) = E(Z; 0) = -\frac{1}{2}$$

und damit

$$E(N; 0) = \frac{0.05 \log 18 - 0.95 \log 0.105}{-1/2} \approx 4.$$

Andererseits ist:

$$\alpha = \sqrt{\frac{n}{2\pi}} \int_a^\infty e^{-\frac{1}{2}n\bar{x}^2} d\bar{x} = \frac{1}{\sqrt{2\pi}} \int_{\sqrt{n}a}^\infty e^{-\frac{1}{2}x^2} dx,$$

d.h., es gilt $\sqrt{n}a = 1.645$ für $\alpha = 0.05$. Weiterhin ist:

$$\bar{\beta} = \sqrt{\frac{n}{2\pi}} \int_{-\infty}^a e^{-\frac{1}{2}n(\bar{x}-1)^2} d\bar{x} = \frac{1}{\sqrt{2\pi}} \int_{-\infty}^{\sqrt{n}(a-1)} e^{-\frac{1}{2}x^2} dx,$$

d.h., es gilt $\sqrt{n}(a - 1) = -1.282$ für $\bar{\beta} = 0.1$.

Aus diesen beiden Gleichungen für n erhalten wir $n \approx 9$, d.h., der obige Sequentialtest erfordert (im Durchschnitt) weniger als die Hälfte der Beobachtungen bei fest vorgegebenem $\alpha = 0.05$ und $\bar{\beta} = 0.1$.

Ein Beispiel zur Berechnung der OC–Funktion $K(\theta)$ nach (4) ist bei Lindgren (1976) zu finden.

11.6.4 Sequentielle nichtparametrische Verfahren

Nach diesen allgemeinen Bemerkungen zur Theorie sequentieller Testverfahren schlechthin wollen wir uns nun sequentiellen nichtparametrischen Tests zuwenden, uns dabei aber auf die Darstellung der wesentlichen Probleme unter Angabe der entsprechenden Literaturstellen beschränken. Als Einführung in sequentielle nichtparametrische Tests seien die Bücher von Sen (1981) und Bortz u.a. (1990) und die Übersichtsarbeit von Müller–Funk (1984) empfohlen.

Die Anwendung *sequentieller nichtparametrischer* Testverfahren bedeutet eine Verknüpfung des Vorteils sequentieller Verfahren gegenüber solchen mit festem Stichprobenumfang n (frühere Entscheidung, geringere Kosten) mit dem Vorteil nichtparametrischer Tests gegenüber parametrischen (keine spezielle Verteilungsannahme, geringeres Meßniveau u.a.). Es zeigt sich allerdings, daß die Konstruktion sequentieller nichtparametrischer Tests problematischer als im parametrischen Fall ist.

Offensichtlich läßt sich zunächst das beschriebene SQT–Prinzip auf nichtparametrische Modelle übertragen: Statt des Quotienten T_n der Dichtefunktionen unter $H_0 : \theta = \theta_0$ und $H_1 : \theta = \theta_1$ können wir ganz analog den Quotienten der Verteilungen der nichtparametrischen Teststatistik S_n unter H_0 bzw. H_1 betrachten und darauf die beim SQT dargestellte Theorie anwenden. Hier ergibt sich aber schon die erste Schwierigkeit: Während die Verteilung von S_n unter H_0 in der Regel durch einfache kombinatorische Überlegung hergeleitet werden kann, ist die Angabe der Verteilung von S_n unter H_1 meist *nicht* in geschlossener Form möglich. Zu den wenigen Ausnahmen gehören der Binomialtest bzw. der analoge Vorzeichentest in Abschnitt 4.4.2 bzw. 6.2. SQT–Versionen für Rangtests gibt es z.B. bezüglich der (allerdings wenig praxisnahen) Lehmann–Alternativen $H_1 : G(z) = (F(z))^k, k \neq 1$, für den Rangsummentest von Wilcoxon (Abschnitt 5.4.2) und entsprechender Lehmann–Alternativen für den Vorzeichen–Rangtest (Abschnitt 4.4.3). Die Herleitung der Verteilungen dieser Teststatistiken unter obigen Alternativen ist bei Lehmann (1953) zu finden. Im Zusammenhang mit der Betrachtung sequentieller *Rangtests* ergibt sich ein zweites Problem: Sollen nach der Hinzunahme einer oder mehrerer Beobachtungen auf jeder Stufe des Prozesses *sämtliche* vorliegenden Beobachtungen in eine (neue) Rangordnung gebracht werden (1. Fall) oder soll die Rangzuweisung *getrennt* jeweils nur für die hinzugekommenen Beobachtungen auf jeder Stufe erfolgen (2. Fall)?

Im ersten Fall sind die Ränge *nicht* unabhängig, womit eine wesentliche Voraussetzung für die Anwendung der Wald–Approximation bezüglich der Stop–Grenzen, der OC– und der ASN–Funktion verletzt ist. Ein auf einer solchen Rangzuweisung basierendes Verfahren haben Bradley u.a. (1966) für den Rangsummen–Test von Wilcoxon unter Lehmann–Alternativen und Spurrier u. Hewett (1976) speziell für *zweistufige* Wilcoxon–Tests angewendet. Der zweite Fall, der natürlich nur sinnvoll ist, wenn jeweils eine Gruppe von Beobachtungen und nicht eine Einzelbeobachtung auf jeder Stufe hinzugenommen wird, sichert zwar die Unabhängigkeit der Ränge zwischen den Gruppen (und damit die Anwendung der Wald–

Approximation), er nutzt jedoch nicht den Vorteil der Information zwischen den Gruppen aus. Beiträge hierzu, bezogen auf den Vorzeichen–Rangtest oder den Rangsummen–Test von Wilcoxon auch für Lehmann–Alternativen, sind bei Wilcoxon u.a. (1963), Bradley u.a. (1965), Weed u. Bradley (1971, 1973), Weed u.a. (1974) und Savage u. Sethuraman (1966) zu finden.

Wenngleich Lehmann–Alternativen eine Version des SQT für nichtparametrische Tests zulassen, so sind sie jedoch von begrenztem praktischen Interesse. So liegt es nahe, nach anderen sequentiellen Verfahren zu suchen, die für nichtparametrische Tests anwendbar sind. Wir wollen zwei solche Verfahren kurz beschreiben:

(1) Die Güte des Tests ist konstant gleich 1, nur α muß festgelegt werden. Dieser Ansatz ist von Darling u. Robbins (1968) auf Tests vom Kolmogorow–Smirnow–Typ angewendet worden. Er umgeht zwar die Herleitung der Teststatistiken unter Alternativhypothesen, schließt aber die *Annahme* von H_0 für endliches n aus. Auf jeder Stufe gibt es nur die beiden Entscheidungen, H_0 abzulehnen oder den Prozeß fortzusetzen. Ein solches Verfahren ist allerdings wenig gebräuchlich.

(2) Sei S_n eine nichtparametrische Teststatistik und der kritische Bereich (bei festem n und α) durch $S_n \geq s_\alpha$ festgelegt. Dann kann folgendes sequentielle Verfahren angewendet werden:

Wähle vorab α und eine Zahl $n_0 > 0$, erhöhe den Stichprobenumfang jeweils um 1, solange wie

a) $S_n \leq c_\alpha(n_0) k_n$ *und*   b) $n < n_0$

ist, d.h., beende den Prozeß sobald a) *oder* b) verletzt ist; entscheide zugunsten von H_1, wenn a) verletzt ist und von H_0, wenn b), aber nicht a) verletzt ist. Dabei ist die Folge $[k_n]$ und die Zahl $c_\alpha(n_0)$ so zu bestimmen, daß das Testniveau kleiner oder gleich α ist. Die Festlegung von n_0 (truncation point) mag dabei nach Kriterien wie der Begrenzung hinsichtlich Geldes, Zeit, Anzahl der zur Verfügung stehenden Personen u.a. erfolgen, wie es insbesondere bei medizinischen Untersuchungen der Fall ist.

Dieses Verfahren ist von Miller (1970) speziell für den Wilcoxon–Vorzeichen–Rangtest vorgeschlagen und dann von Skarabis u.a. (1978) — so wie oben dargestellt — verallgemeinert worden. Es hat den Vorteil, daß es stets nach endlich vielen Stufen beendet ist; den Nachteil allerdings, daß nicht unmittelbar die Güte des Tests kontrolliert werden kann, die natürlich durch n_0 und $[k_n]$ beeinflußt wird. Simulationsstudien zur ASN- und OC-Funktion des Vorzeichen–Rangtests von Wilcoxon unter Annahme einer Doppelexponentialverteilung sind in der zitierten Arbeit von Miller zu finden. In der angegebenen Arbeit von Skarabis u.a. werden für den obigen Test ergänzende Simulationsstudien unter Zugrundelegung einer Rechteckverteilung, Normalverteilung und parabolischen Verteilung durchgeführt, dazu analoge Studien zum Rangsummen–Test von Wilcoxon für das Zweistichproben–Problem.

Hinsichtlich weiterer Untersuchungen zu sequentiellen nichtparametrischen Tests, so z.B. für das c-Stichproben-Problem und zur Effizienz, sei auf Govindarajulu (1975), Ghosh (1970) und Sen (1981, 1984) verwiesen.

11.7 Zeitreihenanalyse

Die in den Abschnitten 4.5 und 8.4 behandelten Tests können, wie schon angedeutet wurde, zur Überprüfung der Hypothese der Zufälligkeit von Zeitreihendaten angewendet werden. Für diese Hypothese kann man allgemein als Alternative die Nichtzufälligkeit wählen. Diese Alternative ist allerdings viel zu weit, als daß man für ein derartiges Testproblem eine sinnvolle Prüfprozedur angeben könnte. Vielmehr ist es sinnvoll, die Alternative für gewisse Sachprobleme passend einzuschränken. Wir wollen dies am Beispiel der Überprüfung eines Trends illustrieren. Dafür betrachten wir eine Folge $X_1, \ldots, X_n$ von unabhängigen Zufallsvariablen mit unbekannter stetiger Verteilungsfunktion $F_{X_i}(x) = F(x - \beta i)$. Der laufende Index i sei als Zeitpunkt interpretiert.

Zu überprüfen ist die Hypothese der Zufälligkeit der Zeitreihe gegen die Alternative eines Aufwärtstrends, d.h.

$$H_0 : \beta = 0 \quad \text{gegen} \quad H_1 : \beta > 0.$$

Cox und Stuart (1955) haben für dieses Testproblem drei Verfahren entwickelt, die auf dem Vergleich von jeweils zwei Beobachtungen beruhen, wobei pro Beobachtung maximal ein Vergleich zugelassen ist. Damit wird der Rechenaufwand gering gehalten, und die Verteilung der Prüfstatistik läßt sich bei Gültigkeit von H_0 besonders einfach herleiten.

Als Basis für diese Tests führen wir die folgende Vorzeichen-Statistik ein. Für die Zeitreihe $X_1, \ldots, X_n$ und $i \neq j$ bezeichne

$$H_{ij} = \begin{cases} 1 & \text{falls } X_i > X_j \\ 0 & \text{falls } X_i < X_j. \end{cases}$$

Dabei unterstellen wir, daß keine Bindungen vorliegen. Trifft die Hypothese der Zufälligkeit zu, ist H_{ij} binomialverteilt mit $n = 1$ und $p = 1/2$, d.h., $E(H_{ij}) = 1/2$ und $\text{Var}(H_{ij}) = 1/4$.

S_1-Test: Der i-te Zeitreihenwert wird mit dem $(n-i+1)$-ten Zeitreihenwert verglichen, wobei die zeitlichen Abstände ein zusätzliches Gewicht bekommen:

$$S_1 = \sum_{i=1}^{n/2} (n - 2i + 1) H_{ij}$$

mit $j = n - i + 1$. Bei ungeradem n wird die mittlere Beobachtung weggelassen. Liegt Zufälligkeit vor, erhalten wir durch einfache arithmetische Operationen für Erwartungswert bzw. Varianz: $E(S_1) = n^2/8$ und $\text{Var}(S_1) = n(n^2 - 1)/24$. H_0 wird verworfen, wenn S_1 eine vom vorgegebenen α abhängenden kritischen Wert überschreitet. Die endliche Verteilung von S_1 unter H_0 läßt sich mit Hilfe einfacher rekursiver Formeln bestimmen. Die einzelnen Summanden von S_1 sind unabhängig, und nach dem Ljapunow–Theorem (vgl. Sen u. Singer (1993)) ist S_1 dann auch asymptotisch normalverteilt.

S_2-Test: Der i-te Zeitreihenwert wird mit dem $(n/2+i)$-ten Zeitreihenwert verglichen. Bei ungeradem n wird wieder die mittlere Beobachtung weggelassen:

$$S_2 = \sum_{i=1}^{n/2} H_{ij},$$

mit $j = n/2 + i$. Unter H_0 ist S_2 offenkundig binomialverteilt mit den Parametern $n/2$ und $1/2$.

S_3-Test: Die Zeitreihe wird in drei gleiche Teile zerlegt. Wenn n nicht durch drei teilbar ist, wird der mittlere Teil entsprechend verkleinert. Dann werden die Zeitreihenwerte aus dem ersten Drittel mit den dazu korrespondierenden Werten aus dem letzten Drittel verglichen. Die Werte aus dem zweiten Drittel werden ignoriert:

$$S_3 = \sum_{i=1}^{n/3} H_{ij},$$

mit $j = 2n/3 + i$. Unter H_0 ist dann S_3 binomialverteilt mit den Parametern $n/3$ und $1/2$.

Aufgrund des zentralen Grenzwertsatzes sind S_2 und S_3 asymptotisch normalverteilt. Wie bei S_1 wird bei S_2 und S_3 die Nullhypothese verworfen, wenn die Teststatistiken jeweils einen kritischen Wert überschreiten.

Alle drei Tests haben eine große Güte. Dies sei am Beispiel der Normalregression illustriert. Gelte für $i = 1, \ldots, n$ der Zusammenhang

$$X_i = \gamma + \beta i + u_i$$

mit den Konstanten γ und β und den gemäß $N(0,1)$ verteilten Störtermen u_i. Zum obigen Testproblem $H_0 : \beta = 0$ gegen $H_1 : \beta > 0$ existiert hier als Konkurrent der beste parametrische Test, der auf der Kleinste–Quadrate–Statistik

$$\hat{\beta} = \frac{\sum_{i=1}^{n}(X_i - \bar{X})(i - (n+1)/2)}{n(n^2 - 1)/12}$$

beruht (vgl. z.B. Seber (1977) und Schneeweiß (1971)). Die Nullhypothese wird abgelehnt, wenn $\hat{\beta}$ eine vom $(1-\alpha)$-Quantil der t-Verteilung abhängige Schranke überschreitet (t-Test). Die asymptotischen relativen Effizienzen der auf den S_i beruhenden Tests gegenüber dem t-Test sind wie folgt (Cox u. Stuart (1955)).

$E_{s_1,t}$	$E_{s_2,t}$	$E_{s_3,t}$
0.869	0.782	0.827

Weitere auf den Indikatorvariablen H_{ij} basierende einfache Tests auf Zufälligkeit stellen eine Verallgemeinerung von S_2 und S_3 dar. Sie lassen sich allgemein in der Form

$$D_k = \sum_{i=1}^{n-k} H_{ij}$$

mit $j = i + k$ darstellen. Dabei werden also die Werte mit einem Zeitabstand von k Einheiten miteinander verglichen. Große Werte von D_k sind ein Indiz für die Alternative eines Aufwärtstrends. Offenbar ist $S_2 = D_{n/2}$ und $S_3 = D_{2n/3}$. Die Teststatistik D_k mit $k = 1$, nämlich

$$D_1 = \sum_{i=1}^{n-1} H_{ij}$$

wobei $j = i + 1$, ist von Moore und Wallis (1943) eingeführt worden.

Für $k \geq n/2$ sind die Summanden von D_k unabhängig, und unter H_0 ist D_k binomialverteilt mit den Parametern $n - k$ und $1/2$. Ist $k < n/2$, geht die Unabhängigkeit verloren. Jedoch läßt sich mit einfachen Mitteln zeigen, daß unter H_0 gilt: $E(D_k) = (n - k)/2$ und $\text{Var}(D_k) = (n + k)/12$.

Die finite Verteilung der D_k kann anhand von komplizierten Rekursionsformeln bestimmt werden (vgl. Moore u. Wallis (1943) für den Fall $k = 1$). Wendet man den zentralen Grenzwertsatz für abhängige Zufallsvariablen von Hoeffding u. Robbins (1948) an, so zeigt sich auch für $k < n/2$ die asymptotische Normalverteilung der D_k unter H_0.

Die Güte von D_k hängt natürlich von der Abstandszahl k ab. Cox u. Stuart (1955) haben nachgewiesen, daß $S_3 = D_{2n/3}$ asymptotisch den besten Trendtest liefert, wenn jeder Zeitreihenwert nur mit genau einem anderen verglichen wird und keine Gewichtung vorgenommen wird. Im Falle $k < n/2$, wobei die Zeitreihenwerte auch mit mehreren anderen verglichen werden, gibt es in der dazu korrespondierenden Klasse der D_k-Tests ebenfalls einen (ungewichteten) Test, bei dem $k_1 = \left(\sqrt{11/12} - 1/2\right) n$ ist (siehe Diersen (1988)), wobei hier wieder das Normalregressionsmodell unterstellt sei. Dort ist $\text{A.R.E.}(D_{k_1}, t) = 0.785$, d.h., D_{k_1} ist nur wenig besser als S_2.

Erstaunlicherweise hat der auf relativ vielen Vergleichen beruhende D_1-Test eine geringe Güte, denn beispielsweise ist $E_{D_1, S_2} = 0$. Noch verblüffender ist die Tatsache, daß $E_{D_1, D_{n-1}} = 0$ ist, wobei ja D_{n-1} nur einen einzigen Vergleich durchführt. Offenbar ist die Anzahl der durchgeführten Vergleiche nicht so bedeutsam wie die Größe des zeitlichen Abstandes.

Innerhalb der D_k-Klasse sind ferner die Tests bemerkenswert, die mit exakt m Vergleichen auskommen, d.h., die Teststatistik hat die Form $D_k = D_{n-m} = \sum_{i=1}^{m} H_{ij}$ mit $j = n+1-m$. Der Test S_3 gehört zu dieser Klasse, und wie bei ihm werden die mittleren Zeitreihenwerte nicht berücksichtigt. Neben dem geringen Aufwand bei der Berechnung von D_{n-m} bei gegebener Zeitreihe liegt der Vorteil in der Tatsache, daß D_{n-m} unter H_0 binomialverteilt ist mit

Parametern $n-m$ und $1/2$. Die asymptotische relative Effizienz im Normalregressionsmodell beträgt z.B. $E_{D_{n-m},D_1} = \infty$, aber $E_{D_{n-m},S_i} = 0$ für $i = 1,2,3$ und $m \neq n/3$.

Die Anzahl m der Vergleiche darf allerdings nicht zu klein gewählt werden. Damit ein Test zum Niveau α möglich ist, muß gelten $(1/2)^{n-m} \leq \alpha$ oder, gleichbedeutend, $n - m \geq -\frac{\ln \alpha}{\ln 2}$. Beispielsweise ist bei $\alpha = 0.05$ (0.01, 0.001) für die Minimalzahl der Vergleiche $m_{\min} = 13$ (19, 35) zu wählen. Die Tests aus der Klasse D_k bzw. D_{n-m} entscheiden besonders gut für Alternativen kleiner nichtlinearer Trends. So weisen Aiyar u.a. (1979) nach, daß $D_{0.7685n}$ den asymptotisch besten Test zur Aufdeckung eines logarithmischen Trends liefert.

Wallis u. Moore (1941) haben einen weiteren nichtparametrischen Test auf Zufälligkeit vorgeschlagen, der ebenfalls leicht durchzuführen und darüber hinaus sehr plausibel ist. Er basiert auf der Anzahl der Spitzen (peaks) und Mulden (troughs), die man unter den Begriff eines Kehrpunktes zusammenfaßt. Die Teststatistik zählt die Kehrpunkte und lautet

$$K = \sum_{i=2}^{n-1} K_i,$$

wobei

$$K_i = \begin{cases} 1 & \text{falls} \quad X_{i-1} < X_i > X_{i+1} \text{ (Spitze)} \\ 1 & \text{falls} \quad X_{i-1} > X_i < X_{i+1} \text{ (Mulde)} \\ 0 & \text{sonst.} \end{cases}$$

Kleine Werte von K sprechen gegen die Hypothese der Zufälligkeit. Unter H_0 hat K einen Erwartungswert von $E(K) = 2(n-2)/3$ und eine Varianz von $\text{Var}(K) = (16n - 29)/90$. Kendall u. Stuart (1983) ist zu entnehmen, daß die Verteilung von K relativ schnell einer Normalverteilung nahekommt. Dennoch ist der Test sowohl finit als auch asymptotisch nicht zu empfehlen. Beispielsweise sind die A.R.E.'s gegenüber den oben diskutierten Tests durchweg gleich 0. Simulationsstudien (vgl. Diersen (1988)) belegen schlechte Güteeigenschaften auch für den finiten Fall.

Die Korrelationsstatistiken von Spearman und Kendall aus Kapitel 8 eignen sich ebenfalls als Trendtests. Daniels (1950) führte r_S als Teststatistik ein

$$r_S = 1 - \frac{12V}{n(n^2-1)} \quad \text{mit} \quad V = \sum_{i=1}^{n-1} \sum_{j=i+1}^{n} (j-i)H_{ij}.$$

Noch früher (Mann (1945)) ist Kendall's τ als Grundlage für einen Trendtest benutzt worden. Es ist

$$\tau = 1 - \frac{4Q}{n(n-1)} \quad \text{mit} \quad Q = \sum_{i=1}^{n-1} \sum_{j=i+1}^{n} H_{ij},$$

und beide Statistiken eignen sich zur Überprüfung der Zufälligkeit einer Zeitreihe. Dies führt zu äquivalenten Tests, wobei die kritischen Werte von τ allerdings vertafelt vorliegen (vgl. Tabelle T). Für die Wahrscheinlichkeitsverteilung von Q existieren Rekursionsformeln

(Hájek u. Šidák (1967)): $P(Q = k) = \pi_n(k)/n!$ mit $\pi_1(0) = 1$, $\pi_1(k) = 0$ für $k \neq 0$ und $\pi_n(k) = \sum_{j=0}^{n-1} \pi_{n-1}(k-j)$. Da r_S und τ asymptotisch äquivalent sind (vgl. Kapitel 8), wollen wir hier nur kurz auf Q näher eingehen. Unter H_0 ist Q um $E_{H_0}(Q) = n(n-1)/4$ symmetrisch verteilt mit Varianz $\text{Var}_{H_0}(Q) = n(n-1)(2n+5)/72$. Im Normalregressionsmodell hat Q eine erstaunliche Güte. Betrachten wir als Konkurrent wieder den t–Test, so ist $E_{Q,t} = 0.985$.

Für die Hypothese der Zufälligkeit existieren noch eine Reihe weiterer Tests, auf die wir hier nicht weiter eingehen wollen:

- Lineare Rangtests (Hájek und Šidák (1967))

- Rekordetests (Foster u. Stuart (1954), Nevzorow (1987), Diersen (1988, 1991)).

Auch für die Alternative einer mit der Zeit wachsenden oder fallenden Varianz gibt es verläßliche nichtparametrische Tests. Dazu wird das Modell

$$X_i = \mu + \exp(\gamma_i)u_i, \quad i = 1,\ldots,n$$

mit stetigen, unabhängigen und identisch verteilten Störvariablen u_i betrachtet.

Die von Foster u. Stuart (1954) vorgeschlagenen Rekordetests für Varianzalternativen sind von Diersen (1991) gründlich untersucht und deutlich verbessert worden.

Bezüglich verteilungsfreier Tests auf Korrelationsalternativen verweisen wir schließlich auf Knoke (1975, 1977), Bhattacharyya (1984), Dufour u. Roy (1985) und Diersen (1991).

Eine Bibliographie zur nichtparametrischen Zeitreihenanalyse, die den Stand der Entwicklung bis in den Anfang der achtziger Jahre wiedergibt, stammt von Dufour u.a. (1982).

11.8 Weitere Methoden und Anwendungsgebiete

Wir stellen nun noch (ohne Anspruch auf Vollständigkeit) einige nichtparametrische Methoden vor, die mittlerweile in andere Gebiete der Statistik Einzug gehalten haben, die wir aus Platzgründen aber nur anreißen können.

(1) Symmetrie–Tests

Einige der in den vorigen Kapiteln behandelten Verfahren setzten die Symmetrie der betrachteten Variablen um den Median voraus. Ist die Annahme der Symmetrie fraglich, so kann diesen Verfahren ein Test vorangeschaltet werden, der die Hypothese

H_0 : Die Variable X ist um ihren Median M symmetrisch verteilt

überprüft. Für den (wenig praxisrelevanten) Fall, daß M bekannt ist, haben Butler (1969), Gupta (1967), Gross (1966) und Koziol (1980, 1983) Testverfahren entwickelt. Ein asymptotisch verteilungsfreier Symmetrie–Test bei unbekanntem Median stammt ebenfalls von

Gupta (1967). Die Berechnung der Teststatistik beruht dabei u.a. auf einem Vergleich der arithmetischen Mittel $(X_i + X_j)/2$ für $i < j$ mit dem Median der Stichprobe.

Weitere Arbeiten zu obigem Hypothesenproblem stammen von Gastwirth (1971), Chatterjee u. Sen (1973), Finch (1977), Antille u. Kersting (1977), Randles u.a. (1980), Antille u.a. (1982) und Bhattacharya u.a. (1982).

Eine gründliche Untersuchung von Theis (1992) zeigt, daß viele der erwähnten Verfahren in Abhängigkeit von der zugrundeliegenden Verteilung der Grundgesamtheit das vorgegebene Niveau α des öfteren unter- und manchmal sogar überschreiten.

Das bivariate Symmetrie–Problem $H_0 : P(X \leq x, Y \leq y) = P(X \leq y, Y \leq x)$ für alle x und alle y kann mit Hilfe der Methoden von Wormleighton (1959), Sen (1967b), Bell u. Haller (1969), Hollander (1971) und Huškovà (1984a) getestet werden.

(2) Zensorierung (Censoring)

Bei Lebensdaueruntersuchungen ist es im allgemeinen üblich, nicht so lange zu warten, bis alle n ausgewählten Objekte ausgefallen sind, sondern die Untersuchung zu beenden, wenn entweder

(i) ein bestimmter *vorher festgelegter* Zeitpunkt t_0 erreicht ist oder

(ii) eine bestimmte *vorher festgelegte* Anzahl k der n Objekte ausgefallen ist ($1 \leq k \leq n$).

Im Fall (i) ist die Anzahl A der ausgefallenen Objekte eine Zufallsvariable; wir sprechen von Typ I–Zensorierung. Im Fall (ii) ist die Zeit T, bis zu der k Objekte ausgefallen sind, eine Zufallsvariable; wir sprechen von Typ II–Zensorierung. In beiden Fällen kann die Zensorierung einseitig oder zweiseitig vorgenommen werden. Es liegt z.B. eine zweiseitige Typ II–Zensorierung vor, wenn bei n ausgewählten Objekten die ersten r_1 angefallenen Daten außer Betracht gelassen werden und die Untersuchung bei Erreichen von r_2 verbleibenden (intakten) Objekten beendet wird ($0 < r_1, r_2 < n$). In diesem Fall handelt es sich quasi um ein Trimmen von r_1 Elementen am unteren und r_2 Elementen am oberen Ende der (geordneten) Stichprobe; die Begriffe Trimmen und Zensorierung können also hier synonym verwendet werden. Wie wir im Abschnitt 11.3.2 herausgestellt haben, spielen im Schätzbereich Trimmverfahren bei Vorliegen von Ausreißern eine wichtige Rolle. Bezüglich Tests auf Ausreißer sei auf Anscombe (1960), Ferguson (1961a), Gehan (1965a,b), Grubbs (1969), Barnett u. Lewis (1978), Hawkins (1980a), Tiku u.a. (1986) und Staudte u. Sheather (1990) verwiesen.

Eine ausführliche Darstellung (einschließlich einer umfangreichen Literaturübersicht) der Schätz- und Testprobleme bei zensorierten Stichproben geben die Arbeiten von Kendall u. Stuart (1973), Tiku u.a. (1986), Bain (1991), Cohen (1991) und Lee (1992).

Im folgenden seien noch einige mit nichtparametrischen Verfahren behandelte Probleme bei Vorliegen zensorierter Daten und neuere Literatur dazu aufgelistet.

Anpassungstests:	Hollander u. Peña (1992),
Zwei-Stichproben-Tests *(unabhängige Stichproben)*	Albers (1991), Öhman (1990), Wang u. Hettmansperger (1990), Gastaldi (1991), Johnson u. Morell (1990), Rohatgi u.a. (1990),
Zwei-Stichproben-Tests *(verbundene Stichproben)*	Dabrowska (1989, 1990), Albers (1991)
c-Stichproben-Tests:	Janssen (1991),
Unabhängigkeitstests:	Akritas u. Clogg (1991),
Korrelationstests:	Vaughan (1990),
Regressionstests:	Lai u. Ying (1992),
Sequentielle Tests:	Skovlund (1991),
Robuste Verfahren *(mit Literaturübersicht):*	Akritas u. Zubovic (1991),
Graphische Verfahren:	Gentleman u. Crowley (1991).

Einen Vergleich der Effizienz von zensorierten und nichtzensorierten Experimenten bringt die Arbeit von Turrero (1989).

(3) Kreisverteilungstests

In den 60er und 70er Jahren wurden Verfahren entwickelt, die eine Analyse von Daten ermöglichen, bei denen es weniger auf den numerischen Wert als vielmehr auf die Richtung ankommt (z.B. in der Biologie: Bevorzugen auffliegende Zugvögel eine bestimmte Himmelsrichtung?). Zur Beschreibung derartiger Daten wird ein Kreis mit dem Umfang 1 benutzt. Die Punkte auf dessen Peripherie legen in eindeutiger Weise die Richtung eines vom Kreismittelpunkt ausgehenden Strahls fest. Die Hypothese, daß keine Richtung bevorzugt wird, entspricht dann der Hypothese, daß die zugehörigen Punkte auf dem Kreis einer Gleichverteilung genügen. Durch Festlegung eines Nullpunktes P *auf* dem Kreis und einer Orientierung (entgegengesetzt dem Uhrzeigersinn) läßt sich der Begriff der empirischen Verteilungsfunktion F_n übertragen: Für $0 \leq x \leq 1$ ist $nF_n(x)$ die Anzahl der Punkte auf dem Kreisrand, die zum Nullpunkt keinen größeren Abstand als x haben. Ist P der „Nordpol", so gibt $nF_n(x)$ mithin die Anzahl der Richtungen in der Stichprobe an, die durch Drehung der „Richtung x" im Uhrzeigersinn überstrichen werden, bis der „Nordpol" erreicht wird. Zur Überprüfung der Hypothese

H_0 : Die Punkte auf dem Kreis (die Richtungen) genügen einer Verteilung F_0

wurden folgende Teststatistiken (unabhängig vom Nullpunkt P!) vom Kolmogorow-Smirnow-Typ (vgl. Kap. 4) vorgeschlagen:

Teststatistik von Kuiper

$$V_n = \sup_{0 \leq x \leq 1} (F_n(x) - F_0(x)) + \sup_{0 \leq x \leq 1} (F_0(x) - F_n(x))$$

Teststatistik von Watson

$$U_n^2 = n \int_{-\infty}^{\infty} \left(F_n(x) - F_0(x) - \overline{F_n(x) - F_0(x)} \right)^2 dF_0(x)$$

mit

$$\overline{F_n(x) - F_0(x)} = \int_{-\infty}^{\infty} (F_n(x) - F_0(x)) \, dF_0(x).$$

Für die Herleitung der exakten und asymptotischen Verteilungen dieser Statistiken sei auf Watson (1967b, 1969a), Stephens (1963, 1965a,b, 1969a,b) verwiesen. Zur ausführlichen Information weiterer Methoden seien Batschelet (1965, 1972), Mardia (1972a,b, 1975), Barr u. Shudde (1973) sowie Jammalamadaka (1984) genannt.

(4) Bayes–Verfahren

Allgemein geht der Bayessche Ansatz von der Vorstellung aus, daß die Verteilung einer Variablen X von einem Parameter ω abhängt, der seinerseits als Zufallsvariable mit einer Wahrscheinlichkeitsverteilung aufgefaßt wird. Beim parametrischen Bayesschen Ansatz wird für X ein bestimmter Verteilungstyp (z.B. Normalverteilung) angenommen. Anhand einer Stichprobe $X_1, \ldots, X_n$ und einer a–priori–Verteilung ω wird dann eine a–posteriori–Verteilung für ω bestimmt. Unter Zugrundelegung dieser Verteilung sind dann i.a. bessere Schätz– oder Testergebnisse für weitere, von X abhängende Parameter zu erwarten. Johns (1957) zeigt, wie sich der Bayessche Ansatz auch auf den nichtparametrischen Fall übertragen läßt, wenn für X eine beliebige Klasse $\mathfrak{F} = \{F_\omega \mid \omega \in \Omega\}$ von Verteilungen zugelassen ist. Die a–priori–Verteilung der Parameter ω sei durch einen Wahrscheinlichkeitsraum $(\Omega, \mathfrak{A}, \mu)$ beschrieben. Wir definieren die Funktion $Y : \Omega \to \Omega$ durch $Y(\omega) = \omega$. Mit Hilfe der Stichprobenvariablen $X_1, \ldots, X_n$ soll der Parameter $E(h(X))$ geschätzt werden, wobei h eine Funktion von X ist. Der Erwartungswert $E(h(X))$ hängt natürlich vom „wahren" Parameter ω, d.h. von der Realisation von Y ab. Wir definieren deshalb $\Lambda = \Lambda(Y) = E(h(X) \mid Y)$. Wählen wir die quadratische Verlustfunktion $L(t, \lambda) = (t - \lambda)^2$, wobei t der geschätzte und λ der „wahre" Parameter ist, so minimiert der „Bayes–Schätzer" $\Phi_\mu(x_1, \ldots, x_n) = E(\Lambda \mid X_1 = x_1, \ldots, X_n = x_n)$ den erwarteten Verlust. Die Bestimmung der a–posteriori–Verteilung von Λ bei Kenntnis von μ ist kompliziert. Näheres (z.B. auch die Behandlung des Testproblems $H_0 : \lambda \leq a$ gegen $H_1 : \lambda > a$) ist Johns (1957) zu entnehmen. Weitere Hinweise auf nichtparametrische Bayessche Methoden findet der Leser bei Krutchkoff (1967b), Johns u. van Ryzin (1967a,b), Maritz (1970), van Ryzin (1970), Ferguson (1973, 1974), Antoniak (1974), Goldstein (1975a,b), Baskerville u. Solomon (1975), Dalal (1980) und Florens u.a. (1983).

(5) Multivariate Verfahren

Multivariate Analysetechniken nehmen einen breiten Raum in der statistischen Literatur ein. Anwendungen solcher Techniken gibt es vielfach. So werden z.B. bei der Untersuchung über die Wirtschaftsstruktur einer Region in ausgewählten Betrieben Beschäftigtenzahl,

Umsatz, Energieverbrauch, Rohstoffbedarf usw. erhoben. Oder bei einer Haushaltsbefragung werden die Anzahl der Personen, das Einkommen, Urlaubsgewohnheiten, Hobbies u.a. ermittelt.

Wir stellen im folgenden drei multivariate Testprobleme vor, ohne allerdings auf die Herleitung der nichtparametrischen Teststatistiken einzugehen.

a) Bivariater Vorzeichen–Test

Gegeben sei eine zweidimensionale Variable $X = (X_1, X_2)$ mit der gemeinsamen Verteilungsfunktion F_{X_1,X_2}. Zu testen ist die Hypothese

$$H_0 : F_{X_1,X_2}(0, \infty) = F_{X_1,X_2}(\infty, 0) = 1/2,$$

d.h., die Variablen X_1 bzw. X_2 haben jeweils den Median 0. Sind die unabhängigen Stichprobenvariablen $X_i = (X_{1i}, X_{2i})$, $i = 1, \ldots, n$ gegeben, so sind zur Berechnung der Teststatistik die konkordanten bzw. die diskordanten Beobachtungen (vgl. Abschnitt 8.5) zu bestimmen.

b) Vorzeichen–Rang–Test

$X = (X_1, \ldots, X_p)$ sei eine p–dimensionale Variable mit der gemeinsamen Verteilungsfunktion F. F sei diagonalsymmetrisch um einen bekannten Parametervektor $\boldsymbol{\theta}$, d.h., $X - \boldsymbol{\theta}$ und $-(X - \boldsymbol{\theta})$ haben dieselbe Verteilung. In Analogie zu Abschnitt 4.4.3 wird das Problem

$$H_0 : \boldsymbol{\theta} = \mathbf{0} \quad \text{gegen} \quad H_1 : \boldsymbol{\theta} \neq \mathbf{0}$$

mit Hilfe von bestimmten Rangstatistiken getestet, die allerdings unter H_0 nicht verteilungsfrei sind. Dabei bezeichnet $\mathbf{0}$ den p–dimensionalen Nullvektor. Durch Einführung des sogenannten Vorzeichen–Invarianz–Prinzips gelingt es, einen bedingt verteilungsfreien Test zu konstruieren.

c) Multivariate Lageprobleme

Gegeben seien c p–dimensionale Variablen $X_1, \ldots, X_c$ mit den Verteilungsfunktionen $F_1, \ldots, F_c$. Zu testen sei die Hypothese

$$H_0 : F_1(\boldsymbol{x}) = F_2(\boldsymbol{x}) = \cdots = F_c(\boldsymbol{x}) \text{ für alle } \boldsymbol{x}$$

gegen

$$H_1 : F_i(\boldsymbol{x}) = F_1(\boldsymbol{x} + \boldsymbol{\delta}_i) \text{ für } i = 2, \ldots, c \text{ und alle } \boldsymbol{x},$$

wobei $\boldsymbol{\delta}_i$ ein p–dimensionaler Lageparameter ist (vgl. Abschnitt 5.4.1). Die dabei verwendeten Rangstatistiken sind ebenfalls nur bedingt verteilungsfrei.

Die oben beschriebenen Testprobleme sind detailliert bei Puri u. Sen (1971) beschrieben. Dort werden auch Schätzstatistiken (einschließlich Konfidenzintervalle) in linearen Modellen, in der Faktoranalyse sowie Unabhängigkeitstests für den multivariaten Fall behandelt. Zu Anpassungstests im multivariaten (diskreten) Fall siehe Reed u. Cressie (1988). Weitere Arbeiten: Sen u. Srivastava (1973), Sen (1973), Upton (1976), Rüschendorf (1976a,b), Sen u. Ghosh (1973).

(6) Qualitätskontrolle

Der Produktion werden laufend kleine Stichproben vom Umfang m (etwa $m = 5$) entnommen, um die Kontinuität der Fertigung zu überprüfen.

a) Mittelwertkontrollkarte

Aus umfangreichen *früheren* Untersuchungen mit N Stichproben des Umfangs m wird das Gesamtmittel $\bar{\bar{x}}$ als Näherung für μ sowie $\hat{\sigma} = \bar{d}_{m,N}/d_m$ als Näherung für σ benutzt (vgl. Abschnitt 11.2.2).

Zur Berechnung von d_m wird Normalverteilung unterstellt. Die Mittelwertkontrollkarte besteht aus drei horizontalen Linien.

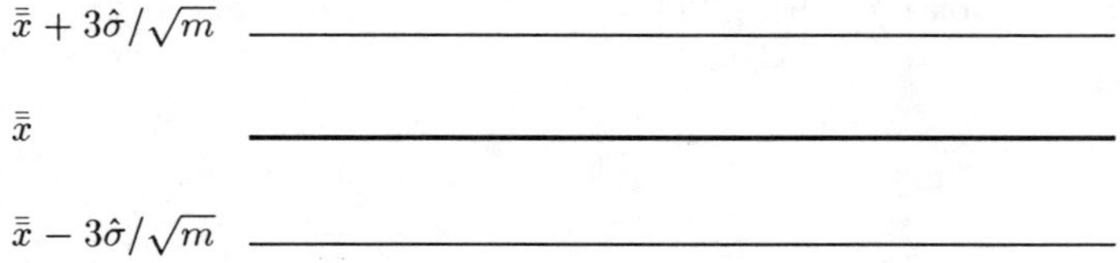

$\bar{\bar{x}} + 3\hat{\sigma}/\sqrt{m}$ ──────────────────

$\bar{\bar{x}}$ ──────────────────

$\bar{\bar{x}} - 3\hat{\sigma}/\sqrt{m}$ ──────────────────

Abb. 11.5

Aus jeder neuen Stichprobe vom Umfang m wird $\bar{x}$ bestimmt. Liegt ein $\bar{x}$ außerhalb der Kontrollgrenzen (bei Normalverteilung ist die Wahrscheinlichkeit dafür ungefähr 0.003), so wird in den Produktionsvorgang eingegriffen. Die Kontrollkarten werden auch dann verwendet, wenn die Annahme der Normalverteilung nicht gerechtfertigt erscheint. Die Robustheit des Verfahrens wird bei David (1970) betont.

b) Streuungskontrollkarten

Auch die Streuung von Produktionsverfahren soll eine gewisse Grenze nicht überschreiten. Die Kontrollgrenzen für die Spannweite (als Maß für die Streuung) sind gegeben durch

$$\bar{d}_{m,N} \pm 3\sqrt{V_m}\frac{\bar{d}_{m,N}}{d_m}$$

mit $V_m = \mathrm{Var}(d/\sigma)$, $d =$ Spannweite einer Stichprobe vom Umfang m. Die Produktion läuft weiter, wenn die Grenzen durch die Spannweite der Stichprobe vom Umfang m eingehalten werden. Die nur von m und der zugrundeliegenden Verteilung abhängenden Größen $\sqrt{V_m}/d_m$ sind für den Fall der Normalverteilung für $2 \leq m \leq 20$ David (1970) zu entnehmen. Obwohl diese Kontrollgrenzen weniger robust gegenüber Verteilungsänderungen sind, werden sie jedoch auch bei unbekannter Verteilung gebraucht (David (1970)).

Für andere nichtparametrische Methoden in der Qualitätskontrolle (z.B. Modifikationen des Binomialtests und des Tests auf Zufälligkeit) sei die Lektüre des

Buches von Uhlmann (1966) empfohlen. Weitere Literaturverweise sind David (1970) zu entnehmen.

(7) Stochastische Prozesse

Die nichtparametrische Theorie der stochastischen Prozesse ist noch nicht **weit entwickelt**. Die Hauptschwierigkeit bei der Übertragung herkömmlicher nichtparametrischer Techniken liegt in der vorhandenen Abhängigkeit der Variablen eines stochastischen Prozesses. Einige Prozesse können jedoch so transformiert werden, daß dann unabhängige Variablen vorliegen. Für den transformierten stochastischen Prozeß existieren verteilungsfreie Anpassungs- und Zweistichprobentests, die ausführlich bei Bell u.a. (1970) beschrieben werden. Als weitere Arbeiten seien genannt: Doksum (1963), Šidák (1973).

Mathematischer Anhang

(A) Kombinatorik

Bei den in den vorangegangenen Kapiteln vorgestellten und diskutierten Rangstatistiken wurden zur Herleitung ihrer Verteilungen kombinatorische Überlegungen angestellt. Wir wollen deshalb kurz die dort verwandten Formeln der Kombinatorik zusammenstellen.

Ziel der Kombinatorik ist die Herleitung von Gesetzen über Auswahlen (*Kombinationen*) und Anordnungen (*Permutationen*) endlich vieler Elemente einer Menge. Bezüglich der Anzahl verschiedener Permutationen bzw. Kombinationen sind folgende Fälle zu unterscheiden (die Beweise der angegebenen Regeln sind z.B. bei Wetzel u.a. (1975) zu finden):

Permutationen

(1) *alle N Elemente der Menge sind verschieden:*
Dann gibt es insgesamt

$$P_N = N \cdot (N-1) \cdots 2 \cdot 1 = N! \quad \text{(gelesen } N \text{ Fakultät)}$$

verschiedene Permutationen der N Elemente.

(2) *n der N Elemente sind verschieden ($n \leq N$):*
Jedes der n verschiedenen Elemente trete mit Häufigkeit h_i auf,

$$h_i \geq 1, \quad \sum_{i=1}^{n} h_i = N.$$

Dann gibt es insgesamt

$$P_{N,n} = \frac{N!}{h_1! \, h_2! \cdots h_n!}$$

verschiedene Permutationen der N Elemente.

Beispiel 1:

$$1 \quad 1 \quad 1 \quad 3 \quad 5 \quad 5 \quad 8 \quad 8 \quad 8 \quad 8 \quad (N=10, n=4)$$

$$P_{10,4} = \frac{10!}{3! \, 1! \, 2! \, 4!} = 12\,600.$$

Kombinationen

Die Anzahl der möglichen Kombinationen bei n aus N Elementen beträgt für den Fall:

(1) *ohne Wiederholung, mit Berücksichtigung der Anordnung:*
(auch Variationen ohne Wiederholungen genannt)

$$V_{N,n} = N(N-1)(N-2)\cdots(N-n+1) = \frac{N!}{(N-n)!}.$$

(2) *mit Wiederholung, mit Berücksichtigung der Anordnung:*
(auch Variationen ohne Wiederholungen genannt)

$$\bar{V}_{N,n} = N^n.$$

(3) *ohne Wiederholung, ohne Berücksichtigung der Anordnung:*

$$K_{N,n} = \frac{V_{N,n}}{n!} = \frac{N(N-1)\cdots(N-n+1)}{n!} = \frac{N!}{n!(N-n)!}.$$

Für diesen Ausdruck verwenden wir als Zeichen den sogenannten Binomialkoeffizienten $\binom{N}{n}$ (gelesen N über n).

(4) *mit Wiederholung, ohne Berücksichtigung der Anordnung:*

$$\bar{K}_{N,n} = \binom{N+n-1}{n}.$$

Wir wollen am Lotto–Beispiel die unterschiedliche Größenordnung der Anzahl der Kombinationen für diese vier Fälle verdeutlichen. Die Ziehung „6 aus 49" erfolgt bekanntlich ohne Zurücklegen und ohne Berücksichtigung der Reihenfolge, d.h., Fall (3) liegt vor. Die Anzahl der Möglichkeiten, auf diese Weise 6 aus 49 Zahlen auszuwählen, beträgt somit:

$$\binom{49}{6} = 13\,983\,816.$$

Läge der Ziehung eines der drei anderen Verfahren zugrunde, so ergäbe sich für

(1) $\frac{49!}{43!} = 10\,068\,347\,520$
(2) $49^6 = 13\,841\,289\,201$
(3) $\binom{54}{6} = 25\,827\,165.$

Bei einer Ziehung nach dem Auswahlverfahren (1) oder (2) und unter Zugrundelegung von ca. 40 Millionen Tipreihen pro Woche wäre (im Durchschnitt) nur alle 5 bis 6 Jahre mit einem Hauptgewinn im Lotto zu rechnen. Wer spielte da noch Lotto!

(B) Jacobi–Transformation

Es sei $f(x_1,\ldots,x_n)$ die gemeinsame Dichte der stetigen Zufallsvariablen $X_1,\ldots,X_n$ und $A \subseteq \mathbb{R}^n$ mit $f(x_1,\ldots,x_n) > 0$ auf A. Häufig soll die Dichte einer Zufallsvariablen bestimmt werden, die *eine Funktion* von $X_1,\ldots,X_n$ ist; so beispielsweise die Dichte der Teststatistik $T_1 : \mathbb{R}^n \to \mathbb{R}$ mit $T_1(X_1,\ldots,X_n) = \bar{X}$ oder die der geordneten Statistik $T_2 : \mathbb{R}^n \to \mathbb{R}^n$ mit $T_2(X_1,\ldots,X_n) = (X_{(1)},\ldots,X_{(n)})$, wie im Kapitel 3 näher ausgeführt.

Eine solche Methode, die sogenannte Jacobi–Methode, zur Herleitung der Dichte der transformierten Variablen wollen wir nun angeben. Dazu betrachten wir die Transformation (Abbildung) T:

$$\begin{aligned} y_1 &= u_1(x_1,\ldots,x_n) \\ y_2 &= u_2(x_1,\ldots,x_n) \\ &\vdots \\ y_n &= u_n(x_1,\ldots,x_n), \end{aligned}$$

welche A auf $B \subseteq \mathbb{R}^n$ abbildet.

Diese Transformation T muß natürlich nicht eineindeutig sein; das bedeutet, daß für $(y_1,\ldots,y_n) \in B$ mehrere Punkte $(x_1,\ldots,x_n) \in A$ gehören können, die auf $(y_1,\ldots,y_n)$ abgebildet werden. Wir nehmen nun an, daß sich A als Vereinigung endlich vieler *paarweise disjunkter* Mengen $A_1, A_2, \ldots, A_k$ so darstellen läßt, durch T eine eineindeutige Abbildung eines jeden A_i auf B definiert ist. Dann existiert für jedes i, $i = 1,\ldots,k$, die inverse Transformation

$$\begin{aligned} x_1 &= v_{1i}(y_1,\ldots,y_n), \\ x_2 &= v_{2i}(y_1,\ldots,y_n), \\ &\vdots \\ x_n &= v_{ni}(y_1,\ldots,y_n). \end{aligned}$$

Es werde weiterhin vorausgesetzt, daß die partiellen Ableitungen existieren. Die Matrix

$$\boldsymbol{J}_i = \begin{pmatrix} \frac{\partial v_{1i}}{\partial y_1} & \frac{\partial v_{1i}}{\partial y_2} & \cdots & \frac{\partial v_{1i}}{\partial y_n} \\ \frac{\partial v_{2i}}{\partial y_1} & \frac{\partial v_{2i}}{\partial y_2} & \cdots & \frac{\partial v_{2i}}{\partial y_n} \\ \vdots & \vdots & \ddots & \vdots \\ \frac{\partial v_{ni}}{\partial y_1} & \frac{\partial v_{ni}}{\partial y_2} & \cdots & \frac{\partial v_{ni}}{\partial y_n} \end{pmatrix}, \quad i = 1,\ldots,k,$$

heißt Jacobi–Matrix, ihre zugehörige Determinante werde mit $\det(\boldsymbol{J}_i)$ bezeichnet, und es sei $\det(\boldsymbol{J}_i) \neq 0$ auf B, $i = 1,\ldots,k$. Da die Mengen $A_1,\ldots,A_k$ paarweise disjunkt sind, gilt für die gemeinsame Dichte $g(y_1,\ldots,y_n)$ der Zufallsvariablen $Y_1,\ldots,Y_n$ mit $Y_j = u_j(X_1,\ldots,X_n)$, $j = 1\ldots,n$.

$$g(y_1,\ldots,y_n) = \sum_{i=1}^{k} |\det(\boldsymbol{J}_i)| f(v_{1i}(y_1,\ldots,y_n),\ldots,v_{ni}(y_1,\ldots,y_n))$$

für $(y_1, \ldots, y_n) \in B$ und gleich Null sonst.

Wir wollen diese Variablentransformation mit der Herleitung der Dichte g am Beispiel der geordneten Statistik veranschaulichen; $X_1, \ldots, X_n$ seien unabhängig. Es ist also speziell:

$$Y_1 = X_{(1)} = u_1(X_1, \ldots, X_n)$$
$$\vdots$$
$$Y_n = X_{(n)} = u_n(X_1, \ldots, X_n).$$

Diese Transformation ist nicht eineindeutig; zu vorgegebenem $X_{(1)}, \ldots, X_{(n)}$ gibt es $n!$ mögliche Permutationen von $X_1, \ldots, X_n$, die $X_{(1)}, \ldots, X_{(n)}$ hätten erzeugen können; d.h., es liegen insgesamt $k = n!$ inverse Transformationen vor. Die Spalten einer jeden Jacobi-Determinante $\det(\boldsymbol{J}_i)$, $i = 1, \ldots, n!$, stellen dann irgendeine Permutation der Spalten der *Einheitsmatrix* $\boldsymbol{I}$ dar, denn von den auftretenden n^2 partiellen Ableitungen haben n den Wert 1 — gerade, wenn $Y_j = X_{(j)} = X_j$ ist, $j = 1, \ldots, n$, — und die restlichen den Wert 0. $\det(\boldsymbol{J}_i)$ gehört also zu einer orthogonalen Matrix und ist somit gleich ± 1, d.h., $|\det(\boldsymbol{J}_i)| = 1$ für alle $i = 1, \ldots, n!$. Dann folgt:

$$g(y_1, \ldots, y_n) = n! \prod_{j=1}^{n} f(y_j).$$

(C) Stieltjes–Integral

Bekanntlich wird das Riemann–Integral wie folgt definiert: Es sei f eine reellwertige Funktion auf $[a, b]$; wir zerlegen $[a, b]$ durch die Punkte $a = x_0 < x_1 < \cdots < x_n = b$ in n Teilintervalle. Im k-ten Intervall $[x_{k-1}, x_k]$ wählen wir einen beliebigen Punkt ξ_k, $k = 1, \ldots, n$.

Definition 1: (Riemann–Integral)

Die Funktion f heißt auf $[a, b]$ integrierbar, wenn

$$\sum_{k=1}^{n} f(\xi_k)(x_k - x_{k-1}).$$

mit $\max(x_k - x_{k-1}) \to 0$ einen endlichen Grenzwert hat. Für diesen Wert schreiben wir $\int_a^b f(x)\, dx$.

Als Verallgemeinerung des Riemann–Integrals wollen wir nun das sogenannte Stieltjes–Integral betrachten, das gerade für die Wahrscheinlichkeitsrechnung von Interesse ist, weil mit ihm z.B. für eine diskrete *und* stetige Zufallsvariable X die Definition des Erwartungswertes oder der Varianz von X *in einer* Darstellung möglich ist. Es sei F eine Funktion von beschränkter Schwankung, d.h.,

$$T = \sum_{k=1}^{n} |F(x_k) - F(x_{k-1})|$$

ist für alle Zerlegungen des Intervalls $[a, b]$ nach oben beschränkt. So ist z.B. jede beschränkte und monoton wachsende Funktion (also auch eine Verteilungsfunktion) von beschränkter Schwankung. Sei ferner g eine reellwertige stetige Funktion auf $[a, b]$ und

$$S_n = \sum_{k=1}^{n} g(\xi_k)[F(x_k) - F(x_{k-1})] \quad \text{mit} \quad \xi_k \in [x_{k-1}, x_k).$$

Definition 2: (Stieltjes–Integral)

Konvergiert die Summe S_n für $n \to \infty$ und $\max_{1 \leq k \leq n}(x_k - x_{k-1}) \to 0$ gegen einen Grenzwert und zwar unabhängig von der Wahl des Punktes ξ_k und der Zerlegung von $[a, b]$, so heißt dieser Grenzwert das (eigentliche) Stieltjes–Integral von $g(x)$ nach $F(x)$, in Zeichen:

$$\lim_{n \to \infty} S_n = \int_a^b g(x)\, dF(x).$$

Für $F(x) = x$ erhalten wir das Riemann–Integral von $g(x)$.

Im Falle eines unbegrenzten Integrationsintervalls wird das uneigentliche Stieltjes–Integral als Grenzwert einer Folge von eigentlichen Stieltjes–Integralen definiert, d.h.,

$$\int_{-\infty}^{+\infty} g(x)\, dF(x) = \lim_{\substack{a \to -\infty \\ b \to +\infty}} \int_a^b g(x)\, dF(x),$$

vorausgesetzt, daß dieser Limes existiert.

Wir wollen nun die beiden Fälle betrachten, daß F die Verteilungsfunktion einer *stetigen* bzw. die einer *diskreten* Zufallsvariablen X ist. Im ersten Fall gilt

$$\frac{dF(x)}{dx} = f(x),$$

wobei $f(x)$ die stetige Dichte von X ist. Es läßt sich dann folgende Beziehung herleiten:

$$\int_a^b g(x)\, dF(x) = \int_a^b g(x) f(x)\, dx,$$

d.h., das Stieltjes–Integral ist auf ein Riemann–Integral zurückgeführt. Ist X diskret mit den Sprungstellen $s_1, s_2, \ldots$, so ändert sich F nur an diesen Stellen, und es ergibt sich:

$$\int_a^b g(x)\, dF(x) = \sum_i g(s_i) p_i,$$

wobei $p_i = P(X = s_i) = F(s_i) - F(s_{i-1})$ mit $F(s_0) = 0$ ist, $i = 1, 2, \ldots$ Nimmt X nur endlich viele Werte an, so ist die Summation über i endlich.

Aus diesen beiden Darstellungen des Stieltjes–Integrals als ein Riemann–Integral bzw. eine (endliche oder unendliche) Summe folgt: Existiert der Erwartungswert der Zufallsvariablen $Y = g(X)$, dann läßt er sich sowohl für eine stetige als auch für eine diskrete Zufallsvariable X mit der Verteilungsfunktion F darstellen durch:

$$E(g(X)) = \int_{-\infty}^{+\infty} g(x)\, dF(x);$$

speziell für $Y = g(X) = X$:
$$E(X) = \int_{-\infty}^{+\infty} x\, dF(x).$$

Beispiel 7: Beim Werfen eines Würfels ist:
$$p_i = P(X = s_i) = P(X = i) = \frac{1}{6}, \quad i = 1, \ldots, 6,$$
d.h.,
$$E(X) = \int_{-\infty}^{+\infty} x\, dF(x) = \sum_{i=1}^{6} g(s_i)p_i = \frac{1}{6}\sum_{i=1}^{6} i = 3.5.$$

(D) Gamma– und Betafunktion

Die Gamma- und die Betafunktion sind Grundlage für die in Kapitel 2 angegebene Gamma- bzw. Betaverteilung. Es sei für $\alpha > 0$:
$$\Gamma(\alpha) = \int_0^\infty t^{\alpha-1} e^{-t} dt$$
mit
$$\int_0^\infty t^{\alpha-1} e^{-t} dt = \lim_{\substack{a \to 0 \\ b \to \infty}} \int_a^b t^{\alpha-1} e^{-t} dt.$$

Dieses Integral $\Gamma(\alpha)$, das für alle $\alpha > 0$ existiert, wird als *Gamma-Funktion* bezeichnet. Mit Hilfe partieller Integration erhalten wir:
$$\Gamma(\alpha + 1) = \left[-e^{-t} t^\alpha\right]_0^\infty + \alpha \int_0^\infty t^{\alpha-1} e^{-t} dt.$$
Wegen $\lim_{t \to \infty} e^{-t} t^\alpha = 0$ gilt dann:
$$\Gamma(\alpha + 1) = \alpha \Gamma(\alpha) \quad \text{für} \quad \alpha > 0.$$
Speziell für $\alpha = 1$ ist
$$\Gamma(1) = \int_0^\infty e^{-t} dt = 1$$
und damit für alle $n \in \mathbb{N}$:
$$\Gamma(n + 1) = n! \quad \text{(siehe Anhang (A))}.$$

Die *Beta-Funktion* ist definiert durch:
$$B(\alpha, \beta) = \int_0^\infty t^{\alpha-1}(1 - t)^{\beta-1} dt \quad \text{für} \quad \alpha, \beta > 0.$$
Dieses Integral existiert für alle $\alpha, \beta > 0$.

Zwischen der Gamma- und Betafunktion besteht der folgende Zusammenhang; zum Beweis siehe z.B. Tucker (1962):
$$B(\alpha, \beta) = \frac{\Gamma(\alpha)\Gamma(\beta)}{\Gamma(\alpha + \beta)}.$$

Lösungen

Kapitel 3

Aufgabe 1:

a) (340, 353, 399, 404, 451, 535, 581, 622, 737, 781)

b) (2, 7, 4, 10, 1, 5, 3, 8, 6, 9)

c) $x_{(1)} = 340$; $x_{(10)} = 781$; $m = 493$; $d = 441$.

Aufgabe 3:

a) 11 ist dreifach gebunden, 16, 20 und 21 sind jeweils zweifach gebunden.

b) *Verfahren 1* Die Studenten 5, 9, 11, 14 und 15 werden aus der Stichprobe entfernt.

Student i	1	2	3	4	6	7	8	10	12	13
r_i	4	1	2	8	5	10	9	6	7	3

Verfahren 2 Durch „Würfeln" werden den gebundenen Werten Ränge zugewiesen.

Student i	1	2	3	4	5	6	7	8	9	10	11	12	13	14	15
r_i	6	1	3	12	4	7	15	14	8	9	2	11	5	10	13

Verfahren 3 Die ungebundenen Werte behalten ihre Ränge aus Verfahren 2; sonst Durschnittsränge.

Student i	1	2	3	4	5	6	7	8
r_i	6	1	3	12.5	4	7.5	15	14

Student i	9	10	11	12	13	14	15
r_i	7.5	9	3	10.5	5	10.5	12.5

c)

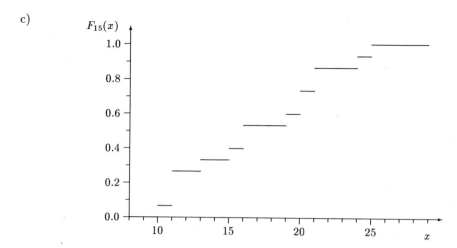

Aufgabe 5: $P(X_{(1)} < a_{0.2} < X_{(5)}) = F(4) - F(0) = 0.9672 - 0.1074 = 0.8598$
F ist die Binomialverteilung $Bi(10, 0.2)$
$P(X_{(2)} < a_{0.5} < X_{(9)}) = F(8) - F(1) = 0.9893 - 0.0108 = 0.9785$
F ist die Binomialverteilung $Bi(10, 0.5)$
$P(X_{(3} < a_{0.8}) = 1 - F(2) = 1 - 0.0001 = 0.9999$
F ist die Binomialverteilung $Bi(10, 0.8)$

Aufgabe 7:
a) Wählen wir $l - 1 = 7$ und $k - 1 = 2$ so gilt $F(l-1) - F(k-1) = 0.89$. Da $x_{(3)} = 9.7$ und $x_{(8)} = 10.2$, ist $[9.7, 10.2]$ das gesuchte Intervall.
b) $\bar{x} = 9.91$, $s^2 = 0.1343$, $s = 0.3665$, $s/\sqrt{n} = 0.1159$ und $t_{0.95;9} = 1.833$. Das Konfidenzintervall zum Niveau $1 - \alpha = 0.9$ lautet $[9.7, 10.12]$.

Aufgabe 9:
$$P(D < 0.25) = 12 \int_0^{0.25} y^2 (1-y) dy = 0.051$$
$$P(0.1 < D < 0.9) = 12 \int_{0.1}^{0.9} (y^2 - y^3) dy = 0.944$$

Aufgabe 11:

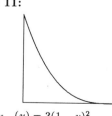
$f_{X_{(1)}}(y) = 3(1-y)^2$

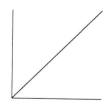
$f_{X_{(2)}}(y) = 2y$

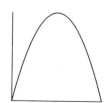
$f_{X_{(3)}}(y) = 6y(1-y)$

Aufgabe 13:

$$P(X_{(k)} < a_{0.5} < X_{(k+2)}) = \sum_{i=k}^{k+1} \binom{2k+1}{i} \left(\frac{1}{2}\right)^i \left(1-\frac{1}{2}\right)^{2k+1-i}$$

$$= \left(\frac{1}{2}\right)^{2k} \frac{(2k+1)!}{k!(k+1)!}$$

Kapitel 4
Aufgabe 1:

a) $K_n = \sup_x |\Phi(x \,|\, 50; 5) - F_n(x)| = 0.3389$.

Für $n = 20$ ist $k_{0.95} = 0.294$, d.h., H_0 wird abgelehnt. Zur Anwendung des χ^2-Tests teilen wir die $n = 20$ Beobachtungen durch die Quartile $x_{0.25}$, $x_{0.5}$ und $x_{0.75}$ der Normalverteilung mit $\mu = 50$ und $\sigma = 5$ in 4 Klassen ein:
$I = (-\infty, x_{0.25}]$, $II = (x_{0.25}, x_{0.5}]$, $III = (x_{0.5}, x_{0.75}]$, $IV = (x_{0.75}, \infty)$ mit $x_p = \mu + \sigma z_p$, wobei z_p das p-Quantil der $N(0,1)$-Verteilung ist, d.h.,

$$x_{0.25} = 50 + 5 \cdot (-0.6745) \approx 46.63$$
$$x_{0.5} = 50$$
$$x_{0.75} \approx 53.37$$

Es ist dann:

	I	II	III	IV
n_i	3	3	3	11
$\tilde{n}_i$	5	5	5	5

und damit

$$X^2 = \sum_{i=1}^{4} \frac{(n_i - \tilde{n}_i)^2}{\tilde{n}_i} = 9.6.$$

Wegen $\chi^2_{0.95;3} = 7.81$ wird H_0 auf diesem Testniveau auch mit dem χ^2-Test abgelehnt.

Es sei vermerkt, daß die Approximation der Verteilung von X^2 durch die χ^2-Verteilung für $\tilde{n}_i = 5$ problematisch ist; vgl. die Studie von Tate u. Hyer (1973) (Abschnitt 4.2.2).

b) Es müssen zunächst die Parameter μ und σ aus der Stichprobe geschätzt werden:

$$\hat{\mu} = \bar{x} = 52.81, \quad \hat{\sigma} = s \approx 5.67.$$

Sodann wird wie in a) verfahren, wobei $\mu = 50$ durch 52.81 und $\sigma = 5$ durch 5.67 ersetzt werden. Es ist zu beachten, daß sich beim χ^2-Test die Anzahl der FG um 2 verringert, weil zwei Parameter geschätzt werden. Der Test ist dann konservativ, wie in der Diskussion zum K-S-Test in 4.2.1 näher ausgeführt.

Exakte kritische Werte können der Arbeit von Lilliefors (1967) entnommen werden.

c) $P(U_n(x) \leq \Phi(x\,|\,50;5) \leq O_n(x)) = 1 - \alpha = 0.90$ mit $k_{0.9} = 0.264$:
$$U_n(x) = \max\{0; F_n(x) - 0.264\} \quad O_n(x) = \min\{1; F_n(x) + 0.264\}$$
worin $F_n(x)$ die empirische Verteilungsfunktion ist.

Aufgabe 3: Für $p_i = 1/k$ ist zunächst:
$$X^2 = \frac{k}{n}\sum_{i=1}^{k} n_i^2 - n.$$

a) Sei $X^2 > n(k-1)$, d.h.,
$$\frac{k}{n}\sum_{i=1}^{k} n_i^2 - n > nk - n \quad \Leftrightarrow \quad \sum_{i=1}^{k} n_i^2 > n^2 = \left(\sum_{i=1}^{k} n_i\right)^2,$$
ein Widerspruch!

b) Seien x_1, x_2 zwei beliebige Werte von X^2:
$$x_1 = \frac{k}{n}\sum_{i=1}^{k} n_{i1}^2 - n \quad x_2 = \frac{k}{n}\sum_{i=1}^{k} n_{i2}^2 - n \quad \text{mit} \quad \sum_{i=1}^{k} n_{ij} = n,\ j=1,2.$$
Es folgt
$$x_1 - x_2 = \frac{k}{n}\left(\sum_{i=1}^{k} n_{i1}^2 - \sum_{i=1}^{k} n_{i2}^2\right).$$
Der Ausdruck in der Klammer ist stets eine gerade Zahl, denn wegen
$$n^2 = \left(\sum_{i=1}^{k} n_i\right)^2 = \sum_{i=1}^{k} n_i^2 + 2\sum_{i>j} n_i n_j$$
sind $\sum_{i=1}^{k} n_{i1}^2$ und $\sum_{i=1}^{k} n_{i2}^2$ entweder beide gerade oder ungerade.

Aufgabe 5: Es ist $K_n^+ \leq \frac{\lambda}{\sqrt{n}} \Leftrightarrow 4nK_n^{+2} \leq 4\lambda^2$, d.h., für $D = 4nK_n^{+2}$ gilt:
$$\lim_{n\to\infty} P(D \leq 4\lambda^2) = 1 - e^{-2\lambda^2}$$
$$\lim_{n\to\infty} P(D \leq d) = 1 - e^{-d/2}, d \geq 0.$$

Das ist die χ^2-Verteilung mit 2 FG (siehe Kapitel 2).

Aufgabe 7: Es ist $n = 556$, $p_1 = 9/16$, $p_2 = p_3 = 3/16$, $p_4 = 1/16$ und damit:

n_i : 315.00 108.00 101.00 32.00
np_i: 312.75 104.25 104.25 34.75

d.h., $X^2 \approx 0.47$. Wegen $\chi^2_{0.95;3} = 7.82$ wird H_0 nicht abgelehnt. Dieser „verdächtig kleine" Wert von X^2 veranlaßt Fisher (siehe Edwards (1972, S. 190)) zu der Behauptung, daß

Mendel die Daten manipuliert hätte, um eine so gute Übereinstimmung zwischen n_i und np_i zu erzielen.

Aufgabe 9: Es ist:

$$W_2^2 = n \left[\sum_{i=0}^{n} \int_{x_{(i)}}^{x_{(i+1)}} \left(\frac{i}{n} - F(x) \right)^2 dF(x) \right]$$

und

$$\int_{x_{(i)}}^{x_{(i+1)}} \left(\frac{i}{n} - F(x) \right)^2 dF(x) = \frac{1}{3}(y_{i+1}^3 - y_i^3) + \frac{i}{n}(y_i^2 - y_{i+1}^2) + \frac{i^2}{n^2}(y_{i+1} - y_i)$$

mit $y_i = F(x_{(i)})$, $i = 0, \ldots, n$, $y_0 = 0$, $y_{n+1} = 1$. Nach einigen elementaren Umformungen in der Summation über i ergibt sich die gewünschte Form.

Aufgabe 11: Da keine Richtung der Alternative ausgezeichnet ist, lauten die Hypothesen $H_0 : \theta = 0$ gegen $H_1 : \theta \neq 0$.

a) $V_n^+ = 6$. Die kritischen Werte sind $v_{\alpha/2}^+ = 1$ und $v_{1-\alpha/2}^+ = 9$ mit

$$P(V_n^+ \leq 1) = P(V_n^+ \geq 9) = 0.0107,$$

d.h., H_0 wird nicht abgelehnt.

b) $W_n^+ = 33$. Die kritischen Werte sind $w_{\alpha/2}^+ = 8$ und $w_{1-\alpha/2}^+ = 55 - 8 = 47$; d.h., H_0 wird nicht abgelehnt.

Aufgabe 13:

a) Es ist approximativ $v_{1-\alpha}^+ = n/2 + 1.6448\sqrt{n/4}$ für $\alpha = 0.05$ und damit

$v_{1-\alpha}^+$	$n = 10$	$n = 20$
exakt	8 ($\alpha = 0.0547$)	14 ($\alpha = 0.0577$)
approx.	7.60	13.68

b) Es ist approximativ $w_{1-\alpha}^+ = n(n+1)/4 + 1.6448\sqrt{n(n+1)(2n+1)/24}$ und damit

$w_{1-\alpha}^+$	$n = 10$	$n = 20$
exakt	45	150
approx.	43.64	149.06

346   Lösungen

Aufgabe 15: Die Anzahl R der Iterationen beträgt $R = 18$. Da keine Richtung der Abweichung ausgezeichnet ist, wird ein zweiseitiger Test angewendet. Wegen $r_{\alpha/2} = 8$ und $r_{1-\alpha/2} = 16$ für $\alpha = 0.05$ und $n = 22$ wird H_0 abgelehnt.

Kapitel 5

Aufgabe 1: Es sei $V_i' = 1 - V_i$. Dann ist

$$\begin{aligned} L_N(V_i) + L_N(V_i') &= \sum_{i=1}^{N} g_i V_i + \sum_{i=1}^{N} g_i V_i' \\ &= \sum_{i=1}^{N} g_i V_i + \sum_{i=1}^{N} g_i (1 - V_i) \\ &= \sum_{i=1}^{N} g_i \\ &= 2\mu, \text{ vgl. Satz 5.3.} \end{aligned}$$

Aufgabe 3:

(i) *Iterationstest*

Wegen $x_2 = x_3 = 2.1$ sind folgende kombinierte, geordnete Stichproben möglich:

$$\begin{matrix} x & x & x & x & x & x & y & y & x & x & y & x & y & y & x & y & y & y & y & y \\ x & x & x & x & x & y & x & y & x & x & x & x & y & y & x & y & y & y & y & y \end{matrix}.$$

Im ersten Fall ist $R = 8$, im zweiten $R = 10$. Wegen $r_{0.05} = 6$ wird H_0 in beiden Fällen nicht abgelehnt.

(ii) *K–S–Test*

$K_{10,10} = \max_x |F_{10}(z) - G_{10}(z)| = 0.8 - 0.2 = 0.6$. Wegen $k_{0.95} = 0.7$ wird H_0 nicht abgelehnt.

Aufgabe 5:

a) $\quad U = \sum_{i=1}^{m} \sum_{j=1}^{n} W_{ij}$ mit

$$W_{ij} = \begin{cases} 1 \text{ für } Y_j < X_i \\ 0 \text{ für } Y_j > X_i \end{cases}.$$

Es ist $\sum_{j=1}^{n} W_{ij} = R(X_i) - n_i$, worin n_i die Anzahl der X's angibt, die kleiner oder gleich X_i sind, und $R(X_i)$ der Rang von X_i in der kombinierten Stichprobe bedeutet. Somit gilt:

$$U = \sum_{i=1}^{m}(R(X_i) - n_i)$$
$$= \sum_{i=1}^{m} R(X_i) - \sum_{i=1}^{m} n_i$$
$$= \sum_{i=1}^{N} iV_i - \sum_{i=1}^{m} i$$
$$= W_N - \frac{m}{2}(m+1).$$

b)   Es ist $P(W_N = w) = p_{m,n}(w)$, und es bezeichne $a_{m,n}(w)$ die Anzahl der Kombinationen von m X- und n Y-Variablen, so daß W_N gleich w ist. Dann gilt

$$a_{m,n}(w) = a_{m-1,n}(w - N) + a_{m,n-1}(w)$$

und damit

$$p_{m,n}(w) = \frac{a_{m-1,n}(w - N) + a_{m,n-1}(w)}{\binom{m+n}{m}},$$

d.h.,

$$(m+n)p_{m,n}(w) = m p_{m-1,n}(w - N) + n p_{m,n-1}(w).$$

Aufgabe 7:

a)   Es ist $x_8 = y_{10} = 0.6$. Diese beiden Werte erhalten nach der Methode der Durchschnittsränge jeweils den Rang 3.5 ($N = 24$).

     (i) *Wilcoxon–Test*

       $W_N = 181.5$; für $\alpha = 0.05$ ist $w_{\alpha/2} = 115$ und $w_{1-\alpha/2} = 185$, d.h., H_0 wird nicht abgelehnt.

       v.d. Waerden–Test

       $X = 3.89$; wegen $x_{1-\alpha/2} = 4.29$ wird H_0 nicht abgelehnt.

     (ii) *Wilcoxon–Test*

$$Z = \frac{W_N - m(N+1)/2}{\sqrt{mn(N+1)/2}} \approx \frac{181.5 - 150}{17.32} \approx 1.819.$$

       Wegen $z_{0.975} = 1.96$ wird H_0 nicht abgelehnt.

       v.d. Waerden–Test

$$Z = \frac{X_N}{\sqrt{\frac{mn}{N(N-1)} \sum_{i=1}^{N}\left[\Phi^{-1}\left(\frac{i}{N+1}\right)\right]^2}} \approx \frac{3.89}{2.21} \approx 1.76;$$

       d.h., H_0 wird nicht abgelehnt.

b)   Da es sich um einen *zweiseitigen* Test handelt, sind also die approximativen p–Werte beim

Wilcoxon–Test: $2P(Z \geq 1.819) = 0.069$,

v.d. Waerden–Test: $2P(Z \geq 1.76) = 0.0784$.

348 Lösungen

c) t-Test
$$t = \frac{\bar{x} - \bar{y}}{\sqrt{\frac{(m-1)s_x^2 + (n-1)s_y^2}{m+n-2}\left(\frac{1}{m} + \frac{1}{n}\right)}} \approx 1.99.$$
Wegen $t_{0.975;22} = 2.074$ wird H_0 nicht abgelehnt.

d)   Wir haben hier einen zweiseitigen Test angewendet, wenngleich ein einseitiger Test wohl vorzuziehen ist; denn in der Gruppe B sind längere Reaktionszeiten als in der Gruppe K zu erwarten.

Aufgabe 9:

a) $S_N = 134$; wegen $s_{0.99} = 210 - 74 = 136$ wird H_0 nicht abgelehnt.

b) $M_N = 192.5$; wegen $c_{0.01} = 177$ wird H_0 nicht abgelehnt.

c) $H_1 : \theta = \sigma_X/\sigma_Y < 1 \Leftrightarrow \sigma_X < \sigma_Y$, d.h., H_0 ablehnen, wenn $F < F_{0.01;9;9}$ mit $F = S_X^2/S_Y^2$.
Es ist $F_{0.01;9;9} = 1/F_{0.99;9;9} = 0.1869$. Wegen $F = 0.2698$ wird H_0 nicht abgelehnt.

Aufgabe 11:

$$E(A_N) = \frac{m(N+1)}{2} - E(D_N) = \frac{m(N+1)}{2} - \frac{m}{N}\sum_{i=1}^{N}\left|i - \frac{N+1}{2}\right|.$$

a) N gerade
$$E(A_N) = \frac{m(N+1)}{2} - \frac{2m}{N}\sum_{i=1}^{N/2}\left(i - \frac{1}{2}\right) = \frac{m(N+2)}{4}.$$

b) N ungerade
$$E(A_N) = \frac{m(N+1)}{2} - \frac{2m}{N}\sum_{i=1}^{(N-1)/2} i = \frac{m(N+1)^2}{4N}.$$

Aufgabe 13:

$$\begin{aligned}
T &= \bar{R} - \bar{S} = \frac{1}{m}\sum_{i=1}^{m} R_i - \frac{1}{n}\sum_{j=1}^{n} S_j \\
&= \frac{1}{m}\sum_{i=1}^{m} R_i - \frac{1}{n}\left(\frac{N(N+1)}{2} - \sum_{i=1}^{m} R_i\right) \\
&= \frac{1}{m}\sum_{i=1}^{m} R_i + \frac{1}{n}\sum_{i=1}^{m} R_i - \frac{N(N+1)}{2n} \\
&= k\sum_{i=1}^{m} R_i + c
\end{aligned}$$

d.h., T unterscheidet sich von der Wilcoxon-Statistik $W_N = \sum_{i=1}^{m} R_i$ nur durch Konstanten k und c.

Kapitel 6

Aufgabe 1:

a) Wir wenden Test B an. Wert der Teststatistik: $T = 10$. Für $t = 2$ gilt $F(t) = 0.033$ und für $t = 3$ ist $F(t) = 0.113$ (wenn $T \sim Bi(11, 0.5)$). Für $\alpha = 0.033$ ist $t_\alpha = 2$ der kritische Wert. Da $T > t_\alpha$, wird H_0 abgelehnt zum tatsächlichen Testniveau $\alpha = 0.033$.

b) $W^+ = 65$; für $1 - \alpha = 0.95$ ist $w_{1-\alpha} = 53$, d.h., H_0 wird abgelehnt.

c) $\bar{d} = 13.36$; $s^2 = 49.85$; $s = 7.05$; $\bar{d}/s = 1.89$; $\bar{d}\sqrt{n}/s = 6.82 > t_{10;0.95} = 1.81$, d.h., H_0 muß ebenfalls abgelehnt werden.

Aufgabe 3:

a) Sei $h(x) = P(Y < x) = F_Y(x)$. Dann ist
$$E(h(X)) = \int_{-\infty}^{\infty} h(x) f_X(x)\, dx = \int_{-\infty}^{\infty} F_Y(x) f_X(x)\, dx.$$
Andererseits ist $h(X) = P(Y < X)$ eine Konstante. Mithin ist
$$P(Y < X) = \int_{-\infty}^{\infty} F_Y(x) f_X(x)\, dx.$$
Sei nun $F_X \leq F_Y$. Dann folgt
$$\int_{-\infty}^{\infty} F_X(x) f_X(x)\, dx \leq \int_{-\infty}^{\infty} F_Y(x) f_X(x)\, dx.$$
Aus Abschnitt 3.4.4 resultiert $\int_{-\infty}^{\infty} F_X(x) f_X(x)\, dx = 1/2$ und daraus $1/2 \leq P(Y < X)$. Wegen $1 = P(Y < X) + P(Y > X)$ folgt $P(X > Y) \geq P(X < Y)$.

b) Wähle $X \sim R(0, 1)$ und $Y \sim R(1/4, 3/4)$. Dann ist
$$F_Y(x) = \begin{cases} 0 & \text{falls } x < 1/4 \\ 2x - 1/2 & \text{falls } 1/4 \leq x \leq 3/4 \\ 1 & \text{falls } x > 3/4. \end{cases}$$
Weiterhin ist
$$\begin{aligned} P(Y < X) &= \int_{-\infty}^{\infty} F_Y(x) f_X(x)\, dx \\ &= \int_{1/4}^{3/4} (2x - 1/2)\, dx + \int_{3/4}^{1} dx \\ &= \frac{1}{4} + \frac{1}{4} \\ &= \frac{1}{2}, \end{aligned}$$
aber X ist nicht stochastisch größer als Y, denn $F_Y(1/4) = 0 < 1/4 = F_X(1/4)$, aber $F_Y(3/4) = 1 > F_X(3/4) = 3/4$.

Aufgabe 5: Test B: $T = 40$, $n/2 + (z_{1-\alpha/2})\sqrt{n} = 61.63$, d.h., H_0 wird nicht abgelehnt!

Aufgabe 7: Wir streichen die zwei mittleren Beobachtungen „wie vorher" aus der Stichprobe. Anschließend: Vergabe von Durchschnittsrängen

starke Linderung	etwas Linderung	leichte Schmerz-zunahme	starke Schmerz-zunahme
7 mal 9	3 mal 2.5	1 mal 2.5	2 mal 9

Die „Linderungsränge" werden negativ gezählt. $W^+ = 20.5$ ($X=$ Schmerzempfinden vor der Behandlung, $Y=$ Schmerzempfinden nach der Behandlung). Es wird der Wilcoxon-Test B angewendet. Für $n = 13$ ist $w_{0.95} = 70$. H_0 kann nicht abgelehnt werden.

Aufgabe 9:

a) *Methode 1*   Für $l = 8$ und $k = 2$ gilt $F(l-1) - F(k-1) = 0.996 - 0.035 = 0.961$, d.h., $[25, 252]$ ist das gesuchte Intervall.

   Methode 2 $w_{0.025} = 3$. Mithin sind $k = 4$ und $l = 36 - 3 = 33$. Wir berechnen $d''_{(1)}, \ldots, d''_{(36)}$, und $[36, 172.5]$ ist das gesuchte Intervall.

b) Da $M_0 = 50$ in $[36, 172.5]$ liegt, wird H_0 nicht abgelehnt.

Aufgabe 11:

a) Test A: Wegen Bindungen werden die Jahre 1957 und 1966 gestrichen. Für $n = 18$ und $\alpha/2 = 0.025$ ist $t_{\alpha/2} \approx 4$ und $n - t_{\alpha/2} \approx 14$. Da $T = 11$, wird H_0 nicht abgelehnt.

b) Test A: Die Jahre 1957 und 1966 werden wiederum gestrichen. Für $n = 18$ und $\alpha/2 = 0.025$ ist $w_{\alpha/2} = 40$ und $w_{1-\alpha/2} = 131$. Da $W^+ = 115$, kann H_0 nicht abgelehnt werden.

c) $\bar{d} = 0.355$; $s^2 = 1.5489$; $s = 1.2483$; $\bar{d}\sqrt{n}/s = 1.2756$ (mit $n = 20$); $t_{0.975;19} = 2.093$. Die Zahl 1.2756 liegt im Annahmebereich $[-2.093, 2.093]$.

Der Leser beachte, daß mit der Anwendung der obigen drei Tests die Unabhängigkeit der Differenzen D_i der Wachstumsraten von 1955 bis 1974 unterstellt wurde, was sicherlich recht fragwürdig ist.

Kapitel 7

Aufgabe 1:

$$H = \frac{12}{N(N+1)} \sum_{i=1}^{2} \frac{(R_i - (1/2)n_i(N+1))^2}{n_i}.$$

Wegen $R_2 = N(N+1)/2 - R_1$ und $n_2 = N - n_1$ gilt:

$$H = \frac{12}{N(N+1)} \left\{ \frac{(R_1 - (1/2)n_1(N+1))^2}{n_1} + \frac{((1/2)n_1(N+1) - R_1)^2}{N - n_1} \right\}$$

$$= \frac{12}{N(N+1)} \left(R_1 - \frac{n_1(N+1)}{2} \right)^2 \left(\frac{1}{n_1} + \frac{1}{N - n_1} \right)$$

$$= \frac{(R_1 - (1/2)n_1(N+1))^2}{(N+1)n_1(N-n_1)/12} \quad (n_1 \hat{=} m; n_2 = N - n_1 \hat{=} n).$$

Aufgabe 3: Werden die IQ–Werte der Fachrichtungen I und IV kombiniert und geordnet, so ergibt sich für die Rangsumme der IQ–Werte bzgl. I: $W_N = 95.5$. Wegen $w_{0.025} = 84$ und $w_{0.975} = 146$ wird H_0 nicht abgelehnt (wie beim H–Test für alle vier Fachrichtungen).

Aufgabe 5:

a) *H–Test*

$H \approx 14.7$; $\chi^2_{0.99;2} = 9.21$, d.h., H_0 wird abgelehnt.

Mediantest

$a = 10$, $M = 11$. Da $n_1 = n_2 = n_3$, ist P_{H_0} für alle Permutationen von m_1, m_2, m_3 (m_i fest) gleich: z.B. gibt es zu $m_{(1)} = 0$, $m_{(2)} = 3$, $m_{(3)} = 7$ genau $3! = 6$ Permutationen, für die P_{H_0} denselben Wert annimmt.

$m_{(1)}$	$m_{(2)}$	$m_{(3)}$	$P_{H_0}(M_i = m_{(i)}, i = 1,2,3)$	$G(m_{(1)}, m_{(2)}, m_{(3)})$
0	3	7	0.0006	0.0006
1	2	7	0.0025	0.0031
0	5	5	0.0038	0.0069
0	4	6	0.0042	0.0111
2	2	6	0.0263	0.0374
1	3	6	0.0292	0.0666

Beobachtet wurde $m_1 = 6, m_2 = 3, m_3 = 1$, d.h., H_0 wird für $\alpha = 0.01$ *nicht* abgelehnt.

F–Test

$F = 24.97$; Wegen $F_{1-\alpha;2;18} = 6.01$ wird H_0 für $\alpha = 0.01$ abgelehnt.

b) *H–Test*

$$p \approx 0.00064$$

Mediantest

$$p \approx 0.0666$$

F–Test

$$p \approx 0.0000069.$$

c) $H_0 : F_1 = F_2 = F_3$ gegen $H_1 : F_1 \geq F_2 \geq F_3$ ($\theta_1 \leq \theta_2 \leq \theta_3$). $U_{12} = 46$, $U_{13} = 48$, $U_{23} = 45$, d.h., $J = 139$. Es ist $E(J) = 73.5$ und $\text{Var}(J) = 240.92$, d.h., $\sqrt{\text{Var}(J)} = 15.52$ und damit $(J - 73.5)/15.52 = 4.22 > z_{0.99} = 2.326$, d.h., H_0 ablehnen.

Aufgabe 7: Einseitig: $K_1 = 6/7$; wegen $k^{(1)}_{0.95} = 5/7$ wird H_0 abgelehnt.
Zweiseitig: $K_2 = 6/7$; wegen $k^{(2)}_{0.95} = 5/7$ wird H_0 abgelehnt.

Aufgabe 9:

a) $T_0 = 30 - \frac{1}{4}n^2 c = 30 - 25 = 5$. Wegen
$$T = \frac{4 \times 3}{5 \times 4} \times 5 = 3 < \chi^2_{0.95;3} = 7.82$$
wird H_0 nicht abgelehnt.

b) Der Vorzeichentest lehnt für $\alpha = 0.05$ die Nullhypothese, daß S_1 und S_2 die gleiche Wirkung haben, *nicht* ab; wohl aber der Friedman-Test bezüglich aller vier Schlafmittel.

Aufgabe 11:

a) *F-Test*
$F = 3.45$; wegen $F_{0.95;3,21} = 3.07$ wird H_0 abgelehnt.
Friedman-Test
$F_c = 6.45$; wegen $\chi^2_{0.95;3} = 7.82$ wird H_0 nicht abgelehnt.

b) $H_0 : \tau_1 = \tau_2 = \tau_3 = \tau_4$ gegen $H_1 : \tau_1 \leq \tau_2 \leq \tau_3 \leq \tau_4$. $R_1 = 14$, $R_2 = 19$, $R_3 = 20$, $R_4 = 27$, d.h., $P_c = 1 \times 14 + 2 \times 19 + 3 \times 20 + 4 \times 27 = 220$. Es ist $E(P_c) = 200$, $\text{Var}(P_c) = 66.67$, d.h., $\sqrt{\text{Var}(P_c)} = 8.17$ und damit
$$\frac{P_c - 200}{8.17} = 2.45 > z_{0.95} = 1.645,$$
d.h., H_0 ablehnen.

Aufgabe 13: $W = 0.752$, $F_c = 117.31$; wegen $\chi^2_{0.99;12} = 26.22$ wird H_0 abgelehnt. (Tendenz der Übereinstimmung hinsichtlich der Beurteilung.)

Kapitel 8

Aufgabe 1:

a) $$\sum_{i,j} \frac{(n_{ij} - \tilde{n}_{ij})^2}{\tilde{n}_{ij}} = \sum_{i,j} \frac{n_{ij}^2}{\tilde{n}_{ij}} - 2\sum_{i,j} n_{ij} + \sum_{i,j} \tilde{n}_{ij}.$$
Wegen $\sum_{i,j} n_{ij} = n = \sum_{i,j} \tilde{n}_{ij}$ folgt die Behauptung.

b) Wir setzen $D_{ij} = n_{ij} - \tilde{n}_{ij}$.
1.Schritt $D_{ij}^2 = (ad - bc)^2/n^2$ für $i,j = 1,2$. Beispielsweise gilt für $n_{ij} = b$
$$\begin{aligned}(n_{ij} - \tilde{n}_{ij})^2 &= \left(b - \frac{(a+b)(b+d)}{a+b+c+d}\right)^2 \\ &= \frac{1}{n^2}(ab + b^2 + bc + bd - ab - ad - b^2 - bd)^2 \\ &= \frac{1}{n^2}(ad - bc)^2.\end{aligned}$$

2.Schritt
$$X^2 = \frac{(ad-bc)^2}{n^2}\left(\frac{1}{\tilde{n}_{11}}+\frac{1}{\tilde{n}_{12}}+\frac{1}{\tilde{n}_{21}}+\frac{1}{\tilde{n}_{22}}\right).$$
Dies folgt direkt aus dem 1.Schritt und der Definition von X^2.

3.Schritt
$$X^2 = \frac{(ad-bc)^2}{n}\left(\frac{1}{(a+b)(a+c)}+\frac{1}{(a+b)(b+d)}\right.$$
$$\left.+\frac{1}{(a+c)(c+d)}+\frac{1}{(b+d)(c+d)}\right).$$

4.Schritt
$$X^2 = \frac{(ad-bc)^2}{n(a+b)(a+c)(b+d)(c+d)}((b+d)(c+d+a+b)$$
$$+(a+c)(c+d+a+b))$$
$$= \frac{(ad-bc)^2 n}{(a+b)(a+c)(b+d)(c+d)}.$$

Aufgabe 3: Wir setzen $a=2$; $b=8$; $c=16$ und $d=4$. Dann gilt $a+b=10$; $b+d=12$; $c+d=20$ und $a+c=18$, sowie $d-a=2$ und $n=30$.

$$P(X=0) = \frac{12!\times 20!}{30!\times 2!} = 2.2\times 10^{-6}$$

$$P(X=1) = P(X=0)\times \frac{10\times 18}{1\times 3} = 1.318\times 10^{-4}$$

$$P(X=2) = P(X=1)\times \frac{9\times 17}{2\times 4} = 2.52\times 10^{-3}$$

$$P(X=3) = P(X=2)\times \frac{8\times 16}{3\times 5} = 0.0215$$

Damit ist $c_{\alpha/2}=3$. Wegen $X=2$ wird H_0 abgelehnt.

Aufgabe 5:

a) $r = 0.8944$; $D=6$; $r_S = 0.8286$; $\tau = 0.733$

b) (1) $|r|\sqrt{4/1-r^2} = 3.999 > t_{0.975;4} = 2.776$. H_0 ablehnen!

(2) $d_{1-\alpha/2} = 4$ (für den Test von Spearman). Da $D=6$, wird H_0 nicht abgelehnt.

Aufgabe 7: $X^2 = 42.63$; $a=3$; $n=1000$; $k=3$; $l=5$; $K_1 = 0.0213$; $K_2 = 0.1228$; $K_3 = 0.0426$.

Aufgabe 9: $X^2 = 1637.5$; $c = 0.4967$; $c_{korr} = 0.6083$; $\chi^2_{0.99;8} = 20.09$. Da $X^2 > \chi^2_{0.99;8}$, muß H_0 abgelehnt werden.

Aufgabe 11: Wir wenden den Spearman-Test an. Es ist $D=14$. Führen wir Test B durch, so ist H_0 abzulehnen, da $D < d_\alpha = 102$ ($\alpha = 0.05$).

Kapitel 9

Aufgabe 1: Sei

$$x \in B_j \;\Rightarrow\; \hat{f}_H(x) = (nh)^{-1} \sum_{i=1}^{n} I_{[X_i \in B_j]}$$

$$\Rightarrow\; E(\hat{f}_H(x)) = (nh)^{-1} \sum_{i=1}^{n} P(X_i \in B_j)$$

$$= (nh)^{-1} n P(X \in B_j) = P(X \in B_j)/h.$$

Wegen stochastischer Unabhängigkeit der X_i gilt dann

$$\mathrm{Var}(\hat{f}_H(x)) = (nh)^{-2} \sum_{i=1}^{n} \mathrm{Var}(I_{[X_i \in B_j]}).$$

Nun ist

$$\begin{aligned}\mathrm{Var}(I_{[X_i \in B_j]}) &= E(I^2_{[X_i \in B_j]}) - \bigl(E(I_{[X_i \in B_j]})\bigr)^2 \\ &= E(I_{[X_i \in B_j]}) - \bigl(E(I_{[X_i \in B_j]})\bigr)^2 \\ &= P(X \in B_j) P(X \notin B_j)\end{aligned}$$

und folglich

$$\mathrm{Var}(\hat{f}_H(x)) = \frac{P(X \in B_j) P(X \notin B_j)}{n h^2}.$$

Aufgabe 3: Folgt direkt aus der Zerlegung

$$MSE(\hat{f}_H(x), f(x)) = \mathrm{Var}(\hat{f}_H(x)) + \Bigl[Bias(\hat{f}_H(x), f(x))\Bigr]^2$$

mit $Bias(\hat{f}_H(x), f(x)) = E(\hat{f}_H(x)) - f(x)$ und aus Aufgabe 1.

Aufgabe 5: Setze $R = \varepsilon_i$, $S = \varepsilon_{i+m}$, $V = R - S$, $W = S - R$. Dann ist

$$f_V(v) = \int_{-\infty}^{\infty} f_{R,S}(v+s, s)\, ds$$

und

$$f_W(w) = \int_{-\infty}^{\infty} f_{S,R}(w+r, r)\, dr\,,$$

d.h., W und V haben dieselbe Verteilung. Folglich gilt

$$P(V \geq 0) = P(W \geq 0) = P(V \leq 0).$$

Da $P(V \geq 0) + P(V \leq 0) = 1$, folgt $P(V \leq 0) = 1/2$.

Kapitel 10

Aufgabe 1: Die Güte des Vorzeichentests ist: $\beta_{V_n^+}(30, 0.055, 0.5) = 0.6952$; die des $\bar{X}$–Tests

$$\beta_{\bar{X}}(18, 0.055, 0.5) = 0.6830 \quad \text{und} \quad \beta_{\bar{X}}(19, 0.055, 0.5) = 0.7035,$$

d.h., $\tilde{m} = 18 + 0.5951$ und $F.R.E.(V_n^+; \bar{X}) = 0.62$.

Aufgabe 3: Doppelexponentialverteilung

$$f(x) = \frac{1}{2} e^{-|x|}, \quad \sigma^2 = 2$$

$$E_{U,t} = 24 \left(\frac{1}{4} \int_{-\infty}^{+\infty} e^{-2|x|} \, dx \right)^2 = \frac{3}{2} \left(2 \int_0^{+\infty} e^{-2x} \, dx \right)^2 = 1.5.$$

Logistische Verteilung

$$f(x) = \frac{e^{-x}}{(1 + e^{-x})^2}, \quad \sigma^2 = \frac{\pi^2}{3}$$

$$E_{U,t} = 4\pi^2 \left(\int_{-\infty}^{+\infty} \frac{e^{-2x}}{(1 + e^{-x})^4} \, dx \right)^2;$$

Substitution $z = 1 + e^{-x}$ ergibt

$$E_{U,t} = 4\pi^2 \times \frac{1}{36} = \frac{\pi^2}{9} \approx 1.097.$$

Aufgabe 5:

$$E_U = \frac{12mn \int_{-0.5}^{0.5} dx}{m + n + 1} = \frac{12mn}{m + n + 1}$$

$$E_t = \frac{mn}{(m + n)/12},$$

d.h., $E_{U,t} = 1$.

Tabellen

Die nachstehenden Tabellen wurden mit freundlicher Genehmigung der betreffenden Verlage, Herausgeber bzw. Institute der folgenden Literatur (teilweise in Auszügen) entnommen:

Birnbaum u. Hall (1960) (Institute of Mathematical Statistics)	**J**
Conover (1971) (Wiley, New York)	**P, Q**
Hollander u. Wolfe (1973) (Wiley, New York)	**R**
Kayser u.a. (1972) (Math. Operationsf. u. Statistik)	**M**
Kendall (1970) (Griffin, London)	**T**
Kruskal u. Wallis (1952) (J. Amer. Statist. Assoc.)	**O**
Laubscher u.a. (1968) (Technometrics)	**N**
Massey (1952) (Institute of Mathematical Statistics)	**K**
McCornack (1965) (J. Amer. Statist. Assoc.)	**H**
Pearson u. Hartley (1972) (Cambridge at the University Press)	**L**
Swed u. Eisenhart (1943) (Institute of Mathematical Statistics)	**I**
Wetzel u.a. (1967) (De Gruyter, Berlin)	**G, S**
Eigene Berechnungen	**A, B, C, D, E, F**

A Binomialverteilung

$X \sim Bi(n,p)$; die Werte der Tabelle geben an

$$F(x) = P(X \le x) = \sum_{i=0}^{x} \binom{n}{i} p^i (1-p)^{n-i}$$

für spezielle p mit $0.01 \le p \le 0.95$ an.

	x	0.01	0.05	0.10	0.15	0.20	0.25	0.30	0.35	0.40	0.45
	0	0.9900	0.9500	0.9000	0.8500	0.8000	0.7500	0.7000	0.6500	0.6000	0.5500
$n=1$		1.0000	1.0000	1.0000	1.0000	1.0000	1.0000	1.0000	1.0000	1.0000	1.0000
	0	0.9801	0.9025	0.8100	0.7225	0.6400	0.5625	0.4900	0.4225	0.3600	0.3025
	1	0.9999	0.9975	0.9900	0.9775	0.9600	0.9375	0.9100	0.8775	0.8400	0.7975
$n=2$		1.0000	1.0000	1.0000	1.0000	1.0000	1.0000	1.0000	1.0000	1.0000	1.0000
	0	0.9703	0.8574	0.7290	0.6141	0.5120	0.4219	0.3430	0.2746	0.2160	0.1664
	1	0.9997	0.9928	0.9720	0.9393	0.8960	0.8438	0.7840	0.7183	0.6480	0.5748
	2	1.0000	0.9999	0.9990	0.9966	0.9920	0.9844	0.9730	0.9571	0.9360	0.9089
$n=3$		1.0000	1.0000	1.0000	1.0000	1.0000	1.0000	1.0000	1.0000	1.0000	1.0000
	0	0.9606	0.8145	0.6561	0.5220	0.4096	0.3164	0.2401	0.1785	0.1296	0.0915
	1	0.9994	0.9860	0.9477	0.8905	0.8192	0.7383	0.6517	0.5630	0.4752	0.3910
	2	1.0000	0.9995	0.9963	0.9880	0.9728	0.9492	0.9163	0.8735	0.8208	0.7585
	3	1.0000	1.0000	0.9999	0.9995	0.9984	0.9961	0.9919	0.9850	0.9744	0.9590
$n=4$		1.0000	1.0000	1.0000	1.0000	1.0000	1.0000	1.0000	1.0000	1.0000	1.0000
	0	0.9510	0.7738	0.5905	0.4437	0.3277	0.2373	0.1681	0.1160	0.0778	0.0503
	1	0.9990	0.9774	0.9185	0.8352	0.7373	0.6328	0.5282	0.4284	0.3370	0.2562
	2	1.0000	0.9988	0.9914	0.9734	0.9421	0.8965	0.8369	0.7648	0.6826	0.5931
	3	1.0000	1.0000	0.9995	0.9978	0.9933	0.9844	0.9692	0.9460	0.9130	0.8688
	4	1.0000	1.0000	1.0000	0.9999	0.9997	0.9990	0.9976	0.9947	0.9898	0.9815
$n=5$		1.0000	1.0000	1.0000	1.0000	1.0000	1.0000	1.0000	1.0000	1.0000	1.0000
	0	0.9415	0.7351	0.5314	0.3771	0.2621	0.1780	0.1176	0.0754	0.0467	0.0277
	1	0.9985	0.9672	0.8857	0.7765	0.6554	0.5339	0.4202	0.3191	0.2333	0.1636
	2	1.0000	0.9978	0.9842	0.9527	0.9011	0.8306	0.7443	0.6471	0.5443	0.4415
	3	1.0000	0.9999	0.9987	0.9941	0.9830	0.9624	0.9295	0.8826	0.8208	0.7447
	4	1.0000	1.0000	0.9999	0.9996	0.9984	0.9954	0.9891	0.9777	0.9590	0.9308
	5	1.0000	1.0000	1.0000	1.0000	0.9999	0.9998	0.9993	0.9982	0.9959	0.9917
$n=6$		1.0000	1.0000	1.0000	1.0000	1.0000	1.0000	1.0000	1.0000	1.0000	1.0000
	0	0.9321	0.6983	0.4783	0.3206	0.2097	0.1335	0.0824	0.0490	0.0280	0.0152
	1	0.9980	0.9556	0.8503	0.7166	0.5767	0.4449	0.3294	0.2338	0.1586	0.1024
	2	1.0000	0.9962	0.9743	0.9262	0.8520	0.7564	0.6471	0.5323	0.4199	0.3164
	3	1.0000	0.9998	0.9973	0.9879	0.9667	0.9294	0.8740	0.8002	0.7102	0.6083
	4	1.0000	1.0000	0.9998	0.9988	0.9953	0.9871	0.9712	0.9444	0.9037	0.8471
	5	1.0000	1.0000	1.0000	0.9999	0.9996	0.9987	0.9962	0.9910	0.9812	0.9643
	6	1.0000	1.0000	1.0000	1.0000	1.0000	0.9999	0.9998	0.9994	0.9984	0.9963
$n=7$		1.0000	1.0000	1.0000	1.0000	1.0000	1.0000	1.0000	1.0000	1.0000	1.0000

	x	0.50	0.55	0.60	0.65	0.70	0.75	0.80	0.85	0.90	0.95
	0	0.5000	0.4500	0.4000	0.3500	0.3000	0.2500	0.2000	0.1500	0.1000	0.0500
$n=1$	1	1.0000	1.0000	1.0000	1.0000	1.0000	1.0000	1.0000	1.0000	1.0000	1.0000
	0	0.2500	0.2025	0.1600	0.1225	0.0900	0.0625	0.0400	0.0225	0.0100	0.0025
	1	0.7500	0.6975	0.6400	0.5775	0.5100	0.4375	0.3600	0.2775	0.1900	0.0975
$n=2$	2	1.0000	1.0000	1.0000	1.0000	1.0000	1.0000	1.0000	1.0000	1.0000	1.0000
	0	0.1250	0.0911	0.0640	0.0429	0.0270	0.0156	0.0080	0.0034	0.0010	0.0001
	1	0.5000	0.4252	0.3520	0.2817	0.2160	0.1563	0.1040	0.0608	0.0280	0.0073
	2	0.8750	0.8336	0.7840	0.7254	0.6570	0.5781	0.4880	0.3859	0.2710	0.1426
$n=3$	3	1.0000	1.0000	1.0000	1.0000	1.0000	1.0000	1.0000	1.0000	1.0000	1.0000
	0	0.0625	0.0410	0.0256	0.0150	0.0081	0.0039	0.0016	0.0005	0.0001	0.0000
	1	0.3125	0.2415	0.1792	0.1265	0.0837	0.0508	0.0272	0.0120	0.0037	0.0005
	2	0.6875	0.6090	0.5248	0.4370	0.3483	0.2617	0.1808	0.1095	0.0523	0.0140
	3	0.9375	0.9085	0.8704	0.8215	0.7599	0.6836	0.5904	0.4780	0.3439	0.1855
$n=4$	4	1.0000	1.0000	1.0000	1.0000	1.0000	1.0000	1.0000	1.0000	1.0000	1.0000
	0	0.0313	0.0185	0.0102	0.0053	0.0024	0.0010	0.0003	0.0001	0.0000	0.0000
	1	0.1875	0.1312	0.0870	0.0540	0.0308	0.0156	0.0067	0.0022	0.0005	0.0000
	2	0.5000	0.4069	0.3174	0.2352	0.1631	0.1035	0.0579	0.0266	0.0086	0.0012
	3	0.8125	0.7438	0.6630	0.5716	0.4718	0.3672	0.2627	0.1648	0.0815	0.0226
	4	0.9688	0.9497	0.9222	0.8840	0.8319	0.7627	0.6723	0.5563	0.4095	0.2262
$n=5$	5	1.0000	1.0000	1.0000	1.0000	1.0000	1.0000	1.0000	1.0000	1.0000	1.0000
	0	0.0156	0.0083	0.0041	0.0018	0.0007	0.0002	0.0001	0.0000	0.0000	0.0000
	1	0.1094	0.0692	0.0410	0.0223	0.0109	0.0046	0.0016	0.0004	0.0001	0.0000
	2	0.3438	0.2553	0.1792	0.1174	0.0705	0.0376	0.0170	0.0059	0.0013	0.0001
	3	0.6563	0.5585	0.4557	0.3529	0.2557	0.1694	0.0989	0.0473	0.0158	0.0022
	4	0.8906	0.8364	0.7667	0.6809	0.5798	0.4661	0.3446	0.2235	0.1143	0.0328
	5	0.9844	0.9723	0.9533	0.9246	0.8824	0.8220	0.7379	0.6229	0.4686	0.2649
$n=6$	6	1.0000	1.0000	1.0000	1.0000	1.0000	1.0000	1.0000	1.0000	1.0000	1.0000
	0	0.0078	0.0037	0.0016	0.0006	0.0002	0.0001	0.0000	0.0000	0.0000	0.0000
	1	0.0625	0.0357	0.0188	0.0090	0.0038	0.0013	0.0004	0.0001	0.0000	0.0000
	2	0.2266	0.1529	0.0963	0.0556	0.0288	0.0129	0.0047	0.0012	0.0002	0.0000
	3	0.5000	0.3917	0.2898	0.1998	0.1260	0.0706	0.0333	0.0121	0.0027	0.0002
	4	0.7734	0.6836	0.5801	0.4677	0.3529	0.2436	0.1480	0.0738	0.0257	0.0038
	5	0.9375	0.8976	0.8414	0.7662	0.6706	0.5551	0.4233	0.2834	0.1497	0.0444
	6	0.9922	0.9848	0.9720	0.9510	0.9176	0.8665	0.7903	0.6794	0.5217	0.3017
$n=7$	7	1.0000	1.0000	1.0000	1.0000	1.0000	1.0000	1.0000	1.0000	1.0000	1.0000

Tabelle A

	x	0.01	0.05	0.10	0.15	0.20	0.25	0.30	0.35	0.40	0.45
	0	0.9227	0.6634	0.4305	0.2725	0.1678	0.1001	0.0576	0.0319	0.0168	0.0084
	1	0.9973	0.9428	0.8131	0.6572	0.5033	0.3671	0.2553	0.1691	0.1064	0.0632
	2	0.9999	0.9942	0.9619	0.8948	0.7969	0.6785	0.5518	0.4278	0.3154	0.2201
	3	1.0000	0.9996	0.9950	0.9786	0.9437	0.8862	0.8059	0.7064	0.5941	0.4770
	4	1.0000	1.0000	0.9996	0.9971	0.9896	0.9727	0.9420	0.8939	0.8263	0.7396
	5	1.0000	1.0000	1.0000	0.9998	0.9988	0.9958	0.9887	0.9747	0.9502	0.9115
	6	1.0000	1.0000	1.0000	1.0000	0.9999	0.9996	0.9987	0.9964	0.9915	0.9819
	7	1.0000	1.0000	1.0000	1.0000	1.0000	1.0000	0.9999	0.9998	0.9993	0.9983
$n = 8$	8	1.0000	1.0000	1.0000	1.0000	1.0000	1.0000	1.0000	1.0000	1.0000	1.0000
	0	0.9135	0.6302	0.3874	0.2316	0.1342	0.0751	0.0404	0.0207	0.0101	0.0046
	1	0.9966	0.9288	0.7748	0.5995	0.4362	0.3003	0.1960	0.1211	0.0705	0.0385
	2	0.9999	0.9916	0.9470	0.8591	0.7382	0.6007	0.4628	0.3373	0.2318	0.1495
	3	1.0000	0.9994	0.9917	0.9661	0.9144	0.8343	0.7297	0.6089	0.4826	0.3614
	4	1.0000	1.0000	0.9991	0.9944	0.9804	0.9511	0.9012	0.8283	0.7334	0.6214
	5	1.0000	1.0000	0.9999	0.9994	0.9969	0.9900	0.9747	0.9464	0.9006	0.8342
	6	1.0000	1.0000	1.0000	1.0000	0.9997	0.9987	0.9957	0.9888	0.9750	0.9502
	7	1.0000	1.0000	1.0000	1.0000	1.0000	0.9999	0.9996	0.9986	0.9962	0.9909
	8	1.0000	1.0000	1.0000	1.0000	1.0000	1.0000	1.0000	0.9999	0.9997	0.9992
$n = 9$	9	1.0000	1.0000	1.0000	1.0000	1.0000	1.0000	1.0000	1.0000	1.0000	1.0000
	0	0.9044	0.5987	0.3487	0.1969	0.1074	0.0563	0.0282	0.0135	0.0060	0.0025
	1	0.9957	0.9139	0.7361	0.5443	0.3758	0.2440	0.1493	0.0860	0.0464	0.0233
	2	0.9999	0.9885	0.9298	0.8202	0.6778	0.5256	0.3828	0.2616	0.1673	0.0996
	3	1.0000	0.9990	0.9872	0.9500	0.8791	0.7759	0.6496	0.5138	0.3823	0.2660
	4	1.0000	0.9999	0.9984	0.9901	0.9672	0.9219	0.8497	0.7515	0.6331	0.5044
	5	1.0000	1.0000	0.9999	0.9986	0.9936	0.9803	0.9527	0.9051	0.8338	0.7384
	6	1.0000	1.0000	1.0000	0.9999	0.9991	0.9965	0.9894	0.9740	0.9452	0.8980
	7	1.0000	1.0000	1.0000	1.0000	0.9999	0.9996	0.9984	0.9952	0.9877	0.9726
	8	1.0000	1.0000	1.0000	1.0000	1.0000	1.0000	0.9999	0.9995	0.9983	0.9955
	9	1.0000	1.0000	1.0000	1.0000	1.0000	1.0000	1.0000	1.0000	0.9999	0.9997
$n = 10$	10	1.0000	1.0000	1.0000	1.0000	1.0000	1.0000	1.0000	1.0000	1.0000	1.0000
	0	0.8953	0.5688	0.3138	0.1673	0.0859	0.0422	0.0198	0.0088	0.0036	0.0014
	1	0.9948	0.8981	0.6974	0.4922	0.3221	0.1971	0.1130	0.0606	0.0302	0.0139
	2	0.9998	0.9848	0.9104	0.7788	0.6174	0.4552	0.3127	0.2001	0.1189	0.0652
	3	1.0000	0.9984	0.9815	0.9306	0.8389	0.7133	0.5696	0.4256	0.2963	0.1911
	4	1.0000	0.9999	0.9972	0.9841	0.9496	0.8854	0.7897	0.6683	0.5328	0.3971
	5	1.0000	1.0000	0.9997	0.9973	0.9883	0.9657	0.9218	0.8513	0.7535	0.6331
	6	1.0000	1.0000	1.0000	0.9997	0.9980	0.9924	0.9784	0.9499	0.9006	0.8262
	7	1.0000	1.0000	1.0000	1.0000	0.9998	0.9988	0.9957	0.9878	0.9707	0.9390
	8	1.0000	1.0000	1.0000	1.0000	1.0000	0.9999	0.9994	0.9980	0.9941	0.9852
	9	1.0000	1.0000	1.0000	1.0000	1.0000	1.0000	1.0000	0.9998	0.9993	0.9978
	10	1.0000	1.0000	1.0000	1.0000	1.0000	1.0000	1.0000	1.0000	1.0000	0.9998
$n = 11$	11	1.0000	1.0000	1.0000	1.0000	1.0000	1.0000	1.0000	1.0000	1.0000	1.0000

	x	0.50	0.55	0.60	0.65	0.70	0.75	0.80	0.85	0.90	0.95
	0	0.0039	0.0017	0.0007	0.0002	0.0001	0.0000	0.0000	0.0000	0.0000	0.0000
	1	0.0352	0.0181	0.0085	0.0036	0.0013	0.0004	0.0001	0.0000	0.0000	0.0000
	2	0.1445	0.0885	0.0498	0.0253	0.0113	0.0042	0.0012	0.0002	0.0000	0.0000
	3	0.3633	0.2604	0.1737	0.1061	0.0580	0.0273	0.0104	0.0029	0.0004	0.0000
	4	0.6367	0.5230	0.4059	0.2936	0.1941	0.1138	0.0563	0.0214	0.0050	0.0004
	5	0.8555	0.7799	0.6846	0.5722	0.4482	0.3215	0.2031	0.1052	0.0381	0.0058
	6	0.9648	0.9368	0.8936	0.8309	0.7447	0.6329	0.4967	0.3428	0.1869	0.0572
	7	0.9961	0.9916	0.9832	0.9681	0.9424	0.8999	0.8322	0.7275	0.5695	0.3366
$n = 8$	8	1.0000	1.0000	1.0000	1.0000	1.0000	1.0000	1.0000	1.0000	1.0000	1.0000
	0	0.0020	0.0008	0.0003	0.0001	0.0000	0.0000	0.0000	0.0000	0.0000	0.0000
	1	0.0195	0.0091	0.0038	0.0014	0.0004	0.0001	0.0000	0.0000	0.0000	0.0000
	2	0.0898	0.0498	0.0250	0.0112	0.0043	0.0013	0.0003	0.0000	0.0000	0.0000
	3	0.2539	0.1658	0.0994	0.0536	0.0253	0.0100	0.0031	0.0006	0.0001	0.0000
	4	0.5000	0.3786	0.2666	0.1717	0.0988	0.0489	0.0196	0.0056	0.0009	0.0000
	5	0.7461	0.6386	0.5174	0.3911	0.2703	0.1657	0.0856	0.0339	0.0083	0.0006
	6	0.9102	0.8505	0.7682	0.6627	0.5372	0.3993	0.2618	0.1409	0.0530	0.0084
	7	0.9805	0.9615	0.9295	0.8789	0.8040	0.6997	0.5638	0.4005	0.2252	0.0712
	8	0.9980	0.9954	0.9899	0.9793	0.9596	0.9249	0.8658	0.7684	0.6126	0.3698
$n = 9$	9	1.0000	1.0000	1.0000	1.0000	1.0000	1.0000	1.0000	1.0000	1.0000	1.0000
	0	0.0010	0.0003	0.0001	0.0000	0.0000	0.0000	0.0000	0.0000	0.0000	0.0000
	1	0.0107	0.0045	0.0017	0.0005	0.0001	0.0000	0.0000	0.0000	0.0000	0.0000
	2	0.0547	0.0274	0.0123	0.0048	0.0016	0.0004	0.0001	0.0000	0.0000	0.0000
	3	0.1719	0.1020	0.0548	0.0260	0.0106	0.0035	0.0009	0.0001	0.0000	0.0000
	4	0.3770	0.2616	0.1662	0.0949	0.0473	0.0197	0.0064	0.0014	0.0001	0.0000
	5	0.6230	0.4956	0.3669	0.2485	0.1503	0.0781	0.0328	0.0099	0.0016	0.0001
	6	0.8281	0.7340	0.6177	0.4862	0.3504	0.2241	0.1209	0.0500	0.0128	0.0010
	7	0.9453	0.9004	0.8327	0.7384	0.6172	0.4744	0.3222	0.1798	0.0702	0.0115
	8	0.9893	0.9767	0.9536	0.9140	0.8507	0.7560	0.6242	0.4557	0.2639	0.0861
	9	0.9990	0.9975	0.9940	0.9865	0.9718	0.9437	0.8926	0.8031	0.6513	0.4013
$n = 10$	10	1.0000	1.0000	1.0000	1.0000	1.0000	1.0000	1.0000	1.0000	1.0000	1.0000
	0	0.0005	0.0002	0.0000	0.0000	0.0000	0.0000	0.0000	0.0000	0.0000	0.0000
	1	0.0059	0.0022	0.0007	0.0002	0.0000	0.0000	0.0000	0.0000	0.0000	0.0000
	2	0.0327	0.0148	0.0059	0.0020	0.0006	0.0001	0.0000	0.0000	0.0000	0.0000
	3	0.1133	0.0610	0.0293	0.0122	0.0043	0.0012	0.0002	0.0000	0.0000	0.0000
	4	0.2744	0.1738	0.0994	0.0501	0.0216	0.0076	0.0020	0.0003	0.0000	0.0000
	5	0.5000	0.3669	0.2465	0.1487	0.0782	0.0343	0.0117	0.0027	0.0003	0.0000
	6	0.7256	0.6029	0.4672	0.3317	0.2103	0.1146	0.0504	0.0159	0.0028	0.0001
	7	0.8867	0.8089	0.7037	0.5744	0.4304	0.2867	0.1611	0.0694	0.0185	0.0016
	8	0.9673	0.9348	0.8811	0.7999	0.6873	0.5448	0.3826	0.2212	0.0896	0.0152
	9	0.9941	0.9861	0.9698	0.9394	0.8870	0.8029	0.6779	0.5078	0.3026	0.1019
	10	0.9995	0.9986	0.9964	0.9912	0.9802	0.9578	0.9141	0.8327	0.6862	0.4312
$n = 11$	11	1.0000	1.0000	1.0000	1.0000	1.0000	1.0000	1.0000	1.0000	1.0000	1.0000

Tabelle A

						p					
	x	0.01	0.05	0.10	0.15	0.20	0.25	0.30	0.35	0.40	0.45
	0	0.8864	0.5404	0.2824	0.1422	0.0687	0.0317	0.0138	0.0057	0.0022	0.0008
	1	0.9938	0.8816	0.6590	0.4435	0.2749	0.1584	0.0850	0.0424	0.0196	0.0083
	2	0.9998	0.9804	0.8891	0.7358	0.5583	0.3907	0.2528	0.1513	0.0834	0.0421
	3	1.0000	0.9978	0.9744	0.9078	0.7946	0.6488	0.4925	0.3467	0.2253	0.1345
	4	1.0000	0.9998	0.9957	0.9761	0.9274	0.8424	0.7237	0.5833	0.4382	0.3044
	5	1.0000	1.0000	0.9995	0.9954	0.9806	0.9456	0.8822	0.7873	0.6652	0.5269
	6	1.0000	1.0000	0.9999	0.9993	0.9961	0.9857	0.9614	0.9154	0.8418	0.7393
	7	1.0000	1.0000	1.0000	0.9999	0.9994	0.9972	0.9905	0.9745	0.9427	0.8883
	8	1.0000	1.0000	1.0000	1.0000	0.9999	0.9996	0.9983	0.9944	0.9847	0.9644
	9	1.0000	1.0000	1.0000	1.0000	1.0000	1.0000	0.9998	0.9992	0.9972	0.9921
	10	1.0000	1.0000	1.0000	1.0000	1.0000	1.0000	1.0000	0.9999	0.9997	0.9989
	11	1.0000	1.0000	1.0000	1.0000	1.0000	1.0000	1.0000	1.0000	1.0000	0.9999
$n=12$	12	1.0000	1.0000	1.0000	1.0000	1.0000	1.0000	1.0000	1.0000	1.0000	1.0000
	0	0.8775	0.5133	0.2542	0.1209	0.0550	0.0238	0.0097	0.0037	0.0013	0.0004
	1	0.9928	0.8646	0.6213	0.3983	0.2336	0.1267	0.0637	0.0296	0.0126	0.0049
	2	0.9997	0.9755	0.8661	0.6920	0.5017	0.3326	0.2025	0.1132	0.0579	0.0269
	3	1.0000	0.9969	0.9658	0.8820	0.7473	0.5843	0.4206	0.2783	0.1686	0.0929
	4	1.0000	0.9997	0.9935	0.9658	0.9009	0.7940	0.6543	0.5005	0.3530	0.2279
	5	1.0000	1.0000	0.9991	0.9925	0.9700	0.9198	0.8346	0.7159	0.5744	0.4268
	6	1.0000	1.0000	0.9999	0.9987	0.9930	0.9757	0.9376	0.8705	0.7712	0.6437
	7	1.0000	1.0000	1.0000	0.9998	0.9988	0.9944	0.9818	0.9538	0.9023	0.8212
	8	1.0000	1.0000	1.0000	1.0000	0.9998	0.9990	0.9960	0.9874	0.9679	0.9302
	9	1.0000	1.0000	1.0000	1.0000	1.0000	0.9999	0.9993	0.9975	0.9922	0.9797
	10	1.0000	1.0000	1.0000	1.0000	1.0000	1.0000	0.9999	0.9997	0.9987	0.9959
	11	1.0000	1.0000	1.0000	1.0000	1.0000	1.0000	1.0000	1.0000	0.9999	0.9995
	12	1.0000	1.0000	1.0000	1.0000	1.0000	1.0000	1.0000	1.0000	1.0000	1.0000
$n=13$	13	1.0000	1.0000	1.0000	1.0000	1.0000	1.0000	1.0000	1.0000	1.0000	1.0000
	0	0.8687	0.4877	0.2288	0.1028	0.0440	0.0178	0.0068	0.0024	0.0008	0.0002
	1	0.9916	0.8470	0.5846	0.3567	0.1979	0.1010	0.0475	0.0205	0.0081	0.0029
	2	0.9997	0.9699	0.8416	0.6479	0.4481	0.2811	0.1608	0.0839	0.0398	0.0170
	3	1.0000	0.9958	0.9559	0.8535	0.6982	0.5213	0.3552	0.2205	0.1243	0.0632
	4	1.0000	0.9996	0.9908	0.9533	0.8702	0.7415	0.5842	0.4227	0.2793	0.1672
	5	1.0000	1.0000	0.9985	0.9885	0.9561	0.8883	0.7805	0.6405	0.4859	0.3373
	6	1.0000	1.0000	0.9998	0.9978	0.9884	0.9617	0.9067	0.8164	0.6925	0.5461
	7	1.0000	1.0000	1.0000	0.9997	0.9976	0.9897	0.9685	0.9247	0.8499	0.7414
	8	1.0000	1.0000	1.0000	1.0000	0.9996	0.9978	0.9917	0.9757	0.9417	0.8811
	9	1.0000	1.0000	1.0000	1.0000	1.0000	0.9997	0.9983	0.9940	0.9825	0.9574
	10	1.0000	1.0000	1.0000	1.0000	1.0000	1.0000	0.9998	0.9989	0.9961	0.9886
	11	1.0000	1.0000	1.0000	1.0000	1.0000	1.0000	1.0000	0.9999	0.9994	0.9978
	12	1.0000	1.0000	1.0000	1.0000	1.0000	1.0000	1.0000	1.0000	0.9999	0.9997
	13	1.0000	1.0000	1.0000	1.0000	1.0000	1.0000	1.0000	1.0000	1.0000	1.0000
$n=14$	14	1.0000	1.0000	1.0000	1.0000	1.0000	1.0000	1.0000	1.0000	1.0000	1.0000

						p				
	x	0.50	0.55	0.60	0.65	0.70	0.75	0.80	0.85	0.90	0.95
	0	0.0002	0.0001	0.0000	0.0000	0.0000	0.0000	0.0000	0.0000	0.0000	0.0000
	1	0.0032	0.0011	0.0003	0.0001	0.0000	0.0000	0.0000	0.0000	0.0000	0.0000
	2	0.0193	0.0079	0.0028	0.0008	0.0002	0.0000	0.0000	0.0000	0.0000	0.0000
	3	0.0730	0.0356	0.0153	0.0056	0.0017	0.0004	0.0001	0.0000	0.0000	0.0000
	4	0.1938	0.1117	0.0573	0.0255	0.0095	0.0028	0.0006	0.0001	0.0000	0.0000
	5	0.3872	0.2607	0.1582	0.0846	0.0386	0.0143	0.0039	0.0007	0.0001	0.0000
	6	0.6128	0.4731	0.3348	0.2127	0.1178	0.0544	0.0194	0.0046	0.0005	0.0000
	7	0.8062	0.6956	0.5618	0.4167	0.2763	0.1576	0.0726	0.0239	0.0043	0.0002
	8	0.9270	0.8655	0.7747	0.6533	0.5075	0.3512	0.2054	0.0922	0.0256	0.0022
	9	0.9807	0.9579	0.9166	0.8487	0.7472	0.6093	0.4417	0.2642	0.1109	0.0196
	10	0.9968	0.9917	0.9804	0.9576	0.9150	0.8416	0.7251	0.5565	0.3410	0.1184
	11	0.9998	0.9992	0.9978	0.9943	0.9862	0.9683	0.9313	0.8578	0.7176	0.4596
$n=12$	12	1.0000	1.0000	1.0000	1.0000	1.0000	1.0000	1.0000	1.0000	1.0000	1.0000
	0	0.0001	0.0000	0.0000	0.0000	0.0000	0.0000	0.0000	0.0000	0.0000	0.0000
	1	0.0017	0.0005	0.0001	0.0000	0.0000	0.0000	0.0000	0.0000	0.0000	0.0000
	2	0.0112	0.0041	0.0013	0.0003	0.0001	0.0000	0.0000	0.0000	0.0000	0.0000
	3	0.0461	0.0203	0.0078	0.0025	0.0007	0.0001	0.0000	0.0000	0.0000	0.0000
	4	0.1334	0.0698	0.0321	0.0126	0.0040	0.0010	0.0002	0.0000	0.0000	0.0000
	5	0.2905	0.1788	0.0977	0.0462	0.0182	0.0056	0.0012	0.0002	0.0000	0.0000
	6	0.5000	0.3563	0.2288	0.1295	0.0624	0.0243	0.0070	0.0013	0.0001	0.0000
	7	0.7095	0.5732	0.4256	0.2841	0.1654	0.0802	0.0300	0.0075	0.0009	0.0000
	8	0.8666	0.7721	0.6470	0.4995	0.3457	0.2060	0.0991	0.0342	0.0065	0.0003
	9	0.9539	0.9071	0.8314	0.7217	0.5794	0.4157	0.2527	0.1180	0.0342	0.0031
	10	0.9888	0.9731	0.9421	0.8868	0.7975	0.6674	0.4983	0.3080	0.1339	0.0245
	11	0.9983	0.9951	0.9874	0.9704	0.9363	0.8733	0.7664	0.6017	0.3787	0.1354
	12	0.9999	0.9996	0.9987	0.9963	0.9903	0.9762	0.9450	0.8791	0.7458	0.4867
$n=13$	13	1.0000	1.0000	1.0000	1.0000	1.0000	1.0000	1.0000	1.0000	1.0000	1.0000
	0	0.0001	0.0000	0.0000	0.0000	0.0000	0.0000	0.0000	0.0000	0.0000	0.0000
	1	0.0009	0.0003	0.0001	0.0000	0.0000	0.0000	0.0000	0.0000	0.0000	0.0000
	2	0.0065	0.0022	0.0006	0.0001	0.0000	0.0000	0.0000	0.0000	0.0000	0.0000
	3	0.0287	0.0114	0.0039	0.0011	0.0002	0.0000	0.0000	0.0000	0.0000	0.0000
	4	0.0898	0.0426	0.0175	0.0060	0.0017	0.0003	0.0000	0.0000	0.0000	0.0000
	5	0.2120	0.1189	0.0583	0.0243	0.0083	0.0022	0.0004	0.0000	0.0000	0.0000
	6	0.3953	0.2586	0.1501	0.0753	0.0315	0.0103	0.0024	0.0003	0.0000	0.0000
	7	0.6047	0.4539	0.3075	0.1836	0.0933	0.0383	0.0116	0.0022	0.0002	0.0000
	8	0.7880	0.6627	0.5141	0.3595	0.2195	0.1117	0.0439	0.0115	0.0015	0.0000
	9	0.9102	0.8328	0.7207	0.5773	0.4158	0.2585	0.1298	0.0467	0.0092	0.0004
	10	0.9713	0.9368	0.8757	0.7795	0.6448	0.4787	0.3018	0.1465	0.0441	0.0042
	11	0.9935	0.9830	0.9602	0.9161	0.8392	0.7189	0.5519	0.3521	0.1584	0.0301
	12	0.9991	0.9971	0.9919	0.9795	0.9525	0.8990	0.8021	0.6433	0.4154	0.1530
	13	0.9999	0.9998	0.9992	0.9976	0.9932	0.9822	0.9560	0.8972	0.7712	0.5123
$n=14$	14	1.0000	1.0000	1.0000	1.0000	1.0000	1.0000	1.0000	1.0000	1.0000	1.0000

Tabelle A

	x	0.01	0.05	0.10	0.15	0.20	0.25	0.30	0.35	0.40	0.45
	0	0.8601	0.4633	0.2059	0.0874	0.0352	0.0134	0.0047	0.0016	0.0005	0.0001
	1	0.9904	0.8290	0.5490	0.3186	0.1671	0.0802	0.0353	0.0142	0.0052	0.0017
	2	0.9996	0.9638	0.8159	0.6042	0.3980	0.2361	0.1268	0.0617	0.0271	0.0107
	3	1.0000	0.9945	0.9444	0.8227	0.6482	0.4613	0.2969	0.1727	0.0905	0.0424
	4	1.0000	0.9994	0.9873	0.9383	0.8358	0.6865	0.5155	0.3519	0.2173	0.1204
	5	1.0000	0.9999	0.9978	0.9832	0.9389	0.8516	0.7216	0.5643	0.4032	0.2608
	6	1.0000	1.0000	0.9997	0.9964	0.9819	0.9434	0.8689	0.7548	0.6098	0.4522
	7	1.0000	1.0000	1.0000	0.9994	0.9958	0.9827	0.9500	0.8868	0.7869	0.6535
	8	1.0000	1.0000	1.0000	0.9999	0.9992	0.9958	0.9848	0.9578	0.9050	0.8182
	9	1.0000	1.0000	1.0000	1.0000	0.9999	0.9992	0.9963	0.9876	0.9662	0.9231
	10	1.0000	1.0000	1.0000	1.0000	1.0000	0.9999	0.9993	0.9972	0.9907	0.9745
	11	1.0000	1.0000	1.0000	1.0000	1.0000	1.0000	0.9999	0.9995	0.9981	0.9937
	12	1.0000	1.0000	1.0000	1.0000	1.0000	1.0000	1.0000	0.9999	0.9997	0.9989
	13	1.0000	1.0000	1.0000	1.0000	1.0000	1.0000	1.0000	1.0000	1.0000	0.9999
	14	1.0000	1.0000	1.0000	1.0000	1.0000	1.0000	1.0000	1.0000	1.0000	1.0000
$n = 15$	1.0000	1.0000	1.0000	1.0000	1.0000	1.0000	1.0000	1.0000	1.0000	1.0000
	0	0.8515	0.4401	0.1853	0.0743	0.0281	0.0100	0.0033	0.0010	0.0003	0.0001
	1	0.9891	0.8108	0.5147	0.2839	0.1407	0.0635	0.0261	0.0098	0.0033	0.0010
	2	0.9995	0.9571	0.7892	0.5614	0.3518	0.1971	0.0994	0.0451	0.0183	0.0066
	3	1.0000	0.9930	0.9316	0.7899	0.5981	0.4050	0.2459	0.1339	0.0651	0.0281
	4	1.0000	0.9991	0.9830	0.9209	0.7982	0.6302	0.4499	0.2892	0.1666	0.0853
	5	1.0000	0.9999	0.9967	0.9765	0.9183	0.8103	0.6598	0.4900	0.3288	0.1976
	6	1.0000	1.0000	0.9995	0.9944	0.9733	0.9204	0.8247	0.6881	0.5272	0.3660
	7	1.0000	1.0000	0.9999	0.9989	0.9930	0.9729	0.9256	0.8406	0.7161	0.5629
	8	1.0000	1.0000	1.0000	0.9998	0.9985	0.9925	0.9743	0.9329	0.8577	0.7441
	9	1.0000	1.0000	1.0000	1.0000	0.9998	0.9984	0.9929	0.9771	0.9417	0.8759
	10	1.0000	1.0000	1.0000	1.0000	1.0000	0.9997	0.9984	0.9938	0.9809	0.9514
	11	1.0000	1.0000	1.0000	1.0000	1.0000	1.0000	0.9997	0.9987	0.9951	0.9851
	12	1.0000	1.0000	1.0000	1.0000	1.0000	1.0000	1.0000	0.9998	0.9991	0.9965
	13	1.0000	1.0000	1.0000	1.0000	1.0000	1.0000	1.0000	1.0000	0.9999	0.9994
	14	1.0000	1.0000	1.0000	1.0000	1.0000	1.0000	1.0000	1.0000	1.0000	0.9999
	15	1.0000	1.0000	1.0000	1.0000	1.0000	1.0000	1.0000	1.0000	1.0000	1.0000
$n = 16$	1.0000	1.0000	1.0000	1.0000	1.0000	1.0000	1.0000	1.0000	1.0000	1.0000

Tabelle A

	x	0.50	0.55	0.60	0.65	p 0.70	0.75	0.80	0.85	0.90	0.95
	0	0.0000	0.0000	0.0000	0.0000	0.0000	0.0000	0.0000	0.0000	0.0000	0.0000
	1	0.0005	0.0001	0.0000	0.0000	0.0000	0.0000	0.0000	0.0000	0.0000	0.0000
	2	0.0037	0.0011	0.0003	0.0001	0.0000	0.0000	0.0000	0.0000	0.0000	0.0000
	3	0.0176	0.0063	0.0019	0.0005	0.0001	0.0000	0.0000	0.0000	0.0000	0.0000
	4	0.0592	0.0255	0.0093	0.0028	0.0007	0.0001	0.0000	0.0000	0.0000	0.0000
	5	0.1509	0.0769	0.0338	0.0124	0.0037	0.0008	0.0001	0.0000	0.0000	0.0000
	6	0.3036	0.1818	0.0950	0.0422	0.0152	0.0042	0.0008	0.0001	0.0000	0.0000
	7	0.5000	0.3465	0.2131	0.1132	0.0500	0.0173	0.0042	0.0006	0.0000	0.0000
	8	0.6964	0.5478	0.3902	0.2452	0.1311	0.0566	0.0181	0.0036	0.0003	0.0000
	9	0.8491	0.7392	0.5968	0.4357	0.2784	0.1484	0.0611	0.0168	0.0022	0.0001
	10	0.9408	0.8796	0.7827	0.6481	0.4845	0.3135	0.1642	0.0617	0.0127	0.0006
	11	0.9824	0.9576	0.9095	0.8273	0.7031	0.5387	0.3518	0.1773	0.0556	0.0055
	12	0.9963	0.9893	0.9729	0.9383	0.8732	0.7639	0.6020	0.3958	0.1841	0.0362
	13	0.9995	0.9983	0.9948	0.9858	0.9647	0.9198	0.8329	0.6814	0.4510	0.1710
	14	1.0000	0.9999	0.9995	0.9984	0.9953	0.9866	0.9648	0.9126	0.7941	0.5367
$n = 15$	15	1.0000	1.0000	1.0000	1.0000	1.0000	1.0000	1.0000	1.0000	1.0000	1.0000
	0	0.0000	0.0000	0.0000	0.0000	0.0000	0.0000	0.0000	0.0000	0.0000	0.0000
	1	0.0003	0.0001	0.0000	0.0000	0.0000	0.0000	0.0000	0.0000	0.0000	0.0000
	2	0.0021	0.0006	0.0001	0.0000	0.0000	0.0000	0.0000	0.0000	0.0000	0.0000
	3	0.0106	0.0035	0.0009	0.0002	0.0000	0.0000	0.0000	0.0000	0.0000	0.0000
	4	0.0384	0.0149	0.0049	0.0013	0.0003	0.0000	0.0000	0.0000	0.0000	0.0000
	5	0.1051	0.0486	0.0191	0.0062	0.0016	0.0003	0.0000	0.0000	0.0000	0.0000
	6	0.2272	0.1241	0.0583	0.0229	0.0071	0.0016	0.0002	0.0000	0.0000	0.0000
	7	0.4018	0.2559	0.1423	0.0671	0.0257	0.0075	0.0015	0.0002	0.0000	0.0000
	8	0.5982	0.4371	0.2839	0.1594	0.0744	0.0271	0.0070	0.0011	0.0001	0.0000
	9	0.7728	0.6340	0.4728	0.3119	0.1753	0.0796	0.0267	0.0056	0.0005	0.0000
	10	0.8949	0.8024	0.6712	0.5100	0.3402	0.1897	0.0817	0.0235	0.0033	0.0001
	11	0.9616	0.9147	0.8334	0.7108	0.5501	0.3698	0.2018	0.0791	0.0170	0.0009
	12	0.9894	0.9719	0.9349	0.8661	0.7541	0.5950	0.4019	0.2101	0.0684	0.0070
	13	0.9979	0.9934	0.9817	0.9549	0.9006	0.8029	0.6482	0.4386	0.2108	0.0429
	14	0.9997	0.9990	0.9967	0.9902	0.9739	0.9365	0.8593	0.7161	0.4853	0.1892
	15	1.0000	0.9999	0.9997	0.9990	0.9967	0.9900	0.9719	0.9257	0.8147	0.5599
$n = 16$	16	1.0000	1.0000	1.0000	1.0000	1.0000	1.0000	1.0000	1.0000	1.0000	1.0000

						p					
	x	0.01	0.05	0.10	0.15	0.20	0.25	0.30	0.35	0.40	0.45
	0	0.8429	0.4181	0.1668	0.0631	0.0225	0.0075	0.0023	0.0007	0.0002	0.0000
	1	0.9877	0.7922	0.4818	0.2525	0.1182	0.0501	0.0193	0.0067	0.0021	0.0006
	2	0.9994	0.9497	0.7618	0.5198	0.3096	0.1637	0.0774	0.0327	0.0123	0.0041
	3	1.0000	0.9912	0.9174	0.7556	0.5489	0.3530	0.2019	0.1028	0.0464	0.0184
	4	1.0000	0.9988	0.9779	0.9013	0.7582	0.5739	0.3887	0.2348	0.1260	0.0596
	5	1.0000	0.9999	0.9953	0.9681	0.8943	0.7653	0.5968	0.4197	0.2639	0.1471
	6	1.0000	1.0000	0.9992	0.9917	0.9623	0.8929	0.7752	0.6188	0.4478	0.2902
	7	1.0000	1.0000	0.9999	0.9983	0.9891	0.9598	0.8954	0.7872	0.6405	0.4743
	8	1.0000	1.0000	1.0000	0.9997	0.9974	0.9876	0.9597	0.9006	0.8011	0.6626
	9	1.0000	1.0000	1.0000	1.0000	0.9995	0.9969	0.9873	0.9617	0.9081	0.8166
	10	1.0000	1.0000	1.0000	1.0000	0.9999	0.9994	0.9968	0.9880	0.9652	0.9174
	11	1.0000	1.0000	1.0000	1.0000	1.0000	0.9999	0.9993	0.9970	0.9894	0.9699
	12	1.0000	1.0000	1.0000	1.0000	1.0000	1.0000	0.9999	0.9994	0.9975	0.9914
	13	1.0000	1.0000	1.0000	1.0000	1.0000	1.0000	1.0000	0.9999	0.9995	0.9981
	14	1.0000	1.0000	1.0000	1.0000	1.0000	1.0000	1.0000	1.0000	0.9999	0.9997
	15	1.0000	1.0000	1.0000	1.0000	1.0000	1.0000	1.0000	1.0000	1.0000	1.0000
	16	1.0000	1.0000	1.0000	1.0000	1.0000	1.0000	1.0000	1.0000	1.0000	1.0000
$n = 17$	17	1.0000	1.0000	1.0000	1.0000	1.0000	1.0000	1.0000	1.0000	1.0000	1.0000
	0	0.8345	0.3972	0.1501	0.0536	0.0180	0.0056	0.0016	0.0004	0.0001	0.0000
	1	0.9862	0.7735	0.4503	0.2241	0.0991	0.0395	0.0142	0.0046	0.0013	0.0003
	2	0.9993	0.9419	0.7338	0.4797	0.2713	0.1353	0.0600	0.0236	0.0082	0.0025
	3	1.0000	0.9891	0.9018	0.7202	0.5010	0.3057	0.1646	0.0783	0.0328	0.0120
	4	1.0000	0.9985	0.9718	0.8794	0.7164	0.5187	0.3327	0.1886	0.0942	0.0411
	5	1.0000	0.9998	0.9936	0.9581	0.8671	0.7175	0.5344	0.3550	0.2088	0.1077
	6	1.0000	1.0000	0.9988	0.9882	0.9487	0.8610	0.7217	0.5491	0.3743	0.2258
	7	1.0000	1.0000	0.9998	0.9973	0.9837	0.9431	0.8593	0.7283	0.5634	0.3915
	8	1.0000	1.0000	1.0000	0.9995	0.9957	0.9807	0.9404	0.8609	0.7368	0.5778
	9	1.0000	1.0000	1.0000	0.9999	0.9991	0.9946	0.9790	0.9403	0.8653	0.7473
	10	1.0000	1.0000	1.0000	1.0000	0.9998	0.9988	0.9939	0.9788	0.9424	0.8720
	11	1.0000	1.0000	1.0000	1.0000	1.0000	0.9998	0.9986	0.9938	0.9797	0.9463
	12	1.0000	1.0000	1.0000	1.0000	1.0000	1.0000	0.9997	0.9986	0.9942	0.9817
	13	1.0000	1.0000	1.0000	1.0000	1.0000	1.0000	1.0000	0.9997	0.9987	0.9951
	14	1.0000	1.0000	1.0000	1.0000	1.0000	1.0000	1.0000	1.0000	0.9998	0.9990
	15	1.0000	1.0000	1.0000	1.0000	1.0000	1.0000	1.0000	1.0000	1.0000	0.9999
	16	1.0000	1.0000	1.0000	1.0000	1.0000	1.0000	1.0000	1.0000	1.0000	1.0000
	17	1.0000	1.0000	1.0000	1.0000	1.0000	1.0000	1.0000	1.0000	1.0000	1.0000
$n = 18$	18	1.0000	1.0000	1.0000	1.0000	1.0000	1.0000	1.0000	1.0000	1.0000	1.0000

Tabelle A

						p					
	x	0.50	0.55	0.60	0.65	0.70	0.75	0.80	0.85	0.90	0.95
	0	0.0000	0.0000	0.0000	0.0000	0.0000	0.0000	0.0000	0.0000	0.0000	0.0000
	1	0.0001	0.0000	0.0000	0.0000	0.0000	0.0000	0.0000	0.0000	0.0000	0.0000
	2	0.0012	0.0003	0.0001	0.0000	0.0000	0.0000	0.0000	0.0000	0.0000	0.0000
	3	0.0064	0.0019	0.0005	0.0001	0.0000	0.0000	0.0000	0.0000	0.0000	0.0000
	4	0.0245	0.0086	0.0025	0.0006	0.0001	0.0000	0.0000	0.0000	0.0000	0.0000
	5	0.0717	0.0301	0.0106	0.0030	0.0007	0.0001	0.0000	0.0000	0.0000	0.0000
	6	0.1662	0.0826	0.0348	0.0120	0.0032	0.0006	0.0001	0.0000	0.0000	0.0000
	7	0.3145	0.1834	0.0919	0.0383	0.0127	0.0031	0.0005	0.0000	0.0000	0.0000
	8	0.5000	0.3374	0.1989	0.0994	0.0403	0.0124	0.0026	0.0003	0.0000	0.0000
	9	0.6855	0.5257	0.3595	0.2128	0.1046	0.0402	0.0109	0.0017	0.0001	0.0000
	10	0.8338	0.7098	0.5522	0.3812	0.2248	0.1071	0.0377	0.0083	0.0008	0.0000
	11	0.9283	0.8529	0.7361	0.5803	0.4032	0.2347	0.1057	0.0319	0.0047	0.0001
	12	0.9755	0.9404	0.8740	0.7652	0.6113	0.4261	0.2418	0.0987	0.0221	0.0012
	13	0.9936	0.9816	0.9536	0.8972	0.7981	0.6470	0.4511	0.2444	0.0826	0.0088
	14	0.9988	0.9959	0.9877	0.9673	0.9226	0.8363	0.6904	0.4802	0.2382	0.0503
	15	0.9999	0.9994	0.9979	0.9933	0.9807	0.9499	0.8818	0.7475	0.5182	0.2078
	16	1.0000	1.0000	0.9998	0.9993	0.9977	0.9925	0.9775	0.9369	0.8332	0.5819
$n = 17$	17	1.0000	1.0000	1.0000	1.0000	1.0000	1.0000	1.0000	1.0000	1.0000	1.0000
	0	0.0000	0.0000	0.0000	0.0000	0.0000	0.0000	0.0000	0.0000	0.0000	0.0000
	1	0.0001	0.0000	0.0000	0.0000	0.0000	0.0000	0.0000	0.0000	0.0000	0.0000
	2	0.0007	0.0001	0.0000	0.0000	0.0000	0.0000	0.0000	0.0000	0.0000	0.0000
	3	0.0038	0.0010	0.0002	0.0000	0.0000	0.0000	0.0000	0.0000	0.0000	0.0000
	4	0.0154	0.0049	0.0013	0.0003	0.0000	0.0000	0.0000	0.0000	0.0000	0.0000
	5	0.0481	0.0183	0.0058	0.0014	0.0003	0.0000	0.0000	0.0000	0.0000	0.0000
	6	0.1189	0.0537	0.0203	0.0062	0.0014	0.0002	0.0000	0.0000	0.0000	0.0000
	7	0.2403	0.1280	0.0576	0.0212	0.0061	0.0012	0.0002	0.0000	0.0000	0.0000
	8	0.4073	0.2527	0.1347	0.0597	0.0210	0.0054	0.0009	0.0001	0.0000	0.0000
	9	0.5927	0.4222	0.2632	0.1391	0.0596	0.0193	0.0043	0.0005	0.0000	0.0000
	10	0.7597	0.6085	0.4366	0.2717	0.1407	0.0569	0.0163	0.0027	0.0002	0.0000
	11	0.8811	0.7742	0.6257	0.4509	0.2783	0.1390	0.0513	0.0118	0.0012	0.0000
	12	0.9519	0.8923	0.7912	0.6450	0.4656	0.2825	0.1329	0.0419	0.0064	0.0002
	13	0.9846	0.9589	0.9058	0.8114	0.6673	0.4813	0.2836	0.1206	0.0282	0.0015
	14	0.9962	0.9880	0.9672	0.9217	0.8354	0.6943	0.4990	0.2798	0.0982	0.0109
	15	0.9993	0.9975	0.9918	0.9764	0.9400	0.8647	0.7287	0.5203	0.2662	0.0581
	16	0.9999	0.9997	0.9987	0.9954	0.9858	0.9605	0.9009	0.7759	0.5497	0.2265
	17	1.0000	1.0000	0.9999	0.9996	0.9984	0.9944	0.9820	0.9464	0.8499	0.6028
$n = 18$	18	1.0000	1.0000	1.0000	1.0000	1.0000	1.0000	1.0000	1.0000	1.0000	1.0000

Tabelle A

						p					
	x	0.01	0.05	0.10	0.15	0.20	0.25	0.30	0.35	0.40	0.45
	0	0.8262	0.3774	0.1351	0.0456	0.0144	0.0042	0.0011	0.0003	0.0001	0.0000
	1	0.9847	0.7547	0.4203	0.1985	0.0829	0.0310	0.0104	0.0031	0.0008	0.0002
	2	0.9991	0.9335	0.7054	0.4413	0.2369	0.1113	0.0462	0.0170	0.0055	0.0015
	3	1.0000	0.9868	0.8850	0.6841	0.4551	0.2631	0.1332	0.0591	0.0230	0.0077
	4	1.0000	0.9980	0.9648	0.8556	0.6733	0.4654	0.2822	0.1500	0.0696	0.0280
	5	1.0000	0.9998	0.9914	0.9463	0.8369	0.6678	0.4739	0.2968	0.1629	0.0777
	6	1.0000	1.0000	0.9983	0.9837	0.9324	0.8251	0.6655	0.4812	0.3081	0.1727
	7	1.0000	1.0000	0.9997	0.9959	0.9767	0.9225	0.8180	0.6656	0.4878	0.3169
	8	1.0000	1.0000	1.0000	0.9992	0.9933	0.9713	0.9161	0.8145	0.6675	0.4940
	9	1.0000	1.0000	1.0000	0.9999	0.9984	0.9911	0.9674	0.9125	0.8139	0.6710
	10	1.0000	1.0000	1.0000	1.0000	0.9997	0.9977	0.9895	0.9653	0.9115	0.8159
	11	1.0000	1.0000	1.0000	1.0000	1.0000	0.9995	0.9972	0.9886	0.9648	0.9129
	12	1.0000	1.0000	1.0000	1.0000	1.0000	0.9999	0.9994	0.9969	0.9884	0.9658
	13	1.0000	1.0000	1.0000	1.0000	1.0000	1.0000	0.9999	0.9993	0.9969	0.9891
	14	1.0000	1.0000	1.0000	1.0000	1.0000	1.0000	1.0000	0.9999	0.9994	0.9972
	15	1.0000	1.0000	1.0000	1.0000	1.0000	1.0000	1.0000	1.0000	0.9999	0.9995
	16	1.0000	1.0000	1.0000	1.0000	1.0000	1.0000	1.0000	1.0000	1.0000	0.9999
	17	1.0000	1.0000	1.0000	1.0000	1.0000	1.0000	1.0000	1.0000	1.0000	1.0000
	18	1.0000	1.0000	1.0000	1.0000	1.0000	1.0000	1.0000	1.0000	1.0000	1.0000
$n = 19$	19	1.0000	1.0000	1.0000	1.0000	1.0000	1.0000	1.0000	1.0000	1.0000	1.0000
	0	0.8179	0.3585	0.1216	0.0388	0.0115	0.0032	0.0008	0.0002	0.0000	0.0000
	1	0.9831	0.7358	0.3917	0.1756	0.0692	0.0243	0.0076	0.0021	0.0005	0.0001
	2	0.9990	0.9245	0.6769	0.4049	0.2061	0.0913	0.0355	0.0121	0.0036	0.0009
	3	1.0000	0.9841	0.8670	0.6477	0.4114	0.2252	0.1071	0.0444	0.0160	0.0049
	4	1.0000	0.9974	0.9568	0.8298	0.6296	0.4148	0.2375	0.1182	0.0510	0.0189
	5	1.0000	0.9997	0.9887	0.9327	0.8042	0.6172	0.4164	0.2454	0.1256	0.0553
	6	1.0000	1.0000	0.9976	0.9781	0.9133	0.7858	0.6080	0.4166	0.2500	0.1299
	7	1.0000	1.0000	0.9996	0.9941	0.9679	0.8982	0.7723	0.6010	0.4159	0.2520
	8	1.0000	1.0000	0.9999	0.9987	0.9900	0.9591	0.8867	0.7624	0.5956	0.4143
	9	1.0000	1.0000	1.0000	0.9998	0.9974	0.9861	0.9520	0.8782	0.7553	0.5914
	10	1.0000	1.0000	1.0000	1.0000	0.9994	0.9961	0.9829	0.9468	0.8725	0.7507
	11	1.0000	1.0000	1.0000	1.0000	0.9999	0.9991	0.9949	0.9804	0.9435	0.8692
	12	1.0000	1.0000	1.0000	1.0000	1.0000	0.9998	0.9987	0.9940	0.9790	0.9420
	13	1.0000	1.0000	1.0000	1.0000	1.0000	1.0000	0.9997	0.9985	0.9935	0.9786
	14	1.0000	1.0000	1.0000	1.0000	1.0000	1.0000	1.0000	0.9997	0.9984	0.9936
	15	1.0000	1.0000	1.0000	1.0000	1.0000	1.0000	1.0000	1.0000	0.9997	0.9985
	16	1.0000	1.0000	1.0000	1.0000	1.0000	1.0000	1.0000	1.0000	1.0000	0.9997
	17	1.0000	1.0000	1.0000	1.0000	1.0000	1.0000	1.0000	1.0000	1.0000	1.0000
	18	1.0000	1.0000	1.0000	1.0000	1.0000	1.0000	1.0000	1.0000	1.0000	1.0000
	19	1.0000	1.0000	1.0000	1.0000	1.0000	1.0000	1.0000	1.0000	1.0000	1.0000
$n = 20$	20	1.0000	1.0000	1.0000	1.0000	1.0000	1.0000	1.0000	1.0000	1.0000	1.0000

Tabelle A

	x	0.50	0.55	0.60	0.65	0.70	0.75	0.80	0.85	0.90	0.95
	0	0.0000	0.0000	0.0000	0.0000	0.0000	0.0000	0.0000	0.0000	0.0000	0.0000
	1	0.0000	0.0000	0.0000	0.0000	0.0000	0.0000	0.0000	0.0000	0.0000	0.0000
	2	0.0004	0.0001	0.0000	0.0000	0.0000	0.0000	0.0000	0.0000	0.0000	0.0000
	3	0.0022	0.0005	0.0001	0.0000	0.0000	0.0000	0.0000	0.0000	0.0000	0.0000
	4	0.0096	0.0028	0.0006	0.0001	0.0000	0.0000	0.0000	0.0000	0.0000	0.0000
	5	0.0318	0.0109	0.0031	0.0007	0.0001	0.0000	0.0000	0.0000	0.0000	0.0000
	6	0.0835	0.0342	0.0116	0.0031	0.0006	0.0001	0.0000	0.0000	0.0000	0.0000
	7	0.1796	0.0871	0.0352	0.0114	0.0028	0.0005	0.0000	0.0000	0.0000	0.0000
	8	0.3238	0.1841	0.0885	0.0347	0.0105	0.0023	0.0003	0.0000	0.0000	0.0000
	9	0.5000	0.3290	0.1861	0.0875	0.0326	0.0089	0.0016	0.0001	0.0000	0.0000
	10	0.6762	0.5060	0.3325	0.1855	0.0839	0.0287	0.0067	0.0008	0.0000	0.0000
	11	0.8204	0.6831	0.5122	0.3344	0.1820	0.0775	0.0233	0.0041	0.0003	0.0000
	12	0.9165	0.8273	0.6919	0.5188	0.3345	0.1749	0.0676	0.0163	0.0017	0.0000
	13	0.9682	0.9223	0.8371	0.7032	0.5261	0.3322	0.1631	0.0537	0.0086	0.0002
	14	0.9904	0.9720	0.9304	0.8500	0.7178	0.5346	0.3267	0.1444	0.0352	0.0020
	15	0.9978	0.9923	0.9770	0.9409	0.8668	0.7369	0.5449	0.3159	0.1150	0.0132
	16	0.9996	0.9985	0.9945	0.9830	0.9538	0.8887	0.7631	0.5587	0.2946	0.0665
	17	1.0000	0.9998	0.9992	0.9969	0.9896	0.9690	0.9171	0.8015	0.5797	0.2453
	18	1.0000	1.0000	0.9999	0.9997	0.9989	0.9958	0.9856	0.9544	0.8649	0.6226
$n = $	19	1.0000	1.0000	1.0000	1.0000	1.0000	1.0000	1.0000	1.0000	1.0000	1.0000
	0	0.0000	0.0000	0.0000	0.0000	0.0000	0.0000	0.0000	0.0000	0.0000	0.0000
	1	0.0000	0.0000	0.0000	0.0000	0.0000	0.0000	0.0000	0.0000	0.0000	0.0000
	2	0.0002	0.0000	0.0000	0.0000	0.0000	0.0000	0.0000	0.0000	0.0000	0.0000
	3	0.0013	0.0003	0.0000	0.0000	0.0000	0.0000	0.0000	0.0000	0.0000	0.0000
	4	0.0059	0.0015	0.0003	0.0000	0.0000	0.0000	0.0000	0.0000	0.0000	0.0000
	5	0.0207	0.0064	0.0016	0.0003	0.0000	0.0000	0.0000	0.0000	0.0000	0.0000
	6	0.0577	0.0214	0.0065	0.0015	0.0003	0.0000	0.0000	0.0000	0.0000	0.0000
	7	0.1316	0.0580	0.0210	0.0060	0.0013	0.0002	0.0000	0.0000	0.0000	0.0000
	8	0.2517	0.1308	0.0565	0.0196	0.0051	0.0009	0.0001	0.0000	0.0000	0.0000
	9	0.4119	0.2493	0.1275	0.0532	0.0171	0.0039	0.0006	0.0000	0.0000	0.0000
	10	0.5881	0.4086	0.2447	0.1218	0.0480	0.0139	0.0026	0.0002	0.0000	0.0000
	11	0.7483	0.5857	0.4044	0.2376	0.1133	0.0409	0.0100	0.0013	0.0001	0.0000
	12	0.8684	0.7480	0.5841	0.3990	0.2277	0.1018	0.0321	0.0059	0.0004	0.0000
	13	0.9423	0.8701	0.7500	0.5834	0.3920	0.2142	0.0867	0.0219	0.0024	0.0000
	14	0.9793	0.9447	0.8744	0.7546	0.5836	0.3828	0.1958	0.0673	0.0113	0.0003
	15	0.9941	0.9811	0.9490	0.8818	0.7625	0.5852	0.3704	0.1702	0.0432	0.0026
	16	0.9987	0.9951	0.9840	0.9556	0.8929	0.7748	0.5886	0.3523	0.1330	0.0159
	17	0.9998	0.9991	0.9964	0.9879	0.9645	0.9087	0.7939	0.5951	0.3231	0.0755
	18	1.0000	0.9999	0.9995	0.9979	0.9924	0.9757	0.9308	0.8244	0.6083	0.2642
	19	1.0000	1.0000	1.0000	0.9998	0.9992	0.9968	0.9885	0.9612	0.8784	0.6415
$n = $	20	1.0000	1.0000	1.0000	1.0000	1.0000	1.0000	1.0000	1.0000	1.0000	1.0000

B Normalverteilung

$Z \sim N(0,1)$; die Werte der Tabelle geben an:

$$\Phi(z) = P(Z \leq z) = \frac{1}{\sqrt{2\pi}} \int_{-\infty}^{z} e^{-x^2/2}\, dx.$$

z	0.09	0.08	0.07	0.06	0.05	0.04	0.03	0.02	0.01	0.00
−3.90	0.0000	0.0000	0.0000	0.0000	0.0000	0.0000	0.0000	0.0000	0.0000	0.0000
−3.80	0.0001	0.0001	0.0001	0.0001	0.0001	0.0001	0.0001	0.0001	0.0001	0.0001
−3.70	0.0001	0.0001	0.0001	0.0001	0.0001	0.0001	0.0001	0.0001	0.0001	0.0001
−3.60	0.0001	0.0001	0.0001	0.0001	0.0001	0.0001	0.0001	0.0001	0.0002	0.0002
−3.50	0.0002	0.0002	0.0002	0.0002	0.0002	0.0002	0.0002	0.0002	0.0002	0.0002
−3.40	0.0002	0.0003	0.0003	0.0003	0.0003	0.0003	0.0003	0.0003	0.0003	0.0003
−3.30	0.0003	0.0004	0.0004	0.0004	0.0004	0.0004	0.0004	0.0005	0.0005	0.0005
−3.20	0.0005	0.0005	0.0005	0.0006	0.0006	0.0006	0.0006	0.0006	0.0007	0.0007
−3.10	0.0007	0.0007	0.0008	0.0008	0.0008	0.0008	0.0009	0.0009	0.0009	0.0010
−3.00	0.0010	0.0010	0.0011	0.0011	0.0011	0.0012	0.0012	0.0013	0.0013	0.0013
−2.90	0.0014	0.0014	0.0015	0.0015	0.0016	0.0016	0.0017	0.0018	0.0018	0.0019
−2.80	0.0019	0.0020	0.0021	0.0021	0.0022	0.0023	0.0023	0.0024	0.0025	0.0026
−2.70	0.0026	0.0027	0.0028	0.0029	0.0030	0.0031	0.0032	0.0033	0.0034	0.0035
−2.60	0.0036	0.0037	0.0038	0.0039	0.0040	0.0041	0.0043	0.0044	0.0045	0.0047
−2.50	0.0048	0.0049	0.0051	0.0052	0.0054	0.0055	0.0057	0.0059	0.0060	0.0062
−2.40	0.0064	0.0066	0.0068	0.0069	0.0071	0.0073	0.0075	0.0078	0.0080	0.0082
−2.30	0.0084	0.0087	0.0089	0.0091	0.0094	0.0096	0.0099	0.0102	0.0104	0.0107
−2.20	0.0110	0.0113	0.0116	0.0119	0.0122	0.0125	0.0129	0.0132	0.0136	0.0139
−2.10	0.0143	0.0146	0.0150	0.0154	0.0158	0.0162	0.0166	0.0170	0.0174	0.0179
−2.00	0.0183	0.0188	0.0192	0.0197	0.0202	0.0207	0.0212	0.0217	0.0222	0.0228
−1.90	0.0233	0.0239	0.0244	0.0250	0.0256	0.0262	0.0268	0.0274	0.0281	0.0287
−1.80	0.0294	0.0301	0.0307	0.0314	0.0322	0.0329	0.0336	0.0344	0.0351	0.0359
−1.70	0.0367	0.0375	0.0384	0.0392	0.0401	0.0409	0.0418	0.0427	0.0436	0.0446
−1.60	0.0455	0.0465	0.0475	0.0485	0.0495	0.0505	0.0516	0.0526	0.0537	0.0548
−1.50	0.0559	0.0571	0.0582	0.0594	0.0606	0.0618	0.0630	0.0643	0.0655	0.0668
−1.40	0.0681	0.0694	0.0708	0.0721	0.0735	0.0749	0.0764	0.0778	0.0793	0.0808
−1.30	0.0823	0.0838	0.0853	0.0869	0.0885	0.0901	0.0918	0.0934	0.0951	0.0968
−1.20	0.0985	0.1003	0.1020	0.1038	0.1056	0.1075	0.1093	0.1112	0.1131	0.1151
−1.10	0.1170	0.1190	0.1210	0.1230	0.1251	0.1271	0.1292	0.1314	0.1335	0.1357
−1.00	0.1379	0.1401	0.1423	0.1446	0.1469	0.1492	0.1515	0.1539	0.1562	0.1587
−0.90	0.1611	0.1635	0.1660	0.1685	0.1711	0.1736	0.1762	0.1788	0.1814	0.1841
−0.80	0.1867	0.1894	0.1922	0.1949	0.1977	0.2005	0.2033	0.2061	0.2090	0.2119
−0.70	0.2148	0.2177	0.2206	0.2236	0.2266	0.2296	0.2327	0.2358	0.2389	0.2420
−0.60	0.2451	0.2483	0.2514	0.2546	0.2578	0.2611	0.2643	0.2676	0.2709	0.2743
−0.50	0.2776	0.2810	0.2843	0.2877	0.2912	0.2946	0.2981	0.3015	0.3050	0.3085
−0.40	0.3121	0.3156	0.3192	0.3228	0.3264	0.3300	0.3336	0.3372	0.3409	0.3446
−0.30	0.3483	0.3520	0.3557	0.3594	0.3632	0.3669	0.3707	0.3745	0.3783	0.3821
−0.20	0.3859	0.3897	0.3936	0.3974	0.4013	0.4052	0.4090	0.4129	0.4168	0.4207
−0.10	0.4247	0.4286	0.4325	0.4364	0.4404	0.4443	0.4483	0.4522	0.4562	0.4602
−0.00	0.4641	0.4681	0.4721	0.4761	0.4801	0.4840	0.4880	0.4920	0.4960	0.5000

Tabelle B

z	0.00	0.01	0.02	0.03	0.04	0.05	0.06	0.07	0.08	0.09
0.00	0.5000	0.5040	0.5080	0.5120	0.5160	0.5199	0.5239	0.5279	0.5319	0.5359
0.10	0.5398	0.5438	0.5478	0.5517	0.5557	0.5596	0.5636	0.5675	0.5714	0.5753
0.20	0.5793	0.5832	0.5871	0.5910	0.5948	0.5987	0.6026	0.6064	0.6103	0.6141
0.30	0.6179	0.6217	0.6255	0.6293	0.6331	0.6368	0.6406	0.6443	0.6480	0.6517
0.40	0.6554	0.6591	0.6628	0.6664	0.6700	0.6736	0.6772	0.6808	0.6844	0.6879
0.50	0.6915	0.6950	0.6985	0.7019	0.7054	0.7088	0.7123	0.7157	0.7190	0.7224
0.60	0.7257	0.7291	0.7324	0.7357	0.7389	0.7422	0.7454	0.7486	0.7517	0.7549
0.70	0.7580	0.7611	0.7642	0.7673	0.7704	0.7734	0.7764	0.7794	0.7823	0.7852
0.80	0.7881	0.7910	0.7939	0.7967	0.7995	0.8023	0.8051	0.8078	0.8106	0.8133
0.90	0.8159	0.8186	0.8212	0.8238	0.8264	0.8289	0.8315	0.8340	0.8365	0.8389
1.00	0.8413	0.8438	0.8461	0.8485	0.8508	0.8531	0.8554	0.8577	0.8599	0.8621
1.10	0.8643	0.8665	0.8686	0.8708	0.8729	0.8749	0.8770	0.8790	0.8810	0.8830
1.20	0.8849	0.8869	0.8888	0.8907	0.8925	0.8944	0.8962	0.8980	0.8997	0.9015
1.30	0.9032	0.9049	0.9066	0.9082	0.9099	0.9115	0.9131	0.9147	0.9162	0.9177
1.40	0.9192	0.9207	0.9222	0.9236	0.9251	0.9265	0.9279	0.9292	0.9306	0.9319
1.50	0.9332	0.9345	0.9357	0.9370	0.9382	0.9394	0.9406	0.9418	0.9429	0.9441
1.60	0.9452	0.9463	0.9474	0.9484	0.9495	0.9505	0.9515	0.9525	0.9535	0.9545
1.70	0.9554	0.9564	0.9573	0.9582	0.9591	0.9599	0.9608	0.9616	0.9625	0.9633
1.80	0.9641	0.9649	0.9656	0.9664	0.9671	0.9678	0.9686	0.9693	0.9699	0.9706
1.90	0.9713	0.9719	0.9726	0.9732	0.9738	0.9744	0.9750	0.9756	0.9761	0.9767
2.00	0.9772	0.9778	0.9783	0.9788	0.9793	0.9798	0.9803	0.9808	0.9812	0.9817
2.10	0.9821	0.9826	0.9830	0.9834	0.9838	0.9842	0.9846	0.9850	0.9854	0.9857
2.20	0.9861	0.9864	0.9868	0.9871	0.9875	0.9878	0.9881	0.9884	0.9887	0.9890
2.30	0.9893	0.9896	0.9898	0.9901	0.9904	0.9906	0.9909	0.9911	0.9913	0.9916
2.40	0.9918	0.9920	0.9922	0.9925	0.9927	0.9929	0.9931	0.9932	0.9934	0.9936
2.50	0.9938	0.9940	0.9941	0.9943	0.9945	0.9946	0.9948	0.9949	0.9951	0.9952
2.60	0.9953	0.9955	0.9956	0.9957	0.9959	0.9960	0.9961	0.9962	0.9963	0.9964
2.70	0.9965	0.9966	0.9967	0.9968	0.9969	0.9970	0.9971	0.9972	0.9973	0.9974
2.80	0.9974	0.9975	0.9976	0.9977	0.9977	0.9978	0.9979	0.9979	0.9980	0.9981
2.90	0.9981	0.9982	0.9982	0.9983	0.9984	0.9984	0.9985	0.9985	0.9986	0.9986
3.00	0.9987	0.9987	0.9987	0.9988	0.9988	0.9989	0.9989	0.9989	0.9990	0.9990
3.10	0.9990	0.9991	0.9991	0.9991	0.9992	0.9992	0.9992	0.9992	0.9993	0.9993
3.20	0.9993	0.9993	0.9994	0.9994	0.9994	0.9994	0.9994	0.9995	0.9995	0.9995
3.30	0.9995	0.9995	0.9995	0.9996	0.9996	0.9996	0.9996	0.9996	0.9996	0.9997
3.40	0.9997	0.9997	0.9997	0.9997	0.9997	0.9997	0.9997	0.9997	0.9997	0.9998
3.50	0.9998	0.9998	0.9998	0.9998	0.9998	0.9998	0.9998	0.9998	0.9998	0.9998
3.60	0.9998	0.9998	0.9999	0.9999	0.9999	0.9999	0.9999	0.9999	0.9999	0.9999
3.70	0.9999	0.9999	0.9999	0.9999	0.9999	0.9999	0.9999	0.9999	0.9999	0.9999
3.80	0.9999	0.9999	0.9999	0.9999	0.9999	0.9999	0.9999	0.9999	0.9999	0.9999
3.90	1.0000	1.0000	1.0000	1.0000	1.0000	1.0000	1.0000	1.0000	1.0000	1.0000

C Inverse der Normalverteilung

Quantile $z_p = \Phi^{-1}(p)$ der Standardnormalverteilung für $0.5 \leq p < 1$. Für p-Werte mit $0 < p < 0.5$ gilt $z_p = -z_{1-p}$.

p	0.00	0.01	0.02	0.03	0.04	0.05	0.06	0.07	0.08	0.09
0.50	0.0000	0.0251	0.0502	0.0753	0.1004	0.1257	0.1510	0.1764	0.2019	0.2275
0.60	0.2533	0.2793	0.3055	0.3319	0.3585	0.3853	0.4125	0.4399	0.4677	0.4959
0.70	0.5244	0.5534	0.5828	0.6128	0.6433	0.6745	0.7063	0.7388	0.7722	0.8064

	0.000	0.001	0.002	0.003	0.004	0.005	0.006	0.007	0.008	0.009
0.800	0.8416	0.8452	0.8488	0.8524	0.8560	0.8596	0.8633	0.8669	0.8705	0.8742
0.810	0.8779	0.8816	0.8853	0.8890	0.8927	0.8965	0.9002	0.9040	0.9078	0.9116
0.820	0.9154	0.9192	0.9230	0.9269	0.9307	0.9346	0.9385	0.9424	0.9463	0.9502
0.830	0.9542	0.9581	0.9621	0.9661	0.9701	0.9741	0.9782	0.9822	0.9863	0.9904
0.840	0.9945	0.9986	1.0027	1.0069	1.0110	1.0152	1.0194	1.0237	1.0279	1.0322
0.850	1.0364	1.0407	1.0450	1.0494	1.0537	1.0581	1.0625	1.0669	1.0714	1.0758
0.860	1.0803	1.0848	1.0893	1.0939	1.0985	1.1031	1.1077	1.1123	1.1170	1.1217
0.870	1.1264	1.1311	1.1359	1.1407	1.1455	1.1503	1.1552	1.1601	1.1650	1.1700
0.880	1.1750	1.1800	1.1850	1.1901	1.1952	1.2004	1.2055	1.2107	1.2160	1.2212
0.890	1.2265	1.2319	1.2372	1.2426	1.2481	1.2536	1.2591	1.2646	1.2702	1.2759
0.900	1.2816	1.2873	1.2930	1.2988	1.3047	1.3106	1.3165	1.3225	1.3285	1.3346
0.910	1.3408	1.3469	1.3532	1.3595	1.3658	1.3722	1.3787	1.3852	1.3917	1.3984
0.920	1.4051	1.4118	1.4187	1.4255	1.4325	1.4395	1.4466	1.4538	1.4611	1.4684
0.930	1.4758	1.4833	1.4909	1.4985	1.5063	1.5141	1.5220	1.5301	1.5382	1.5464
0.940	1.5548	1.5632	1.5718	1.5805	1.5893	1.5982	1.6072	1.6164	1.6258	1.6352
0.950	1.6449	1.6546	1.6646	1.6747	1.6849	1.6954	1.7060	1.7169	1.7279	1.7392
0.960	1.7507	1.7624	1.7744	1.7866	1.7991	1.8119	1.8250	1.8384	1.8522	1.8663
0.970	1.8808	1.8957	1.9110	1.9268	1.9431	1.9600	1.9774	1.9954	2.0141	2.0335
0.980	2.0537	2.0749	2.0969	2.1201	2.1444	2.1701	2.1973	2.2262	2.2571	2.2904
0.990	2.3263	2.3656	2.4089	2.4573	2.5121	2.5758	2.6521	2.7478	2.8782	3.0902

	0.0000	0.0001	0.0002	0.0003	0.0004	0.0005	0.0006	0.0007	0.0008	0.0009
0.9990	3.0902	3.1214	3.1559	3.1947	3.2389	3.2905	3.3528	3.4316	3.5401	3.7190

D t–Verteilung

Quantile $t_{1-\alpha;n}$ der t-Verteilung (n =Anzahl der Freiheitsgrade).

n	\multicolumn{8}{c}{$1-\alpha$}							
	0.900	0.950	0.975	0.990	0.995	0.9975	0.999	0.9995
1	3.0777	6.3138	12.7062	31.8205	63.6567	127.3213	318.3088	636.6192
2	1.8856	2.9200	4.3027	6.9646	9.9248	14.0890	22.3271	31.5991
3	1.6377	2.3534	3.1824	4.5407	5.8409	7.4533	10.2145	12.9240
4	1.5332	2.1318	2.7764	3.7470	4.6041	5.5976	7.1732	8.6103
5	1.4759	2.0150	2.5706	3.3649	4.0322	4.7733	5.8934	6.8688
6	1.4398	1.9432	2.4469	3.1427	3.7074	4.3168	5.2076	5.9588
7	1.4149	1.8946	2.3646	2.9980	3.4995	4.0293	4.7853	5.4079
8	1.3968	1.8595	2.3060	2.8965	3.3554	3.8325	4.5008	5.0413
9	1.3830	1.8331	2.2622	2.8214	3.2498	3.6897	4.2968	4.7809
10	1.3722	1.8125	2.2281	2.7638	3.1693	3.5814	4.1437	4.5869
11	1.3634	1.7959	2.2010	2.7181	3.1058	3.4966	4.0247	4.4370
12	1.3562	1.7823	2.1788	2.6810	3.0545	3.4284	3.9296	4.3178
13	1.3502	1.7709	2.1604	2.6503	3.0123	3.3725	3.8520	4.2208
14	1.3450	1.7613	2.1448	2.6245	2.9768	3.3257	3.7874	4.1405
15	1.3406	1.7531	2.1314	2.6025	2.9467	3.2860	3.7328	4.0728
16	1.3368	1.7459	2.1199	2.5835	2.9208	3.2520	3.6862	4.0150
17	1.3334	1.7396	2.1098	2.5669	2.8982	3.2224	3.6458	3.9651
18	1.3304	1.7341	2.1009	2.5524	2.8784	3.1966	3.6105	3.9216
19	1.3277	1.7291	2.0930	2.5395	2.8609	3.1737	3.5794	3.8834
20	1.3253	1.7247	2.0860	2.5280	2.8453	3.1534	3.5518	3.8495
21	1.3232	1.7207	2.0796	2.5176	2.8314	3.1352	3.5272	3.8193
22	1.3212	1.7171	2.0739	2.5083	2.8188	3.1188	3.5050	3.7921
23	1.3195	1.7139	2.0687	2.4999	2.8073	3.1040	3.4850	3.7676
24	1.3178	1.7109	2.0639	2.4922	2.7969	3.0905	3.4668	3.7454
25	1.3163	1.7081	2.0595	2.4851	2.7874	3.0782	3.4502	3.7251
26	1.3150	1.7056	2.0555	2.4786	2.7787	3.0669	3.4350	3.7066
27	1.3137	1.7033	2.0518	2.4727	2.7707	3.0565	3.4210	3.6896
28	1.3125	1.7011	2.0484	2.4671	2.7633	3.0469	3.4082	3.6739
29	1.3114	1.6991	2.0452	2.4620	2.7564	3.0380	3.3962	3.6594
30	1.3104	1.6973	2.0423	2.4573	2.7500	3.0298	3.3852	3.6460
40	1.3031	1.6839	2.0211	2.4233	2.7045	2.9712	3.3069	3.5510
50	1.2987	1.6759	2.0086	2.4033	2.6778	2.9370	3.2614	3.4960
60	1.2958	1.6706	2.0003	2.3901	2.6603	2.9146	3.2317	3.4602
70	1.2938	1.6669	1.9944	2.3808	2.6479	2.8987	3.2108	3.4350
80	1.2922	1.6641	1.9901	2.3739	2.6387	2.8870	3.1953	3.4163
90	1.2910	1.6620	1.9867	2.3685	2.6316	2.8779	3.1833	3.4019
100	1.2901	1.6602	1.9840	2.3642	2.6259	2.8707	3.1737	3.3905
120	1.2886	1.6577	1.9799	2.3578	2.6174	2.8599	3.1595	3.3735
140	1.2876	1.6558	1.9771	2.3533	2.6114	2.8522	3.1495	3.3614
160	1.2869	1.6544	1.9749	2.3499	2.6069	2.8465	3.1419	3.3524
180	1.2863	1.6534	1.9732	2.3472	2.6034	2.8421	3.1361	3.3454
200	1.2858	1.6525	1.9719	2.3451	2.6006	2.8385	3.1315	3.3398
500	1.2832	1.6479	1.9647	2.3338	2.5857	2.8195	3.1066	3.3101
1000	1.2824	1.6464	1.9623	2.3301	2.5808	2.8133	3.0984	3.3003
∞	1.2816	1.6449	1.9600	2.3263	2.5758	2.8070	3.0902	3.2905

E χ^2-Verteilung

Quantile $\chi^2_{1-\alpha;n}$ der χ^2-Verteilung (n = Anzahl der Freiheitsgrade).

n	\multicolumn{10}{c}{$1-\alpha$}
	0.001	0.01	0.025	0.05	0.1	0.9	0.95	0.975	0.99	0.999
1	0.000	0.000	0.001	0.004	0.016	2.706	3.841	5.024	6.635	10.828
2	0.002	0.020	0.051	0.103	0.211	4.605	5.991	7.378	9.210	13.816
3	0.024	0.115	0.216	0.352	0.584	6.251	7.815	9.348	11.345	16.266
4	0.091	0.297	0.484	0.711	1.064	7.779	9.488	11.143	13.277	18.467
5	0.210	0.554	0.831	1.145	1.610	9.236	11.070	12.833	15.086	20.515
6	0.381	0.872	1.237	1.635	2.204	10.645	12.592	14.449	16.812	22.458
7	0.598	1.239	1.690	2.167	2.833	12.017	14.067	16.013	18.475	24.322
8	0.857	1.646	2.180	2.733	3.490	13.362	15.507	17.535	20.090	26.124
9	1.152	2.088	2.700	3.325	4.168	14.684	16.919	19.023	21.666	27.877
10	1.479	2.558	3.247	3.940	4.865	15.987	18.307	20.483	23.209	29.588
11	1.834	3.053	3.816	4.575	5.578	17.275	19.675	21.920	24.725	31.264
12	2.214	3.571	4.404	5.226	6.304	18.549	21.026	23.337	26.217	32.909
13	2.617	4.107	5.009	5.892	7.042	19.812	22.362	24.736	27.688	34.528
14	3.041	4.660	5.629	6.571	7.790	21.064	23.685	26.119	29.141	36.123
15	3.483	5.229	6.262	7.261	8.547	22.307	24.996	27.488	30.578	37.697
16	3.942	5.812	6.908	7.962	9.312	23.542	26.296	28.845	32.000	39.252
17	4.416	6.408	7.564	8.672	10.085	24.769	27.587	30.191	33.409	40.790
18	4.905	7.015	8.231	9.390	10.865	25.989	28.869	31.526	34.805	42.312
19	5.407	7.633	8.907	10.117	11.651	27.204	30.144	32.852	36.191	43.820
20	5.921	8.260	9.591	10.851	12.443	28.412	31.410	34.170	37.566	45.315
21	6.447	8.897	10.283	11.591	13.240	29.615	32.671	35.479	38.932	46.797
22	6.983	9.542	10.982	12.338	14.041	30.813	33.924	36.781	40.289	48.268
23	7.529	10.196	11.689	13.091	14.848	32.007	35.172	38.076	41.638	49.728
24	8.085	10.856	12.401	13.848	15.659	33.196	36.415	39.364	42.980	51.179
25	8.649	11.524	13.120	14.611	16.473	34.382	37.652	40.646	44.314	52.620
26	9.222	12.198	13.844	15.379	17.292	35.563	38.885	41.923	45.642	54.052
27	9.803	12.879	14.573	16.151	18.114	36.741	40.113	43.195	46.963	55.476
28	10.391	13.565	15.308	16.928	18.939	37.916	41.337	44.461	48.278	56.892
29	10.986	14.256	16.047	17.708	19.768	39.087	42.557	45.722	49.588	58.301
30	11.588	14.953	16.791	18.493	20.599	40.256	43.773	46.979	50.892	59.703
31	12.196	15.655	17.539	19.281	21.434	41.422	44.985	48.232	52.191	61.098
32	12.811	16.362	18.291	20.072	22.271	42.585	46.194	49.480	53.486	62.487
33	13.431	17.074	19.047	20.867	23.110	43.745	47.400	50.725	54.776	63.870
34	14.057	17.789	19.806	21.664	23.952	44.903	48.602	51.966	56.061	65.247
35	14.688	18.509	20.569	22.465	24.797	46.059	49.802	53.203	57.342	66.619
36	15.324	19.233	21.336	23.269	25.643	47.212	50.998	54.437	58.619	67.985
37	15.965	19.960	22.106	24.075	26.492	48.363	52.192	55.668	59.893	69.346
38	16.611	20.691	22.878	24.884	27.343	49.513	53.384	56.896	61.162	70.703
39	17.262	21.426	23.654	25.695	28.196	50.660	54.572	58.120	62.428	72.055
40	17.916	22.164	24.433	26.509	29.051	51.805	55.758	59.342	63.691	73.402

Tabelle E

n	0.001	0.01	0.025	0.05	0.1	1−α 0.9	0.95	0.975	0.99	0.999
41	18.575	22.906	25.215	27.326	29.907	52.949	56.942	60.561	64.950	74.745
42	19.239	23.650	25.999	28.144	30.765	54.090	58.124	61.777	66.206	76.084
43	19.906	24.398	26.785	28.965	31.625	55.230	59.304	62.990	67.459	77.419
44	20.576	25.148	27.575	29.787	32.487	56.369	60.481	64.201	68.710	78.750
45	21.251	25.901	28.366	30.612	33.350	57.505	61.656	65.410	69.957	80.077
46	21.929	26.657	29.160	31.439	34.215	58.641	62.830	66.617	71.201	81.400
47	22.610	27.416	29.956	32.268	35.081	59.774	64.001	67.821	72.443	82.720
48	23.295	28.177	30.755	33.098	35.949	60.907	65.171	69.023	73.683	84.037
49	23.983	28.941	31.555	33.930	36.818	62.038	66.339	70.222	74.919	85.351
50	24.674	29.707	32.357	34.764	37.689	63.167	67.505	71.420	76.154	86.661
51	25.368	30.475	33.162	35.600	38.560	64.295	68.669	72.616	77.386	87.968
52	26.065	31.246	33.968	36.437	39.433	65.422	69.832	73.810	78.616	89.272
53	26.765	32.018	34.776	37.276	40.308	66.548	70.993	75.002	79.843	90.573
54	27.468	32.793	35.586	38.116	41.183	67.673	72.153	76.192	81.069	91.872
55	28.173	33.570	36.398	38.958	42.060	68.796	73.311	77.380	82.292	93.168
56	28.881	34.350	37.212	39.801	42.937	69.919	74.468	78.567	83.513	94.461
57	29.592	35.131	38.027	40.646	43.816	71.040	75.624	79.752	84.733	95.751
58	30.305	35.913	38.844	41.492	44.696	72.160	76.778	80.936	85.950	97.039
59	31.020	36.698	39.662	42.339	45.577	73.279	77.931	82.117	87.166	98.324
60	31.738	37.485	40.482	43.188	46.459	74.397	79.082	83.298	88.379	99.607
61	32.459	38.273	41.303	44.038	47.342	75.514	80.232	84.476	89.591	100.888
62	33.181	39.063	42.126	44.889	48.226	76.630	81.381	85.654	90.802	102.166
63	33.906	39.855	42.950	45.741	49.111	77.745	82.529	86.830	92.010	103.442
64	34.633	40.649	43.776	46.595	49.996	78.860	83.675	88.004	93.217	104.716
65	35.362	41.444	44.603	47.450	50.883	79.973	84.821	89.177	94.422	105.988
66	36.093	42.240	45.431	48.305	51.770	81.085	85.965	90.349	95.626	107.258
67	36.826	43.038	46.261	49.162	52.659	82.197	87.108	91.519	96.828	108.526
68	37.561	43.838	47.092	50.020	53.548	83.308	88.250	92.689	98.028	109.791
69	38.298	44.639	47.924	50.879	54.438	84.418	89.391	93.856	99.228	111.055
70	39.036	45.442	48.758	51.739	55.329	85.527	90.531	95.023	100.425	112.317
71	39.777	46.246	49.592	52.600	56.221	86.635	91.670	96.189	101.621	113.577
72	40.519	47.051	50.428	53.462	57.113	87.743	92.808	97.353	102.816	114.835
73	41.264	47.858	51.265	54.325	58.006	88.850	93.945	98.516	104.010	116.092
74	42.010	48.666	52.103	55.189	58.900	89.956	95.081	99.678	105.202	117.346
75	42.757	49.475	52.942	56.054	59.795	91.061	96.217	100.839	106.393	118.599
76	43.507	50.286	53.782	56.920	60.690	92.166	97.351	101.999	107.583	119.850
77	44.258	51.097	54.623	57.786	61.586	93.270	98.484	103.158	108.771	121.100
78	45.010	51.910	55.466	58.654	62.483	94.374	99.617	104.316	109.958	122.348
79	45.764	52.725	56.309	59.522	63.380	95.476	100.749	105.473	111.144	123.594
80	46.520	53.540	57.153	60.391	64.278	96.578	101.879	106.629	112.329	124.839
85	50.320	57.634	61.389	64.749	68.777	102.079	107.522	112.393	118.236	131.041
90	54.155	61.754	65.647	69.126	73.291	107.565	113.145	118.136	124.116	137.208
95	58.022	65.898	69.925	73.520	77.818	113.038	118.752	123.858	129.973	143.344
100	61.918	70.065	74.222	77.929	82.358	118.498	124.342	129.561	135.807	149.449

F F-Verteilung

Quantile $F_{1-\alpha;m,n}$ der F-Verteilung (m, n Freiheitsgrade). Es gilt: $F_{\alpha;n,m} = \frac{1}{F_{1-\alpha;m,n}}$.

$\alpha = 0.005$.

n \ m	1	2	3	4	5	6	7	8	9	10
1	16211	20000	21615	22500	23056	23437	23714	23925	24091	24224
2	199	199	199	199	199	199	199	199	199	199
3	55.55	49.80	47.47	47.05	46.31	45.78	45.38	45.07	44.82	44.62
4	31.33	26.28	24.18	23.15	22.59	22.12	21.77	21.50	21.29	21.12
5	22.78	18.31	16.41	15.55	14.94	14.55	14.24	14.00	13.81	13.66
6	18.64	14.54	12.80	12.00	11.46	11.07	10.80	10.58	10.40	10.26
7	16.24	12.40	10.78	10.02	9.52	9.16	8.89	8.68	8.52	8.39
8	14.69	11.04	9.50	8.78	8.29	7.95	7.69	7.50	7.34	7.21
9	13.61	10.11	8.63	7.93	7.46	7.13	6.88	6.69	6.54	6.42
10	12.83	9.43	8.00	7.32	6.86	6.54	6.30	6.12	5.97	5.85
11	12.23	8.91	7.52	6.86	6.41	6.10	5.86	5.68	5.54	5.42
12	11.75	8.51	7.15	6.50	6.06	5.75	5.52	5.34	5.20	5.09
13	11.37	8.19	6.86	6.21	5.78	5.48	5.25	5.08	4.93	4.82
14	11.06	7.92	6.61	5.98	5.55	5.25	5.03	4.86	4.72	4.60
15	10.80	7.70	6.41	5.78	5.36	5.07	4.85	4.67	4.54	4.42
16	10.58	7.51	6.24	5.62	5.20	4.91	4.69	4.52	4.38	4.27
17	10.38	7.35	6.10	5.48	5.07	4.78	4.56	4.39	4.25	4.14
18	10.22	7.21	5.97	5.36	4.95	4.66	4.44	4.27	4.14	4.03
19	10.07	7.09	5.86	5.25	4.85	4.56	4.34	4.18	4.04	3.93
20	9.94	6.99	5.76	5.16	4.75	4.47	4.26	4.09	3.96	3.85
21	9.83	6.89	5.68	5.07	4.67	4.39	4.18	4.01	3.88	3.77
22	9.73	6.81	5.60	5.00	4.60	4.32	4.11	3.94	3.81	3.70
23	9.63	6.73	5.53	4.93	4.54	4.26	4.05	3.88	3.75	3.64
24	9.55	6.66	5.47	4.87	4.48	4.20	3.99	3.83	3.69	3.59
25	9.48	6.60	5.41	4.82	4.43	4.15	3.94	3.77	3.64	3.54
26	9.41	6.54	5.36	4.77	4.38	4.10	3.89	3.73	3.60	3.49
27	9.34	6.49	5.31	4.72	4.33	4.06	3.85	3.69	3.56	3.45
28	9.28	6.44	5.27	4.68	4.29	4.02	3.81	3.65	3.52	3.41
29	9.23	6.40	5.23	4.64	4.26	3.98	3.77	3.61	3.48	3.38
30	9.18	6.35	5.19	4.61	4.22	3.95	3.74	3.58	3.45	3.34
32	9.09	6.28	5.12	4.54	4.16	3.89	3.68	3.52	3.39	3.29
34	9.01	6.22	5.07	4.49	4.11	3.83	3.63	3.47	3.34	3.23
36	8.94	6.16	5.01	4.44	4.06	3.79	3.58	3.42	3.30	3.19
38	8.88	6.11	4.97	4.40	4.02	3.75	3.54	3.38	3.26	3.15
40	8.83	6.07	4.93	4.36	3.98	3.71	3.51	3.35	3.22	3.12
42	8.78	6.03	4.89	4.33	3.95	3.68	3.48	3.32	3.19	3.09
44	8.74	5.99	4.86	4.30	3.92	3.65	3.45	3.29	3.16	3.06
46	8.70	5.96	4.83	4.27	3.89	3.62	3.42	3.26	3.14	3.03
48	8.66	5.93	4.81	4.24	3.87	3.60	3.40	3.24	3.11	3.01
50	8.63	5.90	4.78	4.22	3.84	3.58	3.38	3.22	3.09	2.99
60	8.49	5.79	4.69	4.13	3.76	3.49	3.29	3.13	3.01	2.90
70	8.40	5.72	4.62	4.06	3.69	3.43	3.23	3.07	2.95	2.85
80	8.33	5.67	4.57	4.02	3.65	3.38	3.19	3.03	2.91	2.80
90	8.28	5.62	4.53	3.98	3.61	3.35	3.15	3.00	2.87	2.77
100	8.24	5.59	4.50	3.95	3.58	3.32	3.13	2.97	2.85	2.74

Tabelle F

$\alpha = 0.005$

n \ m	11	12	13	14	15	16	17	18	19	20
1	24334	24426	24504	24572	24630	24681	24727	24767	24803	24836
2	199	199	199	199	199	199	199	199	199	199
3	44.46	44.32	44.20	44.10	44.01	43.94	43.87	43.81	43.75	43.70
4	20.97	20.85	20.75	20.66	20.59	20.52	20.46	20.40	20.36	20.31
5	13.53	13.42	13.33	13.25	13.19	13.13	13.07	13.02	12.98	12.94
6	10.15	10.05	9.96	9.89	9.83	9.77	9.72	9.68	9.64	9.60
7	8.28	8.18	8.10	8.03	7.97	7.92	7.87	7.83	7.79	7.76
8	7.11	7.02	6.94	6.88	6.82	6.77	6.72	6.68	6.64	6.61
9	6.32	6.23	6.15	6.09	6.03	5.98	5.94	5.90	5.87	5.83
10	5.75	5.66	5.59	5.53	5.47	5.42	5.38	5.34	5.31	5.27
11	5.32	5.24	5.17	5.10	5.05	5.00	4.96	4.92	4.89	4.86
12	4.99	4.91	4.84	4.78	4.72	4.67	4.63	4.59	4.56	4.53
13	4.72	4.64	4.57	4.51	4.46	4.41	4.37	4.33	4.30	4.27
14	4.51	4.43	4.36	4.30	4.25	4.20	4.16	4.12	4.09	4.06
15	4.33	4.25	4.18	4.12	4.07	4.02	3.98	3.95	3.91	3.88
16	4.18	4.10	4.03	3.97	3.92	3.87	3.83	3.80	3.76	3.73
17	4.05	3.97	3.90	3.84	3.79	3.75	3.71	3.67	3.64	3.61
18	3.94	3.86	3.79	3.73	3.68	3.64	3.60	3.56	3.53	3.50
19	3.84	3.76	3.70	3.64	3.59	3.54	3.50	3.46	3.43	3.40
20	3.76	3.68	3.61	3.55	3.50	3.46	3.42	3.38	3.35	3.32
21	3.68	3.60	3.54	3.48	3.43	3.38	3.34	3.31	3.27	3.24
22	3.61	3.53	3.47	3.41	3.36	3.31	3.27	3.24	3.21	3.18
23	3.55	3.47	3.41	3.35	3.30	3.25	3.21	3.18	3.15	3.12
24	3.50	3.42	3.35	3.30	3.25	3.20	3.16	3.12	3.09	3.06
25	3.45	3.37	3.30	3.25	3.20	3.15	3.11	3.08	3.04	3.01
26	3.40	3.33	3.26	3.20	3.15	3.11	3.07	3.03	3.00	2.97
27	3.36	3.28	3.22	3.16	3.11	3.07	3.03	2.99	2.96	2.93
28	3.32	3.25	3.18	3.12	3.07	3.03	2.99	2.95	2.92	2.89
29	3.29	3.21	3.15	3.09	3.04	2.99	2.95	2.92	2.88	2.86
30	3.25	3.18	3.11	3.06	3.01	2.96	2.92	2.89	2.85	2.82
32	3.20	3.12	3.06	3.00	2.95	2.90	2.86	2.83	2.80	2.77
34	3.15	3.07	3.01	2.95	2.90	2.85	2.81	2.78	2.75	2.72
36	3.10	3.03	2.96	2.90	2.85	2.81	2.77	2.73	2.70	2.67
38	3.06	2.99	2.92	2.87	2.82	2.77	2.73	2.70	2.66	2.63
40	3.03	2.95	2.89	2.83	2.78	2.74	2.70	2.66	2.63	2.60
42	3.00	2.92	2.86	2.80	2.75	2.71	2.67	2.63	2.60	2.57
44	2.97	2.89	2.83	2.77	2.72	2.68	2.64	2.60	2.57	2.54
46	2.94	2.87	2.80	2.75	2.70	2.65	2.61	2.58	2.54	2.51
48	2.92	2.85	2.78	2.72	2.67	2.63	2.59	2.55	2.52	2.49
50	2.90	2.82	2.76	2.70	2.65	2.61	2.57	2.53	2.50	2.47
60	2.82	2.74	2.68	2.62	2.57	2.53	2.49	2.45	2.42	2.39
70	2.76	2.68	2.62	2.56	2.51	2.47	2.43	2.39	2.36	2.33
80	2.72	2.64	2.58	2.52	2.47	2.43	2.39	2.35	2.32	2.29
90	2.68	2.61	2.54	2.49	2.44	2.39	2.35	2.32	2.28	2.25
100	2.66	2.58	2.52	2.46	2.41	2.37	2.33	2.29	2.26	2.23

$\alpha = 0.005$

n	21	22	23	24	25	26	27	28	29	30
1	24865	24892	24917	24939	24960	24979	24997	25014	25029	25044
2	199	199	199	199	199	199	199	199	199	199
3	43.66	43.62	43.58	43.54	43.51	43.48	43.46	43.43	43.41	43.39
4	20.27	20.24	20.21	20.18	20.15	20.12	20.10	20.08	20.06	20.04
5	12.91	12.88	12.85	12.82	12.79	12.77	12.75	12.73	12.71	12.69
6	9.57	9.54	9.51	9.49	9.47	9.44	9.42	9.41	9.39	9.37
7	7.73	7.70	7.67	7.65	7.63	7.61	7.59	7.57	7.56	7.54
8	6.58	6.55	6.53	6.51	6.48	6.47	6.45	6.43	6.41	6.40
9	5.80	5.78	5.75	5.73	5.71	5.69	5.67	5.66	5.64	5.63
10	5.25	5.22	5.20	5.17	5.15	5.13	5.12	5.10	5.09	5.07
11	4.83	4.80	4.78	4.76	4.74	4.72	4.70	4.68	4.67	4.65
12	4.50	4.48	4.45	4.43	4.41	4.39	4.38	4.36	4.35	4.33
13	4.24	4.22	4.19	4.17	4.15	4.13	4.12	4.10	4.09	4.07
14	4.03	4.01	3.98	3.96	3.94	3.92	3.91	3.89	3.88	3.86
15	3.86	3.83	3.81	3.79	3.77	3.75	3.73	3.72	3.70	3.69
16	3.71	3.68	3.66	3.64	3.62	3.60	3.58	3.57	3.55	3.54
17	3.58	3.56	3.53	3.51	3.49	3.47	3.46	3.44	3.43	3.41
18	3.47	3.45	3.42	3.40	3.38	3.36	3.35	3.33	3.32	3.30
19	3.37	3.35	3.33	3.31	3.29	3.27	3.25	3.24	3.22	3.21
20	3.29	3.27	3.24	3.22	3.20	3.18	3.17	3.15	3.14	3.12
21	3.22	3.19	3.17	3.15	3.13	3.11	3.09	3.08	3.06	3.05
22	3.15	3.12	3.10	3.08	3.06	3.04	3.03	3.01	3.00	2.98
23	3.09	3.06	3.04	3.02	3.00	2.98	2.97	2.95	2.94	2.92
24	3.04	3.01	2.99	2.97	2.95	2.93	2.91	2.90	2.88	2.87
25	2.99	2.96	2.94	2.92	2.90	2.88	2.86	2.85	2.83	2.82
26	2.94	2.92	2.89	2.87	2.85	2.84	2.82	2.80	2.79	2.77
27	2.90	2.88	2.85	2.83	2.81	2.79	2.78	2.76	2.75	2.73
28	2.86	2.84	2.82	2.79	2.77	2.76	2.74	2.72	2.71	2.69
29	2.83	2.80	2.78	2.76	2.74	2.72	2.70	2.69	2.67	2.66
30	2.80	2.77	2.75	2.73	2.71	2.69	2.67	2.66	2.64	2.63
32	2.74	2.71	2.69	2.67	2.65	2.63	2.61	2.60	2.58	2.57
34	2.69	2.66	2.64	2.62	2.60	2.58	2.56	2.55	2.53	2.52
36	2.64	2.62	2.60	2.58	2.56	2.54	2.52	2.50	2.49	2.48
38	2.61	2.58	2.56	2.54	2.52	2.50	2.48	2.47	2.45	2.44
40	2.57	2.55	2.52	2.50	2.48	2.46	2.45	2.43	2.42	2.40
42	2.54	2.52	2.49	2.47	2.45	2.43	2.42	2.40	2.38	2.37
44	2.51	2.49	2.46	2.44	2.42	2.40	2.39	2.37	2.36	2.34
46	2.49	2.46	2.44	2.42	2.40	2.38	2.36	2.35	2.33	2.32
48	2.46	2.44	2.42	2.39	2.37	2.36	2.34	2.32	2.31	2.29
50	2.44	2.42	2.39	2.37	2.35	2.33	2.32	2.30	2.29	2.27
60	2.36	2.33	2.31	2.29	2.27	2.25	2.23	2.22	2.20	2.19
70	2.30	2.28	2.25	2.23	2.21	2.19	2.17	2.16	2.14	2.13
80	2.26	2.23	2.21	2.19	2.17	2.15	2.13	2.11	2.10	2.08
90	2.23	2.20	2.18	2.15	2.13	2.12	2.10	2.08	2.07	2.05
100	2.20	2.17	2.15	2.13	2.11	2.09	2.07	2.05	2.04	2.02

Tabelle F

$$\alpha = 0.005$$

n	m 35	40	50	60	70	80	90	100
1	25103	25148	25211	25253	25283	25306	25323	253370
2	199	199	199	199	199	199	199	199
3	43.30	43.23	43.13	43.07	43.02	42.99	42.96	42.94
4	19.96	19.90	19.81	19.75	19.71	19.68	19.66	19.64
5	12.62	12.57	12.49	12.44	12.40	12.38	12.36	12.34
6	9.31	9.25	9.18	9.14	9.10	9.08	9.06	9.04
7	7.48	7.43	7.36	7.31	7.28	7.26	7.24	7.22
8	6.34	6.29	6.22	6.18	6.15	6.12	6.11	6.09
9	5.57	5.52	5.46	5.41	5.38	5.36	5.34	5.32
10	5.01	4.97	4.90	4.86	4.83	4.81	4.79	4.77
11	4.60	4.55	4.49	4.45	4.41	4.39	4.37	4.36
12	4.27	4.23	4.17	4.12	4.09	4.07	4.05	4.04
13	4.01	3.97	3.91	3.87	3.84	3.81	3.79	3.78
14	3.80	3.76	3.70	3.66	3.62	3.60	3.58	3.57
15	3.63	3.59	3.52	3.48	3.45	3.43	3.41	3.39
16	3.48	3.44	3.37	3.33	3.30	3.28	3.26	3.25
17	3.35	3.31	3.25	3.21	3.18	3.15	3.13	3.12
18	3.25	3.20	3.14	3.10	3.07	3.04	3.02	3.01
19	3.15	3.11	3.04	3.00	2.97	2.95	2.93	2.91
20	3.07	3.02	2.96	2.92	2.88	2.86	2.84	2.83
21	2.99	2.95	2.88	2.84	2.81	2.79	2.77	2.75
22	2.92	2.88	2.82	2.77	2.74	2.72	2.70	2.69
23	2.86	2.82	2.76	2.71	2.68	2.66	2.64	2.62
24	2.81	2.77	2.70	2.66	2.63	2.60	2.58	2.57
25	2.76	2.72	2.65	2.61	2.58	2.55	2.53	2.52
26	2.72	2.67	2.61	2.56	2.53	2.51	2.49	2.47
27	2.67	2.63	2.57	2.52	2.49	2.47	2.45	2.43
28	2.64	2.59	2.53	2.48	2.45	2.43	2.41	2.39
29	2.60	2.56	2.49	2.45	2.42	2.39	2.37	2.36
30	2.57	2.52	2.46	2.42	2.38	2.36	2.34	2.32
32	2.51	2.47	2.40	2.36	2.32	2.30	2.28	2.26
34	2.46	2.42	2.35	2.30	2.27	2.25	2.23	2.21
36	2.42	2.37	2.30	2.26	2.23	2.20	2.18	2.17
38	2.38	2.33	2.27	2.22	2.19	2.16	2.14	2.12
40	2.34	2.30	2.23	2.18	2.15	2.12	2.10	2.09
42	2.31	2.26	2.20	2.15	2.12	2.09	2.07	2.06
44	2.28	2.24	2.17	2.12	2.09	2.06	2.04	2.03
46	2.26	2.21	2.14	2.10	2.06	2.04	2.02	2.00
48	2.23	2.19	2.12	2.07	2.04	2.01	1.99	1.97
50	2.21	2.16	2.10	2.05	2.02	1.99	1.97	1.95
60	2.13	2.08	2.01	1.96	1.93	1.90	1.88	1.86
70	2.07	2.02	1.95	1.90	1.86	1.84	1.81	1.80
80	2.02	1.97	1.90	1.85	1.82	1.79	1.77	1.75
90	1.99	1.94	1.87	1.82	1.78	1.75	1.73	1.71
100	1.96	1.91	1.84	1.79	1.75	1.72	1.70	1.68

Tabelle F

$\alpha = 0.01$

n	1	2	3	4	5	6	7	8	9	10
1	4052	5000	5403	5625	5764	5859	5928	5981	6022	6056
2	98.50	99.00	99.17	99.25	99.30	99.33	99.36	99.37	99.39	99.40
3	34.12	30.82	29.46	29.04	28.60	28.28	28.05	27.87	27.72	27.61
4	21.20	18.00	16.66	15.98	15.58	15.27	15.04	14.86	14.72	14.61
5	16.26	13.27	12.00	11.39	10.97	10.69	10.47	10.31	10.18	10.07
6	13.75	10.92	9.72	9.14	8.75	8.47	8.27	8.11	7.98	7.88
7	12.25	9.55	8.40	7.83	7.46	7.19	6.99	6.84	6.72	6.62
8	11.26	8.65	7.54	6.99	6.63	6.37	6.18	6.03	5.91	5.82
9	10.56	8.02	6.95	6.41	6.05	5.80	5.61	5.47	5.35	5.26
10	10.04	7.56	6.51	5.98	5.63	5.38	5.20	5.06	4.94	4.85
11	9.65	7.21	6.18	5.66	5.31	5.07	4.89	4.74	4.63	4.54
12	9.33	6.93	5.92	5.40	5.06	4.82	4.64	4.50	4.39	4.30
13	9.07	6.70	5.70	5.19	4.86	4.62	4.44	4.30	4.19	4.10
14	8.86	6.51	5.53	5.02	4.69	4.45	4.28	4.14	4.03	3.94
15	8.68	6.36	5.38	4.88	4.55	4.32	4.14	4.00	3.89	3.80
16	8.53	6.23	5.26	4.76	4.43	4.20	4.02	3.89	3.78	3.69
17	8.40	6.11	5.15	4.66	4.33	4.10	3.93	3.79	3.68	3.59
18	8.29	6.01	5.06	4.57	4.24	4.01	3.84	3.70	3.60	3.51
19	8.18	5.93	4.98	4.49	4.17	3.94	3.76	3.63	3.52	3.43
20	8.10	5.85	4.91	4.42	4.10	3.87	3.70	3.56	3.46	3.37
21	8.02	5.78	4.85	4.36	4.04	3.81	3.64	3.51	3.40	3.31
22	7.95	5.72	4.79	4.30	3.98	3.76	3.59	3.45	3.35	3.26
23	7.88	5.66	4.74	4.25	3.94	3.71	3.54	3.41	3.30	3.21
24	7.82	5.61	4.69	4.21	3.89	3.67	3.50	3.36	3.26	3.17
25	7.77	5.57	4.65	4.17	3.85	3.63	3.46	3.32	3.22	3.13
26	7.72	5.53	4.61	4.13	3.82	3.59	3.42	3.29	3.18	3.09
27	7.68	5.49	4.57	4.10	3.78	3.56	3.39	3.26	3.15	3.06
28	7.64	5.45	4.54	4.07	3.75	3.53	3.36	3.23	3.12	3.03
29	7.60	5.42	4.51	4.04	3.72	3.50	3.33	3.20	3.09	3.00
30	7.56	5.39	4.48	4.01	3.70	3.47	3.30	3.17	3.07	2.98
32	7.50	5.34	4.43	3.96	3.65	3.43	3.26	3.13	3.02	2.93
34	7.44	5.29	4.39	3.92	3.61	3.38	3.22	3.09	2.98	2.89
36	7.40	5.25	4.35	3.88	3.57	3.35	3.18	3.05	2.95	2.86
38	7.35	5.21	4.32	3.85	3.54	3.32	3.15	3.02	2.91	2.83
40	7.31	5.18	4.29	3.82	3.51	3.29	3.12	2.99	2.89	2.80
42	7.28	5.15	4.26	3.79	3.49	3.26	3.10	2.97	2.86	2.78
44	7.25	5.12	4.24	3.77	3.46	3.24	3.08	2.95	2.84	2.75
46	7.22	5.10	4.21	3.75	3.44	3.22	3.06	2.93	2.82	2.73
48	7.19	5.08	4.19	3.73	3.42	3.20	3.04	2.91	2.80	2.71
50	7.17	5.06	4.18	3.71	3.40	3.19	3.02	2.89	2.78	2.70
60	7.08	4.98	4.10	3.64	3.34	3.12	2.95	2.82	2.72	2.63
70	7.01	4.92	4.05	3.59	3.29	3.07	2.91	2.78	2.67	2.59
80	6.96	4.88	4.01	3.56	3.25	3.03	2.87	2.74	2.64	2.55
90	6.93	4.85	3.99	3.53	3.23	3.01	2.84	2.72	2.61	2.52
100	6.90	4.82	3.96	3.51	3.20	2.99	2.82	2.69	2.59	2.50

Tabelle F

$\alpha = 0.01$

n	m=11	12	13	14	15	16	17	18	19	20
1	6083	6106	6126	6143	6157	6170	6181	6192	6201	6209
2	99.41	99.42	99.42	99.43	99.43	99.44	99.44	99.44	99.45	99.45
3	27.51	27.43	27.36	27.30	27.25	27.20	27.16	27.13	27.10	27.07
4	14.52	14.44	14.37	14.31	14.26	14.22	14.18	14.14	14.11	14.08
5	9.98	9.91	9.84	9.79	9.74	9.70	9.66	9.63	9.60	9.57
6	7.80	7.72	7.66	7.61	7.57	7.53	7.49	7.46	7.43	7.40
7	6.54	6.47	6.41	6.36	6.32	6.28	6.24	6.21	6.18	6.16
8	5.74	5.67	5.61	5.56	5.52	5.48	5.44	5.41	5.39	5.36
9	5.18	5.11	5.06	5.01	4.96	4.92	4.89	4.86	4.83	4.81
10	4.77	4.71	4.65	4.60	4.56	4.52	4.49	4.46	4.43	4.41
11	4.46	4.40	4.34	4.29	4.25	4.21	4.18	4.15	4.12	4.10
12	4.22	4.16	4.10	4.05	4.01	3.97	3.94	3.91	3.88	3.86
13	4.02	3.96	3.91	3.86	3.82	3.78	3.75	3.72	3.69	3.66
14	3.86	3.80	3.75	3.70	3.66	3.62	3.59	3.56	3.53	3.51
15	3.73	3.67	3.61	3.56	3.52	3.49	3.45	3.42	3.40	3.37
16	3.62	3.55	3.50	3.45	3.41	3.37	3.34	3.31	3.28	3.26
17	3.52	3.46	3.40	3.35	3.31	3.27	3.24	3.21	3.19	3.16
18	3.43	3.37	3.32	3.27	3.23	3.19	3.16	3.13	3.10	3.08
19	3.36	3.30	3.24	3.19	3.15	3.12	3.08	3.05	3.03	3.00
20	3.29	3.23	3.18	3.13	3.09	3.05	3.02	2.99	2.96	2.94
21	3.24	3.17	3.12	3.07	3.03	2.99	2.96	2.93	2.90	2.88
22	3.18	3.12	3.07	3.02	2.98	2.94	2.91	2.88	2.85	2.83
23	3.14	3.07	3.02	2.97	2.93	2.89	2.86	2.83	2.80	2.78
24	3.09	3.03	2.98	2.93	2.89	2.85	2.82	2.79	2.76	2.74
25	3.06	2.99	2.94	2.89	2.85	2.81	2.78	2.75	2.72	2.70
26	3.02	2.96	2.90	2.86	2.81	2.78	2.75	2.72	2.69	2.66
27	2.99	2.93	2.87	2.82	2.78	2.75	2.71	2.68	2.66	2.63
28	2.96	2.90	2.84	2.79	2.75	2.72	2.68	2.65	2.63	2.60
29	2.93	2.87	2.81	2.77	2.73	2.69	2.66	2.63	2.60	2.57
30	2.91	2.84	2.79	2.74	2.70	2.66	2.63	2.60	2.57	2.55
32	2.86	2.80	2.74	2.70	2.65	2.62	2.58	2.55	2.53	2.50
34	2.82	2.76	2.70	2.66	2.61	2.58	2.54	2.51	2.49	2.46
36	2.79	2.72	2.67	2.62	2.58	2.54	2.51	2.48	2.45	2.43
38	2.75	2.69	2.64	2.59	2.55	2.51	2.48	2.45	2.42	2.40
40	2.73	2.66	2.61	2.56	2.52	2.48	2.45	2.42	2.39	2.37
42	2.70	2.64	2.59	2.54	2.50	2.46	2.43	2.40	2.37	2.34
44	2.68	2.62	2.56	2.52	2.47	2.44	2.40	2.37	2.35	2.32
46	2.66	2.60	2.54	2.50	2.45	2.42	2.38	2.35	2.33	2.30
48	2.64	2.58	2.53	2.48	2.44	2.40	2.37	2.33	2.31	2.28
50	2.62	2.56	2.51	2.46	2.42	2.38	2.35	2.32	2.29	2.27
60	2.56	2.50	2.44	2.39	2.35	2.31	2.28	2.25	2.22	2.20
70	2.51	2.45	2.40	2.35	2.31	2.27	2.23	2.20	2.18	2.15
80	2.48	2.42	2.36	2.31	2.27	2.23	2.20	2.17	2.14	2.12
90	2.45	2.39	2.33	2.29	2.24	2.21	2.17	2.14	2.11	2.09
100	2.43	2.37	2.31	2.27	2.22	2.19	2.15	2.12	2.09	2.07

$\alpha = 0.01$

n	21	22	23	24	25	26	27	28	29	30
1	6216	6223	6229	6235	6240	6245	6249	6253	6257	6261
2	99.45	99.45	99.46	99.46	99.46	99.46	99.46	99.46	99.46	99.47
3	27.04	27.02	26.99	26.97	26.96	26.94	26.92	26.91	26.89	26.88
4	14.06	14.04	14.01	13.99	13.98	13.96	13.94	13.93	13.92	13.90
5	9.55	9.52	9.50	9.48	9.47	9.45	9.44	9.42	9.41	9.40
6	7.38	7.36	7.34	7.32	7.30	7.29	7.27	7.26	7.25	7.24
7	6.14	6.11	6.10	6.08	6.06	6.05	6.03	6.02	6.01	6.00
8	5.34	5.32	5.30	5.28	5.26	5.25	5.24	5.22	5.21	5.20
9	4.79	4.77	4.75	4.73	4.71	4.70	4.69	4.67	4.66	4.65
10	4.38	4.36	4.34	4.33	4.31	4.30	4.28	4.27	4.26	4.25
11	4.08	4.06	4.04	4.02	4.01	3.99	3.98	3.96	3.95	3.94
12	3.84	3.82	3.80	3.78	3.76	3.75	3.74	3.72	3.71	3.70
13	3.64	3.62	3.60	3.59	3.57	3.56	3.54	3.53	3.52	3.51
14	3.48	3.46	3.44	3.43	3.41	3.40	3.38	3.37	3.36	3.35
15	3.35	3.33	3.31	3.29	3.28	3.26	3.25	3.24	3.23	3.21
16	3.24	3.22	3.20	3.18	3.17	3.15	3.14	3.12	3.11	3.10
17	3.14	3.12	3.10	3.08	3.07	3.05	3.04	3.03	3.01	3.00
18	3.06	3.03	3.02	3.00	2.98	2.97	2.95	2.94	2.93	2.92
19	2.98	2.96	2.94	2.92	2.91	2.89	2.88	2.87	2.86	2.84
20	2.92	2.90	2.88	2.86	2.84	2.83	2.81	2.80	2.79	2.78
21	2.86	2.84	2.82	2.80	2.79	2.77	2.76	2.74	2.73	2.72
22	2.81	2.78	2.77	2.75	2.73	2.72	2.70	2.69	2.68	2.67
23	2.76	2.74	2.72	2.70	2.69	2.67	2.66	2.64	2.63	2.62
24	2.72	2.70	2.68	2.66	2.64	2.63	2.61	2.60	2.59	2.58
25	2.68	2.66	2.64	2.62	2.60	2.59	2.58	2.56	2.55	2.54
26	2.64	2.62	2.60	2.58	2.57	2.55	2.54	2.53	2.51	2.50
27	2.61	2.59	2.57	2.55	2.54	2.52	2.51	2.49	2.48	2.47
28	2.58	2.56	2.54	2.52	2.51	2.49	2.48	2.46	2.45	2.44
29	2.55	2.53	2.51	2.49	2.48	2.46	2.45	2.44	2.42	2.41
30	2.53	2.51	2.49	2.47	2.45	2.44	2.42	2.41	2.40	2.39
32	2.48	2.46	2.44	2.42	2.41	2.39	2.38	2.36	2.35	2.34
34	2.44	2.42	2.40	2.38	2.37	2.35	2.34	2.32	2.31	2.30
36	2.41	2.38	2.37	2.35	2.33	2.32	2.30	2.29	2.28	2.26
38	2.37	2.35	2.33	2.32	2.30	2.28	2.27	2.26	2.24	2.23
40	2.35	2.33	2.31	2.29	2.27	2.26	2.24	2.23	2.22	2.20
42	2.32	2.30	2.28	2.26	2.25	2.23	2.22	2.20	2.19	2.18
44	2.30	2.28	2.26	2.24	2.22	2.21	2.19	2.18	2.17	2.15
46	2.28	2.26	2.24	2.22	2.20	2.19	2.17	2.16	2.15	2.13
48	2.26	2.24	2.22	2.20	2.18	2.17	2.15	2.14	2.13	2.12
50	2.24	2.22	2.20	2.18	2.17	2.15	2.14	2.12	2.11	2.10
60	2.17	2.15	2.13	2.12	2.10	2.08	2.07	2.05	2.04	2.03
70	2.13	2.11	2.09	2.07	2.05	2.03	2.02	2.01	1.99	1.98
80	2.09	2.07	2.05	2.03	2.01	2.00	1.98	1.97	1.96	1.94
90	2.06	2.04	2.02	2.00	1.99	1.97	1.96	1.94	1.93	1.92
100	2.04	2.02	2.00	1.98	1.97	1.95	1.93	1.92	1.91	1.89

Tabelle F

$$\alpha = 0.01$$

n	m = 35	40	50	60	70	80	90	100
1	6276	6287	6303	6313	6321	6326	6331	6334
2	99.47	99.47	99.48	99.48	99.48	99.49	99.49	99.49
3	26.83	26.79	26.73	26.70	26.67	26.65	26.63	26.62
4	13.85	13.81	13.75	13.72	13.69	13.67	13.65	13.64
5	9.35	9.31	9.26	9.22	9.19	9.18	9.16	9.15
6	7.19	7.15	7.10	7.06	7.04	7.02	7.01	6.99
7	5.95	5.91	5.86	5.83	5.80	5.78	5.77	5.76
8	5.15	5.12	5.07	5.03	5.01	4.99	4.98	4.96
9	4.60	4.57	4.52	4.48	4.46	4.44	4.43	4.42
10	4.20	4.17	4.12	4.08	4.06	4.04	4.03	4.01
11	3.90	3.86	3.81	3.78	3.75	3.73	3.72	3.71
12	3.65	3.62	3.57	3.54	3.51	3.49	3.48	3.47
13	3.46	3.43	3.38	3.34	3.32	3.30	3.28	3.27
14	3.30	3.27	3.22	3.18	3.16	3.14	3.12	3.11
15	3.17	3.13	3.08	3.05	3.02	3.00	2.99	2.98
16	3.05	3.02	2.97	2.93	2.91	2.89	2.87	2.86
17	2.96	2.92	2.87	2.83	2.81	2.79	2.78	2.76
18	2.87	2.84	2.78	2.75	2.72	2.71	2.69	2.68
19	2.80	2.76	2.71	2.67	2.65	2.63	2.61	2.60
20	2.73	2.69	2.64	2.61	2.58	2.56	2.55	2.54
21	2.67	2.64	2.58	2.55	2.52	2.50	2.49	2.48
22	2.62	2.58	2.53	2.50	2.47	2.45	2.43	2.42
23	2.57	2.54	2.48	2.45	2.42	2.40	2.39	2.37
24	2.53	2.49	2.44	2.40	2.38	2.36	2.34	2.33
25	2.49	2.45	2.40	2.36	2.34	2.32	2.30	2.29
26	2.45	2.42	2.36	2.33	2.30	2.28	2.26	2.25
27	2.42	2.38	2.33	2.29	2.27	2.25	2.23	2.22
28	2.39	2.35	2.30	2.26	2.24	2.22	2.20	2.19
29	2.36	2.33	2.27	2.23	2.21	2.19	2.17	2.16
30	2.34	2.30	2.25	2.21	2.18	2.16	2.14	2.13
32	2.29	2.25	2.20	2.16	2.13	2.11	2.10	2.08
34	2.25	2.21	2.16	2.12	2.09	2.07	2.05	2.04
36	2.21	2.18	2.12	2.08	2.05	2.03	2.02	2.00
38	2.18	2.14	2.09	2.05	2.02	2.00	1.98	1.97
40	2.15	2.11	2.06	2.02	1.99	1.97	1.95	1.94
42	2.13	2.09	2.03	1.99	1.96	1.94	1.93	1.91
44	2.10	2.07	2.01	1.97	1.94	1.92	1.90	1.89
46	2.08	2.04	1.99	1.95	1.92	1.90	1.88	1.86
48	2.06	2.02	1.97	1.93	1.90	1.88	1.86	1.84
50	2.05	2.01	1.95	1.91	1.88	1.86	1.84	1.82
60	1.98	1.94	1.88	1.84	1.81	1.78	1.76	1.75
70	1.93	1.89	1.83	1.78	1.75	1.73	1.71	1.70
80	1.89	1.85	1.79	1.75	1.71	1.69	1.67	1.65
90	1.86	1.82	1.76	1.72	1.68	1.66	1.64	1.62
100	1.84	1.80	1.74	1.69	1.66	1.63	1.61	1.60

$\alpha = 0.025$

n \ m	1	2	3	4	5	6	7	8	9	10
1	648	800	864	900	922	937	948	957	963	969
2	38.51	39.00	39.17	39.25	39.30	39.33	39.36	39.37	39.39	39.40
3	17.44	16.04	15.44	15.18	14.98	14.83	14.72	14.64	14.57	14.52
4	12.22	10.65	9.97	9.60	9.38	9.21	9.09	9.00	8.92	8.86
5	10.01	8.43	7.74	7.39	7.15	6.98	6.86	6.76	6.69	6.62
6	8.81	7.26	6.58	6.22	5.99	5.82	5.70	5.60	5.53	5.46
7	8.07	6.54	5.87	5.52	5.28	5.12	4.99	4.90	4.82	4.76
8	7.57	6.06	5.40	5.05	4.82	4.65	4.53	4.43	4.36	4.30
9	7.21	5.71	5.06	4.71	4.48	4.32	4.20	4.10	4.03	3.96
10	6.94	5.46	4.81	4.46	4.23	4.07	3.95	3.85	3.78	3.72
11	6.72	5.26	4.62	4.27	4.04	3.88	3.76	3.66	3.59	3.53
12	6.55	5.10	4.46	4.12	3.89	3.73	3.61	3.51	3.44	3.37
13	6.41	4.97	4.33	3.99	3.77	3.60	3.48	3.39	3.31	3.25
14	6.30	4.86	4.23	3.89	3.66	3.50	3.38	3.29	3.21	3.15
15	6.20	4.77	4.14	3.80	3.57	3.41	3.29	3.20	3.12	3.06
16	6.12	4.69	4.06	3.73	3.50	3.34	3.22	3.12	3.05	2.99
17	6.04	4.62	4.00	3.66	3.44	3.28	3.16	3.06	2.98	2.92
18	5.98	4.56	3.94	3.60	3.38	3.22	3.10	3.01	2.93	2.87
19	5.92	4.51	3.89	3.56	3.33	3.17	3.05	2.96	2.88	2.82
20	5.87	4.46	3.85	3.51	3.29	3.13	3.01	2.91	2.84	2.77
21	5.83	4.42	3.81	3.47	3.25	3.09	2.97	2.87	2.80	2.73
22	5.79	4.38	3.77	3.44	3.21	3.05	2.93	2.84	2.76	2.70
23	5.75	4.35	3.74	3.40	3.18	3.02	2.90	2.81	2.73	2.67
24	5.72	4.32	3.71	3.38	3.15	2.99	2.87	2.78	2.70	2.64
25	5.69	4.29	3.68	3.35	3.13	2.97	2.85	2.75	2.68	2.61
26	5.66	4.27	3.66	3.33	3.10	2.94	2.82	2.73	2.65	2.59
27	5.63	4.24	3.64	3.30	3.08	2.92	2.80	2.71	2.63	2.57
28	5.61	4.22	3.62	3.28	3.06	2.90	2.78	2.69	2.61	2.55
29	5.59	4.20	3.60	3.26	3.04	2.88	2.76	2.67	2.59	2.53
30	5.57	4.18	3.58	3.25	3.03	2.87	2.75	2.65	2.57	2.51
32	5.53	4.15	3.55	3.22	2.99	2.84	2.71	2.62	2.54	2.48
34	5.50	4.12	3.52	3.19	2.97	2.81	2.69	2.59	2.52	2.45
36	5.47	4.09	3.50	3.16	2.94	2.78	2.66	2.57	2.49	2.43
38	5.45	4.07	3.47	3.14	2.92	2.76	2.64	2.55	2.47	2.41
40	5.42	4.05	3.45	3.12	2.90	2.74	2.62	2.53	2.45	2.39
42	5.40	4.03	3.44	3.11	2.89	2.73	2.61	2.51	2.43	2.37
44	5.39	4.02	3.42	3.09	2.87	2.71	2.59	2.50	2.42	2.36
46	5.37	4.00	3.41	3.08	2.86	2.70	2.58	2.48	2.41	2.34
48	5.35	3.99	3.39	3.06	2.84	2.68	2.56	2.47	2.39	2.33
50	5.34	3.97	3.38	3.05	2.83	2.67	2.55	2.46	2.38	2.32
60	5.29	3.93	3.33	3.00	2.79	2.63	2.51	2.41	2.33	2.27
70	5.25	3.89	3.30	2.97	2.75	2.59	2.47	2.38	2.30	2.24
80	5.22	3.86	3.28	2.95	2.73	2.57	2.45	2.35	2.28	2.21
90	5.20	3.84	3.26	2.93	2.71	2.55	2.43	2.34	2.26	2.19
100	5.18	3.83	3.24	2.91	2.70	2.54	2.42	2.32	2.24	2.18

$\alpha = 0.025$

m

n	11	12	13	14	15	16	17	18	19	20
1	973	977	980	983	985	987	989	990	992	993
2	39.41	39.41	39.42	39.43	39.43	39.44	39.44	39.44	39.45	39.45
3	14.47	14.44	14.40	14.38	14.35	14.33	14.31	14.30	14.28	14.27
4	8.81	8.77	8.73	8.70	8.68	8.65	8.63	8.61	8.60	8.58
5	6.57	6.53	6.49	6.46	6.43	6.41	6.39	6.37	6.35	6.33
6	5.41	5.37	5.33	5.30	5.27	5.25	5.22	5.20	5.19	5.17
7	4.71	4.67	4.63	4.60	4.57	4.54	4.52	4.50	4.48	4.47
8	4.24	4.20	4.16	4.13	4.10	4.08	4.05	4.03	4.02	4.00
9	3.91	3.87	3.83	3.80	3.77	3.74	3.72	3.70	3.68	3.67
10	3.67	3.62	3.58	3.55	3.52	3.50	3.47	3.45	3.44	3.42
11	3.47	3.43	3.39	3.36	3.33	3.30	3.28	3.26	3.24	3.23
12	3.32	3.28	3.24	3.21	3.18	3.15	3.13	3.11	3.09	3.07
13	3.20	3.15	3.12	3.08	3.05	3.03	3.00	2.98	2.96	2.95
14	3.09	3.05	3.01	2.98	2.95	2.92	2.90	2.88	2.86	2.84
15	3.01	2.96	2.92	2.89	2.86	2.84	2.81	2.79	2.77	2.76
16	2.93	2.89	2.85	2.82	2.79	2.76	2.74	2.72	2.70	2.68
17	2.87	2.82	2.79	2.75	2.72	2.70	2.67	2.65	2.63	2.62
18	2.81	2.77	2.73	2.70	2.67	2.64	2.62	2.60	2.58	2.56
19	2.76	2.72	2.68	2.65	2.62	2.59	2.57	2.55	2.53	2.51
20	2.72	2.68	2.64	2.60	2.57	2.55	2.52	2.50	2.48	2.46
21	2.68	2.64	2.60	2.56	2.53	2.51	2.48	2.46	2.44	2.42
22	2.65	2.60	2.56	2.53	2.50	2.47	2.45	2.43	2.41	2.39
23	2.62	2.57	2.53	2.50	2.47	2.44	2.42	2.39	2.37	2.36
24	2.59	2.54	2.50	2.47	2.44	2.41	2.39	2.36	2.35	2.33
25	2.56	2.51	2.48	2.44	2.41	2.38	2.36	2.34	2.32	2.30
26	2.54	2.49	2.45	2.42	2.39	2.36	2.34	2.31	2.29	2.28
27	2.51	2.47	2.43	2.39	2.36	2.34	2.31	2.29	2.27	2.25
28	2.49	2.45	2.41	2.37	2.34	2.32	2.29	2.27	2.25	2.23
29	2.48	2.43	2.39	2.36	2.32	2.30	2.27	2.25	2.23	2.21
30	2.46	2.41	2.37	2.34	2.31	2.28	2.26	2.23	2.21	2.20
32	2.43	2.38	2.34	2.31	2.28	2.25	2.22	2.20	2.18	2.16
34	2.40	2.35	2.31	2.28	2.25	2.22	2.20	2.17	2.15	2.13
36	2.37	2.33	2.29	2.25	2.22	2.20	2.17	2.15	2.13	2.11
38	2.35	2.31	2.27	2.23	2.20	2.17	2.15	2.13	2.11	2.09
40	2.33	2.29	2.25	2.21	2.18	2.15	2.13	2.11	2.09	2.07
42	2.32	2.27	2.23	2.20	2.16	2.14	2.11	2.09	2.07	2.05
44	2.30	2.26	2.22	2.18	2.15	2.12	2.10	2.07	2.05	2.03
46	2.29	2.24	2.20	2.17	2.13	2.11	2.08	2.06	2.04	2.02
48	2.27	2.23	2.19	2.15	2.12	2.09	2.07	2.05	2.02	2.01
50	2.26	2.22	2.18	2.14	2.11	2.08	2.06	2.03	2.01	1.99
60	2.22	2.17	2.13	2.09	2.06	2.03	2.01	1.98	1.96	1.94
70	2.18	2.14	2.10	2.06	2.03	2.00	1.97	1.95	1.93	1.91
80	2.16	2.11	2.07	2.03	2.00	1.97	1.95	1.92	1.90	1.88
90	2.14	2.09	2.05	2.02	1.98	1.95	1.93	1.91	1.88	1.86
100	2.12	2.08	2.04	2.00	1.97	1.94	1.91	1.89	1.87	1.85

$\alpha = 0.025$

n \ m	21	22	23	24	25	26	27	28	29	30
1	994	995	996	997	998	999	1000	1000	1001	1001
2	39.45	39.45	39.45	39.46	39.46	39.46	39.46	39.46	39.46	39.46
3	14.26	14.25	14.24	14.23	14.22	14.21	14.20	14.20	14.19	14.18
4	8.57	8.55	8.54	8.53	8.52	8.51	8.50	8.50	8.49	8.48
5	6.32	6.31	6.30	6.28	6.27	6.26	6.26	6.25	6.24	6.23
6	5.16	5.14	5.13	5.12	5.11	5.10	5.09	5.08	5.07	5.07
7	4.45	4.44	4.43	4.42	4.41	4.40	4.39	4.38	4.37	4.36
8	3.99	3.97	3.96	3.95	3.94	3.93	3.92	3.91	3.90	3.89
9	3.65	3.64	3.63	3.61	3.60	3.59	3.58	3.58	3.57	3.56
10	3.40	3.39	3.38	3.37	3.35	3.34	3.34	3.33	3.32	3.31
11	3.21	3.20	3.18	3.17	3.16	3.15	3.14	3.13	3.13	3.12
12	3.06	3.04	3.03	3.02	3.01	3.00	2.99	2.98	2.97	2.96
13	2.93	2.92	2.91	2.89	2.88	2.87	2.86	2.85	2.85	2.84
14	2.83	2.81	2.80	2.79	2.78	2.77	2.76	2.75	2.74	2.73
15	2.74	2.73	2.71	2.70	2.69	2.68	2.67	2.66	2.65	2.64
16	2.67	2.65	2.64	2.63	2.61	2.60	2.59	2.58	2.58	2.57
17	2.60	2.59	2.57	2.56	2.55	2.54	2.53	2.52	2.51	2.50
18	2.54	2.53	2.52	2.50	2.49	2.48	2.47	2.46	2.45	2.44
19	2.49	2.48	2.46	2.45	2.44	2.43	2.42	2.41	2.40	2.39
20	2.45	2.43	2.42	2.41	2.40	2.39	2.38	2.37	2.36	2.35
21	2.41	2.39	2.38	2.37	2.36	2.34	2.33	2.33	2.32	2.31
22	2.37	2.36	2.34	2.33	2.32	2.31	2.30	2.29	2.28	2.27
23	2.34	2.33	2.31	2.30	2.29	2.28	2.27	2.26	2.25	2.24
24	2.31	2.30	2.28	2.27	2.26	2.25	2.24	2.23	2.22	2.21
25	2.28	2.27	2.26	2.24	2.23	2.22	2.21	2.20	2.19	2.18
26	2.26	2.24	2.23	2.22	2.21	2.19	2.18	2.17	2.17	2.16
27	2.24	2.22	2.21	2.19	2.18	2.17	2.16	2.15	2.14	2.13
28	2.22	2.20	2.19	2.17	2.16	2.15	2.14	2.13	2.12	2.11
29	2.20	2.18	2.17	2.15	2.14	2.13	2.12	2.11	2.10	2.09
30	2.18	2.16	2.15	2.14	2.12	2.11	2.10	2.09	2.08	2.07
32	2.15	2.13	2.12	2.10	2.09	2.08	2.07	2.06	2.05	2.04
34	2.12	2.10	2.09	2.07	2.06	2.05	2.04	2.03	2.02	2.01
36	2.09	2.08	2.06	2.05	2.04	2.03	2.01	2.00	2.00	1.99
38	2.07	2.05	2.04	2.03	2.01	2.00	1.99	1.98	1.97	1.96
40	2.05	2.03	2.02	2.01	1.99	1.98	1.97	1.96	1.95	1.94
42	2.03	2.02	2.00	1.99	1.98	1.96	1.95	1.94	1.93	1.92
44	2.02	2.00	1.99	1.97	1.96	1.95	1.94	1.93	1.92	1.91
46	2.00	1.99	1.97	1.96	1.94	1.93	1.92	1.91	1.90	1.89
48	1.99	1.97	1.96	1.94	1.93	1.92	1.91	1.90	1.89	1.88
50	1.98	1.96	1.95	1.93	1.92	1.91	1.90	1.89	1.88	1.87
60	1.93	1.91	1.90	1.88	1.87	1.86	1.85	1.83	1.82	1.82
70	1.89	1.88	1.86	1.85	1.83	1.82	1.81	1.80	1.79	1.78
80	1.87	1.85	1.83	1.82	1.81	1.79	1.78	1.77	1.76	1.75
90	1.85	1.83	1.81	1.80	1.79	1.77	1.76	1.75	1.74	1.73
100	1.83	1.81	1.80	1.78	1.77	1.76	1.75	1.74	1.72	1.71

Tabelle F

$$\alpha = 0.025$$

n	35	40	50	60	70	80	90	100
1	1004	1006	1008	1010	1011	1012	1013	1013
2	39.47	39.47	39.48	39.48	39.48	39.49	39.49	39.49
3	14.16	14.14	14.11	14.10	14.08	14.07	14.07	14.06
4	8.45	8.43	8.40	8.38	8.37	8.36	8.35	8.34
5	6.20	6.18	6.15	6.13	6.11	6.10	6.09	6.09
6	5.04	5.01	4.98	4.96	4.95	4.93	4.93	4.92
7	4.33	4.31	4.28	4.26	4.24	4.23	4.22	4.21
8	3.86	3.84	3.81	3.79	3.77	3.76	3.75	3.74
9	3.53	3.51	3.47	3.45	3.43	3.42	3.41	3.40
10	3.28	3.26	3.22	3.20	3.18	3.17	3.16	3.15
11	3.09	3.06	3.03	3.00	2.99	2.97	2.96	2.96
12	2.93	2.91	2.87	2.85	2.83	2.82	2.81	2.80
13	2.80	2.78	2.74	2.72	2.70	2.69	2.68	2.67
14	2.70	2.67	2.64	2.61	2.60	2.58	2.57	2.56
15	2.61	2.59	2.55	2.52	2.51	2.49	2.48	2.47
16	2.53	2.51	2.47	2.45	2.43	2.42	2.40	2.40
17	2.47	2.44	2.41	2.38	2.36	2.35	2.34	2.33
18	2.41	2.38	2.35	2.32	2.30	2.29	2.28	2.27
19	2.36	2.33	2.30	2.27	2.25	2.24	2.23	2.22
20	2.31	2.29	2.25	2.22	2.20	2.19	2.18	2.17
21	2.27	2.25	2.21	2.18	2.16	2.15	2.14	2.13
22	2.24	2.21	2.17	2.14	2.13	2.11	2.10	2.09
23	2.20	2.18	2.14	2.11	2.09	2.08	2.07	2.06
24	2.17	2.15	2.11	2.08	2.06	2.05	2.03	2.02
25	2.15	2.12	2.08	2.05	2.03	2.02	2.01	2.00
26	2.12	2.09	2.05	2.03	2.01	1.99	1.98	1.97
27	2.10	2.07	2.03	2.00	1.98	1.97	1.95	1.94
28	2.08	2.05	2.01	1.98	1.96	1.94	1.93	1.92
29	2.06	2.03	1.99	1.96	1.94	1.92	1.91	1.90
30	2.04	2.01	1.97	1.94	1.92	1.90	1.89	1.88
32	2.00	1.98	1.93	1.91	1.88	1.87	1.86	1.85
34	1.97	1.95	1.90	1.88	1.85	1.84	1.83	1.82
36	1.95	1.92	1.88	1.85	1.83	1.81	1.80	1.79
38	1.93	1.90	1.85	1.82	1.80	1.79	1.77	1.76
40	1.90	1.88	1.83	1.80	1.78	1.76	1.75	1.74
42	1.89	1.86	1.81	1.78	1.76	1.74	1.73	1.72
44	1.87	1.84	1.80	1.77	1.74	1.73	1.71	1.70
46	1.85	1.82	1.78	1.75	1.73	1.71	1.70	1.69
48	1.84	1.81	1.77	1.73	1.71	1.69	1.68	1.67
50	1.83	1.80	1.75	1.72	1.70	1.68	1.67	1.66
60	1.78	1.74	1.70	1.67	1.64	1.63	1.61	1.60
70	1.74	1.71	1.66	1.63	1.60	1.59	1.57	1.56
80	1.71	1.68	1.63	1.60	1.57	1.55	1.54	1.53
90	1.69	1.66	1.61	1.58	1.55	1.53	1.52	1.50
100	1.67	1.64	1.59	1.56	1.53	1.51	1.50	1.48

$\alpha = 0.05$

n	1	2	3	4	5 (m)	6	7	8	9	10
1	161.45	199.50	215.71	224.58	230.16	233.99	236.77	238.88	240.54	241.88
2	18.51	19.00	19.16	19.25	19.30	19.33	19.35	19.37	19.38	19.40
3	10.13	9.55	9.28	9.14	9.04	8.97	8.92	8.88	8.84	8.82
4	7.71	6.94	6.59	6.39	6.26	6.17	6.10	6.05	6.01	5.97
5	6.61	5.79	5.40	5.19	5.05	4.95	4.88	4.82	4.77	4.74
6	5.99	5.14	4.75	4.53	4.39	4.28	4.21	4.15	4.10	4.06
7	5.59	4.74	4.34	4.12	3.97	3.87	3.79	3.73	3.68	3.64
8	5.32	4.46	4.06	3.84	3.69	3.58	3.50	3.44	3.39	3.35
9	5.12	4.26	3.86	3.63	3.48	3.37	3.29	3.23	3.18	3.14
10	4.96	4.10	3.70	3.48	3.33	3.22	3.14	3.07	3.02	2.98
11	4.84	3.98	3.58	3.35	3.20	3.09	3.01	2.95	2.90	2.85
12	4.75	3.89	3.48	3.26	3.11	3.00	2.91	2.85	2.80	2.75
13	4.67	3.81	3.40	3.18	3.02	2.91	2.83	2.77	2.71	2.67
14	4.60	3.74	3.34	3.11	2.96	2.85	2.76	2.70	2.65	2.60
15	4.54	3.68	3.28	3.05	2.90	2.79	2.71	2.64	2.59	2.54
16	4.49	3.63	3.23	3.01	2.85	2.74	2.66	2.59	2.54	2.49
17	4.45	3.59	3.19	2.96	2.81	2.70	2.61	2.55	2.49	2.45
18	4.41	3.55	3.15	2.93	2.77	2.66	2.58	2.51	2.46	2.41
19	4.38	3.52	3.12	2.89	2.74	2.63	2.54	2.48	2.42	2.38
20	4.35	3.49	3.09	2.86	2.71	2.60	2.51	2.45	2.39	2.35
21	4.32	3.47	3.07	2.84	2.68	2.57	2.49	2.42	2.37	2.32
22	4.30	3.44	3.04	2.82	2.66	2.55	2.46	2.40	2.34	2.30
23	4.28	3.42	3.02	2.79	2.64	2.53	2.44	2.37	2.32	2.27
24	4.26	3.40	3.00	2.77	2.62	2.51	2.42	2.35	2.30	2.25
25	4.24	3.39	2.99	2.76	2.60	2.49	2.40	2.34	2.28	2.24
26	4.23	3.37	2.97	2.74	2.59	2.47	2.39	2.32	2.27	2.22
27	4.21	3.35	2.96	2.73	2.57	2.46	2.37	2.31	2.25	2.20
28	4.20	3.34	2.94	2.71	2.56	2.44	2.36	2.29	2.24	2.19
29	4.18	3.33	2.93	2.70	2.54	2.43	2.35	2.28	2.22	2.18
30	4.17	3.32	2.92	2.69	2.53	2.42	2.33	2.27	2.21	2.16
32	4.15	3.29	2.90	2.67	2.51	2.40	2.31	2.24	2.19	2.14
34	4.13	3.28	2.88	2.65	2.49	2.38	2.29	2.23	2.17	2.12
36	4.11	3.26	2.86	2.63	2.48	2.36	2.28	2.21	2.15	2.11
38	4.10	3.24	2.85	2.62	2.46	2.35	2.26	2.19	2.14	2.09
40	4.08	3.23	2.83	2.60	2.45	2.34	2.25	2.18	2.12	2.08
42	4.07	3.22	2.82	2.59	2.44	2.32	2.24	2.17	2.11	2.06
44	4.06	3.21	2.81	2.58	2.43	2.31	2.23	2.16	2.10	2.05
46	4.05	3.20	2.80	2.57	2.42	2.30	2.22	2.15	2.09	2.04
48	4.04	3.19	2.79	2.56	2.41	2.29	2.21	2.14	2.08	2.03
50	4.03	3.18	2.79	2.56	2.40	2.29	2.20	2.13	2.07	2.03
60	4.00	3.15	2.75	2.52	2.37	2.25	2.17	2.10	2.04	1.99
70	3.98	3.13	2.73	2.50	2.35	2.23	2.14	2.07	2.02	1.97
80	3.96	3.11	2.71	2.48	2.33	2.21	2.13	2.06	2.00	1.95
90	3.95	3.10	2.70	2.47	2.32	2.20	2.11	2.04	1.99	1.94
100	3.94	3.09	2.69	2.46	2.30	2.19	2.10	2.03	1.97	1.93

Tabelle F

$\alpha = 0.05$

n	m=11	12	13	14	15	16	17	18	19	20
1	242.98	243.91	244.69	245.36	245.95	246.46	246.92	247.32	247.69	248.01
2	19.40	19.41	19.42	19.42	19.43	19.43	19.44	19.44	19.44	19.45
3	8.80	8.78	8.76	8.75	8.74	8.73	8.72	8.71	8.70	8.69
4	5.94	5.92	5.90	5.88	5.86	5.85	5.84	5.83	5.82	5.81
5	4.71	4.68	4.66	4.64	4.62	4.61	4.59	4.58	4.57	4.56
6	4.03	4.00	3.98	3.96	3.94	3.92	3.91	3.90	3.89	3.88
7	3.60	3.58	3.55	3.53	3.51	3.49	3.48	3.47	3.46	3.44
8	3.31	3.28	3.26	3.24	3.22	3.20	3.19	3.17	3.16	3.15
9	3.10	3.07	3.05	3.03	3.01	2.99	2.97	2.96	2.95	2.94
10	2.94	2.91	2.89	2.86	2.85	2.83	2.81	2.80	2.79	2.77
11	2.82	2.79	2.76	2.74	2.72	2.70	2.69	2.67	2.66	2.65
12	2.72	2.69	2.66	2.64	2.62	2.60	2.58	2.57	2.56	2.54
13	2.63	2.60	2.58	2.55	2.53	2.51	2.50	2.48	2.47	2.46
14	2.57	2.53	2.51	2.48	2.46	2.44	2.43	2.41	2.40	2.39
15	2.51	2.48	2.45	2.42	2.40	2.38	2.37	2.35	2.34	2.33
16	2.46	2.42	2.40	2.37	2.35	2.33	2.32	2.30	2.29	2.28
17	2.41	2.38	2.35	2.33	2.31	2.29	2.27	2.26	2.24	2.23
18	2.37	2.34	2.31	2.29	2.27	2.25	2.23	2.22	2.20	2.19
19	2.34	2.31	2.28	2.26	2.23	2.21	2.20	2.18	2.17	2.16
20	2.31	2.28	2.25	2.22	2.20	2.18	2.17	2.15	2.14	2.12
21	2.28	2.25	2.22	2.20	2.18	2.16	2.14	2.12	2.11	2.10
22	2.26	2.23	2.20	2.17	2.15	2.13	2.11	2.10	2.08	2.07
23	2.24	2.20	2.18	2.15	2.13	2.11	2.09	2.08	2.06	2.05
24	2.22	2.18	2.15	2.13	2.11	2.09	2.07	2.05	2.04	2.03
25	2.20	2.16	2.14	2.11	2.09	2.07	2.05	2.04	2.02	2.01
26	2.18	2.15	2.12	2.09	2.07	2.05	2.03	2.02	2.00	1.99
27	2.17	2.13	2.10	2.08	2.06	2.04	2.02	2.00	1.99	1.97
28	2.15	2.12	2.09	2.06	2.04	2.02	2.00	1.99	1.97	1.96
29	2.14	2.10	2.08	2.05	2.03	2.01	1.99	1.97	1.96	1.94
30	2.13	2.09	2.06	2.04	2.01	1.99	1.98	1.96	1.95	1.93
32	2.10	2.07	2.04	2.01	1.99	1.97	1.95	1.94	1.92	1.91
34	2.08	2.05	2.02	1.99	1.97	1.95	1.93	1.92	1.90	1.89
36	2.07	2.03	2.00	1.98	1.95	1.93	1.92	1.90	1.88	1.87
38	2.05	2.02	1.99	1.96	1.94	1.92	1.90	1.88	1.87	1.85
40	2.04	2.00	1.97	1.95	1.92	1.90	1.89	1.87	1.85	1.84
42	2.03	1.99	1.96	1.94	1.91	1.89	1.87	1.86	1.84	1.83
44	2.01	1.98	1.95	1.92	1.90	1.88	1.86	1.84	1.83	1.81
46	2.00	1.97	1.94	1.91	1.89	1.87	1.85	1.83	1.82	1.80
48	1.99	1.96	1.93	1.90	1.88	1.86	1.84	1.82	1.81	1.79
50	1.99	1.95	1.92	1.89	1.87	1.85	1.83	1.81	1.80	1.78
60	1.95	1.92	1.89	1.86	1.84	1.82	1.80	1.78	1.76	1.75
70	1.93	1.89	1.86	1.84	1.81	1.79	1.77	1.75	1.74	1.72
80	1.91	1.88	1.84	1.82	1.79	1.77	1.75	1.73	1.72	1.70
90	1.90	1.86	1.83	1.80	1.78	1.76	1.74	1.72	1.70	1.69
100	1.89	1.85	1.82	1.79	1.77	1.75	1.73	1.71	1.69	1.68

$\alpha = 0.05$

n \ m	21	22	23	24	25	26	27	28	29	30
1	248.31	248.58	248.83	249.05	249.26	249.45	249.63	249.80	249.95	250.10
2	19.45	19.45	19.45	19.45	19.46	19.46	19.46	19.46	19.46	19.46
3	8.69	8.68	8.68	8.67	8.67	8.66	8.66	8.66	8.65	8.65
4	5.80	5.79	5.79	5.78	5.78	5.77	5.77	5.76	5.76	5.75
5	4.55	4.54	4.54	4.53	4.52	4.52	4.51	4.51	4.50	4.50
6	3.87	3.86	3.85	3.84	3.84	3.83	3.82	3.82	3.81	3.81
7	3.44	3.43	3.42	3.41	3.40	3.40	3.39	3.39	3.38	3.38
8	3.14	3.13	3.12	3.12	3.11	3.10	3.10	3.09	3.08	3.08
9	2.93	2.92	2.91	2.90	2.89	2.89	2.88	2.87	2.87	2.86
10	2.76	2.75	2.75	2.74	2.73	2.72	2.72	2.71	2.70	2.70
11	2.64	2.63	2.62	2.61	2.60	2.59	2.59	2.58	2.58	2.57
12	2.53	2.52	2.51	2.51	2.50	2.49	2.48	2.48	2.47	2.47
13	2.45	2.44	2.43	2.42	2.41	2.41	2.40	2.39	2.39	2.38
14	2.38	2.37	2.36	2.35	2.34	2.33	2.33	2.32	2.31	2.31
15	2.32	2.31	2.30	2.29	2.28	2.27	2.27	2.26	2.25	2.25
16	2.26	2.25	2.24	2.24	2.23	2.22	2.21	2.21	2.20	2.19
17	2.22	2.21	2.20	2.19	2.18	2.17	2.17	2.16	2.15	2.15
18	2.18	2.17	2.16	2.15	2.14	2.13	2.13	2.12	2.11	2.11
19	2.14	2.13	2.12	2.11	2.11	2.10	2.09	2.08	2.08	2.07
20	2.11	2.10	2.09	2.08	2.07	2.07	2.06	2.05	2.05	2.04
21	2.08	2.07	2.06	2.05	2.05	2.04	2.03	2.02	2.02	2.01
22	2.06	2.05	2.04	2.03	2.02	2.01	2.00	2.00	1.99	1.98
23	2.04	2.02	2.01	2.01	2.00	1.99	1.98	1.97	1.97	1.96
24	2.01	2.00	1.99	1.98	1.97	1.97	1.96	1.95	1.95	1.94
25	2.00	1.98	1.97	1.96	1.96	1.95	1.94	1.93	1.93	1.92
26	1.98	1.97	1.96	1.95	1.94	1.93	1.92	1.91	1.91	1.90
27	1.96	1.95	1.94	1.93	1.92	1.91	1.90	1.90	1.89	1.88
28	1.95	1.93	1.92	1.91	1.91	1.90	1.89	1.88	1.88	1.87
29	1.93	1.92	1.91	1.90	1.89	1.88	1.88	1.87	1.86	1.85
30	1.92	1.91	1.90	1.89	1.88	1.87	1.86	1.85	1.85	1.84
32	1.90	1.88	1.87	1.86	1.85	1.85	1.84	1.83	1.82	1.82
34	1.88	1.86	1.85	1.84	1.83	1.82	1.82	1.81	1.80	1.80
36	1.86	1.85	1.83	1.82	1.81	1.81	1.80	1.79	1.78	1.78
38	1.84	1.83	1.82	1.81	1.80	1.79	1.78	1.77	1.77	1.76
40	1.83	1.81	1.80	1.79	1.78	1.77	1.77	1.76	1.75	1.74
42	1.81	1.80	1.79	1.78	1.77	1.76	1.75	1.75	1.74	1.73
44	1.80	1.79	1.78	1.77	1.76	1.75	1.74	1.73	1.73	1.72
46	1.79	1.78	1.77	1.76	1.75	1.74	1.73	1.72	1.71	1.71
48	1.78	1.77	1.76	1.75	1.74	1.73	1.72	1.71	1.70	1.70
50	1.77	1.76	1.75	1.74	1.73	1.72	1.71	1.70	1.69	1.69
60	1.73	1.72	1.71	1.70	1.69	1.68	1.67	1.66	1.66	1.65
70	1.71	1.70	1.68	1.67	1.66	1.65	1.65	1.64	1.63	1.62
80	1.69	1.68	1.67	1.65	1.64	1.63	1.63	1.62	1.61	1.60
90	1.67	1.66	1.65	1.64	1.63	1.62	1.61	1.60	1.59	1.59
100	1.66	1.65	1.64	1.63	1.62	1.61	1.60	1.59	1.58	1.57

Tabelle F

$$\alpha = 0.05$$

n \ m	35	40	50	60	70	80	90	100
1	250.69	251.14	251.77	252.20	252.50	252.72	252.90	253.04
2	19.47	19.47	19.48	19.48	19.48	19.48	19.48	19.49
3	8.64	8.63	8.62	8.61	8.60	8.60	8.59	8.59
4	5.74	5.72	5.71	5.70	5.69	5.68	5.68	5.67
5	4.48	4.47	4.45	4.43	4.42	4.42	4.41	4.41
6	3.79	3.78	3.75	3.74	3.73	3.72	3.72	3.71
7	3.36	3.34	3.32	3.30	3.29	3.29	3.28	3.28
8	3.06	3.04	3.02	3.01	2.99	2.99	2.98	2.97
9	2.84	2.83	2.80	2.79	2.78	2.77	2.76	2.76
10	2.68	2.66	2.64	2.62	2.61	2.60	2.59	2.59
11	2.55	2.53	2.51	2.49	2.48	2.47	2.46	2.46
12	2.44	2.43	2.40	2.38	2.37	2.36	2.36	2.35
13	2.36	2.34	2.31	2.30	2.28	2.27	2.27	2.26
14	2.28	2.27	2.24	2.22	2.21	2.20	2.19	2.19
15	2.22	2.20	2.18	2.16	2.15	2.14	2.13	2.12
16	2.17	2.15	2.12	2.11	2.09	2.08	2.07	2.07
17	2.12	2.10	2.08	2.06	2.05	2.03	2.03	2.02
18	2.08	2.06	2.04	2.02	2.00	1.99	1.98	1.98
19	2.05	2.03	2.00	1.98	1.97	1.96	1.95	1.94
20	2.01	1.99	1.97	1.95	1.93	1.92	1.91	1.91
21	1.98	1.96	1.94	1.92	1.90	1.89	1.88	1.88
22	1.96	1.94	1.91	1.89	1.88	1.86	1.86	1.85
23	1.93	1.91	1.88	1.86	1.85	1.84	1.83	1.82
24	1.91	1.89	1.86	1.84	1.83	1.82	1.81	1.80
25	1.89	1.87	1.84	1.82	1.81	1.80	1.79	1.78
26	1.87	1.85	1.82	1.80	1.79	1.78	1.77	1.76
27	1.86	1.84	1.81	1.79	1.77	1.76	1.75	1.74
28	1.84	1.82	1.79	1.77	1.75	1.74	1.73	1.73
29	1.83	1.81	1.77	1.75	1.74	1.73	1.72	1.71
30	1.81	1.79	1.76	1.74	1.72	1.71	1.70	1.70
32	1.79	1.77	1.74	1.71	1.70	1.69	1.68	1.67
34	1.77	1.75	1.71	1.69	1.68	1.66	1.65	1.65
36	1.75	1.73	1.69	1.67	1.66	1.64	1.63	1.62
38	1.73	1.71	1.68	1.65	1.64	1.62	1.61	1.61
40	1.72	1.69	1.66	1.64	1.62	1.61	1.60	1.59
42	1.70	1.68	1.65	1.62	1.61	1.59	1.58	1.57
44	1.69	1.67	1.63	1.61	1.59	1.58	1.57	1.56
46	1.68	1.65	1.62	1.60	1.58	1.57	1.56	1.55
48	1.67	1.64	1.61	1.59	1.57	1.56	1.54	1.54
50	1.66	1.63	1.60	1.58	1.56	1.54	1.53	1.52
60	1.62	1.59	1.56	1.53	1.52	1.50	1.49	1.48
70	1.59	1.57	1.53	1.50	1.49	1.47	1.46	1.45
80	1.57	1.54	1.51	1.48	1.46	1.45	1.44	1.43
90	1.55	1.53	1.49	1.46	1.44	1.43	1.42	1.41
100	1.54	1.52	1.48	1.45	1.43	1.41	1.40	1.39

G Kolmogorow–Smirnow–Anpassungstest

Die Tabelle gibt Quantile der Statistiken K_n, K_n^+ und K_n^- für den zweiseitigen bzw. einseitigen Test an.

Einseitig: $k_{1-\alpha}^+$ ($k_{1-\alpha}^-$) Zweiseitig: $k_{1-\alpha}$	für $\alpha =$ für $\alpha =$	0.1 0.2	0.05 0.1	0.04 0.08	0.025 0.05	0.02 0.04	0.01 0.02	0.005 0.01
	$n=1$	0.900	0.950	0.960	0.975	0.980	0.990	0.995
	2	0.684	0.776	0.800	0.842	0.859	0.900	0.929
	3	0.565	0.636	0.658	0.708	0.729	0.785	0.829
	4	0.493	0.565	0.585	0.624	0.641	0.689	0.734
	5	0.447	0.509	0.527	0.563	0.580	0.627	0.669
	6	0.410	0.468	0.485	0.519	0.534	0.577	0.617
	7	0.381	0.436	0.452	0.483	0.497	0.538	0.576
	8	0.358	0.410	0.425	0.454	0.468	0.507	0.542
	9	0.339	0.387	0.402	0.430	0.443	0.480	0.513
	10	0.323	0.369	0.382	0.409	0.421	0.457	0.489
	11	0.308	0.352	0.365	0.391	0.403	0.437	0.468
	12	0.296	0.338	0.351	0.375	0.387	0.419	0.449
	13	0.285	0.325	0.338	0.361	0.372	0.404	0.432
	14	0.275	0.314	0.326	0.349	0.359	0.390	0.418
	15	0.266	0.304	0.315	0.338	0.348	0.377	0.404
	16	0.258	0.295	0.306	0.327	0.337	0.366	0.392
	17	0.250	0.286	0.297	0.318	0.327	0.355	0.381
	18	0.244	0.279	0.289	0.309	0.319	0.346	0.371
	19	0.237	0.271	0.281	0.301	0.310	0.337	0.361
	20	0.232	0.265	0.275	0.294	0.303	0.329	0.352
	21	0.226	0.259	0.268	0.287	0.296	0.321	0.344
	22	0.221	0.253	0.262	0.281	0.289	0.314	0.337
	23	0.216	0.247	0.257	0.275	0.283	0.307	0.330
	24	0.212	0.242	0.251	0.269	0.277	0.301	0.323
	25	0.208	0.238	0.246	0.264	0.272	0.295	0.317
	26	0.204	0.233	0.242	0.259	0.267	0.290	0.311
	27	0.200	0.229	0.237	0.254	0.262	0.284	0.305
	28	0.197	0.225	0.233	0.250	0.257	0.279	0.300
	29	0.193	0.221	0.229	0.246	0.253	0.275	0.295
	30	0.190	0.218	0.226	0.242	0.249	0.270	0.290
	31	0.187	0.214	0.222	0.238	0.245	0.266	0.285
	32	0.184	0.211	0.219	0.234	0.241	0.262	0.281
	33	0.182	0.208	0.215	0.231	0.238	0.258	0.277
	34	0.179	0.205	0.212	0.227	0.234	0.254	0.273
	35	0.177	0.202	0.209	0.224	0.231	0.251	0.269
	36	0.174	0.199	0.206	0.221	0.228	0.247	0.265
	37	0.172	0.196	0.204	0.218	0.225	0.244	0.262
	38	0.170	0.194	0.201	0.215	0.222	0.241	0.258
	39	0.168	0.191	0.199	0.213	0.219	0.238	0.255
	40	0.165	0.189	0.196	0.210	0.216	0.235	0.252
Approximation für $n > 40$		$\dfrac{1.07}{\sqrt{n}}$	$\dfrac{1.22}{\sqrt{n}}$	$\dfrac{1.27}{\sqrt{n}}$	$\dfrac{1.36}{\sqrt{n}}$	$\dfrac{1.40}{\sqrt{n}}$	$\dfrac{1.52}{\sqrt{n}}$	$\dfrac{1.63}{\sqrt{n}}$

H Wilcoxons W_n^+-Test

Die Tabelle gibt kritische Werte der W_n^+-Statistik für $\alpha \leq 0.4$ an mit $P(W^+ \leq w_\alpha^+) \leq \alpha$ und $P(W_n^+ \leq w_\alpha^+ + 1) > \alpha$. Kritische Werte w_α^+ für $\alpha \geq 0.6$ können über die Beziehung $w_\alpha^+ = n(n+1)/2 - w_{1-\alpha}^+$ berechnet werden.

n	$w_{0.005}^+$	$w_{0.01}^+$	$w_{0.025}^+$	$w_{0.05}^+$	$w_{0.10}^+$	$w_{0.20}^+$	$w_{0.30}^+$	$w_{0.40}^+$	$\frac{n(n+1)}{2}$
4	0	0	0	0	0	2	2	3	10
5	0	0	0	0	2	3	4	5	15
6	0	0	0	2	3	5	7	8	21
7	0	0	2	3	5	8	10	11	28
8	0	1	3	5	8	11	13	15	36
9	1	3	5	8	10	14	17	19	45
10	3	5	8	10	14	18	21	24	55
11	5	7	10	13	17	22	26	29	66
12	7	9	13	17	21	27	31	35	78
13	9	12	17	21	26	32	37	41	91
14	12	15	21	25	31	38	43	47	105
15	15	19	25	30	36	44	50	54	120
16	19	23	29	35	42	50	57	62	136
17	23	27	34	41	48	57	64	70	153
18	27	32	40	47	55	65	72	79	171
19	32	37	46	53	62	73	81	88	190
20	37	43	52	60	69	81	90	97	210

I Wald–Wolfowitz-Iterationstest

Die Tabelle gibt kritische Werte r_α der Statistik R an. Für Stichprobenumfänge n_1, n_2, die nicht angeführt sind, können die nächstliegenden (n_1, n_2)-Kombinationen als gute Approximation benutzt werden.

n_1	n_2	$w_{0.005}$	$w_{0.01}$	$w_{0.025}$	$w_{0.05}$	$w_{0.10}$	$w_{0.90}$	$w_{0.95}$	$w_{0.975}$	$w_{0.99}$	$w_{0.995}$
2	5	—	—	—	—	3	—	—	—	—	—
	8	—	—	—	3	3	—	—	—	—	—
	11	—	—	—	3	3	—	—	—	—	—
	14	—	—	3	3	3	—	—	—	—	—
	17	—	—	3	3	3	—	—	—	—	—
	20	—	3	3	3	4	—	—	—	—	—
5	5	—	3	3	4	4	8	8	9	9	—
	8	3	3	4	4	5	9	10	10	—	—
	11	4	4	5	5	6	10	—	—	—	—
	14	4	4	5	6	6	—	—	—	—	—
	17	4	5	5	6	7	—	—	—	—	—
	20	5	5	6	6	7	—	—	—	—	—
8	8	4	5	5	6	6	12	12	13	13	14
	11	5	6	6	7	8	13	14	14	15	15
	14	6	6	7	8	8	14	15	15	16	16
	17	6	7	8	8	9	15	15	16	—	—
	20	7	7	8	9	10	15	16	16	—	—
11	11	6	7	8	8	9	15	16	16	17	18
	14	7	8	9	9	10	16	17	18	19	19
	17	8	9	10	10	11	17	18	19	20	21
	20	9	9	10	11	12	18	19	20	21	21
14	14	8	9	10	11	12	18	19	20	21	22
	17	9	10	11	12	13	20	21	22	23	23
	20	10	11	12	13	14	21	22	23	24	24
17	17	11	11	12	13	14	22	23	24	25	25
	20	12	12	14	14	16	23	24	25	26	27
20	20	13	14	15	16	17	25	26	27	28	29

J Kolmogorow–Smirnow–Zweistichprobentest ($m = n$)

Die Tabelle gibt kritische Werte der Statistiken $K_{n,n}$, $K_{n,n}^+$ und $K_{n,n}^-$ für den zweiseitigen bzw. einseitigen Test an.

Einseitig: $k_{1-\alpha}^+ (k_{1-\alpha}^-)$ Zweiseitig: $k_{1-\alpha}$		für $\alpha =$ für $\alpha =$	0.1 0.2	0.05 0.1	0.025 0.05	0.01 0.02	0.005 0.01
	$n = 3$		2/3	2/3			
	4		3/4	3/4	3/4		
	5		3/5	3/5	4/5	4/5	4/5
	6		3/6	4/6	4/6	5/6	5/6
	7		4/7	4/7	5/7	5/7	5/7
	8		4/8	4/8	5/8	5/8	6/8
	9		4/9	5/9	5/9	6/9	6/9
	10		4/10	5/10	6/10	6/10	7/10
	11		5/11	5/11	6/11	7/11	7/11
	12		5/12	5/12	6/12	7/12	7/12
	13		5/13	6/13	6/13	7/13	8/13
	14		5/14	6/14	7/14	7/14	8/14
	15		5/15	6/15	7/15	8/15	8/15
	16		6/16	6/16	7/16	8/16	9/16
	17		6/17	7/17	7/17	8/17	9/17
	18		6/18	7/18	8/18	9/18	9/18
	19		6/19	7/19	8/19	9/19	9/19
	20		6/20	7/20	8/20	9/20	10/20
	21		6/21	7/21	8/21	9/21	10/21
	22		7/22	8/22	8/22	10/22	10/22
	23		7/23	8/23	9/23	10/23	10/23
	24		7/24	8/24	9/24	10/24	11/24
	25		7/25	8/25	9/25	10/25	11/25
	26		7/26	8/26	9/26	10/26	11/26
	27		7/27	8/27	9/27	11/27	11/27
	28		8/28	9/28	10/28	11/28	12/28
	29		8/29	9/29	10/29	11/29	12/29
	30		8/30	9/30	10/30	11/30	12/30
	31		8/31	9/31	10/31	11/31	12/31
	32		8/32	9/32	10/32	12/32	12/32
	34		8/34	10/34	11/34	12/34	13/34
	36		9/36	10/36	11/36	12/36	13/36
	38		9/38	10/38	11/38	13/38	14/38
	40		9/40	10/40	12/40	13/40	14/40
Approximation für $n > 40$			$\dfrac{1.52}{\sqrt{n}}$	$\dfrac{1.73}{\sqrt{n}}$	$\dfrac{1.92}{\sqrt{n}}$	$\dfrac{2.15}{\sqrt{n}}$	$\dfrac{2.30}{\sqrt{n}}$

K Kolmogorow–Smirnow–Zweistichprobentest ($m \neq n$)

Die Tabelle gibt kritische Werte der Statistiken $K_{m,n}$, $K^+_{m,n}$ und $K^-_{m,n}$ für den zweiseitigen bzw. einseitigen Test an.

Einseitig: $k^+_{1-\alpha}$ ($k^-_{1-\alpha}$)	für $\alpha =$	0.1	0.05	0.025	0.01	0.005
Zweiseitig: $k_{1-\alpha}$	für $\alpha =$	0.2	0.1	0.05	0.02	0.01
$m = 1$	$n = 9$	17/18				
	10	9/10				
$m = 2$	$n = 3$	5/6				
	4	3/4				
	5	4/5	4/5			
	6	5/6	5/6			
	7	5/7	6/7			
	8	3/4	7/8	7/8		
	9	7/9	8/9	8/9		
	10	7/10	4/5	9/10		
$m = 3$	$n = 4$	3/4	3/4			
	5	2/3	4/5	4/5		
	6	2/3	2/3	5/6		
	7	2/3	5/7	6/7	6/7	
	8	5/8	3/4	3/4	7/8	
	9	2/3	2/3	7/9	8/9	8/9
	10	3/5	7/10	4/5	9/10	9/10
	12	7/12	2/3	3/4	5/6	11/12
$m = 4$	$n = 5$	3/5	3/4	4/5	4/5	
	6	7/12	2/3	3/4	5/6	5/6
	7	17/28	5/7	3/4	6/7	6/7
	8	5/8	5/8	3/4	7/8	7/8
	9	5/9	2/3	3/4	7/9	8/9
	10	11/20	13/20	7/10	4/5	4/5
	12	7/12	2/3	2/3	3/4	5/6
	16	9/16	5/8	11/16	3/4	13/16
$m = 5$	$n = 6$	3/5	2/3	2/3	5/6	5/6
	7	4/7	23/35	5/7	29/35	6/7
	8	11/20	5/8	27/40	4/5	4/5
	9	5/9	3/5	31/45	7/9	4/5
	10	1/2	3/5	7/10	7/10	4/5
	15	8/15	3/5	2/3	11/15	11/15
	20	1/2	11/20	3/5	7/10	3/4

Einseitig: $k_{1-\alpha}^+$ ($k_{1-\alpha}^-$) Zweiseitig: $k_{1-\alpha}$	für $\alpha =$ für $\alpha =$	0.1 0.2	0.05 0.1	0.025 0.05	0.01 0.02	0.005 0.01
$m = 6$	$n = 7$	23/42	4/7	29/42	5/7	5/6
	8	1/2	7/12	2/3	3/4	3/4
	9	1/2	5/9	2/3	13/18	7/9
	10	1/2	17/30	19/30	7/10	11/15
	12	1/2	7/12	7/12	2/3	3/4
	18	4/9	5/9	11/18	2/3	13/18
	24	11/24	1/2	7/12	5/8	2/3
$m = 7$	$n = 8$	27/56	33/56	5/8	41/56	3/4
	9	31/63	5/9	40/63	5/7	47/63
	10	33/70	39/70	43/70	7/10	5/7
	14	3/7	1/2	4/7	9/14	5/7
	28	3/7	13/28	15/28	17/28	9/14
$m = 8$	$n = 9$	4/9	13/24	5/8	2/3	3/4
	10	19/40	21/40	23/40	27/40	7/10
	12	11/24	1/2	7/12	5/8	2/3
	16	7/16	1/2	9/16	5/8	5/8
	32	13/32	7/16	1/2	9/16	19/32
$m = 9$	$n = 10$	7/15	1/2	26/45	2/3	31/45
	12	4/9	1/2	5/9	11/18	2/3
	15	19/45	22/45	8/15	3/5	29/45
	18	7/18	4/9	1/2	5/9	11/18
	36	13/36	5/12	17/36	19/36	5/9
$m = 10$	$n = 15$	2/5	7/15	1/2	17/30	19/30
	20	2/5	9/20	1/2	11/20	3/5
	40	7/20	2/5	9/20	1/2	
$m = 12$	$n = 15$	23/60	9/20	1/2	11/20	7/12
	16	3/8	7/16	23/48	13/24	7/12
	18	13/36	5/12	17/36	19/36	5/9
	20	11/30	5/12	7/15	31/60	17/30
$m = 15$	$n = 20$	7/20	2/5	13/30	29/60	31/60
$m = 16$	$n = 20$	27/80	31/80	17/40	19/40	41/80
Approximation		$1.07\sqrt{\frac{m+n}{mn}}$	$1.22\sqrt{\frac{m+n}{mn}}$	$1.36\sqrt{\frac{m+n}{mn}}$	$1.52\sqrt{\frac{m+n}{mn}}$	$1.63\sqrt{\frac{m+n}{mn}}$

L Wilcoxons W_N-Test

Die Tabelle gibt kritische Werte w_α der W_N-Statistik für den linkseinseitigen Test C mit $m \leq n$ an. Für den rechtseinseitigen Test B gilt:

$$w_{1-\alpha} = 2E(W_N) - w_\alpha = 2\mu - w_\alpha.$$

Ist $m > n$, so wird durch Umbenennung die x-Stichprobe zur y-Stichprobe und umgekehrt und damit Test C zu Test B und umgekehrt.

			$m=1$				
n	$w_{0.001}$	$w_{0.005}$	$w_{0.010}$	$w_{0.025}$	$w_{0.05}$	$w_{0.10}$	2μ
2							4
3							5
4							6
5							7
6							8
7							9
8							10
9						1	11
10						1	12
11						1	13
12						1	14
13						1	15
14						1	16
15						1	17
16						1	18
17						1	19
18						1	20
19					1	2	21
20					1	2	22
21					1	2	23
22					1	2	24
23					1	2	25
24					1	2	26
25					1	2	27

			$m = 2$				
n	$w_{0.001}$	$w_{0.005}$	$w_{0.010}$	$w_{0.025}$	$w_{0.05}$	$w_{0.10}$	2μ
2							10
3							12
4						3	14
5					3	3	16
6					3	4	18
7					3	4	20
8				3	4	5	22
9				3	4	5	24
10				3	4	6	26
11				3	4	6	28
12				4	5	7	30
13			3	4	5	7	32
14			3	4	6	8	34
15			3	4	6	8	36
16			3	4	6	8	38
17			3	5	6	9	40
18			3	5	7	9	42
19		3	4	5	7	10	44
20		3	4	5	7	10	46
21		3	4	6	8	11	48
22		3	4	6	8	11	50
23		3	4	6	8	12	52
24		3	4	6	9	12	54
25		3	4	6	9	12	56

			$m = 3$				
n	$w_{0.001}$	$w_{0.005}$	$w_{0.010}$	$w_{0.025}$	$w_{0.05}$	$w_{0.10}$	2μ
3					6	7	21
4					6	7	24
5				6	7	8	27
6				7	8	9	30
7			6	7	8	10	33
8			6	8	9	11	36
9		6	7	8	10	11	39
10		6	7	9	10	12	42
11		6	7	9	11	13	45
12		7	8	10	11	14	48
13		7	8	10	12	15	51
14		7	8	11	13	16	54
15		8	9	11	13	16	57
16		8	9	12	14	17	60
17	6	8	10	12	15	18	63
18	6	8	10	13	15	19	66
19	6	9	10	13	16	20	69
20	6	9	11	14	17	21	72
21	7	9	11	14	17	21	75
22	7	10	12	15	18	22	78
23	7	10	12	15	19	23	81
24	7	10	12	16	19	24	84
25	7	11	13	16	20	25	87

Tabelle L

			$m = 4$				
n	$w_{0.001}$	$w_{0.005}$	$w_{0.010}$	$w_{0.025}$	$w_{0.05}$	$w_{0.10}$	2μ
4				10	11	13	36
5			10	11	12	14	40
6		10	11	12	13	15	44
7		10	11	13	14	16	48
8		11	12	14	15	17	52
9		11	13	14	16	19	56
10	10	12	13	15	17	20	60
11	10	12	14	16	18	21	64
12	10	13	15	17	19	22	68
13	11	13	15	18	20	23	72
14	11	14	16	19	21	25	76
15	11	15	17	20	22	26	80
16	12	15	17	21	24	27	84
17	12	16	18	21	25	28	88
18	13	16	19	22	26	30	92
19	13	17	19	23	27	31	96
20	13	18	20	24	28	32	100
21	14	18	21	25	29	33	104
22	14	19	21	26	30	35	108
23	14	19	22	27	31	36	112
24	15	20	23	27	32	38	116
25	15	20	23	28	33	38	120

			$m = 5$				
n	$w_{0.001}$	$w_{0.005}$	$w_{0.010}$	$w_{0.025}$	$w_{0.05}$	$w_{0.10}$	2μ
5		15	16	17	19	20	55
6		16	17	18	20	22	60
7		16	18	20	21	23	65
8	15	17	19	21	23	25	70
9	16	18	20	22	24	27	75
10	16	19	21	23	26	28	80
11	17	20	22	24	27	30	85
12	17	21	23	26	28	32	90
13	18	22	24	27	30	33	95
14	18	22	25	28	31	35	100
15	19	23	26	29	33	37	105
16	20	24	27	30	34	38	110
17	20	25	28	32	35	40	115
18	21	26	29	33	37	42	120
19	22	27	30	34	38	43	125
20	22	28	31	35	40	45	130
21	23	29	32	37	41	47	135
22	23	29	33	38	43	48	140
23	24	30	34	39	44	50	145
24	25	31	35	40	45	51	150
25	25	32	36	42	47	53	155

			$m = 6$				
n	$w_{0.001}$	$w_{0.005}$	$w_{0.010}$	$w_{0.025}$	$w_{0.05}$	$w_{0.10}$	2μ
6		23	24	26	28	30	78
7	21	24	25	27	29	32	84
8	22	25	27	29	31	34	90
9	23	26	28	31	33	36	96
10	24	27	29	32	35	38	102
11	25	28	30	34	37	40	108
12	25	30	32	35	38	42	114
13	26	31	33	37	40	44	120
14	27	32	34	38	42	46	126
15	28	33	36	40	44	48	132
16	29	34	37	42	46	50	138
17	30	36	39	43	47	52	144
18	31	37	40	45	49	55	150
19	32	38	41	46	51	57	156
20	33	39	43	48	53	59	162
21	33	40	44	50	55	61	168
22	34	42	45	51	57	63	174
23	35	43	47	53	58	65	180
24	36	44	48	54	60	67	186
25	37	45	50	56	62	69	192

			$m = 7$				
n	$w_{0.001}$	$w_{0.005}$	$w_{0.010}$	$w_{0.025}$	$w_{0.05}$	$w_{0.10}$	2μ
7	29	32	34	36	39	41	105
8	30	34	35	38	41	44	112
9	31	35	37	40	43	46	119
10	33	37	39	42	45	49	126
11	34	38	40	44	47	51	133
12	35	40	42	46	49	54	140
13	36	41	44	48	52	56	147
14	37	43	45	50	54	59	154
15	38	44	47	52	56	61	161
16	39	46	49	54	58	64	168
17	41	47	51	56	61	66	175
18	42	49	52	58	63	69	182
19	43	50	54	60	65	71	189
20	44	52	56	62	67	74	196
21	46	53	58	64	69	76	203
22	47	55	59	66	72	79	210
23	48	57	61	68	74	81	217
24	49	58	63	70	76	84	224
25	50	60	64	72	78	86	231

$m = 8$

n	$w_{0.001}$	$w_{0.005}$	$w_{0.010}$	$w_{0.025}$	$w_{0.05}$	$w_{0.10}$	2μ
8	40	43	45	49	51	55	136
9	41	45	47	51	54	58	144
10	42	47	49	53	56	60	152
11	44	49	51	55	59	63	160
12	45	51	53	58	62	66	168
13	47	53	56	60	64	69	176
14	48	54	58	62	67	72	184
15	50	56	60	65	69	75	192
16	51	58	62	67	72	78	200
17	53	60	64	70	75	81	208
18	54	62	66	72	77	84	216
19	56	64	68	74	80	87	224
20	57	66	70	77	83	90	232
21	59	68	72	79	85	92	240
22	60	70	74	81	88	95	248
23	62	71	76	84	90	98	256
24	64	73	78	86	93	101	264
25	65	75	81	89	96	104	272

$m = 9$

n	$w_{0.001}$	$w_{0.005}$	$w_{0.010}$	$w_{0.025}$	$w_{0.05}$	$w_{0.10}$	2μ
9	52	56	59	62	66	70	171
10	53	58	61	65	69	73	180
11	55	61	63	68	72	76	189
12	57	63	66	71	75	80	198
13	59	65	68	73	78	83	207
14	60	67	71	76	81	86	216
15	62	69	73	79	84	90	225
16	64	72	76	82	87	93	234
17	66	74	78	84	90	97	243
18	68	76	81	87	93	100	252
19	70	78	83	90	96	103	261
20	71	81	85	93	99	107	270
21	73	83	88	95	102	110	279
22	75	85	90	98	105	113	288
23	77	88	93	101	108	117	297
24	79	90	95	104	111	120	306
25	81	92	98	107	114	123	315

$m = 10$

n	$w_{0.001}$	$w_{0.005}$	$w_{0.010}$	$w_{0.025}$	$w_{0.05}$	$w_{0.10}$	2μ
10	65	71	74	78	82	87	210
11	67	73	77	81	86	91	220
12	69	76	79	84	89	94	230
13	72	79	82	88	92	98	240
14	74	81	85	91	96	102	250
15	76	84	88	94	99	106	260
16	78	86	91	97	103	109	270
17	80	89	93	100	106	113	280
18	82	92	96	103	110	117	290
19	84	94	99	107	113	121	300
20	87	97	102	110	117	125	310
21	89	99	105	113	120	128	320
22	91	102	108	116	123	132	330
23	93	105	110	119	127	136	340
24	95	107	113	122	130	140	350
25	98	110	116	126	134	144	360

$m = 11$

n	$w_{0.001}$	$w_{0.005}$	$w_{0.010}$	$w_{0.025}$	$w_{0.05}$	$w_{0.10}$	2μ
11	81	87	91	96	100	106	253
12	83	90	94	99	104	110	264
13	86	93	97	103	108	114	275
14	88	96	100	106	112	118	286
15	90	99	103	110	116	123	297
16	93	102	107	113	120	127	308
17	95	105	110	117	123	131	319
18	98	108	113	121	127	135	330
19	100	111	116	124	131	139	341
20	103	114	119	128	135	144	352
21	106	117	123	131	139	148	363
22	108	120	126	135	143	152	374
23	111	123	129	139	147	156	385
24	113	126	132	142	151	161	396
25	116	129	136	146	155	165	407

$m = 12$

n	$w_{0.001}$	$w_{0.005}$	$w_{0.010}$	$w_{0.025}$	$w_{0.05}$	$w_{0.10}$	2μ
12	98	105	109	115	120	127	300
13	101	109	113	119	125	131	312
14	103	112	116	123	129	136	324
15	106	115	120	127	133	141	336
16	109	119	124	131	138	145	348
17	112	122	127	135	142	150	360
18	115	125	131	139	146	155	372
19	118	129	134	143	150	159	384
20	120	132	138	147	155	164	396
21	123	136	142	151	159	169	408
22	126	139	145	155	163	173	420
23	129	142	149	159	168	178	432
24	132	146	153	163	172	183	444
25	135	149	156	167	176	187	456

$m = 13$

n	$w_{0.001}$	$w_{0.005}$	$w_{0.010}$	$w_{0.025}$	$w_{0.05}$	$w_{0.10}$	2μ
13	117	125	130	136	142	149	351
14	120	129	134	141	147	154	364
15	123	133	138	145	152	159	377
16	126	136	142	150	156	165	390
17	129	140	146	154	161	170	403
18	133	144	150	158	166	175	416
19	136	148	154	163	171	180	429
20	139	151	158	167	175	185	442
21	142	155	162	171	180	190	455
22	145	159	166	176	185	195	468
23	149	163	170	180	189	200	481
24	152	166	174	185	194	205	494
25	155	170	178	189	199	211	507

$m = 14$

n	$w_{0.001}$	$w_{0.005}$	$w_{0.010}$	$w_{0.025}$	$w_{0.05}$	$w_{0.10}$	2μ
14	137	147	152	160	166	174	406
15	141	151	156	164	171	179	420
16	144	155	161	169	176	185	434
17	148	159	165	174	182	190	448
18	151	163	170	179	187	196	462
19	155	168	174	183	192	202	476
20	159	172	178	188	197	207	490
21	162	176	183	193	202	213	504
22	166	180	187	198	207	218	518
23	169	184	192	203	212	224	532
24	173	188	196	207	218	229	546
25	177	192	200	212	223	235	560

$m = 15$

n	$w_{0.001}$	$w_{0.005}$	$w_{0.010}$	$w_{0.025}$	$w_{0.05}$	$w_{0.10}$	2μ
15	160	171	176	184	192	200	465
16	163	175	181	190	197	206	480
17	167	180	186	195	203	212	495
18	171	184	190	200	208	218	510
19	175	189	195	205	214	224	525
20	179	193	200	210	220	230	540
21	183	198	205	216	225	236	555
22	187	202	210	221	231	242	570
23	191	207	214	226	236	248	585
24	195	211	219	231	242	254	600
25	199	216	224	237	248	260	615

$m = 16$

n	$w_{0.001}$	$w_{0.005}$	$w_{0.010}$	$w_{0.025}$	$w_{0.05}$	$w_{0.10}$	2μ
16	184	196	202	211	219	229	528
17	188	201	207	217	225	235	544
18	192	206	212	222	231	242	560
19	196	210	218	228	237	248	576
20	201	215	223	234	243	255	592
21	205	220	228	239	249	261	608
22	209	225	233	245	255	267	624
23	214	230	238	251	261	274	640
24	218	235	244	256	267	280	656
25	222	240	249	262	273	287	672

$m = 17$

n	$w_{0.001}$	$w_{0.005}$	$w_{0.010}$	$w_{0.025}$	$w_{0.05}$	$w_{0.10}$	2μ
17	210	223	230	240	249	259	595
18	214	228	235	246	255	266	612
19	219	234	241	252	262	273	629
20	223	239	246	258	268	280	646
21	228	244	252	264	274	287	663
22	233	249	258	270	281	294	680
23	238	255	263	276	287	300	697
24	242	260	269	282	294	307	714
25	247	265	275	288	300	314	731

$m = 18$

n	$w_{0.001}$	$w_{0.005}$	$w_{0.010}$	$w_{0.025}$	$w_{0.05}$	$w_{0.10}$	2μ
18	237	252	259	270	280	291	666
19	242	258	265	277	287	299	684
20	247	263	271	283	294	306	702
21	252	269	277	290	301	313	720
22	257	275	283	296	307	321	738
23	262	280	289	303	314	328	756
24	267	286	295	309	321	335	774
25	273	292	301	316	328	343	792

$m = 19$

n	$w_{0.001}$	$w_{0.005}$	$w_{0.010}$	$w_{0.025}$	$w_{0.05}$	$w_{0.10}$	2μ
19	267	283	291	303	313	325	741
20	272	289	297	309	320	333	760
21	277	295	303	316	328	341	779
22	283	301	310	323	335	349	798
23	288	307	316	330	342	357	817
24	294	313	323	337	350	364	836
25	299	319	329	344	357	372	855

$m = 20$

n	$w_{0.001}$	$w_{0.005}$	$w_{0.010}$	$w_{0.025}$	$w_{0.05}$	$w_{0.10}$	2μ
20	298	315	324	337	348	361	820
21	304	322	331	344	356	370	840
22	309	328	337	351	364	378	860
23	315	335	344	359	371	386	880
24	321	341	351	366	379	394	900
25	327	348	358	373	387	403	920

$m = 21$

n	$w_{0.001}$	$w_{0.005}$	$w_{0.010}$	$w_{0.025}$	$w_{0.05}$	$w_{0.10}$	2μ
21	331	349	359	373	385	399	903
22	337	356	366	381	393	408	924
23	343	363	373	388	401	417	945
24	349	370	381	396	410	425	966
25	356	377	388	404	418	434	987

Tabelle L

			$m = 22$				
n	$w_{0.001}$	$w_{0.005}$	$w_{0.010}$	$w_{0.025}$	$w_{0.05}$	$w_{0.10}$	2μ
22	365	386	396	411	424	439	990
23	372	393	403	419	432	448	1012
24	379	400	411	427	441	457	1034
25	385	408	419	435	450	467	1056

			$m = 23$				
n	$w_{0.001}$	$w_{0.005}$	$w_{0.010}$	$w_{0.025}$	$w_{0.05}$	$w_{0.10}$	2μ
23	402	424	434	451	465	481	1081
24	409	431	443	459	474	491	1104
25	416	439	451	468	483	500	1127

			$m = 24$				
n	$w_{0.001}$	$w_{0.005}$	$w_{0.010}$	$w_{0.025}$	$w_{0.05}$	$w_{0.10}$	2μ
24	440	464	475	492	507	525	1176
25	448	472	484	501	517	535	1200

			$m = 25$				
n	$w_{0.001}$	$w_{0.005}$	$w_{0.010}$	$w_{0.025}$	$w_{0.05}$	$w_{0.10}$	2μ
25	480	505	517	536	552	570	1275

M Van der Waerdens X_N-Test

Die Tabelle gibt kritische Werte der X_N-Statistik an.
$\alpha = 0.025$

$m+n$	$\|m-n\| =$ 0 oder 1	$\|m-n\| =$ 2 oder 3	$\|m-n\| =$ 4 oder 5	$\|m-n\| =$ 6 oder 7	$\|m-n\| =$ 8 oder 9	$\|m-n\| =$ 10 oder 11
7	∞	∞	∞	—	—	—
8	2.30	2.20	∞	∞	—	—
9	2.38	2.30	∞	∞	—	—
10	2.60	2.49	2.30	2.03	∞	—
11	2.72	2.58	2.40	2.11	∞	—
12	2.85	2.79	2.68	2.47	2.18	∞
13	2.96	2.91	2.78	2.52	2.27	∞
14	3.11	3.06	3.00	2.83	2.56	2.18
15	3.24	3.19	3.06	2.89	2.61	2.21
16	3.39	3.36	3.28	3.15	2.94	2.66
17	3.49	3.44	3.36	3.21	2.99	2.68
18	3.63	3.60	3.53	3.44	3.26	3.03
19	3.73	3.69	3.61	3.50	3.31	3.06
20	3.86	3.84	3.78	3.70	3.55	3.36
21	3.96	3.92	3.85	3.76	3.61	3.40
22	4.08	4.06	4.01	3.95	3.82	3.65
23	4.18	4.15	4.08	4.01	3.87	3.70
24	4.29	4.27	4.23	4.18	4.07	3.92
25	4.39	4.36	4.30	4.24	4.12	3.96
26	4.52	4.50	4.46	4.39	4.30	4.17
27	4.61	4.59	4.54	4.46	4.35	4.21
28	4.71	4.70	4.66	4.60	4.51	4.40
29	4.80	4.78	4.74	4.67	4.57	4.45
30	4.90	4.89	4.86	4.80	4.72	4.62
31	4.99	4.97	4.93	4.86	4.78	4.67
32	5.08	5.07	5.04	4.99	4.92	4.83
33	5.17	5.15	5.11	5.05	4.97	4.87
34	5.26	5.25	5.22	5.18	5.11	5.03
35	5.35	5.33	5.29	5.24	5.17	5.08
36	5.43	5.42	5.40	5.36	5.30	5.22
37	5.51	5.50	5.46	5.42	5.35	5.26
38	5.60	5.59	5.57	5.53	5.47	5.40
39	5.68	5.66	5.63	5.59	5.53	5.45
40	5.76	5.75	5.73	5.69	5.64	5.58
41	5.84	5.82	5.79	5.75	5.69	5.62
42	5.92	5.91	5.89	5.86	5.81	5.75
43	5.99	5.98	5.95	5.91	5.86	5.79
44	6.07	6.07	6.05	6.01	5.97	5.91
45	6.14	6.13	6.11	6.07	6.02	5.96
46	6.22	6.21	6.20	6.17	6.13	6.07
47	6.29	6.28	6.26	6.22	6.18	6.12
48	6.37	6.36	6.34	6.32	6.28	6.23
49	6.44	6.43	6.40	6.37	6.33	6.27
50	6.51	6.51	6.49	6.46	6.43	6.38

Tabelle M

$\alpha = 0.01$

$m+n$	$\|m-n\| =$ 0 oder 1	$\|m-n\| =$ 2 oder 3	$\|m-n\| =$ 4 oder 5	$\|m-n\| =$ 6 oder 7	$\|m-n\| =$ 8 oder 9	$\|m-n\| =$ 10 oder 11
7	∞	∞	∞	—	—	—
8	∞	∞	∞	∞	—	—
9	2.80	∞	∞	∞	—	—
10	3.00	2.90	2.80	∞	∞	—
11	3.20	3.00	2.90	∞	∞	—
12	3.29	3.20	3.15	2.85	∞	∞
13	3.48	3.36	3.18	2.92	∞	∞
14	3.62	3.55	3.46	3.28	2.97	∞
15	3.74	3.68	3.57	3.34	3.02	2.55
16	3.92	3.90	3.80	3.66	3.39	3.07
17	4.06	4.01	3.90	3.74	3.47	3.11
18	4.23	4.21	4.14	4.01	3.80	3.52
19	4.37	4.32	4.23	4.08	3.86	3.57
20	4.52	4.50	4.44	4.33	4.15	3.92
21	4.66	4.62	4.53	4.40	4.21	3.97
22	4.80	4.78	4.72	4.62	4.47	4.27
23	4.92	4.89	4.81	4.70	4.53	4.32
24	5.06	5.04	4.99	4.89	4.76	4.59
25	5.18	5.14	5.08	4.97	4.83	4.64
26	5.30	5.28	5.23	5.15	5.04	4.88
27	5.41	5.38	5.32	5.23	5.10	4.94
28	5.53	5.52	5.47	5.40	5.30	5.16
29	5.64	5.62	5.56	5.48	5.36	5.22
30	5.76	5.74	5.70	5.64	5.55	5.42
31	5.86	5.84	5.79	5.71	5.61	5.48
32	5.97	5.96	5.92	5.87	5.78	5.67
33	6.08	6.05	6.01	5.94	5.85	5.73
34	6.18	6.17	6.14	6.09	6.01	5.91
35	6.29	6.27	6.22	6.16	6.08	5.97
36	6.39	6.38	6.35	6.30	6.23	6.14
37	6.49	6.47	6.44	6.37	6.29	6.19
38	6.59	6.58	6.55	6.50	6.44	6.35
39	6.68	6.67	6.63	6.58	6.50	6.41
40	6.78	6.77	6.75	6.70	6.64	6.56
41	6.87	6.86	6.82	6.77	6.71	6.62
42	6.97	6.96	6.94	6.90	6.84	6.77
43	7.06	7.04	7.01	6.96	6.90	6.82
44	7.15	7.15	7.12	7.09	7.03	6.96
45	7.24	7.23	7.20	7.15	7.09	7.02
46	7.33	7.32	7.30	7.27	7.22	7.15
47	7.42	7.40	7.38	7.34	7.28	7.21
48	7.50	7.50	7.48	7.45	7.40	7.34
49	7.59	7.58	7.55	7.51	7.46	7.40
50	7.68	7.67	7.65	7.62	7.58	7.52

$\alpha = 0.005$

$m+n$	$\lvert m-n\rvert=$ 0 oder 1	$\lvert m-n\rvert=$ 2 oder 3	$\lvert m-n\rvert=$ 4 oder 5	$\lvert m-n\rvert=$ 6 oder 7	$\lvert m-n\rvert=$ 8 oder 9	$\lvert m-n\rvert=$ 10 oder 11
7	∞	∞	∞	—	—	—
8	∞	∞	∞	∞	—	—
9	∞	∞	∞	∞	—	—
10	3.20	3.10	∞	∞	∞	—
11	3.40	3.30	∞	∞	∞	—
12	3.60	3.58	3.40	3.10	∞	∞
13	3.71	3.68	3.50	3.15	∞	∞
14	3.94	3.88	3.76	3.52	3.25	∞
15	4.07	4.05	3.88	3.65	3.28	∞
16	4.26	4.25	4.12	3.99	3.68	3.30
17	4.44	4.37	4.23	4.08	3.78	3.38
18	4.60	4.58	4.50	4.38	4.15	3.79
19	4.77	4.71	4.62	4.46	4.22	3.89
20	4.94	4.92	4.85	4.73	4.54	4.28
21	5.10	5.05	4.96	4.81	4.61	4.33
22	5.26	5.24	5.17	5.06	4.89	4.67
23	5.40	5.36	5.27	5.14	4.96	4.73
24	5.55	5.53	5.48	5.36	5.22	5.03
25	5.68	5.65	5.58	5.45	5.29	5.09
26	5.81	5.79	5.74	5.65	5.52	5.35
27	5.94	5.90	5.84	5.73	5.58	5.41
28	6.07	6.05	6.01	5.91	5.81	5.66
29	6.19	6.16	6.10	6.01	5.88	5.72
30	6.32	6.30	6.26	6.19	6.09	5.95
31	6.44	6.41	6.35	6.27	6.16	6.01
32	6.56	6.55	6.51	6.44	6.35	6.23
33	6.68	6.65	6.60	6.52	6.42	6.29
34	6.80	6.79	6.75	6.69	6.60	6.49
35	6.91	6.89	6.84	6.77	6.68	6.56
36	7.03	7.01	6.98	6.92	6.85	6.74
37	7.13	7.11	7.07	7.00	6.92	6.81
38	7.25	7.23	7.20	7.15	7.08	6.99
39	7.35	7.33	7.29	7.23	7.15	7.05
40	7.46	7.45	7.42	7.38	7.31	7.22
41	7.56	7.54	7.51	7.45	7.38	7.28
42	7.67	7.66	7.63	7.59	7.53	7.45
43	7.77	7.75	7.72	7.66	7.60	7.51
44	7.87	7.87	7.84	7.80	7.74	7.67
45	7.97	7.96	7.92	7.87	7.81	7.73
46	8.07	8.06	8.04	8.00	7.95	7.88
47	8.17	8.15	8.12	8.08	8.02	7.94
48	8.26	8.26	8.24	8.20	8.15	8.08
49	8.36	8.34	8.32	8.27	8.22	8.14
50	8.46	8.45	8.43	8.39	8.35	8.28

N Moods M_N-Test

Die Tabelle gibt kritische Werte c_α der M_N-Statistik nach dem folgenden Schema an:

$\begin{array}{|c|}\hline c_{\alpha_1} \\ \alpha_1 \\\hline\end{array}$ mit $\alpha_1 = P(M_N \leq c_{\alpha_1}) \leq \alpha$

$\begin{array}{|c|}\hline c_{\alpha_2} \\ \alpha_2 \\\hline\end{array}$ mit $\alpha_2 = P(M_N \leq c_{\alpha_2}) > \alpha$

		\multicolumn{10}{c}{α-Werte}									
m	n	0.005	0.010	0.025	0.050	0.100	0.900	0.950	0.975	0.990	0.995
2	2						2.50 0.8333	2.50 0.8333	2.50 0.8333	2.50 0.8333	2.50 0.8333
		0.50 0.1667	0.50 0.1667	0.50 0.1667	0.50 0.1667	0.50 0.1667	4.50 1.0000	4.50 1.0000	4.50 1.0000	4.50 1.0000	4.50 1.0000
2	3						4.00 0.5000	5.00 0.9000	5.00 0.9000	5.00 0.9000	5.00 0.9000
		1.00 0.2000	1.00 0.2000	1.00 0.2000	1.00 0.2000	1.00 0.2000	5.00 0.9000	8.00 1.0000	8.00 1.0000	8.00 1.0000	8.00 1.0000
2	4					0.50 0.0667	6.50 0.6667	8.50 0.9333	8.50 0.9333	8.50 0.9333	8.50 0.9333
		0.50 0.0667	0.50 0.0667	0.50 0.0667	0.50 0.0667	2.50 0.3333	8.50 0.9333	12.50 1.0000	12.50 1.0000	12.50 1.0000	12.50 1.0000
2	5					1.00 0.0952	10.00 0.7619	10.00 0.7619	13.00 0.9524	13.00 0.9524	13.00 0.9524
		1.00 0.0952	1.00 0.0952	1.00 0.0952	1.00 0.0952	2.00 0.1429	13.00 0.9524	13.00 0.9524	18.00 1.0000	18.00 1.0000	18.00 1.0000
2	6				0.50 0.0357	0.50 0.0357	14.50 0.8214	14.50 0.8214	18.50 0.9643	18.50 0.9643	18.50 0.9643
		0.50 0.0357	0.50 0.0357	0.50 0.0357	2.50 0.1786	2.50 0.1786	18.50 0.9643	18.50 0.9643	24.50 1.0000	24.50 1.0000	24.50 1.0000
2	7					2.00 0.0833	20.00 0.8611	20.00 0.8611	25.00 0.9722	25.00 0.9722	25.00 0.9722
		1.00 0.0556	1.00 0.0556	1.00 0.0556	1.00 0.0556	4.00 0.1389	25.00 0.9722	25.00 0.9722	32.00 1.0000	32.00 1.0000	32.00 1.0000
2	8			0.50 0.0222	0.50 0.0222	0.50 0.0222	26.50 0.8889	26.50 0.8889	26.50 0.8889	32.50 0.9778	32.50 0.9778
		0.50 0.0222	0.50 0.0222	2.50 0.1111	2.50 0.1111	2.50 0.1111	32.50 0.9778	32.50 0.9778	32.50 0.9778	40.50 1.0000	40.50 1.0000
2	9				1.00 0.0364	4.00 0.0909	32.00 0.8364	34.00 0.9091	34.00 0.9091	41.00 0.9818	41.00 0.9818
		1.00 0.0364	1.00 0.0364	1.00 0.0364	2.00 0.0545	2.00 0.1636	34.00 0.9091	41.00 0.9818	41.00 0.9818	50.00 1.0000	50.00 1.0000
2	10			0.50 0.0152	0.50 0.0152	4.50 0.0909	40.50 0.8636	42.50 0.9242	42.50 0.9242	50.50 0.9848	50.50 0.9848
		0.50 0.0152	0.50 0.0152	2.50 0.0758	2.50 0.0758	6.50 0.1515	42.50 0.9242	50.50 0.9848	50.50 0.9848	60.50 1.0000	60.50 1.0000

Tabelle N   411

m	n	\multicolumn{10}{c}{α-Werte}
		0.005	0.010	0.025	0.050	0.100	0.900	0.950	0.975	0.990	0.995
2	11				2.00 0.0385	4.00 0.0641	50.00 0.8846	52.00 0.9359	52.00 0.9359	61.00 0.9872	61.00 0.9872
		1.00 0.0256	1.00 0.0256	1.00 0.0256	4.00 0.0641	5.00 0.1154	52.00 0.9359	61.00 0.9872	61.00 0.9872	72.00 1.0000	72.00 1.0000
2	12			0.50 0.0110	0.50 0.0110	4.50 0.0659	54.50 0.8901	62.50 0.9451	62.50 0.9451	72.50 0.9890	72.50 0.9890
		0.50 0.0110	0.50 0.0110	2.50 0.0549	2.50 0.0549	6.50 0.1099	60.50 0.9011	72.50 0.9890	72.50 0.9890	84.50 1.0000	84.50 1.0000
2	13			1.00 0.0190	4.00 0.0476	8.00 0.0952	61.00 0.8667	72.00 0.9143	74.00 0.9524	74.00 0.9524	85.00 0.9905
		1.00 0.0190	1.00 0.0190	2.00 0.0286	5.00 0.0857	9.00 0.1143	65.00 0.9048	74.00 0.9524	85.00 0.9905	85.00 0.9905	98.00 1.0000
2	14		0.50 0.0083	0.50 0.0083	4.50 0.0500	6.50 0.0833	72.50 0.8833	84.50 0.9250	86.50 0.9583	86.50 0.9583	98.50 0.9917
		0.50 0.0083	2.50 0.0417	2.50 0.0417	6.50 0.0833	8.50 0.1167	76.50 0.9167	86.50 0.9583	98.50 0.9917	98.50 0.9917	112.50 1.0000
2	15			2.00 0.0221	4.00 0.0368	9.00 0.0882	85.00 0.8971	98.00 0.9338	100.00 0.9632	100.00 0.9632	113.00 0.9926
		1.00 0.0147	1.00 0.0147	4.00 0.0368	5.00 0.0662	10.00 0.1176	89.00 0.9265	100.00 0.9632	113.00 0.9926	113.00 0.9926	128.00 1.0000
2	16		0.50 0.0065	0.50 0.0065	4.50 0.0392	8.50 0.0915	92.50 0.8824	112.50 0.9412	114.50 0.9673	114.50 0.9673	128.50 0.9935
		0.50 0.0065	2.50 0.0327	2.50 0.0327	6.50 0.0654	12.50 0.1242	98.50 0.9085	114.50 0.9673	128.50 0.9935	128.50 0.9935	144.50 1.0000
2	17			2.00 0.0175	4.00 0.0292	10.00 0.0936	106.00 0.8947	128.00 0.9474	130.00 0.9708	130.00 0.9708	145.00 0.9942
		1.00 0.0117	1.00 0.0117	4.00 0.0292	5.00 0.0526	13.00 0.1170	113.00 0.9181	130.00 0.9708	145.00 0.9942	145.00 0.9942	162.00 1.0000
2	18		0.50 0.0053	0.50 0.0053	4.50 0.0316	12.50 0.1000	114.50 0.8842	132.50 0.9474	146.50 0.9737	146.50 0.9737	162.50 0.9947
		0.50 0.0053	2.50 0.0263	2.50 0.0263	6.50 0.0526	14.50 0.1211	120.50 0.9053	144.50 0.9526	162.50 0.9947	162.50 0.9947	180.50 1.0000
3	3					2.75 0.1000	10.75 0.8000	12.75 0.9000	12.75 0.9000	12.75 0.9000	12.75 0.9000
		2.75 0.1000	2.75 0.1000	2.75 0.1000	2.75 0.1000	4.75 0.2000	12.75 0.9000	14.75 1.0000	14.75 1.0000	14.75 1.0000	14.75 1.0000
3	4				2.00 0.0286	2.00 0.0286	18.00 0.8857	19.00 0.9429	19.00 0.9429	19.00 0.9429	19.00 0.9429
		2.00 0.0286	2.00 0.0286	2.00 0.0286	5.00 0.1429	5.00 0.1429	19.00 0.9429	22.00 1.0000	22.00 1.0000	22.00 1.0000	22.00 1.0000
3	5				2.75 0.0357	4.75 0.0714	20.75 0.8571	24.75 0.9286	26.75 0.9643	26.75 0.9643	26.75 0.9643
		2.75 0.0357	2.75 0.0357	2.75 0.0357	4.75 0.0714	6.75 0.1071	24.75 0.9286	26.75 0.9643	30.75 1.0000	30.75 1.0000	30.75 1.0000
3	6			2.00 0.0119	2.00 0.0119	8.00 0.0952	29.00 0.8929	33.00 0.9286	34.00 0.9524	36.00 0.9762	36.00 0.9762
		2.00 0.0119	2.00 0.0119	5.00 0.0595	5.00 0.0595	9.00 0.1190	32.00 0.9048	34.00 0.9524	36.00 0.9762	41.00 1.0000	41.00 1.0000

		α–Werte									
m	n	0.005	0.010	0.025	0.050	0.100	0.900	0.950	0.975	0.990	0.995
3	7			2.75 0.0167	6.75 0.0500	6.75 0.0500	34.75 0.8500	40.75 0.9333	44.75 0.9667	46.75 0.9833	46.75 0.9833
		2.75 0.0167	2.75 0.0167	4.75 0.0333	8.75 0.1167	8.75 0.1167	38.75 0.9167	42.75 0.9500	46.75 0.9833	52.75 1.0000	52.75 1.0000
3	8		2.00 0.0061	2.00 0.0061	8.00 0.0485	11.00 0.0970	45.00 0.8848	50.00 0.9394	54.00 0.9636	59.00 0.9879	59.00 0.9879
		2.00 0.0061	5.00 0.0303	5.00 0.0303	9.00 0.0606	13.00 0.1212	50.00 0.9394	51.00 0.9515	57.00 0.9758	66.00 1.0000	66.00 1.0000
3	9		2.75 0.0091	4.75 0.0182	6.75 0.0273	12.75 0.0909	54.75 0.8727	60.75 0.9182	66.75 0.9727	70.75 0.9818	72.75 0.9909
		2.75 0.0091	4.75 0.0182	6.75 0.0273	8.75 0.0636	14.75 0.1364	56.75 0.9091	62.75 0.9636	70.75 0.9818	72.75 0.9909	80.75 1.0000
3	10	2.00 0.0035	2.00 0.0035	6.00 0.0245	10.00 0.0490	14.00 0.0979	68.00 0.8986	76.00 0.9441	77.00 0.9720	86.00 0.9860	88.00 0.9930
		5.00 0.0175	5.00 0.0175	8.00 0.0280	11.00 0.0559	17.00 0.1189	70.00 0.9266	77.00 0.9720	81.00 0.9790	88.00 0.9930	97.00 1.0000
3	11		2.75 0.0055	6.75 0.0165	10.75 0.0440	16.75 0.0879	74.75 0.8846	84.75 0.9451	90.75 0.9560	102.75 0.9890	104.75 0.9945
		2.75 0.0055	4.75 0.0110	8.75 0.0385	12.75 0.0549	18.75 0.1099	78.75 0.9066	86.75 0.9505	92.75 0.9780	104.75 0.9945	114.75 1.0000
3	12	2.00 0.0022	2.00 0.0022	9.00 0.0220	13.00 0.0440	20.00 0.0945	89.00 0.8879	99.00 0.9385	107.00 0.9648	114.00 0.9868	121.00 0.9912
		5.00 0.0110	5.00 0.0110	10.00 0.0308	14.00 0.0615	21.00 0.1121	90.00 0.9055	101.00 0.9560	110.00 0.9824	121.00 0.9912	123.00 0.9956
3	13	2.75 0.0036	4.75 0.0071	8.75 0.0250	12.75 0.0357	20.75 0.0893	102.75 0.8893	114.75 0.9464	124.75 0.9714	132.75 0.9893	140.75 0.9929
		4.75 0.0071	6.75 0.0107	10.75 0.0286	14.75 0.0536	22.75 0.1036	104.75 0.9071	116.75 0.9500	128.75 0.9857	140.75 0.9929	142.75 0.9964
3	14	2.00 0.0015	5.00 0.0074	11.00 0.0235	17.00 0.0500	25.00 0.0868	116.00 0.8926	128.00 0.9353	138.00 0.9735	149.00 0.9882	162.00 0.9941
		5.00 0.0074	6.00 0.0103	13.00 0.0294	18.00 0.0544	26.00 0.1044	117.00 0.9044	129.00 0.9500	144.00 0.9765	153.00 0.9912	164.00 0.9971
3	15	4.75 0.0049	6.75 0.0074	12.75 0.0245	18.75 0.0490	26.75 0.0907	132.75 0.8995	146.75 0.9485	156.75 0.9681	164.75 0.9804	174.75 0.9926
		6.75 0.0074	8.75 0.0172	14.75 0.0368	20.75 0.0613	28.75 0.1005	134.75 0.9191	148.75 0.9583	158.75 0.9779	170.75 0.9902	184.75 0.9951
3	16	2.00 0.0010	8.00 0.0083	13.00 0.0206	20.00 0.0444	32.00 0.0970	146.00 0.8937	164.00 0.9463	179.00 0.9732	187.00 0.9835	198.00 0.9938
		5.00 0.0052	9.00 0.0103	14.00 0.0289	21.00 0.0526	33.00 0.1011	149.00 0.9102	166.00 0.9567	181.00 0.9814	194.00 0.9917	209.00 0.9959
3	17	4.75 0.0035	6.75 0.0053	12.75 0.0175	20.75 0.0439	34.75 0.1000	162.75 0.8930	180.75 0.9421	192.75 0.9719	210.75 0.9860	222.75 0.9947
		6.75 0.0053	8.75 0.0123	14.75 0.0263	22.75 0.0509	36.75 0.1070	164.75 0.9018	182.75 0.9509	200.75 0.9754	218.75 0.9930	234.75 0.9965
4	4			5.00 0.0143	5.00 0.0143	9.00 0.0714	29.00 0.8714	31.00 0.9286	31.00 0.9286	33.00 0.9857	33.00 0.9857
		5.00 0.0143	5.00 0.0143	9.00 0.0714	9.00 0.0714	11.00 0.1286	31.00 0.9286	33.00 0.9857	33.00 0.9857	37.00 1.0000	37.00 1.0000

		α–Werte									
m	n	0.005	0.010	0.025	0.050	0.100	0.900	0.950	0.975	0.990	0.995
4	5			6.00 0.0159	10.00 0.0397	11.00 0.0556	37.00 0.8730	41.00 0.9286	42.00 0.9603	42.00 0.9603	45.00 0.9921
		6.00 0.0159	6.00 0.0159	9.00 0.0317	11.00 0.0556	14.00 0.1190	38.00 0.9048	42.00 0.9603	45.00 0.9921	45.00 0.9921	50.00 1.0000
4	6	5.00 0.0048	5.00 0.0048	9.00 0.0238	13.00 0.0476	15.00 0.0857	47.00 0.8952	51.00 0.9333	53.00 0.9571	55.00 0.9762	55.00 0.9762
		9.00 0.0238	9.00 0.0238	11.00 0.0429	15.00 0.0857	17.00 0.1095	49.00 0.9143	53.00 0.9571	55.00 0.9762	59.00 0.9952	59.00 0.9952
4	7		6.00 0.0061	11.00 0.0212	14.00 0.0455	20.00 0.0909	58.00 0.8848	63.00 0.9394	68.00 0.9727	70.00 0.9848	70.00 0.9848
		6.00 0.0061	9.00 0.0121	14.00 0.0455	15.00 0.0576	21.00 0.1152	59.00 0.9030	66.00 0.9576	70.00 0.9848	75.00 0.9970	75.00 0.9970
4	8	5.00 0.0020	5.00 0.0020	13.00 0.0202	17.00 0.0465	21.00 0.0869	69.00 0.8970	77.00 0.9475	81.00 0.9636	87.00 0.9899	87.00 0.9899
		9.00 0.0101	9.00 0.0101	15.00 0.0364	19.00 0.0545	23.00 0.1030	71.00 0.9051	79.00 0.9556	83.00 0.9798	93.00 0.9980	93.00 0.9980
4	9	6.00 0.0028	11.00 0.0098	14.00 0.0210	20.00 0.0420	27.00 0.0965	85.00 0.8979	92.00 0.9497	98.00 0.9748	104.00 0.9874	106.00 0.9930
		9.00 0.0056	14.00 0.0210	15.00 0.0266	21.00 0.0531	29.00 0.1077	86.00 0.9231	93.00 0.9552	101.00 0.9804	106.00 0.9930	113.00 0.9986
4	10	9.00 0.0050	13.00 0.0100	17.00 0.0230	21.00 0.0430	31.00 0.0969	97.00 0.8961	105.00 0.9491	115.00 0.9740	121.00 0.9860	125.00 0.9910
		11.00 0.0090	15.00 0.0180	19.00 0.0270	23.00 0.0509	33.00 0.1129	99.00 0.9161	107.00 0.9530	117.00 0.9820	123.00 0.9900	127.00 0.9950
4	11	10.00 0.0037	11.00 0.0051	20.00 0.0220	26.00 0.0462	35.00 0.0967	113.00 0.8967	125.00 0.9495	134.00 0.9722	143.00 0.9897	148.00 0.9934
		11.00 0.0051	14.00 0.0110	21.00 0.0278	27.00 0.0505	36.00 0.1011	114.00 0.9099	126.00 0.9612	135.00 0.9780	146.00 0.9927	150.00 0.9963
4	12	11.00 0.0049	15.00 0.0099	21.00 0.0236	29.00 0.0489	39.00 0.0978	129.00 0.8962	141.00 0.9495	153.00 0.9747	161.00 0.9879	171.00 0.9945
		13.00 0.0055	17.00 0.0126	23.00 0.0280	31.00 0.0533	41.00 0.1093	131.00 0.9159	143.00 0.9538	155.00 0.9791	163.00 0.9901	173.00 0.9951
4	13	11.00 0.0029	17.00 0.0088	25.00 0.0227	33.00 0.0475	45.00 0.0971	146.00 0.8933	162.00 0.9496	173.00 0.9710	186.00 0.9891	193.00 0.9941
		14.00 0.0063	18.00 0.0113	25.00 0.0265	34.00 0.0504	46.00 0.1071	147.00 0.9000	163.00 0.9529	174.00 0.9777	187.00 0.9908	198.00 0.9958
4	14	13.00 0.0033	19.00 0.0088	27.00 0.0235	37.00 0.0477	49.00 0.0928	163.00 0.8931	181.00 0.9487	195.00 0.9739	207.00 0.9889	217.00 0.9941
		15.00 0.0059	21.00 0.0141	29.00 0.0291	39.00 0.0582	51.00 0.1059	165.00 0.9049	183.00 0.9539	197.00 0.9755	213.00 0.9915	221.00 0.9954
4	15	15.00 0.0049	21.00 0.0098	29.00 0.0199	41.00 0.0472	56.00 0.0993	183.00 0.8965	202.00 0.9466	218.00 0.9727	234.00 0.9892	245.00 0.9943
		17.00 0.0054	22.00 0.0114	30.00 0.0261	42.00 0.0524	57.00 0.1045	185.00 0.9017	203.00 0.9518	219.00 0.9768	235.00 0.9902	247.00 0.9954
4	16	17.00 0.0047	21.00 0.0089	33.00 0.0233	43.00 0.0436	61.00 0.0962	203.00 0.8933	223.00 0.9451	241.00 0.9728	259.00 0.9870	275.00 0.9946
		19.00 0.0056	23.00 0.0105	35.00 0.0283	45.00 0.0504	63.00 0.1061	205.00 0.9028	225.00 0.9525	243.00 0.9752	261.00 0.9903	277.00 0.9955

		α–Werte									
m	n	0.005	0.010	0.025	0.050	0.100	0.900	0.950	0.975	0.990	0.995
5	5		11.25 0.0079	15.25 0.0159	17.25 0.0317	23.25 0.0952	55.25 0.8889	59.25 0.9365	61.25 0.9683	65.25 0.9841	67.25 0.9921
		11.25 0.0079	15.25 0.0159	17.25 0.0317	21.25 0.0635	25.25 0.1111	57.25 0.9048	61.25 0.9683	65.25 0.9841	67.25 0.9921	71.25 1.0000
5	6	10.00 0.0022	10.00 0.0022	19.00 0.0238	24.00 0.0476	27.00 0.0758	69.00 0.8810	75.00 0.9459	76.00 0.9632	83.00 0.9870	84.00 0.9913
		15.00 0.0108	15.00 0.0108	20.00 0.0260	25.00 0.0563	30.00 0.1104	70.00 0.9069	76.00 0.9632	79.00 0.9805	84.00 0.9913	86.00 0.9957
5	7	11.25 0.0025	15.25 0.0051	21.25 0.0202	27.25 0.0480	33.25 0.0884	83.25 0.8990	89.25 0.9495	93.25 0.9646	101.25 0.9899	105.25 0.9949
		15.25 0.0051	17.25 0.0101	23.25 0.0303	29.25 0.0631	35.25 0.1136	85.25 0.9167	91.25 0.9520	95.25 0.9773	103.25 0.9924	107.25 0.9975
5	8	15.00 0.0039	20.00 0.0093	26.00 0.0225	31.00 0.0490	39.00 0.0979	99.00 0.8974	106.00 0.9448	113.00 0.9697	118.00 0.9852	123.00 0.9938
		18.00 0.0070	22.00 0.0124	27.00 0.0272	33.00 0.0521	40.00 0.1049	101.00 0.9068	107.00 0.9510	114.00 0.9759	122.00 0.9922	126.00 0.9953
5	9	17.25 0.0040	21.25 0.0080	29.25 0.0250	35.25 0.0450	45.25 0.0999	115.25 0.8951	123.25 0.9411	133.25 0.9710	141.25 0.9890	145.25 0.9910
		21.25 0.0080	23.25 0.0120	31.25 0.0300	37.25 0.0509	47.25 0.1149	117.25 0.9121	125.25 0.9500	135.25 0.9790	143.25 0.9900	147.25 0.9960
5	10	20.00 0.0040	26.00 0.0097	33.00 0.0223	41.00 0.0456	52.00 0.0989	134.00 0.8934	146.00 0.9494	154.00 0.9724	166.00 0.9897	174.00 0.9947
		22.00 0.0053	27.00 0.0117	34.00 0.0266	42.00 0.0503	53.00 0.1002	135.00 0.9068	147.00 0.9547	155.00 0.9757	168.00 0.9923	175.00 0.9973
5	11	21.25 0.0037	27.25 0.0087	37.25 0.0234	45.25 0.0458	57.25 0.0934	153.25 0.8997	165.25 0.9473	177.25 0.9748	187.25 0.9881	197.25 0.9950
		23.25 0.0055	29.25 0.0114	39.25 0.0275	47.25 0.0527	59.25 0.1053	155.25 0.9125	167.25 0.9519	179.25 0.9776	191.25 0.9918	199.25 0.9954
5	12	26.00 0.0047	30.00 0.0082	42.00 0.0244	53.00 0.0486	65.00 0.0931	174.00 0.8993	189.00 0.9473	202.00 0.9746	216.00 0.9888	226.00 0.9945
		27.00 0.0057	31.00 0.0102	43.00 0.0267	54.00 0.0535	66.00 0.1021	175.00 0.9071	190.00 0.9551	203.00 0.9772	217.00 0.9901	227.00 0.9952
5	13	27.25 0.0044	33.25 0.0082	45.25 0.0233	57.25 0.0476	73.25 0.0997	195.25 0.8985	211.25 0.9444	227.25 0.9741	243.25 0.9893	255.25 0.9946
		29.25 0.0058	35.25 0.0105	47.25 0.0268	59.25 0.0537	75.25 0.1076	197.25 0.9059	213.25 0.9512	229.25 0.9762	245.25 0.9904	257.25 0.9958
5	14	30.00 0.0044	38.00 0.0088	51.00 0.0248	65.00 0.0495	81.00 0.0978	219.00 0.8999	238.00 0.9479	254.00 0.9720	275.00 0.9896	285.00 0.9946
		31.00 0.0054	39.00 0.0108	52.00 0.0255	66.00 0.0544	82.00 0.1034	220.00 0.9037	239.00 0.9520	255.00 0.9754	276.00 0.9906	287.00 0.9953
5	15	33.25 0.0045	39.25 0.0077	55.25 0.0235	69.25 0.0470	89.25 0.0988	241.25 0.8951	265.25 0.9494	283.25 0.9739	305.25 0.9896	319.25 0.9946
		35.25 0.0058	41.25 0.0103	57.25 0.0263	71.25 0.0526	91.25 0.1053	243.25 0.9005	267.25 0.9542	285.25 0.9763	307.25 0.9906	321.25 0.9957
6	6	17.50 0.0011	27.50 0.0097	33.50 0.0238	39.50 0.0465	45.50 0.0963	93.50 0.8734	99.50 0.9307	105.50 0.9675	111.50 0.9848	115.50 0.9946
		23.50 0.0054	29.50 0.0152	35.50 0.0325	41.50 0.0693	47.50 0.1266	95.50 0.9037	101.50 0.9535	107.50 0.9762	113.50 0.9903	119.50 0.9989

Tabelle N   415

m	n	0.005	0.010	0.025	0.050	0.100	0.900	0.950	0.975	0.990	0.995
						α-Werte					
6	7	27.00 0.0047	31.00 0.0099	38.00 0.0204	45.00 0.0466	54.00 0.0973	114.00 0.8980	122.00 0.9476	129.00 0.9749	135.00 0.9883	140.00 0.9948
		28.00 0.0052	34.00 0.0146	39.00 0.0251	46.00 0.0524	55.00 0.1206	115.00 0.9108	123.00 0.9580	130.00 0.9779	138.00 0.9918	142.00 0.9971
6	8	29.50 0.0047	35.50 0.0100	41.50 0.0213	49.50 0.0430	59.50 0.0942	131.50 0.8924	141.50 0.9461	149.50 0.9737	157.50 0.9873	165.50 0.9940
		31.50 0.0060	37.50 0.0130	43.50 0.0266	51.50 0.0509	61.50 0.1062	133.50 0.9004	143.50 0.9540	151.50 0.9750	159.50 0.9900	167.50 0.9967
6	9	34.00 0.0050	39.00 0.0086	49.00 0.0232	58.00 0.0488	69.00 0.0969	154.00 0.8973	165.00 0.9467	175.00 0.9734	186.00 0.9894	193.00 0.9944
		35.00 0.0062	40.00 0.0110	50.00 0.0256	59.00 0.0547	70.00 0.1039	155.00 0.9065	166.00 0.9504	176.00 0.9766	187.00 0.9910	195.00 0.9956
6	10	37.50 0.0049	43.50 0.0100	53.50 0.0237	63.50 0.0448	75.50 0.0888	175.50 0.8976	189.50 0.9476	201.50 0.9734	213.50 0.9891	221.50 0.9948
		39.50 0.0054	45.50 0.0111	55.50 0.0262	65.50 0.0521	77.50 0.1010	177.50 0.9063	191.50 0.9540	203.50 0.9784	215.50 0.9901	223.50 0.9953
6	11	42.00 0.0048	49.00 0.0094	61.00 0.0243	73.00 0.0490	87.00 0.0977	200.00 0.8998	216.00 0.9491	229.00 0.9737	244.00 0.9898	253.00 0.9941
		43.00 0.0060	50.00 0.0103	62.00 0.0255	74.00 0.0512	88.00 0.1037	201.00 0.9009	217.00 0.9504	230.00 0.9758	245.00 0.9901	254.00 0.9954
6	12	45.50 0.0048	51.50 0.0082	67.50 0.0248	79.50 0.0470	95.50 0.0950	223.50 0.8954	243.50 0.9494	257.50 0.9733	273.50 0.9879	285.50 0.9944
		47.50 0.0063	53.50 0.0102	69.50 0.0273	81.50 0.0513	97.50 0.1033	225.50 0.9004	245.50 0.9542	259.50 0.9757	275.50 0.9900	287.50 0.9950
6	13	50.00 0.0047	58.00 0.0090	74.00 0.0234	89.00 0.0483	107.00 0.0985	252.00 0.8979	273.00 0.9499	290.00 0.9736	310.00 0.9898	323.00 0.9949
		51.00 0.0053	59.00 0.0101	75.00 0.0256	90.00 0.0503	108.00 0.1008	253.00 0.9001	274.00 0.9510	291.00 0.9751	311.00 0.9902	324.00 0.9951
6	14	53.50 0.0049	63.50 0.0093	81.50 0.0246	97.50 0.0495	117.50 0.0974	279.50 0.8972	301.50 0.9459	321.50 0.9730	343.50 0.9888	357.50 0.9944
		55.50 0.0054	65.50 0.0108	83.50 0.0281	99.50 0.0527	119.50 0.1043	281.50 0.9040	303.50 0.9501	323.50 0.9754	345.50 0.9901	359.50 0.9950
7	7	41.75 0.0029	47.75 0.0082	57.75 0.0233	65.75 0.0466	75.75 0.0950	147.75 0.8869	157.75 0.9452	165.75 0.9709	175.75 0.9889	179.75 0.9948
		43.75 0.0052	49.75 0.0111	59.75 0.0291	67.75 0.0548	77.75 0.1131	149.75 0.9050	159.75 0.9534	167.75 0.9767	177.75 0.9918	183.75 0.9971
7	8	50.00 0.0050	55.00 0.0082	66.00 0.0238	75.00 0.0479	87.00 0.0977	173.00 0.8988	184.00 0.9455	195.00 0.9745	204.00 0.9890	211.00 0.9939
		51.00 0.0059	56.00 0.0110	67.00 0.0272	76.00 0.0533	88.00 0.1052	174.00 0.9004	185.00 0.9510	196.00 0.9776	205.00 0.9902	212.00 0.9952
7	9	53.75 0.0049	59.75 0.0087	71.75 0.0224	83.75 0.0495	95.75 0.0920	197.75 0.8970	211.75 0.9495	221.75 0.9706	235.75 0.9895	245.75 0.9949
		55.75 0.0058	61.75 0.0103	73.75 0.0267	85.75 0.0556	97.75 0.1016	199.75 0.9073	213.75 0.9549	223.75 0.9764	237.75 0.9911	247.75 0.9963
7	10	59.00 0.0046	67.00 0.0090	82.00 0.0243	94.00 0.0478	109.00 0.0975	226.00 0.8978	242.00 0.9499	254.00 0.9726	270.00 0.9896	279.00 0.9949
		60.00 0.0053	68.00 0.0100	83.00 0.0268	95.00 0.0521	110.00 0.1009	227.00 0.9051	243.00 0.9544	255.00 0.9753	271.00 0.9902	280.00 0.9951

Tabelle N

m	n	α–Werte									
		0.005	0.010	0.025	0.050	0.100	0.900	0.950	0.975	0.990	0.995
7	11	63.75 0.0042	73.75 0.0096	89.75 0.0246	103.75 0.0495	119.75 0.0946	253.75 0.8991	271.75 0.9483	287.75 0.9742	303.75 0.9882	315.75 0.9943
		65.75 0.0050	75.75 0.0103	91.75 0.0272	105.75 0.0526	121.75 0.1012	255.75 0.9053	273.75 0.9506	289.75 0.9767	305.75 0.9904	317.75 0.9952
7	12	71.00 0.0048	82.00 0.0094	99.00 0.0241	115.00 0.0489	135.00 0.0996	285.00 0.8997	306.00 0.9491	323.00 0.9738	343.00 0.9893	357.00 0.9950
		72.00 0.0051	83.00 0.0104	100.00 0.0258	116.00 0.0519	136.00 0.1044	286.00 0.9020	307.00 0.9515	324.00 0.9754	344.00 0.9900	358.00 0.9954
7	13	75.75 0.0042	87.75 0.0089	107.75 0.0239	125.75 0.0487	147.75 0.0983	315.75 0.8972	339.75 0.9487	359.75 0.9745	381.75 0.9889	397.75 0.9949
		77.75 0.0050	89.75 0.0101	109.75 0.0261	127.75 0.0528	149.75 0.1054	317.75 0.9039	341.75 0.9523	361.75 0.9758	383.75 0.9905	399.75 0.9953
8	8	72.00 0.0043	78.00 0.0078	92.00 0.0239	104.00 0.0496	118.00 0.0984	218.00 0.8908	232.00 0.9457	244.00 0.9740	258.00 0.9900	264.00 0.9942
		74.00 0.0058	80.00 0.0100	94.00 0.0260	106.00 0.0543	120.00 0.1092	220.00 0.9016	234.00 0.9504	246.00 0.9761	260.00 0.9922	266.00 0.9957
8	9	79.00 0.0042	90.00 0.0096	103.00 0.0229	116.00 0.0487	132.00 0.0988	250.00 0.8959	266.00 0.9477	279.00 0.9742	294.00 0.9896	303.00 0.9945
		80.00 0.0050	91.00 0.0102	104.00 0.0253	117.00 0.0510	133.00 0.1016	251.00 0.9005	267.00 0.9520	280.00 0.9760	295.00 0.9901	304.00 0.9952
8	10	88.00 0.0050	98.00 0.0100	114.00 0.0245	128.00 0.0481	146.00 0.0980	280.00 0.8917	300.00 0.9487	316.00 0.9744	332.00 0.9891	344.00 0.9948
		90.00 0.0059	100.00 0.0112	116.00 0.0280	130.00 0.0525	148.00 0.1033	282.00 0.9001	302.00 0.9532	318.00 0.9768	334.00 0.9900	346.00 0.9950
8	11	95.00 0.0047	107.00 0.0095	126.00 0.0247	143.00 0.0500	163.00 0.0988	316.00 0.8984	337.00 0.9489	355.00 0.9739	376.00 0.9900	388.00 0.9948
		96.00 0.0051	108.00 0.0105	127.00 0.0256	144.00 0.0530	164.00 0.1039	317.00 0.9021	338.00 0.9501	356.00 0.9759	377.00 0.9909	389.00 0.9953
8	12	102.00 0.0044	116.00 0.0097	136.00 0.0234	156.00 0.0496	178.00 0.0970	352.00 0.8995	376.00 0.9497	396.00 0.9749	418.00 0.9894	434.00 0.9949
		104.00 0.0051	118.00 0.0103	138.00 0.0252	158.00 0.0533	180.00 0.1031	354.00 0.9056	378.00 0.9531	398.00 0.9763	420.00 0.9903	436.00 0.9953
9	9	110.25 0.0045	120.25 0.0085	138.25 0.0230	154.25 0.0481	172.25 0.0973	308.25 0.8975	326.25 0.9476	342.25 0.9742	360.25 0.9899	370.25 0.9949
		112.25 0.0051	122.25 0.0101	140.25 0.0258	156.25 0.0524	174.25 0.1025	310.25 0.9027	328.25 0.9519	344.25 0.9770	362.25 0.9915	372.25 0.9955
9	10	122.00 0.0049	134.00 0.0096	154.00 0.0250	171.00 0.0492	191.00 0.0963	347.00 0.8987	368.00 0.9489	385.00 0.9738	404.00 0.9890	419.00 0.9950
		123.00 0.0050	135.00 0.0101	155.00 0.0256	172.00 0.0514	192.00 0.1003	348.00 0.9021	369.00 0.9515	386.00 0.9751	405.00 0.9900	420.00 0.9955
9	11	132.25 0.0049	144.25 0.0089	166.25 0.0235	186.25 0.0484	210.25 0.0984	384.25 0.8942	408.25 0.9465	430.25 0.9744	452.25 0.9896	468.25 0.9950
		134.25 0.0056	146.25 0.0102	168.25 0.0251	188.25 0.0519	212.25 0.1049	386.25 0.9005	410.25 0.9500	432.25 0.9765	454.25 0.9900	470.25 0.9955
10	10	162.50 0.0050	176.50 0.0098	198.50 0.0241	218.50 0.0489	242.50 0.0982	418.50 0.8966	442.50 0.9479	462.50 0.9740	484.50 0.9891	498.50 0.9944
		164.50 0.0056	178.50 0.0109	200.50 0.0260	220.50 0.0521	244.50 0.1034	420.50 0.9018	444.50 0.9511	464.50 0.9759	486.50 0.9902	500.50 0.9950

O Kruskal–Wallis–Test

Die Tabelle gibt Quantile $h_{1-\alpha}$ der H–Statistik an.

\multicolumn{3}{c}{Stichprobenumfang}				\multicolumn{3}{c}{Stichprobenumfang}			
n_1	n_2	n_3	Quantil	α	n_1	n_2	n_3	Quantil	α
2	1	1	2.7000	0.500	4	2	2	6.0000	0.014
2	2	1	3.6000	0.200				5.3333	0.033
2	2	2	4.5714	0.067				5.1250	0.052
			3.7143	0.200				4.4583	0.100
								4.1667	0.105
3	1	1	3.2000	0.300					
3	2	1	4.2857	0.100	4	3	1	5.8333	0.021
			3.8571	0.133				5.2083	0.050
								5.0000	0.057
3	3	2	5.3572	0.029				4.0556	0.093
			4.7143	0.048				3.8889	0.129
			4.5000	0.067					
			4.4643	0.105	4	3	2	6.4444	0.008
3	3	1	5.1429	0.043				6.3000	0.011
			4.5714	0.100				5.4444	0.046
			4.0000	0.129				5.4000	0.051
								4.5111	0.098
3	3	2	6.2500	0.011				4.4444	0.102
			5.3611	0.032					
			5.1389	0.061					
			4.5556	0.100	4	3	3	6.7455	0.010
			4.2500	0.121				6.7091	0.013
								5.7909	0.046
3	3	3	7.2000	0.004				5.7273	0.050
			6.4889	0.001				4.7091	0.092
			5.6889	0.029				4.7000	0.101
			5.6000	0.050					
			5.0667	0.086					
			4.6222	0.100	4	4	1	6.6667	0.010
								6.1667	0.022
4	1	1	3.5714	0.200				4.9667	0.048
4	2	1	4.8214	0.057				4.8667	0.054
			4.5000	0.076				4.1667	0.082
			4.0179	0.114				4.0667	0.102

Tabelle O

Stichprobenumfang					Stichprobenumfang				
n_1	n_2	n_3	Quantil	α	n_1	n_2	n_3	Quantil	α
4	4	2	7.0364	0.006	5	3	2	6.9091	0.009
			6.8727	0.011				6.8281	0.010
			5.4545	0.046				5.2509	0.049
			5.2364	0.052				5.1055	0.052
			4.5545	0.098				4.6509	0.091
			4.4455	0.103				4.4121	0.101
4	4	3	7.1439	0.010	5	3	3	7.0788	0.009
			7.1364	0.011				6.9818	0.011
			5.5985	0.049				5.6485	0.049
			5.5758	0.051				5.5152	0.051
			4.5455	0.099				4.5333	0.097
			4.4773	0.102				4.4121	0.109
4	4	4	7.6538	0.008	5	4	1	6.9545	0.008
			7.5385	0.011				6.8400	0.011
			5.6923	0.049				4.9855	0.044
			5.6538	0.054				4.8600	0.056
			4.6539	0.097				3.9873	0.098
			4.5001	0.104				3.9600	0.102
5	1	1	3.8571	0.143	5	4	2	7.2045	0.009
								7.1182	0.010
5	2	1	5.2500	0.036				5.2727	0.049
			5.0000	0.048				5.2682	0.050
			4.4500	0.071				4.5409	0.098
			4.2000	0.095				4.5182	0.101
			4.0500	0.119					
					5	4	3	7.4449	0.110
5	2	2	6.5333	0.005				7.3949	0.011
			6.1333	0.013				5.6564	0.049
			5.1600	0.034				5.6308	0.050
			5.0400	0.056				4.5487	0.099
			4.3733	0.090				4.5231	0.103
			4.2933	0.112					
					5	4	4	7.7604	0.009
5	3	1	6.4000	0.012				7.7440	0.011
			4.9600	0.048				5.6571	0.049
			4.8711	0.052				5.6176	0.050
			4.0178	0.095				4.6187	0.100
			3.8400	0.123				4.5527	0.102

Tabelle O   419

| Stichprobenumfang ||| Quantil | α | Stichprobenumfang ||| Quantil | α |
n_1	n_2	n_3			n_1	n_2	n_3		
5	5	1	7.3091	0.009	5	5	4	7.8229	0.010
			6.8364	0.011				7.7914	0.010
			5.1273	0.046				5.6657	0.049
			4.9091	0.053				5.6429	0.050
			4.1091	0.086				4.5229	0.100
			4.0364	0.105				4.5200	0.101
5	5	2	7.3385	0.010	5	5	5	8.0000	0.009
			7.2692	0.010				7.9800	0.010
			5.3385	0.047				5.7800	0.049
			5.2462	0.051				5.6600	0.051
			4.6231	0.097				4.5600	0.100
			4.5077	0.100				4.5000	0.102
5	5	3	7.5780	0.010					
			7.5429	0.010					
			5.7055	0.046					
			5.6264	0.051					
			4.5451	0.100					
			4.5363	0.102					

P   Kolmogorow–Smirnow–c–Stichprobentest (einseitig)

Die Werte der Tabelle sind *nach Division durch* n (abgesehen von der Approximation) kritische Werte der K_1-Statistik.

			$c=2$					$c=3$		
$1-\alpha =$	0.90	0.95	0.975	0.99	0.995	0.90	0.95	0.975	0.99	0.995
$n=2$										
3	2	2				2				
4	3	3	3			3	3			
5	3	3	4	4	4	3	4	4	4	
6	3	4	4	5	5	4	4	5	5	5
7	4	4	5	5	5	4	5	5	5	6
8	4	4	5	5	6	4	5	5	6	6
9	4	5	5	6	6	5	5	6	6	7
10	4	5	6	6	7	5	6	6	7	7
12	5	5	6	7	7	5	6	7	7	8
14	5	6	7	7	8	6	7	7	8	8
16	6	6	7	8	9	6	7	8	9	9
18	6	7	8	9	9	7	8	8	9	10
20	6	7	8	9	10	7	8	9	10	10
25	7	8	9	10	11	8	9	10	11	12
30	8	9	10	11	12	9	10	11	12	13
35	8	10	11	12	13	10	11	12	13	14
40	9	10	12	13	14	10	12	13	14	15
45	10	11	12	14	15	11	12	14	15	16
50	10	12	13	15	16	12	13	14	16	17
Approximation für $n>50$	$\dfrac{1.52}{\sqrt{n}}$	$\dfrac{1.73}{\sqrt{n}}$	$\dfrac{1.92}{\sqrt{n}}$	$\dfrac{2.15}{\sqrt{n}}$	$\dfrac{2.30}{\sqrt{n}}$	$\dfrac{1.73}{\sqrt{n}}$	$\dfrac{1.92}{\sqrt{n}}$	$\dfrac{2.09}{\sqrt{n}}$	$\dfrac{2.30}{\sqrt{n}}$	$\dfrac{2.45}{\sqrt{n}}$

Tabelle P   421

		c=4					c=5			
$1-\alpha =$		0.90	0.95	0.975	0.99	0.995	0.90	0.95	0.975	0.99	0.995
$n = 2$											
3											
4		3	3				3				
5		4	4	4			4	4	4		
6		4	4	5	5	5	4	5	5	5	5
7		4	5	5	6	6	5	5	5	6	6
8		5	5	6	6	6	5	5	6	6	6
9		5	6	6	6	7	5	6	6	7	7
10		5	6	6	7	7	6	6	6	7	7
12		6	6	7	8	8	6	7	7	8	8
14		6	7	8	8	9	7	7	8	8	9
16		7	8	8	9	9	7	8	8	9	10
18		7	8	9	9	10	8	8	9	10	10
20		8	8	9	10	11	8	9	9	10	11
25		9	9	10	11	12	9	10	11	12	12
30		10	10	11	12	13	10	11	12	13	14
35		10	10	12	14	14	11	12	13	14	15
40		11	11	13	15	15	12	13	14	15	16
45		12	12	14	15	16	12	13	15	16	17
50		13	13	15	16	17	13	14	15	17	18
Approximation für $n>50$		$\frac{1.85}{\sqrt{n}}$	$\frac{2.02}{\sqrt{n}}$	$\frac{2.19}{\sqrt{n}}$	$\frac{2.39}{\sqrt{n}}$	$\frac{2.53}{\sqrt{n}}$	$\frac{1.92}{\sqrt{n}}$	$\frac{2.09}{\sqrt{n}}$	$\frac{2.25}{\sqrt{n}}$	$\frac{2.45}{\sqrt{n}}$	$\frac{2.59}{\sqrt{n}}$

		c=6					c=7			
$1-\alpha =$		0.90	0.95	0.975	0.99	0.995	0.90	0.95	0.975	0.99	0.995
$n = 2$											
3											
4		3					3				
5		4	4	4			4	4	4		
6		4	5	5	5		4	5	5	5	
7		5	5	5	6	6	5	5	5	6	6
8		5	5	6	6	7	5	6	6	6	7
9		5	6	6	7	7	5	6	6	7	7
10		6	6	7	7	8	6	6	7	7	8
12		6	7	7	8	8	6	7	7	8	8
14		7	7	8	9	9	7	8	8	9	9
16		7	8	9	9	10	8	8	9	9	10
18		8	9	9	10	10	8	9	9	10	11
20		8	9	10	10	11	8	9	10	11	11
25		9	10	11	12	12	10	10	11	12	13
30		10	11	12	13	14	11	11	12	13	14
35		11	12	13	14	15	11	12	13	14	15
40		12	13	14	15	16	12	13	14	15	16
45		13	14	15	16	17	13	14	15	16	17
50		13	15	16	17	18	14	15	16	17	18
Approximation für $n>50$		$\frac{1.97}{\sqrt{n}}$	$\frac{2.14}{\sqrt{n}}$	$\frac{2.30}{\sqrt{n}}$	$\frac{2.49}{\sqrt{n}}$	$\frac{2.63}{\sqrt{n}}$	$\frac{2.02}{\sqrt{n}}$	$\frac{2.18}{\sqrt{n}}$	$\frac{2.34}{\sqrt{n}}$	$\frac{2.53}{\sqrt{n}}$	$\frac{2.66}{\sqrt{n}}$

Tabelle P

			c=8					c=9		
$1-\alpha=$	0.90	0.95	0.975	0.99	0.995	0.90	0.95	0.975	0.99	0.995
$n=2$										
3										
4	3									
5	4	4				4	4			
6	4	5	5	5		5	5	5	5	
7	5	5	6	6	6	5	5	6	6	6
8	5	6	6	6	7	5	6	6	6	7
9	6	6	6	7	7	6	6	6	7	7
10	6	6	7	7	8	6	6	7	7	8
12	7	7	8	8	9	7	7	8	8	9
14	7	8	8	9	9	7	8	8	9	9
16	8	8	9	10	10	8	8	9	10	10
18	8	9	9	10	11	8	9	10	10	11
20	9	9	10	11	11	9	9	10	11	11
25	10	11	11	12	13	10	11	11	12	13
30	11	12	12	13	14	11	12	13	14	14
35	12	13	13	15	15	12	13	14	15	15
40	12	13	14	16	16	13	14	15	16	17
45	13	14	15	17	17	13	15	16	17	18
50	14	15	16	17	18	14	15	16	18	19
Approximation für $n>50$	$\frac{2.05}{\sqrt{n}}$	$\frac{2.22}{\sqrt{n}}$	$\frac{2.37}{\sqrt{n}}$	$\frac{2.55}{\sqrt{n}}$	$\frac{2.69}{\sqrt{n}}$	$\frac{2.09}{\sqrt{n}}$	$\frac{2.25}{\sqrt{n}}$	$\frac{2.40}{\sqrt{n}}$	$\frac{2.58}{\sqrt{n}}$	$\frac{2.72}{\sqrt{n}}$

			c=10		
$1-\alpha=$	0.90	0.95	0.975	0.99	0.995
$n=2$					
3					
4					
5	4	4			
6	5	5	5	5	
7	5	5	6	6	6
8	5	6	6	7	7
9	6	6	7	7	7
10	6	7	7	7	8
12	7	7	8	8	9
14	7	8	8	9	9
16	8	8	9	10	10
18	8	9	10	10	11
20	9	10	10	11	12
25	10	11	12	12	13
30	11	12	13	14	14
35	12	13	14	15	16
40	13	14	15	16	17
45	14	15	16	17	18
50	14	16	17	18	19
Approximation für $n>50$	$\frac{2.11}{\sqrt{n}}$	$\frac{2.27}{\sqrt{n}}$	$\frac{2.42}{\sqrt{n}}$	$\frac{2.61}{\sqrt{n}}$	$\frac{2.74}{\sqrt{n}}$

Q Kolmogorow–Smirnow–c–Stichprobentest (zweiseitig)

Die Werte der Tabelle sind *nach Division durch n* (abgesehen von der Approximation) kritische Werte der K_2-Statistik. Die approximierten kritischen Werte gelten für alle c.

$1 - \alpha =$	0.90	0.95	0.975
$n = 3$	$2(c = 2)$		
$n = 4$	$3(2 \leq c \leq 6)$	$3(c = 2)$	
$n = 5$	$3(c = 2)$ $4(3 \leq c \leq 10)$	$4(2 \leq c \leq 10)$	$4(2 \leq c \leq 4)$
$n = 6$	$4(2 \leq c \leq 8)$ $5(c = 9, 10)$	$4(c = 2, 3)$ $5(4 \leq c \leq 10)$	$4(c = 2)$ $5(3 \leq c \leq 10)$
$n = 7$	$4(2 \leq c \leq 4)$ $5(5 \leq c \leq 10)$	$4(c = 2)$ $5(3 \leq c \leq 10)$	$5(2 \leq c \leq 5)$ $6(6 \leq c \leq 10)$
$n = 8$	$4(c = 2)$ $5(3 \leq c \leq 10)$	$5(2 \leq c \leq 6)$ $6(7 \leq c \leq 10)$	$5(c = 2)$ $6(3 \leq c \leq 10)$
$n = 9$	$4(c = 2)$ $5(3 \leq c \leq 10)$	$5(c = 2, 3)$ $6(4 \leq c \leq 10)$	$6(2 \leq c \leq 9)$ $7(c = 10)$
$n = 10$	$5(2 \leq c \leq 6)$ $6(7 \leq c \leq 10)$	$5(c = 2)$ $6(3 \leq c \leq 10)$	$6(2 \leq c \leq 5)$ $7(6 \leq c \leq 10)$
$n = 12$	$5(c = 2, 3)$ $6(4 \leq c \leq 10)$	$6(2 \leq c \leq 4)$ $7(5 \leq c \leq 10)$	$6(c = 2)$ $7(3 \leq c \leq 10)$
$n = 14$	$6(2 \leq c \leq 7)$ $7(8 \leq c \leq 10)$	$6(c = 2)$ $7(3 \leq c \leq 10)$	$7(c = 2, 3)$ $8(4 \leq c \leq 10)$
$n = 16$	$6(c = 2, 3)$ $7(4 \leq c \leq 10)$	$7(2 \leq c \leq 5)$ $8(6 \leq c \leq 10)$	$8(2 \leq c \leq 8)$ $9(c = 9, 10)$
$n = 18$	$6(c = 2)$ $7(3 \leq c \leq 10)$	$7(c = 2)$ $8(3 \leq c \leq 10)$	$8(2 \leq c \leq 4)$ $9(5 \leq c \leq 10)$
$n = 20$	$7(2 \leq c \leq 6)$ $8(7 \leq c \leq 10)$	$8(2 \leq c \leq 7)$ $9(8 \leq c \leq 10)$	$8(c = 2)$ $9(3 \leq c \leq 10)$
$n = 25$	$8(2 \leq c \leq 8)$ $9(c = 9, 10)$	$9(2 \leq c \leq 8)$ $10(c = 9, 10)$	$9(c = 2)$ $10(3 \leq c \leq 9)$ $11(c = 10)$
$n = 30$	$8(c = 2)$ $9(3 \leq c \leq 10)$	$9(c = 2)$ $10(3 \leq c \leq 10)$	$10(c = 2)$ $11(3 \leq c \leq 10)$
$n = 35$	$9(2 \leq c \leq 4)$ $10(5 \leq c \leq 10)$	$10(c = 2, 3)$ $11(4 \leq c \leq 10)$	$11(c = 2)$ $12(3 \leq c \leq 10)$
$n = 40$	$10(2 \leq c \leq 8)$ $11(c = 9, 10)$	$11(2 \leq c \leq 5)$ $12(6 \leq c \leq 10)$	$12(c = 2, 3)$ $13(4 \leq c \leq 10)$
$n = 45$	$10(c = 2, 3)$ $11(4 \leq c \leq 10)$	$12(2 \leq c \leq 8)$ $13(c = 9, 10)$	$13(2 \leq c \leq 5)$ $14(6 \leq c \leq 10)$
$n = 50$	$11(2 \leq c \leq 6)$ $12(7 \leq c \leq 10)$	$12(c = 2, 3)$ $13(4 \leq c \leq 10)$	$14(2 \leq c \leq 9)$ $15(c = 10)$
Approximation für $n > 50$	$\dfrac{1.52}{\sqrt{n}}$	$\dfrac{1.73}{\sqrt{n}}$	$\dfrac{1.92}{\sqrt{n}}$

Tabelle Q

	$1-\alpha=$	0.99	0.995
$n=3$			
$n=4$			
$n=5$		$4(c=2)$	
$n=6$		$5(2 \leq c \leq 6)$	$5(c=2,3)$
$n=7$		$5(c=2)$	$6(2 \leq c \leq 10)$
		$6(3 \leq c \leq 10)$	
$n=8$		$6(2 \leq c \leq 7)$	$6(c=2,3)$
		$7(8 \leq c \leq 10)$	$7(4 \leq c \leq 10)$
$n=9$		$6(c=2,3)$	$7(2 \leq c \leq 10)$
		$7(4 \leq c \leq 10)$	
$n=10$		$7(2 \leq c \leq 10)$	$7(2 \leq c \leq 4)$
			$8(5 \leq c \leq 10)$
$n=12$		$7(c=2,3)$	$8(2 \leq c \leq 7)$
		$8(4 \leq c \leq 10)$	$9(8 \leq c \leq 10)$
$n=14$		$8(2 \leq c \leq 5)$	$8(c=2)$
		$9(6 \leq c \leq 10)$	$9(3 \leq c \leq 10)$
$n=16$		$8(c=2)$	$9(2 \leq c \leq 4)$
		$9(3 \leq c \leq 10)$	$10(5 \leq c \leq 10)$
$n=18$		$9(2 \leq c \leq 4)$	$10(2 \leq c \leq 9)$
		$10(5 \leq c \leq 10)$	$11(c=10)$
$n=20$		$9(c=2)$	$10(c=2,3)$
		$10(3 \leq c \leq 10)$	$11(4 \leq c \leq 10)$
$n=25$		$11(2 \leq c \leq 8)$	$11(c=2)$
		$12(c=9,10)$	$12(3 \leq c \leq 10)$
$n=30$		$12(2 \leq c \leq 8)$	$12(c=2)$
		$13(c=9,10)$	$13(3 \leq c \leq 10)$
$n=35$		$13(2 \leq c \leq 8)$	$13(c=2)$
		$14(c=9,10)$	$14(3 \leq c \leq 10)$
$n=40$		$13(c=2)$	$14(c=2)$
		$14(3 \leq c \leq 10)$	$15(3 \leq c \leq 10)$
$n=45$		$14(c=2)$	$15(c=2)$
		$15(3 \leq c \leq 10)$	$16(3 \leq c \leq 10)$
$n=50$		$15(c=2,3)$	$16(c=2,3)$
		$16(4 \leq c \leq 10)$	$17(4 \leq c \leq 10)$
Approximation für $n>50$		$\dfrac{2.15}{\sqrt{n}}$	$\dfrac{2.30}{\sqrt{n}}$

R Friedmans F_c-Test

Die Tabelle gibt Wahrscheinlichkeiten $P(F_c \geq x)$ an.

\multicolumn{2}{c}{$c=3, n=2$}	\multicolumn{2}{c}{$c=3, n=5$}	\multicolumn{2}{c}{$c=3, n=7$}	\multicolumn{2}{c}{$c=3, n=9$}
x	$P(F_c \geq x)$	x	$P(F_c \geq x)$	x	$P(F_c \geq x)$	x	$P(F_c \geq x)$
0.000	1.000	0.000	1.000	0.000	1.000	0.000	1.000
1.000	0.833	0.400	0.954	0.286	0.964	0.222	0.971
3.000	0.500	1.200	0.691	0.857	0.768	0.667	0.814
4.000	0.167	1.600	0.522	1.143	0.620	0.889	0.685
		2.8	0.367	2.000	0.486	1.556	0.569
		3.6	0.182	2.571	0.305	2.000	0.398
\multicolumn{2}{c}{$c=3, n=3$}	4.8	0.124	3.429	0.237	2.667	0.328
		5.2	0.093	3.714	0.192	2.889	0.278
x	$P(F_c \geq x)$	6.4	0.039	4.571	0.112	3.556	0.187
0.000	1.000	7.6	0.024	5.429	0.085	4.222	0.154
0.667	0.944	8.4	0.008	6.000	0.051	4.667	0.107
2.000	0.528	10.0	0.001	7.143	0.027	5.556	0.069
2.667	0.361			7.714	0.021	6.000	0.057
4.667	0.194			8.000	0.016	6.222	0.048
6.000	0.028	\multicolumn{2}{c}{$c=3, n=6$}	8.857	0.008	6.889	0.031
				10.286	0.004	8.000	0.019
		x	$P(F_c \geq x)$	10.571	0.003	8.222	0.016
		0.000	1.000	11.143	0.001	8.667	0.010
\multicolumn{2}{c}{$c=3, n=4$}	0.333	0.956	12.286	0.000	9.556	0.006
		1.000	0.740			10.667	0.004
x	$P(F_c \geq x)$	1.333	0.570			10.889	0.003
0.000	1.000	2.333	0.430	\multicolumn{2}{c}{$c=3, n=8$}	11.556	0.001
0.500	0.931	3.000	0.252			12.667	0.001
1.500	0.653	4.000	0.184	x	$P(F_c \geq x)$	13.556	0.000
2.000	0.431	4.333	0.142	0.000	1.000		
3.500	0.273	5.333	0.072	0.250	0.967		
4.500	0.125	6.333	0.052	0.750	0.794		
6.000	0.069	7.000	0.029	1.000	0.654		
6.500	0.042	8.333	0.012	1.750	0.531		
8.000	0.005	9.000	0.008	2.250	0.355		
		9.333	0.006	3.000	0.285		
		10.333	0.002	3.250	0.236		
		12.000	0.000	4.000	0.149		
				4.750	0.120		
				5.250	0.079		
				6.250	0.047		
				6.750	0.038		
				7.000	0.030		
				7.750	0.018		
				9.000	0.010		
				9.250	0.008		
				9.750	0.005		
				10.750	0.002		
				12.000	0.001		
				12.250	0.001		
				13.000	0.000		

$c=3, n=10$		$c=3, n=11$		$c=3, n=12$		$c=3, n=13$	
x	$P(F_c \geq x)$	x	$P(F_c \geq x)$	x	$P(F_c \geq x)$	x	$P(F_c \geq x)$
0.0	1.000	0.000	1.000	0.000	1.000	0.000	1.000
0.2	0.974	0.182	0.976	0.167	0.978	0.154	0.980
0.6	0.830	0.545	0.844	0.500	0.856	0.462	0.866
0.8	0.710	0.727	0.732	0.667	0.751	0.615	0.767
1.4	0.601	1.273	0.629	1.167	0.654	1.077	0.675
1.8	0.436	1.636	0.470	1.500	0.500	1.385	0.527
2.4	0.368	2.182	0.403	2.000	0.434	1.846	0.463
2.6	0.316	2.364	0.351	2.167	0.383	2.000	0.412
3.2	0.222	2.909	0.256	2.667	0.287	2.462	0.316
3.8	0.187	3.455	0.219	3.167	0.249	2.923	0.278
4.2	0.135	3.818	0.163	3.500	0.191	3.231	0.217
5.0	0.092	4.545	0.116	4.167	0.141	3.846	0.165
5.4	0.078	4.909	0.100	4.500	0.123	4.154	0.145
5.6	0.066	5.091	0.087	4.667	0.108	4.308	0.129
6.2	0.046	5.636	0.062	5.167	0.080	4.769	0.098
7.2	0.030	6.545	0.043	6.000	0.058	5.538	0.073
7.4	0.026	6.727	0.038	6.167	0.051	5.692	0.065
7.8	0.018	7.091	0.027	6.500	0.038	6.000	0.050
8.6	0.012	7.818	0.019	7.167	0.027	6.615	0.037
9.6	0.007	8.727	0.013	8.000	0.020	7.385	0.028
9.8	0.006	8.909	0.011	8.167	0.017	7.538	0.025
10.4	0.003	9.455	0.006	8.667	0.011	8.000	0.016
11.4	0.002	10.364	0.004	9.500	0.007	8.769	0.012
12.2	0.001	11.091	0.003	10.167	0.005	9.385	0.009
12.6	0.001	11.455	0.002	10.500	0.004	9.692	0.007
12.8	0.001	11.636	0.001	10.667	0.003	9.846	0.005
13.4	0.000	12.182	0.001	11.167	0.002	10.308	0.004
		13.273	0.001	12.167	0.002	11.231	0.003
		13.636	0.000	12.500	0.001	11.538	0.002
				12.667	0.001	11.692	0.002
				13.167	0.001	12.154	0.001
				13.500	0.000	12.462	0.001
						12.923	0.001
						14.000	0.001
						14.308	0.000

Tabelle R

c=4, n=2		c=4, n=4		c=4, n=5		c=4, n=6	
x	$P(F_c \geq x)$	x	$P(F_c \geq x)$	x	$P(F_c \geq x)$	x	$P(F_c \geq x)$
0.0	1.000	0.0	1.000	0.12	1.000	0.0	1.000
0.6	0.958	0.3	0.992	0.36	0.975	0.2	0.996
1.2	0.833	0.6	0.928	0.60	0.944	0.4	0.957
1.8	0.792	0.9	0.900	1.08	0.857	0.6	0.940
2.4	0.625	1.2	0.800	1.32	0.771	0.8	0.874
3.0	0.542	1.5	0.754	1.56	0.709	1.0	0.844
3.6	0.458	1.8	0.677	2.04	0.652	1.2	0.789
4.2	0.375	2.1	0.649	2.28	0.561	1.4	0.772
4.8	0.208	2.4	0.524	2.52	0.521	1.6	0.679
5.4	0.167	2.7	0.508	3.00	0.445	1.8	0.668
6.0	0.042	3.0	0.432	3.24	0.408	2.0	0.609
		3.3	0.389	3.48	0.372	2.2	0.574
		3.6	0.355	3.96	0.298	2.4	0.541
c=4, n=3		3.9	0.324	4.20	0.260	2.6	0.512
		4.5	0.242	4.44	0.226	3.0	0.431
x	$P(F_c \geq x)$	4.8	0.200	4.92	0.210	3.2	0.386
		5.1	0.190	5.16	0.162	3.4	0.375
0.2	1.000	5.4	0.158	5.40	0.151	3.6	0.338
0.6	0.958	5.7	0.141	5.88	0.123	3.8	0.317
1.0	0.910	6.0	0.105	6.12	0.107	4.0	0.270
1.8	0.727	6.3	0.094	6.36	0.093	4.2	0.256
2.2	0.608	6.6	0.077	6.84	0.075	4.4	0.230
2.6	0.524	6.9	0.068	7.08	0.067	4.6	0.218
3.4	0.446	7.2	0.054	7.32	0.055	4.8	0.197
3.8	0.342	7.5	0.052	7.80	0.044	5.0	0.194
4.2	0.300	7.8	0.036	8.04	0.034	5.2	0.163
5.0	0.207	8.1	0.033	8.28	0.031	5.4	0.155
5.4	0.175	8.4	0.019	8.76	0.023	5.6	0.127
5.8	0.148	8.7	0.014	9.00	0.020	5.8	0.114
6.6	0.075	9.3	0.012	9.24	0.017	6.2	0.108
7.0	0.054	9.6	0.007	9.72	0.012	6.4	0.089
7.4	0.033	9.9	0.006	9.96	0.009	6.6	0.088
8.2	0.017	10.2	0.003	10.20	0.007	6.8	0.073
9.0	0.002	10.8	0.002	10.68	0.005	7.0	0.066
		11.1	0.001	10.92	0.003	7.2	0.060
		12.0	0.000	11.16	0.002	7.4	0.056
				11.64	0.002	7.6	0.043
				11.88	0.002	7.8	0.041
				12.12	0.001	8.0	0.037
				12.60	0.001	8.2	0.035
				12.84	0.000	8.4	0.032
						8.6	0.029
						8.8	0.023
						9.0	0.022
						9.4	0.017

| \multicolumn{2}{c}{$c=4, n=6$} | \multicolumn{2}{c}{$c=4, n=7$} | \multicolumn{2}{c}{$c=4, n=7$} | \multicolumn{2}{c}{$c=4, n=8$} |

$c=4, n=6$		$c=4, n=7$		$c=4, n=7$		$c=4, n=8$	
x	$P(F_c \geq x)$	x	$P(F_c \geq x)$	x	$P(F_c \geq x)$	x	$P(F_c \geq x)$
9.6	0.014	0.086	1.000	10.029	0.012	0.00	1.000
9.8	0.013	0.257	0.984	10.371	0.010	0.15	0.998
10.0	0.010	0.429	0.963	10.543	0.009	0.30	0.971
10.2	0.010	0.771	0.906	10.714	0.008	0.45	0.959
10.4	0.009	0.943	0.845	11.057	0.007	0.60	0.912
10.6	0.007	1.114	0.800	11.229	0.005	0.75	0.890
10.8	0.006	1.457	0.757	11.400	0.004	0.90	0.849
11.0	0.006	1.629	0.685	11.743	0.004	1.05	0.837
11.4	0.004	1.800	0.652	11.914	0.003	1.20	0.765
11.6	0.003	2.143	0.590	12.086	0.003	1.35	0.757
11.8	0.003	2.314	0.557	12.429	0.002	1.50	0.710
12.0	0.002	2.486	0.524	12.600	0.002	1.65	0.681
12.2	0.002	2.829	0.456	12.771	0.002	1.80	0.654
12.6	0.001	3.000	0.418	13.114	0.001	1.95	0.629
12.8	0.001	3.171	0.382	13.286	0.001	2.25	0.558
13.0	0.001	3.514	0.366	13.457	0.001	2.40	0.517
13.2	0.001	3.686	0.310	13.800	0.001	2.55	0.507
13.4	0.001	3.857	0.297	13.971	0.001	2.70	0.471
13.6	0.000	4.200	0.262	14.143	0.001	2.85	0.450
		4.371	0.239	14.486	0.000	3.00	0.404
		4.543	0.220			3.15	0.389
		4.886	0.195			3.30	0.362
		5.057	0.180			3.45	0.350
		5.229	0.161			3.60	0.326
		5.571	0.143			3.75	0.323
		5.743	0.122			3.90	0.287
		5.914	0.118			4.05	0.278
		6.257	0.100			4.20	0.242
		6.429	0.093			4.35	0.226
		6.600	0.085			4.65	0.219
		6.943	0.073			4.80	0.193
		7.114	0.063			4.95	0.191
		7.286	0.056			5.10	0.168
		7.629	0.052			5.25	0.158
		7.800	0.041			5.40	0.148
		7.971	0.038			5.55	0.141
		8.314	0.035			5.70	0.121
		8.486	0.033			5.85	0.117
		8.657	0.030			6.00	0.110
		9.000	0.023			6.15	0.106
		9.171	0.020			6.30	0.100
		9.343	0.017			6.45	0.094
		9.686	0.015			6.60	0.081
		9.857	0.013			6.75	0.079
						7.05	0.068
						7.20	0.060
						7.35	0.058

$c=4, n=8$		$c=5, n=3$		$c=5, n=4$		$c=5, n=4$	
x	$P(F_c \geq x)$	x	$P(F_c \geq x)$	x	$P(F_c \geq x)$	x	$P(F_c \geq x)$
7.50	0.051	0.000	1.000	0.0	1.000	9.0	0.043
7.65	0.049	0.267	1.000	0.2	0.999	9.2	0.038
7.80	0.046	0.533	0.988	0.4	0.991	9.4	0.035
7.95	0.042	0.800	0.972	0.6	0.980	9.6	0.028
8.10	0.038	1.067	0.941	0.8	0.959	9.8	0.025
8.25	0.037	1.333	0.914	1.0	0.940	10.0	0.021
8.55	0.031	1.600	0.845	1.2	0.906	10.2	0.019
8.70	0.028	1.867	0.831	1.4	0.895	10.4	0.017
8.85	0.025	2.133	0.768	1.6	0.850	10.6	0.014
9.00	0.023	2.400	0.720	1.8	0.815	10.8	0.011
9.15	0.022	2.667	0.682	2.0	0.785	11.0	0.010
9.45	0.019	2.933	0.649	2.2	0.759	11.2	0.008
9.60	0.016	3.200	0.595	2.4	0.715	11.4	0.007
9.75	0.015	3.467	0.559	2.6	0.685	11.6	0.006
9.90	0.014	3.733	0.493	2.8	0.630	11.8	0.005
10.05	0.014	4.000	0.475	3.0	0.612	12.0	0.004
10.20	0.011	4.267	0.432	3.2	0.579	12.2	0.004
10.35	0.011	4.533	0.406	3.4	0.552	12.4	0.003
10.50	0.009	4.800	0.347	3.6	0.500	12.6	0.002
10.65	0.009	5.067	0.326	3.8	0.479	12.8	0.002
10.80	0.008	5.333	0.291	4.0	0.442	13.0	0.001
10.95	0.008	5.600	0.253	4.2	0.413	13.2	0.001
11.10	0.006	5.867	0.236	4.4	0.395	13.4	0.001
11.25	0.006	6.133	0.213	4.6	0.370	13.6	0.001
11.40	0.005	6.400	0.172	4.8	0.329	13.8	0.000
11.55	0.005	6.667	0.163	5.0	0.317		
11.85	0.004	6.933	0.127	5.2	0.286		
12.00	0.004	7.200	0.117	5.4	0.275		
12.15	0.004	7.467	0.096	5.6	0.249		
12.30	0.003	7.733	0.080	5.8	0.227		
12.45	0.003	8.000	0.063	6.0	0.205		
12.60	0.002	8.267	0.056	6.2	0.197		
12.75	0.002	8.533	0.045	6.4	0.178		
12.90	0.002	8.800	0.038	6.6	0.161		
13.05	0.002	9.067	0.028	6.8	0.143		
13.20	0.002	9.333	0.026	7.0	0.136		
13.35	0.001	9.600	0.017	7.2	0.121		
13.50	0.001	9.867	0.015	7.4	0.113		
13.65	0.001	10.133	0.008	7.6	0.095		
13.80	0.001	10.400	0.005	7.8	0.086		
13.95	0.001	10.667	0.004	8.0	0.080		
14.25	0.001	10.933	0.003	8.2	0.072		
14.40	0.001	11.467	0.001	8.4	0.063		
14.55	0.001	12.000	0.000	8.6	0.060		
14.70	0.001			8.8	0.049		
14.85	0.000						

$c=5, n=5$		$c=5, n=5$	
x	$P(F_c \geq x)$	x	$P(F_c \geq x)$
0.00	1.000	7.68	0.094
0.16	1.000	7.84	0.089
0.32	0.994	8.00	0.082
0.48	0.986	8.16	0.077
0.64	0.972	8.32	0.073
0.80	0.958	8.48	0.066
0.96	0.932	8.64	0.058
1.12	0.925	8.80	0.056
1.28	0.891	8.96	0.049
1.44	0.865	9.12	0.046
1.60	0.842	9.28	0.042
1.76	0.823	9.44	0.038
1.92	0.789	9.60	0.035
2.08	0.765	9.76	0.032
2.24	0.721	9.92	0.029
2.40	0.707	10.08	0.026
2.56	0.679	10.24	0.024
2.72	0.657	10.40	0.022
2.88	0.613	10.56	0.019
3.04	0.594	10.72	0.018
3.20	0.562	10.88	0.015
3.36	0.535	11.04	0.013
3.52	0.518	11.20	0.012
3.68	0.494	11.36	0.012
3.84	0.454	11.52	0.010
4.00	0.443	11.68	0.009
4.16	0.410	11.84	0.008
4.32	0.398	12.00	0.007
4.48	0.371	12.16	0.006
4.64	0.349	12.32	0.006
4.80	0.325	12.48	0.005
4.96	0.316	12.64	0.004
5.12	0.295	12.80	0.004
5.28	0.275	12.96	0.003
5.44	0.255	13.12	0.003
5.60	0.246	13.28	0.003
5.76	0.227	13.44	0.002
5.92	0.218	13.60	0.002
6.08	0.195	13.76	0.002
6.24	0.183	13.92	0.002
6.40	0.174	14.08	0.001
6.56	0.164	14.24	0.001
6.72	0.151	14.40	0.001
6.88	0.146	14.56	0.001
7.04	0.130	14.72	0.001
7.20	0.121	14.88	0.001
7.36	0.112	15.04	0.000
7.52	0.107		

S Spearmans r_S-Test

Die Tabelle gibt kritische Werte d_α der Statistik D nach dem folgenden Schema an:

d_{α_1}	α_1	mit $\alpha_1 = P(D \leq d_{\alpha_1}) \leq \alpha$
d_{α_2}	α_2	mit $\alpha_2 = P(D \leq d_{\alpha_2}) \geq \alpha$

					Stichprobenumfang n				
α		3		4		5		6		7

α		3		4		5		6		7
0.001							0	0.001	0	0.000
							0	0.001	2	0.001
0.005							0	0.001	4	0.003
							2	0.008	6	0.006
0.010						0	0.008	2	0.008	6	0.006
						2	0.042	4	0.017	8	0.012
0.015						0	0.008	2	0.008	8	0.012
						2	0.042	4	0.017	10	0.017
0.020						0	0.008	4	0.017	10	0.017
						2	0.042	6	0.029	12	0.024
0.025						0	0.008	4	0.017	12	0.024
						2	0.042	6	0.029	14	0.033
0.030						0	0.008	6	0.029	12	0.024
						2	0.042	8	0.051	14	0.033
0.035						0	0.008	6	0.029	14	0.033
						2	0.042	8	0.051	16	0.044
0.040						0	0.008	6	0.029	14	0.033
						2	0.042	8	0.051	16	0.044
0.045						2	0.042	6	0.029	16	0.044
						4	0.067	8	0.051	18	0.055
0.050				0	0.042	2	0.042	6	0.029	16	0.044
				2	0.167	4	0.067	8	0.051	18	0.055
0.100				0	0.042	4	0.067	12	0.087	22	0.083
				2	0.167	6	0.117	14	0.121	24	0.100
0.125				0	0.042	6	0.117	14	0.121	26	0.118
				2	0.167	8	0.175	16	0.149	28	0.133
0.200	0	0.167	2	0.167	8	0.175	18	0.178	34	0.198
	2	0.500	4	0.208	10	0.225	20	0.210	36	0.222
0.250	0	0.167	4	0.208	10	0.225	22	0.249	38	0.249
	2	0.500	6	0.375	12	0.258	24	0.282	40	0.278

Tabelle S

α	\multicolumn{2}{c}{Stichprobenumfang n}								
	\multicolumn{2}{c}{3}	\multicolumn{2}{c}{4}	\multicolumn{2}{c}{5}	\multicolumn{2}{c}{6}	\multicolumn{2}{c}{7}
0.750	4	0.500	12	0.625	26	0.742	44	0.718	70	0.722
	6	0.833	14	0.792	28	0.775	46	0.751	72	0.751
0.800	4	0.500	14	0.792	28	0.775	48	0.790	74	0.778
	6	0.833	16	0.833	30	0.825	50	0.822	76	0.802
0.875	6	0.833	16	0.833	30	0.825	52	0.851	82	0.867
	8	1.000	18	0.958	32	0.883	54	0.879	84	0.882
0.900	6	0.833	16	0.833	32	0.883	54	0.879	84	0.882
	8	1.000	18	0.958	34	0.933	56	0.912	86	0.900
0.950	6	0.833	16	0.833	34	0.933	60	0.949	92	0.945
	8	1.000	18	0.958	36	0.958	62	0.971	94	0.956
0.955	6	0.833	16	0.833	34	0.933	60	0.949	92	0.945
	8	1.000	18	0.958	36	0.958	62	0.971	94	0.956
0.960	6	0.833	18	0.958	36	0.958	60	0.949	94	0.956
	8	1.000	20	1.000	38	0.992	62	0.971	96	0.967
0.965	6	0.833	18	0.958	36	0.958	60	0.949	94	0.956
	8	1.000	20	1.000	38	0.992	62	0.971	96	0.967
0.970	6	0.833	18	0.958	36	0.958	60	0.949	96	0.967
	8	1.000	20	1.000	38	0.992	62	0.971	98	0.976
0.975	6	0.833	18	0.958	36	0.958	62	0.971	96	0.967
	8	1.000	20	1.000	38	0.992	64	0.983	98	0.976
0.980	6	0.833	18	0.958	36	0.958	62	0.971	98	0.976
	8	1.000	20	1.000	38	0.992	64	0.983	100	0.983
0.985	6	0.833	18	0.958	36	0.958	64	0.983	100	0.983
	8	1.000	20	1.000	38	0.992	66	0.992	102	0.988
0.990	6	0.833	18	0.958	36	0.958	64	0.983	102	0.988
	8	1.000	20	1.000	38	0.992	66	0.992	104	0.994
0.995	6	0.833	18	0.958	38	0.992	66	0.992	104	0.994
	8	1.000	20	1.000	40	1.000	68	0.999	106	0.997
0.999	6	0.833	18	0.958	38	0.992	68	0.999	108	0.999
	8	1.000	20	1.000	40	1.000	70	1.000	110	1.000

α	\multicolumn{8}{c}{Stichprobenumfang n}
	8		9		10		11	
0.001	4	0.001	10	0.001	20	0.001	34	0.001
	6	0.001	12	0.001	22	0.001	36	0.001
0.005	10	0.004	20	0.004	34	0.004	54	0.005
	12	0.005	22	0.005	36	0.005	56	0.006
0.010	14	0.008	26	0.009	42	0.009	64	0.009
	16	0.011	28	0.011	44	0.010	66	0.010
0.015	18	0.014	30	0.013	48	0.013	72	0.014
	20	0.018	32	0.016	50	0.015	74	0.015
0.020	20	0.018	34	0.018	54	0.018	78	0.018
	22	0.023	36	0.022	56	0.022	80	0.020
0.025	22	0.023	36	0.022	58	0.024	84	0.024
	24	0.029	38	0.025	60	0.027	86	0.026
0.030	24	0.029	40	0.029	60	0.027	88	0.028
	26	0.035	42	0.033	62	0.030	90	0.030
0.035	26	0.035	42	0.033	64	0.033	92	0.033
	28	0.042	44	0.038	66	0.037	94	0.035
0.040	26	0.035	44	0.038	66	0.037	96	0.038
	28	0.042	46	0.043	68	0.040	98	0.041
0.045	28	0.042	46	0.043	70	0.044	100	0.044
	30	0.048	48	0.048	72	0.048	102	0.047
0.050	30	0.048	48	0.048	72	0.048	102	0.047
	32	0.057	50	0.054	74	0.052	104	0.050
0.100	40	0.098	62	0.097	90	0.096	126	0.096
	42	0.108	64	0.106	92	0.102	128	0.102
0.125	44	0.122	68	0.125	98	0.124	136	0.124
	46	0.134	70	0.135	100	0.132	138	0.130
0.200	54	0.195	80	0.193	114	0.193	156	0.193
	56	0.214	82	0.205	116	0.203	158	0.201
0.250	58	0.231	88	0.247	124	0.246	168	0.243
	60	0.250	90	0.260	126	0.257	170	0.252

Tabelle S

α	Stichprobenumfang n							
	8		9		10		11	
0.750	106	0.750	148	0.740	202	0.743	268	0.748
	108	0.769	150	0.753	204	0.754	270	0.757
0.800	110	0.786	156	0.795	212	0.797	280	0.799
	112	0.805	158	0.807	214	0.807	282	0.807
0.875	120	0.866	168	0.865	228	0.868	300	0.870
	122	0.878	170	0.875	230	0.876	302	0.876
0.900	124	0.892	174	0.894	236	0.898	310	0.898
	126	0.902	176	0.903	238	0.904	312	0.904
0.950	134	0.943	188	0.946	254	0.948	332	0.946
	136	0.952	190	0.952	256	0.952	334	0.950
0.955	136	0.952	190	0.952	256	0.952	336	0.953
	138	0.958	192	0.957	258	0.956	338	0.956
0.960	138	0.958	192	0.957	260	0.960	340	0.959
	140	0.965	194	0.962	262	0.963	342	0.962
0.965	138	0.958	194	0.962	262	0.963	342	0.962
	140	0.965	196	0.967	264	0.967	344	0.965
0.970	140	0.965	196	0.967	266	0.970	346	0.967
	142	0.971	198	0.971	268	0.973	348	0.970
0.975	142	0.971	200	0.975	268	0.973	352	0.974
	144	0.977	202	0.978	270	0.976	354	0.976
0.980	144	0.977	202	0.978	272	0.978	356	0.978
	146	0.982	204	0.982	274	0.981	358	0.980
0.985	146	0.982	206	0.984	278	0.985	362	0.983
	148	0.986	208	0.987	280	0.987	364	0.985
0.990	150	0.989	210	0.989	284	0.990	370	0.989
	152	0.992	212	0.991	286	0.991	372	0.990
0.995	154	0.995	216	0.995	292	0.995	382	0.994
	156	0.996	218	0.996	294	0.996	384	0.995
0.999	160	0.999	226	0.999	306	0.999	398	0.998
	162	0.999	228	0.999	308	0.999	400	0.999

T Kendalls S–Test

Die Tabelle gibt Wahrscheinlichkeiten $P(S \geq s)$ mit $s \geq 0$ an. Da S symmetrisch um $E(S) = 0$ ist, gilt für $s < 0$: $P(S \leq s) = P(S \geq -s)$. Ist $n(n-1)/2$ gerade bzw. ungerade, so nimmt S nur gerade bzw. ungerade Werte an.

s	Stichprobenumfang n				s	Stichprobenumfang n		
	4	5	8	9		6	7	10
0	0.625	0.592	0.548	0.540	1	0.500	0.500	0.500
2	0.375	0.408	0.452	0.460	3	0.360	0.386	0.431
4	0.167	0.242	0.360	0.381	5	0.235	0.281	0.364
6	0.042	0.117	0.274	0.306	7	0.136	0.191	0.300
8		0.042	0.199	0.238	9	0.068	0.119	0.242
10		$0.0^2 83$	0.138	0.179	11	0.028	0.068	0.190
12			0.089	0.130	13	$0.0^2 83$	0.035	0.146
14			0.054	0.090	15	$0.0^2 14$	0.015	0.108
16			0.031	0.060	17		$0.0^2 54$	0.078
18			0.016	0.038	19		$0.0^2 14$	0.054
20			$0.0^2 71$	0.022	21		$0.0^3 20$	0.036
22			$0.0^2 28$	0.012	23			0.023
24			$0.0^3 87$	$0.0^2 63$	25			0.014
26			$0.0^3 19$	$0.0^2 29$	27			$0.0^2 83$
28			$0.0^4 25$	$0.0^2 12$	29			$0.0^2 46$
30				$0.0^3 43$	31			$0.0^2 23$
32				$0.0^3 12$	33			$0.0^2 11$
34				$0.0^4 25$	35			$0.0^3 47$
36				$0.0^5 28$	37			$0.0^3 18$
					39			$0.0^4 58$
					41			$0.0^4 15$
					43			$0.0^5 28$
					45			$0.0^6 28$

Bemerkung: Wiederholte Nullen sind durch Hochzahlen gekennzeichnet. Beispielsweise steht $0.0^3 47$ für 0.00047.

Literaturverzeichnis

Abdous, B. (1993): Note on the minimum mean integrated squared error of kernel estimates of a distribution function and its derivatives. *Commun. Statist.-Theor. Meth.* 22, 603 – 609.

Adichie, J.N. (1967a): Asymptotic efficiency of a class of nonparametric tests for regression parameters. *Ann. Math. Statist.* 38, 884 – 893.

Adichie, J.N. (1967b): Estimates of regression parameters based on rank tests. *Ann. Math. Statist.* 38, 894 – 904.

Adichie, J.N. (1974): Rank score comparison of several regression parameters. *Ann. Statist.* 2, 396 – 402.

Afifi, A.A. und Kim, P.J. (1972): Comparison of some two–sample location tests for non-normal alternatives. *J.R. Statist. Soc.* B 34, 448 – 455.

Agresti, A. (1990): *Categorical data analysis.* Wiley, New York.

Agresti, A.; Mehta, C.R. und Patel, N.R. (1990): Exact inference for contingency tables with ordered categories. *J. Amer. Statist. Ass.* 85, 453 – 458.

Aiyar, R.J. (1969): On some tests for trend and autocorrelation. Unveröffentlichte Dissertation. University of California at Berkeley.

Aiyar, R.J.; Guillier, C.L. und Albers, W. (1979): Asymptotic relative efficiencies of rank test for trend alternatives. *J. Amer. Statist. Ass.* 74, 226 – 231.

Akritas, M.G. und Clogg, C.C. (1991): Tests of independence for bivariate data with random censoring: A contingency–table approach. *Biometrics* 45, 1339 – 1354.

Akritas, M.G. und Zubovic, Y. (1991): Survey of robust procedures for survival data. In: *Directions in robust statistics and diagnostics,* Part I, Stahel, W. und Weisberg, S. (eds.). Springer, New York.

Alam, K. (1974): Some non-parametric tests of randomness. *J. Amer. Statist. Ass.* 69, 738 – 739.

Albers, W. (1978): Testing the mean of a normal population under dependence. *Ann. Statist.* 6, 1337 – 1344.

Albers, W. (1991): Comparing survival curves using rank tests. *Biom. J.* 33, 163 – 172.

Alling, D.W. (1963): Early decision in the Wilcoxon two–sample test. *J. Amer. Statist. Ass.* 58, 713 – 720.

Altham, P.M.E. (1971): The analysis of matched proportions. *Biometrika* 58, 561 – 576.

Altham, P.M.E. (1973): A non–parametric measure of signal discriminability. *Brit. J. Math. Stat. Psychol.* 26, 1 – 12.

Altman, N.S. (1992): An introduction to kernel and nearest–neighbor nonparametric regression. *American Statistician* 46, 175 – 185.

Alvo, M. und Cabilio, P. (1984): A comparison of approximations to the distribution of average Kendall tau. *Commun.-Statist.-Theor. Meth.* 13. 3191 – 3216.

Alvo, M. und Cabilio, P. (1985): Average rank correlation statistics in the presence of ties. *Commun. Statist.-Theor. Meth.* 14, 2095 – 2108.

Aly, E.-E.A.A. und Shayib, M.A. (1992): On some goodness–of–fit–tests for the normal, logistic and extreme–value distributions. *Commun. Statist., Theor. and Meth.* 21, 1297 - 1308.

Anderson, T.W. (1962): On the distribution of the two–sample Cramér–von Mises criterion. *Ann. Math. Statist.* 33, 1148 - 1159.

Anderson, T.W. und Darling, D.A. (1952): Asymptotic theory of certain „goodness of fit" criteria based on stochastic processes. *Ann. Math. Statist.* 23, 193 - 212.

Andrés, A.M.; Luna del Castillo, J.D. und Tejedor, H. (1991): New critical region tables for Fisher's exact test. *J. Appl. Statist.* 18, 233 - 254.

Andrés, A.M.; Tejedor, H. und Luna del Castillo, J.D. (1992): Optimal correction for continuity in the chi–squared test in 2×2 tables. *Commun. Statist.-Simul. Comp.* 21, 1077 - 1101.

Andrews, D.F. (1974): A robust method for multiple linear regression. *Technometrics* 16, 523 - 531.

Andrews, D.F.; Bickel, P.J.; Hampel, F.R.; Huber, P.J.; Rogers, W.H. und Tukey, J.W. (1972): *Robust estimation of location: Survey and advances.* Princeton, N.J.

Andrews, F.C. (1954): Asymptotic behavior of some rank tests for analysis of variance. *Ann. Math. Statist.* 25, 724 - 736.

Angus, J.E. (1983): On the asymptotic distribution of Cramér– von Mises one–sample test statistics under an alternative. *Commun. Statist., Theor. and Meth.* 12, 2477 - 2482.

Ansari, A.R. und Bradley, R.A. (1960): Rank–sum tests for dispersion. *Ann. Math. Statist.* 31, 1174 - 1189.

Anscombe, F.J. (1960): Rejection of outliers. *Technometrics* 2, 123 - 147.

Antille, A. (1975): Linearity of Wilcoxon signed–rank processes for the general linear hypothesis. *Zeitschr. f. Wahrscheinlichkeitsth.* 32, 147 - 164.

Antille, A. und Kersting, G. (1977): Tests for symmetry. *Zeitschr. f. Wahrscheinlichkeitsth.* 39, 235 - 255.

Antille, A.; Kersting, G. und Zucchini, W. (1982): Testing symmetry. *J. Amer. Statist. Ass.* 77, 639 - 646.

Antoniak, C.E. (1974): Mixtures of Dirichlet processes with applications to Bayesian nonparametric problems. *Ann. Statist.* 2, 1152 - 1174.

Arbuthnot, J. (1710): An argument for divine providence, taken from the constant regularity observed in the births of both sexes. *Phil. Trans.* 27, 186 - 190.

Arnold, B.C. und Balakrishnan, N. (1989): *Relations, bounds and approximations for order statistics.* Springer, New York.

Arnold, B.C.; Balakrishnan, N. und Nagaraja, H.N. (1992): *A first course in order statistics.* Wiley, New York.

Arnold, H.J. (1965): Small sample power for the one sample Wilcoxon test for non–normal shift alternatives. *Ann. Math. Statist.* 36, 1767 - 1778.

Asano, C. (1965): Runs test for a circular distribution and a table of probabilities. *Ann. Inst. Statist. Math.* 17, 331 - 346.

Baglivo, J.; Olivier, D. und Pagano, M. (1988): Methods for the analysis of contingency tables with large and small cell counts. *J. Amer. Statist. Ass.* 83, 1006 - 1013.

Bahadur, R.R. (1960): Stochastic comparison of tests. *Ann. Math. Statist.* 31, 276 - 295.

Bain, L.J. (1991): *Statistical analysis of reliability and life-testing models — Theory and methods*, 2. ed.. Marcel Dekker, New York.

Balakrishnan, N. und Bendre, S.M. (1993): Improved bounds for expectations of linear functions of order statistics. *Statistics* 24, 161 – 165.

Baringhaus, L.; Danschke, R. und Henze, N. (1989): Recent and classical tests for normality — a comparative study. *Comm. Statist. Simul. Comp.* 18, 363 – 379.

Baringhaus, L. und Henze, N. (1992): An adaptive omnibus test for exponentiality. *Commun. Statist., Theor. and Meth.* 21, 969 – 978.

Barlow, R.E.; Bartholomew, D.J.; Bremner, J.M. und Brunk, H.B. (1972): *Statistical inference under order restrictions.* Wiley, New York.

Barnett, V. und Lewis, T. (1978): *Outliers in statistical data.* Wiley, New York.

Barr, D.R. und Shudde, R.H. (1973): A note on Kuiper's V_n. *Biometrika* 60, 663 – 664.

Barton, D.E. und Casley, D.J. (1958): A quick estimate of the regression coefficient. *Biometrika* 45, 431 – 435.

Barton, D.E. und David, F.N. (1957): Multiple runs. *Biometrika* 44, 168 – 178.

Baskerville, J.C. und Solomon, D.L. (1975): Bayes two-decision procedures for two sample problems and rank order data. *Canad. J. Statist.* 3, 187 – 201.

Basler, H. (1987): Verbesserung des nicht–randomisierten exakten Testes von R.A. Fisher. *Metrika* 34, 287 – 322.

Basu, A.P. und Woodworth, G. (1967): A note on non-parametric tests for scale. *Ann. Math. Statist.* 38, 274 – 277.

Bateman, G. (1948): On the power function of the longest run as a test for randomness in a sequence of alternatives. *Biometrika* 35, 97 – 112.

Batschelet, E. (1965): *Statistical methods for the analysis of problems in animal orientation and certain biological rhythms.* Amer. Inst. Biol. Sc., Washington D.C.

Batschelet, E. (1972): Recent statistical methods for orientation data. In: Galler, S.R.; K. Schmidt–Koenig; G.J. Jacobs und R.E. Belleville: *Animal orientation and navigation.* National Aeronautics and Space Administration, Washington, D.C., 61 – 91.

Bauer, D.F. (1972): Constructing confidence sets using rank statistics. *J. Amer. Statist. Ass.* 67, 687 – 690.

Bauer, P.; Scheiber, V. und Wohlzogen, F.X. (1986): *Sequentielle statistische Verfahren.* Fischer, Stuttgart.

Bauer, R.K. (1962): Der Median–Quartile Test. *Metrika* 5, 1 – 16.

Behnen, K. (1971): Asymptotic optimality and ARE of certain rank–order tests under contiguity. *Ann. Math. Statist.* 42, 325 – 329.

Behnen, K. und Neuhaus, G. (1989): *Rank tests with estimated scores and their applications.* Teubner, Stuttgart.

Bell, C.B. und Doksum, K.A. (1965): Some new distribution-free statistics. *Ann. Math. Statist.* 36, 203 – 214.

Bell, C.B. und Doksum, K.A. (1967): Distribution-free tests of independence. *Ann. Math. Statist.* 38, 429 – 446.

Bell, C.B. und Haller, H.S. (1969): Bivariate symmetry tests: parametric and non-parametric. *Ann. Math. Statist.* 40, 259 – 269.

Bell, C.B.; Moser, J.M. und Thompson, R. (1966): Goodness criteria for two-sample distribution-free tests. *Ann. Math. Statist.* 37, 133 – 142.

Bell, C.B.; Woodroofe, M. und Avadhani, T.V. (1970): Some nonparametric tests for stochastic processes. In: *Non-parametric techniques in statistical inference*. Hrsg.: Puri, M.L., University Press, Cambridge, 215 – 258.

Benard, A. und Elteren, P. van (1953): A generalization of the method of m rankings. Proceedings Koninklijke Nederlandse Akademie van Wetenschappen (A), 56 (Indagationes Mathematicae 15), 359 – 369.

Bennett, B.M. (1965): On multivariate signed rank tests. *Ann. Inst. Statist. Math.* 17, 55 – 61.

Bennett, B.M. und Hsu, P. (1960): On the power function of the exact test for the 2×2 contingency table. *Biometrika* 47, 393 – 397.

Bennett, B.M. und Nakamura, E. (1963): Tables for testing significance in a 2×3 contingency table. *Technometrics* 5, 501 – 511.

Bennett, B.M. und Nakamura, E. (1964): The power function of the exact test for the 2×3 contingency table. *Technometrics* 6, 439 – 458.

Beran, R. (1969): The derivation of non-parametric two-sample tests from tests for uniformity of a circular distribution. *Biometrika* 56, 561 – 570.

Beran, R. (1972): Rank spectral processes and tests for serial dependence. *Ann. Math. Statist.* 43, 1749 – 1766.

Beran, R. (1977): Robust location estimates. *Ann. Statist.* 5, 431 – 444.

Beran, R. (1982): Estimated sampling distributions: The bootstrap and competitors. *Ann. Statist.* 10. 212 – 225.

Beran, R. (1984): Bootstrap methods in statistics. *Jber. d. Dt. Math. Verein.* 86, 24 – 30.

Berres, M. (1983): Approximating exact probabilities by χ^2 and continuity-corrected χ^2 in 2×2 tables. *Biom. J.* 25, 527 – 535.

Best, D.J. und Rayner, J.C.W. (1981): Are two classes enough for the X^2 goodness of fit test? *Statist. Neerl.* 35, 157 – 163.

Bhapkar, V.P. und Deshpandé, J.V. (1968): Some non-parametric tests for multi-sample problems. *Technometrics* 10, 578 – 585.

Bhattacharya, P.K.; Gastwirth, J.L. und Wright, A.L. (1982): Two modified Wilcoxon tests for symmetry about an unknown location parameter. *Biometrika* 69, 377 – 382.

Bhattacharyya, G.K. (1968): Robust estimates of linear trend in multivariate time series. *Ann. Inst. Statist. Math.* 20, 299 – 310.

Bhattacharyya, G.K. (1984): Tests of randomness against trend or serial correlations. Chapter 5 (pp. 89 – 111) aus: *Handbook of Statistics*, Vol. 4 (Nonparametric Methods, Krishnaiah, P.R. & Sen, P.K. (eds.). North-Holland, Amsterdam.

Bhattacharyya, G.K.; Johnson, R.A. und Neave, H.R. (1970): Percentage points of some non-parametric tests for independence and empirical power comparisons. *J. Amer. Statist. Ass.* 65, 976 – 983.

Bhuchongkul, S. (1964): A class of non-parametric tests for independence in bivariate populations. *Ann. Math. Statist.* 35, 138 – 149.

Bickel, P.J. (1965): On some robust estimates of location. *Ann. Math. Statist.* 36, 847 – 858.

Bickel, P.J. (1969): A distribution–free version of the Smirnov two–sample test in the p–variate case. *Ann. Math. Statist.* 40, 1 – 23.

Bickel, P.J. und Doksum, K.A. (1977): *Mathematical statistics: Basic ideas and selected topics.* Holden Day, San Francisco.

Bickel, P.J. und Freedman, D.A. (1981): Some asymptotic theory for the bootstrap. *Ann. Statist.* 9, 1196 – 1217.

Bickel, P.J. und Lehmann, E.L. (1975): Descriptive statistics for non–parametric models, I. Introduction. *Ann. Statist.* 3, 1038 – 1044, II. Location, ibid., 1045 – 1069.

Bickel, P.J. und Lehmann, E.L. (1976): Descriptive statistics for non–parametric models, III. Dispersion. *Ann. Statist.* 4, 1139 – 1158.

Birkes, D. und Dodge, Y. (1993): *Alternative methods of regression.* Wiley, New York, 111 – 141.

Birnbaum, Z.W. (1953): On the power of a one–sided test of fit for continuous probability functions. *Ann. Math. Stat.* 24, 484 – 489.

Birnbaum, Z.W. und Hall, R.A. (1960): Small sample distributions for multi–sample statistics of the Smirnov type. *Ann. Math. Statist.* 31, 710 – 720.

Bishop, Y.M.M.; Fienberg, S.E. und Holland, P.W. (1975): *Discrete multivariate analysis: Theory and practice.* MIT Press, Cambridge.

Blomqvist, N. (1950): On a measure of dependence between two random variables. *Ann. Math. Statist.* 21, 593 – 600.

Blomqvist, N. (1951): Some tests based on dichotomization. *Ann. Math. Statist.* 22, 362 – 371.

Blum, J.R. und Fattu, N.A. (1964): Non–parametric methods. *Review of Educational Research* 24 (5), 467 – 487.

Blum, J.R.; Kiefer, J. und Rosenblatt, M. (1961): Distribution–free tests of independence based on the sample distribution function. *Ann. Math. Statist.* 32, 485 – 498.

Blyth, C.R. (1958): Note on relative efficiency of tests. *Ann. Math. Statist.* 29, 898 – 903.

Blyth, C.R. und Hutchinson, D.W. (1960): Table of Neyman–shortest unbiased confidence intervals for the binomial parameter. *Biometrika* 47, 381 – 391.

Bock, H.H. (1974): *Automatische Klassifikation.* Vandenhoeck & Rup-precht, Göttingen.

Bortz, J.; Lienert, G.A. und Boehnke, K. (1990): *Verteilungsfreie Methoden in der Biostatistik.* Springer, Berlin.

Bosbach, G. (1988): *Robuste Mittelwert–Schätzer bei Verletzung der Unabhängigkeitsannahme.* Josef Eul, Bergisch Gladbach.

Box, G.E.P. (1953): Non–normality and tests on variances. *Biometrika* 40, 318 – 335.

Box, G.E.P. und Anderson, S.L. (1955): Permutation theory in the derivation of robust criteria and the study of departures from assumption. *J.R. Statist. Soc. B* 17, 1 – 26.

Bradley, J.V. (1968): *Distribution–free statistical tests.* Englewood Cliffs, N.J.

Bradley, J.V. (1978): Robustness? *British J. Math. Statist. Psychology* 31, 144 – 152.

Bradley, R.A.; Martin, D.C. und Wilcoxon, F. (1965): Sequential rank tests I. Monte Carlo studies of the two–sample procedure. *Technometrics* 7, 463 – 483.

Bradley, R.A.; Merchant, S.D. und Wilcoxon, F. (1966): Sequential rank tests II. Modified two–sample procedures. *Technometrics* 8, 615 – 624.

Braun, H. (1980): A simple method for testing goodness of fit in the presence of nuisance parameters. *J. R. Statist. Soc. B* 42, 53 – 63.

Breiman, L., Meisel, W. und Purcell, E. (1977): Variable kernel estimates of multivariate densities. *Technometrics* 19, 135 – 144.

Brown, B.M. (1988): Kendall's tau and contingency tables. *Austral. J. Statist.* 30, 276 – 291.

Brown, C.C. und Muenz, L.R. (1976): Reduced mean square error estimation in contingency tables. *J. Amer. Statist. Ass.* 71, 176 – 182.

Brown, G.W. und Mood, A.M. (1951): *On median tests for linear hypotheses.* Proc. 2nd Berkeley Symp. on Meth. Statist. and Probability, University of California Press, Berkeley, 159 – 166.

Brunner, E. und Dette, H. (1992): Rank procedures for the two–factor mixed model. *J. Amer. Statist. Ass.* 87, 884 – 888.

Brunner, E. und Neumann, N. (1982): Rank tests for correlated random variables. *Biom. J.* 24, 373 – 389.

Brunner, E. und Neumann, N. (1987): Rank test in 2 by 2 designs. *Statist. Neerl.* 40, 251 – 272.

Buckle, N.; Kraft, C.H. und Eeden, C. van (1969): An approximation to the Wilcoxon–Mann–Whitney distribution. *J. Amer. Statist. Ass.* 64, 591 – 599.

Bühler, W.J. (1967): The treatment of ties in the Wilcoxon test. *Ann. Math. Statist.* 38, 519 – 522.

Büning, H. (1973): Optimale Eigenschaften von Rangtests für das Zwei–Stichproben–Problem und ihre relative Effizienz zu parametrischen Testverfahren. Unveröffentlichte Dissertation. Freie Universität Berlin.

Büning, H. (1981): *Tests auf Gleichverteilung — ein Gütevergleich.* In: Computational Statistics, Hrsg. H. Büning und P. Naeve. De Gruyter, Berlin.

Büning, H. (1991): *Robuste und adaptive Tests.* De Gruyter, Berlin, New York.

Büning, H. (1993): A coefficient of stability of rank tests in the one–sample case. *Statistician* 42, 175 – 180.

Büning, H.; Haedrich, G.; Kleinert, H.; Kuß, A. und Streitberg, B. (1981): *Operationale Verfahren in der Markt– und Sozialforschung.* De Gruyter, Berlin.

Büning, H. und Jordy, A. (1976): *Neues vom χ^2-Test und den F_n-Tests.* Diskussionsarbeit des Instituts für Quantitative Ökonomik und Statistik der Freien Universität Berlin.

Burnham, K.P. und Anderson, D.R. (1976): Mathematical models for non–parametric inferences from line transect data. *Biometrics* 32, 325 – 336.

Burr, E.J. (1960): The distribution of Kendall's score S for a pair of tied rankings. *Biometrika* 47, 151 – 171.

Burr, E.J. (1963): Distribution of the two–sample Cramér–von Mises criterion for small equal samples. *Ann. Math. Statist.* 34, 95 – 101.

Burr, E.J. (1964): Small–sample distributions of the two–sample Cramér–von Mises' W^2 and Watson's U^2. *Ann. Math. Statist.* 35, 1091 – 1098.

Butler, C.C. (1969): A test for symmetry using the sample distribution function. *Ann. Math. Statist.* 40, 2209 – 2210.

Calitz, F. (1987): An alternative to the Kolmogorov–Smirnov test for goodness of fit. *Commun. Statist., Theor. and Meth.* 16, 3519 – 3534.

Capon, J. (1961): Asymptotic efficiency of certain locally most powerful rank tests. *Ann. Math. Statist.* 32, 88 – 100.

Capon, J. (1965): On the asymptotic efficiency of the Kolmogorov–Smirnov test. *J. Amer. Statist. Ass.* 60, 843 – 853.

Carroll, R.J. (1979): On estimating variances of robust estimators when the errors are asymmetric. *J. Amer. Statist. Ass.* 74, 674 – 679.

Čencov, N.N. (1962): Evaluation of an unknown distribution density from observations. *Soviet Math. Dokl.* 3, 1559 – 1562.

Chanda, K.D. (1963): On the efficiency of two–sample Mann–Whitney test for discrete populations. *Ann. Math. Statist.* 34, 612 – 617.

Chang, D.K. (1992): A note on the distribution of the Wilcoxon rank sum statistic. *Statist. Prob. Lett.* 13, 343 – 349.

Chapman, D.G. (1958): A comparative study of several one–sided good-ness–of–fit tests. *Ann. Math. Statist.* 29, 655 – 674.

Chapman, D.G. und Meng, R.C. (1966): The power of chi–square tests for contingency tables. *J. Amer. Statist. Ass.* 61, 965 – 975.

Chatterjee, S. und Delaney, N.J. (1988): Contingencies for analysis of contingency tables: More on the chi–squared test. *Brit. J. Math. and Statist. Psych.* 41, 235 – 250.

Chatterjee, S.K. und Sen, P.K. (1973): On Kolmogorov–Smirnov–type tests for symmetry. *Ann. Inst. Statist. Math.* 25, 287 – 299.

Chen, Y.I. (1991): Notes on the Mack–Wolfe and Chen–Wolfe tests for umbrella alternatives. *Biom. J.* 33, 281 – 290.

Chen, Y.I. und Wolfe, D.A. (1990): A study of distribution–free tests for umbrella alternatives. *Biom. J.* 32, 47 – 57.

Chernoff, H. und Lehmann, E.L. (1954): The use of maximum likelihood estimates in χ^2 tests for goodness of fit. *Ann. Math. Statist.* 25, 579 – 586.

Chernoff, H. und Savage, I.R. (1958): Asymptotic normality and efficiency of certain non–parametric test statistics. *Ann. Math. Statist.* 29, 972 – 994.

Chiu, S.-T. (1990): On the asymptotic distributions of Bandwidth estimates. *Ann. Statist.* 18, 1696 – 1711.

Chiu, S.-T. (1991): Bandwidth selection for Kernel density estimation. *Ann. Statist.* 19, 1883 – 1905.

Choi, S.C. (1973): On non–parametric tests for independence. *Technometrics* 15, 625 – 629.

Chu, C.-K. und Marron, J.S. (1991): Choosing a kernel regression estimator. *Statist. Sci.* 6, 404 – 436.

Chung, J.H. und Fraser, D.A.S. (1958): Randomization tests for a multivariate two–sample problem. *J. Amer. Statist. Ass.* 53, 729 – 735.

Clark, R.M. (1977): Non–parametric estimation of a smooth regression function. *J. R. Statist. Soc. B* 39, 107 – 113.

Clark, R.M. (1979): Calibration, cross–validation and Carbon – 14 I. *J. R. Statist. Soc. A* 142, 47 – 62.

Clark, R.M. (1980): Calibration, cross–validation, Carbon – 14 II. *J. R. Statist. Soc. A* 143, 177 – 194.

Cline, D. (1988): Admissible kernel estimators of a multivariate density. *Ann. Statist.* 16, 1421 – 1427.

Cline, D.B.H. (1990): Optimal kernel estimation of densities. *Ann. Inst. Statist. Math.* 42, No. 2, 287 – 303.

Clopper, C.J. und Pearson, E.S. (1934): The use of confidence or fiducial limits illustrated in the case of binomial. *Biometrika* 26, 404 – 413.

Cochran, W.G. (1950): The comparison of percentages in matched samples. *Biometrika* 37, 256 – 266.

Cochran, W.G. (1952): The χ^2 test of goodness of fit. *Ann. Math. Statist.* 23, 315 – 345.

Cochran, W.G. (1954): Some methods for strengthening the common χ^2 tests. *Biometrics* 10, 417 – 451.

Cochran, W.G. und Cox, G.M. (1957): *Experimental designs*, 2nd ed., Wiley, New York.

Cohen, A.C. (1991): *Truncated and censored samples*. Theory and applications. Marcel Dekker, New York.

Cohen, A. und Sackrowitz, H.B. (1991): Tests for independence in contingency tables with ordered categories. *J. Multivariate Anal.* 36, 56 – 67.

Collings, B.J. und Hamilton, M.A. (1988): Estimating the power of the two–sample Wilcoxon test for location shift. *Biometrics* 44, 847 – 860.

Conlon, M. (1992): An algorithm for the rapid evaluation of the power function for Fisher's exact test. *J. Statist. Comp. Simul.* 44, 63 – 73.

Conover, W.J. (1965): Several k–sample Kolmogorov–Smirnov test. *Ann. Math. Statist.* 36, 1019 – 1026.

Conover, W.J. (1967): A k–sample extension of the one–sided two–sample Smirnov test statistic. *Ann. Math. Statist.* 38, 1726 – 1730.

Conover, W.J. (1971): Practical nonparametric statistics. Wiley, New York.

Conover, W.J. (1972): A Kolmogorov goodness–of–fit test for discontinuous distributions. *J. Amer. Statist. Ass.* 67, 591 – 596.

Conover, W.J. (1973a): On methods of handling ties in the Wilcoxon signed–rank test. *J. Amer. Statist. Ass.*, 985 – 988.

Conover, W.J. (1973b): Rank tests for one sample, two samples and k samples without the assumption of a continuous distribution function. *Ann. Statist.* 1, 1105 – 1125.

Conover, W.J. (1974): Some reasons for not using the Yates continuity correction on 2×2 contingency tables. *J. Amer. Statist. Ass.* 69, 374 – 382.

Conover, W.J. und Iman, R.L. (1981): Rank transformations as a bridge between parametric and nonparametric statistics. *American Statistician* 35, 124 – 129.

Cox, D.R. (1955): Some statistical methods connected with series of events. *J. R. Statist. Soc.* B 17, 129 – 164.

Cox, D.R. und Lewis, P.A.W. (1966): *The statistical analysis of series of events*. Chapman and Hall, New York.

Cox, D.R. und Stuart, A. (1955): Some quick sign tests for trend in location and dispersion. *Biometrika* 42, 80 – 95.

Cox, M.A.A. und Plackett, R.L. (1980): Small samples in contingency tables. *Biometrika* 67, 1 – 13.

Cramér, H. (1928): On the composition of elementary errors. *Skand. Aktuarietidskrift* 11, 13 – 74.

Cramér, H. (1963): *Mathematical methods of statistics.* Princeton University Press, Princeton, N.J.

Crawford Moss, L.L.; Taylor, M.S. und Tingey, H.B. (1990): Quantiles of the Anderson–Darling statistic. *Commun. Statist., Simul. Comp.* 19, 1007 – 1014.

Cressie, N. (1980): Relaxing assumptions in the one sample t–test. *Austral. J. Statist.* 22, 143 – 153.

Cressie, N. und Read, T.R.C. (1989): Pearson's X^2 and the loglikelihood ratio statistic G^2: A comparative review. *Intern. Statist. Rev.* 57. 19 – 43.

Cronholm, J.N. (1968): Two tables connected with goodness–of–fit tests for equiprobable alternatives. *Biometrika* 55, 441.

Crouse, C.F. (1964): Note on Mood's test. *Ann. Math. Statist.* 35, 1825 – 1826.

Crouse, C.F. (1966): Distribution–free tests based on the sample distribution function. *Biometrika* 53, 99 – 108.

Crow, E.L. (1956): Confidence intervals for a proportion. *Biometrika* 43, 423 – 435.

Crow, E.L. und Siddiqui, M.M. (1967): Robust estimation of location. *J. Amer. Statist. Ass.* 62, 353 – 389.

Csorgo, M. und Guttman, I. (1962): On the empty cell test. *Technometrics* 4, 235 – 247.

D'Agostino, R.B. und Stephens, M.A. (1986): *Goodness–of–fit–techniques.* Marcel Dekker, New York.

Dabrowska, D.M. (1989): Rank tests for matched pairs experiments with censored data. *J. Multivariate Anal.* 28, 88 – 114.

Dabrowska, D.M. (1990): Signed–rank tests for censored matched pairs. *J. Amer. Statist. Ass.* 85, 478 – 485.

Dalal, S.R. (1980): Nonparametric Bayes decision theory. *Bayesian Statistics, Proceedings of the first international meeting held in Valencia*, 523 – 533.

Daniel, W. (1990): *Applied nonparametric statistics,* 2nd ed. PWS-Kent Publishing Company, Boston, Mass.

Daniels, H.E. (1944): The relation between measures of correlation in the universe of sample permutations. *Biometrika* 33, 129 – 135.

Daniels, H.E. (1950): Rank correlation and population models. *J. R. Statist. Soc.* B 12, 171 – 181.

Daniels, H.E. (1951): Note on Durbin and Stuart's formula for $E(r_2)$. *J. R. Statist. Soc.* B 13, 310.

Daniels, H.E. (1954): A distribution–free test for regression parameters. *Ann. Math. Statist.* 25, 499 – 513.

Darling, D.A. (1957): The Kolmogorov–Smirnov, Cramér-von Mises tests. *Ann. Math. Statist.* 28, 823 – 838.

Darling, D.A. und Robbins, H. (1968): Some nonparametric sequential tests with power one. *Proc. Nat. Acad. Sci.* 61, 804 – 809.

David, F.N. (1950) Two combinatorial tests of whether a sample has come from a given population. *Biometrika* 37, 97 – 110.

David, H.A. (1970): *Order Statistics.* Wiley, New York.

David, H.A. (1981): *Order Statistics.* 2nd ed., Wiley, New York.

David, H.A. (1988): General bounds and inequalities in order statistics. *Commun. Statist.-Theor. Meth.* 17, 2119 – 2134.

David, H.A. (1993): A note on order statistics for dependent variates. *American Statistician* 47, 198 – 199.

David, H.T. (1958): A three-sample Kolmogorov-Smirnov test. *Ann. Math. Statist.* 29, 842 – 851.

Davis, L.J. (1986): Exact tests for 2 by 2 contingency tables. *American Statistician* 40, 139 – 141.

Dempster, A.P. und Schatzoff, M. (1965): Expected significance level as a sensitivity index for test statistics. *J. Amer. Statist. Ass.* 60, 420 – 436.

Deshpandé, J.V. (1965): A non-parametric test based on U-statistics for the problem of several samples. *J. Indian Statist. Ass.* 3, 20 – 29.

Deshpandé, J.V. und Kusum, K. (1984): A test for the nonparametric two-sample scale problem. *Austral. J. Statist.* 26, 16 - 24.

Devroye, L. (1987): *A course in density estimation.* Birkhäuser, Boston.

Devroye, L. (1992): A note on the usefulness of superkernels in density estimation. *Ann. Statist.* 20, 2037 – 2056.

Devroye, L. und Györfi, L. (1985): *Nonparametric density estimation: The L_1 view.* Wiley, New York.

DeWet, T. und Wyk, J.W.J. van (1979a): Some large sample properties of Hogg's adaptive trimmed means. *S. Afric. Statist. J.* 13, 53 – 69.

DeWet, T. und Wyk, J.W.J. van (1979b): Efficiency and robustness of Hogg's adaptive trimmed means. *Commun. Statist.-Theor. Meth.* 15, 2935 – 2951.

Diersen, J. (1988): Nichtparametrische Trendtests auf der Grundlage von Vorzeichen, Rekorden und Rängen. Unveröffentlichte Diplomarbeit, Universität Dortmund.

Diersen, J. (1991): Rekordhäufigkeiten als nichtparametrische Teststatistiken für verschiedene Alternativen zur Zufälligkeit von Beobachtungsfolgen. Unveröffentlichte Dissertation, Universität Dortmund.

Dietz, E.J. (1987): A comparison of robust estimators in simple linear regression. *Commun. Statist.-Simul. Comp.* 16, 1209 – 1227.

Dietz, E.J. (1989): Teaching regression in a nonparametric statistics course. *American Statistician* 43, 35 – 40.

Dixon, W.J. (1953): Power functions of the sign test and power efficiency for normal alternatives. *Ann. Math. Statist.* 24, 467 – 473.

Dixon, W.J. (1954): Power under normality of several nonparametric tests. *Ann. Math. Statist.* 25, 610 – 614.

Dixon, W.J. (1957): Estimates of the mean and standard deviation of a normal population. *Ann. Math. Statist.* 28, 806 – 809.

Dixon, W.J. (1960): Simplified estimation from censored normal samples. *Ann. Math. Statist.* 31, 385 – 391.

Dixon, W.J. und Mood, A.M. (1946): The statistical sign test. *J. Amer. Statist. Ass.* 41, 557 – 566.

Doksum, K. (1963): Distribution-free statistics for stochastic processes. Unveröffentl. San Diego State College.

Doksum, K. und Thompson, R. (1971): Power bounds and asymptotic minimax results for one-sample rank tests. *Ann. Math. Statist.* 42, 12 – 34.

Draper, N.R. und Smith, N. (1981): *Applied regression analysis* (2. Aufl.). Wiley, New York.

Dudewicz, E.J. und Mishra, S.N. (1988): *Modern mathematical statistics.* Wiley, New York.

Dufour, J.-M.; Lepage, Y. und Zeidan, H. (1982): Nonparametric testing for time series: A bibliography. *Canad. J. Statist.* 10, 1 – 38.

Dufour, J.-M. und Roy, R. (1985): Some robust exact results on sample autocorrelations and tests of randomness. *J. Econometrics* 29, 257 – 273.

Dunn, O.J. (1964): Multiple comparisons using rank sums. *Technometrics* 6, 241 – 252.

Dupac, V. und Hájek, J. (1969): Asymptotic normality of simple linear rank statistic under alternatives II. *Ann. Math. Statist.* 40, 1992 – 2017.

Duran, B.S. (1976): A survey of nonparametric tests for scale. *Commun. Statist., Theor. and Meth.* 5, 1287 - 1312.

Durbin, J. (1951): Incomplete blocks in ranking experiments. *British Journal of Psychology (Statistical Section)* 4, 85 – 90.

Dwass, M. (1955): On the asymptotic normality of some statistics used in non-parametric tests. *Ann. Math. Statist.* 26, 334 – 339.

Dwass, M. (1960): Some k-sample rank-order tests. In: *Contributions to Probability and Statistics*, Olkin et al. (Eds.), 198 – 202.

Eberl, W. und Schneeweiß, G. (1957): Die Kontrolle der Druckfestigkeit von Beton durch Stichproben, 1. Teil. *Österreichisches Ingenieur-Archiv* 11, 172 – 195.

Edwards, A.W.F. (1972): *Likelihood.* University Press, Cambridge.

Eeden, C. van (1964): Note on the consistency of some distributionfree tests for dispersion. *J. Amer. Statist. Ass.* 59, 105 – 119.

Eeden, C. van (1970): Efficiency-robust estimation of location. *Ann. Math. Statist.* 41, 172 – 181.

Eeden, C. van und Benard, A. (1957a): A general class of distributionfree tests for symmetry containing the tests of Wilcoxon and Fisher, I. *Indag. Math.* 19, 381 – 391.

Eeden, C. van und Benard, A. (1957b): A general class of distributionfree tests for symmetry containing the tests of Wilcoxon and Fisher, II. *Indag. Math.* 19, 392 – 400.

Eeden, C. van und Benard, A. (1957c): A general class of distributionfree tests for symmetry containing the tests of Wilcoxon and Fisher, III. *Indag. Math.* 19, 401 – 408.

Efron, B. (1969): Student's t-test under symmetry conditions. *J. Amer. Statist. Ass.* 64, 1278 – 1302.

Efron, B. (1979): Bootstrap methods: Another look at the jackknife. *Ann. Statist.* 7, 1 – 26.

Efron, B. und Tibshirani, R. (1986): Bootstrap methods for standard errors, confidence intervals, and other measures of statistical accuracy, with comment and rejoinder. *Statist. Sci.* 1, 54 – 77.

Eger, K.H. (1985): *Sequential tests.* Teubner, Leipzig.

Elandt, R.C. (1962): Exact and approximate power function of the non-parametric test of tendency. *Ann. Math. Statist.* 33, 471 – 481.

Eliasziw, M. und Donner, A. (1991): Application of the McNemar test to non-independent matched pair data. *Statist. Med.* 10, 1981 – 1991.

Emerson, S.D. und Hoaglin, P.C. (1983): *Stem and leaf displays.* In: Understanding robust and exploratory data analysis. Ed.: Hoaglin, D.C.; Mosteller, F.; Tukey, S.W.. Wiley, New York.

Eplett, W.J.R. (1980): An influence curve for two-sample rank tests. *J. R. Statist. Soc. B* 42, 64 – 70.

Eplett, W.J.R. (1982): Rank tests generated by continuous piecewise linear functions. *Ann. Statist.* 10, 569 – 574.

Ertel, R. (1976): *Regionale Konjunkturprobleme und mögliche wirtschaftspolitische Konsequenzen.* Duncker & Humblot, Berlin.

Es, B. van (1992): Asymptotics for least squares cross-validation bandwidths in nonsmooth cases. *Ann. Statist.* 20, 1647 – 1657.

Eubank, R.L. (1988): *Spline smoothing and nonparametric regression.* Marcel Dekker, New York.

Everitt, B.S. (1992): *The analysis of contingency tables,* 2nd ed. Chapman & Hall, London.

Fairly, D. und Fligner, M. (1987): Linear rank statistics for the ordered alternatives problem. *Commun. Statist.-Theor. Meth.* 16, 1 – 16.

Fan, J. und Marron, S.S. (1992): Best possible constant for sandwidth selection. *Ann. Statist.* 20, 2057 – 2070.

Farrel, R.H. (1972): On the best obtainable asymptotic rates of convergence in estimation of a density at a point. *Ann. Math. Statist.* 43, 170 – 180.

Ferguson, G.A. (1965): *Nonparametric trend analysis.* McGill University Press, Montreal.

Ferguson, T.S. (1961a): Rules for rejection of outliers. *Revue Inst. Int. de Stat.* 29, 29 – 43.

Ferguson, T.S. (1961b): On the rejection of outliers. *Proc. 4th Berkeley Symp.* I, 253 – 287.

Ferguson, T.S. (1973): A Bayesian analysis of some non-parametric problems. *Ann. Statist.* 1, 209 – 230.

Ferguson, T.S. (1974): Prior distributions on spaces of probability measures. *Ann. Statist.* 2, 615 – 629.

Ferguson, T.S. und Kraft, C.H. (1955): A run test of the hypothesis that the median of a stochastic process is constant (abstract). *Ann. Math. Statist.* 26, 770.

Fieller, E.C. und Pearson, E.S. (1961): Tests for rank correlation coefficients II. *Biometrika* 48, 29 – 40.

Finch, S.J. (1977): Robust univariate test of symmetry. *J. Amer. Statist. Ass.* 72, 387 – 392.

Fine, T. (1966): On the Hodges and Lehmann shift estimator in the two-sample problem. *Ann. Math. Statist.* 37, 1814 – 1818.

Finney, D.J. (1948): The Fisher-Yates test of significance in 2×2 contingency tables. *Biometrika* 35, 145 – 156.

Finney, D.J.; Latscha, R.; Bennett, B.M. und Hsu, D. (1963): *Tables for testing significance in a 2×2 contingency table.* University Press, Cambridge.

Fisher, R.A. (1922): On the interpretation of chi-square from contingency tables, and the calculation of P. *J. R. Statist. Soc. A* 58, 87 – 94.

Fisher, R.A. (1935): *The design of experiments.* Oliver & Boyd, Edinburgh.

Fisher, R.A. und Yates, F. (1957): *Statistical tables for biological, agricultural, and medical research*, 5th ed., Edinburgh.

Fisz, M. (1976): *Wahrscheinlichkeitsrechnung und mathematische Statistik.* 8. Aufl., Akademie Verlag, Berlin.

Fix, E. und Hodges, S.C. (1951): Discreminatory analysis, nonparametric estimation: Consistency properties. *Report No. 4, Randolph Field, Texas USAF, School of Aviation Medicine.*

Fleiss, J.L. (1965): A note on Cochran's Q test. *Biometrics* 21, 1008 – 1010.

Fligner, M.A. und Rust, S.W. (1983): On the independence problem and Kendall's tau. *Commun. Statist.-Theor. Meth.* 12, 1597 – 1607.

Fligner, M.A. und Verducci, J.S. eds. (1993): *Probability models and statistical analysis for ranking data.* Springer, New York, Berlin.

Florens, J.P.; Mouchart, M.; Raoult, J.T.; Simar, L. und Smith, A.F.M. (1983): *Specifying statistical models from parametric to non-parametric using bayesian or non-bayesian approaches.* (Lecture Notes in Statistics No. 16), Springer, Berlin.

Foster, F.G. und Stuart, A. (1954): Distribution–free tests in time series based on the breaking of records. *J. R. Statist. Soc. B* 16, 1 – 22 (mit Diskussion).

Franklin, L.A. (1988a): The complete exact null distribution of Spearman's rho for n = 12 (1) 18. *J. Statist. Comp. Simul.* 29, 255 – 269.

Franklin, L.A. (1988b): A note on approximations and convergence in distribution for Spearman's correlation coefficient. *Commun. Statist.-Theor. Meth., Ser. A* 17, 55 – 59.

Fraser, D.A.S. (1957): *Nonparametric methods in statistics.* Wiley, New York.

Freedman, D. und Diaconis, P. (1981a): On the histogram as a density estimator: L_2 theory. *Zeitschrift für Wahrscheinlichkeitstheorie u. Verw. Gebiete* 57, 453 – 476.

Freedman, D. und Diaconis, P. (1981b): On the Maximum deviation between the histogram and the underlying density. *Zeitschrift für Wahrscheinlichkeitstheorie u. Verw. Gebiete* 58, 139 – 167.

Friedman, M. (1937): The use of ranks to avoid the assumption of normality implicit in the analysis of variance. *J. Amer. Statist. Ass.* 32, 675 – 701.

Friedman, M. (1940): A comparison of alternative tests of significance for the problem of m rankings. *Ann. Math. Statist.* 11, 86 – 92.

Fu, Y.X. und Arnold, J. (1992): A table of exact sample sizes for use with Fisher's exact test for 2×2 tables. *Biometrics* 48, 1103 – 1112.

Fujino, Y. (1979): Tests for the homogeneity of a set of variances against ordered alternatives. *Biometrika* 66, 133 – 140.

Gabriel, K.R. (1966): Simultaneous test procedures for multiple comparisons on categorical data. *J. Amer. Statist. Ass.* 61, 1081 – 1096.

Gabriel, K.R. (1969): Simultaneous test procedures — some theory of multiple comparisons. *Ann. Math. Statist.* 40, 224 – 250.

Gabriel, K.R. und Lachenbruch, P.A. (1969): Non–parametric ANOVA in small samples: A Monte Carlo study of the adequacy of the asymptotic approximation. *Biometrics* 25, 593 – 596.

Gajek, L. und Gather, U. (1991): Moment inequalities for order statistics with applications to characterizations of distributions. *Metrika* 38, 357 – 367.

Gasser, T.; Engel, S. und Seifert, B. (1993): *Nonparametric function estimation.* In: Handbook of Statistics, Vol. 9. Ed.: Rao, C.R.. Elsevier Science Publ.

Gasser, T.; Müller, H.-G. und Mammitzsch, V. (1985): Kernels for nonparametric Curve estimation. *J. R. Statist. Soc. B* 47, 238 – 252.

Gastaldi, T. (1991): Generalized two sample Kolmogorwov–Smirnov test involving a possibly censored sample. *Commun. Statist.-Simul. Comp.* 20, 365 – 373.

Gastwirth, J.L. (1965): Percentile modifications of two sample rank tests. *J. Amer. Statist. Ass.* 60, 1127 – 1141.

Gastwirth, J.L. (1966): On robust procedures. *J. Amer. Statist. Ass.* 61, 929 – 948.

Gastwirth, J.L. (1970): On robust rank tests. In: *Nonparametric techniques in statistical inference.* Ed.: M.L. Puri. Cambridge, London, New York.

Gastwirth, J.L. (1971): On the sign test of symmetry. *J. Amer. Statist. Ass.* 66, 821 – 823.

Gastwirth, J.L. und Cohen, M.L. (1970): Small sample behavior of some robust linear estimators of location. *J. Amer. Statist. Ass.* 65, 946 – 973.

Gastwirth, J.L. und Rubin, H. (1971): Effect of dependence of the level of some one–sample tests. *J. Amer. Statist. Ass.* 66, 816 – 820.

Gastwirth, J.L. und Rubin, H. (1975): The behavior of robust estimators on dependent data. *Ann. Statist.* 3, 1070 – 1100.

Gastwirth, J.L. und Wolff, S.S. (1962): An elementary method for obtaining lower bounds on the asymptotic power of rank tests. *Ann. Math. Statist.* 39, 2128 – 2130.

Gayen, A.K. (1950): The distribution of the variance ratio in random samples of any size drawn from non–normal universes. Significance of difference between the means of two non–normal samples. *Biometrika* 37, 236 – 255, 399 – 408.

Geary, R.C. (1947): Testing for normality. *Biometrika* 34, 209 – 242.

Geary, R.C. (1966): The average critical value method of adjudging relative efficiency of statistical tests in time series regression analysis. *Biometrika* 53, 109 – 119.

Geary, R.C. (1970): Relative efficiency of count of sign changes for assessing residual autoregression in least squares regression. *Biometrika* 57, 123 – 127.

Gehan, E.H. (1965a): A generalized Wilcoxen test for comparing arbitrarily single censored samples. *Biometrika* 52, 203 – 223.

Gehan, E.H. (1965b): A generalized two–sample Wilcoxon test for doubly censored data. *Biometrika* 52, 650 – 653.

Gelzer, J. und Pyke, R. (1965): The asymptotic relative efficiency of goodness–of–fit tests against scalar alternatives. *J. Amer. Statist. Ass.* 60, 410 – 419.

Gentleman, R. und Crowley, J. (1991): Graphical methods for censored data. *J. Amer. Statist. Ass.* 86, 678 – 683.

Ghosh, B.K. (1970): *Sequential tests of statistical hypotheses.* Addison–Wesley, Reading Mass.

Gibbons, J.D. (1964a): Effect of non–normality on the power function of the sign test. *J. Amer. Statist. Ass.* 59, 142 – 148.

Gibbons, J.D. (1964b): On the power of the two–sample rank tests on the equality of two distribution functions. *J.R. Statist. Soc. B* 26, 293 – 304.

Gibbons, J.D. (1971): *Nonparametric statistical inference.* McGraw Hill, New York.

Gibbons, J.D. (1973): Comparisons of asymptotic and exact power for percentile modified rank tests. *Sankhya B* 35, 15 – 24.

Gibbons, J.D. (1976): *Nonparametric methods for quantitative analysis.* Holt, Rinehart and Winston, New York.

Gibbons, J.D. (1983): Fisher's exact test. *Encyclop. Statist. Sciences* 3, 118 – 121. S. Kotz; N.L. Johnson und C.B. Read (eds.). Wiley, New York.

Gibbons, J.D. (1985): *Nonparametric statistical inference.* 2nd. ed., Marcel Dekker, New York.

Gibbons, J.D. und Chakrabarti, S. (1992): *Nonparametric statis-tical inference.* 3rd. ed., Marcel Dekker, New York.

Gibbons, J.D. und Gastwirth, J.L. (1966): Small sample properties of percentile modified rank tests. Johns Hopkins Univ. Dept. Statistics Tech. Rpt. 60.

Gibbons, J.D. und Gastwirth, J.L. (1970): Properties of the percentile modified rank tests. *Ann. Inst. Statist. Math. Suppl.* 6, 95 – 114.

Gjosh, M. (1972): Asymptotic properties of linear functions of order statistics for m–dependent random variables. *Calcutta Statist. Ass. Bull.* 21, 181 – 192.

Gleser, L.J. (1985): Exact power of goodness–of–fit tests of Kolmogorov type for discontinuous distributions. *J. Amer. Statist. Ass.* 80, 954 – 958.

Gokhale, D.V. (1966): Some problems in independence and dependence. Unveröffentliche Dissertation, University of California at Berkeley.

Gokhale, D.V. (1968): On asymptotic relative efficiencies of a class of rank tests for independence of two variables. *Ann. Inst. Statist. Math.* 20, 255 – 261.

Goldstein, M. (1975a): Approximate Bayes solutions to some nonparametric problems. *Ann. Statist.* 3, 512 – 517.

Goldstein, M. (1975b): An note on some Bayesian nonparametric estimates. *Ann. Statist.* 3, 736 – 740.

Goldstein, M. (1975c): Uniqueness relations for linear posterior expectations. *J. R. Statist. Soc. B* 37, 402 – 405.

Good, I.J.; Gover, T.N. und Mitchell, G.J. (1970): Exact distributions for χ^2 and for the likelihood–ratio statistic for the equiprobable multinomial distribution. *J. Amer. Statist. Ass.* 64, 267 – 283.

Goodman, L.A. (1957): Runs tests and likelihood ratio tests for Markov chains (abstract). *Ann. Math. Statist.* 28, 1072 – 1073.

Goodman, L.A. (1970a): The multivariate analysis of qualitative data: Interactions among multiple classifications. *J. Amer. Statist. Ass.* 65, 226 – 256.

Goodman, L.A. (1970b): The analysis of multidimensional contingency tables: Stepwise procedures and direct estimation methods for building models for multiple classifications. *Technometrics* 12, 33 – 61.

Goodman, L.A. und Grunfeld, Y. (1961): Some nonparametric tests for comovements between time series. *J. Amer. Statist. Ass.* 56, 11 – 26.

Govindarajulu, Z. (1968): Distribution–free confidence bounds for $P(X < Y)$. *Ann. Inst. Statist. Math.* 20, 229 – 238.

Govindarajulu, Z. (1975): *Sequential statistical procedures.* Wiley, New York.

Granger, C.W.J. und Neave, H.R. (1968): A quick test for slippage. *Rev. Inst. Internat. Statist.* 36, 309 – 312.

Grizzle, J.E. (1967): Continuity correction in the χ^2–test for 2×2 tables. *American Statistician* 21, 28 – 32.

Groggel, D.J. (1987): A Monte Carlo Study of rank tests for block designs. *Commun. Statist.-Simul. Comp.* 16, 601 – 620.

Gross, S. (1966): Nonparametric tests when nuisance parameters are present. Ph.D. thesis, University of California, Berkeley.

Grove, D.M. (1980): A test of independence against a class of ordered alternatives in a $2 \times c$ contingency table. *J. Amer. Statist. Ass.* 75, 454 – 459.

Grubbs, F.E. (1969): Procedures for detecting outlying observations in samples. *Technometrics* 11, 1 - 21.

Gumbel, E.J. (1943): On the relability of the classical chi–square test. *Ann. Math. Statist.* 14, 253 – 263.

Gumbel, E.J. (1958): Statistics of extremes. Columbia University Press, New York.

Gupta, M.K. (1967): An asymptotically nonparametric test of symmetry. *Ann. Math. Statist.* 38, 849 – 866.

Haber, M. (1980): A comparison of some continuity corrections for the chi-squared test on 2×2 tables. *J. Amer. Statist. Ass.* 75, 510 – 515.

Haber, M. (1982): The continuity correction and statistical testing. *Int. Statist. Rev.* 50, 135 – 144.

Haberman, S.J. (1988): A warning on the use of chi–squared statistics with frequency tables with small expected cell counts. *J. Amer. Statist. Ass.* 83, 555 – 560.

Härdle, W. (1990): *Applied nonparametric regression.* Cambridge University Press, Cambridge.

Härdle, W. (1991): *Smoothing techniques with implementation in S.* Springer, New York.

Härdle, W. und Müller, M. (1993): Nichtparametrische Glättungsme-thoden in der alltäglichen statistischen Praxis. *Allg. Statist. Arch.* 77, 9 – 31.

Haga, T. (1960): A two–sample rank test on location. *Ann. Inst. Statist. Math.* 11, 211 – 219.

Hájek, J. (1962): Asymptotically most powerful rank order tests. *Ann. Math. Statist.* 33, 1124 – 1147.

Hájek, J. (1968): Asymptotic normality of simple linear rank statistics under alternatives. *Ann. Math. Statist.* 39, 325 – 346.

Hájek, J. (1969): Nonparametric statistics. Holden Day, San Francisco.

Hájek, J. und Šidák, Z. (1967): Theory of rank tests. Academic Press, New York.

Hald, A. (1962): Statistical tables and formulas. Wiley, New York.

Hall, D.L. und Joiner, B.L. (1982): Representations of the space of distributions useful in robust estimation of location. *Biometrika* 69, 55 - 59.

Hall, P. (1992): *The bootstrap and Edgeworth expansion.* Springer, New York, Berlin.

Hall, P. und Marron, J.S. (1987a): Estimation of integrated squared density derivatives. *Statist. Prob. Letters* 6, 109 – 115.

Hall, P. und Marron, J.S. (1987b): Extent to which least–squares cross–validation minimises integrated square error in nonparametric density estimation. *Prob. Theory Relat. Fields* 74, 567 – 581.

Hamdan, M.A. (1968): Optimum choice of classes for contingency tables. *J. Amer. Statist. Ass.* 63, 291 – 297.

Hampel, F.R. (1971): A general qualitative definition of robustness. *Ann. Math. Statist.* 42, 1887 – 1896.

Hampel, F.R. (1973): Robust estimation: A condensed partial survey. *Zeitschrift für Wahrscheinlichkeitstheorie und verwandte Gebiete* 27, 87 – 104.

Hampel, F.R. (1974): The influence curve and its role in robust estimation. *J. Amer. Statist. Ass.* 69, 383 – 393.

Hampel, F.R. (1978): Modern trends in the theory of robustness. *Math. Operationsforschung und Statistik, Ser. Statistics* 9, 425 – 442.

Hampel, F.R.; Rousseeuw, P.J.; Ronchetti, E.M. und Stahel, W.A. (1986): *Robust statistics, the approach based on influence functions.* Wiley, New York.

Handl, A. (1986): Maßzahlen zur Klassifizierung von Verteilungen bei der Konstruktion adaptiver verteilungsfreier Tests im unverbundenen Zweistichproben–Problem. Unveröffentlichte Dissertation, Freie Universität Berlin.

Harkness, W.L. und Katz, L. (1964): Comparison of the power functions for the test of independence in 2×2 contingency tables. *Ann. Math. Statist.* 35, 1115 – 1127.

Harrison, M.J. und McCabe, B.P.M. (1975): Autocorrelation with heteroscedasticity: A note on the robustness of the Durbin–Watson, Geary, and Henshaw tests. *Biometrika* 62, 214 – 216.

Harter, H.L. (1961): Expected values of normal order statistics. *Biometrika* 48, 151 – 165.

Haseman, J.K. (1978): Exact sample sizes for use with the Fisher–Irwin Test for 2×2 tables. *Biometrics* 34, 106 – 109.

Hawkins, D.M. (1980a): *Identification of outliers.* Chapman and Hall, London.

Hawkins, D.M. (1980b): A note on fitting a regression without an intercept term. *American Statistician* 34, 223.

Haynam, G.E. und Govindarajulu, Z. (1966): Exact power of the Mann–Whitney test for exponential and rectangular alternatives. *Ann. Math. Statist.* 37, 945 – 953.

Heckendorf, H. (1982): *Grundlagen der sequentiellen Statistik.* Teubner, Leipzig.

Hemelrijk, J. (1950a): A family of parameterfree tests for symmetry with respect to a given point, I. *Indag. Math.* 12, 340 – 350.

Hemelrijk, J. (1950b): A family of parameterfree tests for symmetry with respect to a given point, II. *Indag. Math.* 12, 419 – 431.

Hemelrijk, J. (1952): A theorem on the sign test when ties are present. *Proceedings Koninklijke Nederlandse Akademie van Wetenschappen (A)* 55, 322 – 326.

Henshaw, R.C. (1966): Testing single equation least squares regression models for autocorrelated disturbances. *Econometrica* 34, 646 – 660.

Hensler, G. (1975): Asymptotic efficient non–parametric estimation of regression and scale parameters. *Commun. Statist.* 4, 821 – 837.

Hettmansperger, T.P. (1968): On the trimmed Mann–Whitney statistics. *Ann. Math. Statist.* 39, 1610 – 1614.

Hettmansperger, T.P. (1984): *Statistical inference based on ranks.* Wiley, New York.

Hill, N.J.; Padmanabhan, A.R. und Puri, M.L. (1988): Adaptive nonparametric procedures and applications. *Appl. Statist.* 37, 205 – 218.

Hoaglin, D.C.; Mosteller, F. und Tukey, J.W. (1983): *Understanding robust and exploratory data analysis.* Wiley, New York.

Hodges, J.L. Jr. (1967): Efficiency in normal samples and tolerance of extreme values for some estimates of location. *Proceedings of the Fifth Berkeley Symposium on Mathematical Statistics and Probability* University of California Press, Berkeley, 163 – 186.

Hodges, J.L. Jr. und Lehmann, E.L. (1956): The efficiency of some nonparametric competitors of the t-test. *Ann. Statist.* 27, 324 – 335.

Hodges, J.L. Jr. und Lehmann, E.L. (1961): Comparison of the normal scores and Wilcoxon tests. *Proceedings of the Fourth Berkeley Symposium on Mathematical Statistics and Probability.* University of California Press, Berkeley, 307 – 317.

Hodges, J.L. Jr. und Lehmann, E.L. (1963): Estimates of location based on rank tests. *Ann. Math. Statist.* 34, 598 – 611.

Hodges, J.L. Jr. und Lehmann, E.L. (1967): On medians and quasi–medians. *J. Amer. Statist. Ass.* 62, 926 – 931.

Hodges, J.L. Jr. und Lehmann, E.L. (1968): A compact table for power of the t-test. *Ann. Math. Statist.* 39, 1629 – 1637.

Hodges, J.L. Jr. und Lehmann, E.L. (1970): Deficiency. *Ann. Math. Statist.* 41, 783 – 801.

Hoeffding, W. (1948a): A class of statistics with asymptotically normal distribution. *Ann. Math. Statist.* 19, 293 – 325.

Hoeffding, W. (1948b): A non–parametric test of independence. *Ann. Math. Statist.* 19, 546 – 557.

Hoeffding, W. (1968): Some recent developments in nonparametric statistics. *Rev. Int. Statist. Inst.* 36, 176 – 183.

Hoeffding, W. (1973): On the centering on a simple linear rank statistic. *Ann. Statist.* 1, 54 – 66.

Hoeffding, W. und Robbins, H. (1948): The central limit theorem for dependent random variables. *Duke Mathematics J.* 15, 773 – 780.

Hoeffding, W. und Rosenblatt, J.R. (1955): The efficiency of tests. *Ann. Math. Statist.* 26, 52 – 63.

Hogg, R.V. (1974): Adaptive robust procedures: A partial review and some suggestions for future applications and theory. *J. Amer. Statist. Ass.* 69, 909 – 923.

Hogg, R.V. (1976): A new dimension to nonparametric tests. *Commun. Statist.-Theor. Meth.* 5, 1313 – 1325.

Hogg, R.V. (1982): On adaptive statistical inference.*Commun. Statist.-Theor. Meth.* 11, 2531 – 2542.

Hogg, R.V. und Craig, A.T. (1965): *Introduction to mathematical statistics.* The MacMillan Company, New York.

Hogg, R.V. und Craig, A.T. (1978): *Introduction to mathematical statistics.* 4. Edition. Collier MacMillan International Edition, London.

Hogg, R.V.; Fisher, D.M. und Randles, R.H. (1975): A two–sample adaptive distribution-free test. *J. Amer. Statist. Ass.* 70, 656 – 661.

Hogg, R.V.; Horn, P.S. und Lenth, R.V. (1984): On adaptive estimation. *J. Statist. Planning Infer.* 9, 333 – 343.

Hogg, R.V. und Randles, R.H. (1975): Adaptive distribution–free re-gression methods and their applications. *Technometrics* 17,399 – 407.

Hollander, M. (1963): A nonparametric test for the two-sample problem. *Psychometrika* 28, 395 – 403.

Hollander, M. (1967): Asymptotic efficiency of two nonparametric competitors of Wilcoxon's two sample test. *J. Amer. Statist. Ass.* 62, 939 – 949.

Hollander, M. (1970): A distribution-free test for parallelism. *J. Amer. Statist. Ass.* 65, 387 – 394.

Hollander, M. (1971): A nonparametric test for bivariate symmetry. *Biometrika* 58, 203 – 212.

Hollander, M. und Peña, E.A. (1992): A chi-squared goodness of fit test for randomly censored data. *J. Amer. Statist. Ass.* 87, 458 – 463.

Hollander, M.; Pledger, G. und Lin, P.-E. (1974): Robustness of the Wilcoxon test to a certain dependency between samples. *Ann. Statist* 2, 177 – 181.

Hollander, M. und Wolfe, D.A. (1973): Nonparametric statistical methods. Wiley, New York.

Hosmane, B.S. (1986): Improved likelihood ratio tests and Pearson chi-square test for independence in two dimensional contingency tables. *Commun. Statist.-Theor. Meth.* 15, 1875 – 1888.

Hotelling, H. und Pabst, M.R. (1936): Rank correlation and tests of significance involving no assumption of normality. *Ann. Math. Statist.* 7, 29 – 43.

Hothorn, L. und Liese, F. (1991): Adaptive Umbrellatests-Simulationsuntersuchungen. *Rostock, Math. Kolloq.* 45, 57 – 74.

Høyland, A. (1965): Robustness of the Hodges–Lehmann estimates for shift. *Ann. Math. Statist.* 36, 174 – 197.

Høyland, A. (1968): Robustness of the Wilcoxon estimate of location against a certain dependence. *Ann. Math. Statist.* 39, 1196 – 1201.

Huber, P.J. (1964): Robust estimation of a location parameter. *Ann. Math. Statist.* 35, 73 – 101.

Huber, P.J. (1972): Robust statistcs: A review. *Ann. Math. Statist.* 43, 1041 – 1067

Huber, P.J. (1981): *Robust statistics.* Wiley, New York.

Hušková, M. (1984a): *Hypothesis of symmetry.* Chapter 3, 63 – 78. Aus: Handbook of Statistics, Vol. 4 (Nonparametric Methods, Krishnaiah, P.R. & Sen, P.K., eds.), North-Holland, Amsterdam.

Hušková, M. (1984b): *Adaptive Methods.* Chapter 16, 347 – 358. Aus: Handbook of Statistics, Vol. 4 (Nonparametric Methods, Krishnaiah, P.R. & Sen, P.K., eds.), North-Holland, Amsterdam.

Ireland, C.T.; Ku, H.H. und Kullback, S. (1969): Symmetry and marginal homogeneity of an $r \times r$ contingency table. *J. Amer. Statist. Ass.* 64, 1323 – 1341.

Ireland, C.T. und Kullback, S. (1968): Contingency tables with given marginals. *Biometrika* 55, 179 – 188.

Izenman, A.J. (1991): Recent developments in nonparametric density estimation. *J. Amer. Statist. Ass.* 86, 205 – 225.

Jacobson, J.E. (1963): The Wilcoxon two-sample statistic: Tables and bibliography. *J. Amer. Statist. Ass.* 58, 1086 – 1103.

Jaeckel, L.A. (1971a): Robust estimates of location: Symmetry and asymmetry contamination. *Ann. Math. Statist.* 42, 1020 – 1034.

Jaeckel, L.A. (1971b): Some flexible estimates of location. *Ann. Math. Statist.* 42, 1540 – 1552.

Jammalamadaka, S.R. (1984): *Nonparametric methods in directional data analysis.* Chapter 3, 755 – 770. Aus: Handbook of Statistics, Vol. 4 (Nonparametric Methods, Krishnaiah,P.R. & Sen, P.K., eds.), North–Holland, Amsterdam.

Janssen, A. (1991): Optimal k–sample tests for randomly censored data. *Scand. J. Statist.* 18, 135 – 152.

Jirina, M. (1976): On the asymptotic normality of Kendall's rank correlation statistic. *Ann. Statist.* 4, 214 – 215.

Joag-Dev, K. (1984): *Measures of dependence.* Chapter 4, 79 – 88. Aus: Handbook of Statistics, Vol. 4 (Nonparametric Methods, Krishnaiah, P.R. & Sen, P.K., eds.), North–Holland, Amsterdam.

Johns, M.V. Jr. (1957): Non–parametric empirical Bayes procedures. *Ann. Math. Statist.* 28, 649 – 669.

Johns, M.V. Jr. und van Ryzin (1967a): Convergence rates for empirical Bayes two–action problems I. Discrete case. Technical Report No. 131. Department of Statistics, Stanford University.

Johns, M.V. Jr. und van Ryzin (1967b): Convergence rates for empirical Bayes two–action problems II. Continuous case. Technical Report No. 132. Department of Statistics, Stanford University.

Johns, V.M. (1988): Importance sampling for bootstrap confidence intervals. *J. Amer. Statist. Ass.* 83, 709 – 714.

Johnson, N.S. (1975): C_α method for testing for significance in the $r \times c$ contingency table. *J. Amer. Statist. Ass.* 70, 942 – 947.

Johnson, N.S. (1979): Non null properties of Kendall's partial rank correlation coefficient. *Biometrika* 66, 333 – 337.

Johnson, R.A. und Morell, C.H. (1990). Two sample rank tests under a random truncation model. *Statist. Prob. Letters* 9, 409 – 422.

Joiner, B.L. (1969): The median significance level and other small sample measures of test efficacy. *J. Amer. Statist. Ass.* 64, 971 – 985.

Jonckheere, A.R. (1954): A distribution–free k–sample test against ordered alternatives. *Biometrika* 41, 133 – 145.

Jones, M.C. (1990): Variable kernel density estimates and variable kernel density estimates. *Austral. J. Statist.* 32 (3), 361 – 371.

Jones, M.P. und Crowley, J. (1989): A general class of nonparametric tests for survival analysis. *Biometrics* 45, 157 – 170.

Jurečková, J. (1969): Asymptotic linearity of a rank statistic in regression parameter. *Ann. Math. Statist.* 40, 1889 – 1900.

Jurečková, J. (1971): Nonparametric estimate of regression coefficients. *Ann. Math. Statist.* 42, 1328 – 1338.

Kabe, D.G. (1972): On moments of order statistics from the Pareto distribution. *Skand. Aktuarietidskrift* 55, 179 – 181.

Kabe, D.G. und Gupta, R.P. (1973): *Multivariate statistical inference.* North Holland, Amsterdam.

Kamat, A.R. (1956): A two-sample distribution-free test. *Biometrika* 43, 377 – 387.

Kanazawa, Y. (1988): An optimal variable cell histogram. *Commun. Statist.-Theor. Meth.* 17, 1401 – 1422.

Kappenman, R.F. (1986): Adaptive M estimation of symmetric distribution location. *Commun. Statist.-Theor. Meth.* 15, 2935 – 2951.

Katzenbeisser, W. und Hackl, P. (1986): An alternative to the Kolmogorov–Smirnov two–sample test. *Commun. Statist.-Theor. Meth.* 15, 1163 – 1177.

Kayser, G.; Neumann, P. und Salmer, R. (1972): Kritische Werte für den X-Test von van der Waerden. *Mathematische Operationsforschung und Statistik* 3, 389 – 400.

Kendall, M.G. (1938): A new measure of rank correlation. *Biometrika* 30, 81 – 93.

Kendall, M.G. (1942): Partial rank correlation. *Biometrika* 32, 277 – 283.

Kendall, M.G. (1970): *Rank correlation methods*, 4th ed., Griffin, London.

Kendall, M.G. (1973): *Time series.* Griffin, London.

Kendall, M.G. und Babington–Smith, B. (1939): The problem of m rankings. *Ann. Math. Statist.* 10, 275 – 287.

Kendall, M.G. und Gibbons, J.D. (1990): *Rank correlations methods.* Eward Arnold, London.

Kendall, M.G. und Stuart, A. (1973): *The advanced theory of statistics*, Vol. II, Griffin, London.

Kendall, M.G. und Stuart, A. (1977): *The advanced theory of statistics.* Vol. 1 (4th Edition), Distribution Theory. Griffin, London.

Kendall, M.G. und Stuart, A. (1979): *The advanced theory of statistics.* Vol. 2 (4th Edition), Inference and Relationship. Griffin, London.

Kendall, M.G. und Stuart, A. (1983): *The advanced theory of statistics.* Vol. 3 (4th Edition). Design and Analysis and Time Series. Griffin, London.

Kiefer, J. (1959): K–sample analogues of the Kolmogorov–Smirnov and Cramér–von Mises tests. *Ann. Math. Statist.* 30, 420 – 447.

Klotz, J. (1962): Nonparametric tests for scale. *Ann. Math. Statist.* 33, 498 – 512.

Klotz, J. (1963): Small sample power and efficiency for the one sample Wilcoxon and normal scores tests. *Ann. Math. Statist.* 34, 624 – 632.

Klotz, J.H. (1964): On the normal scores two–sample rank test. *J. Amer. Statist. Ass.* 59, 652 – 664.

Klotz, J. (1965): Alternative efficiencies for signed rank tests. *Ann. Math. Statist.* 36, 1759 – 1766.

Klotz, J. (1966): The Wilcoxon, ties, and the computer. *J. Amer. Statist. Ass.* 61, 772 – 787.

Klotz, J. (1967): Asymptotic efficiency of the two sample Kolmogorov–Smirnov test. *J. Amer. Statist. Ass.* 62, 932 – 938.

Klotz, J. (1990): *Exact computation of the Wilcoxon signed rank distribution with zeros and ties.* Computing Science and Statistics. Proceedings of the Symposium on the Interface; C. Page und R. Lepage. Springer, Berlin.

Klotz, J. und Teng, J. (1977): One–way layout for counts and the exact enumeration of the Kruskal–Wallis H distribution with ties. *J. Amer. Statist. Ass.* 72, 165 – 169.

Knight, W.R. (1966): A computer method for calculating Kendall's tau with ungrouped data. *J. Amer. Statist. Ass.* 61, 436 – 439.

Knoke, J.D. (1975): Testing for randomness against autocorrelated alternatives: The parametric case. *Biometrika* 62, 571 – 575.

Knoke, J.D. (1977): Testing for randomness against autocorrelation: Alternative tests. *Biometrika* 64, 523 – 529.

Kochar, S.C. und Gupta, R.P. (1987): Competitors of the Kendall–tau test for testing independence against positive quadrant dependence. *Biometrika* 74, 664 – 666.

Kochar, S.C. und Gupta, R.P. (1990): Distribution–free tests based on subsample extrema for testing against positive dependence. *Austral. J. Statist.* 32, 45 – 51.

Koehler, K.J. und Gan, F.F. (1990): Chi–squared goodness–of–fit tests: Cell selection and power. *Commun. Statist., Simul. Comput.* 19, 1265 – 1278.

Kössler, W. (1991): Restriktive adaptive Rangtests zur Behandlung des Zweistichproben–Skalenproblems. Unveröffentlichte Dissertation, Humboldt–Universität Berlin.

Kogure, A. (1987): Asymptotically optimal cells for a histogram. *Ann. Statist.* 15, 1023 – 1030.

Kohne, W. (1981): Robustifizierte statistische Verfahren unter Abhängigkeitsannahmen. Unveröffentlichte Dissertation, Universität Siegen.

Kolmogorov, A.N. (1933): Sulla determinazione empirica di una legge di distribuzione. *Giorn. dell'Inst. Ital. degli Att.* 4, 83 – 91.

Konijn, H.S. (1956): On the power of certain tests for independence in bivariate populations. *Ann. Math. Statist.* 27, 300 – 323. Correction 29 (1958), 935 – 936.

Konijn, H.S. (1961): Non–parametric, robust and short–cut methods in regression and structural analysis. *Austral. J. Statist.* 3, 77 – 86.

Koul, H.L. (1969): Asymptotic behavior of Wilcoxon type confidence regions in multiple linear regression. *Ann. Math. Statist.* 40, 1950 – 1979.

Koul, H.L. (1970): A class of ADF tests for subhypothesis in the multiple linear regression. *Ann. Math. Statist.* 41, 1273 – 1281.

Koul, H.L. (1971): Asymptotic behavior of a class of confidence regions based on ranks in regression. *Ann. Math. Statist.* 42, 466 – 476.

Koul, H.L. (1972): Some asymptotic results on random rank statistics. *Ann. Math. Statist.* 43, 842 – 859.

Koziol, J.A. (1980): On a Cramér–von Mises type statistic for testing symmetry. *J. Amer. Statist. Ass.* 75, 161 – 167.

Koziol, J.A. (1983): Tests for symmetry about an unknown value based on the empirical distribution function. *Commun. Statist.-Theor. Meth.* 12, 2823 – 2846.

Kraft, C.H. und Eeden, C. van (1968): *A nonparametric introduction to statistics.* MacMillan, New York.

Kraft, C.H. und Eeden, C. van (1972): Asymptotic efficiencies of quick methods of computing efficient estimates based on ranks. *J. Amer. Statist. Ass.* 67, 199 – 202.

Kreyszig, E. (1965): *Statistische Methoden und ihre Anwendungen.* Vandenhoeck & Ruprecht, Göttingen.

Krishnaiah, P.R. (1973): *Multivariate analysis III.* Academic Press, New York.

Krishnaiah, P.R. und Sen, P.K. (1984): *Nonparametric methods* (Handbook of Statistics, Vol. IV). North Holland, Amsterdam: Elsevier.

Kriz, J. (1973): *Statistik in den Sozialwissenschaften.* Rororo, Reinbek.

Kruskal, W.H. (1952): A nonparametric test for the several sample problem. *Ann. Math. Statist.* 23, 525 – 540.

Kruskal, W.H. (1957): Historical notes on the Wilcoxon unpaired two-sample test. *J. Amer. Statist. Ass.* 52, 356 – 360.

Kruskal, W.H. (1958): Ordinal measures of association. *J. Amer. Statist. Ass.* 53, 814 – 861.

Kruskal, W.H. und Wallis, W.A. (1952): Use of ranks on one-criterion variance analysis. *J. Amer. Statist. Ass.* 47, 583 – 621.

Krutchkoff, R.G. (1967a): Classical and inverse regression methods of calibration. *Technometrics* 9, 425 – 439.

Krutchkoff, R.G. (1967b): A supplementary sample non-parametric empirical Bayes approach to some statistical decision problems. *Biometrika* 54, 451 – 458.

Ku, H.H.; Varner, R.N. und Kullback, S. (1971): On the analysis of multidimensional contingency tables. *J. Amer. Statist. Ass.* 66, 55 – 64.

Kullback, S. (1959): *Information theory and statistics..* Wiley, New York.

Kullback, S.; Kupperman, M. und Ku, H.H. (1962): Tests for contingency tables and Markov chains. *Technometrics* 4, 573 – 608.

Kurtz, T.E.; Link, R.F.; Tukey, J.W. und Wallace, D.L. (1965a): Short cut multiple comparisons for balanced single and double classifications: Part 1. Results. *Technometrics* 7, 95 – 161.

Kurtz, T.E.; Link, R.F.; Tukey, J.W. und Wallace, D.L. (1965b): Short cut multiple comparison for balanced single and double classifications: Part 2. Derivations and approximations. *Biometrika* 52, 485 – 498.

Kusum, K. und Bogai, J. (1988): A new class of distribution-free procedures for testing homogeneity of scale parameters against ordered alternatives. *Commun. Statist.-Theor. Meth., Ser. A* 17, 1365 – 1376.

Laan, P. van der und Verdooren, L.R. (1987): Classical analysis of variance methods and nonparametric counterparts. *Biom. J.* 29, 635 – 665.

Laan, P. van der und Weima, J. (1980): Asymptotic power of the two-sample test of Wilcoxon for logistic shift alternatives, and comparison with simulation results. *Statist. Neerl.* 34, 117 - 121.

Lachenbruch, P.A. (1992): The performance of tests when observations have different variances. *J. Statist. Comp. Simul.* 40, 83 – 92.

Lachenbruch, P.A. und Clements, P.J. (1991): ANOVA, Kruskal–Wallis, normal scores and unequal variances. *Commun. Statist.-Theor. Meth.* 20, 107 – 126.

Lai, T.L. und Ying, Z. (1992): Linear rank statistics in regression analysis with censored or truncated data. *J. Multivariate Anal.* 40, 13 – 45.

Lambert, D. (1981): Influence functions for testing. *J. Amer. Statist. Ass.* 76, 649 – 657.

Lancaster, H.O. (1969): *The chi-squared distribution.* Wiley, New York.

Landry, L. und Lepage, Y. (1992): Empirical behaviour of some tests for normality. *Commun. Statist., Simul. Comput.* 21, 971 - 999.

Laubscher, N.F.; Steffens, F.E. und DeLange, E.M. (1968): Exact critical values for Mood's distribution–free test statistic for disperion and its normal approximation. *Technometrics* 10, 497 – 508.

Lawal, H.B. (1980): Tables of percentage points of Pearson's goodness–of–fit statistic for use with small expectations. *Appl. Statist.* 29, 292 – 298.

Lawal, H.B. und Upton, G.J.G. (1984): On the use of X^2 as a test of independence in contingeny tables with small cell expectations. *Austral. J. Statist.* 26, 75 – 85.

Leach, C. (1979): *Introduction to statistics: A nonparametric approach for the social sciences.* Wiley, New York.

Lee, C.T. (1988): A new rank test against ordered alternatives in h–sample problems. *Statist. Theor. and Data Analys.* 2, 397 – 408.

Lee, E.T. (1992): *Statistical methods for survival data analysis.* 2nd. ed., Wiley, New York.

Lee, F.S. und D'Agostino, R.B. (1976): Levels of significance of some two–sample tests when observations are from compound normal distribution. *Commun. Statist., Theor. and Meth.* 5, 325 – 342.

Lee, S.C.S.; Locke, C. und Spurrier, J.D. (1980): On a class of tests of exponentiality. *Technometrics* 22, 547 – 554.

Lee, U.-H. (1992): Robuste Schätzer und Tests im Einstichproben–Lageproblem unter besonderer Berücksichtigung des modifizierten Maximum–Likelihood-Verfahrens. Unveröffentlichte Dissertation, Technische Universität Berlin.

Léger, C.; Politis, D.N. und Romano, J.P. (1992): Bootstrap technology and applications. *Technometrics* 34, 378 – 398.

Lehmann, E.L. (1951): Consistency and unbiasedness of certain nonparametric tests. *Ann. Math. Statist.* 22, 165 – 179.

Lehmann, E.L. (1953): The power of rank tests. *Ann. Math. Statist.* 24, 23 – 43.

Lehmann, E.L. (1959): *Testing statistical hypotheses.* New York.

Lehmann, E.L. (1963): Asymptotically nonparametric inference: An alternative approach to linear models. *Ann. Math. Statist.* 34, 1494 – 1506.

Lehmann, E.L. (1964): Asymptotically nonparametric inference in some linear models with one observation per cell. *Ann. Math. Statist.* 35, 726 – 734.

Lehmann, E.L. (1966): Some concepts of dependence. *Ann. Math. Statist.* 37, 1137 – 1153.

Lehmann, E.L. (1975): *Nonparametrics: Statistical methods based on ranks.* San Francisco.

Lehmann, E.L. und Stein, C. (1949): On the theory of some nonparametric hypotheses. *Ann. Math. Statist.* 20, 28 – 45.

Lemmer, H.H. (1980): Some empirical results on the two–way analysis of variance by ranks. *Commun. Statist.-Theor. Meth.* 9, 1427 – 1438.

Lemmer, H.H. (1987): A modified Mann–Whitney–Wilcoxon test for the two sample location problem. *J. Statist. Comp. Simul.* 27, 307 – 319.

Leone, F.C.; Jayachandran, T. und Eisenstat, S. (1967): A study of robust estimators. *Technometrics* 9, 652 – 660.

Lepage, Y. (1971): A combination of Wilcoxon's and Ansari–Bradley's statistic. *Biometrika* 58, 213 - 217.

Lepage, Y. (1973): A table of a combined Wilcoxon Ansari–Bradley statistic. *Biometrika* 60, 113 - 116.

Lewis, P.A.W. (1961): Distribution of the Anderson–Darling statistic. *Ann. Math. Statist.* 32, 1118 – 1124.

Lieberman, G.J. und Owen, D.B. (1961): *Tables of the hypergeometric probability distribution.* Stanford, University Press.

Lienert, G.A. (1973): *Verteilungsfreie Methoden in der Biostatistik.* Hain, Meisenheim am Glan.

Lilliefors, H.W. (1967): On Kolmogorov–Smirnov test for normality with mean and variance unknown. *J. Amer. Statist. Ass.* 62, 399 – 402.

Lilliefors, H.W. (1969): On the Kolmogorov–Smirnov test for the exponential distribution with mean unknown. *J. Amer. Statist. Ass.* 64, 387 – 389.

Lindgren, B.W. (1976): *Statistical theory.* 3rd ed., MacMillan, New York.

Link, R.F. und Wallace, D.L. (1952): Some short cuts to allowances. Princeton University.

Loftsgarden, D.O. und Quesenberry, C.P. (1965): A nonparametric estimate of a multivariate density function. *Ann. Math. Statist.* 36, 1049 – 1051.

Lord, E. (1947): The use of range in place of standard deviation in the t–test. *Biometrika* 34, 41 – 67.

Lord, E. (1950): Power of the modified t–test (u–test) based on range. *Biometrika* 37, 64 – 77.

Mack, G.A. und Wolfe, D.A. (1981): K–sample rank tests for umbrella alternatives. *J. Amer. Statist. Ass.* 76. 175 – 181.

Maghsoodloo, S. (1981): The continuity correction for chi–squared for 2 by 2 tables. *J. Statist. Comp. Simul.* 14, 47 – 51.

Mann, H.B. (1945): Nonparametric tests against trend. *Econometrica* 13, 245 – 259.

Mann, H.B. und Wald, A. (1942): On the choice of the number of intervals in the application of the chi–square test. *Ann. Math. Statist.* 13, 306 – 317.

Mann, H.B. und Whitney, D.R. (1947): On a test of whether one of two random variables is stochastically larger than the other. *Ann. Math. Statist* 18, 50 – 60.

Manoukian, E.B. (1986): *Mathematical nonparametric statistics.* Gordon and Breach, New York.

Mansfield, E. (1962): Power functions for Cox's test of randomness against trend. *Technometrics* 4, 430 – 432.

Mansouri, H. und Govindarajulu, Z. (1990): A class of rank tests for interaction in two–way–layouts. *J. Appl. Statist.* 17, 417 – 426.

Marascuilo, L.A. und McSweeney, M. (1977): *Nonparametric and distribution–free methods for the social sciences.* Brooks/Cole Publishing Company, Monterey.

March, D.L. (1970): Accuracy of the chi–square approximation for 2×3 contingency tables with small expectations. Unveröffentlichte Dissertation, Lehigh University.

Mardia, K.V. (1972a): *Statistics of directional data.* Academic Press, London.

Mardia, K.V. (1972b): A multi–sample uniform scores test on a circle and its parametric competitor. *J. R. Statist. Soc.* B 34, 102 – 113.

Mardia, K.V. (1975): Statistics of directional data. *J.R. Statist. Soc.* B 37, 349 – 371.

Maritz, J.S. (1970): *Empirical Bayes methods.* Methnen, London.

Maritz, J.S. (1979): On Theil's method in distribution–free regression. *Austral. J. Statist.* 21, 30 – 35.

Maritz, J.S. (1981): Distribution–free statistical methods. *Chapman & Hall*, London.

Markham, R. (1981): Small sample efficiencies of tests based on the method of n rankings. *J. Statist. Comp. Simul.* 12, 193 – 207.

Marrero, O. (1985): Robustness of statistical tests in the two–sample location problem. *Biom. J.* 27, 299 – 316.

Marron, J.S. (1987/88): Partitioned cross–validation. *Econometric Rev.* 6, 271 – 283.

Marron, J.S. (1988): Automatic smoothing parameter selection: A survey. *Empirical Economics* 13, 187 – 208.

Marshall, A.W. (1958): The small sample distribution of $n\omega_n^2$. *Ann. Math. Statist.* 29, 307 – 309.

Mason, A.L. und Bell, C.B. (1986): New Lilliefors and Srinivasan tables with applications. *Commun. Statist., Simul. Comp.* 15, 451 - 477.

Massey, F.J. (1950): A note on the power of a nonparametric test. *Ann. Math. Statist.* 21, 440 – 443. Errata: Ibid. (1952), 637 – 638.

Massey, F.J., Jr. (1951): The Kolmogorov–Smirnov test of goodness of fit. *J. Amer. Statist. Ass.* 46, 68 – 78.

Massey, F.J. (1952): Distribution table for the deviation between two sample cumulations. *Ann. Math. Statist.* 23, 435 – 441.

McCornack, R.L. (1965): Extended tables of the Wilcoxon matched pairs signed rank statistics. *J. Amer. Statist. Ass.* 60, 864 – 871.

McDonald, L.L.; Davis, M. und Milliken, G.A. (1977): A nonrandomized unconditional test for comparing two proportions in 2×2 contingency tables. *Technometrics* 19, 145 – 155.

McNeil, D.R. (1967): Efficiency loss due to grouping in distribution–free tests. *J. Amer. Statist. Ass.* 62, 954 – 965.

McNemar, Q. (1947): Note on the sampling error on the difference between correlated proportions or percentages. *Psychometrika* 12, 152 – 157.

McNemar, Q. (1962): *Psychological statistics*, 3rd ed., Wiley, New York.

McSweeney, M. und Penfield, D. (1969): The normal scores tests for the c–sample problem. *Brit. J. Math. Statist. Psych.* 22, 177 – 192.

Meng, R.C. und Chapman, D.G. (1966): The power of chi-square tests for contingency tables. *J. Amer. Statist. Ass.* 61, 965 – 975.

Messer, K. und Goldstein, L. (1993): A new class of kernels for nonparametric curve estimation. *Ann. Statist.* 21, 179 – 195.

Meyer–Bahlburg, H.F.L. (1970): A nonparametric test for relative spread in k unpaired samples. *Metrika* 15, 23 – 29.

Michels, P. (1992a): Kern– und Nächste–Nachbarn–Schätzer zur nichtparametrischen Dichteschätzung, Regression und Prognose. *Allg. Statist. Arch.* 76, 128 – 151.

Michels, P. (1992b): Asymmetric kernel functions in non–parametric regression analysis and prediction. *The Statistician* 41, 439 – 454.

Michels, P. (1992c): *Nichtparametrische Analyse und Prognose von Zeitreihen*. Physica, Heidelberg.

Mikulski, P.W. (1963): On the efficiency of optimal nonparametric procedures in the two sample case. *Ann. Math. Statist.* 34, 22 – 32.

Miller, F.L. und Quesenberry, C.P. (1979): Power studies of tests for uniformity II. *Commun. Statist., Simul. Comp.* 8, 271 - 290.

Miller, L.H. (1956): Table of percentage points of Kolmogorov statistics. *J. Amer. Statist. Ass.* 51, 111 - 112.

Miller, R.G. Jr. (1966): *Simultaneous statistical inference.* Springer, New York.

Miller, R.G. Jr. (1970): A sequential signed–rank test. *J. Amer. Statist. Ass.* 65, 1554 - 1561.

Miller, R.G. Jr. (1972): Sequential rank tests — one sample case. *Proceedings of the sixth Berkeley Symposium I*, 97 - 108.

Miller, R.G. Jr. (1986): *Beyond ANOVA, basics of applied statistics.* Wiley, New York.

Milton, R.C. (1970): *Rank order probabilities.* Wiley, New York.

Mises, R. von (1931): Vorlesungen aus dem Gebiet der angewandten Mathematik, 1. Band: *Wahrscheinlichkeitsrechnung*, Leipzig.

Molinari, L. (1977): Distribution of the chi-square test in nonstandard situations. *Biometrika* 64, 115 - 121.

Mood, A.M. (1940): The distribution theory of runs. *Ann. Math. Statist.* 11, 367 - 392.

Mood, A.M. (1954): On the asymptotic efficiency of certain nonparametric two–sample tests. *Ann. Math. Statist.* 25, 514 - 522.

Mood, A.M.; Graybill, F.A. und Boes, C. (1974): *Introduction to the theory of Statistics* (3rd. Edition). McGraw Hill, Singapur.

Moore, G.H. und Wallis, W.A. (1943): Time series significance tests based on signs of differences. *J. Amer. Statist. Ass.* 38, 153 - 164.

Moore, P.G. (1957): The two–sample t-test based on range. *Biometrika* 44, 482 - 485.

Moses, L.E. (1952): Nonparametric statistics for psychological research. *Psychol. Bull.* 49, 122 - 143.

Moses, L.E. (1963): Rank tests of dispersion. *Ann. Math. Statist.* 34, 973 - 983.

Moses, L.E. (1965): Query: Confidence limits from rank tests. *Technometrics* 7, 257 - 260.

Mosteller, F. (1941): Note on an application of runs to quality control charts. *Ann. Math. Statist.* 12, 228 - 232.

Mosteller, F. (1968): Association and estimation in contingency tables. *J. Amer. Statist. Ass.* 63, 1 - 29.

Moussa–Hamouda, E. und Leone, F.C. (1977): The robustness of efficiency of adjusted trimmed estimators in linear regression. *Technometrics* 19, 19 - 34.

Müller, H.-G. (1984): Smooth optimum kernel estimators of densities regression curves and modes. *Ann. Statist.* 12 (2), 766 - 774.

Müller, H.-G. (1988): *Nonparametric regression analysis of longitudinal data.* Springer, Berlin.

Müller, U. (1993): Ein adaptiver Test auf der Basis des Bootstraps im Zweistichproben–Lageproblem. Unveröffentlichtes Dissertation, Freie Universität Berlin.

Müller–Funk, U. (1984): Sequential nonparametric tests. *Handbook of Statistics 4: Nonparametric methods*, 657 - 698. P.R. Krishnaiah und P.K. Sen (eds.). North Holland, Amsterdam.

Murphy, R.B. (1948): Non–parametric tolerance limits. *Ann. Math. Statist.* 19, 581 - 589.

Nadaraya, E.A. (1965): On non-parametric estimates of density functions and regression curves. *Theory Prob. Appl.* 10, 186 – 190.

Nadaraya, E.A. (1989): *Nonparametric estimation of probability densities and regression curves.* Kluwer, Dordrecht.

Nair, V.N. (1987): Chi–squared–type tests for ordered alternatives in contingency tables. *J. Amer. Statist. Ass.* 82, 283 – 291.

Nam, J.M. (1971): On two tests for comparing matched proportions. *Biometrics* 24, 945 – 959.

Neave, H.R. (1966): A development of Tukey's quick test of location. *J. Amer. Statist. Ass.* 61, 949 – 964.

Neave, H.R. (1972): Some quick tests for slippage. *Statistician* 21, 197 – 208.

Neave, H.R. (1973): A power study of some tests for slippage. *Statistician* 22, 269 – 280.

Neave, H.R. (1975): A quick and simple technique for general slippage problems. *J. Amer. Statist. Ass.* 70, 721 – 726.

Neave, H.R. (1979): A survey of some quick and simple statistical procedures based on numbers of extreme observations. *J. Qual. Techn.* 11, 66 - 79.

Neave, H.R. und Granger, W.J. (1968): A Monte Carlo study comparing various two–sample tests for differences in mean. *Technometrics* 10, 509 – 522.

Neuhaus, G. und Nölle, G. (1969): Zur Unverfälschtheit des Pitman–Tests auf positive stochastische Abhängigkeit. *Z. Wahrscheinlichkeitsth. Verw. Geb.* 14, 269 – 274.

Nevzorov, V.B. (1987): Records. *Theory Prob. Appl.* 32, 201 – 228.

Neyman, J. (1949): Contribution to the theory of the χ^2 test. Proceedings of the first Berkeley Symposium, 239 – 272.

Noé, M. und Vandewiele, G. (1968): The calculation of distributions of Kolmogorov–Smirnov type statistics including a table of significance points for a particular case. *Ann. Math. Statist.* 39, 233 – 241.

Noether, G.E. (1955): On a theorem of Pitman. *Ann. Math. Statist.* 26, 64 – 68.

Noether, G.E. (1963): Note on the Kolmogorov statistic in the discrete case. *Metrika* 7, 115 – 116.

Noether, G.E. (1967a): *Elements of nonparametric statistics.* Wiley, New York.

Noether, G.E. (1967b): Wilcoxon confidence intervals for location parameters in the discrete case. *J. Amer. Statist. Ass.* 62, 184 – 188.

Noether, G.E. (1984): Nonparametrics: the early years — impressions and recollections. *American Statistician* 38, 173 – 178.

Noether, G.E. (1991): *Introduction to statistics, the nonparametric way.* Springer, New York.

Odeh, R.E. (1971): On Jonckheere's k–sample test against ordered alternatives. *Technometrics* 13, 912 – 918.

Öhman, M.-L. (1990): A Monte Carlo study of some censored data Wilcoxon rank tests. *Biom. J.* 32, 721 – 735.

Oja, H. (1983): New tests for normality. *Biometrika* 70, 297 – 299.

Olmstead, P.S. und Tukey, J.W. (1947): A corner test for association. *Ann. Math. Statist.* 18, 495 – 513.

Overall, J.E. (1980): Power of chi–square tests for 2×2 contingency tables with small expected frequencies. *Psychol. Bulletin* 87, 132 – 135.

Owen, D.B. (1962): *Handbook of statistical tables.* Addison Wesley, Reading, Mass.

Pachares, J. (1960): Tables of conficence limits for the binomial distribution. *J. Amer. Statist. Ass.* 55, 521 – 533.

Page, E.B. (1963): Ordered hypotheses for multiple treatments: a significance test for linear ranks. *Amer. Statist. Ass.* 58, 216 – 230.

Pagenkopf, J. (1977): *Güte und Effizienz einiger nicht–parametrischer Tests bei kleinen Stichproben.* Vandenhoeck und Ruprecht, Göttingen.

Papworth, D.G. (1983): Exact tests of fit for a Poisson distribution. *Computing* 31, 33 – 45.

Park, B.U. und Marron, J.S. (1990): Comparison of data–driven bandwidth selectors. *J. Amer. Statist. Ass.* 85, 66 – 72.

Parr, W.C. (1982): A note on adaptive L-statistics. *Commun. Statist.-Theor. Meth.* 11, 1511 – 1518.

Parzen, E. (1962): On estimation of a probability density function and mode. *Ann. Math. Statist.* 33, 1065 – 1067.

Pawlik, K. (1959): Der maximale Kontingenzkoeffizient im Falle nichtquadratischer Kontingenztafeln. *Metrika* 2, 150 – 166.

Pearson, E.S. und Hartley, H.O. (1970): *Biometrika tables for statisticians,* Vol. I. Cambridge University Press, Cambridge.

Pearson, E.S. und Hartley, H.O. (1972): *Biometrika tables for statisticians,* Vol. II. Cambridge University Press, Cambridge.

Pearson, E.S. und Stephens, M.A. (1962): The goodness–of–fit tests based on W_N^2 and U_N^2. *Biometrika* 49, 397 – 402.

Pearson, K. (1900): On the criterion that a given system of deviations from the probable in the case of a correlated system of variables is such that it can be reasonably supposed to have arisen from random sampling. *Phil. Mag. Ser.* (5) 50, 157 – 175.

Pearson, K. (1904): *On the theory of contingency and its relation to association and normal correlation.* Drapers' Co. Memoirs, Biometric Series, No. 1, London.

Pfanzagl, J. (1960): Über lokal optimale Rangtests. *Metrika* 3, 143 – 150.

Pfanzagl, J. (1974): *Allgemeine Methodenlehre der Statistik II.* De Gruyter, Berlin.

Pirie, W. (1983): *Jonckheere tests for ordered alternatives. Encyclop. Statist. Sciences* 4, 315 – 138, S. Kotz, N.L. Johnson und C.B. Read (eds.). Wiley, New York.

Pirie, W. (1985): *Page test for ordered alternatives. Encyclop. Statist. Sciences* 6, 553 – 555, S. Kotz, N.L. Johnson und C.B. Read (eds.). Wiley, New York.

Pitman, E.J.G. (1937): Significance tests which may be applied to samples from any populations. I. Suppl. *J.R. Statist. Soc.* 4, 119 – 130. II. The correlation coefficient test. Suppl. *J.R. Statist. Soc.* 4, 225 – 232. III. The analysis of variance test. *Biometrika* 29 (1938), 322 – 335.

Pitman, E.J.G. (1948): *Notes on non–parametric statistical inference.* Columbia University.

Plackett, R.L. (1964): Robust estimation in dependent situations. *Ann. Statist.* 5, 22 – 43.

Portnoy, S.L. (1977): Robust estimation in dependent situations. *Ann. Statist.* 5, 22 – 43.

Portnoy, S.L. (1979): Further remarks on robust estimation in dependent situations. *Ann. Statist.* 7, 224 – 231.

Posten, H.O. (1978): The robustness of the two–sample t-test over the Pearson system. *J. Statist. Comp. Simul* 6, 295 – 311.

Posten, H.O. (1982): Two-sample Wilcoxon power over the Pearson system and comparison with the t-test. *J. Statist. Comp. Simul.* 16, 1 – 18.

Potter, R.W. und Sturm, G.W. (1981): The power of Jonckheere's test. *American Statistician* 35, 249 – 250.

Potthoff, R.F. (1963): Use of the Wilcoxon statistic for a generalized Behrens–Fisher problem. *Ann. Math. Statist.* 34, 1596 – 1599.

Potthoff, R.F. (1965): A non–parametric test of whether two simple regression lines are parallel. Mimeo Ser. 445, Institute of Statistics. University of North Carolina.

Potthoff, R.F. (1974): A nonparametric test of whether two simple regression lines are parallel. *Ann. Statist.* 2, 269 – 310.

Pradhan, M. und Sathe, Y.S. (1975): An unbiased estimator and a sequential test for the correlation coefficient. *J. Amer. Statist. Ass.* 70, 160 – 161.

Prakasa Rao, B.L.S. (1989): *Nonparametric functional estimation.* Academic Press, New York.

Prásková–Vízková (1976): Asymptotic expansion and a local limit theorem for a function of Kendall rank correlation coefficient. *Ann. Statist.* 4, 597 – 606.

Pratt, J.W. (1959): Remarks on zeros and ties in the Wilcoxon signed rank procedures. *J. Amer. Statist. Ass.* 54, 655 – 667.

Pratt, J.W. (1964): Robustness of some procedures for the two–sample location problem. *J. Amer. Statist. Ass.* 59, 665 – 680.

Pratt, J.W. und Gibbons, J.D. (1981): *Concepts of nonparametric theory.* Springer, New York.

Prescott, P. (1978): Selection of trimming proportions for robust adaptive trimmed means. *J. Amer. Statist. Ass.* 73, 133 – 140.

Priestley, M.B. und Chao, M.T. (1972): Non–parametric function fitting. *J. R. Statist. Soc. B* 34, 385 – 392.

Puri, M.L. (1964): Asymptotic efficiency of a class of c–sample tests. *Ann. Math. Statist.* 35, 102 – 121.

Puri, M.L. (1970): *Nonparametric techniques in statistical inference.* Cambridge University Press, Cambridge.

Puri, M.L. und Sen, P.K. (1968a): On Chernoff–Savage tests for ordered alternatives in randomized blocks. *Ann. Math. Statist.* 39, 967 – 972.

Puri, M.L. und Sen, P.K. (1968b): Nonparametric confidence regions for some multivariate location problems. *J. Amer. Statist. Ass.* 63, 1373 – 1378.

Puri, M.L. und Sen, P.K. (1971): *Nonparametric methods in multivariate analysis.* Wiley, New York.

Puri, M.L. und Sen, P.K. (1985): *Nonparametric methods in general linear models.* Wiley, New York.

Putter, J. (1955): The treatment of ties in some nonparametric tests. *Ann. Math. Statist.* 26, 368 – 386.

Putter, J. (1964): The χ^2 goodness–of–fit test for a class of dependent observations. *Biometrika* 51, 250 – 252.

Pyke, R. und Shorack, G.R. (1969): A note on Chernoff–Savage theorems. *Ann. Math. Statist.* 40, 1116 – 1119.

Quade, D. (1965): On the asymptotic power of the one–sample Kolmogorov Smirnov tests. *Ann. Math. Statist.* 36, 1000 – 1018.

Quade, D. (1966): On analysis of variance for the k–sample problem. *Ann. Math. Statist.* 37, 1747 – 1758.

Quade, D. (1984): Nonparametric methods in two–way layouts. *Handbook Statist. 4: Nonparametric methods*, 185 – 228, P.R. Krishnaiah und P.K. Sen (eds.). North Holland, Amsterdam.

Quenouille, M.H. (1949): Approximate tests of correlation in time–series. *J. R. Statist. Soc. B* 11, 68 – 84.

Quenouille, M.H. (1959): *Rapid statistical calculations.* Griffin, London.

Quesenberry, C.P. und Miller, F.L. (1977): Power studies for some tests for uniformity. *J. Statist. Comp. Simul.* 5, 169 – 191.

Racine, J. (1993): An efficient cross–validation algorithm for window width selection for nonparametric kernel regression. *Commun. Statist.–Simul. Comp.* 22, 1107 – 1114.

Raghavachari, M. (1965a): The two–sample scale problem when locations are unknown. *Ann. Math. Statist.* 36, 1236 – 1242.

Raghavachari, M. (1965b): On the efficiency of the normal scores test relative to the F–test. *Ann. Math. Statist.* 36, 1306 – 1307.

Raghavachari, M. (1973): Limiting distributions of Kolmogorov–Smirnov–type statistics under the alternative. *Ann. Statist.* 1, 67 – 73.

Ramachandramurty, P.V. (1966): On the Pitman efficiency of one–sided Kolmogorov and Smirnov tests for normal alternatives. *Ann. Math. Statist.* 37, 940 – 944.

Ramsey, F.L. (1971): Small sample power functions for nonparametric tests of location in the double exponential family. *J. Amer. Statist. Ass.* 66, 149 – 151.

Randles, R.H.; Fligner, M.A.; Policello II, G.E. und Wolfe, D.A. (1980): An asymptotically distribution–free test for symmetry versus asymetry. *J. Amer. Statist. Ass.* 75, 168 – 172.

Randles, R.H. und Hogg, R.V. (1973): Adaptive distribution–free tests. *Commun. Statist.* 2, 337 – 356.

Randles, R.H. und Wolfe, D.A. (1979): *Introduction to the theory of nonparametric statistics.* Wiley, New York.

Rao, C.R. (1965): *Linear statistical inference and its applications.* Wiley, New York.

Rao, K.S.M. (1982): Nonparametric tests for homogeneity of scale against ordered alternatives. *Ann. Inst. Statist. Math.* 34, 327 – 334.

Rao, K.S.M. und Gore, A.P. (1984): Testing against ordered alternatives in one–way layout. *Biom. J.* 26, 25 – 32.

Ratz, U. (1971): The computation of Spearman's rank correlation coefficient from a bivariate frequency table. *Biom. Zeitschr.* 13, 208 – 214.

Raviv, A. (1978): A nonparametric test for comparing two non–independent distributions. *J.R. Statist. Soc. B.* 40, 253 – 261.

Rayner, J.C.W. (1985): Bias of the Pearson chi–squared test. *J. Statist. Comp. Simul.* 21, 329 – 331.

Reed, T.R.C. und Cressie, N.A.C. (1988): *Goodness–of–fit statistics for discrete multivariate data.* Springer, New York.

Reiss, R.-D. (1989): *Approximate distributions of order statistics.* Springer, New York.

Repges, R. (1975): A sequential nonparametric decision procedure. *EDV Medizin Biol.* 6, 9 – 13.

Rey, W.J.J. (1974): Robust estimates of quantiles, location and scale in time series. *Philips Res. Rep.* 29, 67 – 92.

Rieder, H. (1982): Qualitative robustness of rank tests. *Ann. Statist.* 10, 205 – 211.

Riedwyl, H. (1967): Goodness of fit. *J. Amer. Statist. Ass.* 62, 390 – 398.

Rinaman, W.C., Jr. (1983): On distribution–free rank tests for two–way layouts. *J. Amer. Statist. Ass.* 78, 655 – 659.

Rocke, D.M.; Downs, G.W. und Rocke, A.J. (1982): Are robust estimators really necessary? *Technometrics* 24, 95 – 101.

Rodriguez, C.C. und Ryzin, J. van (1985): Maximum entropy histograms. *Statist. Prob. Letters* 3, 117 – 120.

Rohatgi, V.K. (1984): *Statistical inference.* Wiley, New York.

Rohatgi, V.K.; Saleh, K.M.E.; Ahluwalia, R. und Ji, P. (1990): Locally most powerful tests for the two–sample problem when the combined sample is type II censored. *Commun. Statist.-Theor. Meth.* 19, 2337 – 2355.

Rosenbaum, S. (1953): Tables for a nonparametric test of dispersion. *Ann. Math. Statist.* 24, 663 – 668.

Rosenbaum, S. (1954): Tables for a nonparametric test of location. *Ann. Math. Statist.* 25, 146 – 150.

Rosenbaum, S. (1965): On some two–sample nonparametric tests. *J. Amer. Statist. Ass.* 60, 1118 – 1126.

Rosenblatt, M. (1956): Remarks on some nonparametric estimates of a density function. *Ann. Math. Statist.* 27, 832 – 837.

Rosenblatt, M. (1970): Density estimates and Markov sequences. In: *Nonparametric techniques in statistical inference.* Hrsg. Puri, M.L., 199 – 210, Cambridge University Press, Cambridge.

Rothe, G. (1981): Some properties of the asymptotic relative Pitman efficiency. *Ann. Statist.* 9, 663 – 669.

Rothe, G. (1989): Jackknife und Bootstrap: Resampling–Verfahren zur Genauigkeit von Parameterschätzungen. *ZUMA–Arbeitsbericht* Nr. 89/04, Mannheim.

Roussas, G. (1973): *A first course in mathematical statistics.* Addison–Wesley, Reading, Mass.

Rousseeuw, P.J. und Ronchetti, E.M. (1979): The influence curve for tests. Research Report 21, Fachgruppe für Statistik, ETH Zürich.

Rudas, T. (1986): A Monte Carlo comparison of the small sample behaviour of the Pearson, the likelihood ratio and the Cress–Reed statistics. *J. Statist. Comp. Simul.* 24, 107 – 120.

Rünstler, G. (1987): Adaptive verteilungsfreie Tests auf Variabilität für das Zweistichprobenproblem. Unveröffentlichte Diplomarbeit, Technische Universität Graz.

Rüschendorf, L. (1976a): Hypotheses generating groups for testing multivariate symmetry. *Ann. Statist.* 4, 791 – 795.

Rüschendorf, L. (1976b): Asymptotic distributions of multivariate symmetry. *Ann. Statist.* 4, 912 – 923.

Ruhberg, S.R. (1986): Efficiencies of some two-sample location tests for a broad class of distributions. *Commun. Statist., Theor. and Meth.* 15, 2991 – 3004.

Ruist, E. (1955): Comparison of tests for non–parametric hypotheses. *Ark. Mat.* 3, 133 – 163.

Runyon, R.P. (1977): *Nonparametric statistics: A contemporary approach.* Addison–Wesley, Reading, Mass.

Rytz, C. (1967): Ausgewählte parameterfreie Prüfverfahren im 2– und k–Stichproben–Fall. *Metrika* 12, 189 – 204.

Rytz, C. (1968): Ausgewählte parameterfreie Prüfverfahren im 2– und k–Stichproben–Fall. *Metrika* 13, 17 – 71.

Ryzin, J. van (1970): On some nonparametric empirical Bayes multiple decision problems. In: *Nonparametric techniques in statistical inference.* Hrsg. Puri, M.L., Cambridge, London, New York.

Ryzin, J. van (1973): A histogram method of density estimation. *Commun. Statist.* 2, 493 – 506.

Sachs, L. (1968): *Statistische Auswertungsmethoden.* Heidelberg, Berlin, New York.

Sacks, J. und Ylvisaker, D. (1981): Variance estimation for approximately linear models. *Math. Operationsforschung und Statistik, Ser. Statistics* 12, 147 – 162.

Samanta, M. und Kabe, B.K. (1972): Non–parametric estimation of the regression matrix in a bivariate multiple regression. *J. Indian Statist. Ass.* 10, 63 – 86.

Samara, B. und Randles, R.H. (1988): A test for correlation based on Kendall's tau. *Commun. Statist.-Theor. Meth.* 17, 3191 – 3205.

Sarda, P. (1991): Estimating smooth distribution functions. In: Roussas, G. (ed.): *Nonparametric Functional Estimation and Related Topics.* 261 – 270, Kluwer Academic Publishers.

Sarhan, A.E. und Greenberg, B.G. (Eds.) (1962): *Contributions to order statistics.* Wiley, New York.

Savage, I.R. (1953): Bibliography of nonparametric statistics and related topics. *J. Amer. Statist. Ass.* 48, 844 – 906. Correction 53 (1958), 1031.

Savage, I.R. (1956): Contributions to the theory of rank order statistics — the two–sample case. *Ann. Math. Statist.* 27, 590 – 615.

Savage, I.R. (1959): Contributions to the theory of rank order statistics — the one–sample case. *Ann. Math. Statist.* 30, 1018 – 1023.

Savage, I.R. (1962): *Bibliography of nonparametric statistics.* Harvard University Press, Cambridge, Mass.

Savage, I.R. und Sethuraman, J. (1966): Stopping times of a rank–order sequential probability ratio test based on Lehmann alternatives. *Ann. Math. Statist.* 37, 1154 – 1160. Correction: *Ann. Math. Statist.* 38 (1967), 1309.

Saxena, K.M.L. (1969): Use of sign statistic in problems concerning $(P(Y < X))$. Abstr. in *Ann. Math. Statist.* 40, 1154.

Saxena, K.K. und Srivastava, O.P. (1989): Non parametric approach of estimation in linear models. *Journal of Statistical Reserach* 23, 47 – 52.

Schach, S. (1969a): Nonparametric symmetry tests for circular distributions. *Biometrika* 56, 571 – 577.

Schach, S. (1969b): On a class of nonparametric two–sample tests for circular distributions. *Ann. Math. Statist.* 40, 1791 – 1800.

Schaich, E. und Hamerle, A. (1984): *Verteilungsfreie statistische Prüfverfahren.* Springer, Berlin.

Scheffé, H. (1943): Statistical inference in the non–parametric case. *Ann. Math. Statist.* 14, 305 – 332.

Schlesinger, P. (1992): C–Stichproben–Lagetests unter besonderer Berücksichtigung geordneter Alternativen. Unveröffentlichte Diplomarbeit, Freie Universität Berlin.

Schlittgen, R. (1993): *Einführung in die Statistik.* 4. Auflage, Oldenbourg, München.

Schmetterer, L. (1966): *Mathematische Statistik.* Springer, Berlin.

Schmid, F. und Trede, M. (1993): A distribution free test for the two sample problem for general alternatives. Unveröffentlichtes Manuskript, Universität Köln.

Schneeweiß, H. (1971): *Ökonometrie.* Physica, Würzburg.

Scholz, F.W. (1977): Weighted median regression estimates. *Inst. of Math. Stat. Bulletin* 6, 44.

Scholz, F.W. (1978): Weighted median regression estimates. *Ann. Statist.* 6, 603 – 690.

Schröer, G. (1991): Computergestützte statistische Inferenz am Beispiel der Kolmogorov–Smirnow–Tests. Unveröffentliche Diplomarbeit, Universität Osnabrück.

Schüler, L. (1976): Über die Konsistenz einer Schätzung mehrdimensionaler Dichten auf der Basis trigonometrischer Reihen. *Metrika* 23, 77 – 82.

Schüler, L. und Wolff, H. (1976): Zur Schätzung eines Dichtefunktionals. *Metrika* 23, 149 – 154.

Schütze, C. (1991): Kendall's τ. Diplomarbeit, Fachbereich Statistik, Universität Dortmund.

Scott, D.W. (1979): On optimal and data–based histograms. *Biometrika* 66, 605 – 610.

Scott, D.W. und Factor, L.E. (1981): Monte Carlo study of three data–based nonparametric probability density estimators. *J. Amer. Statist. Ass.* 76, 9 – 15.

Scott, D.W.; Tapia, R.A. und Thompson, J.R. (1977). Kernel density estimation revisited. *Nonlinear Analysis, Theory, Methods & Applications* 1, 339 – 372.

Seber, G.A.F. (1977): *Linear regression analysis.* John Wiley, New York.

Sen, P.K. (1962): On studentized non–parametric multi–sample location tests. *Ann. Inst. Statist. Math.* 14, 119 – 131.

Sen, P.K. (1965): Some nonparametric tests for m–dependent time series. *J. Amer. Statist. Ass.* 60, 134 – 147.

Sen, P.K. (1967a): A note on asymptotically distribution–free confidence bounds for $P(X < Y)$, based on two independent samples. *Sankhya A* 29, 351 – 372.

Sen, P.K. (1967b): Nonparametric tests for multivariate interchangeability. Part 1: Problems of location and scale in bivariate distributions. *Sankhya A* 29, 351 – 372.

Sen, P.K. (1967c): On some multisample permutation tests based on a class of U–statistics. *J. Amer. Statist. Ass.* 62, 1201 – 1213.

Sen, P.K. (1967d): A note on the asymptotic efficiency of Friedman's χ_r^2 test. *Biometrika* 54, 677 – 679.

Sen, P.K. (1968a): Estimates of the regression coefficient based on Kendall's tau. *J. Amer. Statist. Ass.* 63, 1379 – 1389.

Sen, P.K. (1968b): Asymptotically efficient tests by the method of n rankings. *J.R. Statist. Soc. B* 30, 312 – 317.

Sen, P.K. (1968c): Robustness of some nonparametric procedures in linear models. *Ann. Math. Statist.* 39, 1913 – 1922.

Sen, P.K. (1968d): On a class of aligned rank order tests in two–way layouts. *Ann. Math. Statist.* 39, 1115 – 1124.

Sen, P.K. (1968e): Nonparametric tests for multivariate interchangeability. Part Two: The problem of MANOVA in two–way layouts. *Sankhya* 30, 145 – 156.

Sen, P.K. (1969): On a class of rank order tests for the parallelism of several regression lines. *Ann. Math. Statist.* 40, 1668 – 1683.

Sen, P.K. (1973): Some aspects of nonparametric procedures in multivariate statistical analysis. In: *Multivariate statistcal inference.* Hrsg. Kabe, D.G. und Gupta, R.P., Amsterdam, 231 – 240.

Sen, P.K. (1981): *Sequential nonparametrics.* Wiley, New York.

Sen, P.K. und Ghosh, M. (1973): Asymptotic properties of some sequential non–parametric estimators in some multivariate linear models. In: *Multivariate Analysis II.* Hrsg. Krishnaiah, P.R., Academic Press, New York, 299 – 316.

Sen, P.K. und Singer, J.M. (1993): *Large sample methods in statistics. An introduction with applications.* Chapman & Hall, New York.

Sen, P.K. und Srivastava, M.S. (1973): A sequential solution of Wilcoxon types for a slippage problem. In: *Multivariate statistical inference.* Hrsg. Kabe, D.G. und Gupta, R.P., Amsterdam, 217 – 229.

Serfling, R.J. (1968): The Wilcoxon two–sample statistic on strongly mixing processes. *Ann. Math. Statist.* 39, 1202 – 1209.

Sethuraman, J. (1970): Stopping time of a rank–order sequential probability ratio test based on Lehmann alternatives II. *Ann. Math. Statist.* 41, 1322 – 1333.

Shapiro, S.S.; Wilk, M.B. und Mrs. Chen, H.J. (1968): A comparative study of various tests for normality. *J. Amer. Statist. Ass.* 63, 1343 – 1372.

Sherman, B. (1950): A random variable related to the spacing of sample values. *Ann. Math. Statist.* 21, 339 – 361.

Sherman, E. (1965): A note on multiple comparisons using rank sums. *Technometrics* 7, 255 – 256.

Shiraishi, T. (1993): Statistical procedures based on signed ranks in k samples with unequal variances. *Ann. Inst. Statist. Math.* 45, 265 – 278.

Shorack, G.R. (1969): Testing and estimating ratios of scale parameters. *J. Amer. Statist. Ass.* 64, 999 – 1013.

Shorack, R.A. (1967): Tables of the distribution of the Mann–Whitney–Wilcoxon U–statistic under Lehmann alternatives. *Technometrics* 9, 666 – 678.

Šidák, Z. (1973): Applications of random walks in nonparametric statistics. *Bull. Int. Statist. Inst.* 45, III, 34 – 43.

Šidák, Z. und Vondráček, J. (1957): A simple non–parametric test of difference in location of two populations. *(Czech.) Aplikace matematiky* 2, 215 – 221.

Siegel, S. (1956): *Nonparametric statistics for the behavioral sciences.* McGraw Hill, Tokyo.

Siegel, S. und Tukey, J.W. (1960): A nonparametric sum of ranks procedure for relative spread in unpaired samples. *J. Amer. Statist. Ass.* 55, 429 – 445.

Siegmund, D. (1985): *Sequential analysis: Tests and confidence intervals.* Springer, New York.

Sievers, G.L. (1978): Weighted rank statistics for simple linear regression. *J. Amer. Statist. Ass.* 73, 628 – 631.

Sillitto, G.P. (1947): The distribution of Kendall's τ coefficient of rank correlation in rankings containing ties. *Biometrika* 34, 36 – 40.

Silverman, B.W. (1986): *Density estimation for statistics and data analysis.* Chapman & Hall, London.

Sinclair, C.D.; Spurr, B.D. und Ahmad, M.I. (1990): Modified Anderson Darling test. *Commun. Statist., Theor. and Meth.* 19, 3677 - 3686.

Singh, C. (1976): Moments of the range of samples from non–normal populations. *J. Amer. Statist. Ass.* 71, 988 – 991.

Singh, K. (1981): On the asymptotic accuracy of Efron's bootstrap. *Ann. Statist.* 9, 1187 – 1195.

Singh, K. (1984): Asymptotic comparison of tests — A review. *Handbook Statist. 4: Nonparametric Methods* 173 – 184. Krishnaiah und P.K. Sen (eds.). North Holland, Amsterdam.

Singh, R.S. (1977): Improvement on some known nonparametric uniformly consistent estimators of derivatives of a density. *Ann. Statist.* 5, 394 – 399.

Skarabis, H.R.; Schlittgen, R.; Buseke, K.H. und Apostolopoulos, N. (1978): *Sequentializing nonparametric tests.* Physica, Wien.

Skillings, J.H. (1980): On the null distribution of Jonckheere's statistic used in two–way models for ordered alternatives. *Technometrics* 22, 431 – 436.

Skovlund, E. (1991): Truncation of a two sample sequential Wilcoxon test. *Biom. J.* 33, 271 – 279.

Slakter, M.J. (1965): A comparison of the Pearson chi–square and Kolmogorov goodness–of–fit tests with respect to validity. *J. Amer. Statist. Ass.* 60, 854 – 858.

Slakter, M.J. (1966): Comparative validity of the chi–square and two modified chi–square goodness–of–fit tests for small but equal expected frequencies. *Biometrika* 53, 619 – 623.

Slakter, M.J. (1968): Accuracy of an approximation to the power of the chi–square goodness–of–fit test with small but equal expected frequencies. *J. Amer. Statist. Ass.* 63, 912 – 918.

Smid, L.J. (1956): On the distribution of the test statistics of Kendall and Wilcoxon when ties are present. *Statist. Neerl.* 10, 205 – 214.

Smirnov, N.V. (1939): On the estimation of the discrepancy between empirical curves of distribution for two independent samples. *(Russian) Bull. Moscow Univ.* 2, 3 – 16.

Smirnov, N.V. (1948): Table for estimating goodness of fit of empirical distributions. *Ann. Math. Statist.* 19, 279 – 281.

Smith, P.J.; Rae, D.S.; Manderscheid, R.W. und Silberberg, S. (1979): Exact and approximate distributions of the chi–square statistic for equiprobability. *Commun. Statist.-Simul. Comp.* 8, 131 – 149.

Somes, G.W. (1982): *Cochran's Q statistic. Encyclop. Statist. Sciences* 3, 118 – 121. S. Kotz, N.L. Johnson und C.B. Read (eds.). Wiley, New York.

Somes, G.W. (1985): *McNemar statistic. Encyclop. Statist. Sciences* 5, 361 – 363, S. Kotz, N.L. Johnson und C.B. Read (eds.). Wiley, New York.

Spearman, C. (1904): The proof and measurement of association between two things. *Amer. J. Psychol.* 15, 72 – 101.

Sprent, P. (1989): *Applied nonparametric statistical methods.* 2. ed., Chapman & Hall, London.

Spurrier, J.D. und Hewett, J.E. (1976): Two-stage Wilcoxon tests of hypotheses. *J. Amer. Statist. Ass.* 71, 982 – 987.

Srikantan, K.S. (1970): Canonical association between nominal measurements. *J. Amer. Statist. Ass.* 65, 284 – 292.

Stanton, J.M. (1969): Murderers on parole. *Crime and Deliquency* 15, 149 – 155.

Staudte, R.G. und Sheather, S.J. (1990): *Robust estimation and testing.* Wiley, New York.

Steck, G.P. (1969): The Smirnov two sample tests as rank tests. *Ann. Math. Statist.* 40, 1449 – 1466.

Steel, R.G.D. (1960): A rank sum test for comparing all pairs of treatments. *Technometrics* 2, 197 – 207.

Stephens, M.A. (1963): Random walk on a circle. *Biometrika* 50, 385 – 390.

Stephens, M.A. (1964): The distribution of the goodness-of-fit statistic, U_N^2, II. *Biometrika* 51, 393 – 398.

Stephens, M.A. (1965a): The goodness-of-fit statistic V_N: distribution and significant points. *Biometrika* 52, 309 – 322.

Stephens, M.A. (1965b): Significance points for the two-sample $U_{M,N}^2$. *Biometrika* 52, 661 – 663.

Stephens, M.A. (1969a): A goodness-of-fit statistic for the circle, with some comparisons. *Biometrika* 56, 161 – 168.

Stephens, M.A. (1969b): Tests for randomness of directions against two circular alternatives. *J. Amer. Statist. Ass.* 64, 280 – 289.

Stephens, M.A. (1974): EDF statistics for goodness of fit and some comparisons. *J. Amer. Statist. Ass.* 69, 730 – 737.

Stephens, M.A. und Maag, U.R. (1968): Further percentage points for W_N^2. *Biometrika* 55, 428 – 430.

Steyn, H.S. jr. und Geertsma, J.C. (1974): Nonparametric confidence for the centre of symmetry of a symmetric distribution. *S. Afr. Statist. J.* 8, 25 – 34.

Stigler, S.M. (1977): Do robust estimators work with real data? *Ann. Statist.* 5, 1055 – 1098.

Stone, M. (1968): Extreme tail probabilities for sampling without replacement and exact Bahadur efficiency of the two-sample normal scores test. *Biometrika* 55, 371 – 376.

Streitberg, B. und Röhmel, J. (1986): Exact distribution for permutation and rank tests: An introduction to some recently published algorithms. *Statistical Software Newsletter* 12, 10 – 17.

Streitberg, B. und Röhmel, J. (1987): Exakte Verteilungen für Rang- und Randomisierungstests im allgemeinen C-Stichprobenproblem. *EDV in Medizin und Biologie* 18, 12 – 19.

Streitberg, B. und Röhmel, J. (1990): On tests that are uniformly more powerful than the Wilcoxon-Whitney test. *Biometrics* 46, 481 – 486.

Stuart, A. (1953): The estimation and comparison of strengths of association in contingency tables. *Biometrika* 40, 105 – 110.

Stuart, A. (1954a): Asymptotic relative efficiency of tests and the derivatives of their power functions. *Skand. Aktuarietidskrift* Parts 3 – 4, 163 – 169.

Stuart, A. (1954b): Asymptotic relative efficiencies of tests of randomness against normal alternatives. *J. Amer. Statist. Ass.* 49, 147 – 157.

Stuart, A. (1983): Kendall's tau. *Encyclop. Statist. Sciences* 4, 367 – 369. S. Kotz, N.L. Johnson und C.B. Read (eds.). Wiley, New York.

Sukhatme, B.V. (1957): On certain two-sample nonparametric tests for variances. *Ann. Math. Statist.* 28, 188 – 194.

Sukhatme, B.V. (1958a): Testing the hypothesis that two populations differ only in location. *Ann. Math. Statist.* 29, 60 – 78.

Sukhatme, B.V. (1958b): A two sample distribution free test for comparing variances. *Biometrika* 45, 544 – 548.

Suzuki, G. (1968): Kolmogorov–Smirnov tests of fit based on some general bounds. *J. Amer. Statist. Ass.* 63, 919 – 924.

Swanepoel, S.W.H. (1988): Mean integrated squared error properties and optimal kernels when estimating a distribution function. *Commun. Statist.-Theor. Meth.* 17, 3785 – 3799.

Swed, F.S. und Eisenhart, C. (1943): Tables for testing randomness of grouping in a sequence of alternatives. *Ann. Math. Statist.* 14, 66 – 87.

Talwar, P.P. (1993): A simulation study of some non–parametric regression estimators. *Comp. Statist. Data Anal.* 15, 309 – 327.

Tapia, R.A. und Thompson, J.R. (1978): *Nonparametric probability density estimation.* Baltimore, John Hopkins University Press.

Tate, M.W. und Brown, S.M. (1970): Note on the Cochran Q test. *J. Amer. Statist. Ass.* 65, 155 – 160.

Tate, M.W. und Hyer, L.A. (1973): Inaccuracy of the χ^2-test of goodness of fit, when expected frequencies are small. *J. Amer. Statist. Ass.* 68, 836 – 841.

Taylor, C.C. (1987): Akaike's information criterion and the histogram. *Biometrika* 74, 636 – 639.

Teichroew, D. (1956): Tables of expected values of order statistics and products of order statistics for samples of size twenty and less from the normal distribution. *Ann. Math. Statist.* 27, 410 – 426.

Terpstra, T.J. (1952): The asymptotic normality and consistency of Kendall's test against trend, when ties are present in one ranking. *Indag. Math.* 14, 327 – 333.

Terpstra, T.J. (1954): A nonparametric test for the problem of k samples. *Proceedings Koninklijke Nederlandse Akademie van Wetenschapen* (A) 57 (Indigationes Mathematicae 16), 505 – 512.

Terrell, G.R. (1990): The maximal smoothing principle in density estimation. *J. Amer. Statist. Ass.* 85, 470 – 476.

Terrell, G.R. und Scott, D.W. (1985): Oversmoothed nonparametric density estimates. *J. Amer. Statist. Ass.* 80, 209 – 214.

Terry, M.E. (1952): Some rank order tests which are most powerful against specific parametric alternatives. *Ann. Math. Statist.* 23, 346 – 366.

Theil, H. (1950a): A rank–invariant method of linear and polynomial regression analysis I. *Proc. Kon. Ned. Akad. v. Wetensch.* A 53, 386 – 392.

Theil, H. (1950b): A rank–invariant method of linear and polynomial regression analysis II. *Proc. Kon. Ned. Akad. v. Wetensch.* A 53, 521 – 525.

Theil, H. (1950c): A rank–invariant method of linear and polynomial regression analysis III. *Proc. Kon. Ned. Akad. v. Wetensch.* A 53, 1397 – 1412.

Theis, S. (1992): Nichtparametrische statistische Tests auf Symmetrie von Verteilungen. Diplomarbeit, Fachbereich Statistik, Universität Dortmund.

Thode H.C.jr.; Smith, L.A. und Finch, S.J. (1983): Power of tests of normality for detecting scale contaminated normal samples. *Commun. Statist., Simul. Comp.* 12, 675 – 695.

Thomas, D. und Ferguson, N.L. (1974): Some tests of independence. *Austral. J. Statist.* 16, 11 – 19.

Thompson, R. (1966): Bias of the one–sample Cramér–von Mises test. *J. Amer. Statist. Ass.* 61, 246 – 247.

Thompson, R., Govindarajulu, Z. und Doksum, K.A. (1967): Distribution and power of the absolute normal scores test. *J. Amer. Statist. Ass.* 62, 966 – 975.

Tiku, M.L. (1965): Chi–square approximations for the distribution of goodness–of–fit statistics U_N^2 und W_N^2. *Biometrika* 52, 630 – 633.

Tiku, M.L.; Tan, W.Y. und Balakrishnan, N. (1986): *Robust inference.* Marcel Dekker, New York.

Tippett, L.H. (1925): On the extreme individuals and the range of samples taken from a normal population. *Biometrika* 17, 364 – 387.

Tocher, K.D. (1950): Extension of the Neyman–Pearson theory of tests to discontinuous variates. *Biometrika* 37, 130 – 144.

Tsukibayashi, S. (1962): Estimation of variance and standard deviation based on range. *Rep. Statist. Appl. Res. JUSE* 9, 10 – 23.

Tsutakawa, R.K. (1968): An example of large discrepancy between measures of asymptotic efficiency of tests. *Ann. Math. Statist.* 39, 179 – 128.

Tsutakawa, R.K. und Hewitt, J.E. (1977): Quick test for comparing two populations with bivariate data. *Biometrics* 33, 215 – 219.

Tucker, H.G. (1962): *An introduction to probability and mathematical statistics.* Academic Press, New York.

Tucker, H.G. (1967): *A graduate course in probability.* Academic Press, New York.

Tukey, J.W. (1959): A quick, compact, two–sample test to Duckworth's specifications. *Technometrics* 1, 31 – 48.

Tukey, J.W. (1960): A survey of sampling from contaminated distributions. Contributions to probability and statistics. *Essays in honor of Harold Hotelling, California,* 445 – 485, Stanford University Press.

Tukey, J.W. (1962): The future of data analysis. *Ann. Math. Statist.* 33, 1 - 67.

Turrero, A. (1989): On the relative efficiency of grouped and censored survival data. *Biometrika* 76, 125 – 131.

Uhlmann, W. (1966): *Statistische Qualitätskontrolle.* Teubner, Stuttgart.

Ullah, A. und Vinod, H.D. (1993): *General nonparametric regression estimation and testing in econometrics.* Handbook of Statistics. Vol. 11, 85 – 116, Elsevier Science Publishers, Maddala, G.S., Rao, C.R. und Vinod, H.D. (eds.).

Upton, G.J.G. (1976): More multisample tests for the von Mises distribution. *J. Amer. Statist. Ass.* 71, 675 – 678.

Upton, G.J.G. (1982): A comparison of alternative tests for the 2 × 2 comparative trial. *J. R. Statist. Soc. A* 145, 86 – 105.

Ury, H. (1970): On distribution–free confidence bounds for $PR(Y < X)$. Abstr. in *Ann. Math. Statist.* 41, 1392.

Uzawa, H. (1960): Locally most powerful rank tests for two–sample problems. *Ann. Math. Statist.* 31, 685 – 702.

Vaughan, D.C. (1990): Comparison of test statistics for the correlation coefficient in bivariate normal samples with type II censoring. *Commun. Statist.-Simul. Comp.* 19, 513 – 526.

Verdooren, L.R. (1963): Extended tables of critical values for Wilcoxon's test statistics. *Biometrika* 50, 177 – 186.

Vincze, I. (1961): On two–sample tests based on order statistics. *Proc. Fourth Berkeley Symp.* I, 695 – 705.

Vleugels, P. (1984): Zur Robustheit von Tests im Ein– und Zweistichproben–Problem. Unveröffentlichte Dissertation, Freie Universität Berlin.

Vorlíčková, D. (1970): Asymptotic properties of rank tests under discrete distributions. *Z. Wahrscheinlichkeitsth. Verw. Geb.* 14, 275 – 289.

Waerden, B.L. van der (1952/53): Order tests for the two–sample problem and their power. *Proceedings Koninklijke Nederlandse Akademie van Wetenschappen (A)* (Indagationes Mathematicae 14), 453 – 458 und 56 (Indagationes Mathematicae 15), 303 – 316. Errata: Ibid. (1953), 80.

Waerden, B.L. van der (1965): *Mathematische Statistik.* Springer, Heidelberg.

Waerden, B.L. van der und Nievergelt, B.L. (1956): *Tafeln zum Vergleich zweier Stichproben mittels χ^2-Test und Zeichentest.* Springer, Heidelberg.

Wagner, S.S. (1970): The maximum–likelihood estimate for contingency tables with zero diagonal. *J. Amer. Statist. Ass.* 65, 1362 – 1383.

Wagner, T.J. (1975): Nonparametric estimates of probability densities. *IEEE Trans. Information Theory* IT-21, 4.

Wald, A. (1947): *Sequential analysis.* Wiley, New York.

Wald, A. und Wolfowitz, J. (1940): On a test whether two samples are from the same population. *Ann. Math. Statist.* 11, 147 – 162.

Wallis, W.A. und Moore, G.H. (1941): A significance test for time series analysis. *J. Amer. Statist. Ass.* 36, 401 – 409.

Walsh, J.E. (1946): On the power function of the sign test for the slippage of means. *Ann. Math. Statist.* 17, 358 – 362.

Walsh, J.E. (1949a): Some significance tests for the median which are valid under very general conditions. *Ann. Math. Statist.* 20, 64 – 81.

Walsh, J.E. (1949b): Applications of some significance tests for the median which are valid under very general conditions. *J. Amer. Statist. Ass.* 44, 342 – 355.

Walsh, J.E. (1951): Some bounded significance level properties of the equal–tail sign test. *Ann. Math. Statist.* 22, 408 – 417.

Walsh, J.E. (1962): *Handbook of nonparametric statistics, I.* Princeton, N.J.

Walsh, J.E. (1965): *Handbook of nonparametric statistics, II.* Princeton, N.J.

Walsh, J.E. (1968): *Handbook of nonparametric statistics, III.* Princeton, N.J.

Walsh, J.E. (1970): Sample sizes for approximate independence of order statistics. *J. Amer. Statist. Ass.* 65, 860 – 863.

Walter, E. (1963): Rangkorrelation und Quadrantenkorrelation. *Züchter Sonderh. 6: Die Frühdiagnose in der Züchtung und Züchtungsforschung II*, 7 – 11.

Wang, J.-L. und Hettmansperger, T.P. (1990): Two–sample inference for median survival times based on one–sample procedures for censored survival data. *J. Amer. Statist. Ass.* 85, 529 – 536.

Watson, G.S. (1961): Goodness–of–fit tests on a circle, I. *Biometrika* 48, 109 – 114.

Watson, G.S. (1962): Goodness–of–fit tests on a circle, II. *Biometrika* 49, 57 – 63.

Watson, G.S. (1964): Smoth regression analysis. *Sankhya, A* 26, 359 – 372.

Watson, G.S. (1967a): Linear least squares regression. *Ann. Math. Stat.* 38, 1679 – 1699.

Watson, G.S. (1967b): Another test for the uniformity of a circular distribution. *Biometrika* 54, 675 – 677.

Watson, G.S. (1969a): Some problems in the statistics of directions. *Bull. Inst. Internat. Statist.* 42, 374 – 385.

Watson, G.S. (1969b): Linear regression on proportions. *Biometrics* 25, 585 – 588.

Weber, E. (1972): *Grundriß der biologischen Statistik.* 7. Aufl. Gustav Fischer Verlag, Jena.

Weed, H.D. Jr. und Bradley. R.A. (1971): Sequential one–sample grouped signed rank tests for symmetry: Basic procedures. *J. Amer. Statist. Ass.* 66, 321 – 326.

Weed, H.D. Jr. und Bradley, R.A. (1973): Sequential one–sample grouped signed rank tests for symmetry: Monte Carlo studies. *J. Statist. Comp. Simul.* 2, 99 – 137.

Weed, H.D. Jr.; Bradley, R.A. und Govindarajulu, Z. (1974): Stopping times of two rank order sequential probability ratio tests for symmetry based on Lehmann alternatives. *Ann. Statist.* 2, 1314 – 1322.

Wegmann, E.J. und Carroll, R.J. (1977): A Monte Carlo Study of robust estimators of location. *Commun. Statist.-Theor. Meth.* 6, 795 – 812.

Weichselberger, A. (1993): *Ein neuer Anpassungstest zur Beurteilung der Lage von Verteilungen.* Vandenhoeck & Ruprecht, Göttingen.

Weiss, L. (1960): Two–sample tests for multivariate distributions. *Ann. Math. Statist.* 31, 159 – 164.

Weissfeld, L.A. und Wieand, H.S. (1984): Bounds on efficiencies for the two–sample nonparametric statistics. *Commun. Statist. Theor. and Meth.* 13, 1741 – 1757.

Wernecke, K.-D. (1993): Jackknife, bootstrap und cross–validation — eine Einführung in Methoden der wiederholten Stichprobenziehung. *Allg. Statist. Arch.* 77, 32 – 59.

West, S.A. (1975): Bias in the estimator of Kendall's rank correlation when extreme pairs are removed from the sample. *J. Amer. Statist. Ass.* 70, 439 – 442.

Wetherill, G.B. (1975): *Sequential methods in statistics.* Methuen, London.

Wetzel, W.; Jöhnk, M.-D. und Naeve, P. (1967): *Statistische Tabellen.* De Gruyter, Berlin.

Wetzel, W.; Skarabis, H.; Naeve, P. und Büning, H. (1975): *Mathematische Propädeutik für Wirtschaftswissenschaftler.* Berlin, New York.

Wheeler, S. und Watson, G.S. (1964): A distribution–free two–sample test on a circle. *Biometrika* 51, 256 – 257.

Whitney, D.R. (1951): A bivariate extension of the U statistic. *Ann. Math. Statist.* 22, 274 – 282.

Wieand, H.S. (1976): A condition under which the Pitman and Bahadur approaches to efficiency coincide. *Ann. Statist.* 4, 1003 – 1011.

Wijsman, R.A. (1958): On the existence of Wald's sequential test. *Ann. Math. Statist.* 29, 938 – 939.

Wijsman, R.A. (1960): A monotonicity property of the sequential probability ratio test. *Ann. Math. Statist.* 31, 677 – 684.

Wilcoxon, F. (1945): Individual comparisons by ranking methods. *Biometrics* 1, 80 – 83.

Wilcoxon, F. und Bradley, R.A. (1964): A note on the paper „Two sequential two–sample grouped rank tests with application to screening experiments." *Biometrics* 20, 892 – 895.

Wilcoxon, F.; Rhodes, L.J. und Bradley, R.A. (1963): Two sequential two–sample grouped rank tests with applications to screening experiments. *Biometrics* 19, 58 – 84.

Wilcoxon, F. and Wilcox, R.A. (1964): Some rapid approximate statistical procedures. 2nd ed. *American Cynamid Co.,* Lederle Laboratories, Pearl River, New York.

Wilks, S.S. (1962): *Mathematical statistics.* Wiley, New York.

Williams, C.A. jr. (1950): On the choice of the number and width of classes for the chi–square test of goodness of fit. *J. Amer. Statist. Ass.* 45, 77 – 86.

Witting, H. (1960): A generalized Pitman efficiency for nonparametric tests. *Ann. Math. Statist.* 31, 405 – 414.

Witting, H. (1969): *Mathematische Statistik.* Teubner, Stuttgart.

Witting, H. und Nölle, G. (1970): *Angewandte Mathematische Statistik.* Teubner, Stuttgart.

Woodworth, G.G. (1970): Large deviations and Bahadur efficiency of linear rank statistics. *Ann. Math. Statist.* 41, 251 – 283.

Wormleighton, R. (1959): Some tests of permutation symmetry. *Ann. Math. Statist.* 30, 1005 – 1017.

Yang, S.S. (1988): A central limit theorem for the bootstrap mean. *American Statistician* 42, 202 – 203.

Yates, F. (1934): Contingency tables involving small numbers and the χ^2 test. *J. R. Statist. Soc. B* 1, 217 – 235.

Yates, F. (1984): Tests of significance for 2 by 2 contingency tables. *J. R. Statist. Soc. A* 147, 426 — 463.

Yu, C.S. (1971): Pitman efficiencies of Kolmogorov–Smirnov tests. *Ann. Math. Statist.* 42, 1595 – 1605.

Yuen, K.K. und Dixon, W.J. (1973): The approximate behaviour and performance of the two–sample trimmed t. *Biometrika* 60, 369 – 374.

Yuen Fung, K. (1979): A Monte Carlo study of studentized Wilcoxon statistic for the Behrens–Fisher problem. *Commun. Statist., Ser. B Simula. Computa* 10, 15 – 24.

Yuen Fung, K.; Lee, H. und Tajuddin, I. (1985): Some robust test statistics for the two–sample location problem. *American Statistician* 35, 175 – 182.

Zajta, A.J. und Pnadikow, W. (1977): A table of selected percentiles for the Cramér–von–Mises–Lehmann test: Equal sample sizes. *Biometrika* 64, 165 – 167.

Zar, J.H. (1972): Significance testing of the Spearman rank correlation coefficient. *J. Amer. Statist. Ass.* 67, 578 – 580.

Zaremba, S.K. (1965): Note on the Wilcoxon–Mann–Whitney statistic. *Ann. Math. Statist.* 36, 1058 – 1060.

Zimmermann, D.W.; Williams, R.H. und Zumbo, B.D. (1993): Effect of nonindependence of sample observations on some parametric and nonparametric statistical tests. *Commun. Statist., Simul. Comput.* 22, 779 - 789.

Sachverzeichnis

Adaptive Lageschätzer, 307
Adaptiver Lagetest, 312
Adaptiver Test, 309
Alternativhypothese, 31
Anderson–Darling–Test, 83
Anpassungstest, 68
Ansari–Bradley–Test, 153
A.R.E., 37, 275, 279, 299
    asymptotisch relative, 279, 285
    Bahadur, 276
    Hodges–Lehmann, 276
    Pitman, 276, 279
ASN–Funktion, 317, 320
Asymptotische Relative Effizienz, 37
Aufwärtstrend, 324
Ausreißer, 297, 299, 307
    Test auf, 329

Bandbreite, 253, 260
    optimale, 259
Bayes–Verfahren, 331
Behrens–Fisher–Problem, 295
Bernoulli–Verteilung, 22
Betafunktion, 25, 340
Betaverteilung, 26
Bindung, 43
Bindungsgruppe, 43
Binomialtest, 85
Binomialverteilung, 22
    Tabelle, 357
Birnbaum–Hall–Test, 199
Biweight–Kern, 260
Block, 199, 210
    balancierter, 211

    unvollständiger, 211
    vollständiger, 210
Blomqvist–Quadrantentest, 291
Bootstrap, 312, 314
    nichtparametrischer, 313, 314
    parametrischer, 313, 314
Break–Down–Point, 301
Bruchpunkt, 301

Capon–Test, 153
Cauchy–Schwarz, Ungleichung von, 20
Cauchy–Verteilung, 26
Censoring, 329
χ^2–Minimum–Methode, 81
χ^2–Test, 38, 74, 220
    Vergleich mit K–S–Test, 82
χ^2–Verteilung, 25
    Tabelle, 373
Cochran–Test, 208
Cramér–Mises–Smirnow–Test, 83, 113
Cramér–von Mises–Test, 124
c–Stichproben–Problem
    unabhängige Stichproben, 181
    verbundene Stichproben, 199

David–Test, 85
Dichte(funktion)
    gemeinsame, 17
Dichtefunktion, 15
Dichte(funktion), 16
Dichteschätzung, 251, 315
Diskordant, 244
Doppelexponentialverteilung, 25
Dreieckskern, 260
Durbin–Test, 210

Durchschnittsrang, 45

Effizienz, 29, 275
    absolute, 282
    asymptotisch relative, 37, 275, 276, 299
    finite relative, 36, 275, 277, 299
    relative, 275, 299
Einfach–Klassifikation, 183
Elementarereignis, 13
Epa–Kern, 260
Epanechnikow–Kern, 260
Ereignis, 13
    sicheres, 13
    unabhängiges, 14
Ereignisalgebra, 13
Ereignisraum, 13
Erwartungswert, 18
Expected Exponential Scores, 155
Expected Normal Scores, 153
Exponentialverteilung, 25, 55, 58
Exzeß, 304

Fehler, 32
    1. Art, 32
    2. Art, 32
Fein–Adaptierend, 308
Fisher
    Permutationstest, 140
    Randomisierungs–Test, 174
Fisher, Exakter Test, 228
Fisher–Yates–Rangkorrelationstest, 241
Fisher–Yates–Terry–Hoeffding–Test, 140
Fisher–Yates–Test, 140
F.R.E., 36, 275, 277, 299
Freiheitsgrad, 25
Friedman–Test, 200, 204
    Tabelle, 425
F–Test, 40, 115, 145, 183, 200
F–Verteilung, 25
    Tabelle, 375

Gammafunktion, 340
Gammaverteilung, 25
Gastwirth–Test, 290, 310
Gauß–Kern, 260
Gegenhypothese, 31
Geordnete Alternativen, 194
Getrimmter t–Test, 301–303
Gleichverteilung, 22, 23
Gliwenko u. Cantelli
    Satz von, 49
Grob–Adaptierend, 308
Gütefunktion, 32

Haga–Test, 294
Hájek–Šidák
    Lagetest, 294
    Variabilitäts–Tests, 294
Heavy tails, 21
Histogramm, 255
Hoeffding–Test, 240
Hogg–Maß
    für Schiefe, 305
    für Tails, 305
Hogg–Fisher–Randles–Test, 310
Hypergeometrische Verteilung, 22
Hypothese, 31
    einfache, 32
    zusammengesetzte, 32

Influenzfunktion, 300
Integrierter MSE, 258
Intervallschätzung, 30
Intervallskala, 11
Iteration, 105
Iterationstest, 105, 117

Jacobi–Determinante, 54, 337
Jacobi–Matrix, 54, 337
Jacobi–Transformation, 337
Jonckheere–Terpstra–Test, 194

Kamat–Test, 294

Kardinalskala, 11
Kendall-Test, 207
    Tabelle, 435
Kernfunktion, 260
Kernschätzer, 260
Kernschätzmethode, 252
Klassifikatorische Skala, 8
Klotz-Test, 153
Kolmogorow-Smirnow-Test
    c Stichproben
        Tabelle, 420, 423
    c-Stichproben, 197
    eine Stichprobe, 68
    Vergleich χ^2-Test, 82
    zwei Stichproben, 119
        Tabelle, 394, 395
Kolmogorow-Smirnow-Anpassungstest
    Tabelle, 391
Kolmogorowsche Axiome, 13
Kombination, 336
Kombinatorik, 335
Konfidenzbereich für Verteilungsfunktion, 108
Konfidenzintervall, 30
    Anteil p, 108
    Lageparameter, 157
    Median, 108, 175
    Normalverteilung, 31
    Quantil, 61
    Variabilitätsparameter, 159
Konfidenzniveau, 30
Konkordant, 244
Konkordanzkoeffizient, 246
Konsistenz
    im quadratischen Mittel, 29
    schwache, 29
Kontaminierte Normalverteilung, 24
Kontingenz, 220
Kontingenzkoeffizient
    Cramér, 249

Mean-Square, 249
Pearson, 242
Tschuprow, 249
Kontingenztabelle, 192, 220
Konvergenz
    im quadratischen Mittel, 29
    in Wahrscheinlichkeit, 29
    stochastische, 29
Korrelation, 220
Korrelationskoeffizient, 20, 233
    Kendall, 243
    partieller, 246
    Spearman, 232
    Vergleich Kendall-Spearman, 245
Korrelationstest
    Fisher-Yates, 241
    Pitman, 240
    Spearman, 235
Kovarianz, 20
Kreisverteilungstest, 330
Kreuz-Validierung, 264
Kritischer Bereich, 31
Kritisches Gebiet, 31
Kruskal-Wallis-Test, 184, 214
    Tabelle, 417
Kuiper-Test, 330
Kurtosis, 304, 306

Lageparameter, 21
    multivariater, 332
    Schätzung von, 288
Laplaceverteilung, 25
Lateinisches Quadrat, 211
Lehmann-Alternative, 124
Likelihood-Quotienten-Test, 36
Likelihoodfunktion, 30
Lilliefors-Test, 74
Lineares Modell, 269
Logistische Verteilung, 26
Lognormalverteilung, 24

Long tails, 21
L–Schätzer, 297

Mack–Wolfe–Test, 194
Mann–Whitney–Test, 131, 135, 162, 190
Matched Pairs, 166
Maximale Glättung, 263
Maximum–Likelihood–Methode, 30
McNemar–Test, 210
Meßniveau von Daten, 6, 11
Mean Square Error, 253
Median, 19, 43, 288, 298, 299
    Verteilung, 58
Median–Quartile–Test, 142
Median–Test
    c-Stichproben, 191, 210
    zwei Stichproben, 142, 310
Meyer–Bahlburg–Test, 196
Mittel
    getrimmtes, 289, 297, 299, 300
    winsorisiertes, 297, 301
Mittelwertkontrollkarte, 333
Moivre–Laplace, Satz von, 28
Moment, 18
    r–tes, 19
    r–tes zentrales, 19
    höheres, 19
Mood–Test, 149, 163
    Tabelle, 410
Moore–Wallis–Test, 108
Moses–Test, 155
Mosteller–Test, 108
M–Schätzer, 297
MSE, 253
    integrierter, 258
Multinomialverteilung, 23
Multivariate Verfahren, 331

Neymann–Pearson–Lemma, 35
Nichtparametrisch, 1
Nominalskala, 8, 11

Normal–Scores–Tests, 136
Normalverteilung, 24
    bivariate, 26
    kontaminierte, 24
    skalenkontaminierte, 100, 297, 299
    Tabelle, 369, 371
Nullhypothese, 31
Nullklassentest, 85

OC–Funktion, 317, 320
Olmstead–Tukey–Eckentest, 292
Operationscharakteristik, 32
Ordinalskala, 8, 11
Oversmoothing, 259

Page–Test, 212
Parameter, 21
Pearson, Korrelationskoeffizient, 219
Permutation, 335
Pitman
    Korrelationstest, 240
Poissonverteilung, 23
Punktschätzung, 29
p–Wert, 33

Qualitätskontrolle, 333
Quantil, 18, 19
    p–tes, 19
Quartil, 19
    oberes, 19
    unteres, 19
Quick–Schätzer, 288
    Lageparameter, 288
    Streuungsparameter, 289
Quick–Test, 290
Quick–Verfahren, 288

Randomisierung, 87
Rang, 42
    Verteilung, 50
Rangskala, 8
Rangstatistik

lineare, 91, 125
Rangtest
    linearer, 90, 130, 144
    lokal optimaler, 102
        bei Lagealternativen, 143
        bei Variabilitätsalternativen, 156
Rao–Cramér, Ungleichung von, 30
Rechteckkern, 260
Rechteckverteilung, 23
Regressionsfunktion, 265
Regressionsmodell
    lineares, 269
Regressionsschätzer, 266
Resampling-Methoden, 315
Riedwyl-Test, 85
Riemann-Integral, 338
Robustheit, 295
    α–, 301
    β–, 302
Rosenbaum
    Lagetest, 294
    Variabilitäts-Tests, 294
Rosenblatt-Schätzer, 252
R-Schätzer, 297
Run, 105
    up and down, 108
Runs-Test, 105

Schätzfunktionen, 29
    asymptotisch erwartungstreue, 29
    asymptotisch unverfälschte, 29
    effiziente, 29
    erwartungstreue, 29
    schwach konsistente, 29
    unverfälschte, 29
Schiefe, 304, 306
Schwaches Gesetz der großen Zahlen, 28
Scorefunktion
    optimale, 102, 143, 157, 308
Selektor-Statistik, 309

Sensitivitätskurve, 298
Sequentielle Testverfahren, 316
Sequentieller Quotienten-Test, SQT, 317, 320
Sherman-Test, 84
Šidák–Vondráček-Test, 294
Siegel-Tukey-Test, 146
Sign-Test, 167
Skala, 6
Skalenkontaminierte Normalverteilung, 24
Skalenparameter, 21
Spalteneffekt, 200
Spannweite, 43
    durchschnittliche, 289
    Quasi–, 289
    unverzerrte, 289
    Verteilung, 59
Spearman
    Rangkorrelationskoeffizient, 232
    Rangkorrelationstest, 235
    Tabelle, 431
SQT, 317, 320
Standardabweichung, 19
Standardisierung, 22
Standardnormalverteilung, 24
Statistik, 27
    geordnete, 41, 54, 56, 60, 61
    Rang–, 41, 50
Stetigkeitskorrektur, 35
Stichproben, 27, 39
    unverbundene, 39
    verbundene, 39, 166
Stichprobenfunktion, 27
    Konvergenz, 29
    Verteilung, 28
Stichprobenvariablen, 27
    unabhängig, 27
Stieltjes-Integral, 338
Stochastische Prozesse, 334
Stop-Grenzen, 318

Streuungskontrollkarten, 333
Streuungsparameter
    Schätzung von, 289
Symmetrie-Test, 328

Teilrang-Randomisierungsverfahren, 98
Terry-Hoeffding-Test, 140
Test, 31
    äquivalenter, 34
    asymptotisch unverfälschter, 33
    bedingter, 231
    bei Normalverteilung, 37
    bester, 35
    Effizienz, 275
        asymptotische relative, 37
        finite relative, 36
    einseitiger, 31
    Güte, 32
    Güte der Anpassung, 68
    Gütefunktion, 32
    gleichmäßig bester, 36
    konservativer, 34
    konsistenter, 33
    Niveau, 34
    randomisierter, 35
    robuster, 34
    unverfälschter, 33
    zweiseitiger, 32
Teststatistik, 31
Tie, 43
Toleranzbereiche, 63
Topologische Skala, 11
Transformation, 11
Trend, 105, 108, 239
Trimming, 297
Tschebyschewsche Ungleichung, 28
t-Test, 37, 39, 115, 131, 282
    getrimmter, 301, 303
t-Verteilung, 26
    Tabelle, 372

Überglättung, 259, 262
Überschreitungstest, 293
Umbrella-Alternative, 195
Unabhängigkeit, 17, 218
    χ^2-Test, 220
    Hoeffding-Test, 240
    Test auf, 40
Unterglättung, 262
U-Test, 131, 135, 162, 190

Van der Waerden, X_N-Test, 136
    Tabelle, 407
Variabilitätsalternative, 144
Variabilitätsparameter, 21
Varianz, 18
Varianzanalyse, 183, 199
Verhältnisskala, 11
Verteilung
    asymptotische, 22, 61
    diskrete, 22
    mehrdimensionale, 16
    stetige, 15
    symmetrische, 17
Verteilungsfrei, 1
Verteilungsfunktion, 15
    empirische, 47
    gemeinsame, 16
Vierfeldertafel, 226
Vorzeichen-Rangtest, 96
    multivariater, 332
Vorzeichen-Test, 92, 167
    bivariater, 332

Wahrscheinlichkeit, 13
    bedingte, 14
Wahrscheinlichkeitsfunktion, 15
Wahrscheinlichkeitsfunktion)
    gemeinsame, 17
Wahrscheinlichkeitsmaß, 13
Wahrscheinlichkeitsraum, 14
Wald-Wolfowitz-Iterationstest, 117

Tabelle, 393
Wald-Approximation, 319
Wallis–Moore–Test, 327
Walsh–Test, 174
Watson–Test, 331
Wilcoxon
    Rangsummentest, 131, 162, 282, 310
        Tabelle, 397
    verbundene Stichproben, 171
    Vorzeichen–Rangtest, 96
        Tabelle, 392
Winsorization, 297
Wölbung, 304
Wurzel–n–Gesetz, 28

Yates–Korrektur, 228

Zeileneffekt, 200
Zeitreihenanalyse, 324
Zensorierung, 329
    Typ I–, 329
    Typ II–, 329
Zentraler Grenzwertsatz, 28
Zufälligkeit, 104
    Test auf, 104, 324, 327
Zufallsvariable, 14
    diskrete, 15
    stetige, 15
    stochastisch größer, 17, 178, 189
    unabhängige, 17
    unkorrelierte, 18
Zweifach–Klassifikation, 199
Zwei–Punkte–Mittel, 288
Zweistichprobenproblem
    unabhängige Stichproben, 115
    verbundene Stichproben, 165